科学出版社"十三五"普通高等教育本科规划教材

植物生理学

（第二版）

王三根　梁　颖　主编

科学出版社

北京

内 容 简 介

本书为全国高等院校生物、植物科学与技术、农学、园艺、植物保护、土壤农化、农村区域发展、林学、草业、资源环境、生态等专业学生使用的基本教材。本书在第一版的基础上，参考国内外相关进展做了修改，共4篇13章，按照细胞生理与信号转导-植物代谢生理-植物生长发育生理-植物逆境生理的框架编排，主要介绍植物细胞的生理基础，基因表达与信号转导；植物的水分生理，矿质和氮素营养，光合作用，呼吸作用，有机物的代谢、运输和分配；植物生长物质，植物的营养生长和运动，成花和生殖生理，成熟和衰老生理，以及逆境生理等内容。本书注重现代植物生理学发展的趋势，理论联系生产实践，并考虑了相关专业教学的特点，内容翔实，重点突出，脉络清晰，图文并茂，编排合理。各章都有学习提要、本章小结和复习思考题，书末附有植物生理学常见中英文名词对照，以方便读者学习查阅。

本书适合相关专业本、专科学生学习使用，也可作为生命科学、农林等领域教学、科研人员的参考书。

图书在版编目（CIP）数据

植物生理学 / 王三根，梁颖主编 . —2 版 . —北京：科学出版社，2020.6
科学出版社"十三五"普通高等教育本科规划教材
ISBN 978-7-03-065343-7

Ⅰ. ①植…　Ⅱ. ①王…　②梁…　Ⅲ. ①植物生理学 - 高等学校 - 教材　Ⅳ. ① Q945

中国版本图书馆 CIP 数据核字（2020）第 092686 号

责任编辑：丛　楠　韩书云　张静秋 / 责任校对：严　娜
责任印制：张　伟 / 封面设计：蓝正设计

科学出版社 出版

北京东黄城根北街 16 号
邮政编码：100717
http://www.sciencep.com

北京凌奇印刷有限责任公司 印刷
科学出版社发行　各地新华书店经销

*

2013 年 8 月第　一　版　开本：787×1092　1/16
2020 年 6 月第　二　版　印张：26 1/4
2023 年 1 月第十二次印刷　字数：710 000

定价：79.80 元
（如有印装质量问题，我社负责调换）

《植物生理学》(第二版)编委会名单

《植物生理学》（第一版）编委会名单

第二版前言

植物生理学是全国高等院校生物、植物科学与技术、农学、园艺、植物保护、土壤农化、农村区域发展、林学、草业、资源环境、生态等专业的必修课或选修课。通过本课程的学习，学生可深刻地了解植物体内主要代谢活动机制，掌握植物与环境进行物质和能量交换的基本原理，植物形态建成的生理基础及植物生长发育的基本规律，了解环境对植物生命活动的影响和植物对逆境的抗性，了解现代植物科学的发展方向，并掌握一些主要植物生理指标的测定方法和进行植物生理分析的基本技术，为后续课程的学习与试验、实习打下坚实的基础。

本书第一版自 2013 年出版以来受到广大师生的欢迎。现代生命科学发展很快，为适应新的形势，有必要对上版书进行修订。第二版继续注重现代植物生理发展的趋势，力求反映学科新知识、新成就，考虑到相关专业教学的特点，对涉及的知识进行系统的梳理和优化，注意吸收参考国内外最新研究成果与前沿动态，理论联系生产实践。例如，新增了呼吸作用与花卉保鲜，植物生长物质独脚金内酯类，2017 年诺贝尔生理学或医学奖获得者关于生理钟的研究资料，春化作用的分子机制更新，光胁迫与植物抗性的关系等内容。

第二版仍然按照细胞生理与信号转导-植物代谢生理-植物生长发育生理-植物逆境生理的框架编排。全书共 4 篇 13 章，从不同层次、不同水平、不同角度，纵横交错地探索植物生命活动规律的方方面面。第一篇是细胞生理与信号转导，包括第一章植物细胞的生理基础，第二章植物细胞的基因表达与信号转导。这一部分可以说是从微观水平为后续内容的学习铺平道路、打下基础，从信息角度解析植物生命活动的本质特点。第二篇是植物代谢生理，包括第三章植物的水分生理，第四章植物的矿质和氮素营养，第五章植物的光合作用，第六章植物的呼吸作用，第七章植物有机物的代谢、运输和分配。这一部分是关于物质转化及功能与代谢的生理基础，可以说是剖析植物生命活动的一个横断面，即植物几乎每天都在发生的一些基本生理事件。第三篇是植物生长发育生理，包括第八章植物生长物质，第九章植物的营养生长和运动，第十章植物的成花和生殖生理，第十一章植物的成熟和衰老生理。这一部分可以说是探索追踪植物生命活动的一个纵剖面，使读者得以了解植物从胚胎发生、种子幼苗发育到开花结果生命周期中的代谢运动规律，植物激素由于在调控植物生长发育中具有重要作用，被安排在本篇的开首。第四篇是植物逆境生理，包括第十二章植物逆境生理通论，第十三章植物逆境生理各论。这一部分可以说是从宏观视野将植物生命活动与外界环境条件，特别是逆境下自然界的运动变化联系到一起，从而有助于在大背景下更加深刻地认识植物的新陈代谢特点和适应能力。每章前有学习提要，后有本章小结和复习思考题，书末附有植物生理学常见中英文名词对照，以便读者学习查阅。贯穿于全书的是植物生命现象的化学本质及运动规律的主线条，植物生命活动过程中物质代谢、能量转换、信息传递及由此表现出的形态建成等方面的有机联系是本书的特点。

本书各参编院校通力合作，力图体现系统性、科学性、先进性、可读性，主要分工为：西南大学编写绪论、第一章、第三章、第十三章及附录；云南农业大学编写第二章；西南科技大学编写第四章；四川农业大学、西南大学编写第五章、第六章；云南师范大学、西南大学编写第七章；贵州大学、西华师范大学编写第八章、第十章；重庆文理学院编写第九章；广西大学编写第十一章、第十二章。在广泛征求意见的基础上，编写人员互相审阅，全书由王三根、梁颖统稿。

　　本书的编写、出版得到了科学出版社及参编院校的帮助和支持。另外，编者在编写过程中参考和引用了国内外的许多资料，在此一并表示衷心感谢。由于编者水平有限，书中难免有疏漏和不足之处，敬请广大同仁和读者批评指正，以便今后修改完善。

编　者
2019 年 12 月

第一版前言

　　植物生理学是全国高等院校生物、农学、园艺、植物保护、土壤农化、林学、草业、资源环境、生态等专业的必修课或选修课。通过本课程的学习，学生可深刻地了解植物体内主要代谢活动机制，掌握植物与环境进行物质和能量交换的基本原理，植物形态建成的生理基础及植物生长发育的基本规律，了解环境对植物生命活动的影响和植物对逆境的抗性，了解现代植物科学的发展方向，并掌握一些主要植物生理指标的测定方法和进行植物生理分析的基本技术，为后续课程的学习与试验打下坚实的基础。

　　本教材注重现代植物生理发展的趋势，跟踪国际植物生理最新科学研究成果，力求反映学科新知识、新成就，考虑相关专业教学的特点，对涉及的知识进行系统的梳理和优化，按照细胞生理与信号转导-植物代谢生理-植物生长发育生理-植物逆境生理的框架编排。全书共分4篇13章，从不同层次、不同水平、不同角度，纵横交错地探索植物生命活动规律的方方面面。第一篇是细胞生理与信号转导，包括第一章植物细胞生理基础，第二章植物细胞的基因表达与信号转导。这一部分可以说是从微观水平为后续内容的学习铺平道路，打下基础，从信息角度解析植物生命活动的本质特点。第二篇是植物代谢生理，包括第三章植物的水分生理，第四章植物的矿质和氮素营养，第五章植物的光合作用，第六章植物的呼吸作用，第七章有机物的代谢、运输和分配。这一部分是关于物质转化及功能与代谢的生理基础，可以说是剖析植物生命活动的一个横断面，即植物几乎每天都在发生的一些基本生理事件。第三篇是植物生长发育生理，包括第八章植物生长物质，第九章植物的营养生长和运动，第十章植物成花和生殖生理，第十一章植物的成熟和衰老生理。这一部分可以说是探索追踪植物生命活动的一个纵剖面，使读者得以了解植物从胚胎发生、种子幼苗发育到开花结果生命周期中的代谢运动规律，植物激素由于在调控植物生长发育中具有重要作用，被安排在本篇的开首。第四篇是植物逆境生理，包括第十二章植物逆境生理通论，第十三章植物逆境生理各论。这一部分可以说是从宏观视野将植物生命活动与外界环境条件，特别是逆境下自然界的运动变化联系到一起，从而有助于在大背景下更加深刻认识植物的新陈代谢特点和适应能力。各章前有学习提要，后有本章小结和复习思考题，书末附有植物生理学常见汉英名词对照，以便学习查阅。贯穿于全书的是植物生命活动过程中物质代谢、能量转换、信息传递及由此表现出的形态建成各方面的有机联系，这也是本教材的特点。

　　本教材为多所院校通力合作的产物，力图体现系统性、科学性、先进性、可读性，主要分工为：西南大学编写绪论、第一章、第三章及附录；云南农业大学编写第二章；西南大学与西南科技大学协作编写第四章；四川农业大学编写第五章、第六章；西南大学与云南师范大学协作编写第七章；贵州大学编写第八章、第十章；重庆文理学院编写第九章；广西大学编写第十一章、第十二章；西南大学与广西大学协作编写第十三章。在广泛征求意见的基础上，编写人员互相审阅修订，全书由王三根统稿。

　　本教材的编写、出版得到了科学出版社编辑的帮助及编者学校教务部门的支持。另外，编者在编写过程中参考和引用了国内外及若干兄弟院校教材的许多资料，在此一并表示衷心感谢。由于编者水平有限，教材中难免有疏漏和不足之处，敬请广大读者批评指正，以便今后修改完善。

编　者

2013 年 6 月

目　录

绪论 ······1
学习提要 ······1
一、植物生理学的概念及内容 ······1
二、植物生理学的产生与发展 ······1
三、植物生理学与农业可持续发展 ······4
四、植物生理学的学习方法 ······6
本章小结 ······6
复习思考题 ······7

第一篇　细胞生理与信号转导

第一章　植物细胞的生理基础 ······10
学习提要 ······10
第一节　植物细胞概述 ······10
一、植物细胞的特点 ······10
二、原生质的性质 ······12
第二节　细胞壁的结构和功能 ······13
一、细胞壁的结构和化学组成 ······13
二、细胞壁的功能 ······15
三、胞间连丝 ······16
第三节　生物膜的结构和功能 ······17
一、生物膜的化学组成 ······17
二、生物膜的结构与特性 ······18
三、生物膜的功能 ······19
第四节　植物细胞的亚微结构与功能 ······20
一、微膜系统 ······20
二、微梁系统 ······24
三、微球系统 ······25
四、细胞结构与功能的统一 ······26
本章小结 ······26
复习思考题 ······27
第二章　植物细胞的基因表达与信号转导 ······28
学习提要 ······28
第一节　植物细胞的基因表达 ······28
一、植物细胞的阶段性和全能性 ······28
二、植物细胞的核基因和核外基因 ······33
三、植物细胞基因表达的特点 ······35
第二节　植物细胞的信号转导 ······38
一、细胞信号转导概述 ······38
二、胞外信号及其传递 ······42
三、跨膜信号转换 ······44
四、胞内信号及其转导 ······46
五、蛋白质可逆磷酸化与生理响应 ······52
本章小结 ······55
复习思考题 ······56

第二篇　植物代谢生理

第三章　植物的水分生理 ······58
学习提要 ······58
第一节　水在植物生命活动中的重要性 ······58
一、植物中的水分 ······58
二、水的生理生态作用 ······59
第二节　植物细胞对水分的吸收 ······60
一、水势与植物细胞水势的组分 ······60
二、细胞的渗透吸水 ······63
三、细胞吸胀吸水与代谢性吸水 ······65
四、植物细胞吸水与水孔蛋白 ······65
第三节　植物根系对水分的吸收 ······66
一、根系吸水的部位 ······66
二、根系吸水的途径 ······67
三、根系吸水的机理 ······68
四、影响根系吸水的环境条件 ······69
第四节　植物的蒸腾作用 ······70
一、蒸腾作用的意义与指标 ······70
二、气孔蒸腾 ······71

三、环境条件对蒸腾作用的影响·········· 75

第五节　植物体内水分的运输·········76

一、水分运输的途径·················· 76

二、水分运输的机理·················· 76

第六节　水分平衡与合理灌溉·········77

一、作物的需水规律·················· 77

二、合理灌溉指标及方法·············· 78

本章小结·································· 79

复习思考题······························ 80

第四章　植物的矿质和氮素营养·······81

学习提要································· 81

第一节　植物体内的必需元素·········81

一、植物体内的元素组成·············· 81

二、植物必需元素及其研究方法········ 81

第二节　植物必需元素的生理功能

　　　　及其缺素症···············83

一、必需元素的一般生理功能·········· 83

二、大量元素的生理功能及缺素症······ 83

三、微量元素的生理功能及缺素症······ 86

四、植物的缺素诊断·················· 88

第三节　植物对矿质元素的吸收利用·····88

一、植物细胞对矿质元素的吸收········ 88

二、根系对矿质元素吸收的特点········ 91

三、矿质元素的吸收运输·············· 92

四、影响根系吸收矿质元素的因素······ 93

第四节　氮的同化·················95

一、植物的氮源·····················95

二、硝酸盐的还原···················95

三、氮的同化······················ 96

四、生物固氮······················97

第五节　合理施肥的生理基础·········97

一、作物需肥规律·················· 98

二、合理施肥的指标················ 100

三、提高肥料利用效率·············· 101

本章小结······························ 102

复习思考题···························· 103

第五章　植物的光合作用············105

学习提要······························ 105

第一节　光合作用的概念及意义·······105

一、光合作用的概念················ 105

二、光合作用的意义················ 105

第二节　叶绿体及其色素············106

一、叶绿体的结构及类囊体·········· 106

二、叶绿体色素的种类与特性········ 108

第三节　光合作用的机理············114

一、光能的吸收、传递与转换········ 115

二、电子传递与光合磷酸化·········· 116

三、碳同化作用···················· 121

第四节　光呼吸···················127

一、光呼吸的代谢途径·············· 127

二、光呼吸的生理功能·············· 129

三、C_3植物、C_4植物与CAM植物的比较··· 129

第五节　光合作用的生理生态········131

一、光合作用指标·················· 131

二、影响光合作用的外界条件········ 132

三、内部因素对光合作用的影响······ 136

第六节　光合作用与作物产量········136

一、光合性能与作物产量············ 136

二、植物对光能的利用·············· 138

本章小结······························ 139

复习思考题···························· 140

第六章　植物的呼吸作用············141

学习提要······························ 141

第一节　呼吸作用的概念及其生理意义··· 141

一、呼吸作用的概念················ 141

二、呼吸作用的生理意义············ 141

第二节　糖的无氧降解··············142

一、糖酵解························ 142

二、丙酮酸的还原·················· 145

第三节　糖的有氧降解··············145

一、三羧酸循环···················· 145

二、戊糖磷酸途径·················· 148

三、乙醛酸循环···················· 150

第四节　电子传递与氧化磷酸化·······151

一、生物氧化的概念················ 151

二、呼吸链的组分及功能············ 151

三、氧化磷酸化···················· 153

四、呼吸链与末端氧化系统的多样性··· 154

第五节　影响呼吸作用的因素········157

一、呼吸作用的指标················ 157

二、影响呼吸作用的内部因素 ……… 157
三、影响呼吸作用的外部因素 ……… 158
第六节　植物呼吸作用与农业生产 ……… 159
一、呼吸作用和作物栽培 …………… 159
二、呼吸作用与粮油种子贮藏 ……… 159
三、呼吸作用与果实蔬菜贮藏 ……… 160
四、呼吸作用与切花保鲜 …………… 160
本章小结 …………………………………… 161
复习思考题 ………………………………… 161
第七章　植物有机物的代谢、运输和分配 … 162
学习提要 …………………………………… 162
第一节　植物代谢物的转化 …………… 162
一、植物的初生代谢与次生代谢 …… 162

二、植物次生代谢物的转化 ………… 164
三、植物次生代谢的意义 …………… 170
第二节　植物有机物运输的途径 ……… 170
一、短距离运输系统 ………………… 171
二、长距离运输系统 ………………… 172
第三节　植物有机物运输的规律与机理 … 173
一、韧皮部运输的规律 ……………… 173
二、韧皮部运输的机理 ……………… 175
第四节　植物有机物的分配与调节 …… 177
一、代谢源与代谢库 ………………… 177
二、有机物的分配规律 ……………… 178
本章小结 …………………………………… 179
复习思考题 ………………………………… 180

第三篇　植物生长发育生理

第八章　植物生长物质 …………………… 182
学习提要 …………………………………… 182
第一节　植物激素和植物生长调节剂 …… 182
一、植物激素的概念和特点 ………… 182
二、植物生长物质的类型 …………… 182
第二节　植物激素的发现和特性 ……… 183
一、生长素的发现和特性 …………… 183
二、赤霉素的发现和特性 …………… 185
三、细胞分裂素的发现和特性 ……… 186
四、脱落酸的发现和特性 …………… 187
五、乙烯的发现和特性 ……………… 188
六、油菜素甾醇的发现和特性 ……… 188
第三节　植物激素的代谢 ……………… 189
一、生长素的代谢 …………………… 189
二、赤霉素的代谢 …………………… 193
三、细胞分裂素的代谢 ……………… 195
四、脱落酸的代谢 …………………… 195
五、乙烯的代谢 ……………………… 197
六、油菜素甾醇的代谢 ……………… 199
第四节　植物激素的生理作用 ………… 200
一、生长素的生理作用 ……………… 200
二、赤霉素的生理作用 ……………… 201
三、细胞分裂素的生理作用 ………… 202
四、脱落酸的生理作用 ……………… 203
五、乙烯的生理作用 ………………… 205

六、油菜素甾醇的生理作用 ………… 206
第五节　植物激素的作用机理 ………… 207
一、生长素的作用机理 ……………… 207
二、赤霉素的作用机理 ……………… 209
三、细胞分裂素的作用机理 ………… 211
四、脱落酸的作用机理 ……………… 213
五、乙烯的作用机理 ………………… 215
六、油菜素甾醇的作用机理 ………… 216
第六节　其他植物生长物质及其应用 … 217
一、其他植物生长物质 ……………… 217
二、植物生长物质的应用 …………… 222
本章小结 …………………………………… 228
复习思考题 ………………………………… 229
第九章　植物的营养生长和运动 ………… 230
学习提要 …………………………………… 230
第一节　生长、分化和发育 …………… 230
一、生长、分化和发育的概念 ……… 230
二、生长、分化和发育的相互关系 … 231
第二节　植物生长与生长分析 ………… 232
一、植物生长与分化的特点 ………… 232
二、植物的组织培养 ………………… 235
三、生长曲线与生长大周期 ………… 238
四、植物生长的周期性 ……………… 241
第三节　种子萌发与幼苗生长 ………… 242
一、种子的萌发 ……………………… 242

二、幼苗的形成 ……………………… 246
三、植物的光形态建成 …………… 250
第四节　植物生长的相关性 ……… 259
一、地下部与地上部的生长相关 … 259
二、主茎与侧枝的生长相关 ……… 260
三、营养器官与生殖器官的生长相关 … 261
第五节　植物的运动与生理钟 …… 263
一、向性运动 ……………………… 263
二、感性运动 ……………………… 266
三、生理钟 ………………………… 267
本章小结 …………………………… 269
复习思考题 ………………………… 270
第十章　植物的成花和生殖生理 … 271
学习提要 …………………………… 271
第一节　春化作用 ………………… 271
一、春化作用的条件 ……………… 271
二、春化作用的时期和感受部位 … 273
三、春化作用的机理 ……………… 273
四、春化作用的应用 ……………… 275
第二节　光周期现象 ……………… 276
一、植物对光周期的反应 ………… 276
二、植物对光期与暗期的要求 …… 277
三、光周期诱导 …………………… 280
四、光周期理论的应用 …………… 281
第三节　花芽分化及性别分化 …… 282
一、成花诱导的多因子途径 ……… 282
二、花芽分化 ……………………… 283
三、性别分化 ……………………… 284

第四节　受精生理 ………………… 287
一、花粉生理与柱头生理 ………… 287
二、花粉与雌蕊的相互识别 ……… 288
本章小结 …………………………… 289
复习思考题 ………………………… 290
第十一章　植物的成熟和衰老生理 … 291
学习提要 …………………………… 291
第一节　种子成熟时的生理生化变化 … 291
一、种子的发育成熟进程 ………… 291
二、种子发育的代谢变化 ………… 293
第二节　种子及延存器官的休眠 … 296
一、休眠的意义及类型 …………… 296
二、种子休眠与芽休眠 …………… 296
三、休眠的延长和打破 …………… 298
第三节　果实的生长和成熟 ……… 300
一、果实发育的特点 ……………… 300
二、肉质果实成熟时的生理生化变化 … 302
三、果实成熟的机制及其调控 …… 303
第四节　植物的衰老 ……………… 305
一、植物衰老的模式 ……………… 305
二、衰老的结构与代谢变化 ……… 306
三、植物衰老的机制 ……………… 308
第五节　器官脱落 ………………… 310
一、器官脱落与离层的形成 ……… 310
二、脱落的激素调控 ……………… 311
三、影响脱落的环境因素 ………… 312
本章小结 …………………………… 313
复习思考题 ………………………… 313

第四篇　植物逆境生理

第十二章　植物逆境生理通论 …… 316
学习提要 …………………………… 316
第一节　植物的逆境和抗逆性 …… 316
一、植物的逆境及其响应 ………… 316
二、植物抗性的方式及其比较 …… 318
三、胁迫的原初伤害与次生伤害 … 319
第二节　逆境下植物的形态与生理响应 … 319
一、植物形态结构的变化 ………… 320
二、植物生理代谢的变化 ………… 320
三、内源激素在抗逆性中的作用 … 322

第三节　生物膜与抗逆性 ………… 323
一、逆境下膜结构和组分的变化 … 323
二、逆境下膜的代谢变化 ………… 324
第四节　渗透调节与植物抗逆性 … 325
一、渗透调节的概念 ……………… 325
二、渗透调节物质 ………………… 325
三、渗透调节的生理效应 ………… 327
第五节　自由基与植物抗性 ……… 328
一、自由基与活性氧的作用 ……… 328
二、植物对自由基的清除和防御 … 329

三、活性氮 ································· 332
第六节　植物的交叉适应及逆境蛋白 334
　　一、植物的交叉适应 ··············· 334
　　二、逆境蛋白与抗逆相关基因及信号转导 ··· 335
　　三、逆境间的相互作用 ············· 340
本章小结 ··································· 341
复习思考题 ································ 341

第十三章　植物逆境生理各论 ······· 343
学习提要 ··································· 343
第一节　植物的抗寒性 ··············· 343
　　一、抗冷性 ··························· 343
　　二、抗冻性 ··························· 345
第二节　植物的抗热性 ··············· 348
　　一、热害与抗热性 ·················· 348
　　二、植物耐热性的机理 ············· 351
　　三、提高植物抗热性的途径 ········ 351
第三节　植物的抗旱性与抗涝性 ····· 352
　　一、抗旱性 ··························· 352
　　二、抗涝性 ··························· 355

第四节　植物的抗盐性 ················ 357
　　一、盐害与抗盐性 ·················· 357
　　二、植物的抗盐性及其提高途径 ···· 358
第五节　植物的抗病性与抗虫性 ······ 361
　　一、抗病性 ··························· 361
　　二、抗虫性 ··························· 365
第六节　光胁迫与植物抗性 ··········· 367
　　一、太阳辐射与植物的适应性 ······ 367
　　二、强光胁迫与植物抗性 ··········· 369
　　三、弱光胁迫与植物抗性 ··········· 372
　　四、紫外线辐射与植物抗性 ········· 374
第七节　环境污染与植物抗性 ········· 377
　　一、环境污染与植物生长 ··········· 377
　　二、提高植物抗污染能力与环境保护能力 ··· 381
本章小结 ··································· 382
复习思考题 ································· 383

主要参考文献 ······························ 384
附录　植物生理学常见中英文名词对照 ······· 387

绪　论

【学习提要】掌握植物生理学的概念与内容，了解植物生理学的产生、巨大成就、发展趋势及在现代农业可持续发展中的作用，理解植物生理学的学习方法及需注意的问题。

一、植物生理学的概念及内容

植物生理学（plant physiology）是研究植物生命活动规律及其与环境相互关系的科学。在地球生物圈这样一个复杂的生态系统中，绿色植物可以完全依靠无机物和太阳能，合成它赖以生存的各种有机物，自给自足地建成其植物体，成为自养生物（autotroph），还能为其他生物提供食物。因此，植物在物质循环和能量流动中处于十分重要的地位，成为整个生物圈运转的关键。

生活在环境中的植物，通过物质的转化、能量的转化与信息的传递从而表现出形态的变化，完成其生命活动过程。换言之，植物生命活动是在水分平衡、矿质营养、光合作用、呼吸作用、物质转化与运输分配等基本新陈代谢（metabolism）的基础上，表现出种子萌发、幼苗生长、营养器官与生殖器官的形成、运动、成熟、开花、结果、衰老、脱落、休眠等生长、分化和发育进程。高等植物形态结构、代谢反应、信号转导和生理功能的基本单位是细胞，植物激素和酶等是调控这些生命活动的物质基础，植物生命活动过程表现出与环境条件的协调和统一。

对上述这些相互联系、相互依存、相互制约的生命现象的研究，就是植物生理学的基本内容。本书从不同层次、不同水平、不同角度探索植物生命活动规律的方方面面，大致可分为4个部分。

第一部分是细胞生理与信号转导，包括植物细胞的亚微结构、功能及原生质性质、细胞壁与生物膜特性，植物细胞的基因表达与信号转导等。这一部分可以说是从微观水平为后续内容的学习铺平道路、打下基础，从信息角度解析植物生命活动的本质特点。

第二部分是植物代谢生理，包括植物的水分生理，矿质和氮素营养，光合作用，呼吸作用和有机物的代谢、运输与分配。这一部分是关于物质转化及功能与代谢的生理基础，可以说是剖析植物生命活动的一个横断面，即植物几乎每天都在发生的一些基本生理事件。

第三部分是植物生长发育生理，包括植物生长物质，植物的营养生长和运动，植物的成花和生殖生理，植物的成熟、休眠和衰老生理。这一部分可以说是探索追踪植物生命活动的一个纵剖面，使读者得以了解植物从胚胎发生、种子幼苗发育到开花结果生命周期中的代谢运动规律，由于植物激素在调控植物生长发育中的重要作用，其被安排在本部分的开首。

第四部分是植物逆境生理，包括植物逆境生理通论和植物逆境生理各论。这一部分可以说是从宏观视野将植物生命活动与外界环境条件，特别是逆境下自然界的运动变化联系到一起，从而有助于在大背景下更加深刻地认识植物的新陈代谢特点和适应能力。

在学习植物生命现象及运动规律时，始终不应忘记植物生命活动过程中物质代谢、能量转换、信息传递及由此表现出的形态建成（morphogenesis）几方面的相互联系。

二、植物生理学的产生与发展

人类在生产生活中，不断对植物进行研究，认识、观察并记载其特征、生长发育所需外界条件、作物对人类的价值及在人的干预下有目的地进行培育等。植物生理学就是在这些生产和生活实践中逐渐形成和发展起来的。

河南裴李岗和浙江河姆渡等新石器时代遗址的发掘证明，我们的祖先早在 7000 多年前就已在黄河流域和长江流域种植粟和水稻等农作物，以农耕为主要生产活动，因此与生产实践密切相关的植物生理知识不断得到孕育和总结，内容十分丰富。

距今 3000 多年前，甲骨文卜辞拓片上已有"贞禾有及雨？三月"（意思是贞问庄稼有没有及时的雨水？三月卜问的）和"雨弗足年"（意思是雨水不够庄稼用吗）的记载，说明人们对水分和植物生长的关系有了一些认识。公元前 3 世纪，战国荀况的《荀子·富国篇》中记载有"多粪肥田"；韩非的《韩非子》有"积力于田畴，必且粪灌"的记载，说明战国时期古人已十分重视施肥和灌溉，而且把二者密切联系起来了。

公元前 1 世纪，西汉《氾胜之书》涉及多种作物的选种、播种及"溲种法"等种子处理的方法。例如，提出种子安全贮藏的基本原则——"又种伤湿郁热，则生虫也"，强调种子要"曝使极燥"，降低种子含水量。

公元 6 世纪，北魏贾思勰著的《齐民要术》中，有大量涉及水分、肥料、种子处理、繁殖和贮藏等方面的知识。例如，"凡美田之法，绿豆为上"就是最早的关于豆科植物和禾本科植物轮作制度的认识。窖麦法必须"日曝令干，及热埋之"，这种"热进仓"的窖麦法在民间一直流传至今。该法的实质是用较高温度杀灭部分病原物和昆虫，促进种子成熟，降低呼吸速率，提高种子活力。该书"种榆白杨篇"记载"初生三年，不用采叶，尤忌掐心，掐心则科茹不长"，强调保护顶芽，使其保持顶端优势，成栋梁之材。"苕草色青黄，紫花，十二月稻下种之，蔓延殷盛，可以美田，叶可食"，开创了人类历史上率先使用豆科绿肥的记录。该书还对酿酒、做酱、制醋等有详细的记载。

西欧古时的罗马人使用的肥料，除动物的排泄物外，还包括某些矿物质（如灰分、石膏和石灰等），他们也知道绿肥的作用。古希腊也有关于旱害和涝害的记载。

上述资料说明生产与生活实践是植物生理产生的基础。

最早用试验来解答植物生命现象中的疑难问题，把结论建立在数据上的是 van Helmont，他用柳树枝条连续 5 年做试验，探索植物长大的物质来源。英国的 Hales（1672～1761）研究了植物的蒸腾作用，为植物吸收和运转水分的过程提供了一些理论解释。英国的 Priestley（1733～1804）在试验中发现，植物能够净化被蜡烛燃烧变坏的空气，被照光的薄荷（mint，*Mentha*）枝条产生可以维持老鼠呼吸与蜡烛燃烧的气体，证实绿色植物是高等动物的"生命之友"。这是对绿色植物光合作用认识的启蒙阶段。随后荷兰的 Ingenhousz（1730～1799）进一步发现植物的绿色部分只有在光下才放出 O_2，在暗中放出的是 CO_2，后一结论意味着植物也有呼吸作用。瑞士的 Senebier（1742～1809）确定，所谓的"固定的空气"（CO_2）确实是绿色植物营养所必需的，即 CO_2 是光合作用所必需的，O_2 是光合作用的产物。

关于植物营养来源的研究证据越来越多。法国的 Saussare（1767～1845）证实了植物光合作用以二氧化碳和水为原料，而氮素则是以无机盐的形式从土壤中吸收来的。法国的 Boussingault（1802～1879）建立了砂培试验法，并以植物为对象进行研究，奠定了无土栽培的技术基础。德国的 von Liebig（1803～1873）提出除了碳素来自空气以外，植物体内其他矿物质都可从土壤中摄取，施矿质肥料可以补充土壤营养的消耗，他成为利用化学肥料理论的创始人。德国的 Sachs（1832～1897）发现只有照光时，叶绿体中的淀粉粒才会增大，指出光合作用的产物是氧气和有机物。上述这些研究确立了植物区别于动物的"自养"特性，标志着植物生理学的诞生。

20 世纪是植物生理学飞跃发展的时期。随着物理学和化学的成熟及研究仪器与方法的改进，分析结果更加精细和准确。这个时期植物生理学的各个方面都有突破性进展。从 20 世纪后半叶光合作用的研究就可看出植物生理学取得的成绩。

20 世纪 40 年代至 50 年代末，Calvin 等用 ^{14}C 研究光合碳同化，阐明了二氧化碳转化成有机物的途径。他于 1961 年获诺贝尔化学奖。50 年代，Pietro 等证明叶绿体在光下进行希尔（Hill）反应可还原辅酶 II（$NADP^+$），肯定了后者是光合作用重要的能量转换反应产物。Arnon 等发现叶绿体可进行循环和非循环光合磷酸化，使人们了解到腺苷三磷酸（ATP）合成也是光合作用重要的能量转换反应。50 年代末，Emerson 的双光增益效应和 Blinks 的光色瞬变效应的发现，使人们认识到光合作用中存在两种光化学反应，接着就从叶绿体分离出两种光系统。Woodward 于 1965 年因合成叶绿素分子等工作而获得诺贝尔化学奖。

20 世纪 60 年代初，Mitchell 提出了化学渗透假说，Jagendorf 等用叶绿体进行光合磷酸化分阶段研究，证明光合磷酸化的高能态就是化学渗透假说中的跨膜质子梯度。这不仅使人们了解了光合作用中的能量转换机理，并且由此将质子动力势与离子运转、类囊体结构动态变化和能量转换反应调控过程联系起来进行研究。Mitchell 于 1978 年获诺贝尔化学奖。60 年代至 70 年代初，人们对一些植物光合作用生理特性的研究促进了光呼吸和四碳双羧酸途径的发现和阐明。这使人们加深了对光合碳代谢复杂性的认识，并且看到了影响光合效率和速率的重要环节。Kok 和 Joliot 在对光合放氧动力学进行研究时开始探讨水氧化机理，发现氧释放伴随有 4 个闪光周期的摆动，说明需要积累 4 个氧化当量才能完成水分子裂解放氧。70 年代末，集光色素蛋白复合体磷酸化反应的发现为两种光系统间能量分配调节机理的研究开辟了道路。

20 世纪 80 年代，便携式光合测定系统和荧光分析仪的使用促进了光合生理的探讨与机理研究的结合，为更有力地指导农业等生产实践提供了较好的手段；烟草、地钱、水稻等叶绿体基因组全序列测定完成，核酮糖-1,5-双磷酸羧化酶/加氧酶（Rubisco）的大亚基、小亚基结构的揭示，进一步促进了光合生理与分子生物学研究。80 年代中期，Deisenhofer、Huber 和 Michel 测定了光合细菌反应中心蛋白的晶体结构。这是了解膜蛋白复合体细节及光合原初反应研究的突出进展。研究时间缩短到微秒（$10^{-6}s$）级、纳秒（$10^{-9}s$）级甚至皮秒（$10^{-12}s$）级。他们于 1988 年获得诺贝尔化学奖。1992 年，Marcus 因研究包括光合作用电子传递在内的生命体系的电子传递理论而获得诺贝尔化学奖。90 年代末，催化光合作用光合磷酸化和呼吸作用氧化磷酸化的腺苷三磷酸（ATP）合成酶（CF_1 和 F_1）的动态结构与反应机制的研究获得了重大进展。研究者 Walker 和 Boyer 因此与 Skou 一起获得了 1997 年的诺贝尔化学奖。

在人类基因组计划实施后，模式植物拟南芥、水稻等植物基因组计划的相继实施，标志着植物生理学正以崭新的态步迈往 21 世纪。

总之，植物生理学的研究从分子、细胞、器官、整体到群体水平都有伟大的成就，正如殷宏章先生在谈到植物生理学的发展时指出："植物生理学的研究，有向两端发展的趋势，一方面，随着现代生物化学、生物物理学、细胞生理学的发展，特别是分子遗传学的突跃，已将一些生理的机理研究深入到分子水平，或亚分子水平，这是微观方向的发展。而另一方面，由于环境的破坏和人为的污染，人与生物圈的关系逐渐受到重视，农林生产自然生态系统的环境生理对植物生理提出了大量基本的问题，需要向宏观方向发展。"

如果说 21 世纪是生物学世纪，那么研究植物生命活动的植物生理学将有特别重要的位置，因为植物为其他生物，包括人类的生产和生活提供了赖以生存和发展的物质和能量基础。

植物生理学的发展正面临着前所未有的机遇和挑战，主要表现在以下几个方面。

1. 研究内容的扩展及与其他学科的交叉渗透　当代科学发展的特点是综合与交叉。例如，生物化学、分子生物学、分子遗传学、微生物学、生态学与植物生理学的交叉渗透，以及电子计算机、互联网、人工智能、生物物理、生物技术迅速发展对植物生理学的深刻影响。许多界限已经被打破，往往一个研究课题需要多学科人才的综合组织才能完成。物理学、化学、工程与材料科学、激光与微电子技术的迅速发展，为植物生理学提供了一系列现代化研究技术，如同位素技术、电子显微镜技术、X射线衍射技术、超离心技术、色层分析技术（层析技术）、电泳技术及计算机图像处理技术、激光共聚焦显微镜技术、膜片钳技术、大数据等，成为探索植物生命奥秘的强大武器。

2. 机制研究的深入和新概念的不断涌现　如植物的各种生长物质、交叉适应、电波与化学信息传递的交错进行、逆境蛋白、植物生理的数学模型等。分子生物学等研究手段的引入，使光合作用、生物固氮、植物激素和矿质营养分子机理等方面的研究成为热点。人类对植物天然产物的关注和开发正在推动着植物次生代谢调控、植物次生代谢的分子生物学和分子遗传学等方面的研究。在解析环境与植物响应关系中，植物光生物学的作用凸显。在可持续农业的大前提和水稻功能基因组研究长足发展的大背景下，发展绿色超级稻的策略和主张被提出。

3. 从分子到群体不同层次的全面发展　例如，水稻基因组计划，包括遗传图的构建、物理图的构建和DNA全序列测定；叶绿体基因的结构和表达。"人与生物圈计划"（Man and the Biosphere Programme）中对植物生理的研究，对太空中的植物生命活动规律的探索，使人们对生命现象的整体性认识有所深入。多种模式植物突变库的建立，为人们在物理图谱、遗传图谱和基因组全序列的基础上开展功能基因组学（functional genomics）、蛋白质组学（proteomics）、代谢组学（metabonomics）等整体性研究奠定了良好的基础。植物基因功能的确定、植物激素作用机制的研究、植物生长发育和代谢等调控网络的构建等备受关注。

4. 植物生理应用范围的扩展　植物生理应用范围早已不再只限于指导合理灌溉、施肥和密植等，而是扩展到调节作物生长发育、控制同化物运输分配、改善产品质量、保鲜贮藏、良种繁育、除草抗病；与农林、环境保护、资源开发、能源、航天、医药、食品工业、轻工业和商业等的关系日益密切。植物生理学特别是植物营养生理学和发育生理学等方面的知识被广泛应用于多种蔬菜和经济作物的工厂化无土栽培，用于模拟生物圈及封闭条件下的生命支持系统研究，用于载人航天和外星探测等领域。植物生理学工作者也更加注意与应用学科相结合以促进彼此的交流和发展。

三、植物生理学与农业可持续发展

植物生理学作为基础学科，其研究的核心内容是植物生命活动过程中的功能及其调控机制，主要任务是探索植物代谢的基本规律及其与环境的关系。植物生理学从诞生迄今之所以受到人们的重视，就在于它能指导生产实践，为植物的改良和培育提供理论依据，并不断提出控制植物生长的有效方法。例如，植物激素的发现导致了植物生长调节剂和除草剂的普遍应用；"绿色革命"的兴起使稻麦等粮食产量获得了新的突破；植物细胞全能性理论的确立，组织培养技术的迅猛发展，为植物基因工程的开展和新种质的创造提供了条件；植物对干旱、盐碱等逆境适应的抗性基因挖掘及生理机制的研究，为在各种恶劣环境下利用基因工程技术培育植物提供了理论与技术支撑。

世界面临着人口、食物、能源、环境和资源问题的挑战。有资料显示，全球人口以每天27万人，每年9000万~1亿人的速度增长，而平均每人拥有可耕地的面积从1950年的0.45hm^{2}降到

1968 年的 $0.33hm^2$，2000 年降至 $0.23hm^2$，预计到 2055 年将降至 $0.15hm^2$。全球本来适合耕作的土地就不多，约占 22%。我国的形势也很严峻，人口总数为世界之最，人均耕地很少。有资料显示，世界人口在 2025 年可能达到 80 亿。由于人口的增加和对高质量食物的需求，到 2025 年将要求在现在每年 $2.0×10^{11}t$ 谷物产量的基础上再增加 50% 的产量，这额外的产量将要在土地资源量比现存更少、淡水、化学品和劳动力更紧张的基础上生产出来。为了面对新世纪的挑战，必须培养更高产和稳产的作物品种，对土壤、水分和病虫害的控制需更精细、有效，通过传统方法和生物技术相结合来发展可持续农业生产，植物生理学在其间有着极其重要的作用。

植物可利用太阳光能、吸收 CO_2 和放出 O_2，从而合成有机物，在增收粮食、增加资源和改善环境等方面有着不可替代的作用。通过植物生理学的学习和研究，有助于认识与掌握植物生命活动的基本规律，更好地运用栽培技术调控植物生长，改善环境条件，使之符合各类植物在不同生育阶段的需要，创立一个高产、优质、低耗的生产系统；有助于将植物的基本生理规律与遗传规律结合起来，更好地选育良种；有助于更好地开发植物资源；有助于解决植物的土壤营养、抗旱抗寒、防治病虫害等方面的实际问题，使农业生产上一个新台阶。已知全球有 50 余万种植物，其中只有数千种被人们栽种或培养，大规模利用的种类很少，只有百余种，仅其中三种作物（水稻、小麦、玉米）就提供了全球人口所需粮食的一半以上。植物浑身都是宝，具有可供综合利用的特殊有机物。

有人预测了 21 世纪农业增产潜力与科技成果的关系，认为通过植物育种、灌溉和作物保水、遗传工程、生长调节剂、增加 CO_2 浓度、生物固氮、提高光合效率、复种多熟、温度适应、保护栽培等，可使农业增产 1.4 倍。而上述科学技术中，几乎都直接或间接地与植物生理学的发展有关。

植物生理学一方面不断地吸收各种先进的科学理论与技术，从分子→亚细胞→细胞→组织→器官→个体→群体，从微观到宏观全位地发展自己的基础理论，探索植物生命活动的本质；另一方面大力开展应用研究，使科学技术迅速地转化为生产力。现代植物生理学在农业上应用的领域越来越广，至少包括如下领域：种子培育和壮苗生理；快速无性繁殖；作物高产优质的生理基础；理想株型和品种的选育和栽培；作物的光能利用和产量形成；作物器官相关性和调控；作物的合理与经济施肥；作物的合理与经济用水；植物激素和植物生长调节剂的应用；微量元素肥料的应用；植物物质运输的调控；作物群体的合理结构与看苗诊断；植物次生代谢生理与次生物质的生产；器官脱落和衰老生理与对结实的合理调控；对植物衰老的调控；种子的安全贮藏和蔬菜、花卉的保鲜；提高作物对不良环境条件的抗性；生物固氮；人工设施栽培环境的控制；转基因植物生产及其安全性控制等。

这样的例子还有很多：从植物无机营养原理的阐明到促进化肥的生产和应用；从对植物光合特性和有机物运转分配规律的了解到指引人们进行以培育矮秆直立叶型作物品种为中心的"绿色革命"；从对植物激素的作用和代谢调节的研究到衍生出多种多样生长调节物质及除草剂的生产和应用；从植物细胞生理的探讨到对很多作物的插枝、嫁接和组织培养等无性繁殖技术的发展；从对果蔬采后生理的认识到一系列保鲜措施的制定；从对植物生长发育和光周期及温度关系的发现到对生产实践中作物的引种和季节调控的广泛指导作用等。如今，关于生物能源与植物生理学的研究，作物产量形成与高产理论的研究，环境生理与作物抗逆性的研究，设施农业中的作物生理问题，植物生理学与遗传育种学相结合等方面，植物生理学都表现出迅猛发展的势头。总之，植物生理学在基础理论上的深入突破及应用研究上的全面发展，将会使其在新世纪里显现出更加蓬勃的活力与生机。

四、植物生理学的学习方法

在学习植物生命活动规律时，需注意其如下特性：植物的整体性，细胞是植物结构功能的基本单位，植物有各种器官的分化和功能的分工，但植株各种细胞、组织、器官间是相互协调、相互制约的整体；植物与环境的统一性，植物生活和生长所需的物质、能量及信息均与周围环境相联系，植物只有在与外界不断地进行物质、能量和信息交换中才能生存；植物自身的可变性，植物的遗传性是以往长期进化形成的，还将不断地发生适应、变异和进化，随着环境的改变，植物的形态、生理代谢往往会发生很大的变化。

我们要充分认识到植物对于人类衣、食、住、行的特殊意义，理解植物生理学在解决实际问题中的理论指导作用。要了解植物生理学具有很多前沿研究领域，其发展突飞猛进，无论是立志投身这一学科研究还是作为相关学科的基础课进行学习，都将大有可为。同时要联系农林业生产实践，生产实践决定植物生理学的产生、发展，而学习植物生理学的根本目的是指导生产实践。生产实践不断向植物生理学提出新的课题，实践经验是植物生理学的宝贵财富。

植物生理学是理论性和实践性均很强的学科，它的发展与实验技术和手段的进步密不可分。要充分重视实验方法和技术，同时必须在分析的基础上进行综合。在实验时可以借助可能的物理、化学和生物学方法对植物的复杂生命活动进行分析，但要充分认识到分析方法的局限性。各种实验研究往往只对少数植物样本的某一部分的某些生理活动加以分析，而且是在特定的条件下进行的，所得研究结果的普遍性将受到许多限制。因此，必须在分析的基础上进行综合，不仅要联系个体内的各个生理过程，而且要将植物体与其生存环境条件联系起来。同时，植物生理学应该从微观到宏观，从分子、细胞水平到整体、群体水平各种层次进行研究，相互补充和相互促进，才能获取关于植物生命活动规律及其机理的正确认识。

植物生理学与生物科学的其他学科如植物学、生物化学、细胞生物学、遗传学、分子生物学等既交叉联系，又有相对独立性和学科特色。植物生理学研究有几个明显动向：从研究生物大分子以阐明复杂生命活动到基因结构与功能和各种组学的研究；从实现生命整体性的重要环节到信号传递整合网络的研究；从生命活动的能量和物质基础到代谢及其综合调节的研究；从植物与环境（生物和非生物环境）的相互关系到生物的协同进化和适应的研究。植物生理学的新成果不断涌现，内容日新月异，而教学课时数有限，所以在学习本课程时要做到课堂学习与自学相结合，注意学习方法的更新。对于一些前沿内容，尤其要加强自学的力度，多阅读专业期刊中的最新文献，因为任何教材都难以即时反映这些领域的最新成果。互联网的发展为植物生理学提供了一个很好的信息平台，应该充分利用国内外丰富的网络资源不断地学习和更新有关知识。

本 章 小 结

植物生理学是研究植物生命活动规律及其与环境相互关系的科学。绿色植物为自养生物，在物质循环和能量流动中成为整个生物圈运转的关键。本门课程主要学习植物的细胞生理与信号转导、功能与代谢生理及有机物转化运输、生长发育生理及环境生理等几个部分。植物通过物质代谢、能量转换、信息传递及由此表现出的形态建成完成其生命活动的过程。

千百年的生产与生活实践是植物生理学的萌芽，而用实验来解答植物生命现象则始于 16～17 世纪。18 世纪和 19 世纪是植物生理学的奠基与成长时期。20 世纪以来，植物生理学进入飞跃发展阶段，与分子生物学等学科交叉渗透，互相促进，从微观到宏观全面发展，在跨入 21 世纪之后，面临着前所未有的机遇和挑战。植物生理学的研究从分子、细胞、器官、整体到群体水平都有伟大的成就。

　　植物生理学是基础学科，但它的产生和发展都与农林等应用科学密切相关。人类面临着人口、食物、能源、环境和资源问题的挑战。植物生理学能为生产实践做出应有的贡献，显示出广阔的应用前景和发展活力。

　　在认识植物生命活动规律时，要注意植物的整体性，植物与环境的统一性，植物自身的可变性。要理解植物生理学在解决实际问题中的理论指导作用，充分重视实验方法和技术，同时必须在分析的基础上进行综合，不仅要联系个体内的各个生理过程，而且要将植物体与其生存环境条件联系起来。要采用正确的学习方法，课堂学习与自学相结合，注意学习方法的更新。

复习思考题

1. 什么是植物生理学？它研究的内容是什么？
2. 举例说明植物生理学与生产实践的关系。
3. 谈谈你从植物生理学的发展得到的启示。
4. 你认为应怎样提高植物生理学的学习效率？

第一篇

细胞生理与信号转导

第一章　植物细胞的生理基础

【学习提要】掌握植物细胞的组成特点。理解原生质的性质，细胞壁、生物膜的结构特点和生理功能，植物细胞的亚微结构即微膜系统、微梁系统、微球系统的组成与生理功能。了解植物细胞结构与功能的统一。

第一节　植物细胞概述

一、植物细胞的特点

细胞是生物体结构和功能的基本单位，是植物的物质代谢、能量代谢、信息传递、形态建成的基础。除病毒、类病毒外，已知的生命体几乎都是由细胞构成的。尽管细胞种类繁多，形态结构与功能各异，但有许多共同点：细胞表面均有由磷脂双分子层与镶嵌蛋白质构成的生物膜；都由脱氧核糖核酸（deoxyribonucleic acid，DNA）和核糖核酸（ribonucleic acid，RNA）作为遗传信息的载体；除特化细胞外，都含有合成蛋白质（protein）的细胞器——核糖体；细胞以一分为二的分裂方式进行增殖，遗传物质在分裂前复制加倍，在分裂时均匀地分配到两个子细胞内，这是生命繁衍的基础和保证。

（一）原核细胞和真核细胞

根据细胞的进化地位、结构的复杂程度、遗传装置的类型和生命活动的方式，可以将其分为两大类型：原核细胞（prokaryotic cell）和真核细胞（eukaryotic cell）。原核细胞没有典型的细胞核，只有一个由裸露的环状 DNA 分子构成的拟核（nucleoid），一般不存在其他细胞器，以无丝分裂（amitosis）进行繁殖。真核细胞的主要特征是细胞结构的区域化，核质有明显的膜包裹着，形成界限分明的细胞核；细胞质高度分化，形成细胞器；各种细胞器之间通过膜的联络、沟通形成了复杂的内膜系统。真核细胞分裂以复杂的有丝分裂（mitosis）为主。细菌和蓝藻是原核细胞的典型代表。此外，支原体、衣原体、立克次体、放线菌等也都是原核细胞。由原核细胞构成的有机体称为原核生物（prokaryote）。由真核细胞构成的有机体称为真核生物（eukaryote），包括了绝大多数单细胞生物与全部多细胞生物。

（二）高等植物细胞的特点

真核细胞是构成高等植物体的基本单位，但一株绿色植物不同组织、器官的细胞，其大小、形态及内部细胞器的分化程度、数目等都存在差别，特定的细胞形态是与细胞的功能密切相关的。在此以薄壁细胞为代表（图 1-1），介绍植物细胞结构的大致构成与特点。

成熟的薄壁细胞如叶肉细胞的中央往往有一个大液泡，在其周围有透明的浆状物，叫细胞质（cytoplasm）。细胞质中悬浮着一个球状的细胞核（nucleus），各种质体，十至数百个椭圆形的叶绿体，还有数目更多、体积更小的线粒体及其他各种形状的细胞器。例如，网状结构的内质网，内连核外膜，外接细胞质膜（plasma membrane），常常充当细胞内物质运转的桥梁。细胞器、细胞质基质及其外围的细胞质膜合称为原生质体（protoplast）。原生质体外有一层坚固而略有弹性的细胞壁。在植物组织里往往还可观察到一个细胞的原生质膜突出，穿过细胞壁与另外一个细

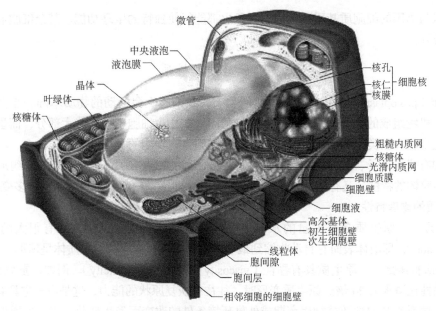

图 1-1　植物细胞模式图（引自王忠，2009）

的原生质膜联系在一起，构成相邻细胞的管状通道，这就是胞间连丝（plasmodesma）。具有明显的中央大液泡、质体（包括叶绿体）和细胞壁是植物细胞区别于动物细胞的三大结构特征。

　　植物细胞核是细胞遗传与代谢的调控中心。除成熟的筛管细胞外，其他活细胞都有细胞核。分生组织细胞核一般呈圆球状，占细胞体积的大部分。在已分化的细胞中，因有中央大液泡，核常呈扁平状贴近质膜。细胞核主要由核酸和蛋白质组成，并含少量的脂类及无机离子等。处于分裂间期的细胞核结构包括核膜、染色质、核基质和核仁 4 部分。核膜（nuclear membrane）由两层单位膜组成，外膜与内质网相连，在朝向胞质的外表面上有核糖体附着。核膜把核与胞质分隔开，其上的核孔（nuclear pore）是由蛋白质构成的复杂结构，是细胞核和细胞质进行物质、信息交换的主要通道。多种生物大分子如蛋白质、酶、RNA，甚至病原菌和病毒的 DNA 都可通过核孔进出。核基质（nuclear matrix）是由蛋白质纤维构建的网状结构，遍布于细胞核中，网孔中充以液体，其中除水分外还含有多种酶和无机盐等，核仁（nucleolus）和核糖体悬浮于其中。染色质（chromatin）附着于核基质网上。核基质是核的支架，有核骨架（nuclear skeleton）之称。

　　在真核细胞的细胞质膜以内，除可分辨的细胞器以外的胶状物质，称为细胞质基质（cytoplasmic matrix，cytomatrix），也称为细胞浆（cytosol），是细胞质的衬质。细胞质基质是细胞的重要结构成分，其体积约占细胞质的一半。它是具有一定黏度的透明物质，在细胞内能不停地流动，并能在相反方向同时流动，这是活细胞的重要特征。此外，很多代谢反应都是在看似无稳定结构的细胞质基质中有序地进行的，如糖酵解、戊糖磷酸途径、脂肪酸合成、光合细胞内蔗糖的合成等。细胞质基质还为细胞器的实体完整性提供所需要的离子环境，供给细胞器行使功能所必需的底物。

　　细胞器（organelle）通常指细胞质中具有一定形态结构和特定生理功能的细微结构。细胞核、线粒体和质体（如叶绿体）具有双层细胞膜（cell membrane）。它们都各自具有独立的遗传物质，可以进行自我增殖。但线粒体和质体的遗传物质只能编码自身所需的部分蛋白质，大部分的蛋白质仍需核基因编码，在细胞质中形成多肽链再进入线粒体或质体，故这两种细胞器仍受核的支配，具半自主性。有的细胞器（如微管、微丝、中间纤维、核糖体）没有膜所包裹，但它们仍以明显的形状与周围的细胞质基质相区别，并且也都能行使独特的生理功能。其余细胞器则多以膜与细胞质分开。

二、原生质的性质

原生质（protoplasm）为构成细胞的生活物质，是细胞生命活动的物质基础。原生质是各种无机物和有机物组成的复杂体系，其中水含量很高，往往占细胞全重的绝大部分，而蛋白质、核酸、碳水化合物和脂类则构成了有机物的主体。细胞生理功能的实现，与种类繁多、功能各异的各种无机和有机小分子、基本生物分子、生物大分子等的特点有关。原生质的化学组成决定了它既有液体与胶体的特性，又有液晶态的特性，使其在生命活动中起着重要的、复杂多变的作用。

（一）原生质的物理特性

1. 张力　　　原生质含有大量的水分，使它具有液体的某些性质，如有很大的表面张力（surface tension），即液体表面有自动收缩到最小的趋势，因而裸露的原生质体呈球形。

2. 黏性和弹性　　　原生质具有黏性（viscosity）和弹性（elasticity）。例如，蚕豆茎细胞内，原生质的黏性比清水大24倍。原生质变形时，往往有恢复原状的能力，这是由于它具有弹性。

原生质的黏性与弹性随植物生育期或外界环境条件的改变而发生变化。当黏性增加、代谢活动降低时，植物体与外界间物质交换减少，抗逆性增强；反之，植物体生长旺盛，抗逆性减弱。越冬的休眠芽和成熟种子的原生质黏性大，抗逆性强；而处于开花期和旺盛生长时期的植物，其原生质黏性低，抗逆性弱。

原生质的弹性与植物的抗逆性也有密切关系。弹性越大，则对机械压力的忍受力也越大，植物对不良环境的适应性也越强。因此，凡原生质黏性高、弹性大的植物，它对干旱、低温等胁迫的忍耐力也较强。

3. 流动性　　　在显微镜下，可观察到许多植物的细胞质不停地运动。最简单的运动方式是细胞质沿质膜的环流，称为胞质环流（cyclosis）。原生质的流动速度一般不超过0.1mm/s。原生质的流动是一种复杂的生命现象，有时在同一细胞内可以观察到不同的细胞器沿着相反的方向同时流动。原生质的流动在一定温度范围内随温度的升高而加速，且与呼吸作用有密切的联系。当缺氧或加入呼吸抑制剂时，原生质的流动就减慢或停止。

（二）原生质的胶体特性

胶体（colloid）是物质的一种分散状态。不论何种物质，凡能以直径1～100nm的颗粒分散于另一种物质之中时，就可形成胶体。构成原生质的生物大分子，如蛋白质和核酸的分子直径符合胶体范围，其水溶液具有胶体的性质。下面讨论与细胞生命活动有关的原生质胶体特性。

1. 带电性与亲水性　　　原生质胶体主要由蛋白质组成，蛋白质表面的氨基与羧基发生电离时可使蛋白质分子表面形成一层致密的、带电荷的吸附层。在吸附层外又有一层带电量相等而符号相反的较松弛的扩散层。这样就在原生质胶体颗粒外面形成一个双电层。双电层的存在对于维持胶体的稳定性起重要作用。例如，当胶体颗粒最外层都带有相同的电荷时，颗粒间便不会相互凝聚而沉淀。

蛋白质是亲水化合物，其表面可以吸附一层水分子形成很厚的水合膜，由于水合膜的存在，原生质胶体系统更加稳定。蛋白质是两性电解质，在两性离子状态下，原生质具有缓冲能力，这对细胞内代谢有重要作用。但当处于其等电点时，蛋白质表面的净电荷为零，溶解度也减小。这既破坏了以蛋白质为主的原生质胶体的稳定性，又降低了原生质的黏度、弹性、渗透压及传导性。各种胶体的等电点不同，植物原生质胶体的等电点通常在pH 4.6～5.0。一些电解质和脱水剂可以破坏蛋白质外层的水合膜，这些影响原生质胶体稳定性的因素都会对细胞的生命活动产生不利影响。如果原生质的胶体遭受破坏，原生质的生命活动就会紊乱甚至使细胞趋于死亡。

2. 扩大界面　　原生质胶体颗粒的体积虽然大于分子或离子，但它们的分散度很高，比表面积（表面积与体积之比）很大。它可以吸附很多分子积聚在界面上。吸附在细胞生理中具有特殊的作用，如增强了对离子的吸收、使受体与信号分子结合等。已证明许多化学反应都是在界面上发生的。所以，细胞内的空间虽小，但其内部界面很大。这一方面有利于原生质体对各种分子和离子的吸附和富集，另一方面也为新陈代谢的各种生化反应提供了场所，提高了效率。

3. 凝胶作用　　胶体有溶胶（sol）和凝胶（gel）两种状态。溶胶是液化的半流动状态，有近似流体的性质，它可以转变成一种有一定结构和弹性的半固体状态的凝胶，这个过程称为凝胶作用（gelation）。凝胶和溶胶在一定条件下可以相互转化，凝胶转变为溶胶的过程称为溶胶作用（solation）。

引起这种转变的主要因素是温度。当温度降低时，胶粒动能减小，胶粒部分水膜变薄，胶粒之间互相连接形成网状结构，水分子处于网眼结构的孔隙之中，这时胶体呈凝胶状态。当温度升高时，胶粒动能增大，分子运动速度加快，胶粒联系消失，网状结构不再存在，胶粒自由活动，这时胶体呈溶胶状态。

原生质胶体的状态与原生质的生理活动和抗逆性等生理特性密切相关。当原生质处于溶胶状态时，黏性较小，植物细胞代谢活跃，生长旺盛，但抗逆性较弱。当原生质呈凝胶状态时，细胞生理活性降低，但对低温、干旱等不良环境的抵抗能力提高，有利于植物度过逆境。

4. 吸胀作用　　凝胶具有强大的吸水能力，凝胶吸水膨胀的现象称为吸胀作用（imbibition）。种子就是靠这种吸胀作用吸水萌发的。

（三）原生质的液晶性质

液晶态（liquid crystalline state）是物质介于固态与液态之间的一种状态，它既有固体结构的规则性，又有液体的流动性和连续性；在光学和电学性质方面与晶体类似，在力学性质方面与液体类似。从微观来看，液晶态是某些特定分子在溶剂中有序排列而成的聚集态。

在植物细胞中，有不少分子可以在适当的温度范围内形成液晶态，如磷脂、蛋白质、核酸、叶绿素、类胡萝卜素与多糖。一些较大的颗粒如核仁、染色体和核糖体等也具有液晶态结构。

液晶态与生命活动息息相关。例如，膜的流动性是生物膜具液晶态的重要特性。但当温度过高时，膜会从液晶态转变为液态，其流动性增大，膜透性也增大，导致细胞内可溶性糖和无机离子等大量流失。温度过低会使膜由液晶态转变成凝胶态，导致细胞的生命活动减缓。研究表明，原生质只有在一定温度范围内才处于液晶态，低于某一临界温度时会变成相当于晶态的凝胶态，这一温度称为相变温度（phase shift temperature）。不同物种甚至不同品种的原生质，由于化学组成的差异，相变温度不同，其抗逆性强弱也不一样。

第二节　细胞壁的结构和功能

一、细胞壁的结构和化学组成

细胞壁（cell wall）是植物细胞外围的一层壁，具一定的弹性和硬度，以界定细胞的形状和大小。细胞壁除了起机械支持和保护作用外，还参与了一系列的代谢活动，如细胞的生长、分化、细胞识别及抗病机制等。

（一）细胞壁的基本结构

典型的细胞壁由胞间层（intercellular layer）、初生壁（primary wall）及次生壁（secondary wall）组成。

细胞在分裂时，最初形成的一层是由果胶质组成的细胞板（cell plate），它把两个子细胞分开，这层就是胞间层，又称中层或中胶层（middle lamella）。随着子细胞的生长，纤维素在质膜中合成并定向地交织成网状，沉积在质膜外，而半纤维素、果胶质及结构蛋白填充在网眼之间，形成质地柔软的初生壁。很多细胞只有初生壁，如分生组织细胞、胚乳细胞等。但是某些特化的细胞，如纤维细胞、管胞、导管等在生长接近定型时，在初生壁内侧沉积纤维素、木质素等次生壁物质，且层与层之间经纬交错。由于次生壁厚薄与形状的差别，特化的细胞分化出不同的细胞，如薄壁细胞、厚壁细胞、石细胞等。

（二）细胞壁的化学组成

构成细胞壁的物质主要有多糖（90%左右）和蛋白质（10%左右）及木质素、矿质等。细胞壁中的多糖（polysaccharide）主要是纤维素、半纤维素和果胶类，它们由葡萄糖、阿拉伯糖、半乳糖醛酸等聚合而成。次生细胞壁中还有大量的木质素。

1. 纤维素 纤维素（cellulose）是植物细胞壁的主要成分，它是由 $1000 \sim 10\,000$ 个 β-D-葡糖残基以 β-1,4-糖苷键相连的无分支的长链，相对分子质量为 $50\,000 \sim 400\,000$。纤维素内葡糖残基间形成大量的氢键，而相邻分子间的氢键使带状分子彼此平行地连在一起。这些纤维素分子链都具有相同的极性，排列成立体晶格状，可称为分子团，又称为微团（micelle）。微团组合成微纤丝（microfibril），微纤丝又组成大纤丝（macrofibril）。纤维素的这种结构非常牢固，因而使细胞壁具有高强度和抗化学降解的能力。

2. 半纤维素 半纤维素（hemicellulose）往往是指除纤维素和果胶物质以外的、溶于碱的细胞壁多糖类的总称。半纤维素的结构比较复杂，它在化学结构上与纤维素没有关系。不同来源的半纤维素，它们的成分也各不相同。有的由一种单糖缩合而成，如聚甘露糖和聚半乳糖。有的由几种单糖缩合而成，如木聚糖、阿拉伯糖、半乳聚糖等。

半纤维素在纤维素微纤丝的表面，它们之间虽彼此紧密连接，但并非以共价键的形式连接在一起。因此，它们覆盖在微纤丝之外并通过氢键将微纤丝交联成复杂的网格，形成细胞壁内高层次上的结构。

3. 果胶类 胞间层基本上是由果胶物质（pectic substance）组成的，果胶使相邻的细胞黏合在一起。果胶物质是由半乳糖醛酸组成的多聚体。根据果胶物质的结合情况及理化性质，可将其分为三类：果胶酸（pectic acid）、果胶（pectin）和原果胶（protopectin）。果胶酸是水溶性的，很容易与钙起作用生成果胶酸钙的凝胶，它主要存在于中层中；果胶能溶于水，存在于中层和初生壁中，甚至存在于细胞质或液泡中；原果胶主要存在于初生壁中，不溶于水，在稀酸和原果胶酶的作用下转变为可溶性的果胶。果胶物质分子间由于形成钙桥而交联成网状结构。它们作为细胞间的中层起黏合作用，可允许水分子自由通过。果胶物质所形成的凝胶具有黏性和弹性。钙桥增加，细胞壁衬质的流动性就降低；酯化程度增加，相应形成钙桥的机会就减少，细胞壁的弹性就增加。

4. 蛋白质与酶 细胞壁中最早被发现的结构蛋白（structural protein）是伸展蛋白（extensin）。它是一类富羟脯氨酸糖蛋白（hydroxyproline rich glycoprotein，HRGP），大约由300个氨基酸残基组成，这类蛋白质中羟脯氨酸含量特别高，一般为蛋白质的30%~40%。伸展蛋白是植物（尤其是双子叶植物）初生壁中广泛存在的结构成分，同时它还参与植物细胞防御和抗病抗逆等生理活动。在玉米等禾本科植物的细胞壁中，还发现了富苏氨酸和羟脯氨酸糖蛋白（threonine and hydroxyproline rich glycoprotein，THRGP）与富组氨酸和羟脯氨酸糖蛋白（histidine and hydroxyproline rich glycoprotein，HHRGP）。这两种糖蛋白除分别含苏氨酸和组氨酸外，其余的氨基酸和糖的组成及含量都与伸展蛋白类似。

此外，细胞壁的蛋白质还有富甘氨酸蛋白（glycine rich protein，GRP）、富硫蛋白（thionin）、阿拉伯半乳聚糖蛋白（arabinogalactan protein，AGP）、凝集素（lectin）和扩张蛋白（expansin）等。

细胞壁中的酶种类很多，大部分是水解酶类，如纤维素酶、果胶甲酯酶、酸性磷酸酯酶、多聚半乳糖醛酸酶等。其余则多属于氧化还原酶类，如过氧化物酶。

5. **其他物质**　　细胞壁中还含有木质素（lignin），在木本植物成熟的木质部中，其含量达18%～38%，主要分布于纤维、导管和管胞中。细胞壁的矿质元素中最重要的是钙。据研究，细胞壁中 Ca^{2+} 浓度远远大于胞内，为植物细胞最大的钙库。Ca^{2+} 和细胞壁聚合物交叉点的非共价离子结合在一起，对细胞伸长有抑制作用。钙调素（calmodulin，CaM）和 CaM 结合蛋白（calmodulin binding protein，CaMBP）在细胞壁中也已被发现。

二、细胞壁的功能

细胞壁历来被认为在代谢方面不活泼。然而，现今的研究表明，高等植物细胞壁特别是初生壁参与广泛的代谢活动，包括细胞的生长、分化，细胞识别及抗病机制等。细胞壁不再被认为仅仅是植物的一种刚性的、无生命活力的机械支架，起被动防护作用，而是一个动态的、积极地参与植物的各种生理过程的细胞重要组成部分。

（一）维持细胞形状，控制细胞生长

细胞壁增加了细胞的机械强度，并承受着内部原生质体由于液泡吸水而产生的膨压，从而使细胞具有一定的形状，这不仅有保护原生质体的作用，而且维持了器官与植株的固有形态。另外，细胞壁控制着细胞的生长，这是因为细胞生长的前提是细胞壁的松弛和伸展。

（二）物质运输与信息传递

细胞壁允许离子、多糖等小分子和低分子质量的蛋白质通过，而将大分子或微生物等阻于其外。因此，细胞壁参与了物质运输、防止水分损失（次生壁、表面的蜡质等）、植物水势调节等一系列生理活动。细胞壁上纹孔或胞间连丝的大小受细胞生理年龄和代谢活动强弱的影响，故细胞壁对细胞间物质的运输具有调节作用。细胞壁中的 Ca^{2+}、CaM 和 CaMBP 在信号转导中有重要作用。另外，细胞壁也是化学信号（激素、生长调节剂等）、物理信号（电波、压力等）传递的介质与通路。

（三）防御与抗性

细胞壁不仅作为结构屏障阻止胞外病原微生物的进入，而且在细胞受到感染和伤害时，能积极参与防御反应。细胞壁中的多种水解酶可以降解真菌病原体；在植物受到侵染时，细胞壁中会产生抑制物质（如蛋白酶抑制剂）以抑制病原菌释放的酶。细胞壁中的伸展蛋白除了作为结构成分外，也有防病抗逆的功能。例如，黄瓜抗性品种感染一种霉菌后，其细胞壁中羟脯氨酸的含量比敏感品种增加得快。植物凝集素在寄主植物与病原菌的相互关系中有重要作用，主要表现在寄主植物凝集素对病原菌的识别存在专一性，并具有与外源抗体类似的作用。

细胞壁中有称为寡糖素（oligosaccharin）的寡糖片段，它能诱导植保素（phytoalexin）的形成。例如，将一种庚葡糖苷寡糖素（图1-2）施加于大豆细胞时，能诱导抑制霉菌生长的抗生素合成基因活化而产生抗生素。寡糖素的功能复杂多样，如有的作为蛋白酶抑制剂诱导因子，在植

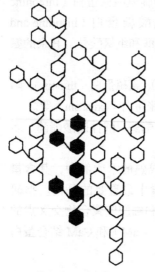

图1-2　第一个鉴定出的寡糖素——庚葡糖苷

（引自王忠，2009）

这是由7个葡萄糖单元组成的链，用黑色六角形表示，它与许多无活性的细胞壁庚葡糖苷的不同之处仅在于2个侧链（均为单个葡萄糖单元）与骨架连接的位置，其骨架是以β-糖苷键连接的5个葡萄糖单元组成的链

物抵抗病虫害中起作用；有的寡糖素可使植物产生过敏性死亡，使得病原物不能进一步扩散；还有的寡糖素参与调控植物的形态建成。

（四）其他功能

细胞壁中的酶类参与多种生理活动，如细胞壁大分子的合成、水解和转移，将胞外物质输送到细胞内及防御作用等。研究发现，细胞壁还参与了植物与根瘤菌共生固氮的相互识别作用，此外，细胞壁中的多聚半乳糖醛酸酶和凝集素还可能参与了砧木和接穗嫁接过程中的识别反应。正在发育的种子的子叶和胚乳，其次生壁主要由非纤维素多糖构成，可起碳水化合物贮藏作用，在萌发时被分解为蔗糖并运输到生长的幼苗中。扩张蛋白可诱导细胞壁不可逆伸展、提高细胞壁的胁迫松弛能力，以适应水分胁迫。

应当指出的是，并非所有细胞的细胞壁都具有上述功能，细胞壁的功能与细胞的组成、结构和所处的位置等有关。

三、胞间连丝

（一）胞间连丝的结构

当细胞板尚未完全形成时，内质网的片段或分支及部分原生质丝（约400nm）留在未完全合并的成膜体中的小囊泡之间，以后便成为两个子细胞的管状联络孔道，这种穿越细胞壁、连接相邻细胞原生质（体）的管状通道称为胞间连丝（plasmodesma）（图1-3）。胞间连丝使组织的原生质体具有连续性，因而原生质体间通过胞间连丝连成的原生质体整体称为共质体（symplast），而将细胞壁、质膜与细胞壁间的间隙及细胞间隙等空间称为质外体（apoplast）。共质体与质外体都是植物体内物质运输和信息传递的通道。

胞间连丝的数量和分布与细胞的类型、所处的相对位置和细胞的生理功能密切相关。一般1μm²面积的细胞壁有1～15条胞间连丝。当细胞之间物质运输和信息传递频繁时，胞间连丝就增多，如筛管分子和相邻的普通伴胞（ordinary companion cell）或转移细胞（transfer cell，TC）壁上便是如此。

（二）胞间连丝的功能

1. 物质交换　相邻细胞的原生质可通过胞间连丝进行交换，使可溶性物质（如电解质和小分子有机物）、生物大分子物质（如蛋白质、核酸、蛋白核酸复合物）甚至细胞核发生胞间运输。

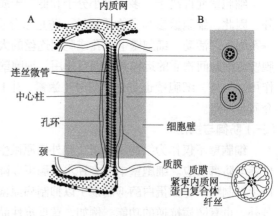

图1-3　胞间连丝

A. 纵剖面；B. 横剖面

2. 信号传递　通过胞间连丝可进行体内信息传递。物理信号、化学信号都可通过胞间连丝在共质体中传递。

第三节　生物膜的结构和功能

生物膜（biomembrane）是指构成细胞的所有膜的总称。按其所处位置可分为两种：一种是处于细胞质外面的一层膜，叫质膜，也可叫原生质膜；另一种是处于细胞质中构成各种细胞器的膜，叫内膜（endomembrane）。质膜可由内膜转化而来。

生物膜为酶催化反应的有序进行和整个细胞的区域化提供了一个必要的结构基础。生命活动中的物质代谢、能量转换和信息传递等都与生物膜的结构和功能有关。

一、生物膜的化学组成

生物膜由蛋白质、脂类、糖，以及水和其他无机离子组成。蛋白质占 50%～75%，脂类占 25%～45%，糖占 5%。这些组分，尤其是脂类与蛋白质的比例，因不同细胞、细胞器或膜层而相差很大。脂类起骨架作用，蛋白质决定膜功能的特异性。功能较复杂的膜如线粒体内膜的蛋白质含量较高。需说明的是，由于脂类分子的体积比蛋白质分子小得多，因此生物膜中的脂类分子的数目总是远多于蛋白质分子的数目。例如，在含 50% 蛋白质的膜中，脂类分子与蛋白质分子的数目比约为 50∶1。这一比例关系反映到生物膜结构上，就是脂类以双分子的形式构成生物膜的基本骨架，而蛋白质分子则"镶嵌"于其中。

（一）膜蛋白

生物膜中的蛋白质占细胞蛋白质总量的 20%～30%，它们或是单纯的蛋白质，或是与糖、脂结合形成结合蛋白。根据它们与膜脂作用的方式及其在膜中的位置，可以将膜蛋白（membrane protein）分为外在蛋白与内在蛋白两类。外在蛋白（extrinsic protein）为水溶性球状蛋白质，通过静电作用及离子键等非共价键与膜脂相连，分布在膜的内外表面。内在蛋白（intrinsic protein）占膜蛋白总量的 70%～80%，又叫嵌入蛋白或整合蛋白（integral protein）。其主要特征是水不溶性，分布在脂质双分子层中。有的横跨全膜，也叫跨膜蛋白（transmembrane protein）；有的全部埋入疏水区；也有的与外在蛋白结合以多酶复合体形式一部分插在膜中，另一部分露在膜外。

（二）膜脂

在植物细胞中，构成生物膜的脂类主要是复合脂（complex lipid），包括磷脂、糖脂、硫脂等。磷脂（phospholipid）是含磷酸基的复合脂。重要的磷脂有甘油磷脂，如磷脂酰胆碱（卵磷脂，phosphatidylcholine）和磷脂酰乙醇胺（脑磷脂，phosphatidylethanolamine）。磷脂分子结构的共同特点是：既有疏水（hydrophobic）基团，又有亲水（hydrophilic）基团。分子中有一个极性的"头部"和一个疏水的"尾部"。磷脂的这种特性使其在生物膜形成中起着独特的作用。糖脂（glycolipid）是指甘油酯中甘油分子上有一个羟基以糖苷键与一分子六碳糖相结合的产物。硫脂（sulfolipid）则是糖脂分子中的六碳糖上又带一个硫酸根基团的脂类。膜上的脂类几乎都是两性（amphipathic）分子，在水相中可自发地形成脂双层，即脂类分子呈两层排列，亲水的头部处于水相，疏水的尾部朝向中央。这种排列可自发进行，称作脂类的自我装配过程，脂双层一旦有破损也能自我闭合。脂双层的自我装配、自我闭合及具有流动性这三大特点决定了它能成为生物膜的基本结构。

脂肪酸（fatty acid，FA）有饱和脂肪酸和不饱和脂肪酸之分。不饱和脂肪酸与植物的抗逆性有很大关系，通常耐寒性强的植物，其膜脂中不饱和脂肪酸含量较高，而且不饱和程度（双键数目）也较高，有利于保持膜在低温时的流动性；而抗热性强的植物，其饱和脂肪酸的含量较高，有利于保持膜在高温时的稳定性。

（三）膜糖

生物膜中的糖类主要分布于原生质膜的外单分子层。这些糖是由不超过 15 个单糖残基连接成的具分支的低聚糖链（寡糖链），其中多数糖与膜蛋白结合形成糖蛋白，少数与膜脂结合形成糖脂。由于单糖繁多，彼此的结合方式和排列顺序千变万化，因而形成的寡糖链种类非常多，使细胞表面结构丰富多彩，利于细胞之间借此进行互相识别和交换信息。

二、生物膜的结构与特性

关于膜结构的研究，19 世纪末就有记载。1895 年，Overton 发现脂溶性物质容易通过细胞膜，而非脂溶性物质就很难通过，由此推断细胞表面存在一层脂类物质。1925 年，Gorter 和 Grendel 发现红细胞所含的脂类分散为单分子层，其面积恰好为红细胞表面积的 2 倍，因此指出膜由双层脂类分子构成。Danielli 和 Davson 等发现质膜的表面张力比油水界面的表面张力低得多，而脂滴表面吸附有蛋白质成分则表面张力降低，因此推测质膜中含有蛋白质成分，并提出蛋白质-脂类-蛋白质的"三明治"式的质膜结构模型。1959 年，Robertson 根据生物膜的电镜观察和 X 射线衍射分析结果，进一步提出了单位膜模型（unit membrane model），并推测所有的生物膜都是由具有蛋白质-脂类-蛋白质结构的单位膜构成。在电镜下，细胞质膜显示出暗-亮-暗 3 条带，两侧的暗带厚度各约 2nm，中间亮带厚度约 3.5nm，整个膜的厚度约 7.5nm。

随着各种技术手段的发展，人们认识到单位膜模型具有缺陷，许多学者在此基础上又不断提出了一些新的膜分子结构模型，最具代表性的模型有如下两种。

（一）流动镶嵌模型

流动镶嵌模型（fluid mosaic model）（图 1-4）由 Singer 和 Nicolson 在 1972 年提出，根据该模型，生物膜的基本结构有如下特征。

1. **脂质以双分子层形式存在**　构成膜骨架的脂质双分子层中，脂类分子疏水基向内，亲水基向外。

2. **膜蛋白存在的多样性**　膜蛋白并非均匀地排列在膜脂两侧，外在蛋白以静电相互作用的方式与膜脂亲水性头部结合；内在蛋白与膜脂的疏水区以疏水键结合。

3. **膜的不对称性**　这主要表现在膜脂和膜蛋白分布的不对称性：①在膜脂的双分子层中，外层以磷脂酰胆碱为主，而内层则以磷脂酰丝氨酸和磷脂酰乙醇胺为主；同时，不饱和脂肪酸主要存在于外层。②膜脂内外两层所含外在蛋白与内在蛋白的种类及数量不同，膜蛋白分布的不对称性是膜具有方向性功能的物质基础。③糖蛋白与糖脂只存在于膜的外层，而且糖基暴露于膜外，这也是膜具有对外感应与识别等能力的结构基础。

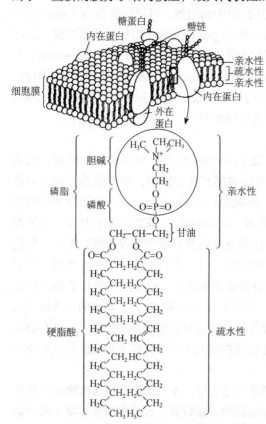

图 1-4　生物膜的流动镶嵌模型

4. **膜的流动性**　膜的不对称性决定了膜的

不稳定性，磷脂和蛋白质都具有流动性。磷脂分子小于蛋白质分子，流动性比蛋白质的扩散速率大得多，这是因为膜内磷脂的凝固点较低，通常呈液态。膜脂流动性的大小取决于脂肪酸的不饱和程度，脂肪酸的不饱和程度越高，膜的流动性越强；另外，膜的流动性与脂肪酸链长度呈负相关，脂肪酸链越短，膜的流动性越强。

流动镶嵌模型虽得到比较广泛的支持，但仍有很多局限性，如忽视了蛋白质对脂类分子流动性的控制作用和膜各部分流动的不均匀性等问题。

（二）板块镶嵌模型

板块镶嵌模型（plate mosaic model）由 Jain 和 White 于 1977 年提出。该模型认为，由于生物膜脂质可以在环境温度或其他化学成分变化的影响下，或是由于膜中同时存在着不同脂质（脂肪链的长短或饱和度不同），或者由于蛋白质-蛋白质、蛋白质-脂质间的相互作用，膜脂的局部经常处于一种"相变"状态，即一部分脂区表现为从液晶态转变为晶态，而另一部分脂区表现为从晶态转变为液晶态。因此，整个生物膜可以看成由不同组织结构、不同大小、不同性质、不同流动性的彼此移动的"板块"组成，高度流动性的区域和流动性比较小的区域可以同时存在，随着生理状态和环境条件的改变，这些"板块"之间可以彼此转化。板块镶嵌模型有利于说明膜功能的多样性及调节机制的复杂性，是对流动镶嵌模型的补充和发展。

三、生物膜的功能

在生命起源的最初阶段，正是有了脂性的膜，才使生命物质——蛋白质与核酸获得与周围介质隔离的屏障而保持聚集和相对稳定的状态，继之才有细胞的发展。因此，质膜是任何活细胞必不可少的。

（一）分室作用

细胞的膜系统不仅把细胞与外界环境隔开，而且把细胞内部的空间分隔，使细胞内部区域化（compartmentation），即形成多种细胞器，从而使细胞的生命活动分室进行。各区域内均具有特定的 pH、电位、离子强度和酶系等。同时，膜系统又将各个细胞器联系起来，共同完成各种连续的生理生化反应。例如，光呼吸的生化过程就是由叶绿体、过氧化物体和线粒体三种细胞器分工协同完成的。

（二）代谢反应场所

生物膜常为细胞内许多代谢反应有序进行的场所。例如，光合作用的光能吸收、电子/质子传递、同化力的形成、呼吸作用的电子传递及氧化磷酸化过程分别在叶绿体的光合膜和线粒体内膜上进行。

（三）能量转换场所

生物膜是细胞进行能量转换的场所，光合电子传递、呼吸电子传递及与之相偶联的光合磷酸化和氧化磷酸化都发生在膜上。

（四）物质交换

生物膜对物质的透过具有选择性，能控制膜内外的物质交换，有吸收与分泌功能。例如，质膜可通过简单扩散、促进扩散、离子通道、主动转运、胞饮作用等方式进行各种物质的吸收与转移。各种细胞器上的膜也通过类似方式控制其小区域与胞质进行物质交换。

（五）识别与信息转导

膜糖的残基分布在膜的外表面，类似"触角"，能够识别外界的某种物质，并将外界的某种刺激转换为胞内信使，诱导细胞反应。例如，花粉粒与柱头表面之间、砧木与接穗细胞之间、根瘤菌与豆科植物根细胞之间的识别反应均与膜性质有关。膜上还存在着各种各样的受体（receptor），能感应刺激，传导信息，调控代谢。

第四节　植物细胞的亚微结构与功能

植物细胞的结构除细胞壁、质膜、细胞核、细胞质基质外，利用电子显微镜观察，还可发现细胞内具有更精细的亚微结构（submicroscopic structure）或超微结构（ultrastructure）。据这些亚微结构特点，可将其分为三大基本结构体系，即以脂质与蛋白质成分为基础的生物膜系统（biomembrane system），也称微膜系统；以一系列特异的结构蛋白构成的细胞骨架系统（cytoskeleton system），也称微梁系统；以 DNA-蛋白质与 RNA-蛋白质复合体形成的遗传信息表达系统（genetic expression system），也称微球系统。这三大基本结构体系构成了细胞内部结构精密、分工明确、职能专一的各种细胞器，并以此为基础保证了细胞生命活动的高度程序化和具有高度自控性。植物生理过程和代谢反应都是在细胞质和各种细胞器相互协调下完成的。

一、微 膜 系 统

微膜系统（micro-membrane system）包括细胞的外周膜（质膜）和内膜系统。内膜系统（endomembrane system）通常是指那些处在细胞质中，在结构上连续、功能上关联的由膜组成的细胞器的总称。

（一）质体和叶绿体

1. **质体的结构和功能**　　植物细胞的特点之一就是具双层膜的质体（plastid）。质体由前质体（proplastid）分化发育而成，并据其中所含色素不同而分为几种。①无色素的叫白色体（leucoplast），为无色、透明、圆球状颗粒。根据其贮藏物质不同可分为造粉体或叫淀粉体（amyloplast）、蛋白体（proteoplast）和造油体（elaioplast）。淀粉体能合成和分解淀粉，内含有一到几个淀粉粒。②有色素的叫有色体（chromoplast），包括杂色体和叶绿体等。叶绿体含有叶绿素等色素，是光合作用的细胞器，其结构与功能将在"植物的光合作用"一章中作详细介绍。杂色体可能因所含色素的不同（如黄色或橙色的胡萝卜素和叶黄素）而呈黄色、橘红色等不同颜色，存在于花瓣、果实、根等各种不同的器官中。有色体的颜色有助于异花授粉和种子传播等。

2. **质体间的相互转化**　　前质体是其他质体的前身，可分化发育成多种质体。各种质体之间也可相互转化。例如，某些根经光照后可以转绿，这就是因为白色体或杂色体向叶绿体转化。当果实成熟时，叶绿体又有可能因叶绿素的退化和类囊体结构的消失而转化为其他有色体。当某种已分化的组织脱分化为分生组织时，各种质体又可恢复成前质体。不同时期质体的化学成分、体积大小和生理活性有很大差别。

（二）线粒体

1. **线粒体的结构**　　线粒体（mitochondrion）一般呈球状、卵形，宽 1μm，长 1～3μm（图 1-5）。在不同种类的细胞中，线粒体的数目相差很大，一般为 100～3000 个。通常在代谢强度大的细胞中线粒体的密度高；反之较低。例如，衰老或休眠的细胞和缺氧环境下的细胞，其线粒体数目明显减少。细胞中的线粒体既可被细胞质的运动而带动，也可自主运动移向需要能量的部位。

线粒体由内、外两层膜组成。外膜（outer membrane）较光滑，厚度为 5～7nm。内膜（inner membrane）厚度也为 5～7nm，在许多部位向线粒体的中心内陷形成片状或管状的皱褶，这些皱

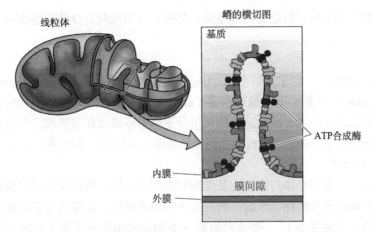

图 1-5　线粒体结构模式图（引自 Buchanan et al., 2004）

褶称为嵴（cristae），由于嵴的存在，内膜的表面积大大增加，有利于呼吸过程中的酶促反应。另外，在线粒体内膜的内侧表面有许多小的带柄颗粒，即 ATP 合成酶复合体，是合成 ATP 的场所。一般需要能量较多的细胞，除线粒体数目较多外，嵴的数目也多。

线粒体内膜与外膜之间的空隙，宽约 8nm，称为膜间隙（intermembrane space），内含许多可溶性酶底物和辅助因子。内膜内侧空间充满着透明的胶体状态衬质，也称为基质（matrix），基质的化学成分主要是可溶性蛋白质，还有少量 DNA（但和存在于细胞核中的 DNA 不同，它是裸露的，没有结合组蛋白），以及自我繁殖所需的基本组分（包括 RNA、DNA 聚合酶、RNA 聚合酶、核糖体等）。由此反映出线粒体在代谢上具有一定的自主性。

2. 线粒体的功能　　线粒体是进行呼吸作用的细胞器，为细胞各种生理活动提供能量，有细胞"动力站"之称。

（三）内质网

1. 内质网的结构和类型　　内质网（endoplasmic reticulum，ER）是由双层膜平行排列而构成的囊状、管状或泡状的网膜系统。两层膜之间有一层狭窄、透明的空腔（lumina）。内质网交织分布于细胞质中，通常可占膜系统的一半左右，内与细胞核外膜相连，外与质膜相连，穿插于整个细胞质中，与多种细胞器有结构和功能上的联系，并且可通过胞间连丝与邻近细胞的内质网相连。此外，高尔基体泡囊的产生、液泡和微体膜的起源都与内质网密切相关。

按内质网膜上有无核糖体可把内质网分为两种类型：粗面内质网（rough endoplasmic reticulum，RER）和滑面内质网（smooth endoplasmic reticulum，SER），前者有核糖体附着，后者没有核糖体。这两种内质网是连续的，并且可以互相转变。例如，形成层细胞的内质网，冬季是光滑型的，夏季则是粗面型的。可见，内质网形态变化是细胞代谢转变的一种适应行为。

2. 内质网的功能

（1）物质合成　　粗面内质网大多为扁平囊状，靠近细胞核，其上的核糖体是蛋白质合成的场所，还会对合成的蛋白质进行分选（sorting）。滑面内质网功能更为复杂，参与糖蛋白的寡糖链及脂的合成等。

（2）分隔作用　　内质网布满整个细胞质，因而提供了细胞空间的支持骨架，起细胞内分室作用，使各种细胞器均处于相对稳定的环境，有序地进行着各自的代谢活动。

（3）运输、贮藏和通信作用　　内质网形成了一个细胞内的运输和贮藏系统。它还可通过胞间连丝，成为细胞之间物质与信息的传递系统。另外，由内质网合成的造壁物质参与了细胞壁的形成。

（四）高尔基体

1. **高尔基体的结构**　　高尔基体（Golgi body）又称高尔基器（Golgi apparatus）或高尔基复合体（Golgi complex），由膜包围的盘形泡囊（cisterna）垛叠（stack）而成。泡囊的边缘可分离出许多小泡，即高尔基体小泡。高尔基体的两极分别称为形成面和成熟面，形成面的泡囊紧靠内质网，在结构上也与内质网相同，而成熟面则紧贴质膜，其性质与质膜更为接近。

2. **高尔基体的功能**

（1）物质集运　　高尔基体与细胞内及细胞间的物质转运、消化及分泌物质有关。蛋白质合成后被输送到高尔基体暂时贮存、浓缩，然后被送到相关部位。运输的过程可能是：内质网→高尔基体小泡→液泡（分泌液泡）。一些水解酶如 α-淀粉酶在粗面内质网上的核糖体合成后，进入内质网腔，被输送至滑面内质网，然后形成小泡，传送至高尔基体形成面，在高尔基体中蛋白质浓缩成与膜结合的酶原颗粒（小泡）。这些颗粒移至细胞表面而释放出来。

（2）生物大分子的装配　　高尔基体不仅是分泌多糖的地点，也是多糖生物合成的地点。在合成糖蛋白或糖脂类的碳水化合物侧链时，高尔基体也起一定作用。糖蛋白中的蛋白质先在核糖体合成，然后在高尔基体中把多糖侧链加上去。

（3）参与细胞板和细胞壁的形成　　在植物细胞中，高尔基体的一个重要作用是参与细胞板和细胞壁的形成。例如，组成细胞壁的糖蛋白被从高尔基体分裂出的小囊泡运输到细胞表面，小囊泡与质膜融合把内容物释放出来，沉积于细胞壁。

（4）分泌物质　　高尔基体除分泌细胞壁物质外，还分泌多种其他物质。陆生植物根尖最外层的根冠细胞常含许多膨胀的高尔基体。它们分泌多糖黏液，保护并润滑根尖，使之易于穿透坚硬的土层。食虫植物如茅膏菜和捕虫堇叶腺细胞的高尔基体分泌物能破坏寄生组织的酶等。

应提出的是，高尔基体与内质网在功能上具有最密切的关系，许多生理功能是由二者协同完成的，因此，在结构上二者常依附在一起。

（五）溶酶体

1. **溶酶体的结构**　　溶酶体（lysosome）是由单层膜围绕，内含多种酸性水解酶类的囊泡状细胞器。溶酶体含有酸性磷酸酶、核糖核酸酶、糖苷酶、蛋白酶和酯酶等几十种酶。

2. **溶酶体的功能**

（1）消化作用　　溶酶体的水解酶能分解蛋白质、核酸、多糖、脂类及有机磷酸化合物等物质，进行细胞内的消化作用。

（2）吞噬作用　　溶酶体通过吞噬等方式消化溶解部分由于损裂等而丧失功能的细胞器和其他细胞质颗粒或侵入体内的细菌、病毒等，所得产物可以被再利用。

（3）自溶作用　　在细胞分化和衰老过程中，溶酶体可自发破裂，释放出水解酶，把不需要的结构和酶消化掉，这种自溶作用在植物体中是很重要的。例如，许多厚壁组织、导管、管胞成熟时原生质体的分解消化，乳汁管和筛管分子成熟时部分细胞壁的水解及衰老组织营养物质的再循环等都是细胞的自溶反应。

（六）液泡

1. **液泡的结构**　　植物分生组织细胞含有许多分散的小液泡。随着细胞的生长，这些小液泡融合、增大，最后形成一个大的中央液泡（central vacuole），它往往占细胞体积的90%。细胞质和细胞核则被挤到贴近细胞壁处。

2. 液泡的功能

（1）转运物质　　液泡借单层的液泡膜（tonoplast）与细胞质相联系。植物细胞利用其液泡转运和储藏营养物、代谢物和废物。

（2）吞噬和消化作用　　液泡含有多种水解酶，通过吞噬作用，消化分解细胞质中外来物质或衰老的细胞器，起到清洁和再利用作用。

（3）调节细胞水势　　大多数植物细胞在生长时主要靠液泡大量积累水分，并通过膨压导致细胞壁扩张。中央液泡的出现使细胞与外界环境构成一个渗透系统，调节细胞的吸水机能，使细胞有一定的挺度。

（4）吸收和积累物质　　液泡可以有选择性地吸收和积累各种溶质，如无机盐、有机酸、氨基酸、糖等。例如，甜菜根内的蔗糖主要贮存于液泡内；景天酸代谢植物叶肉细胞夜间形成的苹果酸也暂时存于液泡内，以维持细胞正常代谢。液泡还汇集一些代谢废物、外来有害物质或者次生代谢物质，如重金属、单宁、色素、生物碱等。

（5）调节 pH 和离子稳态　　大液泡可作为质子和主要代谢离子如钙离子的贮藏器。液泡膜存在质子泵（如 H^+-ATPase）、离子通道和载体蛋白，通过这些运输体控制质子、钙离子和其他离子进出液泡，不仅可调节质膜的 pH 和离子浓度，还可以调节酶活性，控制细胞反应。

（6）赋予细胞不同颜色　　花瓣和果实的一些红色或蓝色等，常是花青素所显示的颜色。花青素的颜色随着液泡中细胞液（cell sap）的酸碱性不同而变化，酸性时呈红色，碱性时呈蓝色。在实践中可用花青素的颜色变化作为形态和生理指标。有的叶面色素可屏蔽紫外光和可见光，以防止光氧化作用对光合细胞器的伤害。具有色素的花瓣和果实分别用来吸引传粉者和种子传播者。

（7）抵御病虫害　　液泡内积累的大量有毒化合物可减少动物的取食和病菌的侵染，如酚类化合物、生物碱、蛋白酶抑制剂、几丁质酶、乳液等。

（七）微体

1. 微体的结构和种类　　微体（microbody）外由单层膜包裹，直径为 0.2～1.5μm，膜内衬质是均一的，或者是呈颗粒的，无内膜片层结构。根据功能不同，微体可分为过氧化物体和乙醛酸循环体，通常认为微体起源于内质网。在贮油子叶的发育和衰老期间，发现了乙醛酸循环体和过氧化物体可互相转化。

2. 微体的功能

（1）过氧化物体与光呼吸　　过氧化物体（peroxisome）含有乙醇酸氧化酶、过氧化氢酶等，所催化的反应参与光呼吸作用，因此，过氧化物体常位于叶绿体附近，且高光呼吸 C_3 植物叶肉细胞中的过氧化物体较多，而低光呼吸 C_4 植物的过氧化物体大多存在于维管束鞘薄壁细胞内。

（2）乙醛酸循环体与脂类代谢　　乙醛酸循环体（glyoxysome）含乙醛酸循环（glyoxylate cycle）酶类、脂肪酰辅酶 A 合成酶、过氧化氢酶、乙醇酸氧化酶等。其生理功能是糖的异生作用，即从脂肪转变成糖类。

（八）圆球体

1. 圆球体的结构　　圆球体（spherosome）又叫油体（oil body），是直径 0.4～3μm 的球形细胞器，标准的圆球体含有 40% 以上的脂类，故也常称为拟脂体（lipid body）。圆球体膜厚 2.0～3.5nm，只有单位膜厚度的一半，即由一层磷脂和蛋白质镶嵌而成的半单位膜组成，磷脂层的疏水基团与内部脂类基质相互作用，而亲水头部基团则面向细胞质基质。膜上的蛋白质主要是油质蛋白（oleosin），为圆球体所独有，多为一些低分子质量的碱性疏水蛋白。圆球体通常含甘油三酯（triacylglycerol，TAG），存在于玉米、大麦与小麦种子等的胚和糊粉层、蓖麻种子的胚乳、向日葵与花生的子叶中。有的圆球体含有蜡质，如大麦表皮细胞中的圆球体。圆球体能积累脂肪。

2. 圆球体的功能　种子成熟时圆球体以出芽方式在粗面内质网上形成，其中甘油三酯来自两层磷脂膜，油质蛋白来自内质网上的多聚核糖体，形成的圆球体被释放到细胞质基质中。当种子萌发时，游离的多聚核糖体合成脂肪酶，经脂解作用的圆球体膜与液泡膜融合在一起，其中的脂肪酸被释放出来参与代谢。圆球体具有溶酶体的某些性质，也含有多种水解酶。

二、微梁系统

真核细胞中的微管、微丝和中间纤维等都是由丝状蛋白质多聚体构成的，没有膜的结构，互相联结成立体的三维网络体系，分布于整个细胞质中，起细胞骨架（cytoskeleton）的作用，统称为细胞内的微梁系统（microtrabecular system）。细胞骨架是细胞中的动态丝状网架，这个网架固定、引导、运输无数的大分子、大分子复合体和细胞器，并促进信号转导。

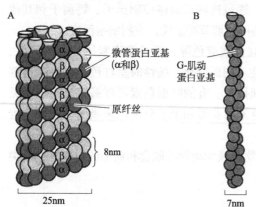

图1-6　微管和微丝的分子结构模型
（引自 Taiz and Zeiger，2010）
A. 微管，示原纤丝，α、β为微管蛋白；B. 微丝

（一）微管

1. 微管的结构　微管（microtubule）是由球状的微管蛋白（tubulin）组装成的中空管状结构，直径20～27nm，长度变化很大，有的可达数微米（图1-6A）。微管的主要结构成分是由α-微管蛋白与β-微管蛋白构成的异二聚体。管壁上生有突起，通过这些突起（或桥）使微管相互联系或与其他部分如质膜、核膜、内质网等相连。

2. 微管的功能　微管在细胞分裂和细胞壁形成中有重要作用，具有保持细胞形态的功能。其还参与细胞运动与细胞内物质运输，如纤毛运动、鞭毛运动及纺锤体和染色体运动，协助各种细胞器完成它们各自的功能等。

（二）微丝

1. 微丝的结构　微丝（microfilament）比微管细而长，直径为4～6nm，也有人将其称为肌动蛋白纤维（actin filament），是由肌动蛋白（actin）构成的多聚体，呈丝状（图1-6B）。微丝在植物细胞中有着广泛的分布：通常是成束地存在于细胞的周缘胞质（周质）中，其走向一般平行于细胞长轴；有的疏散成网状，与微管一起形成一个从核膜到质膜的辐射状的网络体系；在早前期微管带、纺锤体及成膜体中也有大量微丝存在。植物细胞的周质中，微丝与微管形成精确的平行排列，这二者之间还存在相互作用的关系。周质微管的破坏会引起周质微丝的重组；相反，微丝的破坏也引起微管的重组。

2. 微丝的功能　微丝的主要生理功能是为胞质运动提供动力。微丝可与质膜联结，参与和膜运动有关的一些重要生命活动，如巨噬细胞的吞噬作用、植物生长细胞的胞饮作用。微丝还与胞质物质运输、细胞感应等有关。

（三）中间纤维

1. 中间纤维的结构　中间纤维（intermediate filament）是一类柔韧性很强的蛋白质丝，其成分比微丝和微管复杂，由丝状亚基（fibrous subunit）组成。不同种类的中间纤维有组织上的特异性，其亚基的大小、生化组成变化很大。中间纤维蛋白亚基合成后，游离的单体很少，它们首先形成双股超螺旋的二聚体，然后再组装成四聚体，最后组装成为圆柱状的中间纤维。

2. 中间纤维的功能　　中间纤维可以从核骨架向细胞膜延伸，提供了一个细胞质纤维网，起支架作用，可使细胞保持空间上的完整性，并与细胞核定位、稳定核膜有关。中间纤维还参与细胞发育和分化。

三、微球系统

微球系统（microsphere system）包括细胞核内的核粒（karyosome）与细胞质中的核糖体，它们承担并控制着遗传信息的贮存、传递和表达等功能。

（一）染色质与染色体

染色质（chromatin）是指间期细胞内由 DNA、组蛋白、非组蛋白及少量 RNA 组成的线状复合结构，是间期细胞遗传物质存在的形式。染色体（chromosome）是指细胞在有丝分裂或减数分裂过程中，由染色质聚缩而成的棒状结构。染色质与染色体是细胞核内同一物质在细胞周期中的不同表现形式。在染色质中，DNA 与组蛋白各占染色质质量的 30%～40%。在真核细胞的核内，组蛋白是一种碱性蛋白，制约着 DNA 的复制；非组蛋白含有较多的酸性氨基酸，其结构远比组蛋白复杂，具有种属及器官的特异性。染色质中的 RNA 或作为 DNA 开始复制时的引导物，或促使染色质丝保持折叠状态。碱性蛋白与 DNA 形成染色质的基本结构单位——核小体（nucleosome）。每个核小体包括 200 碱基对（base pair，bp）的 DNA 片段和 8 个组蛋白（即碱性蛋白）分子。

（二）核仁

核仁（nucleolus）是真核细胞间期核中最明显的结构，是细胞核中的一个或几个球状体，无界膜。核仁由 DNA、RNA 和蛋白质组成，还含有酸性磷酸酯酶、核苷酸磷酸化酶与 DNA 合成酶。核仁是 rRNA 合成和组装核糖体亚单位前体的工厂，参与蛋白质的生物合成，同时也对 mRNA 具有保护作用，以利于遗传信息的传递。

（三）核糖体

核糖体（ribosome）又称核糖核蛋白体，无膜包裹，大致由等量的 RNA 和蛋白质组成，多分布于胞基质，游离或附着于内质网上，少数存在于叶绿体、线粒体及细胞核中。

核糖体由大、小两个亚基组成。原核细胞核糖体的沉降系数为 70S：大亚基 50S，小亚基 30S。高等植物细胞质中核糖体的沉降系数为 80S：大亚基 60S，小亚基 40S。大、小亚基各由多种蛋白质和相应的 rRNA 组成。

核糖体是蛋白质生物合成的场所。在这一复杂的合成过程中，核糖体既要选择所需的各种成分，如对 AA-tRNA 的选择识别，对多肽链的起始、延长、终止因子的选择识别；又要保持和移动 mRNA，这些功能都是由完整的核糖体中特定部位的蛋白质和 rRNA 完成的。

游离于胞基质中的核糖体往往成串相连，称为多聚核糖体（polysome）。其本质是一条 mRNA 链上先后有多个核糖体结合，以合成同样的多肽链。多种因素（光、生长素、赤霉素、细胞分裂素及细胞发育时期）都可调节多聚核糖体的形成与解聚，直接影响蛋白质合成的数量，以满足在特定条件或发育时期对某些蛋白质的需要。

原核细胞虽然分化简单，但有核糖体，说明了核糖体在细胞生命活动中的重要性。值得注意的是，叶绿体和线粒体内核糖体的大小和分子构成与原核细胞的核糖体更为接近，而与真核细胞细胞质基质中的核糖体相差较远。

四、细胞结构与功能的统一

综合上述内容可以看出，植物细胞被内膜系统分隔成多种细胞器，使各种生理活动得以分室进行（即代谢、功能的区域化）。微梁系统是细胞的骨架，维持细胞质的机械强度，推动细胞器的运动和促进信息的交流。微球系统是遗传信息的载体，承担着遗传信息的传递与表达。各种细胞器虽然形成了细胞内相对独立的系统，但许多细胞器又有内膜系统和微梁系统相互联系，使得各亚细胞结构之间随时都能进行物质、能量与信息交换，使细胞成为一个完整的有活力的结构整体。

应该强调的是，细胞器的分化固然重要，但各种细胞器的独立性只是相对的。一个细胞器离开了完整的细胞，虽也能短时间内进行代谢反应，但不能长期生存和繁殖。而细胞则可以繁殖并在合适的条件下再生出完整的植株。因此，只有细胞才是生物体结构和功能的基本单位。细胞质基质、细胞器和生物膜系统等协同作用，共同执行着细胞的物质代谢、能量转换和信息传递等生命活动，使细胞的结构和功能达到高度的统一。

本 章 小 结

细胞是生物体结构和功能的基本单位，可分为原核细胞（如细菌、蓝藻）和真核细胞（其他单细胞和多细胞生物）两大类。原核细胞简单，没有细胞核和高度分化的细胞器。真核细胞结构复杂。植物细胞的细胞壁、质体（包括叶绿体）和液泡是其区别于动物细胞的三大结构特征。

原生质为构成细胞的生活物质，是细胞生命活动的物质基础。原生质具有一定的张力、黏性、弹性和流动性。原生质的胶体特性包括带电性与亲水性，可扩大界面，有凝胶作用和吸胀作用。原生质还具有液晶性质。这些性质与细胞的生命活动密切相关。

细胞壁由胞间层、初生壁、次生壁3层构成，其化学成分主要是纤维素、半纤维素、果胶、蛋白质及其他物质。细胞壁不仅是细胞的骨架与屏障，而且在抗病抗逆、细胞识别分化方面起积极作用。胞间连丝充当了细胞间物质与信息传递的通道。

磷脂双分子层组成了生物膜的基本骨架，其中镶嵌的各种膜蛋白决定了膜的大部分功能。流动镶嵌模型是生物膜最流行的模型。生物膜的功能复杂多样，是细胞与周围环境物质的选择性吸收交换场所，并实现了细胞内区域化与细胞器之间相互联系的协同统一，生物膜还是生化反应的场所并具细胞识别、信息传递等功能。

微膜系统包括细胞的外周膜（质膜）和内膜系统。叶绿体和线粒体是植物细胞内能量转换的细胞器。内质网内接核膜、外连质膜，甚至经胞间连丝与相邻细胞的内质网相连，参与细胞间物质运输、交换和信息传递。高尔基体则与内质网密切配合，参与多种复杂生物大分子、膜结构、细胞壁物质与细胞器的形成。溶酶体与液泡都富含水解酶，参与物质分解与自溶反应，液泡还具贮藏、调控水分、参与多种代谢的作用。过氧化物体是光呼吸的场所，乙醛酸体则为脂肪酸代谢所不可少，圆球体为油脂代谢所必需。

微梁系统包括微管、微丝、中间纤维等，构成了细胞骨架，是植物细胞的蛋白质纤维网架体系，它们维持细胞质的形态和内部结构，推动细胞器的运动，促进物质与信息的交流。

微球系统包括细胞核内的核粒与细胞质中的核糖体，它们承担并控制着遗传信息的储存、传递和表达等功能。

植物细胞被内膜系统分隔成多种细胞器，使各种生理活动得以分室进行（即代谢、功能的区域化）。但各种细胞器的独立性只是相对的，只有细胞才是生物体结构和功能的基本单位。细胞壁、细胞质基质、细胞器和生物膜系统等协同作用，共同执行着细胞的物质代谢、能量转换和信息传递等生命活动，使细胞的结构和功能达到高度统一。

复习思考题

1. 名词解释

原核细胞　真核细胞　原生质体　细胞壁　胞间连丝　共质体　质外体　生物膜　内膜系统　细胞骨架　细胞器　微膜系统　微粱系统　微球系统　质体　线粒体　微管　微丝　内质网　高尔基体　液泡　溶酶体　核糖体　流动镶嵌模型　染色质　染色体　核仁

2. 写出下列缩写符号的中文名称及其含义或生理功能。

HRGP　THRGP　HHRGP　GRP　AGP　CaM　CaMBP　TC　ER　RER　SER

3. 为什么说真核细胞比原核细胞的进化程度高？

4. 原生质的胶体状态与其生理代谢有什么联系？

5. 试述细胞壁的结构特点与功能。

6. 胞间连丝有何功能？

7. 生物膜在结构上的特点与其功能有什么联系？

8. 试述流动镶嵌模型的要点。

9. 植物细胞有哪些主要的细胞器？这些细胞器的组成和结构特点与生物学功能有何联系？

10. 细胞的微膜系统、微粱系统和微球系统有何联系？

11. 典型的植物细胞与动物细胞最主要的差异是什么？这些差异对植物生理活动有什么影响？

12. 细胞内部的区域化对其生命活动有何重要意义？

13. 你怎样看待细胞质基质与其功能的关系？

14. 从细胞壁中蛋白质和酶的发现，谈谈你对细胞壁功能的认识。

15. 如何理解细胞结构和功能的关系？

第二章　植物细胞的基因表达与信号转导

【学习提要】理解植物细胞的阶段性和全能性、核基因和核外基因的关系，了解植物细胞基因表达的特点。掌握植物细胞信号转导的概念及其作用，了解胞外信号及其传递、跨膜信号转换、胞内信号及其转导、蛋白质可逆磷酸化等细胞信号转导的基本过程，理解细胞信号转导与植物生理响应的关系。

第一节　植物细胞的基因表达

细胞是植物形态结构和代谢功能的基本单位，具有高度有序、能够进行自我调控的体系；也是植物生长发育的基本单位，植物体通过细胞分裂、增长、分化来实现形态建成。细胞还是植物遗传的基本单位，具有遗传上的全能性。因而，从某种意义上讲，细胞是生命活动的基本单位。

一、植物细胞的阶段性和全能性

（一）细胞周期与细胞的阶段性

增殖、生长、分化和衰亡是细胞的基本生物学特征，细胞增殖是高等植物生长、发育和繁殖的基础，包括细胞分裂（cell division）和细胞生长（cell growth）两个过程。细胞分裂期，细胞复制基因组，并平均分配给子细胞；细胞生长期，细胞合成糖类、蛋白质、脂类和其他物质。高等植物因细胞的分裂和生长有机结合，通过这些基本生命活动而完成植物细胞、组织、器官和个体的生长发育。

1. 细胞周期　细胞繁殖（cell reproduction）是通过细胞分裂来实现的。从一次细胞分裂结束形成子细胞到下一次分裂结束形成新的子细胞所经过的历程称细胞周期（cell cycle），所需的时间称周期时间（time of cycle）。整个细胞周期可分为分裂间期（interphase）和分裂期（mitotic stage，M期）两个阶段。增殖细胞在分裂间期和有丝分裂期交替转换，在分裂间期无法辨认核内的实体结构。而在有丝分裂期，染色体变得可见。分裂间期是从一次分裂结束到下一次分裂开始之间的间隔期，是细胞的生长阶段，其体积逐渐增大，细胞内进行着旺盛的生理生化代谢活动，并为下一次分裂准备好物质和能量，主要是 DNA 复制、RNA 的合成、相关酶的合成及 ATP 的形成。分裂间期染色质弥散，细胞不分裂。分裂间期可分为 3 个时期，这样细胞周期共包括了 4 个时期（图 2-1A）。

（1）G_1 期　从有丝分裂完成到 DNA 复制之前的这段时间叫复制前期（G_1 期，gap_1，pre-synthetic phase）。在这段时期染色体去凝集，有各种复杂大分子包括 mRNA、tRNA、rRNA 和蛋白质的合成，是核 DNA 合成的准备与细胞生长和体积扩大的时期。许多不分裂的细胞停留在 G_1 期，也叫 G_0 期。处于 G_0 期的细胞（如出于营养物质缺乏等原因）暂时离开细胞周期，停止细胞分裂，去执行一定的生物学功能，但它们一旦得到信号指使，又可迅速返回细胞周期，进行分裂增殖。

（2）S 期　这是 DNA 复制开始到结束的时期，故叫复制期（S 期，synthetic phase）。此期间 DNA 的含量增加一倍，同时也有新的组蛋白合成。G_1 期周期蛋白与周期蛋白依赖激酶形成的复合物，可驱动细胞通过 G_1 期限制点或起始检查点而使细胞进入 S 期。植物细胞新合成的 DNA

立刻与组蛋白结合共同组成核小体结构。值得注意的是，若有 DNA 受到损伤，会在 S 期中检测并完成修复，以保证被复制 DNA 的忠实性。

（3）G_2 期　　从 DNA 复制完到有丝分裂开始的一段间隙，叫复制后期（G_2 期）（gap$_2$, post-synthetic phase）。此期的持续时间短，DNA 的含量不再增加，仅合成少量蛋白质。在 G_2 期，细胞快速生长并大量合成有丝分裂所需的蛋白质。有趣的是，G_2 期并不是所有细胞周期必需的一部分，一些细胞可不经 G_2 期而直接在 DNA 复制完成后进入有丝分裂期。一般认为 G_2 期中细胞的增长是调控细胞大小的一种方式。

（4）M 期　　从细胞分裂开始到结束，也就是从染色体的凝缩、分离并平均分配到两个子细胞为止。细胞在 S 期复制 DNA 使 DNA 加倍，分裂后 DNA 减半而恢复到原来的 DNA 水平，这个时期叫分裂期（M 期）（即有丝分裂，mitosis）或 D（division）期。

细胞分裂的意义在于 S 期中倍增的 DNA 以染色体形式平均分配到两个子细胞中，使每个子细胞都得到一整套和母细胞完全相同的遗传信息。目前可以应用流式细胞仪（flow cytometry）、DNA 微阵列（DNA microarray）和基因芯片（gene chip）等来进行细胞周期相关研究。

2. 细胞分裂的影响因素　　在植物发育过程中，细胞是继续分裂还是停止分裂转入分化，主要由基因决定，但环境因素对细胞分裂也有影响。细胞周期延续时间的长短随细胞种类而异，也受环境条件的影响。多细胞生物体要维持正常的生活，就必须不断地增殖新细胞以替换那些衰老死亡的细胞。细胞周期受到细胞本身的遗传特性所控制，但外界环境，如温度、水分、化学试剂等，以及生长素、细胞分裂素、乙烯、脱落酸、油菜素甾醇、脂多糖、多肽等植物生长调节因子均有控制细胞周期的效应。研究细胞周期与植物细胞的衰老机理和抗逆性能均有重要意义。

（1）温度　　细胞周期对环境温度变化最敏感。随温度增加，细胞分裂周期缩短。大麦最低温度极限为 0.5℃，最高极限为 35℃。低温下，细胞核中可以合成 DNA，但微管蛋白不能聚合并形成纺锤体。温度还影响有丝分裂速度。温度高，有丝分裂速度快，但到一定限度下降。在30℃，紫鸭趾草雄蕊毛细胞分裂需 45min，25℃时需 75min，10℃时需 135min。豌豆根尖细胞周期在 15℃条件下为 25.55h，在 30℃条件下则缩短为 14.39h。

（2）氧气　　氧气（O_2）为细胞呼吸所必需。洋葱根尖的细胞周期与 O_2 浓度有关。在空气中含有 20% O_2 的条件下，细胞周期为 9.8h，含 2% O_2 的条件下，细胞周期则延续为 41h。细胞分裂中期和后期对 O_2 最敏感，这可能是因为纺锤体的聚合及其功能需要 O_2。

（3）水势　　水势对 DNA 合成有直接影响。将蚕豆根放于不同浓度聚乙二醇（PEG）或甘露醇溶液中，随着溶液水势的下降，细胞周期逐渐延长。

（4）植物生长物质等的作用　　生长素和细胞分裂素对细胞分裂起直接的调节作用，生长素是在细胞分裂的较晚期才起作用，主要是促进核的分裂和促进核糖体 RNA 的形成。而细胞分裂素的作用主要是促进细胞质的分裂，能调节基因的活性和促进 RNA 的合成，并且是植物 tRNA 的组成成分。培养植物细胞时需要连续供给生长素和细胞分裂素，若将培养基中的生长素或细胞分裂素除去，细胞分裂周期将分别停止在 G_1 期或 G_2 期。

赤霉素刺激水稻茎节间细胞周期蛋白的表达。在小麦胚芽鞘和烟草茎髓的离体培养中，赤霉素可以促进 G_1 期到 S 期的过程，从而缩短 G_1 期和 S 期所需时间。干旱条件下，根中的脱落酸浓度增加，根的顶端分生组织的分裂停止。豌豆根尖 1cm 切段离体后，有一段时间细胞分裂指数下降。用乙烯处理整体根尖时可见类似情况，而用抑制剂抑制了乙烯的生成后，细胞分裂可以恢复，证明根尖离体后放出的乙烯有抑制细胞分裂的作用。

油菜素甾醇具有增强细胞生长和扩大的作用，对于黑暗中生长的植株，油菜素甾醇可能通过控制细胞分裂活性而抑制器官的发生。多胺的浓度与细胞分裂有密切关系，刺激许多反应，包括 DNA、RNA 和蛋白质的合成，一般来说，细胞分裂旺盛的部位，多胺的合成活跃。细胞从 G_1 期进入 S 期需要亚精胺和精胺，腐胺向亚精胺的转变控制着细胞分裂的速度。

环腺苷酸（cyclic AMP，cAMP）水平对细胞分裂有明显的调节作用。cAMP 抑制离体培养细胞的增殖，培养液中加入 cAMP，细胞分裂受到抑制。使胞内 cAMP 量下降的因素则促进 DNA 合成和细胞分裂。

控制细胞周期的关键酶是依赖细胞周期蛋白（cyclin）的蛋白激酶（cyclin-dependent protein kinase，CDK），它们的活性都受周期蛋白调节性亚基的调节，控制细胞周期不同阶段间的转化。细胞周期的进程是通过 CDK 的活性变化来调控的。CDK 的复合体由两个不同的亚基组成：一个执行催化功能，另一个起激活催化功能的作用。单独的催化亚基没有活性。在细胞周期的循环中有两个主要限制点：分别是 G_1/S 限制点（控制细胞从 G_1 期进入 S 期）和 G_2/M 限制点（细胞一分为二的控制点）。CDK 活性的主要调节机制有两种：一是 CDK 只有与细胞周期蛋白结合后才表现激酶的活性。大多数细胞周期蛋白的周转较快，可以快速降解。特定的 CDK 只有与特定的细胞周期蛋白相互作用后才能被激活。由 G_1 期转变为 S 期需要 G_1 期细胞周期蛋白（G_1-cyclin）的激活，由 G_2 期转变为 M 期需要有丝分裂细胞周期蛋白（mitotic cyclin），包括 M 期细胞周期蛋白［也称为 B 型细胞周期蛋白（B-type cyclin）］和 S 期细胞周期蛋白［也称为 A 型细胞周期蛋白（A-type cyclin）］。因而，细胞周期中不同的时期需要不同的细胞周期蛋白。二是 CDK 内关键丝氨酸或苏氨酸残基磷酸化与去磷酸化。CDK-M-cyclin 复合物有被磷酸化活化位点和抑制位点，当两个位点被磷酸化后，复合物仍没有被激活，只有把抑制位点的磷酸去除，复合物才被激活（图 2-1B）。

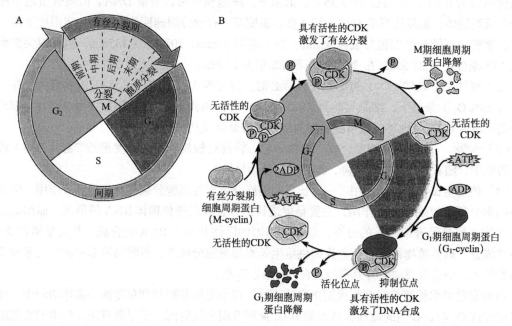

图 2-1　细胞周期（A）和 CDK 调节细胞周期图解（B）（引自 Taiz and Zeiger，2010）

在 G_1 期，CDK 处于非激活状态，当 CDK 与 G_1-cyclin 结合部位磷酸化后被活化，活化的 CDK-cyclin 复合物使细胞周期进入 S 期；在 S 期末，G_1-cyclin 降解，CDK 去磷酸化而失活，细胞进入 G_2 期；在 G_2 期，无活性的 CDK 与 M-cyclin 结合，同时 CDK-cyclin 复合物的活化位点和抑制位点被磷酸化，CDK-cyclin 仍未活化，因为抑制位点仍被磷酸化，只有蛋白磷酸酶把磷酸从抑制位点除去，复合物才被激活；活化的 CDK 刺激 G_2 期转变为 M 期，在 M 期的末期，M-cyclin 降解，磷酸酶使活化位点去磷酸化，细胞又进入 G_1 期

3. **细胞衰老与程序性细胞死亡**　　在有机体内总是有细胞在不断地衰老与死亡，同时又有新增殖的细胞来取代它们。细胞衰老（cellular senescence）是细胞生命活动的必然规律，是植物组织在生命尽头发生的一种相对缓慢的细胞死亡。细胞衰老包括衰老组织中胞内物质的有序降解，以及在其他存活部位或组织最大限度地回收和利用衰老组织中的营养物质。细胞的死亡可以分为两种形式：一种是细胞坏死（necrosis）或意外性死亡（accidental death），一般是物理、化学损伤的结果，即细胞受到外界刺激，被动结束生命；另一种死亡方式称为程序性细胞死亡（programmed cell death，PCD），是一种主动的、为了满足生物的自身发育及抵抗不良环境的需要而按照一定的程序结束细胞生命的过程，因此 PCD 是生命活动不可缺少的组成部分。在 PCD 发生过程中，一般伴随有特定的形态、生化特征出现，细胞本身分解，被邻近细胞所吸收，具有明显的形态特征，此类细胞死亡称为细胞凋亡（apoptosis）。当然，也有细胞在 PCD 过程中并不表现凋亡的特征，这一类 PCD 称为非凋亡的程序性细胞死亡（non-apoptotic programmed cell death）。

根据分子生物学的研究结果，程序性细胞死亡发生过程可分为 3 个阶段：①启动阶段（initiation stage），此阶段涉及启动细胞死亡信号的产生和传递过程，其中包括 DNA 损伤应激信号的产生、死亡受体的活化等。②效应阶段（effect stage），此阶段涉及程序性细胞死亡的中心环节相关酶系胱天蛋白酶（caspase）的活化和线粒体通透性的改变；caspase 是半胱氨酸蛋白酶家族，是直接导致程序性细胞死亡的细胞原生质体解体的蛋白酶系统。③降解阶段（degradation stage），此阶段涉及 caspase 对死亡底物的酶解，染色体 DNA 片段化，最后被吸收转变为细胞的组成部分。

细胞衰老的过程是细胞生理生化发生复杂变化的过程，蛋白质合成减少，呼吸速率减慢，酶活性降低等，最终反映在细胞形态结构的变化。功能健全的细胞膜是典型的液晶相，这种膜脂双分子层比较柔韧，脂肪酸链能自由移动，镶嵌于其中的蛋白质分子表现出最大的生物学活性。而衰老或有缺陷的膜通常处于凝胶相或固相，脂质和蛋白质不能灵活移动，其选择透性及其他功能受到损害，在机械刺激或压迫等条件下，膜甚至出现裂隙。衰老细胞的线粒体数目减小，而体积增大，内容物呈现网络化直至形成多囊体。内质网排列变得无序，膜腔膨胀扩大甚至崩解，膜面上的核糖体数量减少。细胞核体积变大，核膜内折，染色体固缩化，核仁也发生明显的变化或消失。有的则是整个细胞内膜系统解体或降解，或收缩成团，或出现液泡化。

程序性细胞死亡与通常意义上的细胞衰老死亡不同，它是多细胞生物中某些细胞所采取的一种受自身基因调控的主动死亡方式。它与细胞坏死的形态特征也截然不同，其最明显的特征是细胞核和染色质浓缩，DNA 降解成寡聚核苷酸片段，细胞质也浓缩，细胞膜形成膜泡，最后转化成凋亡小体（apoptotic body）。

PCD 往往涉及相关基因的表达和调控，在植物胚胎发育、细胞分化和形态建成过程中普遍存在。PCD 影响了植物的一生，贯穿从种子萌发到营养生长，再到生殖生长的所有生长发育阶段（图 2-2）。例如，种子萌发后糊粉层细胞死亡（图 2-2③）；受精后合子第一次有丝分裂产生两个细胞，其中一个形成胚柄，之后胚柄细胞发生 PCD（图 2-2②）；根尖生长时根冠细胞死亡；植物性别发生过程中某些生殖器官的程序性细胞死亡，导致该器官的衰老败育，形成单性花；小孢子形成中的 PCD 使小孢子周围的绒毡层细胞降解死亡；在被子植物大孢子母细胞减数分裂产生 4 个大孢子时，3 个大孢子发生 PCD，仅留下一个形成卵细胞；导管则是维管系统部分细胞主动程序性衰亡，而形成的特殊的通气组织（图 2-2⑧）；玉米水涝和供养不足时，导致根和茎基部的部分皮层薄壁细胞死亡，形成通气组织，这是对低氧的适应。

叶片衰老是一种典型的程序性细胞死亡过程（图 2-2⑦）。叶片衰老过程中包括大量有序事件的发生，叶片中叶绿素的降解，叶片光合速率的下降，蛋白质降解，衰老叶片中的有机氮和硫运输到其他组织，核酸降解等代谢活动发生改变。有些植物的叶片是按照其特有的发育顺序相继黄化、衰老、死亡和脱落；也有些植物在某一段时间内形成的所有叶片会在同一时间里全部衰老死亡。衰老相关基因的表达，导致衰老的发生。衰老是外源和内源因素共同作用的结果。乙烯和茉莉酸能促进叶片的衰老，但其作用机制仍不清楚，而细胞分裂素能抑制衰老的进程，油菜素甾醇和多胺也可能会影响衰老的进程。

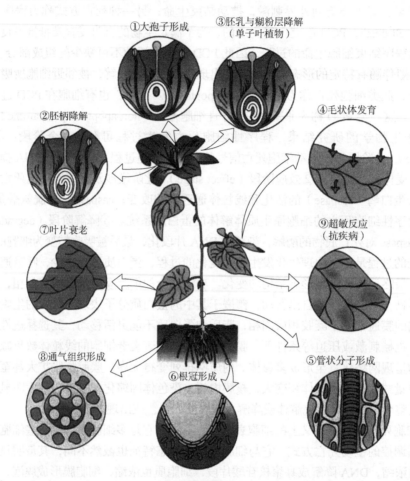

图 2-2　植物细胞和组织中的细胞死亡

①大孢子形成；②胚柄降解；③种子和果实中组织的降解；④~⑥组织和器官的形成；⑦衰老；⑧、⑨植物对环境和病原体的反应

图 2-3　感染烟草花叶病毒（TMV）的烟草叶片

发生超敏反应的小的褐色的细胞死亡组织

当病原微生物入侵植物时，导致的细胞死亡也属于 PCD，宿主细胞的死亡是一个普遍的特征，最明显的是发生了超敏反应（过敏反应）（hypersensitive reaction, hypersensitive response, HR）（图 2-3）。在发生超敏反应时，程序性细胞死亡可使感染区域及其周围形成病斑（lesion），该病斑只特异地在病原体入侵的部位形成。超敏反应病斑的形成具有两个功能：①导致病原体入侵细胞的死亡；②细胞死亡后限制病原体或死亡的扩散。超敏反应快速地诱导细胞死亡，以防治或减少病原体的扩散。

4. 细胞的阶段性　部分分生组织的细胞保持分裂能力而持续产生子细胞，这些能分裂的细胞因所处的细胞周期不同而具阶段性特征；另外，一些植物的细胞随植物发育进程的变化而分化为具特定结构与功能的非分裂细胞，这些细胞经生长与分化，在特定的植物组织空间中发挥特定功能后，进入衰老死亡的过程。由上可见，细胞的阶段性主要是指细胞在自身的发育过程中因所处细胞周期、生理状态、分化特征和年龄情形不同而形成的明显结构与功能性差异的特性。

细胞阶段性特征主要指细胞的分化过程是由不同阶段彼此相继有序通过，分化的终点是编程衰亡，其中间的过渡阶段不可逾越并受严格的调控。上述细胞分化过程及其关键过渡阶段主要受基因时间和空间专一性表达的调控。对基因组的研究显示，植物细胞的基因组中平均有近 10 万个基因，且这些基因组成数百个基因类群，各种类群基因的专一表达促使细胞分化到不同的阶段。

（二）细胞分化与细胞全能性

细胞分化（cell differentiation）是细胞间产生稳定差异的过程，也就是一种类型的细胞转变成在形态结构、生理功能和生物化学特性等方面不同的另一类型细胞的过程。植物体的各个器官如根、茎、叶、花、果实和种子，以及各种组织内的细胞形态结构、功能和生理生化特性都各不相同，这就是细胞分化的结果。多细胞生物体的所有不同类型的细胞都是由受精卵发育而成的，正是在细胞分裂的基础上有了分化，才能使不同类型的细胞执行千差万别的生理代谢，共同完成植物的生命活动。

根据现代分子生物学的观点，细胞分化的本质是基因按一定程序在不同的时间和空间选择性表达的结果。植物体中的所有细胞都是由受精卵发育而来，因而具有相同的基因组成。但不同发育时期和部位的细胞在基因表达的数量和种类上并非都相同，即在某一发育时期、某一部位的细胞，其基因只有这一部分表达，另一部分处于关闭状态；而在另一发育时期、处于另一部位的细胞，可能其基因中这一部分关闭而另一部分表达，最终导致细胞的异质性，即细胞的分化。例如，在胚胎中有开花的基因，但在营养生长期，它就处于关闭状态。一定要达到花熟状态，处在生长点的开花基因才表达，即花芽才开始分化。这就是个体发育过程中基因在时间和空间上的顺序表达。

但是，母细胞在分裂前已经对 DNA 进行了复制，故子细胞具有母细胞的全套基因。而植物体的所有细胞追踪溯源都来自受精卵，具有与受精卵相同的基因。在 Schwann 和 Schleiden 创立的细胞学说基础上，1902 年，Haberlandt 结合扦插繁殖现象的观测，提出植物细胞全能性的理论。细胞全能性（totipotency）就是指每个生活的细胞中都包含产生一个完整机体的全套基因，在适宜的条件下，细胞具有形成一个新的个体的潜在能力。受精卵是全能的，它可以分裂繁殖和分化成各类细胞，并且能复制出一个完整植株。其他器官和组织的植物细胞，由于分裂和分化的结果，通常情况下只具有其所在组织、器官的特定功能。但每个细胞都包含着整套遗传基因，在适当的外界条件下可生长、分裂和分化而再生（regeneration）成完整的植株。

1958 年，Steward 等将胡萝卜根韧皮部细胞培养并形成了体细胞胚，且使其发育成完整植株，首次验证了细胞全能性理论。1960 年，Kanta 在植物试管授精研究中首次获得成功，同年，Morel 利用兰花的茎尖培养，实现了脱去病毒和快速繁殖的两个目的。随后，水稻、大豆、小麦等主要农作物及其他园艺植物、经济植物等大量原生质体植株再生相继获得成功。目前利用细胞全能性理论和植物细胞组织培养技术，进行植物细胞工程和基因工程的研发，从而大规模且高效地提高作物产量，生产各种天然化合物如天然药物、香料、生物碱、色素及其他活性物质。

二、植物细胞的核基因和核外基因

（一）植物细胞的三个基因组

基因组（genome）是细胞中 DNA 分子所携带的遗传信息的总称。高等植物细胞共有 3 个基因组，即核基因组、叶绿体基因组和线粒体基因组，后两组称为核外基因。植物细胞的各种生命活动都是由基因组所控制的，如对无机物的吸收和利用，有机物的合成和分解，植物对外界条件的反应和适应，繁殖、分化、衰老、死亡等。

植物核基因组的大小差别很大，拟南芥有 1.2×10^8 bp，而百合有 1×10^{11} bp。以往普遍认为DNA 只存在于细胞核中。1962 年，Ris 和 Plant 在衣藻叶绿体中发现了 DNA。1963 年，M. Nass和 S. Nass 在鸡胚肝细胞线粒体中发现了 DNA，之后从植物细胞线粒体中也发现了 DNA。进一步研究发现，线粒体和叶绿体中有 DNA、RNA（mRNA、tRNA、rRNA）、核糖体、氨基酸活化酶等。以上说明这两种细胞器均有自我繁殖所必需的基本组分，具有独立进行转录和翻译的功能。但线粒体和叶绿体中的绝大多数蛋白质由核基因编码，在细胞质核糖体上合成，其本身编码合成的蛋白质并不多。也就是说，线粒体和叶绿体的自主程度是有限的，对核质遗传系统有很大的依赖性。因此，线粒体和叶绿体的生长和增殖是受核基因组及其自身的基因组两套遗传系统所控制，所以称为半自主性细胞器（semiautonomous organelle）。

线粒体基因组也叫线粒体 DNA（mitochondrion DNA，mtDNA），呈双链环状，与细菌 DNA相似。一个线粒体中可有一个或几个 DNA 分子。酵母 mtDNA 的周长为 26μm，大小为 78kb，高等植物线粒体基因组的大小差别较大，mtDNA 大小为 200 000（油菜）～2 500 000（西瓜）bp。大部分由非编码的 DNA 组成，且有许多短的同源序列。某些植物的线粒体中还含有较小的线形或环形 DNA 分子。

叶绿体基因组也叫叶绿体 DNA（chloroplast DNA，cpDNA），叶绿体基因组在许多方面与线粒体基因组的结构是相似的，为双链环状，但是缺乏组蛋白和超螺旋。其大小随生物种类不同而不同，大小为 120～217kb。cpDNA 一般周长为 40～60μm，相对分子质量约为 3.8×10^7，通常每个叶绿体含有 10～50 个 DNA 分子。叶绿体中 DNA 的含量大约为 1×10^{-14} g，明显比线粒体中 DNA 含量（1×10^{-16} g）多。每个线粒体中约含 6 个 mtDNA 分子，每个叶绿体中约含 12 个cpDNA 分子。同一个种不同亚种的核外基因组序列也可有部分不同。例如，水稻（*Oryza sativa*L.）的野生稻（*Oryza nivara*）（在分类上有争议）、粳稻（*Oryza sativa japonica* cultivar-group）和籼稻（*Oryza sativa indica* cultivar-group）3 个亚种之间的叶绿体基因组有部分不同，反映了它们在进化方面存在差异。

叶绿体基因组和线粒体基因组均是细胞里相对独立的一个遗传系统。mtDNA 和 cpDNA 均可自我复制，其复制也是以半保留方式进行的。用 ^{3}H 嘧啶核苷标记证明，mtDNA 复制时间主要在细胞周期的 S 期及 G_2 期，DNA 先复制，随后线粒体分裂，cpDNA 复制的时间在 G_1 期。它们的复制仍受核的控制，复制所需的 DNA 聚合酶常由核 DNA 编码，在细胞质核糖体上合成。高等植物叶绿体 DNA 的碱基组成 G＋C（鸟嘌呤＋胞嘧啶）占 37.5%±1%，与蓝藻所含有的相似。

（二）植物细胞核外基因的特点

对众多植物线粒体基因的研究表明，其基因可分为如下几类。第一类是编码 RNA 的基因，如 rRNA（18S、26S 和 5S）、tRNA（地钱 mtRNA 有 29 个 tRNA 基因）。第二类是编码核蛋白体小亚基蛋白（如 S12、S13）的基因。第三类是编码某些酶复合物亚基的基因，如细胞色素氧化酶复合物的亚基Ⅰ、Ⅱ和Ⅲ；ATP 酶复合物的部分亚基；NADH 脱氢酶的亚基等。线粒体基因要与核基因共同作用才能完成一个复杂的基因表达过程。例如，高等植物线粒体 tRNA 有 3 种基因来源：第一类 tRNA 是由线粒体基因编码的，这些基因同相应的真菌和叶绿体基因有 65%～80% 相似；第二类 tRNA 是由类叶绿体基因（同叶绿体基因 90%～100% 相似）编码的；第三类线粒体tRNA 分子则是由核基因编码的，转录形成后进入线粒体。

对 1000 种以上光合陆生植物进行研究后发现，叶绿体基因组在大小、结构、基因含量和整个基因构建上都是很保守的。从烟草、玉米、拟南芥、黑松、地钱和水稻等植物叶绿体 DNA 全序列的测定可知，其有 120 多个基因。这些基因大致可分为三类：第一类是与转录和翻译有关的基因，也称遗传系统基因（gene for the genetic system），如编码核糖体 RNA、DNA 聚合酶、RNA 聚合酶等的基因；第二类是与光合作用有关的基因，也称光合系统基因（gene for the photosynthetic system），如编码光系统 I 作用中心的 A_1、A_2 蛋白，光系统 II 作用中心的 D_1、D_2 蛋白，ATP 合成酶的一些亚基等的基因；第三类是与氨基酸、脂肪酸、色素等物质的生物合成有关的基因，也称生物合成基因（gene for the biosynthesis），如编码 NADH 脱氢酶的若干亚等的基因。

线粒体与叶绿体的自主性装置是不完全的，其中大部分多肽是由核基因编码并在细胞质的核糖体上合成的。例如，细胞质中所合成的叶绿体中多肽的前体几乎都带有一段含几十个氨基酸序列的转运肽（transit peptide），这些前体由转运肽引导进入叶绿体后，转运肽被蛋白酶切去，同时相应的多肽到达预定部位。叶绿体内相当一部分组分都要求叶绿体基因和核基因的共同作用。光照则可促进或调节叶绿体基因的表达。

核酮糖-1,5-双磷酸羧化酶 / 加氧酶（ribulose-1,5-bisphosphate carboxylase /oxygenase，Rubisco）就是核外基因和核基因共同作用的典型例证（图 2-4）。该酶是一个双功能酶，它既可催化羧化反应，又可催化加氧反应，在植物光合过程中的 CO_2 同化及光呼吸中起着重要作用。高等植物的 Rubisco 由 8 个大亚基和 8 个小亚基构成，其催化活性要依靠大、小亚基的共同存在才能实现。Rubisco 大亚基由叶绿体 DNA 编码，并在叶绿体的核糖体上翻译，而小亚基由核 DNA 编码，在细胞质的核糖体上合成。Rubisco 全酶由细胞质中合成的小亚基前体和叶绿体中合成的大亚基前体经修饰后组装而成。Rubisco 一般约占叶绿体可溶性蛋白的 50%，因此它也是自然界中最丰富的蛋白质。

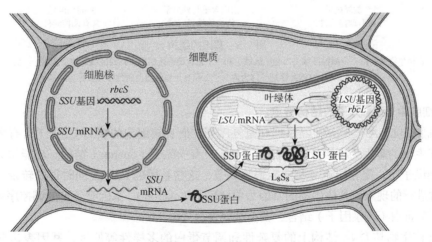

图 2-4　植物 Rubisco 的合成、加工和组装
SSU. Rubisco 小亚基；LSU. Rubisco 大亚基

三、植物细胞基因表达的特点

基因在植物体内的表达受到高度有序的严格调控。不同基因的表达程度不同，根据真核基因表达是否受环境影响可分为发育调控和环境信号的瞬时调控。其中发育调控是指真核生物为确保自身生长、发育、分化等，对基因表达按预定的有序的程序进行的调控，是不可逆的过程。与发

育及分化有关的基因只在特定的组织或器官中表达，存在时间和空间的专一性。细胞分化是基因表达调控的结果。可见，高等植物基因表达调控起到了维持植物正常生长、发育等一切生命活动的协调作用。一些基因受环境调控，只在某环境条件下才有活性。环境信号的瞬时调控是指真核生物在内、外环境的刺激下所做出的适应性转录调控，是可逆过程。基因表达调控在不同生物之间，尤其是原核生物与真核生物之间存在较大差异。这些差异主要归因于 DNA 在细胞中的存在形式、DNA 分子的结构、参与基因表达的酶及蛋白因子等方面的差异。正是这些差异，决定了不同生物基因表达的各自特点。

（一）植物细胞中 DNA 的存在形式

原核细胞中的 DNA 是裸露的，遗传物质都集中在一条 DNA 分子上，而真核细胞 DNA 的含量和基因数目都远远多于原核细胞，其蛋白质或 RNA 的编码基因序列往往是不连续的。大多数植物的核外基因与原核细胞 DNA 相似，但其核基因具有编码的部分，称为外显子（exon），也含有不表达的序列即不编码的部分，称为内含子（intron）（图 2-5）。细胞中核 DNA 与组蛋白结合，以核小体为基本单位，形成念珠状长链，长链再高度压缩成为染色质或染色体。其遗传物质分散到多个 DNA 分子上。在真核生物中，由于核 DNA 与组蛋白等结合，形成核小体，阻碍了基因的转录，使 DNA 分子大部分区段常处于不表达的沉默态。因此，要使核基因表达，必须去阻遏，打破沉默，让 DNA 裸露和暴露。

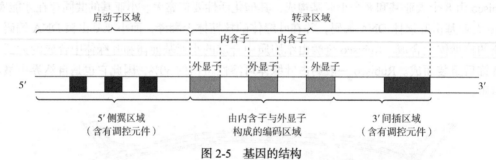

图 2-5　基因的结构

真核生物基因由一个调控区域（启动子区域）和一个包含编码蛋白质序列的区域（转录区域）组成。
编码区域包含非编码 DNA 序列（称为内含子）和真正编码蛋白质的序列（称为外显子）

（二）植物细胞中 DNA 分子的结构特点

原核细胞的 DNA 很少有间隔序列和重复序列，而真核细胞的核 DNA 分子含有大量的重复序列。原核生物的基因为多顺反子（polycistron），有操纵子（operon）结构。功能相关的基因存在于同一操纵子中，受相同诱导物或阻遏物调节，这些基因的 mRNA 同时得以转录并存在转录与翻译同时进行的现象。真核生物的基因为单顺反子（cistron），基因有各自的调控序列。这些序列能够与调节蛋白（转录因子）结合，调控基因表达（图 2-6）。

由于真核生物核 DNA 结构上的复杂性和调节蛋白的多样性等原因，基因表达存在明显的"时"与"空"专一性。即有些基因，特别是与分化有关的基因，只在特定组织中表达，而且只在特定发育阶段表达，特别表现在植物胚胎发生和花器发育这两个阶段。另外，与动物相比，植物基因表达更容易受环境因子（如光照、温度、水分）的影响，这些因素均可引起植物基因表达发生改变。例如，植物的光周期现象、春化作用和逆境锻炼等均是环境因子作用于植物引起基因表达改变的明显例子。

（三）参与基因表达的酶及蛋白因子

原核生物中只有一种 RNA 聚合酶，该酶可以识别 DNA 分子上的转录起始部位，而真核

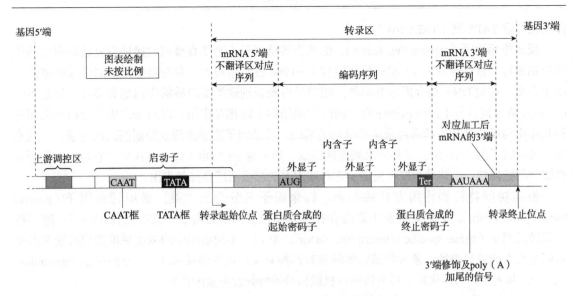

图 2-6　真核生物基因的结构和组成

一个基因分为许多区域，其中转录区是合成 RNA 的模板，又含有编码区的外显子和非编码区的内含子。而调控元件在 5′端 1000bp 左右的序列称为启动子。最保守的顺式作用元件是 TATA 框，一般位于转录起始位点前 50bp 处

生物中有 3 种 RNA 聚合酶。其中，RNA 聚合酶 I 负责 rRNA 的合成，RNA 聚合酶 II 负责形成 mRNA，该酶要在转录因子（transcription factor）与基因的启动子区域结合的作用下才能识别起始部位起始转录。RNA 聚合酶 II 不能单独结合在 DNA 模板上，它需要一些其他转录因子的参与。RNA 聚合酶 III 负责 tRNA 和小分子 RNA 的合成。植物中参与转录和翻译的蛋白因子种类繁多。基因的时空专一性表达主要是转录因子识别基因的调控序列，并与 RNA 聚合酶相互作用，对内、外环境因素做出反应的结果。植物细胞中的 DNA 通过组蛋白阻遏（组蛋白经修饰）等机制，使大部分基因不能表达，又借转录等水平上的各级复杂的调节机制，使相应基因得以在特定组织和特定发育阶段中进行适度表达，产生与组织结构和代谢功能相适应的蛋白质和酶。

（四）植物基因转录水平的调控

转录水平的调控是真核基因表达调控的重要环节。转录调控是指以 DNA 为模板合成 RNA 的过程，即遗传信息从 DNA 流向 RNA 的过程。植物基因的信息传递遵循中心法则，植物基因表达包括转录前、转录中及转录后水平的调控，其中转录水平的调控相比较而言最为关键，包括基因转录水平的顺式调节、反式调节、转录复合物的形成等多个方面。

顺式作用元件（*cis*-acting element）是指位于 DNA 分子基因编码区的同一条链上的 5～10bp 的核心序列，为某些对基因表达有调节活性的特定的调节序列。其可以特异地与具有调控作用的蛋白质互作，具有激活或帮助协调基因表达或导致基因沉默的作用。其活性仅影响与其处于同一条 DNA 分子上的基因。这种 DNA 不是编码区序列，多位于编码基因的两侧或内含子中（图 2-7）。最基本的顺式

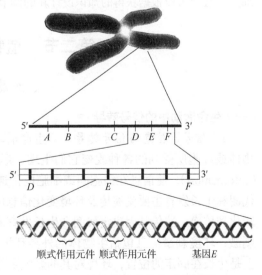

图 2-7　染色体与遗传分子的级别

作用元件是 TATA 框（TATA box）。

反式作用因子（trans-acting factor），也称为转录因子，是能直接或间接地与真核基因启动子区识别或特异性结合在 DNA 顺式作用元件 8~12bp 核心序列上，参与调控靶基因转录效率的一组蛋白质。这类 DNA 结合蛋白有多种，能特异性地识别这类蛋白质的序列也有多种，正是不同的 DNA 结合蛋白与不同的识别序列之间的空间结构上的相互作用，以及蛋白质与蛋白质之间的相互作用构成了复杂的基因转录调控机制的基础。转录因子能够激活或抑制基因的转录。一般来说，转录因子由 DNA 结合区和转录调控区组成，转录因子的 DNA 结合区决定了它与顺式作用元件结合的特异性，而转录调控区决定了它对基因表达起激活还是抑制作用。

根据功能特征和作用方式的不同，转录因子又分为三大类：通用转录因子（general transcription factor），它们是细胞中普遍存在且是基因转录所必需的一类反式作用因子；组织特异型转录因子（tissue specific transcription factor），它们在不同组织中的浓度梯度造成植物基因在不同组织中的差异表达，通常与植物体的发育调控有关；诱导型转录因子（inducible transcription factor），其表达和活性依赖于环境信号或机械信号等特异性因素的诱导。

植物 RNA 聚合酶自身对启动子并无特殊亲和力，不能单独进行转录。转录需要众多的转录因子和辅助转录因子形成复杂的转录装置。

在植物个体发育的进程中，许多基因可以被协同调控，且重复序列在调控中具有重要作用。转录激活协同性机制包括激活蛋白之间的相互作用，激活蛋白与多个 DNA 位点的协同性结合，激活蛋白与转录机器的协同性结合。真核生物的一种激活蛋白往往调控着功能相关的一组基因的转录，转录协同的本质是结合在 DNA 调控位点上的多个激活蛋白之间的直接或者间接的相互作用。

植物基因表达调控是一个多级的复杂过程，其实质在于蛋白质-DNA、蛋白质-蛋白质间广泛的相互作用，大量调节蛋白质的参与及复杂的大分子复合物的形成。作为基因表达的第一环节，转录起始水平的调控最为重要和复杂。转录调控主要是指特定基因的时空专一性激活与抑制。随着功能基因组学研究领域的快速发展，人们已经开始系统地研究全基因组的转录及全部基因发挥功能的动态机制，将逐步认识转录调控过程中各影响因子、复合物的结构，确定转录调节的各个细节，甚至可以根据获得的知识设计新的调节复合物或新的调节过程，改变基因表达模式。

第二节　植物细胞的信号转导

一、细胞信号转导概述

（一）生命活动中的信号转导

1. 信号、信息与信号转导　　生命活动中的信号（signal）是指生物在生长发育过程中生物体或细胞所受到的各种改变它们生理、形态和生长状态的刺激。信号的主要作用是承载信息（information），使信息在细胞间或细胞内传递，引发生物体特异的生理生化反应。植物体的新陈代谢和生长发育主要受遗传及环境变化信息的调节控制。新陈代谢应该包括物质、能量和信息的转化和传递。遗传基因决定代谢和生长发育的基本模式，而其的实现在很大程度上受控于环境的刺激；环境刺激信息包括生物体的外界环境和体内环境信息两个方面。对植物而言，由于基本上是生长在固定的位置，环境对其的影响更为突出。在自然条件下，植物需对面临的各种信号进行整合以协同调控其正常的生长、发育及防御反应。这些信号包括环境信号如光（光强与光质）、矿质营养元素、水分状况、压力、土壤质量、热、冷、冰冻、重力、气体（二氧化碳、氧和乙烯）、机械张力、风、生长调节剂、pH、创伤和病害等，以及内部信号如激素、电波和电流等。信号的种类和数量随时都有可能发生变化（图2-8，图2-9）。

　　植物对信号有一个接受、归纳、分析、筛选、放大、传达、处理和应答（响应）的过程与机制，使得细胞最终决定代谢的方向。信号是诱因，生理反应是信号作用于植物的最终结果。植物对信号的应答反应是由植物本身的发育年龄、环境状态来调节的。相同的信号作用于不同的细胞可以引发完全不同的生理反应；不同的信号作用于同一种细胞却可以引发相同的生理反应。植物的一切生命活动都与信号有关，信号是细胞一切活动的始作俑者。

　　植物感受到各种物理或化学的信号，然后将相关信息传递到细胞内，并经一系列途径的传导和放大，调节植物的基因表达、酶或其他代谢变化，从而做出应答反应，这种信息的传递和反应过程称为植物的信号转导（signal transduction）。细胞信号转导是生物结构间交流信息的一种最基本、最原始和最重要的方式。信号转导不能简单地认为是一种线状的信号途径引起细胞反应，

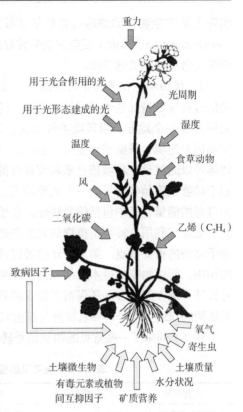

图 2-8　影响植物生长、发育的外部信号（引自 Buchanan et al.，2004）

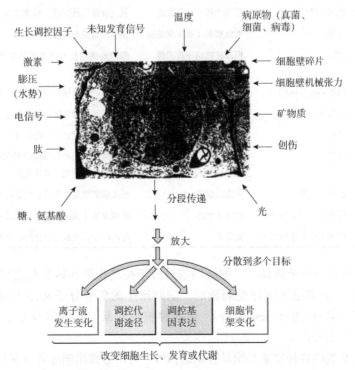

图 2-9　各种信号对植物细胞代谢、生长、发育的调节作用（引自 Buchanan et al.，2004）

实际上是在生物体和细胞内各信号转导途径间通过复杂的相互交联（cross talking）或相互作用（interconnection）形成了复杂的信号转导网络（signaling network）。揭示信号转导网络是探明浩繁细胞生命奥秘的关键手段。

2. **植物细胞信号转导的特点**　　植物细胞与动物细胞有类似的信号转导机制，但是高等植物信号转导的特殊性也很明显。第一，绝大多数植物不像动物那样能够运动位移，一般其一生总是固定在一个地方。当环境条件改变，遇到不利于其生存的逆境胁迫时，植物不能通过运动去主动逃避逆境，只能被动接受、忍耐。然而这种被动接受并不是完全意义上的被动，研究发现植物体可以通过整合环境信息来调节自身的生理活动去积极努力地适应环境的变化，是植物细胞有别于动物细胞信号转导的一个重要特点。第二，植物属于自养生物，能通过光合作用把光能转换为自身的能量，其中包括信号转导。在植物的整个生长、发育过程中，对光、温等物理因子的感应、适应与利用，特别是植物的光形态建成、光周期现象及春化效应等信号转导过程也是植物有别于动物的重要特点。第三，动物通过神经系统和循环系统在长距离信号转导过程中发挥着重要的作用，而植物则通过木质部和韧皮部两大输导系统来进行长距离信号转导。第四，植物细胞信号转导系统在某些方面还保留了低等原核细胞的信号转导机制。例如，植物激素乙烯和细胞分裂素依赖的双组分信号转导系统便与细菌双组分信号转导系统之间具有极大的相似性。

表 2-1 列举了一些常见的植物信号转导的事例。

表 2-1　一些常见的植物信号转导的事例（引自王忠，2009）

生理现象	信号	受体或感受部位	相应的生理生化反应
植物向光性反应	蓝光	向光素	茎受光侧生长素浓度比背光侧低，受光侧生长速率低于背光侧
光诱导的种子萌发	红光 / 远红光	光敏素	红光促进种子萌发，远红光抑制种子萌发
光诱导的气孔运动	蓝光 / 绿光	蓝光受体 / 玉米黄素	蓝光促进气孔开放，绿光抑制气孔开放
干旱诱导的气孔运动	干旱	细胞壁和（或）细胞膜	脱落酸合成与气孔关闭
根的向地性生长	重力	根冠柱细胞中淀粉体	根向地侧生长素浓度比背地侧高，向地侧生长速率低于背地侧
含羞草感震运动	机械刺激、电波	感受细胞的膜	离子的跨膜运输，叶枕细胞的膨压变化，小叶运动
光周期诱导植物开花	光周期	光敏素和隐花色素	相关开花基因表达，花芽分化
低温诱导植物开花	低温	茎尖分生组织	相关开花基因表达，花芽分化
乙烯诱导果实成熟	乙烯	乙烯受体	纤维素酶、果胶酶等编码基因的表达，膜透性增加，贮藏物质的转化，果实软化
根通气组织的形成	乙烯、缺氧	中皮层细胞	根皮层细胞发生程序性细胞死亡
植物抗病反应	病原体产生的激发子	激发子受体	抗病物质（植保素、病原相关蛋白等）合成
豆科植物的根瘤	根瘤菌产生结瘤因子	凝集素	促进根皮层细胞大量分裂，导致根瘤形成

3. **细胞信号转导的分子途径**　　细胞的信号分子按其作用和转导范围可分为胞间信号分子和胞内信号分子。多细胞生物体受刺激后，胞间产生的信号分子又称为初级信使（primary messenger），即第一信使（first messenger），如各种植物激素；胞内信号分子常称为第二信使（second messenger），如 Ca^{2+}。

构成信号转导系统的各种要素必须具有识别信号、对信号做出响应并发挥其生物学功能的作用。其功能不是仅靠个别物质就能够完成的，而是需要有一个完整的体系协同地进行。细胞信号转导系统应当包含信号转导必需的关键组分：①接受细胞外刺激并将其转换成细胞内信号的成分；②有序地激活信号转导通路，以诠释细胞内的信号；③使细胞能够对信号产生响应，并做出功能上或发育上的决定（如基因转录、DNA复制和能量代谢等）的有效方法；④将细胞所做出的决定或反应加以联网，这样细胞才能对作用于它的种类繁多的信号做出协同响应。

对于细胞信号转导的分子途径，可划分为：胞外信号感受，膜上信号转换，胞内信号传递及一系列蛋白质活性调控（如蛋白质磷酸化和去磷酸化调控）的胞内信号转导（图2-10）。胞外信号与胞内信号在功能上是紧密联系的。植物体受到信号刺激后，通过细胞信号转导系统叫使环境刺激信号和胞间信号级联放大，然后激活信号途径下游响应基因的表达，最终影响酶的活性和合成，从而影响生理生化反应的一系列生理进程，引起植物生长、发育的变化。

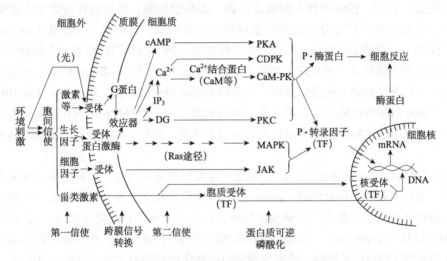

图 2-10 细胞信号转导主要途径模式图

IP$_3$. 三磷酸肌醇；DG. 二酰甘油；PKA. 依赖 cAMP 的蛋白激酶；PKC. 依赖 Ca^{2+} 与磷脂的蛋白激酶；CaM-PK. 依赖 CaM 的蛋白激酶；CDPK. 依赖 Ca^{2+} 的蛋白激酶；MAPK. 有丝分裂原蛋白激酶；JAK. 一种蛋白激酶；TF. 转录因子

（二）信号转导的基本特性

细胞中有许多生物反应通路，如物质代谢通路、基因表达通路和 DNA 复制通路等，事实上信号转导也存在通路。这些通路都由前后相连的反应组成，前一个反应的产物可能作为下一个反应的底物或者发动者。但信号转导通路比传统意义上的代谢通路等要复杂得多，主要表现在：①人们可以通过示踪技术检测出代谢底物化学转化的连续步骤，但是不能直接用这种方法来研究信号转导。因为在信号转导通路中输入信号的化学结构与信号的靶结构一般是没有关系的。实际上，在信号转导通路中，信号最终控制的是一种反应，或者说是一种响应，即生理生化代谢的响应。②与代谢反应等不同，信号的化学结构并不对其下游的过程产生影响。而代谢底物或者基因转录调节因子的构象会影响各自相关通路的进行。③与依赖模板的反应，如基因转录和 DNA 复制不同，在信号转导通路中不存在对全过程的进行和结局起操纵作用的模板。④其他通路常常是由线性排列的过程组成的，一个反应接着另一个反应，沿着既定的方向依次进行，直到终止，它们多是直通式的、纵向交流的；而信号转导通路是非线性排列的，常相互形成一个网络调控系统。

1. 信号分子较小且易于移动 作为一个有效的、可传递信息的信号分子，首先要求产生之后容易转移到作用靶位点，因此一般来说信号分子都是小分子物质且可溶性较好，易于扩散。如果需要跨膜转移，它们要通过特殊通道或载体。

2. 信号分子应快速产生和灭活　　　为了使生物细胞对环境刺激尽快产生反应且适可而止，要求信号分子快速产生和灭活。例如，Ca^{2+}通过离子通道开放很快进入胞质产生 Ca^{2+} 信号，cAMP 环化酶活化快速产生 cAMP 信号。快速产生与灭活同样重要。除 Ca^{2+} 通道关闭使 Ca^{2+} 信号很快灭活外，细胞内有一类专门作用于信号分子灭活的酶，如磷酸二酯酶可将 cAMP 信号灭活。一种信号如果指令产生某个信号分子或组分的基因活化，绝不会永远继续下去致使细胞受到伤害，反馈机制将使被激活的基因表达停止且恢复到非激活状态。被激活的各种信号分子在完成任务后又恢复到钝化状态，准备接受下一次的刺激。它们不会总处在兴奋状态。例如，激酶的磷酸化与去磷酸化，就有酪氨酸磷酸酯酶在调节着。

3. 信号传递途径的级联放大作用　　　信号通路有连贯性，各个反应相互衔接，有序地依次进行，直至完成。其间，任何步骤中断或者出错，都将给细胞，乃至机体带来重大的灾难性后果。细胞信号传递途径由信号分子及其一系列传递组分组成，它形成一个级联（cascade）反应将原初信号放大。一个激素信号分子结合到其受体之后，绝不会只引起胞内一个酶分子活性的增加，可能通过 G 蛋白激活多个效应酶，如腺苷酸环化酶活化，产生许多 cAMP 第二信使分子；一个 cAMP 分子又可激活依赖它的蛋白激酶，从而将许多靶蛋白磷酸化。因此，一个原初的激素信号，通过信号传递过程的级联反应，可以在下游引起成百上千个酶蛋白的活化；数量有限的一种激素的产生，可以引起生物体内十分明显的发育表型变化。当然，这种级联放大作用也是受到严格控制的。

4. 信号传递是一个网络系统　　　信号系统之间的相互关系及时空性并不是一种简单因果事件的线形链，实际上是一种信息网络（network）。多种信号相互联系和平衡决定了一定的特异细胞反应。当胞外环境因子和胞内信号刺激细胞时，细胞膜上受体直接感受信号，通过细胞壁- 质膜-细胞骨架连续体（continuum），引起细胞骨架蛋白变构而传递信息，并与胞内的 G 蛋白、第二信使系统及调节因子构成信息网络，特定的刺激引起特定的基因表达和特定的生理反应。

二、胞外信号及其传递

当环境刺激的作用位点与效应位点处在植物体的不同部位时，就必须由胞外信号（external signal）分子传递信息。例如，重力作用于根冠细胞造粉体，使根的伸长区产生反应并由生长素传递信息；土壤干旱引起植株地上部叶片气孔关闭时，由脱落酸等传递信息；叶片被虫咬伤引起周身性防御反应，可能由寡聚糖等传递信息。按信号分子的性质，可将信号分为化学信号（chemical signal），如植物激素、多肽、糖类等细胞代谢物等；物理信号（physical signal），如机械刺激、磁场、辐射、温度等。

（一）化学信号

化学信号是指能够把环境信息从感知位点传递到反应位点，进而影响植物生长发育进程的某些化学物质。根据化学信号的作用方式和性质，可将其分为正化学信号、负化学信号、积累性化学信号和其他化学信号等。

正化学信号（positive chemical signal）是指随着环境刺激的增强，该信号由感知部位向作用部位输出的量也随之增强；反之则称为负化学信号（negative chemical signal）。积累性化学信号则是指在正常情况下，作用部位本身就含有该信号物质并不断地向感知部位输出，以保证该物质维持在一个较低的水平；当感知部位受到环境刺激时，可导致该物质输出的减少，表现上则是该物质积累增加，当其积累超过一定阈值时，其调节生理生化活动的作用也就明显地表现出来了。

已发现的化学信号分子有几十种，主要包括植物激素类、寡聚糖类、多肽类等。也有人认为

Ca^{2+}、H^+（pH 梯度）可以作为胞外信号分子。

如当植物根系受到水分亏缺胁迫时，根系细胞迅速合成脱落酸（ABA），ABA 通过木质部蒸腾流运输到地上部，引起叶片生长受抑制和气孔导度的下降。而且 ABA 的合成和输出量随水分胁迫程度的加剧而显著增加。一般认为，植物激素尤其是 ABA 充当了植物体重要的胞外化学信号。

当植物的一个叶片被虫咬伤后，会诱导本叶和其他叶片产生蛋白酶抑制剂（proteinase inhibitor，PI）等，以阻碍病原菌或害虫进一步侵害。如伤害后立即除去受害叶，其他叶片不会产生 PI。但如果将受害叶细胞壁水解片段（主要是寡聚糖）加到正常叶片中，又可模拟伤害反应诱导 PI 的产生，从而认为寡聚糖是由受伤叶片释放并经维管束转移，诱导 PI 基因活化的信号物质。化学信号主要通过韧皮部长距离传递，也可以集流的方式在木质部中传递。

（二）物理信号

物理信号是指细胞感受到刺激后产生的能够起传递信息作用的电信号和水力学信号等。电、光、磁场等可在生物体内器官、组织、细胞之间或其内部起信号的作用。例如，光信号中包含光照方向、光质和光周期等光信息，当植株不同部位的光受体接受光信号携带的光信息后，可分别导致向光性（如叶绿体运动、叶和芽的向光性生长）、光周期诱导（如花芽分化）等反应。

电信号（electrical signal）是指能够传递环境信息的电位波动。电信号传递是植物体内长距离传递信息的一种重要方式，是植物体对外部刺激的最初反应。植物电波（electrical wave）传递时的电位变化可分为动作电位（action potential，AP）和变异电位（variation potential，VP）变化（图 2-11A，B）等形式。一般来说，植物中动作电位的传递仅用短暂的冲击（如机械振击、电脉冲或局部温度的升降）就可以激发出来，而且受刺激的植物没有伤害，不久便恢复原状。若用有伤害的局部刺激（如切伤、挫伤或烧伤），会引起植物变异电位的传递。

AP 和 VP 的出现都是细胞质膜电位去极化的结果，而且伴随有化学物质的产生（如乙酰胆碱）。各种电波传递都可以产生生理效应。例如，对植物进行烧伤刺激，可引起气孔运动和叶片伸展生长的抑制，而且刺激与两种生理效应之间都必须有电波传递的参与；如果阻断电波的传递，则其生理效应就不会产生。

试验证明，一些敏感植物或组织（如含羞草的茎叶、攀缘植物的卷须等），当受到外界刺激，发生运动反应（如小叶闭合下垂、卷须弯曲等）时伴有电波的传递。当给平行排列的轮藻细胞中的一个细胞以电刺激引起动作电位后，可以传递到相距 10mm 处的另一个细胞而且引起同步节奏的动作电位。

在对含羞草小叶片切伤刺激的研究中，还发现主叶柄上有复合电波的传递，即前端的 AP 拖带着 VP（图 2-11C）。此外，将植物在弱光、干旱等逆境下锻炼一段时间，植株的敏感性也可能增强，用无伤害刺激就会测到 AP 的传递，甚至有时连续几小时内会出现周期性的电波振荡（图 2-11D）。我国著名植物生理学家娄成后教授指出，电波信息传递在高等植物中是普遍存在的。他认为植物为了对环境变化做出反应，既需要专一的化学信息传递，也需要更快速的电波传递。

水信号（hydraulic signal）是指能够传递逆境信息，进而使植物做出适应性反应的植物体内水流（water mass flow）或水压（hydrostatic pressure）的变化。有人也将其称为水力学信号。

长期以来，人们一直将特定叶片的水分状况（水势、渗透势、压力势和相对含水量）与特定的胁迫程度相联系。在以往许多文献中，一般将土壤干旱对植物的影响普遍解释为：当土壤干旱时，水分供应减少，因而根部的水分吸收减少；由于地上部蒸腾作用的存在，叶片水势、膨压

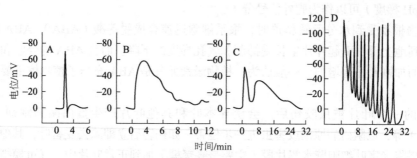

图 2-11　高等植物体内的电波传导
A. 动作电位（AP）；B. 变异电位（VP）；C. AP-VP复合波；D. 电波振荡

下降，继而影响到脱落酸、细胞分裂素等植物激素的合成、运输、分配及地上部的生理代谢活动（如光合作用、呼吸作用、气孔运动等），最终影响植物的生长、发育。显然，这一解释的基础是假定根冠间通信是靠水的流动来实现的。但已有很多实验结果表明，在叶片水分状况尚未出现任何可检测的变化时，地上部对土壤干旱的反应就已经发生了，从而使植物避免或至少推迟了地上部的脱水，有利于植物的生长、发育。这说明植物的根与地上部之间除水流变化的信号外，还有其他能快速传递的信号存在。

近年来，人们开始注意植物体内静水压变化在环境信息传递中的作用。由于水的压力波传播速度特别快，在水中可达 1500m/s，因此静水压变化的信号比水流变化的信号要快得多，这有利于解释某些快速反应（如气孔运动、生长运动等）的现象。由于在细胞膜上发现了水孔蛋白（aquaporin，AQP），人们对于植物体内水信号的存在和作用予以了更多的关注。有证据表明，植物细胞对水力学信号（水压的变化）很敏感。例如，玉米叶片木质部张力的降低几乎立即引起气孔开放，反之亦然。

三、跨膜信号转换

（一）受体的概念

细胞对信号的感知（perception）和跨膜转换主要依靠细胞表面受体来完成。胞外信号与引起胞内信号放大之间必然有一个中介过程，这个中介过程涉及接受胞外信号所必需的受体及胞外信号转换成胞内信号的转换系统。胞外的刺激信号如植物激素和某些环境因素如光、重力等，只有少部分可以直接跨过细胞膜系统引起生理反应，大多数需经膜系统上的受体识别后，通过膜上信号转换系统转变为胞内信号，才能调节细胞的代谢反应及生理功能。

受体（receptor）是细胞表面或亚细胞组分中的天然分子，可以识别并专一性地与物理和（或）化学信号物质［后者称为配体（ligand）］结合，能将胞外信号转换为胞内信号，从而引发胞内次级信号产生，激活或启动一系列生理生化反应，最后导致发生该信号物质特定的生物学效应。受体与配体的识别反应是细胞信号转导过程的第一步。受体与配体相对特异性地识别和结合，是受体最基本的特征，否则受体就无法辨认外界的特殊信号——配体分子，也无法准确地获取和传递信息。二者的结合是一种分子识别过程，靠弱相互作用及配体与受体分子空间结构的互补性而特异性结合。

在植物感受各种外界刺激的信号转导过程中，受体的功能主要表现在两个方面：第一，识别并结合特异的信号物质，接受信息，告知细胞在环境中存在一种特殊信号或刺激因素。第二，把识别和接收的信号准确无误地放大并传递到细胞内部，启动一系列胞内信号级联反应，最后导致特定的细胞效应。要使胞外信号转换为胞内信号，受体的这两方面功能缺一不可。

受体依据其存在的部位不同通常被分为细胞表面受体（cell surface receptor）和膜内受体。细胞表面受体存在于细胞质膜上,大多数信号分子不能直接透过膜,通过与细胞表面受体结合,经跨膜信号转换,将胞外信号传至胞内。膜内受体又叫细胞内受体(intracellular receptor),是指存在于细胞质中或亚细胞组分(细胞核等)上的受体。大部分水溶性信号分子(如多肽激素、生长因子等)及个别脂溶性激素可以直接扩散进入细胞,与膜内受体结合,调节基因转录。

受体可以是蛋白质,也可以是一个酶系等。例如,植物信号受体有激素受体、光受体和病原激发受体等。受体和信号物质的结合是细胞感应胞外信号,并将此信号转变为胞内信号的第一步。通常一种类型的受体只能引起一种类型的转导过程,但一种外部信号可同时引起个同类型表面受体的识别反应,从而产生两种或两种以上的信使物质。受体与胞间信号的反应具有几个重要特点:①特异性,信号与受体特异识别;②高度亲和性,二者结合迅速而灵敏,使细胞能够觉察低浓度信号的轻微改变;③可逆性,两者以非共价的弱相互作用如离子键、氢键、疏水作用、范德瓦耳斯力(van der Waals force)等结合;④饱和性,由于受体蛋白在膜上的数量有限,反应可达到饱和。在膜上信号转换系统中,受体位于质膜外侧。

(二)植物细胞表面受体

跨膜信号转导(transmembrane signal transduction)系统由受体、G 蛋白、效应酶或离子通道等组成。G 蛋白是 GTP 结合蛋白(GTP binding protein)的简称,受体感受外界刺激或与胞间信号结合后,使 G 蛋白活化,活化的 G 蛋白诱导效应酶或离子通道产生胞内信号。

植物细胞中已经发现有类似于动物细胞的 3 种类型的细胞表面受体:离子通道受体(ion channel-linked receptor)、酶联受体(enzyme-linked receptor)和 G 蛋白偶联受体(G protein-coupled receptor)(图 2-12)。

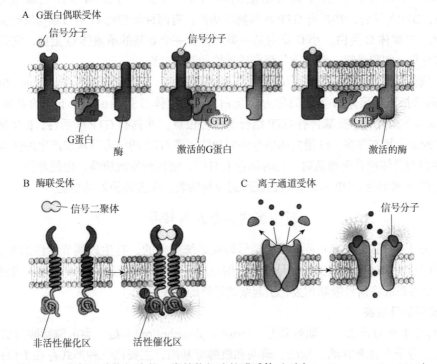

图 2-12　类似于动物细胞的 3 类植物细胞的膜受体(引自 Buchanan et al., 2004)
A. G 蛋白偶联受体在激活时将信号传递给 G 蛋白,然后 G 蛋白的 α 亚基 /GTP 复合体常由 β/γ 亚基释放进入细胞质,并激活其他酶;B. 酶联受体通常是蛋白激酶,其与配基结合后受体成为二聚体被激活,并且同时进行磷酸化;C. 离子通道受体直接与细胞表面通道结合

1. 通过离子通道受体的跨膜转换信号　　离子通道（ion channel）是存在于膜上可以跨膜转运离子的一类蛋白质。离子通道受体除了具备转运离子的功能外，同时还能与配体特异识别和结合，具备受体的功能。当这类受体和配体结合接收信号后，可以引起跨膜的离子流动，把胞外的信息通过膜离子通道转换为细胞内某一离子浓度改变的信息。在拟南芥、水稻和马铃薯等植物中发现有与动物细胞同源的离子通道，如钙离子通道、谷氨酸受体离子通道，前者导致第二信使钙信号的产生与传递，后者可能参与了植物的光信号转导过程。

2. 酶促信号的直接跨膜转换　　该过程的跨膜信号转换主要由酶联受体来完成。此类受体除了具有受体的功能外，其本身还是一种酶蛋白（往往是激酶），当细胞外的受体区域和配体结合后，可以激活具有酶活性的胞内结构域，引起酶活性的改变，从而引起细胞内侧的反应，将信号传递到胞内。例如，某些具有受体功能的蛋白激酶，当其胞外的受体部分接受了外界信号后激活了胞内具有蛋白激酶活性的结构域，从而使细胞内某些蛋白质的含羟基氨基酸（如酪氨酸、丝氨酸、苏氨酸）或组氨酸的残基磷酸化，进而在细胞内形成信号转导途径。在研究植物激素乙烯的受体时发现，乙烯的受体由两个基本部分组成，一个是组氨酸蛋白激酶（His protein kinase，HPK）（信号接收部分），另一个是效应调节蛋白（response-regulator protein，RR）。当 HPK 接受胞外信号后，激酶的组氨酸残基发生磷酸化，并且将磷酸基团传递给下游的 RR。RR 的天冬氨酸残基部分接受了传递过来的磷酸基团后，通过信号输出部分，将信号传递给下游的组分。下游末端的组分通常是转录因子，从而可以调控基因的表达。

3. 通过 G 蛋白偶联受体的跨膜转换信号　　此种方式是细胞跨膜转换信号的主要方式。G 蛋白即 GTP 结合蛋白（GTP binding protein），又称 GTP 结合调节蛋白（GTP-binding regulatory protein），是一类具有重要生理调节功能的蛋白质。G 蛋白可以和鸟苷三磷酸（guanosine triphosphate，GTP）结合，并具有 GTP 水解酶的活性。有两种类型的 G 蛋白参与细胞信号传递：小 G 蛋白和异三聚体 G 蛋白。小 G 蛋白是一类只含有一个亚基的单聚体 G 蛋白，它们分别参与细胞生长与分化、细胞骨架、膜囊泡与蛋白质运输的调节过程。

细胞跨膜信号转导中起主要作用的是异三聚体 G 蛋白（heterotrimeric G-protein，也称为大 G 蛋白），因而常把异三聚体 G 蛋白简称为 G 蛋白。异三聚体 G 蛋白由 3 种不同的亚基（α 亚基、β 亚基、γ 亚基）构成，α 亚基含有 GTP 结合的活性位点，并具有 GTP 酶活性，β 亚基和 γ 亚基一般以稳定的复合状态存在。G 蛋白的信号偶联功能是靠 GTP 的结合或水解产生的变构作用完成的。当 G 蛋白与受体结合而激活时，同时结合上 GTP，继而触发效应器，把胞外信号转换成胞内信号；而当 GTP 水解为 GDP 后，G 蛋白就回到原初构象，失去转换器的功能。

四、胞内信号及其转导

胞内信号（internal signal）是由膜上信号转换系统产生的、有生理调节活性的细胞内因子，被称作细胞信号转导过程中的次级信号或第二信使。胞外的信号经过跨膜转换进入细胞后，通过相应的胞内信号系统将信号级联放大，引起细胞最终的生理反应。

（一）肌醇磷脂信号系统

1. 双信号系统的产生　　肌醇磷脂（inositol phospholipid）是一类由磷脂酸与肌醇结合的脂质化合物，分子中含有甘油、脂酸、磷酸和肌醇等基团，主要以三种形式存在于植物质膜中，即磷脂酰肌醇（phosphatidylinositol，PI）、磷脂酰肌醇磷酸（PIP）和磷脂酰肌醇-4,5-双磷酸（PIP_2）。

以肌醇磷脂代谢为基础的细胞信号系统，是在胞外信号被膜受体接受后，以 G 蛋白为中介，由质膜中的磷脂酶 C（phospholipase C，PLC）水解 PIP$_2$ 而产生肌醇-1,4,5-三磷酸（inositol-1,4,5-triphosphate，IP$_3$）和二酰甘油（diacylglycerol，DG，DAG）两种信号分子。因此，该系统又称双信号系统（double signal system）。在双信号系统中，IP$_3$ 通过调节 Ca^{2+} 浓度（图 2-13），DAG 通过激活蛋白激酶 C（protein kinase C，PKC）来传递信息。IP$_3$ 和 DAG 完成信号传递后经过肌醇磷脂循环可以重新合成 PIP$_2$，实现 PIP$_2$ 的更新合成。

2. 肌醇-1,4,5-三磷酸　IP$_3$ 作为信号分子，在植物中一般认为其作用的靶器官为液泡，IP$_3$ 作用于液泡膜上的受体后，将膜上 Ca^{2+} 通道打开，使 Ca^{2+} 从液泡中释放出来，引起胞内 Ca^{2+} 水平的增加，从而启动胞内 Ca^{2+} 信号系统，即通过依赖 Ca^{2+}、钙调素的酶类活性变化来调节和控制一系列的生理反应。

3. 二酰甘油　在正常情况下，细胞膜上不存

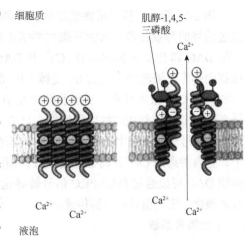

图 2-13　位于液泡膜和内质网膜的肌醇-1,4,5-三磷酸受体（引自 Buchanan et al.，2004）
该受体通过改变构象来传递信号。IP$_3$ 受体由 4 个亚基组成，每个亚基含有 4 个跨膜区域，当 IP$_3$ 与受体结合时，构象改变导致亚基的移动，使 Ca^{2+} 进入细胞质

在自由的 DAG，其是细胞在受外界刺激时肌醇磷脂水解而产生的瞬间产物。PKC 是一种依赖于 Ca^{2+} 和磷脂的蛋白激酶，可催化蛋白质的磷酸化。当有 Ca^{2+} 和磷脂存在时，DAG、Ca^{2+}、磷脂与 PKC 分子相结合，使 PKC 激活，从而对某些底物蛋白或酶类进行磷酸化（图 2-14），最终导致一定的生理反应。当胞外刺激信息消失后，DAG 首先从复合物上解离下来而使酶钝化，与 DAG 解离后的 PKC 可以继续存在于膜上或进入细胞质而钝化。

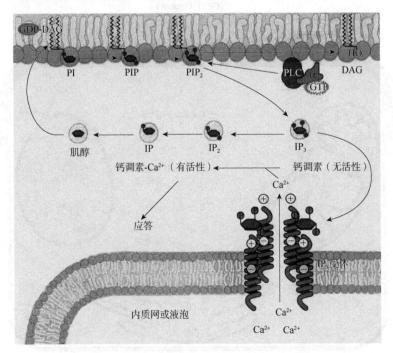

图 2-14　植物细胞的肌醇磷脂信号系统模式图（引自 Buchanan et al.，2004）
与质膜结合的 PLC 由 G 蛋白激活。磷脂酰肌醇-4,5-双磷酸（PIP$_2$）被 PLC 水解产生第二信使 IP$_3$ 和 DAG（二酰甘油）。
IP$_3$ 激活与液泡和内质网结合的 IP$_3$ 受体诱导 Ca^{2+} 的释放，导致 IP、PIP、IP$_2$ 和 PI 的再循环

图 2-14 简单概括了植物细胞的肌醇磷脂信号系统作用模式：植物细胞感受外界刺激信号后，经过信号的跨膜转换，激活质膜内侧锚定的 PLC，活化的 PLC 水解质膜上的 PIP_2 产生两种第二信使 DAG 和 IP_3，从而启动 IP_3/Ca^{2+} 和 DAG/PKC 双信使途径。一方面，产生的 IP_3 可以通过激活细胞内钙库（液泡等）上的 IP_3 受体（IP_3 敏感的钙通道），促使 Ca^{2+} 从液泡中释放出来，引起胞内游离的 Ca^{2+} 浓度升高，实现肌醇磷脂信号系统与钙信号系统之间的交联，通过胞内的 Ca^{2+} 信号系统调节和控制相应的生理反应。已有大量证据表明，IP_3/Ca^{2+} 系统在干旱、ABA 引起的气孔关闭的信号转导过程中起着重要的调节作用，在鸭趾草保卫细胞中，ABA 处理诱导气孔关闭过程中，胞内游离的 Ca^{2+} 升高也是通过 IP_3 作用于胞内钙库释放 Ca^{2+} 实现的。另一方面，产生的第二信使 DAG 可以通过 DAG/PKC 信号转导途径，激活蛋白激酶 C（PKC），对某些底物蛋白或酶进行磷酸化，实现信号的下游传递。

（二）钙信号系统

1. Ca^{2+} 转移系统　　几乎所有的胞外刺激信号都可能引起胞内游离钙离子浓度的变化，或其在细胞内的梯度和分布区域发生变化，如光照、触摸、重力和温度等各种物理刺激和各种植物激素、病原菌诱导因子等化学因子。而植物细胞内游离钙离子浓度的微小变化可能显著影响细胞的生理生化活动。细胞内的钙离子浓度主要与细胞膜系统上各种 Ca^{2+} 转移系统有关。

胞内钙离子浓度梯度的存在是 Ca^{2+} 信号产生的基础。正常情况下，植物细胞质中游离的静息态 Ca^{2+} 水平为 $10^{-7}\sim10^{-6}$mol/L，而液泡的游离钙离子水平在 10^{-3}mol/L 左右，内质网中钙离子浓度在 10^{-6}mol/L，细胞壁中的钙离子浓度达 $10^{-5}\sim10^{-3}$mol/L。因而细胞壁等质外体作为胞外钙库，内质网、线粒体和液泡作为胞内钙库。在静止状态下，这些梯度的分布是相对稳定的，当受到刺激时，钙离子跨膜运转调节细胞内的钙稳态（calcium homeostasis），从而产生钙信号（图 2-15）。

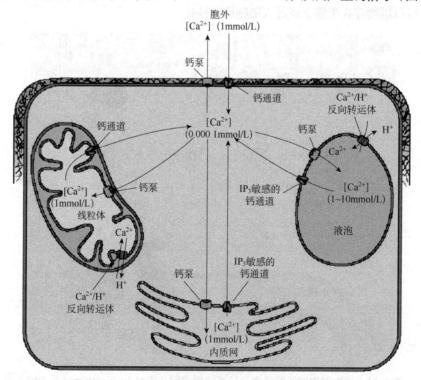

图 2-15　高等植物细胞内多条钙离子转运途径示意图（引自 Buchanan et al.，2004）
在细胞信号系统中胞内和胞外 Ca^{2+} 的相互作用。当细胞受到刺激时，质膜和细胞膜上的离子通道打开，Ca^{2+} 沿电化学势梯度进入细胞质

质膜上存在依赖 ATP 的 Ca^{2+} 转移系统，它是在 Ca^{2+}-ATP 酶作用下，由水解 ATP 提供能源，将 Ca^{2+} 泵出细胞液，以维持胞内一定的 Ca^{2+} 浓度。反过来，当 Ca^{2+} 通过质膜转移到细胞内时是通过 Ca^{2+} 通道，而通道的开闭受膜电位的控制，Ca^{2+} 向胞内的转移是一种被动扩散过程。

内质网也是植物细胞的一个钙库，其膜上可能也存在钙离子通道（图 2-16），依赖 ATP，把细胞液中的 Ca^{2+} 泵入内质网中。线粒体膜上存在与电子传递链相偶联的钙泵，利用电子传递产生的电化学势将 Ca^{2+} 主动泵入线粒体内。

液泡膜上的 Ca^{2+} 转移系统是较完整的系统。液泡膜上有 Ca^{2+}/H^+ 反向转运体，利用已建立的质子电化学势去驱动 Ca^{2+} 与 H^+ 的跨膜交换。有人用燕麦根细胞中分离的液泡作材料，表明 IP_3 可诱发 Ca^{2+} 从液泡中释放出来，液泡可作为肌醇磷脂信号系统中 IP_3 的靶结构，在胞内 Ca^{2+} 动员中起重要作用。

Ca^{2+} 信号的产生和终止表现在胞质中游离 Ca^{2+} 浓度的升高和降低。由于在胞内、外钙库与胞质中 Ca^{2+} 存在很大的浓度差，当细胞受到外界刺激时，Ca^{2+} 可以通过胞内、外 Ca^{2+} 库膜上的 Ca^{2+} 通道由钙库进入细胞，引起胞质中游离 Ca^{2+} 浓度大幅度升高，产生钙信号。钙信号产生后作用于下游的调控元件（钙调节蛋白等）将信号进一步向下传递，引起相应的

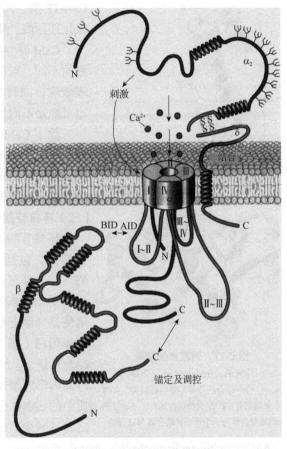

图 2-16　钙离子通道的结构
（引自 Buchanan et al.，2004）

由 α_1、α_2、β 和 δ 4 个不同的蛋白质亚基组成。跨膜 α_1 亚基包括 4 个同源的结构域（I～IV），α_2 亚基由二硫键与 δ 亚基相连，δ 亚基左侧与 α_1 相互作用。在胞质内 β 亚基的结构域（BID）与 α_1 亚基的结构域（AID）相互作用

生理生化反应。当 Ca^{2+} 作为第二信使完成信号传递后，胞质中的 Ca^{2+} 又可通过钙库膜上的钙泵或 Ca^{2+}/H^+ 反向转运体将 Ca^{2+} 运回钙库（质膜外或细胞内钙库），胞质中游离 Ca^{2+} 浓度恢复到原来的静息态水平，同时 Ca^{2+} 也与受体蛋白分离，信号终止，完成一次完整的信号转导过程。

2.　钙调素　　植物细胞的钙信号受体蛋白之一是钙结合蛋白，它与 Ca^{2+} 有较高的亲和力与专一性。钙结合蛋白中分布最广、人们了解最多的是钙调素（calmodulin，CaM），也称为钙调蛋白。CaM 只有与 Ca^{2+} 结合才有生理活性，而 CaM 对 Ca^{2+} 的亲和能力正是它感受信息的基本特性，CaM 能感受到 Ca^{2+} 浓度的变化从而引起相应的变化。该过程可能涉及较多因素，其中有 CaM 量的差异，每个 CaM 结合的 Ca^{2+} 数目的不同，CaM 翻译后修饰与否及 CaM 靶酶的多样性等因素。

钙调素是一种由 150 个氨基酸组成的耐热、耐酸性的小分子可溶性球蛋白（图 2-17），等电点为 4.0，分子质量约为 16.7kDa。CaM 与 Ca^{2+} 有很高的亲和力，每个 CaM 分子有 4 个 Ca^{2+} 结合位点，可以与 1～4 个 Ca^{2+} 结合。CaM 可以两种方式发挥作用：一种是 CaM 直接和靶酶结合，诱导靶酶的活性构象变化而调节靶酶的活性；另一种是 CaM 首先使依赖 Ca^{2+}、CaM 的蛋白激酶活化，然后在蛋白激酶的作用下，使一些靶酶磷酸化而影响其活性。属于第一种作用方式的有质膜

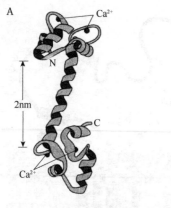

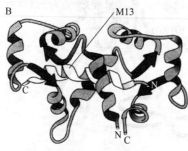

图 2-17 钙调素的结构
（引自 Buchanan et al.，2004）

A. 与 Ca^{2+} 结合的单体是哑铃型结构，在两个末端都有 Ca^{2+} 结合的结构域；B. Ca^{2+}/钙调素复合体与一个钙调素结合肽 M13 结合

Ca-ATP 酶、NAD 激酶；属于第二种作用方式的有奎尼酸 NAD 氧化还原酶、质子泵、Rubisco 小亚基等。

CaM 异型基因表达的差异很大，其在不同细胞内种类、含量的不同，可能导致同一个刺激在不同的细胞内产生不同的生理效应，同时 CaM 在不同细胞内不同区域分布、含量的不同也可能是不同形式的钙信号产生不同生理效应的另一种机制。

除了 CaM 外，植物细胞中 Ca^{2+} 信号也可以直接作用于其他的钙结合蛋白，研究最多的是钙依赖型蛋白激酶（calcium dependent protein kinase，CDPK），通过 CDPK 对下游信号元件的磷酸化而完成最终信号的转导过程。

（三）环核苷酸信号系统

环核苷酸（cyclic nucleotide）是在活细胞内最早发现的第二信使，包括 cAMP 和 cGMP，其分别由 ATP 经腺苷酸环化酶、GTP 经鸟苷酸环化酶产生。

受动物细胞信号的启发，人们最先在植物中寻找的胞内信使是环腺苷酸（cyclic AMP，cAMP）。腺苷酸环化酶是一个跨膜蛋白（图 2-18），被激活时可催化胞内的 ATP 分子转化为 cAMP 分子，细胞内微量 cAMP（仅为 ATP 的千分之一）在短时间内迅速增加数倍以至数十倍，从而形成胞内信号。细胞溶质中的 cAMP 分子浓度增加往往是短暂的，信号的灭活机制随之将其减少，cAMP 信号在 cAMP 特异的环核苷酸磷酸二酯酶（cAMP specific cyclic nucleotide phosphodiesterase，cAMP-PDE）催化下水解，产生 5′-AMP，将信号灭活。

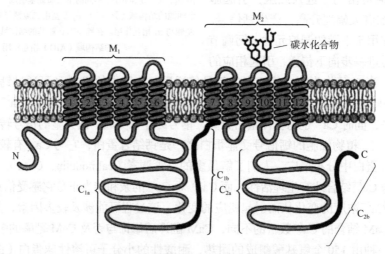

图 2-18 腺苷酸环化酶的结构（引自 Buchanan et al.，2004）

M_1. 第一组跨膜域（1～6）；M_2. 第二组跨膜域（7～12）；C_{1a}、C_{1b}. 第一胞内结构域；C_{2a}、C_{2b}. 第二胞内结构域

大量研究表明，cAMP 信号系统还在转录水平上调节基因表达。cAMP 通过激活 cAMP 依赖的蛋白激酶（protein kinase，PK）而对某些特异的转录因子进行磷酸化，这些因子再与被调节的

基因特定部位结合，从而调控基因的转录。外界刺激信号激活质膜上的受体，通过 G 蛋白的介导促进或抑制膜内侧的腺苷酸环化酶，从而调节胞质内的 cAMP 水平，cAMP 作为第二信使激活 cAMP 依赖的蛋白激酶（PKA）；PKA 被激活后，其催化亚基和调节亚基相互分离，其中催化亚基可以引起相应的酶或蛋白质磷酸化，引起相应的细胞反应，或者催化亚基直接进入细胞核催化 cAMP 应答元件结合蛋白（cAMP rcsponsc element binding protein，CREB）磷酸化，被磷酸化的 CREB 激活核基因序列中的转录调节因子 cAMP 应答元件（cAMP response element，CRE），导致被诱导基因的表达（图 2-19）。

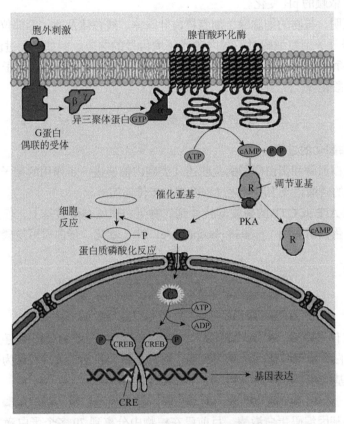

图 2-19　细胞中 cAMP 信号系统传递模型
异三聚体 G 蛋白、cAMP 和基因表达调控之间的相互关系

对模式植物拟南芥基因序列的分析结果表明，植物核基因组中含有 CRE 序列及编码 CREB 的序列，并且 CRE 的启动子受 cAMP 结合蛋白的调控。乙烯受体 *ETR1* 基因序列中也包含一段可能受 cAMP 调控的 DNA 序列。在关于植物中 cAMP 生理功能的研究中，有报道 cAMP 可能参与了叶片气孔关闭的信号转导过程，并且在 ABA 和 Ca^{2+} 抑制气孔开放及质膜内向 K^+ 通道活性的过程中有 cAMP 的参与；花粉管的伸长生长也受 cAMP 的调控；腺苷酸环化酶可能参与了花粉与柱头间的不亲和；以及根际微生物因子作用于根毛细胞后可以导致 cAMP 浓度的升高等。

有试验证明，叶绿体光诱导的花色素苷合成过程中环鸟苷酸（cyclic GMP，cGMP）参与受体 G 蛋白之后的下游信号转导过程。环核苷酸信号系统与 Ca^{2+}-CaM 信号传递系统在合成完整叶绿体过程中协同起作用。

（四）pH 和活性氧

近年的研究发现，pH 和活性氧（reactive oxygen species，ROS）也能作为第二信使在细胞信号转导中发挥重要作用。

在静息细胞（resting cell）中，胞质的 pH 通常保持在 7.5 左右，而细胞壁中的 pH 则为 5.5 或更低。胞外的 pH 能响应不同的内源或环境信号而快速发生变化，而胞内的 pH 却因为细胞的缓冲能力而变化缓慢。例如，植物激素生长素能激活质膜上的 H^+-ATPase，使细胞壁进一步酸化，从而激活促进细胞壁松弛的扩展蛋白等以促进细胞的伸长生长。另外，植物对环境胁迫的信号响应也经常包括 Ca^{2+} 依赖的 pH 变化。

大量的研究证明，植物的细胞壁、细胞核、叶绿体、线粒体及微体等部位通过自身代谢产生的活性氧作为信号分子调控细胞对不同内源或环境信号的响应。例如，通过激活 Ca^{2+} 通道进行信息传递，引起各种生理反应；通过激活 MAPK 级联反应，再激活转录因子，引起目的基因转录；调控蛋白质磷酸化等。

五、蛋白质可逆磷酸化与生理响应

（一）蛋白质可逆磷酸化的过程

细胞内多种蛋白激酶和蛋白磷酸酶是前述几类胞内信使进一步作用的靶子，也即胞内信号通过调节胞内蛋白质的磷酸化或去磷酸化过程而进一步传递信号。

蛋白激酶催化 ATP 或 GTP 的磷酸基转移到底物蛋白质氨基酸残基上，使蛋白质磷酸化。蛋白质的去磷酸化由蛋白磷酸酶（protein phosphatase，PP）催化。蛋白质可逆磷酸化的整个反应过程可用下式表示。

$$\text{蛋白质} + n\text{NTP} \xrightarrow{\text{蛋白激酶}} \text{蛋白质-}P_n + n\text{NDP}$$

$$\text{蛋白质-}P_n + n\text{H}_2\text{O} \xrightarrow{\text{蛋白磷酸酶}} \text{蛋白质} + n\text{Pi}$$

式中，NTP 代表核苷三磷酸，NDP 代表核苷二磷酸，P_n 代表与底物蛋白质氨基酸残基连接的磷酸基团及数目。蛋白质被磷酸化的氨基酸残基主要是丝氨酸和苏氨酸，有时为酪氨酸。底物蛋白质上被磷酸化的氨基酸残基可能是一个，也可能是两个或多个。

胞内信使可由于蛋白质磷酸化的放大而最后完成信号传递过程。蛋白激酶是一个大家族，植物中有 2%~3% 的基因编码蛋白激酶。目前已在植物中分离到 70 多个蛋白激酶基因，鉴定出许多蛋白激酶。其中研究较多的是最初从大豆中得到的钙依赖型蛋白激酶（calcium dependent protein kinase，CDPK）（图 2-20），CDPK 有一个类似钙调蛋白的钙结合位点，但这类激酶只依赖于钙而不依赖于钙调蛋白。现已知的可被 CDPK 磷酸化的作用靶（或底物分子）有细胞骨架成分、膜运输成分、质膜上的质子 ATP 酶等。例如，从燕麦中分离出与质膜成分相结合的 CDPK 成分可将质膜上的质子 ATP 酶磷酸化，从而调节跨膜离子运输。

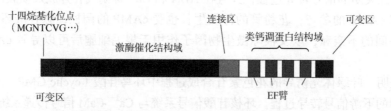

图 2-20　植物中克隆的 CDPK（引自 Buchanan et al.，2004）

包括类钙调蛋白结构域，在 4 个 EF 臂上结合 Ca^{2+}

除 CDPK 类外，还有与光敏素密切相关的钙依赖型蛋白激酶、同时受钙离子和钙调素调节的蛋白激酶等。在水稻筛管汁液中测出一个相对分子质量为 17 000、高度磷酸化的蛋白质，以及另一个相对分子质量为 65 000、具有蛋白激酶活性的蛋白质，该酶的活性依赖于 Ca^{2+} 的存在。筛管汁液内依赖 Ca^{2+} 的蛋白激酶的发现，表明筛管内存在着信号转导系统。

蛋白磷酸酶逆转磷酸化作用，是终止信号或一种逆向调节，与蛋白激酶有同等的重要意义，在植物中鉴定出几种不同的蛋白磷酸酶。有研究表明，胡萝卜、豌豆中的一种蛋白磷酸酶可能与植物细胞的有丝分裂过程的调控有关。在豌豆保卫细胞中存在一种依赖钙离子的蛋白磷酸酶，它与 K^+ 的转移和气孔的开闭有关。

（二）蛋白质可逆磷酸化的作用

蛋白质的磷酸化和去磷酸化在细胞信号转导过程中具有级联放大信号的作用，外界微弱的信号可以通过受体激活 G 蛋白、产生第二信使、激活相应的蛋白激酶和促使底物蛋白磷酸化等一系列反应得到级联（cascade）放大。植物细胞中约有 30% 的蛋白质是磷酸化的。拟南芥中估算约有 1000 个基因编码激酶，300 个基因编码蛋白磷酸酶，约占其基因组的 5%。

蛋白质可逆磷酸化是细胞内信号传递过程中的共同环节，同时也是中心环节。胞内第二信使产生后，其下游的靶分子一般都是细胞内的蛋白激酶和蛋白磷酸酶，激活的蛋白激酶和蛋白磷酸酶催化相应蛋白的磷酸化或去磷酸化，从而调控细胞内酶、离子通道、转录因子等的活性。

例如，cAMP 可以通过蛋白激酶 A（protein kinase A，PKA）作用使下游的蛋白质磷酸化；Ca^{2+} 可以通过与钙调蛋白结合活化 Ca-CaM 依赖的蛋白激酶使蛋白质磷酸化，也可以激活钙依赖型蛋白激酶（CDPK）使蛋白质磷酸化。

信号分子也可直接作用于由有丝分裂原活化蛋白激酶（mitogen activated protein kinase，MAPK）、MAPK 激酶（MAPKK）和 MAPKK 激酶（MAPKKK）三个激酶组成的 MAPK 级联体，通过系列的蛋白质磷酸化反应，调控不同转录因子磷酸化而影响基因的表达（图 2-21）。

蛋白磷酸酶与蛋白激酶在细胞信号转导中的作用相反，主要功能是逆转蛋白质磷酸化作用，是一个终止信号或逆向调节的过程。蛋白质去磷酸化也几乎存在于所有信号转导途径。在单子叶植物玉米和双子叶植物矮牵牛、拟南芥、油菜、苜蓿、豌豆中已克隆到蛋白磷酸酶基因，并且在多种植物中发现其活性并可能参与植物细胞分裂素、脱落酸、病原、胁迫及发育信号转导途径。

虽然磷酸化或去磷酸化的过程本身是单一的反应，但多种蛋白质的磷酸化和去磷酸化的结果是不同的，很可能与实现细胞中各种不同刺激信号的转导过程有关。事实上，正是蛋白质磷酸化的可逆性为细胞的信息传递提供了一种开关作用，在有外来信号刺激的情况下，通过去磷酸化或磷酸化之开闭，使得细胞能够有效而经济地调控对内外信息的反应。

（三）信号转导的生理反应

信号转导的最终结果是导致一系列细胞的生理生化反应，从而引起植物生长发育的变化。细胞反应主要包括：①细胞代谢，它们使细胞摄入并代谢营养物质，提供细胞生命活动所需能量；②细胞分裂，它们使与 DNA 复制相关的基因表达，调节细胞周期，使细胞进入分裂和增殖阶段；③细胞分化，它们使细胞内的遗传程序有选择地表达，使细胞最终不可逆地分化成为有特定功能的成熟细胞；④细胞功能，如激素、蛋白质、核苷酸等，使细胞能够进行正常的代谢活动等；⑤细胞死亡，在局部范围内和一定数量上发生程序性细胞死亡，以维护多细胞生物的整体利益或减轻不良环境的危害。整合所有细胞的生理生化反应最终表现为植物体的生理效应，主要有组织生长、器官运动、花芽分化和形态建成等。

所有的外界刺激都能引起相应的细胞反应，外界信号刺激不同，细胞的生理反应也不同。有

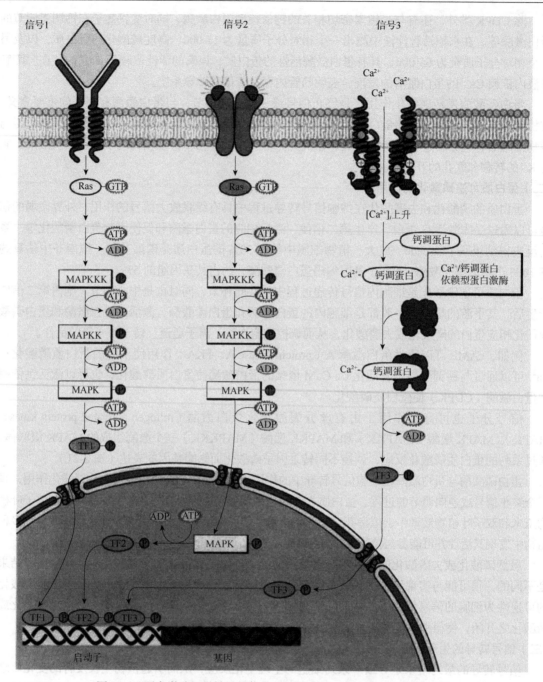

图 2-21　蛋白激酶级联转导的信号途径（引自 Buchanan et al.，2004）
转录因子被磷酸化（信号 1 和信号 3）后能穿过核膜，且 MAPK 在被 MAPKK（信号 2）磷酸化后也可进入细胞核

些外界刺激可以引起细胞的跨膜离子流动，有些刺激引起细胞骨架的变化，还有些刺激引起细胞内代谢途径的调控或细胞内相应基因的表达。这些细胞的各种变化通过信号转导最终表现为植物体的生理反应。根据植物感受刺激到表现出相应生理反应的时间，植物的生理反应可分为长期生理效应和短期生理效应。例如，植物的气孔反应、含羞草的感震反应、转板藻的叶绿体运动等这些反应通常属于短期生理效应。而对于植物生长发育调控的信号转导来说，绝大部分都属于长期生理效应，如光对植物种子萌发的调控、春化作用和光周期效应对植物开花的调控等。

　　另外，由于植物生存的环境因子非常复杂，在植物生长发育的某一个阶段，常常是多种刺激同时作用，此时植物体所表现的生理反应就不仅仅是各种刺激所产生相应生理反应的简单叠加。细胞内的各个信号转导途径之间存在相互作用，形成细胞内的信号转导网络，此时植物体通过整合感受这些不同的外界刺激信号，最终表现出植物体适应外界环境的最佳的生理反应（图 2-22）。

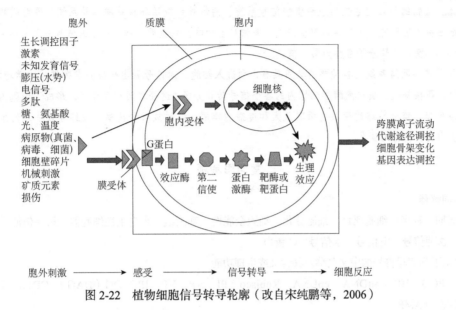

图 2-22　植物细胞信号转导轮廓（改自宋纯鹏等，2006）

本 章 小 结

　　细胞不仅是植物形态结构和代谢功能的基本单位，也是植物生长发育的基本单位，还是植物遗传的基本单位，表现为其是生命活动的基本单位。

　　细胞生长和细胞分裂是偶联的。从一次细胞分裂结束子细胞形成到下一次分裂结束形成新的子细胞所经过的历程称细胞周期，整个细胞周期可分为间期和分裂期两个阶段，分为 G_1 期、S 期、G_2 期和 M 期等 4 个时期。细胞分裂的意义在于 DNA 精确复制，并以染色体形式平均分配到两个子细胞中，使每个子细胞都得到一整套和母细胞完全相同的遗传信息。细胞分裂导致植物外在表现为不可逆生长。

　　植物生存和繁衍的一个重要特征就是部分细胞、组织和器官的选择性死亡。细胞的死亡可以分为两种形式：一种是坏死或意外性死亡；另一种称为程序性细胞死亡（PCD），是一种主动的、为了满足生物的自身发育及抵抗不良环境的需要而按照一定的程序结束细胞生命的过程。PCD 往往涉及相关基因的表达和调控，在植物胚胎发育、细胞分化和形态建成过程中普遍存在。超敏反应（HR）也属于一种 PCD。超敏反应导致的细胞死亡是通过植物对病原体的防御反应完成的。超敏反应与细胞凋亡有许多相似之处。

　　细胞分化是细胞间产生稳定差异的过程，也就是一种类型的细胞转变成在形态结构、生理功能和生物化学特性诸方面不同的另一类型细胞的过程。细胞全能性就是指每个生活的细胞中都含有产生一个完整机体的全套基因，在适宜的条件下，细胞具有形成一个新的个体的潜在能力。

　　高等植物细胞共有三个基因组，即核基因组、叶绿体基因组和线粒体基因组，后两者称为核外基因组。植物细胞的各种生命活动都由基因组控制。线粒体和叶绿体的生长和增殖是受核基因组及其自身的基因组两套遗传系统所控制，所以称为半自主性细胞器。

　　基因在植物体内的表达受到严格的调控，不同基因的表达程度不同。基因表达调控在不同生物之间，尤其是原核生物与真核生物之间存在很大差异。其差异主要归因于 DNA 在细胞中的存在形式、DNA 分子的结构、参与基因表达的酶及调控蛋白因子等方面的差异。正是这些差异，决定了不同生物基因表达的特异性。

信号转导在植物生理学中属于一个不断深入的研究领域。细胞的信号分子按其作用和转导范围可分为胞间信号分子和胞内信号分子。胞间的化学信号包括植物激素、多肽、糖类等物质，物理信号中最重要的是电信号，包括动作电位和变异电位的传递。胞间信号的长距离传递是通过维管束系统进行的。G 蛋白是主要的跨膜信号传递体。植物的胞内信号包括肌醇磷酸信号系统、钙信号系统及环核苷酸信号系统。蛋白质的磷酸化和去磷酸化是细胞内信号进一步转导的重要方式。多细胞生物体受刺激后，胞间产生的信号分子又称为初级信使（即第一信使），胞内信号分子常称为第二信使。

构成信号转导网络系统的各种要素必须具有识别进入细胞，对信号做出响应并发挥其生物学功能的作用。钙、磷脂酶、环核苷酸、蛋白激酶等细胞内的各个信号转导分子/途径之间相互作用，形成了细胞内复杂的信号转导网络系统。信号传递途径具有级联放大和传播的作用，通过放大和传播，最终导致一系列生理生化反应，引起植物生长发育的变化。

复习思考题

1. 名词解释

细胞周期　程序性细胞死亡　细胞分化　细胞全能性　基因组　半自主性细胞器　第一信使　第二信使化学信号　物理信号　电信号　水信号　G 蛋白

2. 写出下列缩写符号的中文名称及其含义或生理功能。

CDK　PCD　HR　mtDNA　cpDNA　Rubisco　PI　AP　VP　IP$_3$　DG（DAG）　CDPK　PK　PP　MAPK　CaM　cAMP

3. 谈谈程序性细胞死亡的概念与意义。

4. 细胞周期的组成与特点如何?

5. 高等植物细胞三个基因组的关系怎样?

6. 你如何理解植物的信号转导?

7. 试述信号分子的特点。

8. 谈谈植物电信号的作用方式。

9. 环境刺激或胞外信号是如何调节细胞发育的?

10. 分析 Ca^{2+}信号产生的生理意义。

11. 说明 IP$_3$ 信号途径的生理作用。

12. 蛋白质可逆磷酸化有什么意义?

第二篇

植物代谢生理

第三章　植物的水分生理

【学习提要】了解水的生理生态作用及其在植物中的存在状态。掌握植物细胞对水分的吸收特点，水势及植物细胞水势的组分，植物根系对水分的吸收机理与影响因素，蒸腾作用的意义、特点、机理及其影响因素。理解植物水分运输的途径与机理，作物的需水规律及合理灌溉基础。

第一节　水在植物生命活动中的重要性

水是植物生命活动不可缺少的条件，植物的正常生命活动必须在细胞含有一定的水分状况下才能进行，天然植被的分布主要受供水情况所控制。植物缺水，正常的生命活动就会受到干扰和破坏，甚至死亡；水分过多，陆生植物特别是其根系又会因缺氧而受害。植物只有在保持水分平衡状态下，才能正常生长和发育。植物一方面不断从环境中吸收水分，以满足正常生命活动的需要；另一方面又不断地向其周围环境散失大量水分。植物对水分的吸收、运输、利用和散失的过程，称为植物的水分代谢（water metabolism）。农谚有："有收无收在于水"。研究植物水分代谢过程的基本规律，对合理用水、节约用水、提高农产品产量和质量都很重要。

一、植物中的水分

（一）植物的含水量

水是植物体的重要组成部分，其含量常常是控制生命活动强弱的决定因素。植物体内的含水量与植物种类、器官、组织、年龄及生态环境等有密切的关系。

不同植物的含水量有很大的不同。例如，水生植物（水浮莲、满江红、金鱼藻等）的含水量可达鲜重的 90% 以上，在干旱环境中生长的低等植物（地衣、藓类）则仅占 6% 左右。草本植物的含水量为 70%～85%，木本植物的含水量稍低于草本植物。

同一种植物不同器官和组织的含水量也有很大的差别。例如，幼嫩根尖、幼茎、幼叶等的含水量可达 60%～90%，苹果果实的含水量为 84% 左右，而风干种子的含水量只有 9%～14%。

同一种植物生长在不同环境中，含水量也有差异。凡是生长在荫蔽、潮湿环境中的植物，它的含水量比生长在向阳、干燥环境中的要高一些。

总之，植物体内含水量的高低与生命活动的强弱呈正相关，凡是生命活动较旺盛的部分，其含水量都较多。从某种意义上讲，含水量是控制生命活动强弱的决定因素，是对器官、组织代谢水平的反映。

（二）水分存在状态

水在植物生命活动中的作用不仅与其含量有关，而且与其存在状态有关。水分子是一种极性分子（图 3-1A），水分子中的氢原子能够与亲水基团中电负性强的原子依靠静电引力形成非共价键，而氧原子能够与亲水基团中电正性强的原子依靠静电引力形成非共价键，即氢键（hydrogen bond）。因此亲水性物质可通过氢键吸附大量水分子，这种现象称为水合作用（hydration）。水分在植物细胞内通常呈束缚水和自由水两种状态（图 3-1B）。

细胞质主要由蛋白质组成，蛋白质分子很大，其水溶液具有胶体的性质，因此，细胞质是一

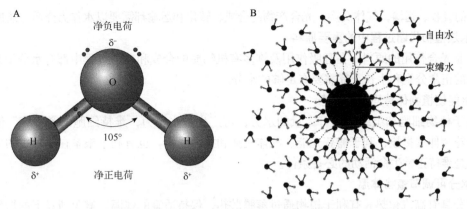

图 3-1　水分子结构示意图（A）和自由水与束缚水（B）

个胶体系统（colloidal system）。蛋白质分子的疏水基（如烷烃基、苯基等）在分子内部，而亲水基（如—NH₂、—COOH、—OH 等）则在分子的表面。这些亲水基对水有很大的亲和力，容易发生水合作用。所以细胞质胶体颗粒具有显著的亲水性（hydrophilic nature），其表面吸附着很多水分子，形成一层很厚的水层。水分子距离胶粒越近，所受的吸附力越强；相反，则所受的吸附力越弱。在细胞中被蛋白质等亲水大分子组成的胶体颗粒吸附、不易自由移动的水分称为束缚水（bound water），束缚水在温度升高时不易蒸发，温度降低时不易结冰，难以参与细胞内的代谢反应，其含量相对稳定。距胶体颗粒较远，不被吸附或受到的吸附力很小，能自由移动的水分子称为自由水（free water）。自由水含量变化较大，其主要作用是供给蒸腾作用、参与代谢反应、作为物质运输的溶剂等。事实上，两种状态水的划分是相对的，两者之间没有明显的界线。

自由水与束缚水的比值，可随植物体内代谢状况发生变化。自由水与束缚水的比值高时，植物代谢旺盛，生长较快，但抗性较差。自由水与束缚水的比值降低时，代谢活动减弱，生长缓慢，抗性增强。例如，越冬植物的组织内自由水与束缚水的比值降低，束缚水相对含量提高，作物生长极慢，但抗寒性很强；休眠种子里所含的水基本上是束缚水，以致不表现出明显的生理代谢活动，其抗逆性也很强。

（三）生理需水和生态需水

从对植物生长发育影响的角度出发，可将水分为两部分：一是植物的生理需水（physiological water requirement），即直接用于植物生命活动与保持植物体内水分平衡的那部分水。二是植物的生态需水（ecological water requirement），即作为生态因子，造成植物正常生长所必需的体外环境而消耗的水。这部分水的作用主要是调节植物周围的环境，达到高产、稳产的目的。例如，可增加大气湿度，改善土壤及土表面的大气温度等。事实上，生理需水和生态需水在生产实践中不能截然分开。

二、水的生理生态作用

（一）水是植物细胞的重要成分

植物细胞原生质的含水量一般在 70%～90%，这样才能保持原生质呈溶胶状态，植物细胞才能进行正常的分裂、伸长、分化及代谢活动。

（二）水是生理生化反应和运输的介质

水分子具有极性，是自然界中溶解物质最多的良好溶剂；植物体内的各种生理生化过程，如矿质元素的吸收、运输，气体交换，光合产物的合成、转化和运输都需要以水作为介质才能进行。

（三）水是植物代谢过程中的重要原料

水是光合作用的原料。在呼吸作用及许多有机物质的合成和分解过程中都有水分子参加。植物细胞的正常分裂和生长，都需要有足够的水分。

（四）水能使植物保持固有的姿态

由于植物细胞和组织中含有大量的水分，可产生静水压力，维持细胞的紧张度，使植物的枝叶、花朵伸展挺拔，利于捕获光能、气体交换和授粉受精，也有利于根系在土壤中的生长和吸收，这是维持正常生命活动的必备条件。

（五）水分可调节植物体温

水分具有高汽化热，有利于植物通过蒸腾散热，保持适宜的体温，避免烈日下的灼伤。由于水的比热容高，水温变化幅度小，在水稻育秧遇到寒潮时，可以灌水护秧，保证其体温不致骤然下降。在农业生产上，利用水来调节作物周围小气候是行之有效的措施。

第二节　植物细胞对水分的吸收

植物的生命活动是以细胞为基础的，吸水也不例外，要了解植物如何吸水，首先要弄清细胞对水分的吸收机理。

一、水势与植物细胞水势的组成

（一）水势的概念

根据热力学第一定律，一个物体（体系）所含的能量可分为两部分：一部分叫束缚能（bound energy），即不能转化用于做功的能量；另一部分叫自由能（free energy），即在恒温条件下用于做功的能量。每摩尔物质所具有的自由能就是该物质的化学势（chemical potential）。化学势可以表示体系中各组分发生化学反应的本领及转移的方向。在单位体积内某物质的摩尔数愈多，自由能愈高，其化学势也愈高，参与化学反应的趋势愈大，向低化学势区域转移的可能性也愈大。在任一化学反应或相变体系中，物质分子的转移方向和限度是以化学势高低来决定的。根据热力学第二定律，对于一个等温等压下的自发过程来说，物质分子总是从化学势高的区域自发地转移到化学势低的区域，当两个相邻区域的某物质的化学势相等时，则呈现动态平衡。对于带电荷的物质而言，转移方向除与化学势有关外，还与其所带电荷的状况和两个区域的电势差有关。

水分作为一种物质同样具有自由能、化学势。一般而言，水的化学势就是水势（water potential，ψ_w），采用的是能量单位。但在实际应用时，测定能量变化比测定压力变化困难得多，因此在植物生理学中，通常将水的化学势除以水的偏摩尔体积（partial molar volume，$V_{w,m}$），使其具有压强单位：帕（Pa）、兆帕（MPa）。它们与过去常用的压强单位巴（bar）或大气压（atm）的换算关系是：$1bar=0.987atm=10^5Pa=0.1MPa$；$1atm=1.013bar=1.013×10^5Pa$；$1MPa=10^6Pa=10bar=9.87atm$。

水势的定义是：体系中水的化学势（μ_w）与同温同压下纯水的化学势（μ°_w）之差（$\Delta\psi_w$），除以偏摩尔体积（$V_{w,m}$）所得的商。水势用符号 ψ_w（ψ 为希腊字母，psi）表示。

$$\psi_w=\frac{\mu_w-\mu^\circ_w}{V_{w,m}}=\frac{\Delta\psi_w}{V_{w,m}}$$

式中，水的偏摩尔体积是指在一定温度、压力和浓度下，1mol 水在混合物（均匀体系）中所占的有效体积。例如，在 1atm 和 25℃条件下，1mol 纯水所具有的体积为 18ml，但在相同条件下，将 1mol 水加入大量的水和乙醇等的混合物中时，这种混合物增加的体积不是 18ml 而是 16.5ml，16.5ml 就是水的偏摩尔体积。这是水分子与乙醇分子强烈相互作用的结果。在稀溶液中，水的偏摩尔体积与水的摩尔体积（$V_w=18.00cm^3/mol$）相差很小，在实际应用中，常用摩尔体积代替偏摩尔体积。

水势的绝对值不易测定，可用在同温、同压条件下纯水和溶液的水势差值来表示。所谓纯水是指不以任何方式与任何物质相结合的水，其所含自由能最高，水势也最高，并设定纯水的水势为零。当纯水中溶解有任何溶质成为溶液时，由于溶质颗粒降低了水的自由能，因而溶液中水的自由能要比纯水低，溶液的水势为负值。溶液越浓，其水势的负值就越大，即水势越低。例如，在 25℃条件下，纯水的水势为 0Pa，霍格兰（Hoagland）营养液的水势为 -0.05MPa，1mol 蔗糖溶液的水势为 -2.70MPa，海水为 -2.69MPa。一般正常生长的叶片的水势为 -0.8～-0.2MPa。

水分的移动是沿着自由能减小的方向进行的，在任何两个相邻部位或细胞之间，水分总是从水势高的区域移向水势低的区域，直到两处水势差为 0 为止。

（二）植物细胞的水势

植物细胞外有细胞壁，对原生质体有压力；内有大液泡，液泡中有溶质；细胞中还有多种亲水胶体，它们都会对细胞水势的高低产生影响。因此，植物细胞的水势比开放体系溶液的水势要复杂得多。植物细胞的水势至少受到三个组分的影响，即溶质势（ψ_s）、压力势（ψ_p）、衬质势（ψ_m），因而植物细胞水势的组分为

$$\psi_w=\psi_s+\psi_p+\psi_m$$

1. 溶质势（solute potential） 是指溶液中溶质颗粒的存在而引起的水势的降低值，呈负值。溶质势的大小取决于溶质颗粒的总数，溶质总数越多，溶质势越低。例如，在 0.1mol/L 的 NaCl 溶液中若有 80% 的 NaCl 解离成 Na^+ 和 Cl^-，这样其溶质总数比同浓度的非电解质多 80%，其溶质势也就低 80%。如果溶液中含有多种溶质，那么其溶质势就是各种溶质势的总和。

植物细胞中含有大量的溶质，其中主要是存在于液泡中的无机离子、糖类、有机酸、色素、酶类等。细胞液所具有的溶质势是各种溶质势的总和。植物细胞的溶质势因内外条件不同而有差别。细胞液中的溶质颗粒总数越多，细胞液的溶质势就越低。一般陆生植物叶片的溶质势是 -2～-1MPa，旱生植物叶片的溶质势可以低至 -10MPa。凡是影响细胞液浓度的内外条件，都可引起溶质势的改变。在渗透系统中，溶质势表示溶液中水的潜在渗透能力的大小，所以溶质势也称渗透势（osmotic potential，ψ_π）。

稀溶液的溶质势可用范托夫（van't Hoff）公式（经验公式）来计算。

$$\psi_s=\psi_\pi=-\pi=-iCRT$$

式中，π 为渗透压；i 为溶质的解离系数；C 为质量摩尔浓度（mol/kg）；R 为气体常数 [0.008 3dm³·MPa/（mol·K）]；T 为热力学温度（K）。

2. 压力势（pressure potential） 植物细胞吸水，原生质体膨胀，便会对细胞壁产生一种正向的压力，称为膨压（turgor pressure）。细胞壁在受到膨压的作用后，便会产生一种与膨压大小相等、方向相反的力量，即壁压。这种由于壁压的产生，细胞内水的自由能提高而增加的那部分水势，称为压力势。压力势一般为正值。草本植物叶片细胞的压力势，在温暖天气的午后为 0.3～0.5MPa，晚上则达 1.5MPa。在特殊情况下，压力势也可为负值或等于零。例如，初始质壁

分离时，压力势为零；剧烈蒸腾时，细胞壁出现负压，细胞的压力势呈负值。

3. 衬质势（matrix potential）　　表面能够吸附水分的物质称为衬质（matrix）。例如，土壤颗粒、胶体、细胞中的纤维素、蛋白质、淀粉粒、染色体和生物膜系统等亲水物质都属于衬质。衬质势是指细胞中亲水胶体物质和毛细管对自由水的吸附和束缚而引起的水势的降低值。因此，衬质势呈负值，$\psi_m < 0$。未形成液泡的细胞具有一定的衬质势，如干燥种子的衬质势可达 -100MPa。对于液泡化的成熟细胞而言，原生质仅有一薄层，其衬质为水所饱和，衬质势趋向于零，即 $\psi_m = 0$，可以忽略不计。

由上可见，有液泡的植物细胞水势的高低主要取决于溶质势（ψ_s）与压力势（ψ_p）之和，前者为负值，而后者一般为正值。

$$\psi_w = \psi_s + \psi_p$$

对于未形成液泡的植物细胞，如分生细胞、干燥种子的细胞来说，$\psi_s = 0$，$\psi_p = 0$，所以它们的水势就等于衬质势，即

$$\psi_w = \psi_m$$

4. 重力势　　重力势（gravitational potential，ψ_g）是指水分重力的存在而使水势增加的数值。ψ_g 的大小取决于水分相对参考状态时的高度（h）、水的密度（ρ_w）及重力加速度（g），即 $\psi_g = \rho_w gh$。其中 $\rho_w g$ 约等于 0.01MPa/m，因此，10m 的高度对水势产生约 0.1MPa 的增量。在大多数农作物和草本植物中，通常植株高度远不足 10m，体内水分的高度差不足以引起明显的水势变化，且一般考虑到水分在细胞间的移动，与溶质势和压力势相比，重力势通常忽略不计。

（三）水分流动方向

植物细胞吸水与失水取决于细胞与外界环境之间的水势差（$\Delta\psi_w$）。具有液泡的植物细胞吸水的主要方式是渗透吸水。当细胞水势低于外液的水势时，细胞就吸水；当细胞水势高于外液的水势时，细胞就失水。植物细胞在吸水和失水的过程中，细胞体积会发生变化，其水势、溶质势和压力势都会随之改变。

细胞水势（ψ_w）及其组分溶质势（ψ_s）和压力势（ψ_p）与细胞相对体积间的关系如图 3-2 所示。细胞相对体积为 $1.0\mu m^3$ 的植物细胞在发生初始质壁分离时（状态Ⅲ），其 $\psi_p = 0$，$\psi_w = \psi_s$（约为 -2.0MPa）。如将该细胞置于纯水（$\psi_w = 0$）中，它将从介质吸水，细胞体积增大，细胞液稀释，ψ_s 也相应增大，ψ_p 增大，ψ_w 也增大（状态Ⅰ）。当细胞吸水达到饱和时，细胞相对体积为 $1.5\mu m^3$（最大值）（状态Ⅱ），ψ_s 与 ψ_p 的绝对值相等（约为 1.5MPa），但符号相反，ψ_w 便为零，细胞水分进出达到动态平衡而不再吸水。当叶片细胞剧烈蒸腾，细胞壁表面蒸发失水多，细胞壁便随着原生质体的收缩而收缩，ψ_p 变为负值，ψ_w 低于 ψ_s（状态Ⅳ）。

相邻两个细胞间水分移动的方向取决于两细胞间的水势差，水分总是由水势高的细胞向水势低的细胞移动。例如，甲细胞的 ψ_s 为 -1.5MPa，ψ_p 为 0.7MPa，故其 ψ_w 为 -0.8MPa；乙细胞的 ψ_s 为 -1.2MPa，ψ_p 为 0.6MPa，故其 ψ_w 为 -0.6MPa；则水分将由乙细胞移向甲细胞，直到 $\Delta\psi_w = 0$ 为止。在一排相互连接的薄壁细胞中，只要胞间存在着水势梯度（water potential gradient），那么水分仍然

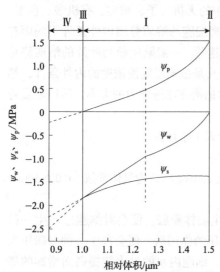

图 3-2　植物细胞相对体积变化与 ψ_w、ψ_s、ψ_p 的关系

是由水势高的细胞移向水势低的细胞。植物细胞、组织、器官之间，以及地上部与地下部之间，水分的转移也都符合这一基本规律。

同一植株不同细胞或组织的水势变化很大。地上器官的细胞水势比根部低，生殖器官的更低。上部叶片的水势低于下部叶片的水势，同一叶片中，距主脉较远部位的水势低于距主脉较近部位的水势。就根部细胞而言，内部细胞的水势低于外部的，因此植物体从下到上形成一个水势梯度，成为植物吸水的动力。

植物根系从土壤吸收水分，经体内运输和分配后，大部分又从叶片散失到大气中，这一水分转移过程也是由水势差决定的。一般来说，土壤水势＞植物根水势＞茎木质部水势＞叶片水势＞大气水势，使根系吸收的水分能够不断运往地上部，这便成为一个土壤-植物-大气连续体（soil-plant-atmosphere continuum，SPAC）（图3-3）。

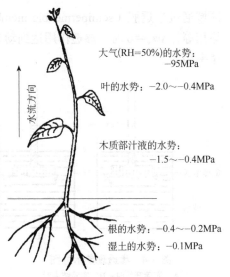

大气(RH=50%)的水势：
　　　　　　－95MPa

叶的水势：－2.0～－0.4MPa

木质部汁液的水势：
　　　　　－1.5～－0.4MPa

根的水势：－0.4～－0.2MPa

湿土的水势：－0.1MPa

水流方向

图3-3　在土壤-植物-大气连续体中
各位点的水势
RH. 相对湿度

二、细胞的渗透吸水

植物细胞的水势主要由 ψ_s、ψ_m 和 ψ_p 组成，其中某一组分的变化都会改变细胞水势值及其与周围环境水势的差值，从而影响细胞吸水能力。

（一）水的迁移过程

植物细胞对水分的吸收、运输和排出需要依赖于水分的扩散、集流和渗透作用。

1. 扩散　气体分子、水分子或溶质颗粒都有自浓度较高的区域向其邻近的浓度较低的区域均匀分布的迁移趋势，这种现象称为扩散（diffusion）。根据扩散作用的菲克定律（Fick law），扩散速率与浓度梯度成正比。

例如，将一定量的水加入糖液中，则水分子将从水势较高的部位（即糖液较稀的部位）向水势较低的部位（即糖液较浓的部位）运转，直到水分子均匀分布而达到动态平衡。水的蒸发、叶片的蒸腾作用都是水分子扩散现象。小分子物质在很短距离（数微米）的扩散是迅速有效的，但对于长距离的迁移，由于扩散速率太慢，远远不能满足植物的生理需要。

2. 集流　水分子及组成水溶液的各种物质的分子、原子在压力梯度下的集体流动称为集流（mass flow）。在土壤中可被植物利用的水，除少量通过扩散作用移动外，大部分是在压力梯度驱动下以集流方式移动的。当植物根系从土壤中吸收水分时，根表面附近水的压力下降，便会驱使邻近区域的水分通过土壤孔隙，顺着压力梯度向根系移动。土壤中水移动的速率取决于压力梯度的大小及水的传导率。水的传导率（hydraulic conductivity）是指在单位压力下、单位时间内，水移动的距离。砂土中水的传导率高，黏土中水的传导率低。植物叶片蒸腾失水会在植株体内形成一个压力梯度，导致植物根部水分沿导管形成蒸腾流向上运，以满足叶片对水分的需要。

在压力梯度下水的集流是植物体中的水经木质部或韧皮部做长距离移动的主要机制。依靠水的集流能使土壤中的无机养分和叶片制造的光合产物运往植物体的各个部分。与扩散不同，集流与物质的浓度无关，即与溶质势无关。

3. 渗透作用　渗透作用（osmosis）是扩散的一种特殊形式，是指溶剂分子从水势高的区域通过半透膜（semipermeable membrane）向水势低的区域扩散的现象。当膜两侧溶液的水势相等，$\Delta\psi_w=0$ 时，渗透作用达到动态平衡，即溶剂分子在单位时间内透过半透膜的双向扩散速率相等。

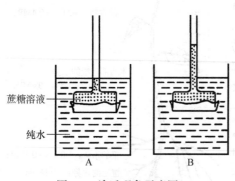

图 3-4　渗透现象示意图
A. 实验开始时；B. 实验结束时

渗透作用可以用如图 3-4 所示的装置来演示。在漏斗口上紧缚半透膜，注入蔗糖溶液，然后将其浸入纯水中，使蔗糖溶液的液面与外面的水面在同一平面上。半透膜只允许水分子通过，蔗糖分子不能通过，两边水势不等，构成一个渗透系统。开始时，由于漏斗内蔗糖溶液的水势低于外面纯水的水势，故外面的水分通过半透膜进入漏斗内部的速度高于漏斗内部水分向外移动的速度，从而使漏斗内的液面上升，逐渐高于外面；随着液面的升高，漏斗内的静水压也越来越大，迫使外面的水分进入的速度减慢，逐渐达到内外水分移动的动态平衡，此时漏斗内的液面不再升高，水分进出速度相等。

（二）渗透作用与渗透吸水

植物的成熟细胞外有质膜，内有液泡膜，还有多种生物膜对物质的通过具有选择性，它们允许水分和某些小分子物质通过，而其他物质则不能或不易通过。因此，可以把细胞原生质层看作一个半透膜，或称选择透性膜（selective permeable membrane），植物细胞的渗透吸水（osmotic absorption of water）就是指由于 ψ_s 的下降而引起的细胞吸水。含有液泡的细胞吸水，如根系吸水、气孔开闭时保卫细胞的吸水主要为渗透吸水。

将植物细胞置于纯水或稀溶液中，由于外界溶液水势高于细胞水势，水分向细胞内渗透，细胞吸水，体积变大，此外界溶液称低渗溶液（hypotonic solution）；若外界溶液水势等于细胞水势，水分进出平衡，细胞体积不变，此外界溶液称等渗溶液（isoosmotic solution），如生理盐水（0.85%～0.9% NaCl）、分离细胞器用的等渗溶液等；将植物置于高浓度溶液中，外界溶液水势低于细胞水势，水从细胞内向外渗透，细胞失水，体积变小，此外界溶液称高渗溶液（hypertonic solution），如腌菜、腌肉等的溶液。

液泡中含有糖、无机盐等多种物质，具有一定的水势。把植物细胞放置于清水或溶液中，由于胞液与外液之间存在水势差（$\Delta\psi_w$），就会发生渗透作用。当胞液的水势高于细胞外溶液的水势时，液泡就会失水，细胞收缩，体积变小。但由于细胞壁的伸缩性有限，而原生质体的伸缩性较大，当细胞继续失水时，细胞壁停止收缩，原生质体继续收缩下去，这样原生质体便开始和细胞壁慢慢分离开，这种现象称为质壁分离（plasmolysis）。这一现象说明植物细胞及其环境构成了一个渗透系统。如果把发生了质壁分离现象的细胞浸在水势较高的稀溶液或清水中，外面水分又会进入细胞，液泡变大，整个原生质体慢慢恢复到原来的状态，与细胞壁相连接，这种现象称为质壁分离复原（deplasmolysis）。如果把发生了质壁分离的细胞放在浓溶液中较长时间时，外液中的溶质会慢慢进入液泡，使细胞液水势降低，当外界溶液水势高于细胞液水势时，外界水分进入细胞，最后也会发生质壁分离复原现象（图 3-5）。可以利用细胞质壁分离和质壁分离复原的现

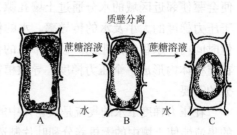

图 3-5　质壁分离和质壁分离复原
A. 正常细胞；B. 初始质壁分离；C. 质壁分离

象说明原生质层具有半透膜的性质；判断细胞死活；利用初始质壁分离测定细胞的渗透势，进行农作物品种抗旱性鉴定；也可作为作物灌溉的生理指标；利用质壁分离复原测定原生质的黏性大小、物质能否进入细胞及进入细胞的速度等。

三、细胞吸胀吸水与代谢性吸水

（一）细胞吸胀吸水

植物细胞的吸胀吸水（imbibing absorption of water）是依赖于低的 ψ_m 而引起的吸胀作用吸水。所谓吸胀作用（imbibition）是指细胞质及细胞壁的亲水胶体物质吸水膨胀的现象。因为细胞内的纤维素、淀粉粒、蛋白质等亲水胶体物质含有许多亲水基团，特别是在干燥的种子中，组成原生质、细胞壁的胶体物质都处于凝胶状态，这些凝胶分子与水分子间有很大的分子间引力，细胞壁中还有许多毛细管，水分子（液态的水或气态的水蒸气）会以扩散和毛细管作用通过小缝隙进入凝胶内部，水分子以氢键与亲水凝胶结合，使后者膨胀。胶体吸引水分子的力量与胶体亲水性有关，蛋白质、淀粉和纤维素三者亲水性依次递减，所以含蛋白质丰富的豆科植物种子的吸胀现象比禾谷类种子要显著。

吸胀吸水是未形成液泡的植物细胞吸水的主要方式。风干种子萌发时第一阶段的吸水、果实种子形成过程的吸水、分生细胞生长的吸水等，都属于吸胀吸水。这些细胞吸胀吸水能力的大小，实质上就是衬质势的高低。一般干燥种子的衬质势常低于 $-100MPa$，远低于外界溶液（或水）的水势，吸胀吸水就很容易发生。

由于吸胀过程与细胞的代谢活动没有直接关系，又把吸胀吸水称为非代谢性吸水。

（二）降压吸水与代谢性吸水

降压吸水（negative pressure absorption of water）是指因压力势（ψ_p）的降低而引发的细胞吸水。例如，蒸腾旺盛时，木质部导管和叶肉细胞（特别是萎蔫组织）的细胞壁都因失水而收缩，使压力势下降，从而引起这些细胞水势下降而吸水。失水过多时，还会使细胞壁向内凹陷而产生负压，这时 $\psi_p<0$，细胞水势更低，吸水力更强（图3-2）。此外，细胞的生长吸水也依赖于压力势的降低，因为只有在细胞壁松弛和压力势降低时细胞生长才能进行。

渗透吸水和降压吸水都与细胞的代谢活动有关，所以这两种细胞吸水的方式属于代谢性吸水（metabolic absorption of water）。

四、植物细胞吸水与水孔蛋白

自从1988年 Peter Agre 等在人体细胞中发现了一种相对分子质量为28 000的具有通道功能的内在蛋白 CHIP28 之后，不久许多研究人员便在植物和动物组织中的细胞膜及植物液泡膜上证实了水孔蛋白的存在。水孔蛋白是存在于生物膜上能选择性地高效转运水分子的膜蛋白，也叫水通道蛋白（water channel protein）。它们的作用是通过减少水分越膜运动的阻力，从而加快细胞间或液泡与细胞质基质间水分顺水势梯度迁移的速率。水分子除了可以通过膜脂双分子层的间隙扩散进入细胞外，还可通过水孔蛋白进入细胞（图3-6）。这样，水分子在相邻两个植物细胞间

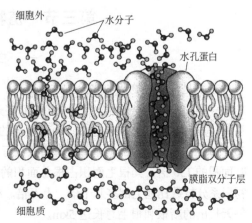

图3-6　水分跨过细胞膜运输的途径示意图
单个水分子通过膜脂双分子层扩散或通过水孔蛋白形成的水通道集流

或细胞的不同区域间移动时，可通过两种方式越过膜系统：一种是以扩散的方式越过膜脂双分子层；另一种是通过膜上水孔蛋白形成的水通道（water channel）越过膜。

植物细胞的水孔蛋白，分别定位在质膜［属于质膜内在蛋白（plasma membrane-intrinsic protein，PIP）]、液泡膜［属于液泡膜内在蛋白（tonoplast-intrinsic protein，TIP）]等部位，此外还有类根瘤素内在蛋白（nodulin-like intrinsic protein，NIP）及小分子基本内在蛋白（small and basic intrinsic protein，SIP）等。水孔蛋白的单体是中间狭窄的四聚体，呈"滴漏"模型，每个亚单位的内部形成狭窄的水通道。水孔蛋白是一类具有选择性、高效转运水分的跨膜通道蛋白，它只允许水分子通过，不允许离子和代谢物通过，因为水通道的半径大于 0.15nm（水分子半径），但小于 0.2nm（最小的溶质分子半径）。

水孔蛋白大量存在于水分、离子交换频繁的细胞中，如表皮细胞、正在发育的根和芽的细胞、根系内皮层、保卫细胞及维管组织中。水通道的开闭可有效地调节水分的跨膜运动，但水孔蛋白不是水泵，它只是通过减小水分跨膜运动的阻力而使水分顺水势梯度迁移的速率加快。

许多因素都会影响水孔蛋白的活性。植物可以通过调节水孔蛋白基因表达的丰度及分布，也可通过蛋白质磷酸化在蛋白质水平调节水孔蛋白的活性，从而影响水分代谢。Hg^{2+}、高浓度的外部溶质会使孔道关闭；水势和膨压的变化也影响孔道的开闭；水孔蛋白磷酸化后活性提高。存在于原生质膜上的水孔蛋白在控制水分的跨膜运输中起着主要作用。一般水孔蛋白在需水量大、水导度高的细胞中，其基因表达也高。在根系中，内皮层细胞壁上的凯氏带（casparian strip）对水分的径向运输形成阻碍，皮层中的水分要进入中柱导管，必须通过内皮层细胞。实验证明，PIP水孔蛋白在根内皮层细胞中的表达明显高于在根皮层中的表达。同时，木质部薄壁细胞也是水孔蛋白高表达的地方。氯化汞能与水孔蛋白上的自由巯基反应使水孔蛋白关闭，经常被作为水孔蛋白的抑制剂。用 0.5mmol/L $HgCl_2$ 处理番茄根系，水导性下降了57%，而 K^+ 运输没有任何改变。这些都表明，水孔蛋白在控制水分运转过程中起着重要作用。

存在于液泡膜上的 TIP 水孔蛋白对细胞的渗透调节也起着重要作用。在许多成熟的植物细胞中，液泡占据细胞内大部分体积，而原生质仅占据液泡与原生质膜之间的狭小空间。液泡膜上TIP 的导水性是 PIP 的上千倍，有利于水分的快速移动，可以使植物细胞有效地利用巨大的液泡空间来缓冲细胞质内的渗透波动及细胞质的稳态，保证各种代谢的顺利进行。

第三节　植物根系对水分的吸收

一、根系吸水的部位

根系是陆生植物吸收水分的主要器官，根系在土壤中分布深、广，伸长和分枝都很迅速。例如，一年生的苹果树总根系可达 50 000 多条，而树干上的分枝最多也不过百十条；一株玉米根系的广度和深度均在 2m 左右，为地上部的 2～3 倍；小麦根可深入土壤 100～200cm，侧向扩展30～50cm；一株黑麦的根系每天总增长量可达 3.1m，生长 4 个月黑麦的根和根毛的总面积约为茎、叶面积的 130 倍，其根毛面积占根总面积的 60% 以上。根的总增长量远远超过其地上部。陆生植物根系分枝数比地上部多几千倍、上万倍。种在木箱里的黑麦，测量其根与根毛总长达 10 000km，每天长出的新根和根毛总长达 5km。

根系从土壤中吸水的部位主要在根的先端，根尖分为根冠、分生区、伸长区和根毛区（成熟区）4 部分，以根毛区吸水能力最强。这是因为根毛区有许多根毛，可以增大 5～10 倍的吸收面积，同时根毛细胞壁的外层由果胶质覆盖，黏性较强，亲水性较大，有利于与土壤胶体颗粒黏着和吸水；加上根毛区的输导组织发达，对水移动阻力小，水分转移速度快，所以根毛区吸水能力最大。根尖的其他部位之所以吸水差，主要是因为输导组织未形成或不发达，细胞质浓厚，水分扩散阻力大，移动速度慢。

根毛区的面积处于一种动态平衡之中，即在根系的生长过程中不断地消失，也在不断地形成。在春夏较温暖的季节中，土壤通气良好，且水分充足时，根系生长快，根毛面积大，植物吸水力强；当土壤通气不良或温度下降时，根系生长减慢，根毛面积减少，植物吸水下降。根毛区随着根的生长不断向前推进，根毛的寿命一般只有几天。植物吸水主要靠根尖，因此在移栽时尽量不要损伤细根，以免引起植株萎蔫和死亡。

<h2 style="text-align:center">二、根系吸水的途径</h2>

根系吸收的水分主要通过根毛、皮层、内皮层，再经中柱薄壁细胞进入导管，水分在根部径向运输到导管的途径有质外体途径、共质体途径和跨膜途径（图 3-7）。

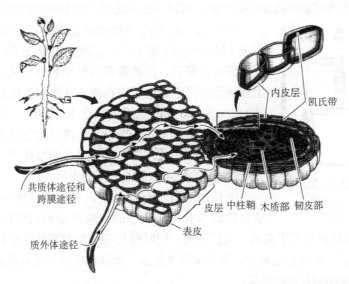

图 3-7　植物根系吸水途径示意图（引自 Taiz and Zeiger，2010）
水分可经过质外体途径、共质体途径和跨膜途径（后两者为细胞途径）通过皮层；
水分到达内皮层时被凯氏带阻断，必须通过跨膜运输才能进出内皮层

质外体途径（apoplast pathway）是指水分通过细胞壁、细胞间隙和木质部导管等没有细胞质部分的移动途径。由于根内皮层细胞壁有凯氏带，把根部质外体分成内皮层以内和内皮层以外两部分。内皮层以外的外部质外体包括根毛、表皮、皮层的细胞壁和细胞间隙；内皮层以内的内部质外体包括成熟的导管和中柱各部分的细胞壁、细胞间隙。根尖附近没有木栓化的内皮层，很容易通过水分和矿物质，已经木栓化的内皮层区域，水分只能通过共质体途径进入木质部，也可经凯氏带破裂的地方进入中柱。

共质体途径（symplast pathway）是指水分从一个细胞的细胞质经过胞间连丝，移动到另外一个细胞的细胞质，最后经中柱活细胞进入导管的移动途径。在共质体途径中，水分要通过细胞的原生质，阻力大，移动速度慢。因此，共质体途径可能不是根系吸水的主要途径。

跨膜途径（transmembrane pathway）是指水分透过细胞膜的途径。水分从细胞的一侧跨膜渗透进入细胞，从细胞的另一侧跨膜运出细胞，并可依次跨膜进出下一个细胞，最后进入植物体内

部。水分至少要两次越过质膜,也有可能还要两次跨越液泡膜。但一般认为液泡既不属于共质体,也不属于质外体。共质体途径和跨膜途径统称为细胞途径(cellular pathway)。

总之,水分在根中经质外体途径、共质体途径和跨膜途径,可从根毛、皮层并通过内皮层到达中柱,再经薄壁细胞进入导管。

三、根系吸水的机理

植物根系吸水按其吸水动力不同可分为两类,即主动吸水和被动吸水,但以被动吸水为主。

(一)主动吸水

由植物根系本身的生理活动引起植物吸水的现象,称为主动吸水(active absorb water)。主动吸水的表现为根压,它与地上部的活动无关。所谓根压(root pressure),是指植物根系生理活动促使液流从根部上升的压力。根压促使根部吸进的水分,沿着导管输送到地上部,土壤中的水分又源源不断地补充到根部,这样就形成了根系的吸水过程。各种植物的根压大小不同,大多数植物的根压为0.1~0.2MPa,有些木本植物可达0.6~0.7MPa。可以通过伤流和吐水两种生理现象证实根压的存在。

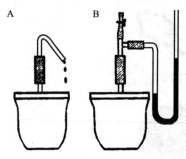

图3-8　伤流与根压示意图
A. 伤流液从茎部切口处流出;
B. 用压力计测定根压

从受伤或折断的植物组织伤口处溢出液体的现象,称为伤流(bleeding)(图3-8)。伤流是由根压引起的。将丝瓜茎在近地面处切断后,伤流现象可持续数日。凡是能影响植物根系生理活动的因素都会影响伤流。从伤口流出的汁液称为伤流液(bleeding sap)。其中除含有大量水分之外,还含有各种无机物、有机物和植物激素等。所以,伤流液的数量和成分可作为根系活动能力强弱的生理指标。如果在切口外套上橡皮管,并与压力计相连接,则可以测出根压的大小。

生长在土壤水分充足、天气潮湿环境中的植株叶片尖端或边缘的水孔(water pore)向外溢出液滴的现象,称为吐水(guttation)。吐水也是由根压引起的。实验证明,用呼吸作用的抑制剂处理植株根系,则可抑制吐水。作物生长健壮,根系活动较强,其吐水量也较多,所以在生产上吐水现象可以作为根系生理活动的指标,判断幼苗长势的强弱。

一般认为,根压的产生与根系生理代谢活动和导管内外的水势差有密切关系。植物根系可以利用呼吸作用释放的能量主动吸收土壤溶液中的离子,并将其转运到根的内皮层,使中柱细胞和导管中的溶质增加,内皮层内溶质势下降。当内皮层内水势低于土壤水势时,土壤中的水分便可自发地顺着内皮层内外的水势梯度,从外部渗透进入导管。在这个过程中,导管周围细胞内液体对导管内液体产生的压力大于导管内液体向外的压力,也就是形成了一个由外向内的压力差,使导管内产生静水压,即产生了根压。导管内水分受此压力作用不断向上输送。试验证明,根系在高水势溶液中,伤流速度快;如果把根系放入较低水势溶液中,伤流速度慢;当外界溶液的水势更低时,伤流会停止。这表明根压的产生与渗透作用有关。已有试验证明,根压产生与呼吸作用关系密切,当根系温度降低、氧分压下降或有呼吸抑制剂存在时,伤流、吐水和根系吸水便会减少或停止;反之,则会增强。这表明,呼吸作用为离子的吸收提供了能量,而离子在导管中的积累促进了渗透吸水,为根压的产生创造了条件。

(二)被动吸水

由植物叶片蒸腾作用引起的吸水过程称为被动吸水(passive absorb water)。当叶片蒸腾时,气孔下腔周围细胞的水以水蒸气形式扩散到水势很低的大气中,导致叶片细胞水势下降,产生一系列相邻细胞间的水势梯度，就把茎部、根部导管的水拉向叶，并促使根部的细胞从周围土壤中吸水。这种因叶片蒸腾作用而产生的一系列水势梯度使导管中水分上升的力量，称为蒸腾拉力（transpirational pull）。在光照下，蒸腾着的枝叶可通过被麻醉或死亡的根吸水，甚至一个无根的带叶枝条也照常吸水。可见，根在被动吸水过程中只为水分进入植物提供了一个通道。

主动吸水和被动吸水在植物吸水过程中所占的比例，因植物生长状况、植株高度，特别是蒸腾速率的强弱而异。通常强烈蒸腾的和高大的植株以被动吸水为主。只有植株幼苗和春季叶片未展开的落叶树木、蒸腾速率很低的植株，主动吸水才成为根系的主要吸水方式。

四、影响根系吸水的环境条件

在各种外界因素中，大气因子主要通过蒸腾作用间接影响植物的被动吸水，土壤因子则直接影响植物的主动吸水，也对被动吸水有一定的影响。

（一）土壤水分状况

根据土壤的持水能力及水分的移动性质，土壤中水分可以分为三种：毛管水、束缚水（吸湿水）、重力水。毛管水（capillary water）是指由于毛管力所保持在土壤颗粒间毛管内的水分。毛管水是植物吸取水的主要来源。束缚水（bound water）是指土壤中土壤颗粒或土壤胶体的亲水表面所吸附的水合层中的水分。由于束缚水被吸附的力量很强，因而这种水不能为植物所利用。重力水（gravitational water）是指在水分饱和的土壤中，超过了毛管力的影响，由于重力的作用，自上而下渗漏出来的水分。对于旱地作物来说，重力水会占据土壤中的大孔隙，赶走了其中原有的空气，造成土壤水分过多，导致植物生长不良，所以在旱地及时排除重力水就显得很重要。但在水稻土中重力水是水稻生长过程中非常重要的水分类型。土壤水分状况与植物根系吸水密切相关。土壤水分不足时，土壤水势与植物根系中柱细胞的水势差减小，根系吸水减少，引起地上部细胞膨压降低，植株就会出现萎蔫（wilting）。萎蔫分两种情况，一种是暂时萎蔫（temporary wilting），即植物叶片仅在白天蒸腾强烈时出现萎蔫现象，但当夜间或蒸腾降低后即可恢复。这种现象多发生在夏季的中午前后，是气温过高或湿度较低，植物蒸腾失水大于根系吸水，造成体内暂时水分亏缺而引起的，对植物生长不会造成严重的伤害。另一种是永久萎蔫（permanent wilting），即当植物经过夜间或降低蒸腾之后，萎蔫仍不能恢复的现象。永久萎蔫已对植物正常生长造成了伤害，如果持续时间较长就会严重影响植物的生长发育，甚至导致植物死亡。在我国北方的一些旱作农业区，常常会因为大气干旱和土壤缺乏有效水分，作物从而生长不良和减产。

在我国南方的一些地区，雨水过多使土壤水势过高，也不利于植物根系吸水和生长。当水势在−0.01MPa 以上时，土壤孔隙被水分所占据，土壤通气不良，根系生长缓慢，加上光照不足，导致作物产量不高，品质下降。

表示土壤保水性能的指标主要有两个：最大持水量（greatest moisture capacity）和田间持水量（field moisture capacity）。最大持水量又称土壤饱和水量（soil saturation moisture capacity），是指土壤中所有孔隙完全充满水分时的含水量。这一数量大小与土壤质地（soil texture）有关。团粒结构良好的砂壤土的最大持水量为 50% 左右。田间持水量是指当土壤中重力水全部排除，保留全部毛管水和束缚水时的土壤含水量。它是土壤耕作性质的重要指标，当土壤含水量为田间持水量的70% 左右时，最适宜耕作。

按照水分能否被植物吸收利用，土壤水分可分为可利用水和不可利用水两类。表示土壤中不可利用水的指标是永久萎蔫系数（permanent wilting coefficient），是指植物发生永久萎蔫时土壤中尚存留的水分占土壤干重的百分率。只有超过永久萎蔫系数的土壤中的水分才是植物的可利用水分。土壤中可利用水分的多少与土粒粗细及土壤胶体数量有密切关系，一般按粗砂、细砂、砂壤、壤土和黏土的顺序依次递减。总的来说，植物根系要从土壤中吸水，根部细胞的水势必须低于土壤溶液的水势，二者的水势差（$\Delta \psi_w$）越大，越有利于植物根系吸水。

（二）土壤温度

土壤温度影响根的生长和生理活动。在一定范围内，随着土壤温度的升高，根系代谢活动增强，吸水量增多。低温会使根系吸水下降，其原因：①水分在低温下黏度增加，扩散速率降低，同时由于细胞原生质黏度增加，水分透过阻力加大；②根呼吸速率下降，影响根压的产生，主动吸水减弱；③根系生长缓慢，不发达，有碍吸水面积扩大。土壤温度过高也对根吸水不利，其原因是土温过高会提高根的木质化程度，加速根的老化进程，还会使根细胞中各种酶蛋白变性失活。此外，土温对根系吸水的影响，还与植物原产地和生长发育的状况有关。一般喜温植物和生长旺盛的植物根系吸水易受低温影响，柑橘、甘蔗在土温降至 5℃ 以下时，根系吸水即显著受阻；冬小麦在土温接近 0℃ 时，根系仍保持一定的吸水能力。

（三）土壤通气状况

土壤中的 O_2 和 CO_2 的浓度对植物根系吸水有很大的影响。试验证明，用 CO_2 处理小麦、水稻幼苗根部，其吸水量降低 14%～50%；如通以空气，则吸水量增加。这是因为 O_2 充足时，根系进行有氧呼吸，能提供较多的能量，不但有利于根系主动吸水，而且有利于根尖细胞分裂，促进根系生长，扩大吸水面积。如果作物受涝或土壤板结，会造成 CO_2 浓度过高或 O_2 不足，短期内可使根细胞呼吸减弱，能量释放减少，根对离子的主动吸收受抑制，会影响根压的产生，不利于根系吸水；长时间缺 O_2 或 CO_2 浓度过高，就会产生无氧呼吸和积累较多的乙醇，使根系中毒受伤，吸水更少。

（四）土壤溶液浓度

土壤溶液浓度决定土壤的水势，从而影响植物根系吸水的速率。在一般情况下，土壤溶液浓度较低，水势较高，有利于根系吸水。在盐碱地，土壤水分中的盐分浓度高，水势很低，导致作物吸水困难，不能正常生长。栽培管理中，施用化学肥料或腐熟肥料过多、过于集中时，造成局部土壤溶液浓度骤然升高，阻碍根系吸水，甚至会导致根细胞水分外流，产生烧苗现象。可采用灌水、洗盐等措施来降低土壤溶液浓度。

不同种类的植物，或者同一植物的不同发育阶段，对环境条件的要求不一样，对环境条件变化的反应也有很大差别。例如，有的植物比较耐旱，有的植物比较耐涝；在相同环境下，有的植物能正常吸水，有的则不能。产生这些差异的主要原因，是植物本身结构上或生理上对某一条件的适应不同，也就是说，这些差异是植物的遗传特性决定的，通常与它们的原产地有关。

第四节　植物的蒸腾作用

陆生植物在一生中耗水量是很大的。据估算，1 株玉米一生需耗水 200kg 以上，其中只有极少数（1.5%～2%）水分是用于自身组织的形成和参与各种代谢过程，绝大部分都散失到体外。其散失的方式，除了少量的水分以液体状态通过吐水等方式散失外，最主要的是以气体状态，即以蒸腾作用的方式散失。

一、蒸腾作用的意义与指标

（一）蒸腾作用的意义

蒸腾作用（transpiration）是指水分以气体状态通过植物体的表面从体内散失到大气的过程。

蒸腾作用是蒸发的一种特殊形式，但它与物理学的蒸发（vaporization）不同：蒸发是单纯的物理过程；而蒸腾作用是一个生理过程，要受到植物体结构和气孔行为的控制和调节。植物蒸腾作用散失了大量的水分，但它对于植物也有重要的意义。

1. 水分转运　蒸腾作用产生的蒸腾拉力是植物被动吸水转运水分的主要原动力。这对高大乔木尤为重要。

2. 物质运输　蒸腾作用促进木质部汁液中物质的运输。土壤中和根系吸收的矿质盐类及根系中合成的有机物可随着水分的吸收和流动而被吸入和分布到植物体各部分。

3. 调节体温　蒸腾作用能降低植物体和叶片的温度，这是因为水的汽化热高，因而水分在蒸腾过程中可以散失大量的辐射热，从而降低叶温和植物体温，使植物免受高温的伤害。

叶片的结构决定了气孔张开有利于从空气中吸收 CO_2，促进光合作用的同时，也不得不增加水分从气孔中的排出量，即加剧了蒸腾作用，而这一过程常常引起水分亏缺和脱水的伤害。虽然蒸腾可起降温作用，但在夏天的中午气温高时，叶片蒸腾失水强，气孔往往收缩，使蒸腾减缓，叶温上升反而加剧。植物用蒸腾调节体温的作用因水分的亏缺而无法实现。

（二）蒸腾作用的部位及指标

植物幼小时，整个地上部都可以进行蒸腾作用，植物长成以后，茎和枝的表面沉积了木质和栓质，水分不易通过，但有些植物茎和枝的表面有皮孔，水分可以通过皮孔进行蒸腾，这种通过皮孔的蒸腾称为皮孔蒸腾（lenticular transpiration），但皮孔蒸腾量非常微小，约占全部蒸腾的0.1%。植物的蒸腾作用绝大部分是在叶片上进行的。叶片的蒸腾作用有两种方式：一是通过角质层的蒸腾，称角质蒸腾（cuticular transpiration），角质本身不易使水通过，但角质层中间杂有吸水能力强的果胶质，同时角质层也有裂隙，可使水分通过；二是通过气孔的蒸腾，称气孔蒸腾（stomatal transpiration）。

角质蒸腾和气孔蒸腾在叶片蒸腾中所占的比例，与许多因素有关，生长在潮湿地方的植物的角质蒸腾往往超过气孔蒸腾，遮阴叶片的角质蒸腾能达总蒸腾量的1/3，幼嫩叶片角质蒸腾占总蒸腾量的1/3～1/2，一般植物成熟叶片的角质蒸腾仅占总蒸腾量的5%～10%，所以气孔蒸腾是中生和旱生植物成熟叶片蒸腾作用最主要的形式。

常用的蒸腾作用指标有下列几种。

1. 蒸腾速率（transpiration rate）　是指植物在单位时间内、单位叶面积通过蒸腾作用散失的水量。常用的单位为 $g/(m^2 \cdot h)$、$mg/(dm^2 \cdot h)$。大多数植物白天的蒸腾速率是15～250$g/(m^2 \cdot h)$，夜晚是1～20$g/(m^2 \cdot h)$。

2. 蒸腾比率（transpiration ratio）　又称蒸腾效率（transpiration efficiency），是指植物在一定生长期内累积的干物质和所消耗的水分量的比率，或每蒸腾1kg水时所形成的干物质的克数。常用的单位为 g/kg。一般植物的蒸腾比率为1～8g/kg。

3. 蒸腾系数（transpiration coefficient）　又称需水量（water requirement），是指植物每制造1g干物质所消耗水分的克数，它是蒸腾比率的倒数。大多数植物的蒸腾系数为125～1000。木本植物的蒸腾系数比较低，白蜡树约为85，松树约为40；草本植物的蒸腾系数较高，玉米为370，小麦为540。C_3 植物的蒸腾系数较高，为450～950；而 C_4 植物的蒸腾系数则较低，为250～350。一般而言，蒸腾系数越小，表示该植物利用水分的效率越高。

二、气孔蒸腾

（一）气孔与保卫细胞

气孔（stoma，复数 stomata）是植物体内外气体交换的重要门户。水蒸气、CO_2、O_2 都要共用气孔的这个通道，气孔的开闭会影响植物的蒸腾、光合、呼吸等生理过程。气孔开闭是一个自动的反馈调节系统。

气孔是植物叶片表皮组织的小孔，一般由成对的保卫细胞（guard cell）组成。保卫细胞四周环绕着表皮细胞，毗邻的表皮细胞如在形态上和其他表皮细胞相同，就称为邻近细胞（neighbouring cell），如有明显区别，则称为副卫细胞（subsidiary cell）。保卫细胞与邻近细胞或副卫细胞构成气孔复合体（stomatal complex）。保卫细胞在形态上和生理上与表皮细胞有显著的差别。

发育完善的保卫细胞中液泡占有很大的比例，细胞质中含有丰富的线粒体和一般表皮细胞所没有的叶绿体。多数植物一个保卫细胞中约有 10 个叶绿体，阴生植物可达 50 个。叶绿体内含有淀粉粒，光下淀粉减少，暗中淀粉积累，这与一般光合细胞恰好相反。保卫细胞与副卫细胞或邻近细胞间没有胞间连丝。

气孔的大小、数目和分布，因植物种类和生长环境而异，一般长 $7 \sim 40 \mu m$，宽 $3 \sim 12 \mu m$。通常每平方毫米的叶面有 $100 \sim 500$ 个气孔。气孔主要分布于叶片，裸子植物和被子植物的花序、果实，尚未木质化的茎、叶柄和卷须，荚果上也有气孔存在。单子叶植物叶的上下表皮都分布有气孔，双子叶植物主要分布在下表皮。莲、睡莲等水生植物的气孔都分布在上表皮。

研究发现，气孔密度对环境中 CO_2 浓度很敏感，CO_2 浓度升高时，气孔密度降低。据统计，近两个世纪以来，由于工业化与城市化的进程加快，大气 CO_2 浓度从 $280 \mu mol/mol$ 增至 $350 \mu mol/mol$ 以上，气孔密度下降了 40%。

（二）气孔扩散的边缘效应

叶子表面的气孔数目很多，然而气孔在叶面上所占面积百分比，一般不到 1%，气孔完全张开也只占 1%～2%，气孔的蒸腾量却相当于叶片同样面积自由水面蒸发量的 10%～50%，甚至达到 100%。也就是说，气孔的蒸腾速率要比同面积的自由水面快几十倍，甚至 100 倍。这是因为当水分子从大面积上蒸发时，其蒸发速率与其蒸发面积成正比。但通过气孔表面扩散的速率，不与小孔的面积成正比，而与小孔的周长成正比，这就是所谓的小孔扩散律（small opening diffusion law）。这是因为在任何蒸发面上，气体分子除经过表面向外扩散外，还沿边缘向外扩散。在边缘处，扩散分子相互碰撞的机会少，因此扩散速率就比中间部分的要快些。例如，当扩散表面的面积较大时（如大孔），边缘与面积的比值很小，扩散主要在表面进行，所以经过大孔的扩散速率与孔的面积成正比。当扩散表面减小时，边缘与面积的比值即增大，经边缘的扩散量就占较大的比例，孔越小，所占的比例越大，扩散的速度就越快（表 3-1）。叶片上的气孔是很小的孔，正符合小孔扩散律。所以，在叶片上水蒸气通过气孔的蒸腾速率，要比同面积的自由水面的蒸发速率快得多。

表 3-1 相同条件下水蒸气通过各种小孔的扩散

小孔直径 /mm	扩散失水 /g	相对失水量	小孔相对面积	小孔相对周长	同面积相对失水量
2.64	2.65	1.00	1.00	1.00	1.00
1.60	1.58	0.59	0.37	0.61	1.62
0.95	0.93	0.35	0.13	0.36	2.71
0.81	0.76	0.29	0.09	0.31	3.05
0.56	0.48	0.18	0.05	0.21	4.04
0.35	0.36	0.14	0.01	0.13	7.61

（三）气孔运动及其机理

气孔对蒸腾和气体交换过程的调节是靠其自身的开闭运动控制的。在自然界中，除了景天、仙人掌、菠萝等少数植物外，气孔大都是白天开放，晚上关闭。

气孔运动（stomatal movement）主要是保卫细胞的吸水膨胀或失水收缩。气孔运动与保卫细胞胞壁的不均匀加厚有关，更与保卫细胞胞壁中径向排列的微纤丝（microfibril）关系密切。双子叶植物和大多数单子叶植物的保卫细胞呈肾形（kidney shape），靠气孔口一侧的腹壁厚，背气孔口一侧的背壁薄。细胞壁上有许多以气孔口为中心辐射状径向排列的微纤丝。当保卫细胞的液泡吸水、细胞膨压增大时，外壁向外扩展，并通过微纤丝将拉力传递到内壁，将内壁拉离开，气孔就张开。单子叶禾本科植物保卫细胞呈哑铃形（dumbbell shape），中间部分细胞壁厚，两端薄，吸水膨胀时，两端薄壁部分膨大，使气孔张开（图3-9）。

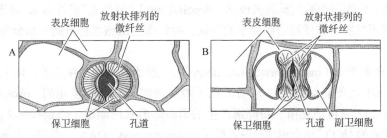

图 3-9　保卫细胞结构示意图（引自 Taiz and Zeiger，2010）
A. 肾形气孔保卫细胞微纤丝的放射状排列；B. 哑铃形气孔保卫细胞微纤丝的放射状排列

引起气孔运动的直接原因是保卫细胞的膨压发生变化。而保卫细胞的膨压变化是受多种生理学机制调节的。在无水分胁迫的自然环境中，光是最主要的控制气孔运动的环境信号。气孔对光的反应是两个不同系统的综合效果，一个是依赖于保卫细胞的光合作用，另一个则是被蓝光所推动。当发生水分亏缺时，植物会通过植物激素脱落酸（ABA）等信号分子来调控气孔的开闭，以适应干旱环境。

关于气孔运动的机理主要有以下3种学说。

1. **淀粉-糖转化学说**（starch-sugar conversion theory）　该学说认为保卫细胞内的叶绿体在光照下会进行光合作用，消耗 CO_2，使细胞内 pH 升高（约由5变为7），淀粉磷酸化酶（starch phosphorylase，amylophosphorylase，P-酶）趋向催化水解反应，使淀粉转变成葡糖-1-磷酸，以后又在相应酶催化下继续转变为葡糖-6-磷酸、葡萄糖与磷酸。保卫细胞内可溶性糖浓度增加，水势下降，副卫细胞的水分进入保卫细胞，膨压增加，气孔张开。在黑暗中，保卫细胞不能进行光合作用，而呼吸作用仍然在进行，因而 CO_2 积累，pH 下降（约由7变为5），这时淀粉磷酸化酶趋向催化合成反应，使葡糖-1-磷酸转化为淀粉，保卫细胞内可溶性糖浓度降低，水势升高，水分则从保卫细胞内排出，膨压降低，因而气孔关闭。

但人们对该学说有不同的看法，一是认为保卫细胞内的淀粉与糖的转化是相当缓慢的，不能解决气孔的快速开闭问题；二是实验测定结果表明，早晨气孔刚开放时，淀粉明显消失，而葡萄糖却并未相应增多。实际上，淀粉的降解物磷酸烯醇式丙酮酸（phosphoenolpyruvate，PEP）为苹果酸的合成提供了骨架。还有人认为，淀粉水解需消耗磷酸，并不能使保卫细胞渗透势发生多大变化。

2. **无机离子泵学说**（inorganic ion pump theory）　又称 K^+ 泵学说。有研究发现，在光照下，漂浮于 KCl 溶液表面的鸭跖草表皮保卫细胞的 K^+ 浓度显著增加，气孔就张开。人们用微型玻璃钾电极插入保卫细胞及其邻近细胞直接测定了 K^+ 浓度的变化。照光或降低 CO_2 浓度时，K^+

浓度由保卫细胞向外逐渐降低；而在黑暗时，则由保卫细胞向外围细胞逐渐升高。

在光下，保卫细胞中 K^+ 大量累积，溶质势下降，从而使水势下降，水分进入保卫细胞，气孔张开；在暗中，K^+ 由保卫细胞进入副卫细胞和表皮细胞，水势升高，保卫细胞失水，气孔关闭。研究表明，保卫细胞质膜上存在着 H^+ 泵ATP酶（H^+ pumping ATPase），它可被光激活，能水解保卫细胞中氧化磷酸化和光合磷酸化产生的 ATP，而提供自由能，将 H^+ 从保卫细胞分泌到周围细胞中，使得保卫细胞的 pH 升高，周围细胞的 pH 降低，保卫细胞的质膜超极化（hyperpolarizing），即质膜内侧的电势变得更负，它驱动 K^+ 从周围细胞经过位于保卫细胞质膜上的内向 K^+ 通道（inward K^+ channel）进入保卫细胞，再进一步进入液泡，K^+ 浓度增加，水势降低，水分进入，气孔张开。

实验还发现，在 K^+ 进入保卫细胞的同时，还伴随着等量负电荷阴离子的进入，以保持保卫细胞的电中性，这也具有降低水势的效果。在暗处，光合作用停止，H^+-ATP 酶因得不到所需的 ATP 而停止做功，使保卫细胞的质膜去极化（depolarizing），驱使 K^+ 经外向 K^+ 通道（outward K^+ channel）移向周围细胞，并伴随着阴离子的释放，导致保卫细胞水势升高，水分外移，而使气孔关闭。

3. 苹果酸代谢学说（malate metabolism theory）　　经研究发现，在光下，保卫细胞内的部分 CO_2 被利用时，pH 上升至 8.0～8.5，从而活化了磷酸烯醇式丙酮酸羧化酶（phosphoenol pyruvate carboxylase，PEPC），它可催化由淀粉降解产生的磷酸烯醇式丙酮酸（phosphoenol pyruvate，PEP）与剩余 CO_2 转变成的 HCO_3^- 结合形成草酰乙酸（oxaloacetic acid，OAA），并进一步被还原型辅酶Ⅱ（NADPH）还原为苹果酸（malic acid, Mal）。苹果酸解离为 $2H^+$ 和苹果酸根，在 H^+/K^+ 泵的驱使下，H^+ 与 K^+ 交换，K^+ 浓度增加，水势降低；苹果酸进入液泡与 K^+ 保持电荷平衡。同时，苹果酸也可作为渗透物，降低水势，促使保卫细胞吸水，气孔张开。当叶片由光下转入暗处时，该过程逆转。苹果酸代谢学说把糖-淀粉转化学说与无机离子泵学说结合在一起，较为合理地解释了光为什么能够诱导气孔开放，以及 CO_2 浓度降低与 pH 升高为什么可以促使气孔张开等问题（图 3-10）。

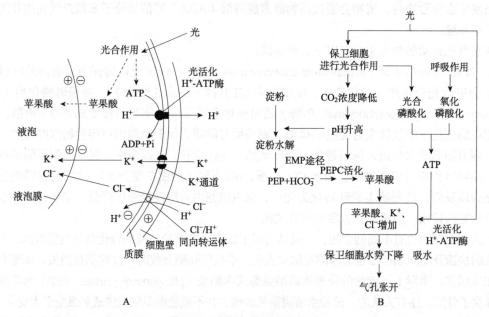

图 3-10　光下气孔开启的机理

A. 在光下，保卫细胞液泡中的离子积累，由光合作用生成的 ATP 驱动 H^+ 泵（H^+-ATP 酶），向质膜外泵出 H^+，建立膜内外的 H^+ 梯度，在 H^+ 电化学势的驱动下，K^+ 经 K^+ 通道、Cl^- 经同向转运体进入保卫细胞；另外，光合作用生成苹果酸，K^+、Cl^- 和苹果酸进入液泡，降低保卫细胞的水势。B. 气孔开启机理图解

　　上述 3 种学说的本质都是渗透调节保卫细胞水势来控制气孔运动。最近的研究结果表明，蔗糖在保卫细胞渗透调节的某些阶段起着重要的渗透溶质的作用。

　　通过连续观察气孔在一天中的变化发现，气孔在上午逐渐张开时伴随着保卫细胞钾离子含量的增加，下午较早时，虽然气孔孔径仍然在增加，钾离子含量却已经开始下降。在这样的情况下，蔗糖浓度在上午缓慢增加逐渐成为主要的渗透溶质，当气孔在较晚时候关闭时蔗糖的浓度也随之下降。

　　这个观察结果似乎表明气孔的张开与钾离子的吸收有关，而气孔的关闭则和蔗糖浓度的下降有关，因此在气孔的运动中可能有不同的渗透调节机制。在日出以后随着保卫细胞的蔗糖浓度逐渐提高，蔗糖成为主要渗透物质，在蔗糖调节阶段，蔗糖浓度可以将气孔开度和光合作用之间联系起来。保卫细胞中调节其膨压的蔗糖可能来自不同的途径：例如，由淀粉分解产物转化产生的蔗糖；或由当时的光合产物转移到细胞质中形成的蔗糖；以及可能从质外体或其他细胞输入保卫细胞的蔗糖等。

三、环境条件对蒸腾作用的影响

　　蒸腾速率取决于水蒸气向外的扩散力和扩散途径的阻力。叶内［即气孔下腔（substomatal cavity）］和外界之间的蒸气压差［即蒸气压梯度（vapor pressure gradient）］制约着蒸腾速率。蒸气压差大时，水蒸气向外扩散的力量大，蒸腾速率快，反之就慢。

（一）外界条件

　　1. 光照　　光照是影响蒸腾作用最主要的外界条件，它不仅可以提高大气的温度，同时也提高叶温，一般叶温比气温高 2～10℃。大多数植物的气孔在光照下张开，而在黑暗下关闭。

　　2. 空气湿度　　空气相对湿度和蒸腾速率有密切的关系。在靠近气孔下腔的叶肉细胞的细胞壁表面，水分不断转变为水蒸气，所以气孔下腔的相对湿度高于空气湿度，保证了蒸腾作用顺利进行。

　　3. 温度　　温度对蒸腾速率的影响很大。适当升高温度可以提高蒸腾速率。

　　4. CO_2　　通常情况下，低浓度的 CO_2 可以使大多数的植物气孔张开，而高浓度的 CO_2 处理则会使植物气孔部分关闭。

　　5. 风　　风对蒸腾的影响比较复杂。微风促进蒸腾，因为风能将气孔外边的水蒸气吹走，补充一些相对湿度较低的空气，扩散层变薄或消失，外部扩散阻力减小，蒸腾就加快。

　　6. 土壤状况　　植物地上部蒸腾的持续进行依赖于根系从土壤不断地吸水，且蒸腾失水量与根系吸水量在正常情况下是等量的。因此，凡是影响根系吸水的土壤状况，如土壤水分、温度、气体、溶液浓度等均可间接影响蒸腾作用。

　　正常情况下，蒸腾作用昼夜变化呈单峰曲线。以水稻为例，7 时蒸腾速率逐渐增大，13 时左右达到高峰，14 时后逐渐下降，18 时后迅速下降。由于黑暗中气孔关闭，只有角质层蒸腾，因此夜间蒸腾微弱而平稳。

（二）内部因素

　　影响气孔蒸腾的内因主要是叶片结构，特别是气孔器及其周围细胞的形态结构。

　　气孔阻力（stomatic resistance）包括气孔下腔和气孔的形状与体积，也包括气孔开度（stomatal aperture），其中以气孔开度为主。

　　气孔和气孔下腔都直接影响蒸腾速率。气孔频度（stomatal frequency）（每平方厘米叶片的气孔数）和气孔大小直接影响内部阻力。在一定范围内，气孔频度大且气孔大时，蒸腾较强；反之，则蒸腾较弱。

叶片内部面积大小也影响蒸腾速率。因为叶片内部面积增大，细胞壁的水分变成水蒸气的面积就增大，细胞间隙充满水蒸气，叶内外蒸气压差大，有利于蒸腾。叶片细胞间隙的总表面积，即叶的内表面积是水分的蒸发面积。它要比叶的外表面积大好几倍，如耐阴植物为6~9倍，中生植物为12~18倍，旱生植物为16~19倍。通常叶的内表面积与外表面积的比率大、气孔下腔容积大及下腔内蒸气压高都有利于气孔蒸腾。

一般来说，草本植物的气孔阻力低于阔叶树，更低于针叶树。针叶树的气孔下腔内多含有蜡质，即使气孔张开时，气孔阻力也相当大。成叶气孔的一般特征不再变化，只有开度仍有变化，所以影响气孔蒸腾的内部阻力主要取决于气孔开度。

第五节　植物体内水分的运输

一、水分运输的途径

植物根系从土壤中吸收的水分，要输送到茎、叶和其他器官，供植物各种代谢的需要，其余大量的水分蒸腾散失到大气中。水分运输的途径是：土壤→根毛→皮层中柱→根的导管或管胞→茎的导管或管胞→叶的导管或管胞→叶肉细胞→叶肉细胞间隙→气孔下腔→气孔→大气。

水分在植物体内的运输可分为细胞外与细胞内两条途径。细胞外运输主要在根部进行，即水分从土壤进入根内后沿着质外体的自由空间扩散到内皮层，再进入细胞内；在叶内也存在细胞外运输，即从叶肉细胞经叶肉细胞间隙和气孔下腔至气孔，水分在这一段以气态形式扩散到大气中。水分在细胞外运输非常迅速并且便利。

根、茎、叶等部位都存在细胞内运输。这种运输又可分为两种。

第一种是经过活细胞的短距离运输，实际上是共质体运输。短距离运输包括两段：一段是从根毛经皮层、内皮层、中柱鞘、中柱薄壁细胞到根导管；另一段是从叶脉末端到气孔下腔附近的叶肉细胞。其距离总共不过几毫米。水分进入共质体以后，便可通过胞间连丝，以渗透传导的方式，从一个细胞进入另一个细胞。共质体运输受到的阻力很大，所以距离虽短，运输速率却非常慢。有人在常青藤中测定，水分在叶肉细胞内每移动1mm就受到1atm的阻力，1h大约运输10^{-3}cm/h。可见，水分不可能通过生活的原生质进行长距离的运输，这就是没有真正输导系统的植物如苔藓和地衣等不能长得很高的原因。

第二种是经过死细胞的长距离运输，包括根、主茎、分枝和叶片的导管或管胞。裸子植物的水分运输途径是管胞，被子植物是导管。成熟的导管与管胞是中空的长形死细胞，这种运输实际上是质外体运输。成熟的导管分子失去原生质体，相连的导管分子间的横壁形成穿孔，使导管成为一个中空的、阻力很小的通道。上下两个管胞分子相连的细胞壁未打通而是形成纹孔，水分要经过纹孔从一个管胞分子进入另一个管胞分子，所以管胞的运输阻力要比导管大得多。与活细胞内的水分运输相比，在导管或管胞内，水分移动时受到的阻力很小，因此水分在导管或管胞内的运输速率很快。水分在导管和管胞内以液流方式运输。

水在茎中除了向上的纵向运输外，还能够通过旁侧运输。例如，将苹果树的某一侧根系切断，树冠两边叶的含水量没有明显差异。在烈日下，断根一侧的树冠也无明显的萎蔫趋势。

二、水分运输的机理

水分移动的方向是从高水势区向低水势区，土壤、植物与大气之间的水势差是植物体内水分运输的根本原因。根压和蒸腾拉力是水分沿植物导管或管胞上升的两种动力。

通常情况下，植物的根压不超过 0.2MPa，只能使水分沿导管上升 20m 左右。对于较矮的植物，根压确实为水分运输的主要动力之一。但是，许多高大的乔木超过 40m，如澳大利亚一株澳大利亚桉树（*Eucalyptus regnans*）高达 132.6m，如此高大的树木只靠根压时，其冠层就得不到足够的水分。只有在土温高、水分充足、大气相对湿度大、蒸腾作用很小时，或者在夜晚及幼苗和树木早春尚未展叶以前，根压对水分上升才起较大作用。

一般情况下，蒸腾拉力是水分上升的主要动力。蒸腾拉力是由叶肉细胞蒸腾失水而水势降低所引起的。叶肉细胞具有较低的水势，它可以从邻近叶脉的木质部吸取水分；叶肉细胞的细胞壁具有很强的亲水性，可以吸附水。这两种作用都可以使导管中产生负的压力，即拉力。蒸腾作用不断进行，使叶肉细胞的水分不断地扩散到大气中。叶肉细胞的不断失水，维持了与导管的水势差，从而不断地从导管吸水，使导管始终处于负的压力，即处于拉力的作用下。

蒸腾拉力要使水分在茎内上升，导管中的水分必须成连续的水柱。如果水柱中断，蒸腾拉力便无法把下部的水分拉上去，那么导管内的水柱能否经受住这样的拉力而不中断呢？该问题通常用爱尔兰植物学家 Dixon 提出的内聚力学说（cohesion theory），又称为蒸腾流-内聚力-张力学说（transpiration-cohesion-tension theory）来解释。该学说认为，在导管内，水柱的形成受到两种力的作用：一是水分子间的内聚力（cohesion force）；二是水柱的张力（tension），由上端受到的蒸腾拉力和下端受到的重力而产生。二者相比，水分子间的内聚力（大于 30MPa）远远大于水柱的张力（0.5～3.0MPa），这就保证了导管内的水分能够形成连续的水柱。同时，由于导管是由纤维素、木质素和半纤维素等亲水性物质组成的，水分可对其产生附着力（adhesive force），使连续的水柱易于沿导管上升。此外，导管的次生壁上存在着环纹、孔纹、螺纹等不同形式的加厚，更增加了其强韧程度，可防止导管因分子的附着而变形。这样，在上部蒸腾拉力（2～4MPa）的作用下，水分沿导管不断上升。

由于导管溶液中溶解有气体，当水柱张力增大时，溶解的气体会从水中逸出形成气泡。而且在张力的作用下，气泡还会不断扩大，这种现象称为气穴（cavitation）。气泡的栓塞（embolism）阻碍了水在导管中的运输，甚至使水流中断。然而，植物可以通过一些途径避免这种栓塞对水分运输的影响。导管分子相连处的纹孔可以把气泡阻挡在一条管道中。当水分移动遇到气泡的阻隔时，可以横向进入相邻的导管分子，绕过气泡，形成旁路，从而保持水柱的连续性；在导管大水柱中断的情况下，水柱仍可以通过微孔以小水柱的形式上升；再者，水分上升不需要全部木质部起作用，只要部分木质部输导组织畅通即可，实际上，树木茎内许多木质部老导管是被气体或其他物质堵塞的，无运输功能。夜间，蒸腾作用减弱，导管中水柱的张力随之降低，逸出的水蒸气或气泡又可重新进入溶液，解除气穴对水流的阻挡。

第六节　水分平衡与合理灌溉

一、作物的需水规律

（一）不同作物对水分的需要量不同

不同作物的蒸腾系数有很大差异，C_3 植物的蒸腾系数较 C_4 植物大，为 450～950；C_4 植物的蒸腾系数为 250～350。以作物的生物产量乘以蒸腾系数，即为作物理论最低需水量。例如，某作物生物产量为 15 000kg/hm²，假定其蒸腾系数为 500，则每公顷该作物的总需水量为 7 500 000kg，这可作为灌溉用水量的一种参考。实际应用时，还应考虑土壤保水能力的大小、降雨量的多少及生态需水量等。因此，实际需要的灌水量要比上述数字大得多。

（二）同一作物不同生育期对水分的需要量不同

同一作物在不同生育时期对水分的需要量也有很大差别。在苗期，由于蒸腾面积较小，水分消耗量不大，随着幼苗长大，水分消耗量也相应增多，需水量增加；植株进入衰老阶段后，蒸腾减弱，耗水量也降低，需水量减小。例如，早稻在苗期的水分消耗量不大，进入分蘖期后，蒸腾面积扩大，气温也逐渐升高，水分消耗量明显增大，到孕穗开花期蒸腾量达最大值，耗水量也最多，进入成熟期后，叶片逐渐衰老、脱落，根系活力下降，根系吸水量下降，水分消耗量逐渐减少。根据小麦一生中对水分需要的情况不同，大致可分为 5 个时期：①种子萌发到分蘖前期，耗水量不多；②分蘖末期到抽穗期，耗水量最多；③抽穗到开始灌浆期，耗水量较多，缺水会造成减产；④开始灌浆到乳熟末期，耗水量较多，缺水会减产；⑤乳熟末期到完熟期，根系开始死亡，耗水量较小，此时水多了反而有害。在农业生产上，根据作物不同生育时期对水分的需要量进行灌溉，既可节约用水，又可保证水分正常供应，为作物获得高产、稳产创造条件。

（三）作物的水分临界期

水分临界期（critical period of water）是指植物生活周期中，对水分缺乏最敏感、最易受害的时期。不同作物的水分临界期不同。一般而言，植物的水分临界期多处于花粉母细胞四分体形成期，这个时期一旦缺水，就使性器官发育不正常，对产量影响较大。小麦一生中就有两个水分临界期，第一个水分临界期是孕穗期，即从四分孢子到花粉形成阶段，这期间小穗分化，代谢旺盛，性器官细胞质的黏性与弹性均下降，细胞液浓度很低，抗旱能力最弱，如缺水，小穗发育不良，特别是雄性生殖器官发育受阻或畸形发展；第二个水分临界期是从开始灌浆到乳熟末期，这个时期营养物质从母体各部输送到籽粒。其他农作物也有各自的水分临界期，如大麦在孕穗期，玉米在开花至乳熟期，高粱、黍在抽花序到灌浆期，豆类、荞麦、花生、油菜在开花期，向日葵在花盘形成至灌浆期，马铃薯在开花至块茎形成期，棉花在开花结铃期。由于农作物在水分临界期缺水，对产量影响很大，因此在作物水肥管理中，应当特别注意保证水分临界期的水分供应。

二、合理灌溉指标及方法

合理灌溉的首要问题是确定最适宜的灌溉时期。灌溉时期可依据气候特点、土壤墒情、作物的形态、生理性状加以判断。

（一）土壤指标

依据土壤的湿度决定作物是否需要灌溉及灌溉时期，是一种较好的方法。一般来说，适宜作物正常生长发育的根活动层（0～90cm）的土壤含水量为田间持水量的 60%～80%，如果低于此含水量时，应及时进行灌溉。但是由于灌溉的真正对象是作物，而不是土壤，因而该法仅间接反映植物的水分状况。

（二）形态指标

形态指标即根据作物在缺水条件下外部形态发生的变化来确定是否进行灌溉。作物缺水的形态表现为，幼嫩的茎叶在中午前后易发生萎蔫；生长速度下降，叶、茎颜色由于生长缓慢，叶绿素浓度相对增大，而呈暗绿色；茎、叶颜色有时变红，这是因为干旱时碳水化合物的分解大于合成，细胞中积累较多的可溶性糖，会形成较多的花色素，花色素在弱酸条件下呈红色。具体到某种作物来说，如棉花开花结铃时，棉叶呈暗绿色，叶片中午萎蔫，叶柄不易折断，棉株嫩茎逐渐变红，上部 3～4 节间开始变红时，就应灌水。根据作物形态指标灌水，要反复实践才能掌握得好。而且，从缺水到引起形态变化有一个滞后期，当形态上出现上述缺水症状时，生理上早已受到一定程度的伤害了。

（三）生理指标

当植物缺水时，生理指标可以比形态指标更及时、更灵敏地反映体内的水分状况。植物叶片的相对含水量、细胞汁液浓度、渗透势、水势和气孔开度等均可作为灌溉的生理指标。

缺水时，叶片的相对含水量（relative water content，RWC）下降，RWC 是指实际含水量占水分饱和时含水量的百分率。叶片的相对含水量通常为 85%～95%，如果相对含水量低于临界值（50% 左右），一般叶片就枯死。

植株在缺水时，叶片是反映植株生理变化最敏感的部位，叶片水势迅速下降，细胞汁液浓度升高，溶质势下降，气孔开度减小，甚至关闭。当有关生理指标达到临界值时，就应及时进行灌溉。例如，棉花花铃期时，倒数第 4 片功能叶的水势值达到－1.4MPa 时就应灌溉。

需要强调的是，作物灌溉生理指标可因作物种类、生育期、不同部位而异，在实际应用时，应结合当地情况，测定出临界值，以指导灌溉。

此外，还有人提出设置信号地的方法，即在 1m² 面积的土地上，挖 0.3m 深的坑，向挖出的土中按重量混入 5% 的河沙，再填入坑中。播种作物后，如果信号地作物表现出缺水，就可以在作物受旱前几天进行灌溉。

本 章 小 结

水是植物生命活动不可缺少的条件，植物对水分的吸收、运输、利用和散失的过程，称为植物的水分代谢。植物体内的含水量与植物种类、器官、组织、年龄及生态环境等有密切的关系。

水分在植物细胞内通常呈束缚水和自由水两种状态，两者的比例与代谢强度和抗逆性强弱有着密切的关系。水除了直接或间接地参与植物的生理生化反应之外，还调节植物的生态环境。从对植物生长发育影响的角度出发，可将水分为生理需水与生态需水。

水分移动需要能量做功。每偏摩尔体积水的化学势差就是水势。典型的植物细胞水势由溶质势、压力势和衬质势组成，采用压强单位（MPa）。植物细胞吸水与失水取决于细胞与外界环境之间的水势差，水分总是由水势高的细胞向水势低的细胞移动，植物根系从土壤吸收水分，经体内运输和分配后，大部分又从叶片散失到大气中，这一水分转移过程也是由水势差决定的。植物细胞对水分的吸收、运输和排出需要依赖于水分的扩散、集流和渗透作用，包括渗透吸水、吸胀吸水和降压吸水，渗透吸水和降压吸水的方式属于代谢性吸水。水分可以扩散方式通过膜脂双分子层，也可通过水孔蛋白形成的水通道越过膜，水孔蛋白使细胞对水的通透能力大大提高。

植物需要的水分主要由根从土壤中吸收。根吸水的主要区域在根尖端，以根毛区吸水能力最强。根系吸水的方式包括主动吸水和被动吸水两种，其动力分别为根压和蒸腾拉力，伤流和吐水两种生理现象表明根压的存在。被动吸水是根吸水的主要方式。凡是影响根压形成和蒸腾速率的内外条件，土壤水分状况、土壤温度、土壤通气状况和土壤溶液浓度等均影响植物根系吸水。

蒸腾作用对植物有重要意义，气孔蒸腾是叶片蒸腾作用最主要的形式。气孔运动的机理主要有淀粉-糖转化学说、无机离子泵学说和苹果酸代谢学说，其本质都是渗透调节保卫细胞水势来控制气孔运动。关键是保卫细胞中溶质的增加，保卫细胞水势下降，向周围细胞吸水，气孔就张开；反之则关闭。蒸腾速率取决于水蒸气向外的扩散力和扩散途径的阻力。光照、空气湿度、温度及风对蒸腾有很大影响。

根吸收的水分主要通过根毛、皮层、内皮层，再经中柱薄壁细胞进入导管，水分在根部径向运输到导管的途径有质外体途径、共质体途径和跨膜途径。蒸腾流-内聚力-张力学说是解释水分上升的重要学说。水分主要在导管或管胞中进行运输，水分上升的动力包括根压和蒸腾拉力，以蒸腾拉力为主。由于水分子的内聚力远远大于水柱受到的张力，因此木质部水柱可以保持连续。

不同作物对水分的需要量不同，同一作物不同生育期对水分的需要量也不同，在作物水分平衡中，应当依据气候特点，土壤墒情，作物的形态、生理性状加以判断，采用科学灌溉方法。合理灌溉的指标包括土壤水分状况、形态指标和生理指标，生理指标可以及时准确地反映植物的水分状况。

复习思考题

1. 名词解释

自由水　束缚水　溶质势　压力势　衬质势　水势　渗透作用　质壁分离　水孔蛋白　吸胀作用　表面张力　根压　伤流　吐水　小孔扩散律　蒸腾拉力　蒸腾系数　蒸腾比率　蒸腾作用　水分临界期

2. 写出下列缩写符号的中文名称及其含义或生理功能。

ψ_w　ψ_s　ψ_π　ψ_p　ψ_m　SPAC　AQP　RWC

3. 简述水分在植物生命活动中的作用。

4. 植物体内水分存在的形式与植物的代谢、抗逆性有什么关系？

5. 植物如何维持其体温的相对恒定？

6. 温度、土壤通气状况、土壤溶液浓度对根系吸水有何影响？

7. 气孔开闭机理如何？植物气孔蒸腾是如何受光、温度、CO_2浓度调节的？

8. 简述水分在植物体内的运输途径。

9. 高大树木导管中的水柱为何可以连续不中断？假如某部分导管中水柱中断了，树木顶部叶片还能不能得到水分？为什么？

10. 适当降低蒸腾的途径有哪些？

11. 植物细胞水势由哪几部分组成？

12. 植物细胞和根系吸水的方式分别是什么？细胞吸水与根吸水有何联系？

13. 简述水孔蛋白的功能特点。

第四章 植物的矿质和氮素营养

【学习提要】掌握植物必需元素的种类及其研究方法，了解植物必需元素的生理功能及缺素症状。掌握植物细胞与根系对矿质元素吸收的特点，理解影响根系吸收矿质元素的因素。了解氮的同化作用及生物固氮。理解作物需肥规律与缺乏矿质元素的诊断方法，合理施肥的指标与措施。

第一节 植物体内的必需元素

植物除了从土壤中吸收水分以外，还要从其中吸收各种营养元素以维持正常的生理活动。由于元素对植物的生命活动影响非常大，而土壤往往不能完全及时满足作物的需要，因此施肥就成为提高植物产量和改进品质的主要措施之一。"有收无收在于水，收多收少在于肥"，这句话是对水分生理和矿质营养在农业生产中重要性恰当的评价。

一、植物体内的元素组成

植物体含有水分、各类有机物和无机物。将一定的新鲜植物材料在 105℃ 条件下烘 10～30min（以使酶迅速失活，防止生化反应继续进行），然后再在 80℃ 条件下烘至恒重，可以测到水分占植物组织的 10%～95%，而干物质占 5%～90%。干物质中包括有机物和无机物。将干物质再于 600℃ 灼烧，有机物中的碳、氢、氧、氮以二氧化碳、水、分子态氮、NH_3 和氮的氧化物等形式挥发掉，小部分硫以 H_2S 和 SO_2 的形式散失到空气中，其总量占干物质的 90%～95%；余下一些不能挥发的白色残渣称为灰分（ash），其总量占干物质的 5%～10%。灰分中的物质为各种矿质的氧化物及少量硫酸盐、磷酸盐、硅酸盐等。将构成灰分的元素称为灰分元素（ash element），由于它们直接或间接来自土壤，故又称为矿质元素（mineral element）。氮在燃烧过程中变为各种气体物质而挥发，不存在于灰分中，所以一般认为氮不是灰分元素。但是除了能依赖共生固氮菌自大气中直接获取氮素的植物种类外，其他大部分植物体内的氮素和灰分元素一样，都是从土壤中吸收的，所以通常将氮素和矿质元素一起讨论。植物对矿质元素的吸收、转运和同化作用称为植物的矿质营养（mineral nutrition），而植物对氮素的吸收和利用称为氮素营养（nitrogen nutrition）。

植物体内矿质元素的含量与植物的种类、同一植物的器官和组织种类、植物的年龄及植物所处的环境条件等有关。一般水生植物矿质元素的含量只有干重的 1% 左右，中生植物占干重的 5%～10%，盐生植物矿质含量很高，有时达 45% 以上。同一植物的不同器官、组织的矿质含量差异也很大，一般木质部约为 1%，种子为 3%，草本植物的根和茎为 4%～5%、叶为 10%～15%。就年龄而言，老年植株和老年细胞的矿质含量大于幼嫩植株和幼嫩细胞。气候干燥、土壤通气良好、土壤含盐量多等有利于植物吸收矿质的条件都能使植物的矿质含量增加。

二、植物必需元素及其研究方法

（一）植物必需的矿质元素

虽然在植物体内已发现有 70 种以上的元素，但这些元素并不都是植物正常生长发育所必需的。有些元素在植物体内含量很多，但在植物生活中可有可无，有些元素在植物体内含量较少却是植物所必需的，即植物的必需元素。所谓必需元素（essential element）是指植物正常生长发育必不可少的元素。国际植物营养学会规定了植物的必需元素必须符合三条标准，即不可缺少性、不可替代性和直接功能性。不可缺少性是指该元素缺乏时，植物生长发育受阻，不能完成其生活史；不可替代性是指缺少该元素后，植物表现为专一缺素症，且该症状只能通过加入该元素来预防或恢复，其他元素均不能代替该元素的作用；直接功能性是指该元素对植物生长发育的影响是由该元素的直接作用造成的，不是由该元素通过影响土壤的物理化学性质、微生物条件等原因而产生的间接效果。

根据上述标准，现已确定植物的必需元素有 17 种，即碳（C）、氢（H）、氧（O）、氮（N）、磷（P）、钾（K）、钙（Ca）、镁（Mg）、硫（S）、铁（Fe）、铜（Cu）、硼（B）、锌（Zn）、锰（Mn）、钼（Mo）、氯（Cl）、镍（Ni）。其中碳、氢、氧 3 种元素是植物从大气和水中摄取的非矿质必需元素。根据植物对必需元素的需求量，可将其分为两大类：大量元素（macroelement, major element），即碳、氢、氧、氮、磷、钾、钙、镁、硫，此类元素占植物体干重的 0.01%～10%；微量元素（microelement, minor element, trace element），即铁、铜、硼、锌、锰、钼、氯、镍，此类元素需用量很少，占植物体干重的 0.000 01%～0.01%，缺乏时植物不能正常生长，过量反而有害，甚至导致植物死亡。

此外，有些元素尚未证明是植物所必需的，但经研究表明，其对植物的生长发育有积极的影响，这些元素称为植物的有益元素（beneficial element），常见的有钠（Na）、硅（Si）、钴（Co）、硒（Se）、钒（V）及稀土元素等。

需要指出的是，国际植物生理学界对植物必需元素种类的确定尚有一些分歧。有的学者认为钠（Na）、硅（Si）也是必需元素，这样植物的必需元素就有 19 种。

（二）确定植物必需元素的研究方法

分析植物灰分中各种元素的组成并不能确定某种矿质元素是否为必需元素。要确定哪些元素是植物的必需元素，必须人为控制植物赖以生存的介质成分。土壤条件复杂，其中所含的各种元素很难人为控制，所以无法通过土培实验来确定必需元素。19 世纪 60 年代，植物生理学家 J. Sachs 和 W. Knop 创立了溶液培养法，为必需元素的研究提供了有效的测定方法。

溶液培养法（solution culture method）也称水培法（water culture method），是指在含有全部或部分营养元素的溶液中栽培植物的方法。适于植物正常生长发育的培养液称完全培养液。完全培养液含有植物生长发育所必需的各种矿质元素，且各元素为植物可利用形态，元素间有适当的比例，培养液具有一定的浓度和 pH。

砂基培养法也称砂培法（sand culture method），是指在洗净的石英砂或玻璃球等基质中，加入含有全部或部分营养元素的溶液来栽培植物的方法。其与溶液培养法并无实质性不同。

以上培养法不仅可用于植物对矿质元素的必需性研究，由此发展起来的组织培养和无土栽培（soilless culture）已分别应用于植物材料的繁殖和无公害蔬菜等的生产。

在进行溶液培养时，营养液中要含有植物生长发育所必需的各种元素，各元素间要有适当的比例，营养液的浓度不能太高，否则会造成"烧苗"，溶液的 pH 一般应为 5.5～6。植物对离子的选择吸收和对水分的蒸腾，会导致溶液的浓度、溶液中离子之间的比例及溶液 pH 发生改变，故要经常调节溶液的 pH 和补充营养成分，或定期更换溶液。另外，由于水溶液的通气性差，因此每天要给溶液通气，另外还要防止光线对根系的直接照射等。表 4-1 是几种常用的营养液配方，其中以 Hoagland 营养液最为常用。

表 4-1 几种常用的营养液配方 （单位：g/L）

成分	Sachs 营养液	Knop 营养液	Hoagland 营养液
$Ca(NO_3)_2 \cdot H_2O$	—	0.8	1.18
NaCl	0.25	—	—
KNO_3	1.0	0.2	0.51
$Ca_3(PO_4)_2$	0.5	—	—
$CaSO_4$	0.5	—	—
K_2HPO_4	—	0.2	0.14
$MgSO_4 \cdot 7H_2O$	0.5	0.2	0.49
$FePO_4$	微量	—	—
$FeSO_4$	—	微量	—
$FeC_4H_4O_6$	—	—	0.005
H_3BO_3	—	—	0.002 9
$MnCl_2 \cdot 4H_2O$	—	—	0.001 8
$ZnSO_4$	—	—	0.000 22
$CuSO_4 \cdot 5H_2O$	—	—	0.000 08
H_2MoO_4	—	—	0.000 02

在研究植物必需的矿质元素时，可在配制的营养液中除去或加入某一元素，以观察植物的生长发育和生理生化变化。如果在植物生长发育正常的培养液中，除去某一元素，植物生长发育不良，并出现特有的病症，当加入该元素后，症状又消失，则说明该元素为植物的必需元素。反之，若减去某一元素对植物生长发育无不良影响，即表示该元素为非植物必需元素。

第二节 植物必需元素的生理功能及其缺素症

一、必需元素的一般生理功能

必需元素在植物体内的生理功能，概括起来分为以下几方面：一是细胞结构物质的组成成分，如 C、H、O、N 是构成植物体的有机物如碳水化合物、蛋白质、核酸等的重要组分；二是生命活动的调节者，如酶的成分或活化剂，参与酶反应，如 Fe、Cu、Zn、Mg 等；三是起电化学作用，即平衡离子浓度、稳定胶体与中和电荷等；四是参与能量转换和促进有机物运输，如 P、B、K 等。

有些大量元素同时具备上述作用，大多数微量元素只具有作为生命活动调节者的功能。值得注意的是，一种元素可以执行多种功能，可以是有机结构的成分、酶促反应的活化剂或是电荷载体和渗透剂等。

二、大量元素的生理功能及缺素症

（一）氮

植物吸收的氮素主要是铵态氮和硝态氮，也可吸收利用有机态氮如尿素等。氮在植物体内的含量为干物质的 1%～3%。

氮是蛋白质、核酸、磷脂的主要成分，而这三者又是原生质、细胞核和生物膜的重要组分，在细胞生命活动中具有特殊作用，因此氮元素被称为植物的生命元素。氮是许多辅酶和辅基如

NAD^+、$NADP^+$、FAD 等的组成成分，是植物激素（如生长素和细胞分裂素）、维生素（如维生素 B_1、维生素 B_2、维生素 B_6）、生物碱等的成分。氮还是叶绿素的重要组成成分，与光合作用关系密切。由于氮的上述功能，氮素的供应状况对细胞分裂和生长的影响很大。当氮肥供应充分时，植物生长旺盛，叶大而鲜绿，叶片功能期延长，分枝、分蘖多，营养体健壮，花多，产量高。植物必需元素中，除碳、氢、氧外，氮的需要量最多，因此，在生产中要特别注意氮肥的供应。

缺氮时，蛋白质、核酸、磷脂等物质合成受阻，植物生长矮小，分枝、分蘖少，叶片小而薄，花、果易脱落。缺氮影响叶绿素合成，使枝叶变黄，由于植物体内氮的移动性大，老叶中的含氮物质分解后可运到幼嫩组织中被重复利用，所以缺氮时叶片发黄，并由下部叶片开始逐渐向上发展，这是缺氮的典型症状。缺氮时碳水化合物较少用于蛋白质等含氮化合物的合成，这可使茎木质化，另外较多的碳水化合物被用于花色素苷的合成，因而使某些植物（如番茄、玉米的一些品种等）的茎、叶柄、叶基部呈紫红色。

氮过多时，营养体徒长，叶片大而深绿，植株柔软披散，茎秆中机械组织不发达，开花和种子成熟期延迟，易造成倒伏和被病虫害侵袭等。然而对叶菜类作物多施一些氮肥还是有好处的。

（二）磷

磷主要以 HPO_4^{2-} 或 $H_2PO_4^-$ 形式被植物吸收，植物吸收 HPO_4^{2-} 和 $H_2PO_4^-$ 的比例取决于土壤的 pH。当土壤偏酸性（pH<7）时，植物吸收 $H_2PO_4^-$ 较多；当土壤偏碱性（pH>7）时，植物吸收 HPO_4^{2-} 较多。HPO_4^{2-} 或 $H_2PO_4^-$ 被植物根系吸收并经木质部运到地上部的组织器官后，大部分用于合成有机物如磷脂、核苷酸等，小部分则以无机磷形式存在，与 ATP 和 ADP 之间的转换相关。

磷是核酸、核蛋白、磷脂的重要组成成分，所以磷是细胞质、细胞核和生物膜的重要组分。磷是许多辅酶如 NAD^+、$NADP^+$ 等的成分，它们广泛参与了光合作用、呼吸过程。磷广泛地参与能量代谢，如 ATP、ADP、AMP 等都含有磷。磷还参与碳水化合物的代谢和运输，如糖的合成、转化和降解大多是在磷酸化后才起作用。由于磷参与碳水化合物的合成、转化和运输，对种子、块根、块茎的生长有利，故马铃薯、甘薯和禾谷类作物施磷后有明显的增产效果。磷对氮代谢也有重要作用，如硝酸盐还原有 NAD^+ 和 FAD 的参与，而磷酸吡哆醛和磷酸吡哆胺则参与氨基酸的转化。磷与脂肪转化也有关系，脂肪代谢需要 NADPH、ATP、CoA 和 NAD^+ 的参与。另外，许多功能蛋白的活性调节是通过磷酸化和去磷酸化而实现的。

施磷能促进各种代谢正常进行，植株生长发育良好，同时提高作物的抗寒性及抗旱性，提早成熟。由于磷与糖类、蛋白质和脂类的代谢及三者相互转变都有关系，因此栽培粮食、豆类作物或油料作物都需要磷肥。

缺磷时，蛋白质合成受阻，新的细胞质和细胞核形成较少，影响细胞分裂和生长；植株的幼芽和根部生长缓慢，分蘖、分枝减少，花、果脱落，成熟延迟；蛋白质合成下降，糖的运输受阻，从而使营养器官中糖的含量相对提高，这有利于花青素的形成，故缺磷时，叶片呈不正常的暗绿色或紫红色。磷非常活跃地参与各种物质的合成和降解，在植物体内极易移动和被重复利用，故缺磷症状首先在下部老叶出现，并逐渐向上发展。

（三）钾

钾在土壤中以 KCl、K_2SO_4 等盐类的形式存在，在水中解离成 K^+ 而被根吸收。钾在植物体内几乎都呈离子状态，部分在细胞中处于吸附状态。钾主要集中在植物生命活动最活跃的部位，如生长点、幼叶、形成层等。

钾是细胞内六十多种酶的活化剂，如丙酮酸激酶、果糖激酶、苹果酸脱氢酶、琥珀酸脱氢酶、淀粉合酶等，在碳水化合物代谢、呼吸作用及蛋白质的代谢中起重要作用。

钾与糖类的合成和转运密切相关，大麦和豌豆幼苗缺钾时，淀粉和蔗糖合成缓慢，导致单糖大量积累；而钾肥充足时，蔗糖、淀粉、纤维素和木质素含量较高，葡萄糖积累较少。钾也能促进糖类物质运输到贮藏器官中，所以富含糖类的贮藏器官（如马铃薯块茎、甜菜根和淀粉种子）中钾含量较多。钾是大多数植物细胞中含量最多的无机离了，因此也是调节植物细胞渗透势最重要的组分。钾对气孔开放有直接作用。由于钾能促进碳水化合物的合成和运输，提高原生质体的水合程度，对细胞吸水和保水有很大作用，因而可以提高植物的抗旱和抗寒能力。

钾营养不足时，植物机械组织不发达，茎秆柔弱，易倒伏；同时蛋白质合成受阻，叶内积累氨，引起叶片等组织中毒而产生缺绿斑点，叶尖、叶缘呈烧焦状态，甚至干枯、死亡。钾是易移动、可以被重复利用的元素，所以缺素症首先出现在下部老叶。

氮、磷、钾是植物需要量大且土壤易缺乏的元素，因此生产中往往需要给作物补充这三种元素，故称它们为"肥料三要素"。

（四）钙

钙是以 Ca^{2+} 的形式被植物吸收的。Ca^{2+} 进入植物体后，一部分仍以离子状态存在，一部分形成难溶的有机盐类（如草酸钙等），还有一部分与有机物（如植酸、果胶酸、蛋白质）相结合。

钙是植物细胞壁胞间层中果胶钙的重要成分，因此缺钙时，细胞分裂不能进行或不能完成，而形成多核细胞。Ca^{2+} 能作为磷脂中的磷酸与蛋白质的羧基联结的桥梁，具有稳定膜结构的作用。钙可以与植物体内草酸形成草酸钙结晶，消除过量草酸对植物（特别是一些含酸量高的肉质植物，如景天科植物）的毒害。钙也是一些酶的活化剂，如 ATP 水解酶、磷脂水解酶等。Ca^{2+} 是植物细胞信号转导过程中重要的第二信使。

钙对植物抵御病原菌的侵染有一定的作用，许多作物缺钙时容易产生生病害。苹果果实的疮痂病会使果皮受到伤害，但如果钙供应充足，则易形成愈伤组织以防止果肉进一步受害。

缺钙初期顶芽、幼叶呈淡绿色，继而叶尖出现典型的钩状，随后坏死；因其难移动，不能被重复利用，故缺素症状首先表现在上部幼茎、幼叶，如大白菜缺钙时心叶成褐色。番茄蒂腐病、莴苣顶枯病、芹菜裂茎病、菠菜黑心病等都是缺钙引起的。

（五）硫

硫主要以 SO_4^{2-} 的形式被植物吸收。SO_4^{2-} 进入植物体后，一部分保持不变，大部分被还原并进一步同化为含硫氨基酸（半胱氨酸、胱氨酸和甲硫氨酸）。这些含硫氨基酸是蛋白质的重要组成成分，特别是含硫氨基酸残基往往是功能蛋白的活性中心所在。一些功能蛋白的活性调控也往往是通过含硫氨基酸残基的二硫键（—S—S—）与巯基（—SH）之间的氧化还原转换而完成的。辅酶 A 和硫胺素、生物素等维生素也含有硫，且辅酶 A 中的巯基具有固定能量的作用。硫还是硫氧还蛋白、铁硫蛋白与固氮酶的组分，因而在光合、固氮等反应中起重要作用。

硫在植物体内不易移动，缺硫时一般幼叶首先表现缺绿症状，新叶均衡失绿，呈黄白色并易脱落。缺硫情况在生产中很少遇到，因为一般土壤中有足够的硫供植物吸收利用。

（六）镁

镁以离子状态被植物吸收。镁在植物体内一部分形成有机物，另一部分以离子状态存在，主要存在于幼嫩器官和组织中，种子成熟时则集中于种子内。

镁是叶绿素的组成成分，植物体内约 20% 的镁存在于叶绿素中。镁又是 RuBP 羧化酶、核酮糖-5-磷酸激酶等的活化剂，对光合作用有重要作用。镁是葡糖激酶、果糖激酶、丙酮酸激酶、乙酰辅酶 A 合成酶、异柠檬酸脱氢酶、α-酮戊二酸脱氢酶、苹果酸合成酶、谷氨酸半胱氨酸合成酶、琥珀酰辅酶 A 合成酶等的活化剂，与碳水化合物的转化和降解及氮代谢有关。镁还是核糖核酸聚合酶的活化剂，DNA、RNA 的合成及蛋白质合成中氨基酸的活化过程都需要镁参与。镁能够稳定核糖体的结构，在蛋白质代谢中具有重要作用。

　　缺镁时叶绿素不能合成，叶片贫绿，其特点是从下部叶片开始，叶肉变黄而叶脉仍保持绿色，这是其与缺氮病症的主要区别。缺镁的茎叶有时呈紫红色；若缺镁严重，则形成褐斑坏死。土壤中一般不缺镁。

三、微量元素的生理功能及缺素症

（一）铁

　　铁主要以 Fe^{2+} 的螯合物被吸收。铁进入植物体内之后就处于被固定状态而不易移动。铁在植物体内以二价（Fe^{2+}）和三价（Fe^{3+}）两种形式存在，二者之间的转换构成了活细胞内最重要的氧化还原系统，因此 Fe^{2+}/Fe^{3+} 是许多与氧化还原相关酶如细胞色素（cytochrome，Cyt）、细胞色素氧化酶、过氧化物酶和过氧化氢酶、豆科植物根瘤菌中的血红蛋白等的辅基。Fe^{2+}/Fe^{3+} 也是光合和呼吸电子传递链中的重要电子载体，如细胞色素、铁硫蛋白、铁氧还蛋白等都是含铁蛋白。

　　铁是叶绿素合成所必需的，虽然其具体机制尚不清楚，但催化叶绿素合成的酶中有几个酶的活性表达需要 Fe^{2+}。近年来研究发现，铁对叶绿体结构的影响比对叶绿素合成的影响更大，如眼虫（*Euglena*）缺铁时，在叶绿素分解的同时叶绿体也解体。

　　铁是不易移动的元素，因而缺铁最明显的症状是幼叶和幼芽缺绿发黄，甚至变为黄白色，而下部叶片仍为绿色。一般情况下，土壤中的含铁量能够满足植物生长发育的需要，但在碱性或石灰质土壤中，铁易形成不溶性化合物而使植物表现出缺铁症状。华北果树的"黄叶病"就是植株缺铁所致。

（二）锰

　　锰主要以 Mn^{2+} 的形式被植物吸收。锰是光合放氧复合体的主要成分，缺锰时光合放氧受到抑制。锰也是形成叶绿素和维持叶绿体结构的必需元素。此外，锰是许多酶的活化剂，如一些转磷酸的酶和三羧酸循环中的柠檬酸脱氢酶、草酰琥珀酸脱氢酶、α-酮戊二酸脱氢酶、苹果酸脱氢酶、柠檬酸合酶等。锰还是硝酸还原酶的辅助因素，缺锰时硝酸被还原成氨的过程受到抑制。总之，锰与光合作用、呼吸作用、叶绿素和蛋白质的合成等重要代谢过程密切相关。

　　缺锰时叶绿素不能合成，叶脉间缺绿，但叶脉仍保持绿色，此为缺锰与缺铁的主要区别。

（三）硼

　　硼以硼酸（H_3BO_3）的形式被植物吸收。高等植物体内硼的含量较少，为 2～95mg/L。植物各器官间硼的含量以花器官中含量最高，花中又以柱头和子房为最高。

　　硼参与碳水化合物的运输，这是因为硼能与多羟基化合物形成复合物，后者易于通过细胞膜。硼有激活尿苷二磷酸葡糖焦磷酸化酶的作用，故能促进蔗糖的合成。硼还能促进根系发育，特别是对豆科植物根瘤的形成影响较大，因为硼能影响碳水化合物的运输，从而影响根对根瘤菌碳水化合物的供应。硼与甘露醇、甘露聚糖、多聚甘露糖醛酸和其他细胞壁成分组成复合体，参与细胞伸长、核酸代谢等。硼对植物的生殖过程有重要的影响，与花粉形成、花粉管萌发和受精关系密切，缺硼时，花药和花丝萎缩，绒毡层组织破坏，花粉发育不良，受精不良，籽粒减少。小麦的"花而不实"、棉花的"蕾而不花"均为植株缺硼所致。

　　硼具有抑制有毒酚类化合物形成的作用，所以缺硼时，植株中酚类化合物（如咖啡酸、绿原酸）含量过高，侧芽和顶芽坏死，丧失顶端优势，分枝多，形成簇生状。甜菜的干腐病、花椰菜的褐腐病、马铃薯的卷叶病和苹果的缩果病等均为缺硼所致。

（四）氯

氯于1954年被确定为必需元素。氯以Cl^-的形式被植物吸收，进入植物体后绝大部分仍然以Cl^-的形式存在，只有极少量的氯被结合进有机物，其中4-氯吲哚乙酸是一种天然的生长素类植物激素。大多数植物对氯的需要量较少，少于10mg/L，而盐生植物的氯含量相对较高，为70～100mg/L。

Cl^-在光合作用水裂解过程中起着活化剂的作用，促进氧的释放。根和叶的细胞分裂需要氯。Cl^-作为细胞内含量最高的无机阴离子，作为K^+等阳离子的平衡电荷，与K^+等一起参与渗透势的调节，如与钾和苹果酸一起调节气孔的开放。

缺氯时，叶片萎蔫，失绿坏死，最后变为褐色；根生长慢，根尖粗、呈棒状。

（五）锌

锌是以Zn^{2+}的形式被植物吸收的。锌是许多酶的组成成分，如乙醇脱氢酶、乳酸脱氢酶、谷氨酸脱氢酶、碳酸酐酶、超氧化物歧化酶、某些多肽酶等。

锌能促进生长素的合成。因生长素合成的前体——色氨酸是由吲哚和丝氨酸经色氨酸合成酶催化生成的，而锌是色氨酸合成酶的必要部分，故缺锌植物失去合成色氨酸的能力，植物体内生长素含量低，生长受阻，叶片扩展受到抑制，表现为小叶簇生，称为"小叶病"，北方果园易出现此病。

（六）铜

在通气良好的土壤中，铜多以二价离子（Cu^{2+}）的形式被吸收，而在潮湿缺氧的土壤中，则多以一价离子（Cu^+）的形式被吸收。

在光合作用中，铜是光合电子传递体质体蓝素（PC）的组成成分，叶绿素的形成过程需要铜，铜还能增强叶绿蛋白的稳定性。在呼吸作用中，铜是细胞色素氧化酶、抗坏血酸氧化酶和多酚氧化酶的成分，参与氧化还原过程。铜有提高马铃薯抗晚疫病的能力，所以喷施硫酸铜对防治该病有良好效果。

缺铜时叶片生长缓慢，呈现蓝绿色，幼叶缺绿，然后出现枯斑，最后死亡脱落。因植物所需铜量很少，所以一般不存在缺铜问题。

（七）镍

镍在1988年才被确定为植物的必需元素，植物体内镍含量很低。

镍是脲酶的金属成分，脲酶的作用是催化尿素水解成CO_2和NH_3。无镍时，脲酶失活，尿素在植物体内积累，最终对植物造成毒害。镍也是氢化酶的成分之一，在生物固氮时氢的产生中起作用。镍还能提高过氧化物酶、多酚氧化酶活性。低浓度的镍可以增强萌芽种子对氧气的吸收，加速呼吸，促进幼苗生长。

缺镍时叶尖积累较多的脲，出现坏死现象。

（八）钼

钼是以钼酸盐（MoO_4^{2-}）的形式被植物吸收的。钼是硝酸还原酶的金属成分，植物吸收NO_3^-后，首先要被硝酸还原酶还原为亚硝酸盐（NO_2^-）后才能被进一步利用。因此以NO_3^-为主要氮源时，缺钼常表现出缺氮的症状。钼又是固氮酶中钼铁蛋白、黄嘌呤脱氢酶及脱落酸合成中一种氧化酶的必需成分。钼对花生、大豆等豆科植物的增产作用显著。

缺钼时首先老叶叶脉间缺绿，进而向幼叶发展，并可出现坏死，某些植物（如花生、椰菜）不表现出缺绿，而是幼叶严重扭曲，最终死亡。缺钼也可抑制花的形成，或使果实在成熟前脱落。

四、植物的缺素诊断

必需元素在植物生命活动中扮演着不可缺少的角色，植物缺乏上述必需元素中的任何一种时，体内的各种代谢活动会受到影响，进而在外观上产生明显可见的缺素症状。这就是所谓的营养缺乏症（nutrient deficiency symptom），简称缺素症。引起缺素症的原因很多，可能是土壤中该营养元素的缺乏，或土壤反应不适（如 pH 过高、过低），营养成分之间的不平衡，土壤理化性质不良，气候条件不良或作物本身的原因等。及早发现缺素症，可避免造成生产上的重大损失。

各种缺素症的发病部位，因不同元素在植物体内的移动性而异。移动性较大的元素，如 N、P、K、Mg，病征先从老叶开始；移动性较小的元素，如 S、Fe、Mn、B 等，病征先从幼嫩部分开始，可资鉴别。但不同作物的缺素症表现常有出入，有时易于混淆，须有一定经验，才能正确判断。而且当出现缺素病征时，作物生育已受较大影响，此时确诊，再加补救，有些为之过晚。因此应该尽早检查诊断，及时补救。为便于检索查找，现将植物缺乏部分必需元素的主要症状归纳为表 4-2。

表 4-2　缺乏部分必需元素的主要症状检索表

1. 较幼嫩组织先出现病症⋯⋯⋯⋯⋯⋯⋯⋯⋯⋯⋯⋯⋯⋯⋯⋯⋯⋯⋯⋯⋯⋯⋯⋯⋯不易或难以重复利用的元素
　2. 生长点枯死
　　3. 叶缺绿⋯⋯⋯B
　　3. 叶缺绿，皱缩，坏死；根系发育不良；果实极少或不能形成⋯⋯⋯⋯⋯⋯⋯⋯⋯⋯⋯⋯⋯Ca
　2. 生长点不枯死
　　3. 叶缺绿
　　　4. 叶脉间缺绿以致坏死⋯⋯⋯⋯⋯⋯⋯⋯⋯⋯⋯⋯⋯⋯⋯⋯⋯⋯⋯⋯⋯⋯⋯⋯⋯⋯⋯⋯⋯⋯⋯⋯⋯Mn
　　　4. 不坏死
　　　　5. 叶淡绿至黄色；茎细小⋯⋯⋯⋯⋯⋯⋯⋯⋯⋯⋯⋯⋯⋯⋯⋯⋯⋯⋯⋯⋯⋯⋯⋯⋯⋯⋯⋯⋯⋯S
　　　　5. 叶黄白色⋯⋯⋯⋯⋯⋯⋯⋯⋯⋯⋯⋯⋯⋯⋯⋯⋯⋯⋯⋯⋯⋯⋯⋯⋯⋯⋯⋯⋯⋯⋯⋯⋯⋯⋯⋯⋯⋯Fe
　　3. 叶尖变白，叶细，扭曲，易萎蔫⋯⋯⋯⋯⋯⋯⋯⋯⋯⋯⋯⋯⋯⋯⋯⋯⋯⋯⋯⋯⋯⋯⋯⋯⋯⋯⋯⋯Cu
1. 较老的组织先出现病症⋯⋯⋯⋯⋯⋯⋯⋯⋯⋯⋯⋯⋯⋯⋯⋯⋯⋯⋯⋯⋯⋯⋯⋯⋯⋯⋯⋯⋯⋯易重复利用的元素
　2. 整个植株生长受抑制
　　3. 较老叶片先缺绿⋯⋯⋯⋯⋯⋯⋯⋯⋯⋯⋯⋯⋯⋯⋯⋯⋯⋯⋯⋯⋯⋯⋯⋯⋯⋯⋯⋯⋯⋯⋯⋯⋯⋯⋯⋯N
　　3. 叶暗绿色或红紫色⋯⋯⋯⋯⋯⋯⋯⋯⋯⋯⋯⋯⋯⋯⋯⋯⋯⋯⋯⋯⋯⋯⋯⋯⋯⋯⋯⋯⋯⋯⋯⋯⋯⋯⋯P
　2. 失绿斑点或条纹以致坏死
　　3. 脉间缺绿⋯⋯Mg
　　3. 叶缘失绿或整个叶片上有失绿或坏死斑点
　　　4. 叶缘失绿以致坏死，有时叶片上也有失绿至坏死斑点⋯⋯⋯⋯⋯⋯⋯⋯⋯⋯⋯⋯⋯⋯⋯⋯K
　　　4. 整个叶片有失绿至坏死斑点或条纹⋯⋯⋯⋯⋯⋯⋯⋯⋯⋯⋯⋯⋯⋯⋯⋯⋯⋯⋯⋯⋯⋯⋯⋯Zn

第三节　植物对矿质元素的吸收利用

一、植物细胞对矿质元素的吸收

（一）细胞膜中的运输蛋白

矿质离子因带有电荷而具有极强的亲水性，很难透过膜脂双分子层。在生物膜中含有大量的蛋白质，可以协助离子越过膜。生物膜中执行溶质跨膜运输过程的功能蛋白称为运输蛋白或传递蛋白（transport protein）。根据其结构及跨膜运输溶质方式的不同，一般将传递蛋白分为离子通道（ion channel）、载体（carrier）和离子泵（ion pump）3 类。

1. **离子通道**　　离子通道被认为是细胞质膜中由内在蛋白构成的孔道，横跨膜的两侧。孔道的大小、形状和孔内电荷密度等使孔道对离子运输有选择性。离子通道的构象会随环境条件的改变而发生变化，处于某种构象时，其中间形成孔道，允许离子通过，处于另外的构象时，孔道关闭，不允许离子通过。

　　由通道进行的转运是一种简单的扩散作用，是被动的，即被转运物质顺其化学势或电化学势梯度经过通道进行扩散。

　　2. 载体　　载体也是一类膜内在蛋白，与离子通道不同，载体的跨膜区域并不形成明显的孔道结构，由载体转运的物质首先与载体蛋白的活性部位结合，结合后载体蛋白产生构象变化，将被转运物质暴露于膜的另一侧，并释放出去。载体蛋白对被转运物质的结合及释放，与酶促反应中酶与底物的结合及对产物的释放情况相似，所以载体又被称为"透过酶"，其动力学符合用于描述酶促反应的米氏方程。

　　载体运输既可以顺着电化学势梯度进行跨膜运输（被动转运），也可以逆着电化学势梯度进行运输（主动转运）。载体每秒可运输 $10^4 \sim 10^5$ 个离子。

　　通过动力学分析，可以判断溶质是经通道还是经载体进行转运：经通道进行的转运是一种简单的扩散过程，没有明显的饱和现象；经载体进行的转运依赖于溶质与载体特殊部位的结合，因结合部位数量有限，所以有饱和现象（图 4-1）。

　　多数植物所必需的矿质营养元素是以离子的形式经植物细胞膜上的离子载体运送进入细胞的，如 NH_4^+、NO_3^-、$H_2PO_4^-$、SO_4^{2-} 等，部分 K^+、Cl^- 等离子除了经离子通道运输外，也可经离子载体进行运输。除了无机离子外，一些呈离子状态的有机代谢物也是经载体执行其跨膜运输的，如一些氨基酸、有机酸等。

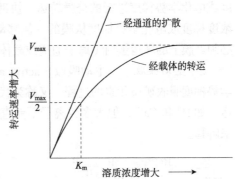

图 4-1　经通道和载体转运的动力学分析

K_m 为载体与溶质的亲和力；V_{max} 为最大速率

　　3. 离子泵　　严格地讲，离子泵也是离子载体的一种，可以利用水解 ATP 或焦磷酸时释放的能量，把某种离子逆着其电化学势梯度进行跨膜运转。ATP 酶（ATPase）是主要的离子泵，它催化 ATP 水解释放能量，驱动离子的跨膜转运。植物细胞膜上的 ATP 酶主要有 H^+-ATP 酶和 Ca^{2+}-ATP 酶。

　　图 4-2 为 ATP 酶水解 ATP 转运阳离子的过程。ATP 酶上有一个与阳离子 M^+ 相结合的部位，

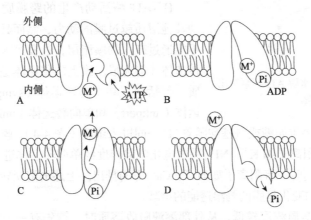

图 4-2　ATP 酶水解 ATP 转运阳离子的过程

A. 离子泵与阳离子（M^+）和 ATP 结合；B. ATP 水解，蛋白质磷酸化；

C. 蛋白质构象发生变化，开口向外；D. 排出离子后又恢复原状

还有一个与 ATP 的 Pi 结合的部位。当未与 Pi 结合时，M^+ 的结合部位对 M^+ 有高亲和性，它在膜内侧与 M^+ 结合，同时与 ATP 末端的 Pi 结合（称为磷酸化），并释放 ADP。当磷酸化后，ATP 酶处于高能态，其构象发生变化，将 M^+ 暴露于膜外侧，同时对 M^+ 的亲和力降低，而将 M^+ 释放出去，并将结合的 Pi 水解释放回膜内侧，ATP 酶恢复原来的构象，开始下一轮循环。

（二）植物细胞吸收溶质的方式

植物细胞对溶质的吸收主要分为两种类型，即被动吸收和主动吸收，另外还有胞饮作用。

1. **被动吸收**　　被动吸收（passive absorption）是指由于扩散作用或其他物理过程而进行的顺电化学势梯度吸收矿质元素的过程。被动吸收不需要由代谢提供能量，又称非代谢性吸收。被动吸收包括扩散和协助扩散等方式。

（1）扩散（diffusion）　　扩散是指分子或离子沿着化学势梯度或电化学势梯度转移的现象。电化学势梯度包括化学势梯度和电势梯度两个方面。分子扩散取决于其化学势梯度（即浓度梯度），而离子的扩散取决于其电化学势梯度。

（2）协助扩散（facilitated diffusion）　　协助扩散是指溶质分子或离子经膜转运蛋白顺浓度梯度或电化学势梯度进行的跨膜转运。协助扩散是一种特殊的扩散作用，溶质分子或离子也是顺着浓度梯度或电化学势梯度从膜的一侧移动到膜的另一侧，只是溶质分子或离子单独不能越过膜，必须经膜上的转运蛋白（离子通道或载体）的协助才能越过膜。

2. **主动吸收**　　主动吸收（active absorption）是指细胞利用呼吸代谢产生的能量，逆电化学势梯度吸收矿质元素的过程，又称为代谢吸收。少数离子可以经 ATP 酶逆电化学势梯度跨膜转运，如 H^+ 和 Ca^{2+}，但大多数离子不能直接经 ATP 酶转运。溶质的主动吸收可以用化学渗透学说来解释。

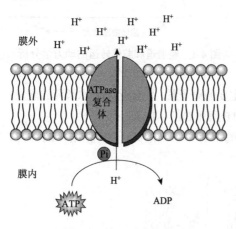

图 4-3　质膜 H^+-ATP 酶水解 ATP "泵"出 H^+ 示意图

质膜 H^+-ATP 酶是质膜上的插入蛋白质，其水解 ATP 的部分在质膜的细胞质内侧，ATP 水解产生的能量把细胞质中的 H^+ "泵"到膜外（图 4-3）。其使膜外介质中的 H^+ 浓度增加，同时导致膜电位的过极化，质膜 H^+-ATP 酶又称致电的质子泵 ATP 酶。通常把 H^+-ATP 酶 "泵"出 H^+ 的过程称为初始主动转运，在能量形式上的变化是化学能转变为渗透能。

H^+-ATP 酶活动产生的跨膜质子电化学势梯度是推动其他溶质越过膜的动力，然而具有水合层的无机离子不能通过疏水的膜脂层，若要进入细胞，还须通过膜上传递体才能完成。膜上的传递体是具有转运功能的蛋白质，包括同（共）向转运体（symport）、反（异）向转运体（antiport）和单向转运体（uniport）。经过同向转运体，有阴离子或中性溶质如糖或氨基酸随着 H^+ 一同进入细胞（图 4-4）。膜电位的过极化增加了膜内的负电位，这样阳离子如 K^+、NH_4^+ 顺着电化学势梯度经单向转运体进入细胞内。H^+ 经过反向转运体进入细胞的同时，有阳离子如 Na^+、Ca^{2+} 等的排出。上述的溶质转运过程，称为次级共转运，在能量形式上的变化是膜两侧渗透能的增减。

当植物根内部的溶质浓度较低，从外部溶液吸收溶质时，首先有一个溶质迅速进入根的阶段，称为第一阶段；然后溶质吸收速度变慢且较平稳，这称为第二阶段。在第一阶段，溶质通过扩散作用进入质外体，而在第二阶段，溶质又进入原生质及液泡。实验证明，将实验材料从溶液中取出再转入水中，原来进入质外体的那些溶质会泄漏出来。用无氧条件、低温或抑制剂来抑制呼吸作用，则第一阶段的吸收基本上不受影响，而第二阶段的吸收会被抑制。这表明，溶质进入质外体与其跨膜进入细胞质和液泡的机制不同，前者以被动吸收为主，后者以主动吸收为主。

3. 胞饮作用　　细胞通过膜的内折从外界直接摄取物质进入细胞的过程，称为胞饮作用（pinocytosis）。胞饮作用是植物细胞吸收液体和大分子物质的一种特殊方式。当胞外物质被吸附在质膜上后，感受外界刺激的部分质膜会向内凹陷，逐渐将液

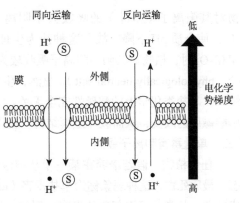

图 4-4　同向运输和反向运输

体和物质包围并形成囊泡。囊泡向原生质内部转移，然后囊泡内的物质被释放到细胞内，根据释放到达的位置不同，存在两种方式：一是囊泡在转移过程中，囊泡膜逐渐自溶消失，其内的液体和物质便留在细胞质基质中；二是有些囊泡可直达液泡膜，并与其融合，将液体和物质释放到液泡中。胞饮作用是非选择性吸收。它在吸收水分的同时，把水分中的物质如各种盐类和大分子物质甚至病毒一起吸收进来。番茄和南瓜的花粉母细胞、蓖麻和松的根尖细胞中都有胞饮现象。

二、根系对矿质元素吸收的特点

植物所需的矿质元素主要是根系从土壤中吸收的。根系吸收矿质元素的部位和吸水相似，都以没有木栓化的根尖，尤其以根毛区吸收最多。

（一）根吸收矿质元素与吸收水分具有相对独立性

根系主要吸收溶于水中的矿质元素，蒸腾作用可以促进根对矿质元素的吸收，但矿质元素的吸收量与水分的吸收量并不呈直线关系。实验证明，离体根在无蒸腾的情况下，同样可以吸收矿质元素，甘蔗在白天吸水速率比晚上大 10 倍左右，而白天吸收磷速率只比晚上稍大一些，因此植物对水分和矿质的吸收是既相互联系又相对独立的。所谓两者相互联系表现为矿质元素只有溶于水，才更容易被根吸收，而且活细胞对矿质元素的吸收导致了细胞水势的降低，从而促进植物细胞吸收水分；所谓二者相对独立表现为二者的吸收并不成一定比例，二者吸收机理也不同，植物对水分的吸收以蒸腾拉力引起的被动吸水为主，而对矿质的吸收则以消耗代谢能量的主动吸收为主。此外，二者的分配去向也不尽相同，水分主要被运送至叶片，而矿质元素主要被运送至当时的生长中心。

（二）离子的选择性吸收

植物对各种矿质元素的吸收表现出明显的选择性。植物对矿质离子的选择性吸收（selective absorption）是指植物对同一溶液中不同离子吸收的比例不同的现象。根毛吸收的矿质离子数，不一定与土壤中矿质离子数量呈正相关。例如，土壤中含大量的硅，但植物中除水稻等禾本科植物外，一般很少吸收硅。海水中含大量的 Cl^- 和 Na^+，但大叶法囊藻却选择吸收大量的 Cl^- 和 K^+，而很少吸收 Na^+。

根对矿质离子的选择性吸收还表现在对同一盐类阴阳离子吸收量的不同。例如，供给植物 $NaNO_3$，植物对其阴离子（NO_3^-）的吸收大于阳离子（Na^+），由于细胞内总的正负电荷数量必须保持平衡，因此常常伴有 H^+ 的吸收或 OH^- 或 HCO_3^- 的排出，从而使介质 pH 升高，故称这种盐为生理碱性盐（physiologically alkaline salt），如多种硝酸盐。同理，若供给 $(NH_4)_2SO_4$，植

物对其阳离子（NH_4^+）的吸收大于阴离子（SO_4^{2-}），在吸收 NH_4^+ 的同时，根细胞会向外释放 H^+，使介质 pH 下降，故称这种盐为生理酸性盐（physiologically acid salt），如多种铵盐。供给 NH_4NO_3 时，植物对其阴、阳离子吸收较为平衡，而不改变周围介质的 pH，所以称其为生理中性盐（physiologically neutral salt）。显然，生理酸性盐和生理碱性盐是植物对矿质离子选择性吸收的结果，与盐类化学上的酸碱性完全无关。如果在土壤中长期使用某一种化学肥料，就可能引起土壤酸碱度的改变，从而破坏土壤结构，所以施化肥应注意肥料类型的合理搭配。

（三）单盐毒害和离子颉颃

任何植物，假若培养在某一单盐溶液中（即溶液中只含有单一盐类），不久即呈现不正常状态，最后死亡，这种现象称为单盐毒害（toxicity of single salt）。无论是必需元素或是非必需元素组成的单一盐类都可引起单盐毒害。例如，将植物培养在较稀的 KCl 溶液中，植物将迅速积累 K^+，很快达到毒害水平致使植物死亡。即使溶液浓度很低也会发生单盐毒害，如将海生植物培养在只有海水中 NaCl 浓度 1/10 的 NaCl 溶液中，植物会很快受到毒害。

在发生单盐毒害的溶液中，加入少量其他盐类，即能减弱或消除这种毒害作用。例如，在 KCl 溶液中加入少量钙盐，则毒害现象便会消失。这种离子间能相互减弱或消除毒害作用的现象称为离子颉颃（ion antagonism）。一般元素周期表中不同族的元素间存在颉颃作用，同族元素间不存在颉颃作用。所以植物只有在含有适当比例的多种盐的溶液中才能正常生长发育，这种溶液称为平衡溶液（balanced solution）。土壤溶液中一般含有多种盐类，因此对陆生植物而言是平衡溶液，但并非理想的平衡溶液，施肥的目的就是使土壤中各种矿质元素达到平衡，以利于植物的正常生长发育。

（四）存在基因型差异

在不同的植物种间，甚至同种植物的不同品种间，植物吸收的矿质元素种类和吸收效率及利用效率等方面都存在明显的差异。这为筛选高效的矿质元素吸收、利用品种提供了空间。

三、矿质元素的吸收运输

（一）矿质元素吸收运输的途径

植物根系吸收矿质元素大致经过以下步骤：①土壤溶液中以离子形式存在的矿质元素先吸附在根组织表面；②吸附在根组织表面的矿质离子经质外体途径或共质体途径进入根组织维管束的木质部导管；③进入木质部导管的矿质元素随蒸腾流进入植物的地上部。

1. 矿质元素吸附在根组织细胞表面　　细胞吸附离子具有交换性质，称为交换吸附（exchange absorption）。这种交换吸附不需能量，速度快（几分之一秒）。根细胞呼吸释放的 CO_2 溶于水生成 H_2CO_3，H_2CO_3 能解离出 H^+ 和 HCO_3^-，这些离子可作为根系细胞的交换离子，同土壤溶液和土壤胶粒上吸附的离子进行交换。离子交换（ion exchange）遵循"同核等价"的原则，即阳离子与阳离子、阴离子与阴离子交换，而且价数必须相等。除了离子交换的方式外，由于根组织活细胞质膜内侧呈负电状态，因此土壤中的阳离子在静电作用下也可被吸附在根组织表面。

2. 矿质元素进入根部导管　　吸附在根组织表面的各种矿质元素（主要是各种无机离子）可以通过根组织的质外体或共质体两条途径进入根部导管。

（1）质外体途径　　土壤溶液中的各种矿质元素可顺着电化学势梯度自由扩散进入根的质外体空间，故有时又将质外体称为自由空间。自由空间的大小通常无法直接测定，但可以通过某种离子的扩散平衡实验来估算，这个估算值称为相对自由空间（relative free space，RFS）。估算的方法是：将根系放入一已知浓度、体积的溶液中，待根内外离子达到扩散平衡时，再测定溶液中的离子浓度和进入组织内自由空间的离子总数，用下式可计算出相对自由空间。

$$RFS（\%）=\frac{自由空间体积}{根组织总体积}×100=\frac{进入组织自由空间的溶质数（\mu mol）}{外液溶质浓度（\mu mol/ml）× 组织总体积（ml）}×100$$

在研究中，一般是用放射性标记的物质来比较准确地测定质外体或自由空间体积。将活组织置于含有 ^3H 标记的水和 ^{14}C 标记的山梨糖醇（或甘露糖醇）的溶液中，由于水分子能自由出入活细胞，因此利用被测组织中 ^3H 标记的水的数量可以计算出组织的总体积；而 ^{14}C 标记的山梨糖醇（或甘露糖醇）则只能扩散进入质外体（自由空间），利用被测组织中 ^{14}C 标记的山梨糖醇（或甘露糖醇）的数量可计算出质外体空间的体积。据测定，大部分植物活组织的相对自由空间为 $5\%～20\%$。

各种离子通过扩散作用进入根部自由空间，但是内皮层细胞上有凯氏带，离子和水分都不能通过，因此自由空间运输只限于根的内皮层以外，离子和水分只有转入共质体后才能进入维管束组织。不过根的幼嫩部分的内皮层细胞尚未形成凯氏带，离子和水分可以经过质外体到达导管。另外，在内皮层有个别细胞（通道细胞）的胞壁不加厚，也可作为离子和水分的通道。

（2）共质体途径　　离子通过自由空间到达原生质表面后，可通过主动吸收或被动吸收的方式进入原生质。在细胞内，离子可以通过内质网及胞间连丝从表皮细胞进入木质部薄壁细胞，然后再从木质部薄壁细胞释放到导管中。释放的机理可以是被动的，也可以是主动的，并具有选择性。木质部薄壁细胞质膜上有 ATP 酶，推测这些薄壁细胞在分泌离子运向导管中起积极的作用。

矿质元素以离子形式或其他形式进入导管后，随着蒸腾流一起上升，也可以顺着浓度差而扩散。同时也可从木质部活跃地横向运输到韧皮部。

（二）矿质元素运输的形式

根部吸收的矿质元素，有一部分留存在根内，大部分运输到植物体的其他部分。叶片吸收的矿质元素的去向也是如此。

根吸收的氮素，一部分在根部被还原并用于氨基酸（如天冬氨酸、天冬酰胺、谷氨酸、谷氨酰胺，以及少量丙氨酸、缬氨酸和甲硫氨酸）及含氮有机化合物的合成，然后以氨基酸或其他有机物的形式随蒸腾流被运往地上部，也有一部分以 NO_3^- 的形式运往地上部，在地上部同化。根吸收的磷主要以磷酸根的形式向上运输，但也有部分在根部转变为有机磷化物（如磷酰胆碱、甘油磷酰胆碱等），然后才向上运输。硫的运输形式主要是硫酸根，但有少数是以甲硫氨酸及谷胱甘肽之类的形式运输的。金属离子则以离子状态运输。

四、影响根系吸收矿质元素的因素

（一）土壤温度

在一定范围内，根部吸收矿质元素的速率随土壤温度的升高而加快，但超过一定温度时吸收速度反而下降。这是因为土壤温度一方面能通过影响根系的呼吸而影响根对矿质元素的主动吸收；另一方面温度也影响到酶的活性，在适宜的温度下，各种代谢活动加强，需要矿质元素的量也增多，根吸收的量也相应增多。温度还可以影响原生质胶体的状况和溶质扩散的速度，在适宜的温度下，原生质的黏性降低，透性增加，溶质在溶液中扩散的速度较快，根对离子的吸收增多。

温度过高（超过 40℃）可使根吸收矿质元素的速度下降，其原因可能是高温使酶钝化，从而影响根部代谢；高温还导致根尖木栓化加快，减少吸收面积；高温也使细胞透性增大，使被吸收的矿质元素渗漏到环境中。

温度过低，根吸收矿质元素的量也减少。因低温时，呼吸代谢弱，主动吸收慢，细胞质的黏性也增大，离子进入困难。

（二）土壤通气状况

土壤通气状况良好，氧分压高，CO_2 浓度较低，有利于根系生长和呼吸，促进根系对离子的主动吸收。土壤通气不良，氧气供应不足，CO_2 积累，呼吸作用下降，为主动吸收提供的能量少；另外，通气不良，土壤中的还原性物质如 H_2S 等增多，对根系产生毒害作用，降低根对矿质元素的吸收。此外，土壤通气状况还会影响矿质元素的形态和土壤微生物的活动，从而间接地影响植物对养分的吸收。农业生产中，常采用开沟排渍、中耕晒田等措施改善土壤的通气状况，以利于根对矿质元素的吸收。

（三）土壤溶液浓度

当土壤溶液中矿质元素浓度较低时，根吸收矿质元素的速度随溶液浓度的增加而加快，当土壤中矿质元素的含量达到一定浓度时，再增加离子浓度，根系对离子的吸收速率不再加快，这与载体的结合部位已达饱和有关。例如，土壤溶液浓度过高，对离子的吸收效率反而会下降，因为土壤溶液浓度过高，其水势过低对植株产生渗透胁迫，严重时引起根组织乃至整个植株失水而出现"烧苗"现象。因此向土壤使用化肥过量或叶面施肥浓度太大都会对植物造成伤害。

（四）土壤 pH

土壤酸碱度（pH）对矿质元素吸收的影响因离子性质不同而异。在一定 pH 范围内，一般阳离子的吸收效率随土壤 pH 的升高而加速，而对阴离子的吸收效率则随土壤 pH 的升高而下降。

pH 对阴、阳离子吸收的影响不同的原因与组成细胞质的蛋白质为两性电解质有关，在酸性环境中，氨基酸带正电荷，根易吸收外界溶液中的阴离子；在碱性环境中，氨基酸带负电荷，根易吸收外部的阳离子（图 4-5）。

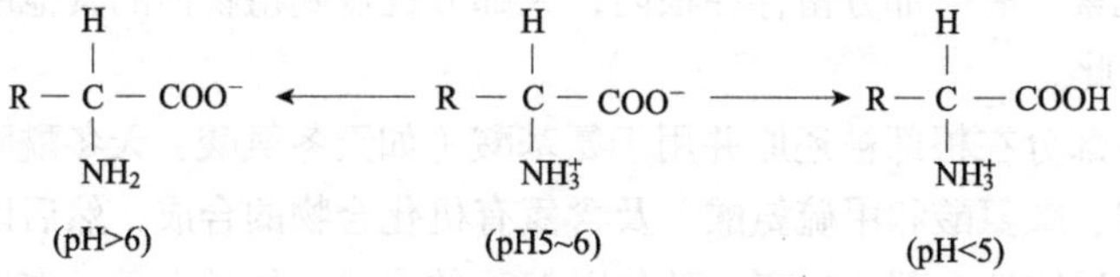

$$
\underset{(pH>6)}{\overset{H}{\underset{NH_2}{R-C-COO^-}}} \longleftarrow \underset{(pH5\sim6)}{\overset{H}{\underset{NH_3^+}{R-C-COO^-}}} \longrightarrow \underset{(pH<5)}{\overset{H}{\underset{NH_3^+}{R-C-COOH}}}
$$

图 4-5 不同 pH 条件下氨基酸带电情况示意图

一般认为土壤溶液 pH 对矿质营养吸收的间接影响比直接影响大得多。首先，土壤 pH 影响矿质元素的存在状态，即有效性。例如，在土壤溶液碱性逐渐加强时，Fe、PO_4^{3-}、Ca、Mg、Cu 和 Zn 等逐渐形成不溶解状态，能被植物利用的量便减少。在酸性环境中，PO_4^{3-}、K、Ca、Mg 等易溶解，但植物来不及吸收，易被雨水淋失，因此酸性土壤（如红壤）往往缺乏 P、K、Ca、Mg 这 4 种元素。在酸性环境中（如咸酸田，一般 pH 可达 2.5～5.0），Al、Fe 和 Mn 等的溶解度加大，植物受害。其次，土壤溶液 pH 也影响土壤微生物的活动。在酸性土壤中，根瘤菌会死亡，自生固氮菌失去固氮能力；在碱性土壤中，对农业有害的细菌如反硝化细菌发育良好，这些变化都不利于植物的氮素营养。

一般作物最适生长的 pH 为 6～7，但有些植物喜稍酸性环境，如茶、马铃薯、烟草等，还有一些植物喜偏碱性环境，如甘蔗、甜菜等。栽培作物或溶液培养时应考虑外界溶液的酸碱度，以获得良好的效果。

（五）离子间的相互作用

离子间的相互作用也影响植物对矿质元素的吸收。溶液中某些离子的存在会影响其他元素的有效性，有的表现出促进，如磷、钾促进植物对氮的吸收。这种由于一种离子的存在促进植物对另一种离子吸收和利用的作用称为协同作用（synergistic action）。有些离子的存在或过多会抑制植物对其他离子的吸收，如溴和碘会使氯的吸收减少，钾、铷、铯三者竞争，这与相似离子竞争载体上的结合位点有关。另外，磷过多会抑制植物对铁、锌和镁的吸收。因磷酸根与铁、锌和镁形成了难溶解的化合物，降低了这些元素的有效性，故在磷过多时，常表现出缺绿症状。

除以上因素外，光照、水分及土壤微生物活动等因素对矿质元素的吸收也有明显的影响。

第四节 氮 的 同 化

一、植物的氮源

空气中近 80% 为氮气（N_2），但大部分植物无法直接利用这些分子态的氮，少数与固氮微生物共生的植物（如豆科植物）可以利用这一部分氮。对于大多数陆生植物而言，其所利用的氮主要来自土壤。

土壤中的氮包括有机态和无机态两种。有机含氮化合物主要来源于动物、植物和微生物机体腐烂分解后的产物，但这些含氮化合物大部分是不溶性的，通常不能被植物直接吸收利用。有机态的尿素是植物良好的氮源，但由于它易于被分解为 NH_3 和 CO_2，所以施入土壤的尿素，也只有一部分是以尿素分子的形式被植物吸收。

植物的氮源主要是无机氮化物，而无机氮化物中又以铵盐和硝酸盐为主。植物可以直接利用吸收的铵态氮合成氨基酸，而植物吸收的硝酸盐则必须经过还原形成铵态氮后才能被利用。

二、硝酸盐的还原

NO_3^- 和 NH_4^+ 是能被植物利用的主要氮源。在一般田间条件下，NO_3^- 是植物吸收的主要形式。因 NH_4^+ 易被硝化细菌转化为 NO_3^-，故只有在土壤通气不良、pH 较低时，硝化作用受抑制，NH_4^+ 才会积累。

植物从土壤中吸收硝酸盐后，必须经代谢还原成铵盐，才能用来合成氨基酸和蛋白质，因为氨基酸和蛋白质的氮呈高度还原状态，而硝酸盐的氮却是呈高度氧化状态。

硝酸盐的还原可以在根内进行，也可以在地上部的枝叶中进行，在根部和地上部还原的比例随不同植物而异。例如，番茄一般是在根部还原硝酸盐，苍耳则主要在叶中还原。硝酸盐还原的部位还与施肥水平有关，当硝酸盐供应不足时，一般在根内还原，随硝酸盐供应水平的增加，在地上部还原的比例增大。通常在光照条件下、土壤中硝酸盐供应充足时，绿色组织（如叶片）中硝酸盐的还原比非绿色组织（如根组织）中更为活跃，这可能是由于这一过程需大量消耗还原态氢供体，而在光照条件下绿色组织中还原类物质浓度较高。此外，根中硝酸盐还原的比例还随温度和植物年龄的增大而增大。

植物吸收的 NO_3^-，首先在硝酸还原酶（nitrate reductase，NR）的作用下被还原成 NO_2^-，然后在亚硝酸还原酶（nitrite reductase，NiR）的作用下还原成 NH_4^+。在 NO_3^- 还原过程中，每形成一分子 NH_4^+ 要求供给 8 个电子。硝酸盐还原过程可简单表示为

$$\overset{(+5)}{NO_3^-} \xrightarrow[NR]{+2e^-} \overset{(+3)}{NO_2^-} \xrightarrow[NiR]{+6e^-} \overset{(-3)}{NH_4^+}$$

由硝态氮还原为亚硝态氮是由硝酸还原酶催化，硝酸还原酶位于细胞液中，所以 NO_3^- 还原为 NO_2^- 在细胞液中进行。大部分硝酸还原酶在还原硝酸盐时的氢供体是 NADH，而在非绿色组织（如根组织）中的硝酸还原酶则可以 NADH 或 NADPH 为氢供体。NO_3^- 还原为 NO_2^- 的反应如下。

$$NO_3^- + NAD(P)H + H^+ \xrightarrow{NR} NO_2^- + NAD(P)^+ + H_2O$$

硝酸还原酶是一种可溶性的钼黄素蛋白,由黄素腺嘌呤二核苷酸(FAD)、细胞色素 b_{557}($Cytb_{557}$)和钼复合体(molybdenum cofactor, MoCo)组成,单体分子质量为 100kDa。高等植物体内的硝酸还原酶为同源二聚体,分子质量为 200kDa。

在还原过程中,电子从 NAD(P)H 传至 FAD,再经 $Cytb_{557}$ 传至 MoCo,然后将硝酸盐还原为亚硝酸盐。

硝酸还原酶是一种诱导酶(或适应酶)。诱导酶是指植物本来不含某种酶,但在特定外来物质的诱导下,可以生成这种酶,这种现象就是酶的诱导形成(或适应形成),所形成的酶便叫作诱导酶(induced enzyme)或适应酶(adaptive enzyme)。实验证明,水稻幼苗如果培养在硝酸盐溶液中,体内即生成硝酸还原酶;如把幼苗转放在不含硝酸盐的溶液中,硝酸还原酶又逐渐消失,这也是国内外最早的有关高等植物体内存在诱导酶的报道。

在绿叶中,当 NO_3^- 被细胞吸收后,细胞质中的硝酸还原酶就利用氢供体 NADH 将硝酸还原为亚硝酸,而 NADH 是叶绿体中生成的苹果酸经双羧酸转运器,运送到细胞质,再由苹果酸脱氢酶催化生成的。NO_3^- 被还原成 NO_2^- 后被运到叶绿体,叶绿体内存在亚硝酸还原酶,利用光合链提供的还原型 Fd 作电子供体将 NO_2^- 还原为 NH_4^+。

亚硝酸还原酶催化亚硝酸还原为铵的反应式为

$$NO_2^- + 6e^- + 8H^+ \xrightarrow{NiR} NH_4^+ + 2H_2O$$

亚硝酸还原酶为单条肽链,分子质量为 63kDa。其辅基包括一个血红素和一个 4Fe-4S 簇。亚硝酸还原酶的催化反应以铁氧还蛋白为电子供体,6 个电子依次由亚硝酸还原酶的 4Fe-4S 簇和血红素被转移到底物亚硝酸,使后者被还原为铵离子。亚硝酸还原酶受光照和硝酸根的诱导合成。亚硝酸是活性很强、对植物有较强毒害作用的物质,但植物体内亚硝酸还原酶数量大,活性高,因此在正常条件下,植物体内的亚硝酸盐被迅速还原,很少在植物体内积累。

硝酸盐在根中的还原过程与叶中基本相同,即硝酸盐通过硝酸转运器进入细胞质,被 NR 还原为 NO_2^-,电子供体 NADH(或 NADPH)是根细胞呼吸作用的产物。形成的 NO_2^- 运至前质体被 NiR 还原为 NH_4^+。长期以来,人们对根中存在的 NiR 电子供体不清楚,但最近已从许多植物根中发现了类似于 Fd 的非血红素铁蛋白或 Fd-NADP 还原酶(ferredoxin-NADP reductase, FNR)。

三、氨 的 同 化

植物从土壤中吸收或由硝酸盐还原形成的氨在植物体内会被迅速用于氨基酸或酰胺的合成,这一过程称为氨的同化。氨的同化主要在谷酰胺合成酶(glutamine synthetase, GS)和谷氨酸合酶(glutamate synthase, GOGAT)的作用下进行。

谷酰胺合成酶催化下列反应:

$$L\text{-谷氨酸} + ATP + NH_3 \xrightarrow{GS} L\text{-谷酰胺} + ADP + Pi$$

谷酰胺合成酶普遍存在于各种植物组织中,对氨有很高的亲和力,其 K_m 为 $10^{-5} \sim 10^{-4}$mol/L,因此能迅速将植物体内的氨同化,防止氨积累而造成的毒害。谷氨酸合酶有两种形式,分别是以 NAD(P)H 为电子供体的 NAD(P)H-GOGAT 和以还原态 Fd 为电子供体的 Fd-GOGAT。

氨的同化也可以通过谷氨酸脱氢酶(glutamate dehydrogenase, GDH)进行,GDH 催化的反应如下。

$$\alpha\text{-酮戊二酸}+NH_3+NAD(P)H+H^+ \xrightarrow{GDH} L\text{-谷氨酸}+NAD(P)^++H_2O$$

GDH 在植物同化氨的过程中不是很重要，由于 GDH 对 NH_3 的亲和力很低，其 K_m 值在 10^{-3}mol/L 数量级，只有在体内 NH_3 浓度较高时才起作用。GDH 在谷氨酸的降解中有重要作用。

三种酶在细胞中的定位有所不同，在绿色组织中，GOGAT 存在于叶绿体内，GS 在叶绿体和细胞质都存在，而 GDH 则主要存在于线粒体中，叶绿体中的量很少。在非绿色组织还有争论。

氨被同化为谷氨酸和谷氨酰胺后，通过氨基转移过程可合成其他氨基酸，催化此类反应的酶称为氨基转移酶。例如，天冬氨酸氨基转移酶（aspartate amino transferase，AAT）催化以下反应。

$$\text{谷氨酸}+\text{草酰乙酸} \xrightarrow{AAT} \text{天冬氨酸}+\alpha\text{-酮戊二酸}$$

氨基转移酶广泛存在于各种组织细胞的细胞质、叶绿体、线粒体、乙醛酸循环体、过氧化物体中。存在于叶绿体中的氨基转移酶尤为重要，因为光合作用碳代谢过程中的许多中间产物都可与氨基转移过程相配合而合成大量各种氨基酸。

四、生 物 固 氮

在一定条件下，N_2 与其他物质进行化学反应形成氮化物的过程，称为固氮作用。固氮作用包括工业固氮和自然固氮。工业上，在高温（400～500℃）和高压（约 20MPa）条件下，氮气（N_2）和氢气（H_2）反应合成氨的过程称为工业固氮。在自然固氮中，10% 左右是在闪电过程的极端条件下完成的，而其余约 90% 是通过微生物完成的。某些微生物把空气中的游离态氮固定转化为含氮化合物的过程，称为生物固氮（biological nitrogen fixation）。由于工业固氮过程必须在高温、高压下进行，需消耗大量的能源，且严重污染环境，而生物固氮是自然过程，既不消耗不可再生能源，也不对环境造成污染，如能充分有效地利用生物固氮为作物生产服务，显然具有十分重要的意义。

生物固氮是由两类微生物实现的：一类是自生固氮微生物，包括细菌和蓝绿藻；另一类是与其他植物（宿主）共生的微生物，如与豆科植物共生的根瘤菌，与非豆科植物共生的放线菌，以及与水生蕨类红萍（也称满江红）共生的蓝藻（鱼腥藻）等，其中以根瘤菌最为重要。

固氮微生物体内含有固氮酶（nitrogenase），分子氮被固定为氨的总反应式如下。

$$N_2+8e^-+8H^++16ATP \xrightarrow{\text{固氮酶}} 2NH_3+H_2+16ADP+16Pi$$

固氮酶由钼铁蛋白和铁蛋白两部分构成，两者都是可溶性蛋白质，任何一部分单独都没有固氮酶的活性。铁蛋白（Fe protein）含有铁，由两个相同的亚基组成，其分子质量在不同的固氮微生物中是不同的，为 30～72kDa。每个亚基含有一个 4Fe-4S 簇，通过铁参与氧化还原反应，其作用是水解 ATP，还原钼铁蛋白；钼铁蛋白（Mo-Fe protein）由 4 个亚基组成，每个亚基有 2 个 Mo-Fe-S 簇。其作用是还原 N_2 为 NH_3。固氮酶复合物遇 O_2 很快被钝化。钼是硝酸还原酶和固氮酶的组成成分，缺钼则影响氮的代谢。

固氮酶复合物还可还原质子（H^+）而放出氢（H_2）。氢在氢化酶（hydrogenase）作用下，又可还原铁氧还蛋白，这样氮的还原就形成了一个电子传递的循环。

生物固氮可改良土壤，增加土壤肥力。目前我国耕地退化，土壤肥力下降。在农田放养红萍，种植紫云英、田菁、花生及大豆等豆科植物，是改良和保护土壤最有效、最经济的方法之一。

第五节　合理施肥的生理基础

在农业生产中，由于土壤中的养分不断被作物吸收，而作物产品大部分被人们所利用，田地养分就逐渐不足，因此施肥就成为提高作物产量和质量的一个重要手段。所谓合理施肥，就是根据矿质元素对作物所起的生理作用，结合作物的需肥规律，适时适量地施肥，做到少肥高效。

一、作物需肥规律

（一）不同作物或同一作物的不同品种需肥情况不同

虽然每种植物都需要各种必需元素，但不同作物对矿质元素的需要量和比例有别；人们对各种作物的需用部分（即作物的经济器官）不同，而各种元素的生理作用又不一样，所以对哪种作物多施哪种肥料，需进行考查。例如，栽培禾谷类作物时，要多施一些磷肥，以利于籽粒饱满；栽培块根、块茎类作物时，要多施钾肥，以促进地下部积累碳水化合物；栽培叶菜类作物时，要多施氮肥，使叶片肥大。对豆科植物，在根瘤形成之前，适量使用氮肥，当根瘤形成以后不再施氮肥，而增施磷、钾肥和一定量的钼以促进其固氮。油料作物需镁较多，甜菜、苜蓿、亚麻对硼有特殊要求。另外，即使同一作物，由于生产的目的不同，施肥也应不同。例如，大麦作粮食时，灌浆前后增施氮肥可增加籽粒中的蛋白质含量；但如供酿造啤酒用，则后期不易追氮，因籽粒中蛋白质含量升高反而有碍酿酒。

（二）同一作物在不同生育期需肥不同

同一作物在不同生育期，对矿质元素的吸收情况是不一样的。萌发期间，因种子本身贮藏养分，一般不需要吸收外界肥料；随着幼苗长大，吸收矿质元素的量会逐渐增加；开花、结实时期，对矿质元素吸收量达高峰；以后，随着生长减弱，吸收量逐渐下降；至成熟期则停止吸收，衰老时甚至有部分矿质元素排出体外。但作物生长习性不同，元素的吸收情况也不同。稻、麦、玉米等作物，开花后营养生长基本停止，后期吸收很少，因此施肥应重在前、中期。而棉花开花后营养生长与生殖生长仍同时进行，对矿质元素的吸收前后期较为平均，所以开花后还应追肥。

必须指出，作物吸收肥料较少的时期，不一定对矿质养分的缺乏不敏感。例如，作物生长初期对矿质养分的吸收虽然较少，但对矿质养分的缺乏非常敏感，这一时期如果养分不足就会显著地影响作物的生长发育，而且以后即使用大量肥料也难以补偿。因此，把作物对矿质养分缺乏最敏感的时期称为作物的营养临界期，也称需肥临界期（critical period of nutrition）。一般苗期是作物的营养临界期。

除营养临界期外，作物不同的生育期中施用肥料的效果也有明显差别，其中有一个时期，需要肥料最多，施肥生长的效果最大，称为最高生产效率期，又称作物的营养最大效率期（plant maximum efficiency period of nutrition）。作物的营养最大效率期一般是生殖生长时期，如水稻、小麦在幼穗形成期；油菜、大豆在开花期，农谚"菜浇花"就是这个道理。

（三）作物不同，其需肥形态不同

施肥时应注意不同作物对肥料类型的要求不同，应选择有利于作物生长的肥料种类。烟草和马铃薯用草木灰等有机钾肥比氯化钾等无机钾肥的效果好，因为氯可降低烟草燃烧性和马铃薯淀粉含量（氯有阻碍糖运输的作用）；水稻应施铵态氮而不是硝态氮，因为水稻体内缺乏硝酸还原酶，难以利用硝态氮。烟草既需铵态氮又需硝态氮，烟草需要有机酸来加强叶的燃烧性，又需要有香味。硝酸能使细胞内的氧化能力占优势，有利于有机酸的形成，铵态氮则有利于芳香油的形成。另外，黄花苜蓿、紫云英吸收磷的能力弱，以施用水溶性的过磷酸钙为宜；毛苕、荞麦的吸磷能力强，施用难溶解的磷矿粉和钙镁磷肥也能被利用。

（四）作物的养分利用效率

不同作物或同一作物的不同品种对养分的利用效率是有差异的。作物的养分利用效率偏低往往成为农业生产的重要限制因子。据调查，我国主要农作物对氮肥的利用效率平均只有 30% 左右，磷肥只有 20% 左右，钾肥只有 40% 左右，这不仅造成了养分资源的极大浪费，而且会带来严重的环境污染。造成养分利用效率低的原因很多，一方面是养分在土壤中的损失问题（如 N_4^+-N 的挥发、N_3^--N 的反硝化损失、钾的流失等），另一方面是作物本身对土壤中养分的吸收利用效率较低。以磷素为例，一般土壤中的总磷含量足可以满足农作物生长的需要，但由于土壤中大部分磷的形态有效性较低，不能被作物所吸收，表现出较低的养分利用效率，因此作物仍然缺磷。这种由于未充分发挥植物本身对养分吸收利用的遗传潜力而导致的养分缺乏称为养分的遗传学缺乏（genetic deficiency）。另外一个常见的例子是植物的缺铁症。即使在含铁总量较高的土壤，只要土壤条件不适宜（如 pH 太高或碳酸盐、磷酸盐含量较高），铁的有效性就会较低，因而不能被作物所吸收，或者即使被吸收了也不能充分地被作物利用，作物仍会出现缺铁症状，这也是一种养分的遗传学缺乏。

　　植物对营养元素吸收和利用的能力大小用养分效率（nutrient efficiency）表示，养分效率可以根据不同的研究对象和研究目的而有不同的定义。通常养分效率是指单位养分的投入与产出的比例，公式如下。

$$养分效率 = \frac{植物产出}{养分投入}$$

式中，植物产出为产量（生物产量或经济产量）；养分投入为土壤养分含量或施肥量。

　　在农业生产系统中，人们关心的是单位肥料的投入所获得的增产量，这时的养分效率可用肥料农学效率来表示，公式如下。

$$肥料农学效率 = \frac{施肥区养分产量 - 不施肥区养分产量}{施肥量}$$

作物的养分效率还可以用肥料利用率（或肥料回收率）来表示。

$$肥料利用率（或肥料回收率）= \frac{施肥区养分吸收量 - 不施肥区养分吸收量}{施肥量}$$

　　具体而言，养分效率又可分为吸收效率（uptake efficiency）、利用效率（utilization efficiency）和运转效率（translocation efficiency）。吸收效率是指单位土壤（或其他介质）中植物吸收的养分量或所能产生的植物产量；利用效率是指植物体内单位养分所能产生的植物产量；而运转效率则是指收获物中养分量占植物体内养分量的比例。用公式分别表示为

$$吸收效率 = \frac{养分吸收量（或产量）}{单位土壤}$$

$$利用效率 = \frac{产量}{植物体内养分量}$$

$$运转效率 = \frac{收获物养分量}{植物体内养分量}$$

　　在相同的土壤供氮条件下，与近似苗龄的 C_4 植物（如玉米、高粱等）相比，C_3 植物（如水稻、小麦、大麦、燕麦等）对 NO_3^- 的吸收效率和积累量较高，但 C_4 植物对体内氮素的利用效率（定义为植物体内单位氮素所产生的干物质量）远高于 C_3 植物，因而在较低的外源氮素供给时，C_4 植物能获得较高的产量。在同一植物种内的品种或品系之间也普遍存在氮利用效率的基因型差异。有关植物氮利用效率基因型差异的报道已涉及玉米、小麦、大麦、燕麦、水稻、高粱、黑麦

草、马铃薯、番茄、棉花、大豆、苹果等多种类型的作物，说明了氮利用效率基因型差异是普遍存在的现象。

植物不同种（属）间和品种（系）间在磷利用效率方面也存在着较大的差异，其中不同种类植物的差异相当明显。在同样的低有效磷土壤中，一些种类的植物可以正常生长，而另一些植物则生长严重受阻，甚至死亡。不同的生态区域中都存在着一些较高的磷利用效率植物种类。例如，在印度半岛的半干旱酸性缺磷红壤中，木豆 [*Cajanus cajan* （L.）Millsp.] 比大豆、小麦、玉米、高粱等作物适应低磷的能力高，主要原因是木豆根系能分泌番石榴酸（piscidic acid）类的物质，螯合土壤中 Fe-P 的三价铁从而将磷释放出来。我国南方的缺磷红壤中，肥田萝卜（*Raphanus sativus* L.）、印度豇豆（*Vigna sinensis* L.）等作物具有相对较高的磷利用效率；而在北方缺磷的石灰性土壤中，油菜和白羽扇豆（*Lupinus albus* L.）等作物则具有相对较高的磷利用效率。对以上两种生态类型的植物研究表明，肥田萝卜、印度豇豆主要由根系分泌酒石酸，通过螯合作用来活化土壤中的 Fe-P 或 Al-P；而油菜和白羽扇豆主要通过根系分泌柠檬酸和苹果酸，通过酸化作用而活化土壤中的 Ca-P。同一植物种类的不同品种或品系之间也存在着磷利用效率方面的基因型差异，这在小麦、水稻、高粱、大麦、玉米、菜豆、番茄等均有报道。植物品种（系）间在磷利用效率方面的基因型差异有时是相当可观的。例如，一些试验表明，在其他养分供应正常但土壤有效磷较低的条件下，来自不同基因库的不同菜豆基因型苗期的生物量差异可达 4.2 倍，籽粒产量差异可达 2.4 倍。

可采用多种措施提高植物的养分效率。植物通过改变自身的形态、结构，以及调节根际土壤环境等一系列途径来适应环境。例如，与菌根形成共生体；植物根构型与形态性状对养分缺乏的适应性变化。植物在低磷胁迫下分泌磷酸酶，将土壤中有机态磷分解为可直接吸收利用的无机磷，是植物提高磷利用效率的适应机制之一。

二、合理施肥的指标

在农业生产中，为了满足作物对必需元素的需要，并做到适时施肥，增产效果显著，就需要根据各项施肥指标合理施肥。

（一）土壤营养丰缺指标

测定土壤中营养元素的含量对确定施肥方案有重要的参考价值。由于不同作物对土壤中各种矿质元素的含量及比例要求不同，而且各地的土壤、气候、耕作管理水平也差别很大，所以施肥的土壤营养指标也因地、因作物而异。

（二）形态指标

作物的外部形态是其内在特性和外界环境条件的综合反映，作物营养的亏缺情况会在茎叶的生长速度、形态、大小和颜色等方面表现出来，所以可以根据作物的形态特征判断矿质养分的供应状况。

作物的株型或叶片形态（作物相貌）、生长速率是一个很好的追肥形态指标。氮肥多，植物生长快，叶长而软，株型松散；氮肥不足，生长慢，叶短而直，株型紧凑。叶片颜色也是反映作物矿质养分供应状况很好的指标，叶色是反映作物体内营养状况（尤其是氮素水平）最灵敏的指标。功能叶的叶绿素含量和氮含量的变化基本上是一致的。叶色深，氮和叶绿素含量均高，体内蛋白质合成多，以氮代谢为主；叶色浅则说明体内蛋白质合成少，糖类合成多，植株以碳代谢为主，所以生产上常以叶色作为施用氮肥的指标。尽管形态指标直观，但已表现出变化时，就说明植株体内此元素缺乏已经较为严重了。

　　根据形态指标施肥简单易行，但是作物的缺素症状往往同病害及其他不良生活条件所引起的外部症状发生混淆，不易区别。另外，作物的缺素症也多在某种元素非常缺乏时才表现出来，经诊断后再采取措施往往为时已晚，所以形态诊断还需要配合土壤营养丰缺诊断和生理诊断才能得出较准确的结论。

（三）生理指标

　　所谓施肥的生理指标是指根据作物的生理状况来判断作物是否缺乏某种或某些矿质元素。常用的生理指标有植株体内的矿质元素、叶绿素、酰胺和淀粉含量及酶活性等。利用生理指标能及早发现问题，只要及时地采取相应的施肥措施，就可以达到预期的目的。

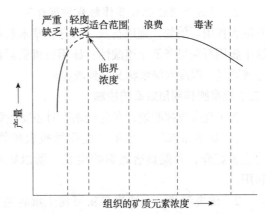

图 4-6　植物组织中矿质元素含量与作物生长的关系

　　1. **矿质元素含量**　　叶片矿质元素的含量在植物营养诊断中有较好的参考价值。作物组织中矿质元素含量与作物的生长和产量间有一定的关系（图 4-6）。当养分严重缺乏时，产量甚低；养分适当时，产量最高；养分如继续增多，产量也不再增加，浪费肥料；如养分再多，就会产生毒害，产量反而下降。在矿质元素轻度缺乏与适量两个浓度之间有一个临界浓度（critical concentration），即获得最高产量的最低养分浓度。不同作物、不同生育期、不同元素的临界浓度也各不同。

　　叶片元素分析最好与土壤分析结合起来，因为叶片分析仅了解组织的营养水平，对土壤营养水平，特别是阻碍吸收的因素不清楚。经土壤分析可知土壤中全部养分和有效养分的贮存量，但不知道作物从土壤中吸收养分的实际数量。土壤分析和叶片分析应该并用，相互补充，相辅为用。

　　2. **酰胺**　　作物吸氮过多，就会以酰胺状态贮存起来，以免游离氨毒害植株。

　　水稻植株中的天冬酰胺与氮的增加是平行的，可作为水稻植株氮素供应状态的良好指标。在幼穗分化期，测定未展开或半展开的顶叶内天冬酰胺的有无，如有表示氮营养充足；如没有，说明氮营养不足。本法可作为穗肥的一个诊断指标。

　　3. **淀粉含量**　　氮肥不足通常会引起水稻、小麦叶鞘中淀粉的积累，因此可采用碘试法测定叶鞘的淀粉含量以判断氮营养状态。水稻叶鞘中的淀粉含量也可作为氮素丰缺指标：氮肥不足，叶鞘内淀粉积累，所以叶鞘内淀粉愈多，表示氮肥愈缺乏。其测定方法是将叶鞘劈开，并将其浸入碘液，如被碘液染成的蓝黑色颜色深且占叶鞘面积的比例大，则表明土壤缺氮，需要追施氮肥。

　　4. **酶活性**　　作物体内有多种酶蛋白的活性依赖于作为辅基或活化剂的矿质元素，当这些元素缺乏时，相应酶活性下降。例如，缺铜时多酚氧化酶和抗坏血酸氧化酶活性下降，缺钼时硝酸还原酶活性下降，缺锌时碳酸酐酶和核糖核酸酶活性下降，缺铁可引起过氧化氢酶和过氧化物酶活性下降，缺锰时异柠檬酸脱氢酶活性下降等。还有些酶在缺乏相关元素时，其活性会上升，如缺磷时，酸性磷酸酶活性升高。因而，可以根据某种酶活性的变化，来判断某一元素的丰缺情况。

三、提高肥料利用效率

（一）合理施肥与增产

　　合理施肥主要是通过无机营养来改善有机营养，从而增加干物质的积累，提高产量。施肥增产的原因是间接的，主要通过下列途径实现。

1. 通过合理施肥改善作物光合性能　　通过合理施肥增大植株光合面积（如氮肥使叶面积扩大）、提高光合能力（如氮、镁等可提供叶绿素组分或光合过程中必需的活性物质）、延长光合时间（如氮肥可延缓叶片衰老）、促进光合产物的分配利用（如磷、钾加强光合产物的运输）等措施来达到改善作物光合性能的目的。反之，若施肥不当，则可能会引起减产。例如，氮肥过多会引起徒长，使光照、通气条件恶化，光合作用下降，呼吸增强，最终导致减产。

2. 通过合理施肥改善作物栽培微环境　　这些栽培条件特别是土壤条件的改善对作物增产有巨大作用。例如，施用石灰、石膏、草木灰等能促进有机质分解，有利于土壤增温；在酸性土壤中施用石灰可降低土壤酸性；施用有机肥则营养全面、肥效长，还能改良土壤的物理结构，使土壤通气、温度和保水状况得到改善。

（二）提高肥料利用效率的措施

为了充分发挥肥效，在合理施肥时还要注意使用以下措施。

1. 适当灌溉　　水不仅是作物吸收矿物质的重要溶剂，而且是矿物质在植物体内运输的主要媒介，并能显著地影响生长。所以缺水会直接或间接地影响作物对矿质元素的吸收和利用。

2. 适当深耕　　适当深耕可使土壤容纳更多的水分和肥料，也促进根系的生长，以增加吸肥面积。增施有机肥有助于改善土壤的物理结构，增加土壤保水保肥能力，从而促进根系生长，扩大根系吸收面积，提高肥效。也可结合深耕分层施肥，以适应根系不断伸长对养分吸收的情况。

3. 改善光照条件　　施肥增产主要是光合性能改善的结果，所以要充分发挥肥效，须改善光照条件。施肥增产主要是改善光合性能的结果，为此，在合理施肥的前提下，应合理密植，以保证田间通风透光。

4. 调控土壤微生物的活动　　土壤中的硝化菌能使 NH_4^+ 氧化为 NO_2^- 和 NO_3^- 而随水流失，而反硝化细菌则可使 NH_4^+、NO_3^-、NO_2^- 转化为 N_2 而挥发。如施用氮肥增效剂 2-氯-6-（三氯甲基）-吡啶，可抑制硝化作用而减少氮素的损失。

5. 改进施肥方式　　传统的表层施肥会导致肥料的剧烈氧化、铵态氮的转化、硝态氮及钾肥的流失、某些肥料的挥发、磷素易被土壤固定等情况，降低肥效。深层施肥是施于作物根系附近 5～10cm 深的土层，以避免上述情况的发生。而且根系生长具有趋肥性，肥料深施可促使根系深扎，增强根系吸收活力，显著提高产量。

由于作物的营养特性不同，要达到各种养分的均衡，平衡施肥非常重要。将氮、磷、钾等大量元素与微量元素配比适当施用，可以显著提高施肥效果，是作物获得高产、稳产、优质的有效措施。此外，通过合理使用生长调节剂可消除或减轻逆境的影响，促使植物生长发育良好，也有助于作物对肥料的利用，达到高产的目的。

本 章 小 结

植物需要从土壤中吸收各种矿质元素以维持正常的生理活动。将构成灰分的元素称为灰分元素，又称为矿质元素。氮不是灰分元素，但大部分植物体内的氮素都是从土壤中吸收的，所以通常将氮素和矿质元素一起讨论。植物对矿物质的吸收、转运和同化作用称为植物的矿质营养。

植物体内矿质元素的含量与植物的种类、同一植物的不同器官组织、植物的年龄及植物所处的环境条件等有关。必需元素是指植物正常生长发育必不可少的元素，有不可缺少性、不可替代性和直接功能性。现已确定植物的必需元素有 17 种（还有一种说法为 19 种），可分为大量元素与微量元素两大类。此外，有些元素被称为植物的有益元素。溶液培养法（水培法）、砂基培养法（砂培法）等已被广泛应用到生产中，即植物的无土栽培。

必需元素是细胞结构物质的组成成分，为生命活动的调节者或起电化学作用，参与能量转换和促进有机物运输等，一种元素可以执行多种功能。各种必需元素都有其独特的生理功能，植物缺乏某种元素就会表现出独特的症状。

生物膜中执行溶质跨膜运输过程的功能蛋白称为运输蛋白或传递蛋白，可分为离子通道、载体和离子泵等几类。植物细胞对溶质的吸收主要分为两种，即被动吸收和主动吸收，另外还有胞饮作用。被动吸收包括扩散和协助扩散等方式。主动吸收是细胞利用呼吸代谢产生的能量，逆电化学势梯度吸收矿质元素的过程，又称为代谢吸收。胞饮作用是植物细胞吸收液体和大分子物质的一种特殊方式。

植物对矿质元素的吸收部位主要是根系，又以根毛区的吸收最活跃。根吸收矿质元素与吸收水分具有相对独立性，表现出明显的选择性，即对同一溶液中不同离子吸收的比例不同的现象。可能发生单盐毒害与离子颉颃作用。所以植物只有在含有适当比例的多种盐的溶液中才能正常生长发育，这种溶液称为平衡溶液。

土壤溶液中以离子形式存在的矿质元素先吸附在根组织表面；吸附在根组织表面的矿质离子经质外体途径或共质体途径进入根组织维管束的木质部导管；进入木质部导管的矿质元素随蒸腾流进入植物的地上部。

影响根系吸收矿质元素的因素有土壤温度、土壤通气状况、土壤溶液中矿质元素浓度、土壤酸碱度（pH），离子间的相互作用也影响植物对矿质元素的吸收。

植物的氮源主要是无机氮化物，而无机氮化物中又以铵盐和硝酸盐为主。植物可以直接利用吸收的铵态氮合成氨基酸，而植物吸收的硝酸盐则必须经过还原形成铵态氮后才能被利用。植物吸收的 NO_3^-，首先在硝酸还原酶的作用下被还原成 NO_2^-，然后在亚硝酸还原酶的作用下还原成 NH_4^+。植物从土壤中吸收或由硝酸盐还原形成的氨在植物体内会被迅速用于氨基酸或酰胺的合成，这一过程称为氨的同化。某些微生物把空气中的游离态氮固定转化为含氮化合物的过程，称为生物固氮。

合理施肥是根据矿质元素对作物所起的生理作用，结合作物的需肥规律，适时适量地施肥，做到少肥高效。不同作物或同一作物的不同品种需肥情况不同；同一作物在不同生育期对矿质元素的吸收情况不一；作物不同，其需肥类型不同。

要做到适时施肥，就需要根据各项施肥指标合理施肥，如土壤营养丰缺指标、植物形态指标和生理指标。常用的生理指标有植株体内的营养元素、叶绿素、酰胺和淀粉含量及酶活性等。同时要采取适当措施提高肥料利用效率，以达到增产的目的。

复习思考题

1. 名词解释

矿质元素　灰分元素　矿质营养　必需元素　大量元素　微量元素　有益元素　溶液培养法　砂培法无土栽培　主动吸收　被动吸收　协助扩散　生理酸性盐　生理碱性盐　单盐毒害　离子颉颃　平衡溶液作物的营养临界期　作物的营养最大效率期　生物固氮

2. 写出下列缩写符号的中文名称及其含义或生理功能。

RFS　NR　NiR

3. 植物进行正常生命活动需要哪些矿质元素？用什么方法、根据什么标准来确定？

4. 植物根系吸收矿质元素有哪些特点？

5. 试述矿质元素是如何从膜外转运到膜内的。

6. 为什么水稻秧苗在栽插后有一个叶色先落黄后返青的过程?

7. 简述植物必需元素在植物体内的一般生理作用。

8. 试述氮、磷、钾"三要素"的生理作用和缺素症。

9. 植物细胞主动吸收矿质元素的机理如何?

10. 外界条件如何影响根系吸收矿质元素?

11. 谈谈生物固氮的意义。

第五章　植物的光合作用

【学习提要】理解光合作用的概念及意义，叶绿体及其色素的结构、组成与特性。掌握光合作用的主要过程，理解光能的吸收传递与转换、电子传递与光合磷酸化及碳同化作用的机理，了解光呼吸的代谢途径与生理功能，比较 C_3、C_4 与 CAM 植物的特点。掌握光合作用的指标和影响因素，理解光合性能与作物产量的关系。

第一节　光合作用的概念及意义

一、光合作用的概念

地球上绝大多数植物属于自养植物（autophyte），少数植物属于异养植物（heterophyte）。自养植物利用光能或化学能，将吸收的二氧化碳转变为有机物的过程，称为碳素同化作用（carbon assimilation）。植物的碳素同化作用包括细菌光合作用、绿色植物光合作用和化能合成作用 3 种类型，其中与人类生活的关系非常密切的绿色植物光合作用是自然界中最大的碳素同化作用。目前人类面临着食物、能源、环境、资源和人口等问题，这些问题的解决都和光合作用有着密切的关系。

光合作用（photosynthesis）是指绿色植物利用光能，同化二氧化碳和水，制造有机物质并释放氧气的生物过程。光合作用是植物体内最重要的生命活动过程，也是地球上最重要的化学反应过程。光合作用的总反应式可用下式表示。

$$nCO_2 + 2nH_2O^* \xrightarrow[\text{绿色细胞}]{\text{光能}} (CH_2O)_n + nO_2^* + nH_2O$$

光合作用发生在植物的绿色部分，主要是叶片。光合作用的能源是可见光中 $380 \sim 720nm$ 波长的光。上式中 $(CH_2O)_n$ 代表合成的以碳水化合物为主的有机物。用 ^{18}O 示踪的实验证明，光合作用所释放的 O_2 来自水分子。在此反应中，CO_2 是电子受体（氧化剂），被还原到糖的水平；而 H_2O 是电子供体（还原剂），被氧化成分子态氧。由此可见，整个光合作用是一个氧化还原过程，所需的能量来自光能。

二、光合作用的意义

（一）将无机物转变成有机物

地球上几乎所有的有机物都直接或间接地来源于光合作用，因而将绿色植物作为生物链的初级生产者。光合作用制造的有机物的量是极其巨大的，据估计，地球上绿色植物每年要固定 $7.0 \times 10^{10} \sim 12.0 \times 10^{10}t$ 碳素，合成 $5.0 \times 10^{11}t$ 有机物；其中 40% 是由浮游植物同化固定的，60% 是由陆生植物同化的。今天人类及动物的全部食物（如粮、油、蔬菜、水果、牧草、饲料等）和某些工业原料（如棉、麻、橡胶、糖等）都直接或间接地来自光合作用。

人们种植各种作物、蔬菜、果树和牧草，其实质就是为了获得更多的光合产物，因为产量的 90% 以上是来自光合作用。农林生产中的耕作制度、栽培管理措施、品种选育就是直接或间接地控制光合作用，让植物为人类生产更多更好的有机物，以提高产品数量和质量。光合作用是农业生产的物质基础，是合理农业的重要理论基础。

（二）将光能转变为化学能

绿色植物将光能转变为稳定的化学能，除供给人类及全部异养生物外，同时提供了人类活动的能量。植物每年固定碳素中的能量超过 3×10^{21} J，估计全球每年能量消耗仅是光合作用所贮存能量的 10%。我们现在所用的煤炭、天然气、石油等能源都是远古植物光合作用所形成的。随着人类对化石能源的开采殆尽，人类会将目光转向通过光合作用解决能源问题。现在世界各国已开始利用植物材料发酵制作乙醇，用作燃料代替汽油。同时，工业所用的氢气，也可通过光合放氢来生产。因此，人们也把绿色植物称为自然界巨大的太阳能转换站。

（三）保护环境和维持生态平衡

光合作用是目前人们唯一知道的通过分解水产生氧气的生物过程，是最初氧气的生产者和当前大气中氧气含量相对稳定的维持者。所有生物（包括绿色植物）在呼吸代谢过程中均吸收氧气，放出二氧化碳，特别是人类的活动，如工业生产、交通运输等消耗大量氧气，并释放大量的二氧化碳。据估计，全世界生物呼吸和工业燃烧所消耗的平均氧气量为 10 000 t/s，依这样的速度来计算，大气中的氧气大约 3000 年后将被用尽。地球上氧气和二氧化碳能基本保持一个相对稳定值，就是由于绿色植物的光合作用不断地固定吸收二氧化碳，同时释放氧气。在理想条件下，植物绿色部分光合速率为呼吸速率的 30 倍。光合作用每年释放出 5.35×10^{11} t 氧气。所以绿色植物也是巨大的空气净化器，通过光合作用调节大气中的二氧化碳与氧气的含量，使之保持平衡状态。估计大气中二氧化碳每 300 年循环一次，而氧气通过光合作用每 2000 年循环一次。现在，由于人类对能源消耗量的快速增长和大量砍伐森林，二氧化碳和氧气的动态平衡被破坏，使大气中的二氧化碳浓度增加，气温升高。要消除人类的这一生存危机，除要削减能源消耗外，更为重要的是要恢复森林植被，这是解决生态危机的唯一出路。

另外，光合作用的碳循环过程也带动了自然界其他元素的循环。光合作用形成有机碳化物的同时，也把土壤中吸收的氧化态氮、磷、硫等元素转变成植物体能利用的还原态元素，进一步参与有机物合成过程。据估计，每年进入碳循环的氮达 60 亿 t，磷、硫达 8.5 亿 t。

事实上，当前对光合作用的研究已远远超出农业的范围，光合作用不仅是植物生理学、生物学的重大研究课题，也是现代自然科学的重点前沿研究项目。因为绿色植物的光合作用是一个极其复杂的过程，在时间上跨度 10^{-13} s 的光能捕获至 10^7 s 的光合物质生产过程，在学科上涉及光学、量子力学、物理化学和生物学等诸多领域。在生命科学的研究中，光合作用的进化研究，将有助于提示生命的起源和进化；在军事上利用光合荧光的光谱特性来判断被树枝所掩饰的军事目标；在未来航天事业中，随着永久性空间站的建立，空间站密闭系统内要通过绿色植物的光合作用为宇航员提供食物和氧气。

第二节　叶绿体及其色素

在高等植物体中进行光合作用的主要器官是叶片，叶肉组织是光合作用最活跃的组织。叶肉细胞含有丰富的叶绿体，叶绿体是进行光合作用基本的细胞器，其中含有吸收光能的光合色素。

一、叶绿体的结构及类囊体

（一）叶绿体的结构

叶绿体多呈扁平椭圆形（图 5-1），大多数高等植物的叶肉细胞含有 50～200 个叶绿体

（chloroplast），可占细胞质体积的 40%，其长 3～7μm，厚 2～3μm。据统计，每平方毫米的蓖麻叶就含有 $3×10^7$～$5×10^7$ 个叶绿体，所以叶绿体的总表面积比叶面积大得多，这有利于叶绿体吸收光能和同化 CO_2。叶绿体的大小和数目随物种、细胞种类、生理状况和环境而不同。在同一叶片中，栅栏细胞中的叶绿体要比海绵组织中多；背阴地区生长的植物的叶绿体比在向阳地区生长的植物的叶绿体大一些、多一些。叶绿体在细胞中一般均匀分布在细胞质中，有时也靠近细胞核或细胞壁。

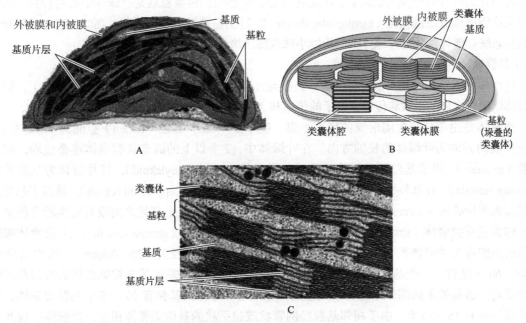

图 5-1　叶绿体的结构（引自 Taiz and Zeiger，2010）
A. 叶绿体结构的电镜图；B. 叶绿体的模式图；C. 叶绿体高倍电镜图（520 000×）

叶绿体由前质体（proplastid）发育而来，前质体是近乎无色的质体，在光照下合成叶绿素，发育成叶绿体。叶绿体在细胞中不仅可随原生质进行环流运动，而且可随光照的方向和强度而运动。外界条件尤其是光的强弱常会影响叶绿体在细胞内的位置分布。在弱光下，叶绿体以扁平的一面向光以接受较多的光能；而在强光下，叶绿体的扁平面与光照方向平行，不致吸收过多光能而引起结构的破坏和功能的丧失。

叶绿体的外围是双层膜结构，称为叶绿体被膜（chloroplast envelope）。双层膜中外层膜称为外被膜（outer envelope），内层膜称为内被膜（inner envelope）。叶绿体的外被膜和内被膜由单位膜组成，每层膜厚 6～8nm，内外两层膜之间为 10～20nm 宽的电子密度低的空隙，称为膜间隙。叶绿体被膜是叶绿体的保护屏障，包含了多种代谢产物的传递系统，具有控制代谢物质进出叶绿体的功能。外被膜的通透性较大，许多化合物如核苷酸、无机磷、磷酸衍生物、羧酸类等均可通过。内被膜对物质透过的选择性较强，是细胞质和叶绿体基质间的功能屏障，磷酸甘油酸、苹果酸、草酰乙酸等需由内被膜上的特殊转运器（translocator）才能通过；CO_2、O_2、H_2O 可自由通过；蔗糖、C_5～C_7 糖的二磷酸酯、$NADP^+$、PPi 等物质则不能通过。

叶绿体内是类囊体（thylakoid）和基质（stroma）。所有光合作用的色素都包含在类囊体膜系统中，它是光合作用中光反应的场所；而催化碳还原反应的水溶性酶则是在叶绿体基质中。基质以水为主体，内含多种离子、低分子的有机物，以及多种可溶性蛋白质等。基质含有还原

CO_2 与合成淀粉的全部酶系，其中核酮糖-1,5-双磷酸羧化酶/加氧酶（ribulose-1,5-bisphosphate carboxylase/oxygenase，Rubisco）占基质总蛋白的一半以上。此外，基质中还含有氨基酸、蛋白质、DNA、RNA、脂类（糖脂、磷脂、硫脂）、四吡咯（叶绿素类、细胞色素类）和萜类（类胡萝卜素、叶醇）等物质及其合成和降解的酶类，还原亚硝酸盐和硫酸盐的酶类及参与这些反应的底物与产物，因而在基质中能进行多种多样复杂的生化反应。

基质中有淀粉粒（starch grain）与质体小球（plastoglobulus），它们分别是淀粉和脂类的贮藏库。将照光的叶片研磨成匀浆离心，沉淀在离心管底部的白色颗粒就是叶绿体中的淀粉粒。质体小球又称脂质球或亲锇颗粒（osmiophilic droplet），特别易被锇酸染成黑色，在叶片衰老时叶绿体中的膜系统会解体，此时叶绿体中的质体小球也随之增多增大。

（二）类囊体

叶绿体内膜结构的基本单位是类囊体，参与光反应的蛋白质复合体都位于类囊体膜上，同时类囊体结构对光能的吸收和传递、电子的传递和 ATP 的产生都有非常重要的作用。

类囊体是由单位膜封闭形成的扁平小囊，膜厚 5～7nm，囊腔（lumen）空间为 10nm 左右，片层伸展的方向为叶绿体的长轴方向。在叶绿体中，2 个以上的圆盘状类囊体堆叠成垛，称为基粒（granum）。组成基粒的类囊体称为基粒类囊体（granum thylakoid），其片层称为基粒片层（granum lamella）。在基粒类囊体上形成垛叠的区域称为垛叠区（appressed region），暴露于基质的区域称为非垛叠区（nonappressed region）。贯穿在两个或两个以上基粒之间没有发生垛叠的类囊体，称为基质类囊体（stroma thylakoid），其片层称为基质片层（stroma lamella）。由类囊体膜所包围的内腔称为类囊体腔（thylakoid lumen）。基粒类囊体的直径为 0.25～0.8μm。一个叶绿体含有 40～60 个基粒，一个基粒由 5～30 个基粒类囊体组成，组成基粒的基粒类囊体的数目在不同植物或同一植物的不同部位细胞有很大差别，如烟草叶绿体的基粒有 10～15 个基粒类囊体，玉米叶绿体则有 15～50 个。由于相邻基粒经网管状或扁平状的基质类囊体相连，类囊体腔彼此相通，形成一个连续封闭的三维膜系统，而类囊体膜将类囊体腔与基质分隔为两个部分。

类囊体膜上的蛋白复合体主要有 4 类，即光系统 I（PS I）、光系统 II（PS II）、$Cytb_6f$ 复合体和 ATP 酶复合体，它们参与了光能吸收、传递与转化、电子传递、H^+ 输送及 ATP 合成等反应。由于光合作用的光反应是在类囊体膜上进行的，所以称类囊体膜为光合膜（photosynthetic membrane）。类囊体在基粒中呈垛叠排列极大地增加了光能吸收面积，同时又便于光能的传递与分布。不同光照条件下，叶绿体内基粒的大小、基粒中类囊体的垛叠数量均发生了较大的变化。弱光下叶绿体中类囊体较大，基粒中类囊体数量较多，这种结构特征有利于吸收和贮藏光能。

二、叶绿体色素的种类与特性

太阳能首先被植物的色素吸收，所有在光合作用中起作用的色素都可在叶绿体中被发现。光合色素（photosynthetic pigment）即叶绿体色素，主要有 3 类：叶绿素、类胡萝卜素和藻胆素（图 5-2）。高等植物叶绿体中含有前两类，藻胆素仅存在于藻类中。

（一）光合色素的结构与性质

1. **叶绿素**　　植物的叶绿素（chlorophyll，Chl）包括叶绿素 a、叶绿素 b、叶绿素 c、叶绿素 d 四种。高等植物中含有叶绿素 a、叶绿素 b 两种，叶绿素 c、叶绿素 d 存在于藻类中，而光合细菌中则含有细菌叶绿素（bacteriochlorophyll）。常采用 80% 的丙酮或丙酮：乙醇：水（4.5：4.5：1）的混合液来提取叶绿素。在颜色上，叶绿素 a 呈蓝绿色，而叶绿素 b 呈黄绿色，其相对分子质量分别为 892 和 906，是双羧酸酯，其中一个羧基被甲酯所酯化，另一个被叶醇所

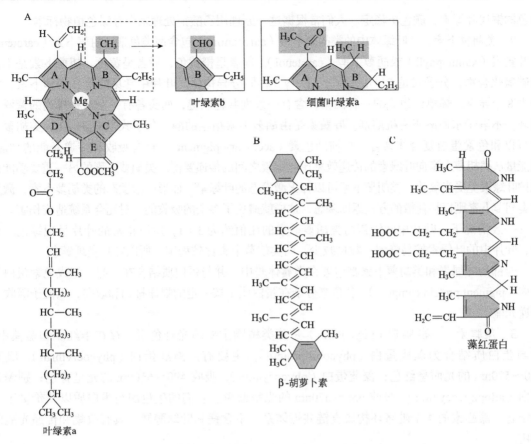

图 5-2　一些光合色素的分子结构（引自 Taiz and Zeiger，2010）

酯化，能发生皂化反应。叶绿素是使植物呈现绿色的色素，约占绿叶干重的 1%。叶绿素 a 和叶绿素 b 的分子结构很相似，叶绿素 a 的第二个吡咯环上的一个甲基（—CH_3）被醛基（—CHO）所取代，即为叶绿素 b。叶绿素 a 和叶绿素 b 的分子式如下。

　　　　　叶绿素 a：$C_{55}H_{72}O_5N_4Mg$ 或 $MgC_{32}H_{30}ON_4COOCH_3COOC_{20}H_{39}$

　　　　　叶绿素 b：$C_{55}H_{70}O_6N_4Mg$ 或 $MgC_{32}H_{28}O_2N_4COOCH_3COOC_{20}H_{39}$

　　叶绿素都有一个复杂的环形结构——卟啉环（porphyrin ring），它与血红蛋白和细胞色素中的卟啉类基团的化学结构相似，4 个吡咯环以 4 个甲烯基（—CH＝）连接而成。镁原子居于卟啉环的中央，偏向于带正电荷，与其配位结合的氮原子则偏向于带负电荷，因而卟啉环呈极性，是亲水的，可以与蛋白质结合。另外还有一个含羰基和羧基的同素环（含相同元素的 E 环），羧基以酯键和甲醇结合。环Ⅳ上的丙酸基侧链以酯键与叶绿醇［植醇（phytol）］相结合。叶绿醇是环形卟啉环上一条长的碳水化合物尾巴，是由 4 个异戊二烯单位组成的双萜，是一个亲脂的脂肪链，它决定了叶绿素的脂溶性，使叶绿素分子能够锚定于类囊体膜的磷脂双分子层中。

　　卟啉环上的共轭双键和中央镁原子易被光激发引起电子得失，从而使叶绿素具有特殊的光化学性质，它是叶绿素分子发生电子跃迁和氧化还原反应的基础。绝大部分叶绿素 a 和全部叶绿素 b 具有吸收和传递光能的作用；少数特殊状态的叶绿素 a 有将光能转换为电能的作用。

　　卟啉环中镁原子可被 H^+、Cu^{2+}、Zn^{2+} 所置换。用酸处理叶片，H^+ 易进入叶绿体，置换镁原子形成去镁叶绿素（pheophytin，Pheo），使叶片呈褐色。去镁叶绿素易再与铜离子结合，形成青绿色的铜代叶绿素，颜色更稳定。人们常根据这一原理用乙酸铜处理来保存绿色植物标本。

2. 类胡萝卜素　　叶绿体中的类胡萝卜素（carotenoid）包含两类色素：胡萝卜素（carotene）和叶黄素（xanthophyll）或胡萝卜醇（carotenol），前者呈橙黄色，后者呈黄色。胡萝卜素是不饱和碳氢化合物，分子式是 $C_{20}H_{56}$，有 α、β、γ 3 种同分异构体。叶片中常见的是 β-胡萝卜素，它是由 8 个异戊二烯单位组成的一种四萜，含有一系列共轭双键，两头各有一个对称排列的紫罗兰酮环，不溶于水而溶于有机溶剂。叶黄素是由胡萝卜素衍生的醇，分子式是 $C_{40}H_{56}O_2$。类胡萝卜素可以和色素蛋白复合体结合，是辅助色素（accessory pigment），具有吸收和传递光能的功能，但能量从类胡萝卜素向叶绿素的传递效率比叶绿素之间的传递要低。类胡萝卜素的另一重要功能是保护叶绿素免受光氧化。类胡萝卜素可以猝灭激发态的叶绿素，而形成激发态的类胡萝卜素，激发态类胡萝卜素则以热耗散的方式返回基态，这样就避免了多余的吸收能量对光合系统造成伤害。

一般情况下，叶片中叶绿素与类胡萝卜素的比值约为 3：1，所以正常的叶片呈现绿色。秋天，叶片中的叶绿素较易降解，数量减少，而类胡萝卜素比较稳定，所以叶片呈现黄色。

全部的叶绿素和类胡萝卜素都包埋在类囊体膜中，并与蛋白质结合在一起，组成色素蛋白复合体（pigment protein complex），各色素分子在蛋白质中按一定的规律排列和取向，以便于吸收和传递光能。

3. 藻胆素　　藻胆素（phycobilin）是藻类植物主要的光合色素，存在于红藻和蓝藻中，常与蛋白质结合为藻胆蛋白（phycobiliprotein），主要有：藻红蛋白（phycoerythrin），吸收 450～570nm 的光而呈红色；藻蓝蛋白（phycocyanin），吸收 490～610nm 的光呈青色；别藻蓝蛋白（allophycocyanin），吸收 650～670nm 的光呈蓝色。它们的生色团与蛋白质以共价键牢固地结合。藻胆素的 4 个吡咯环构成直链共轭体系，不含镁和叶绿醇链，具有收集和传递光能的作用。

藻胆蛋白存在于红藻和蓝藻的藻胆体中，藻胆体是分布在类囊体膜表面的聚光色素蛋白复合体，与 PS Ⅱ 相连，横断面呈扇形，藻红蛋白排列在最外层，藻蓝蛋白在中间，别藻蓝蛋白靠近类囊体膜。藻胆体中光能的传递方向为：藻红蛋白→藻蓝蛋白→别藻蓝蛋白→PS Ⅱ 反应中心的叶绿素 a。

（二）光合色素的吸收光谱

光具有波粒二象性。光是以波的形式传播的，太阳辐射到地面上的光的波长为 300～2600nm。不同能量的光以不同的波长传播。高等植物光合作用所吸收光的波长为 400～700nm，故此范围波长的光称为光合有效辐射（photosynthetic active radiation，PAR）。光又是一种运动着的粒子流，这些粒子称为光子（photon）。每个光子含有一定的能量，称为（光）量子（quantum，普朗克量子）。现在，人们一般用光量子密度（photo flux density）表示光能，单位为 $\mu mol/(m^2 \cdot s)$。不同波长的光所含能量不同，光能并不连续，而是以离散包——量子的形式传递。根据普朗克定律，光子携带的能量与光的波长成反比。它们的关系如下。

$$E = Lhv = Lhc/\lambda$$

式中，E 为每摩尔光子的能量（J/mol）；L 为阿伏伽德罗（Avogadro）常量（$6.023 \times 10^{23} mol^{-1}$）；$h$ 为普朗克（Planck）常量（$6.626 \times 10^{-34} J \cdot s$）；$v$ 为辐射频率（s^{-1}）；c 为光速（$3.0 \times 10^8 m/s$）；λ 为波长（nm）。

从上式中可以看出，由于 L、h、c 全为常数，所以光量子的能量取决于波长，光波越短，所含能量越大；反之，光波越长，所含能量越小。不同波长的光所含能量见表 5-1。

太阳光中包含了许多不同波长的光子，各种不同颜色的光代表它们具有不同的光波长或频率。当光束通过三棱镜后，可把白光（混合光）分成红、橙、黄、绿、青、蓝、紫不同颜色的连续光谱。如果把叶绿体色素放在光源和分光镜之间，就可以看到光谱中有些波长的光线被吸收了，出现了暗带，这就是叶绿体色素的吸收光谱（absorption spectrum）。吸收光谱可反映分子或物质吸收不同波长光的能量信息，不同的物质对光的吸收常有特征性的光谱吸收特性，用分光光度计可精确地测定叶绿体色素的吸收光谱。

表 5-1 可见光能量水平

波长 /nm	颜色	能量 /(kJ/mol)
700	红	171.0
650	橙红	184.0
600	黄	199.5
500	蓝	239.5
400	紫	299.3

叶绿素对光波最强烈的吸收区有两个：一个在波长为 640~660nm 的红光部分；另一个在波长为 430~450nm 的蓝紫光部分（图 5-3）。此外，叶绿素对橙光、黄光的吸收较少，其中尤以对绿光的吸收量最少，所以叶绿素的溶液呈绿色。叶绿素 a 和叶绿素 b 的吸收光谱相似，但也略有不同：叶绿素 a 在红光区的吸收带偏向长波方面，吸收带较宽，吸收峰较高；而在蓝紫光区的吸收带偏向短光波方面，吸收带较窄，吸收峰较低。叶绿素 a 对蓝紫光的吸收能力为对红光吸收的 1.3 倍，而叶绿素 b 则为 3 倍，说明叶绿素 b 吸收短波蓝紫光的能力比叶绿素 a 强。一般阳生植物叶片的叶绿素 a/b 值约为 3：1，而阴生植物的叶绿素 a/b 值约为 2.3：1。叶绿素 b 含量的相对提高就有可能更有效地利用漫射光中较多的蓝紫光，所以叶绿素 b 有阴生叶绿素之称。

胡萝卜素和叶黄素的吸收光谱与叶绿素不同，它们的最大吸收带在 400~500nm 的蓝紫光区，不吸收红光等长波光，胡萝卜素和叶黄素两者的吸收光谱基本一致。藻胆色素的吸收光谱与类胡萝卜素恰好相反，主要吸收红橙光和黄绿光。藻红蛋白和藻蓝蛋白两者吸收光谱的差异也较大，藻红蛋白的最大吸收峰在绿光和黄光部分，而藻蓝蛋白的最大吸收峰在橙光部分。植物体内不同光合色素对光波的选择吸收是植物在长期进化中形成的对生态环境的适应，这使植物可利用各种不同波长的光进行光合作用（图 5-4）。

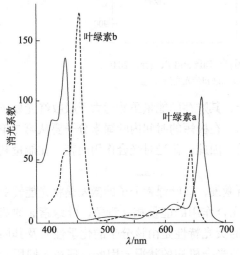

图 5-3 叶绿素 a 和叶绿素 b 在乙醚
溶液中的吸收光谱

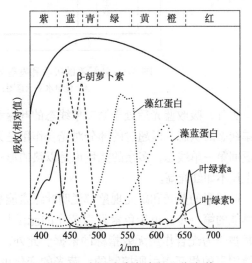

图 5-4 主要光合色素的吸收光谱
吸收光谱上端显示地球上入射光的光谱

（三）光合色素的荧光现象和磷光现象

叶绿素溶液在透射光下呈绿色，而在反射光下呈红色，这种现象称为叶绿素荧光现象。当叶绿素分子吸收光子后，就由最稳定的、能量的最低状态——基态（ground state）上升到不稳定的高能状态——激发态（excited state）。

物质吸收光能是以一个光量子的量子化形式进行的。叶绿素分子有红光和蓝光两个最强吸收区。叶绿素分子被蓝光激发，电子跃迁到能级较高的第二单线态；红光激发，电子跃迁到能级次高的第一单线态（first singlet state）。处于单线态的电子，其自旋方向保持原来状态，即配对电子的自旋方向，如果电子在激发或退激过程中自旋方向发生变化，使原配对电子的自旋方向相同，该电子就进入能级较单线态低的三线态。由于激发态不稳定，会迅速向较低能级状态转变，这种能量的转变有多种形式，有的以热的形成释放，有的以光的形式消耗。从第一单线态回到基态所发射的光称为荧光（fluorescence）（图 5-5）。荧光的寿命很短，只有 $10^{-10} \sim 10^{-8}$s。处在三线态（first triplet state）的叶绿素分子回到基态时所发出的光称为磷光（phosphorescence）。由于叶绿素分子吸收的光能有一部分消耗于分子内部的振动上，发射出的荧光的波长总是比吸收光的波长要长一些。所以叶绿素溶液在透射光下呈绿色，而在反射光下呈红色。在叶片或叶绿体中发射荧光很弱，肉眼难以观测出来，耗能很少，一般不超过吸收能量的 5%，因为大部分能量用于光合作用。提取的色素溶液却不同，由于溶液中缺少能量受体或电子受体，在照光时色素会发射很强的荧光。

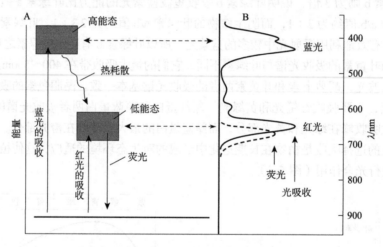

图 5-5　叶绿素的吸收和发射光谱（引自 Taiz and Zeiger，2010）

A. 能量水平示意图；B. 吸收光谱和荧光光谱

另外，吸收蓝光后处于第二单线态的叶绿素分子，其贮存的能量虽然远大于吸收红光处于第一单线态的状态，但超过的部分对光合作用是无用的，在极短的时间内叶绿素分子要从第二单线态返回第一单线态，多余的能量也是以热的形式耗散。因此，蓝光对光合作用而言，在能量利用率上反不如红光高。

叶绿素的荧光和磷光现象都说明叶绿素能被光所激发，而叶绿素分子的激发是将光能转变为化学能的第一步。由于色素发射荧光的能量与用于光合作用的能量相互竞争，叶绿素 a 的荧光常常被作为光合作用无效指标的依据。此外，分子的荧光特性是由该分子的化学性质及其周围环境因素的相互作用所控制的，荧光的变化可以反映光合机构的状况。因此，现在人们用叶绿素荧光仪精确测量叶片发出的荧光，作为光合作用的探针，荧光产量是无损研究光合作用过程的重要手段。

（四）叶绿素的生物合成

植物体的叶绿素不断地进行代谢，用 ^{15}N 研究证明，燕麦幼苗在 72h 后，叶绿素几乎全部被更新，而且受环境条件影响很大。

　　叶绿素分子的生物合成是非常复杂的过程。整个叶绿素的生物合成过程包括十余步酶促反应步骤，可以分为若干个阶段。各阶段既可以相互分离，又可以高度协调。因为游离的叶绿素分子及其合成过程中的中间产物是色素分子，它们可以有效地吸收光能但是无法将能量传递出去，就会形成对细胞有伤害的单线态氧，所以在叶绿素的生物合成过程中对各个阶段的严格控制和协调是非常关键的（图 5-6）。

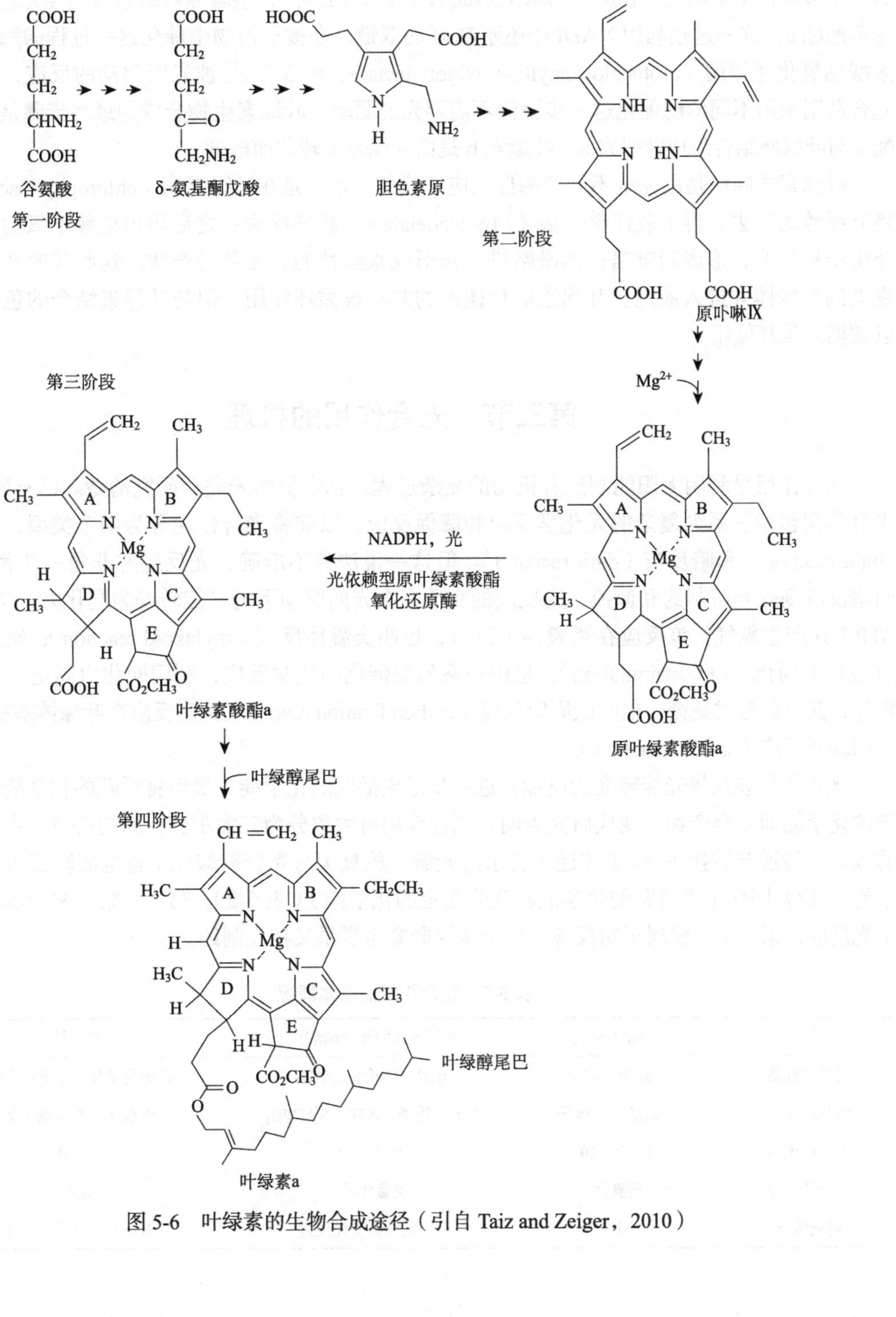

图 5-6　叶绿素的生物合成途径（引自 Taiz and Zeiger，2010）

　　高等植物叶绿素生物合成的第一阶段是以谷氨酸与 α-酮戊二酸作为原料合成 δ-氨基酮戊酸（δ-aminolevulinic acid，ALA），又称 5-氨基酮戊酸。2 分子 ALA 脱水聚合形成胆色素原（porphobilinogen，PBG）；PBG 将最终形成叶绿素的吡咯环。第二阶段是 4 分子 PBG 聚合形成卟啉环结构，通过 6 步酶促反应，脱羧、脱氢、氧化形成原卟啉Ⅸ，原卟啉Ⅸ是形成叶绿素和亚铁血红素的分水岭。如果与铁结合，就生成亚铁血红素；若与镁结合，则形成 Mg-原卟啉Ⅸ（protoporphyrin Ⅸ）。催化镁插入卟啉中心的酶是镁螯合酶（chelatase）。下一阶段是 Mg-原卟啉Ⅸ的一个羧基被甲基酯化，在原卟啉Ⅸ上形成第 5 个环（E 环），接着原叶绿素酸酯经光还原变为叶绿素酸酯 a，这一过程利用 NADPH 还原 D 环的双键，在被子植物中催化这一过程的酶是原叶绿素酸酯氧化还原酶（protochlorophyllide oxidoreductase，POR），是被光所驱动的反应，非放氧的光合菌则采用不同的酶催化这一步骤而不需要光的驱动。叶绿素生物合成的最终步骤是叶绿素酸酯 a 与叶绿醇结合形成叶绿素 a，叶绿素 b 是由叶绿素 a 转化而成的。

　　叶绿素的降解是由完全不同的酶促反应完成的。首先是在叶绿素酶（chlorophyllase）作用下将叶绿醇尾除去；再由脱镁螯合酶（Mg-dechelatase）将镁除去；之后再由依赖于氧的加氧酶将卟啉结构打开，形成四吡咯；四吡咯进一步形成水溶性的、无色的产物。这些代谢产物被输出衰老的叶绿体并进入液泡。叶绿素的代谢产物并不被循环使用，但与叶绿素结合的色素蛋白可以被循环重复使用。

第三节　光合作用的机理

　　光合作用是利用太阳能制造有机物的复杂过程，迄今仍然未完全研究清楚。已有研究表明，光合作用包括一系列复杂的光化学反应和酶促反应。以前将光合作用分为两个类型，即光反应（light reaction）和暗反应（dark reaction）。但这一说法并不准确，光反应并非每一步都需要光，而暗反应则受光所制约和调控。光反应的实质是在光的驱动下将光能转变为同化力（NADPH 和 ATP）并产生氧气，该反应在类囊体上进行，也叫类囊体反应（thylakoid reaction）；暗反应的实质是 CO_2 同化（CO_2 assimilation），是由一系列酶催化的化学反应，利用同化力固定 CO_2 形成有机物，其主要形式是糖，也叫碳固定反应（carbon fixation reaction），该反应在叶绿体基质中进行，又叫基质反应（stroma reaction）。

　　光合作用涉及将光能转变为电能，进一步形成活跃的化学能，最后将活跃的化学能转变为稳定的化学能即光合产物。现代研究表明，光合作用可大致分为三大步骤：原初反应（主要是光能的吸收、传递与转换）；电子传递（含水的光解、放氧）与光合磷酸化（将电能转变为活跃的化学能）；CO_2 同化（将活跃的化学能转变为稳定的化学能）（表 5-2）。第一、第二两个步骤基本属于光反应，第三个步骤属于暗反应。三个步骤既紧密联系又相互制约。

表 5-2　光合作用的基本概况

项目	原初反应	电子传递与光合磷酸化	CO_2 同化
能量的性质	光能→电能	电能→活跃的化学能	活跃的化学能→稳定的化学能
能量的载体	光量子、电子	电子、质子、ATP、$NADPH_2$	碳水化合物（糖）等
时间跨度 /s	$10^{-12} \sim 10^{-9}$	$10^{-10} \sim 10$	$10 \sim 100$
反应的部位	类囊体膜	类囊体膜	基质
需光情况	需光	不一定，但受光促进	不一定，但受光促进

一、光能的吸收、传递与转换

（一）原初反应

光合色素分子对光能的吸收、传递与转换过程称为原初反应（primary reaction）。它是光合作用的第一步，速度非常快，可在皮秒（ps，10^{-12}s）～纳秒（ns，10^{-9}s）完成，且与温度无关，可在-196℃（77K，液氮温度）或-271℃（2K，液氦温度）下进行。由于反应速度快，散失的能量少，所以其量子效率接近1。

在研究光能转化效率时，需要知道光合作用中吸收一个光量子所能引起的光合产物量的变化（如放出的氧分子数或固定CO_2的分子数），即量子产率（quantum yield）或叫量子效率（quantum efficiency）。量子产率的倒数称为量子需要量（quantum requirement），即释放1分子氧和还原1分子二氧化碳所需吸收的光量子数。

根据功能将类囊体膜上的光合色素分为两类：①天线色素（antenna pigment），又称聚光色素（light harvesting pigment），能吸收光能，并能把吸收的光能传递到反应中心色素，没有光化学活性，绝大部分叶绿素a和全部的叶绿素b、胡萝卜素、叶黄素等都属于此类。天线色素位于光合膜上的色素蛋白复合体上。②反应中心色素（reaction center pigment，P），是具有光化学活性，既能捕获光能，又能将光能转换为电能（称为"陷阱"）的少数特殊状态的叶绿素a分子。这些特殊的叶绿素a位于光反应系统复合体上，起光反应中心的作用，它们吸收从其他天线色素传递过来的能量用于推动光化学反应的进行。

天线色素和反应中心色素是协同作用的。一般来说，250～300个色素分子所聚集的光能传给1个反应中心色素分子。每吸收与传递1个光子到反应中心完成光化学反应所需起协同作用的色素分子数，称为光合单位（photosynthetic unit）。由此可见，光合单位包括了聚光色素系统和光合反应中心两部分。因此也可以把光合单位定义为：结合于类囊体膜上能完成光化学反应的最小结构功能单位。

光化学反应的重要特点是形成电荷分离，实质就是由光激发的反应中心色素分子与原初电子受体和供体之间的氧化还原反应。在原初反应过程中，天线色素分子吸收的光能传递到反应中后，使反应中心色素（P）激发而成为激发态（P^*），作为原初电子供体（primary electron donor）释放电子给原初电子受体（primary electron acceptor，A），同时留下"空穴"成为"陷阱"（trap）。反应中心色素分子被氧化而带正电荷（P^+），原初电子受体被还原而带负电荷（A^-）。这样，反应中心发生了电荷分离。电荷分离可以进一步进行，反应中心色素分子失去电子后又可从次级电子供体（secondary electron donor，D）那里获得电子，于是反应中心色素恢复原来状态（P），而次级电子供体却被氧化（D^+）。这就发生了氧化还原反应，完成了光能转变为电能的过程。此过程可以归纳如下。

$$D \cdot P \cdot A \xrightarrow{\ h\nu\ } D \cdot P^* \cdot A \longrightarrow D \cdot P^+ \cdot A^- \longrightarrow D^+ \cdot P \cdot A^-$$

基态反应中心　　　激发态反应中心　　电荷分离反应中心

原初的电荷分离经过一系列电子载体的传递就形成了电子的流动，原初电子受体A^-要将电子传给次级电子受体，直到最终电子受体$NADP^+$。同样，次级电子供体D^+也要向它前面的电子供体夺取电子，依次到最终电子供体水。因此，高等植物的最终电子供体是水，最终电子受体是$NADP^+$。

（二）两个光系统

高等植物的光化学反应受两个光系统的驱动。两个光反应中心的发现最初来自观察到红降和双光增益效应。20世纪40年代，以绿藻为材料研究不同光波的量子产率，即每吸收一个光子后释放出的氧分子数。研究发现，当用波长680nm以上的远红光照射时，虽然在叶绿素吸收的有效范围内，但光合作用的量子产率急剧下降，这种现象称为红降（red drop）。如果在引起红降的光照（远红光，波长大于685nm）条件下，再额外加一个短波红光（如波长680nm），则量子产率大增，并且比这两种波长的光单独照射时的总和还要大。这样两种波长的光促进光合效率的现象称为双光增益效应（enhancement effect）或爱默生效应（Emerson effect）。红降和双光增益效应的现象说明了在光合系统中存在两个相互串联的光反应中心，这两个光化学反应接力进行，如果仅一个反应中心活化，光合效率会下降，两个反应中心都被激发时，电子传递效率就会提高。进一步的研究证实，光合作用确实有两个光化学反应，分别由两个光系统完成：一个是吸收短波红光（680nm）的光系统Ⅱ（photosystem Ⅱ，PS Ⅱ）；另一个是吸收长波红光（700nm）的光系统Ⅰ（photosystem Ⅰ，PS Ⅰ）。

目前已从叶绿体的片层结构中分离出两个光系统，它们都是蛋白质复合体，其中既有光合色素，又有电子传递体。PS Ⅱ主要分布在类囊体膜的垛叠部分，颗粒较大，直径为17.5nm。PS Ⅱ由核心复合体（core complex）、PS Ⅱ聚光复合体（PS Ⅱ light-harvesting complex，LHC Ⅱ）和放氧复合体（oxygen-evolving complex，OEC）组成。PS Ⅱ的反应中心色素就是P680。PS Ⅱ的功能是利用光能进行水的光氧化并将质体醌还原。这一过程发生在类囊体膜的两侧，在膜内侧进行水的光氧化，膜的外侧还原质体醌。PS Ⅰ颗粒较小，直径为11nm，存在于基质片层和基粒片层的非垛叠区，PS Ⅰ复合体是由反应中心色素P700、电子受体和PS Ⅰ聚光复合体（LHC Ⅰ）三部分组成的。

二、电子传递与光合磷酸化

反应中心色素分子受光激发而发生电荷分离，将光能变为电能，产生的电子经过一系列电子传递体的传递，引起水的裂解放氧和$NADP^+$还原，同时建立了跨膜的质子动力，通过光合磷酸化形成ATP，把电能转化为活跃的化学能。

（一）光合电子传递链的概念

光合电子传递链（photosynthetic electron transport chain）是指定位在光合膜上的、一系列互相衔接的电子传递体组成的电子传递的总轨道。根据电子的传递顺序和氧化还原电位作图，所得图形如图5-7所示，电子传递呈侧写的"Z"形，故称光合电子传递途径是"Z"链（"Z" scheme），Z链是光合作用中电子传递的主要途径。PS Ⅰ和PS Ⅱ以串联方式通过质体醌（plastoquinone，PQ）、细胞色素b_6f复合体（cytochrome b_6f complex，$Cytb_6f$）、质体蓝素（plastocyanin，PC）、铁氧还蛋白（ferredoxin，Fd），最后将电子从水传递到$NADP^+$使其还原成NADPH。其中，PS Ⅰ和PS Ⅱ的反应中心是两处逆电势梯度的"上坡"电子传递，在光驱动下发生电荷分离：PS Ⅱ反应中心色素吸收680nm的红光（P680→P680*），产生氧化剂氧化水，释放电子和质子；PS Ⅰ反应中心色素吸收700nm的远红光（P700→P700*），产生强还原剂，使$NADP^+$还原。由此可见，这一电子传递途径是不能自发进行的，需要光能的推动。在电子传递的同时形成跨类囊体膜的质子电动势，用于ATP的合成，因此光合电子传递是光合作用形成同化力的核心环节。

（二）光合电子传递链的组成

1. 光系统Ⅱ　　PS Ⅱ是光合电子传递链上第一个多亚基的蛋白质复合体，有20多种多肽，多数为膜内在蛋白，包括PS Ⅱ的天线蛋白、PS Ⅱ反应中心蛋白、与水的裂解和氧气形成相关的蛋白质及维持该复合体所必需的蛋白质等。PS Ⅱ中最大的蛋白质是结合叶绿素的内周天线蛋

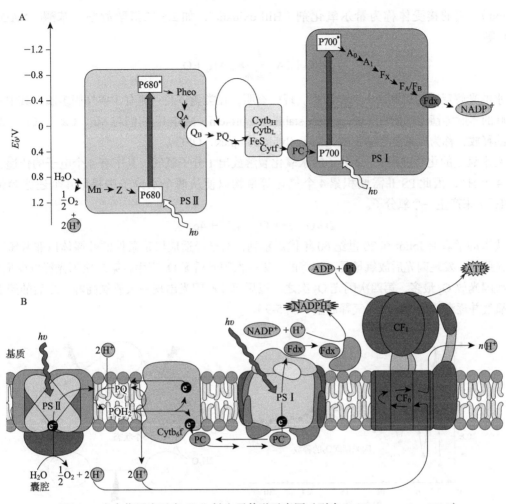

图 5-7　光合作用光反应"Z"链电子传递示意图（引自 Buchanan et al.，2004）

A. "Z"链电子传递体的氧化还原电位示意图；B. "Z"链上蛋白质复合体在类囊体上的分布及电子传递示意图

白 CP47 和 CP43，另外还有 D_1 和 D_2 两条核心多肽，这是 PS Ⅱ 复合体的基本组成部分。P680、去镁叶绿素和特殊的质体醌 Q_A、Q_B 都结合在 D_1 和 D_2 上。在 PS Ⅱ 的外层是光合色素与蛋白质结合构成的 PS Ⅱ 聚光色素复合体（PS Ⅱ light harvesting pigment complex，LHC Ⅱ）（图 5-8）。

PS Ⅱ 的光化学反应是短波反应，其功能是利用光能推动一系列电子传递反应，导致水的光解和放氧。经放氧复合体把水分解，夺取水中的电子供给 PQ。

2. 水的光解和放氧　　水分子是光合作用电子传递过程最初的电子提供者。水的光解（water photolysis）是希尔（R. Hill）于 1937 年发现的。

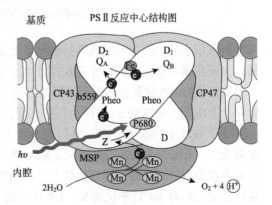

图 5-8　PS Ⅱ 复合体结构（引自 Buchanan et al.，2004）

他是第一个用离体叶绿体做试验，把光合作用的研究深入到细胞器水平的人。将离体的叶绿体加到氢受体（A）的水溶液中，照光后即发生水的分解而放出氧气的反应，称为希尔反应（Hill reaction）。氢的接受体称为希尔氧化剂（Hill oxidant），如 2,6-二氯酚靛酚、苯醌、$NADP^+$、NAD^+等。

$$2H_2O + 2A \xrightarrow[\text{叶绿体}]{\text{光}} 2AH_2 + O_2$$

水的光解反应的机制尚不完全清楚。现已查明，在类囊体腔一侧有 3 条外周多肽，其中一条 33 000 的多肽为锰稳定蛋白（manganese stabilizing protein，MSP），它们与 Mn、Ca^{2+}、Cl^-一起参与氧的释放，称为放氧复合体（oxygen-evolving complex，OEC）。

在水氧化的化学过程中，2 分子的水氧化裂解放出 1 分子氧气，其中有 4 个电子的传递，并产生 4 个 H^+，因此 PS II 需要积累 4 个氧化等量物以便从两个水分子中提取 4 个还原等量物（$4e/4H^+$）来产生一个氧分子。

$$2H_2O \longrightarrow O_2 + 4H^+ + 4e^-$$

法国的学者 P. Joliot 在 20 世纪 60 年代观察到，给已经适应黑暗条件的叶绿体以非常短暂脉冲强光照射，发现闪光后放氧量是不均等的。第一次闪光后无 O_2 产生，第二次闪光释放少量 O_2，第三次闪光放 O_2 最多，第四次闪光 O_2 次之。以后每 4 次闪光出现一次放氧高峰，之后的照射都产生氧气并逐渐达到稳定的氧气释放量（图 5-9）。

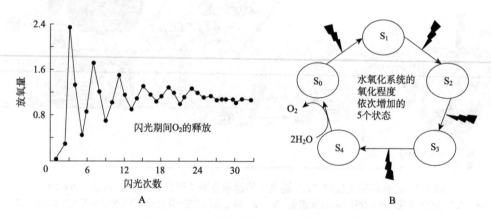

图 5-9 光系统 II 的放氧机制

A. 植物放氧量与闪光次数的关系；B. 放氧过程的 S 状态模型

目前用水氧化的 S 态转换机制解释了上述现象。放氧复合体在每次闪光后可以积累 1 个正电荷，直至积累 4 个正电荷，才一次用于 2 个 H_2O 的氧化。图 5-9 中不同状态的 S 代表了 OEC 中不同氧化状态的放氧复合体（含锰蛋白），S_0、S_1、S_2、S_3 和 S_4 氧化能力依次增强，即 S_0 不带电荷，S_1 带 1 个电荷，依次到 S_4 带有 4 个正电荷，每一次闪光将 S 状态向前推进一步，直至 S_4，然后 S_4 从 2 个 H_2O 中获取 4 个 e^-，并回到 S_0（无须光输入），这个过程称为 S_0-S_4 循环。此模型称为水氧化钟（water oxidizing clock）或 Kok 钟（Kok clock）。这个模型认为，S_0 和 S_1 是稳定状态，S_4 是不稳定的，只是短暂存在的状态，在暗中，状态 S_2 和状态 S_3 可退回到状态 S_1。因此暗中水氧化系统大约有 3/4 处于状态 S_1，1/4 处于状态 S_0，这就解释了为什么最大放氧量出现在第三次闪光，而经过若干次照射后，放氧复合体可能处于各种不同的状态，因此照射所引起的放氧量逐渐达到稳定的状态。

3. 质体醌 PQ 是 PS II 和细胞色素 b_6f 复合体之间的电子载体。由于其是脂溶性分子，可在膜脂之间扩散。质体醌有氧化态（PQ）、还原态（PQH_2）和半醌（PQ^-）等几种状态，因此它既可传递电子，也可传递质子，PQH_2可携带2个电子和2个质子。质体醌在类囊体膜上数量多，因此其可称为质体醌库（PQ pool）。而且由于质体醌是双电子双H^+传递体，在形成质子跨膜梯度中起重要作用。

4. **细胞色素b_6f复合体** 细胞色素b_6f复合体在PS Ⅱ和PS Ⅰ之间进行电子传递，催化还原态的质体醌PQH_2的氧化和质体蓝素的还原，通过醌循环（Q cycle）的方式传递电子和转移质子，建立起跨膜的pH梯度，形成合成ATP的动力。此外，细胞色素b_6f复合体还有调节PS Ⅱ和PS Ⅰ之间能量分配与NADPH和ATP比例的能力。

5. **质体蓝素** 质体蓝素是细胞色素b_6f和PS Ⅰ之间的电子载体，是水溶性的含铜蛋白质，存在于类囊体腔内。氧化态的PC是蓝色的，可以携带一个电子并传递给PS Ⅰ，与质体醌同样被认为是连接两个光系统的电子载体。

6. **光系统Ⅰ** PS Ⅰ含有11～13种多肽、100个左右的叶绿素a、几个胡萝卜素、2个维生素K_1（叶醌）和3个4Fe-4S中心。PS Ⅰ的核心复合体是由多条蛋白多肽亚基组成的。PsaA、PsaB和PsaC三条多肽组成反应中心多肽。其中PsaA和PsaB是PS Ⅰ光反应中心基本的多肽结构，组成跨膜的对称异二聚体结构，除F_A/F_B外，所有电子载体都结合在这个异二聚体上。绿藻和高等植物的PS Ⅰ还含有内天线捕光色素蛋白复合体Ⅰ（LHC Ⅰ），约含有100个叶绿素分子（图5-10）。

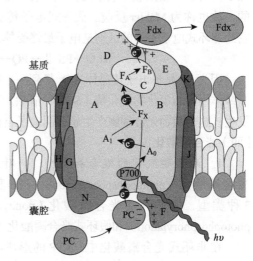

图5-10 光系统Ⅰ复合体结构示意图
（引自 Buchanan et al., 2004）

PS Ⅰ的光化学反应是长波反应，其主要特征是$NADP^+$的还原。当PS Ⅰ的反应中心色素分子（P700）吸收光能而被激发后，把电子传递给各种电子受体（A_0、A_1和Fe-S），经Fd（铁氧还蛋白），在Fd-NADP还原酶的参与下，把$NADP^+$还原成NADPH。

（三）光合电子传递类型

光合电子传递是多途径的，包括非环式电子传递途径、环式电子传递途径和假环式电子传递途径。

1. **非环式电子传递（noncyclic electron transport）** 即水光解放出的电子经PS Ⅱ和PS Ⅰ两个光系统，最终传给$NADP^+$的电子传递。按非环式电子传递，每传递4个电子，分解2分子H_2O，释放1个O_2，还原2个$NADP^+$，需要吸收8个光子，量子产率为1/8。同时2分子H_2O光解后，还将4个H^+释放到类囊体腔内，并有4个H^+从膜外基质进入类囊体腔。

$$H_2O \rightarrow PS Ⅱ \rightarrow PQ \rightarrow Cytb_6f \rightarrow PC \rightarrow PS Ⅰ \rightarrow Fd \rightarrow FNR \rightarrow NADP^+$$

2. **环式电子传递（cyclic electron transport）** 即PS Ⅰ产生的电子在质体醌氧化还原酶作用下从Fd传递给PQ，再到$Cytb_6f$复合体，然后经PC返回PS Ⅰ，围绕PS Ⅰ进行的电子传递途径。目前确认的环式电子传递途径有两条：一条由质子梯度调节蛋白（PGR5）介导；另一条由NAD(P)H脱氢酶（NDH）复合体介导。

$$PS Ⅰ \rightarrow Fd \rightarrow PQ \rightarrow Cytb_6f \rightarrow PC \rightarrow PS Ⅰ$$

植物通过"Z"链的电子传递，产生ATP和NADPH，用于碳的固定。ATP和NADPH的需要量是随代谢和生理状态而改变的，当电子通过PS Ⅰ和$Cytb_6f$复合体进行循环传递时，虽然没有 NADPH 的生成，但由于电子的传递仍然形成跨膜的 pH 梯度，仍有 ATP 的合成，每传递一个电子需要吸收一个光量子。因此，植物通过 PS Ⅰ 的环式电子传递可以在光照或 CO_2 不足，或光抑制的条件下，满足 ATP 合成的需要。此外，某些需要 ATP 的代谢过程也可能由环式电子传递来提供 ATP，如在 C_4 植物维管束鞘细胞叶绿体中，环式电子传递可作为提供碳固定所需 ATP 的重要途径。此外，一些循环途径可能在消耗多余的光能，保护光合作用系统中起作用。

3. 假环式电子传递（pseudocyclic electron transport）　　此类型是水光解放出的电子经 PS Ⅱ 和 PS Ⅰ 两个光系统，传给 Fd，最终传给 O_2 的电子途径。由于这一电子传递途径是 Mehler 提出的，故也称为 Mehler 反应。假环式电子传递实际上也是非环式电子传递，也有 H^+ 的跨膜运输。它与非环式电子传递的区别是电子最终受体是 O_2，而不是 $NADP^+$。

$$H_2O→PS \ Ⅱ→PQ→Cytb_6f→PC→PS \ Ⅰ→Fd→O_2$$

因为 Fd 是单电子传递体，O_2 得到一个电子生成超氧阴离子自由基，它是一种活性氧，可被叶绿体中的超氧化物歧化酶（SOD）清除。这一过程易在强光照射下，$NADP^+$ 供应不足的情况下发生，这是植物光合细胞产生超氧阴离子自由基的主要途径。

（四）光合磷酸化

1. 光合磷酸化的概念和类型　　叶绿体在光下通过电子传递合成 ATP 的过程，称为光合磷酸化（photophosphorylation）。与 3 种光合电子传递的类型相同，光合磷酸化也分为 3 种类型，即非环式光合磷酸化（noncyclic photophosphorylation）、环式光合磷酸化（cyclic photophosphorylation）和假环式光合磷酸化（pseudocyclic photophosphorylation）。

在非环式光合磷酸化中，ATP 的形成与非环式电子传递相偶联。非环式光合磷酸化需要 PS Ⅱ 和 PS Ⅰ 两个光系统的参与，并伴随 NADPH 的形成和 O_2 的释放。非环式光合磷酸化仅为含有基粒片层的放氧生物所特有，它在光合磷酸化中占主要地位。

$$2ADP+2Pi+2NADP^++2H_2O \longrightarrow 2ATP+2NADPH_2+O_2$$

环式光合磷酸化只由 PS Ⅰ 和 "Z" 形光合电子传递链的部分电子传递体组成，没有 PS Ⅱ 的参与，不伴随 $NADP^+$ 的还原和 O_2 的释放。环式光合磷酸化是非光合放氧生物光能转换的唯一形式，主要在基质片层内进行。它在光合演化上较为原始，在高等植物中可能起着补充 ATP 不足的作用。

$$ADP+Pi \longrightarrow ATP+H_2O$$

假环式光合磷酸化既放氧又吸氧，还原的电子受体最后又被氧所氧化，$NADP^+$ 供应量较低，如 NADPH 的氧化受阻，则有利于其进行。

$$2H_2O+ADP+Pi \longrightarrow ATP+O_2^-+4H^+$$

非环式光合磷酸化与假环式光合磷酸化均能被二氯苯基二甲基脲（dichlorophenyl dimethylurea，DCMU）（商品名为敌草隆，diuron，一种除草剂）所抑制，而环式光合磷酸化则不被 DCMU 抑制。因为 DCMU 能抑制 PS Ⅱ 的光化学反应，却不抑制 PS Ⅰ 的光化学反应。

2. 光合磷酸化的机理　　光合作用和 ATP 磷酸化偶联的现象是 20 世纪 50 年代 Daniel Arnon 等发现的。发生电子传递而不伴随磷酸化则称为去偶联。目前认为 ATP 的合成是在类囊体的 ATP 合酶上进行的（图 5-11）。

ATP 合酶（ATP synthase）又叫腺苷三磷酸酶（adenosine triphosphatase，ATPase），位于基质片层和基粒片层的非垛叠区。它将光合链上的电子传递和 H^+ 的跨膜转运与 ATP 合成相偶联，所以也称为偶联因子（coupling factor，CF）。

光合磷酸化的机理可用 1961 年英国人 Mitchell 提出的化学渗透假说（chemiosmotic hypothesis）来解释。光合电子传递过程中，在 PS Ⅱ，水被光解产生 4 个电子和 4 个质子，质子

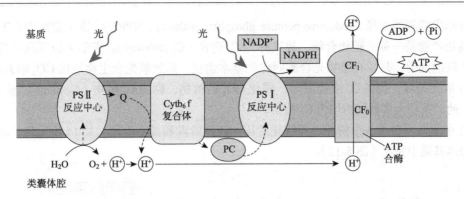

图 5-11 光合膜上电子与质子的传递及 ATP 的生成（引自 Taiz and Zeiger，2010）

进入类囊体腔，4 个电子分两次传递给 2 分子 PQ 后，2 分子 PQ 又从基质中获得 4 个 H^+，形成 2 分子 PQH_2。PQH_2 将电子传递给 $Cytb_6f$ 复合体时，将质子释放到类囊体腔内。随着光合链的电子传递，H^+ 不断在类囊体腔内积累，于是产生了跨膜的质子浓度差（ΔpH）和电势差（ΔE），两者合称为质子动力势（proton motive force，pmf），即推动光合磷酸化的动力。当 H^+ 沿着浓度梯度返回到基质时，在 ATP 合酶的作用下，将 ADP 和 Pi 合成 ATP。

在 25℃时：$pmf = 0.059\Delta pH + \Delta E$

类囊体膜的 pmf 的大小主要取决于 ΔpH，而 ΔE 的贡献很小，这是因为当基质中的 H^+ 通过 Q 循环运至类囊体膜内侧的同时，Cl^- 可以与 H^+ 同时转运，Mg^{2+} 也可以与 H^+ 反向转运，引起膜两侧形成电中性，所以 ΔE 可以忽略。

经非环式电子传递时，2mol H_2O 分解释放 1mol O_2 和 4mol H^+，传递 4mol 电子，同时使膜外基质中 4mol H^+ 跨膜转运至膜内腔，这样膜腔就会增加 8mol H^+，经 ATP 合酶复合体 H^+ 通道流出后可偶联形成约 3mol ATP，同时生成 2mol NADPH。

在光反应过程中，伴随 H_2O 被光解氧化及光合作用电子传递，$NADP^+$ 被还原，与电子传递偶联的光合磷酸化产生 ATP，已将光能转换为活跃的化学能。形成的 ATP 和 NADPH 是重要的中间产物，首先二者都能暂时贮存能量，另外 NADPH 的 H^+ 又能进一步还原 CO_2，这样就将光反应和碳同化联系起来了。由于 ATP 和 NADPH 在暗反应中用于 CO_2 的同化，故合称为同化力（assimilatory power）或还原力（reducing power）。

三、碳同化作用

在叶绿体中，利用 ATP 与 NADPH 贮存的能量，通过一系列酶促反应，催化 CO_2 还原为稳定的碳水化合物，是 CO_2 同化（CO_2 assimilation）或碳固定（carbon fixation）的过程。

研究发现，各种植物 CO_2 同化的途径有所不同，根据 CO_2 同化过程中的最初产物及碳代谢特点，将光合碳同化途径分为 3 条，即 C_3 途径、C_4 途径和景天酸代谢（crassulacean acid metabolism，CAM）途径。

（一）C_3 途径

20 世纪 40 年代中期，美国加州大学的卡尔文（M. Calvin）和本森（A. Benson）以单细胞小球藻类为试验材料，用 $^{14}CO_2$ 饲喂，采用放射性同位素示踪和双向纸层析两项新技术，经 10 年的系统研究，推出了 CO_2 同化的途径，称为卡尔文循环（Calvin cycle），即 C_3 光合碳还原循环（C_3 photosynthetic carbon reduction cycle）。由于这个循环中 CO_2 的受体是一种戊糖（核酮糖双磷酸），又称为还原戊糖磷酸途径（reductive pentose phosphate pathway，RPPP）。这个途径中 CO_2 被固定形成的最初产物是一种三碳化合物，故又称为 C_3 途径（C_3 pathway）。卡尔文循环独具合成淀粉等光合产物的能力，是所有植物光合碳同化的基本途径，是放氧光合生物同化 CO_2 的共有途径。只具有卡尔文循环，按照 C_3 途径固定、同化 CO_2 的植物，称为 C_3 植物（C_3 plant）。例如，稻、麦、棉、油、茶等大多数植物均为 C_3 植物。

C_3 途径大致可分为 3 个阶段，即羧化阶段、还原阶段和再生阶段，共 14 步反应，所有反应均在叶绿体基质中完成（图 5-12）。

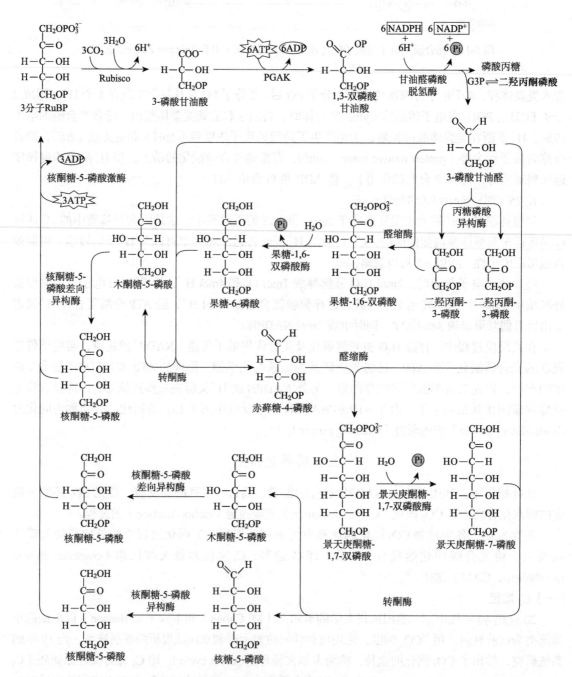

图 5-12　卡尔文循环（引自 Taiz and Zeiger，2010）

1. 羧化阶段（carboxylation phase）　　进入叶绿体的 CO_2 与其受体核酮糖双磷酸（ribulose-1,5-bisphosphate，RuBP）在核酮糖-1,5-双磷酸羧化酶（RuBP carboxylase），即核酮糖-1,5-双磷酸羧化酶/加氧酶（ribulose-1,5-bisphosphate carboxylase/oxygenase，Rubisco）催化下，形成不稳定的中间产物，该中间产物很快水解为 2 分子 3-磷酸甘油酸（3-phosphoglyceric acid，PGA）。这是光合作用碳同化的第一步，实现了无机物向有机物的转化。Rubisco 既能催化 RuBP 与 CO_2 的羧化反应，又能催化 RuBP 与 O_2 的加氧反应，它催化的羧化反应是光合作用中最基本的碳还原反应。

$$
\begin{array}{ccc}
\text{CH}_2\text{O}\textcircled{P} & & \text{COOH} \\
| & & | \\
\text{C}=\text{O} & & | \\
| & \xrightarrow[\text{Mg}^{2+}]{\text{Rubisco}} & \\
\text{HCOH} & +\text{CO}_2+\text{H}_2\text{O} \quad\quad 2 & \text{HCOH} \\
| & & | \\
\text{HCOH} & & \text{CH}_2\text{O}\textcircled{P} \\
| & & \\
\text{CH}_2\text{O}\textcircled{P} & & \\
\end{array}
$$

核酮糖双磷酸　　　　　　　　　　　　　　　3-磷酸甘油酸
（RuBP）　　　　　　　　　　　　　　　　　　（PGA）

2. 还原阶段（reduction phase）　　PGA 在 3-磷酸甘油酸激酶（3-phosphoglycerate kinase，PGAK）催化下，形成 1,3-双磷酸甘油酸（1,3-diphosphoglyceric acid，DPGA），然后在甘油醛磷酸脱氢酶（GAPDH）作用下被 NADPH 还原为 3-磷酸甘油醛（3-phosphoglyceraldehyde，GAP），这就是 CO_2 的还原阶段。

$$
\begin{array}{ccccc}
\text{COOH} & & \text{COO}\textcircled{P} & & \text{CHO} \\
| & \xrightarrow[\text{PGAK}]{\text{ATP}\quad\text{ADP}} & | & \xrightarrow[\text{GAP脱氢酶}]{\text{NADPH}\quad\text{NADP}} & | \\
\text{HCOH} & & \text{HCOH} & & \text{HCOH} \quad +\text{Pi} \\
| & & | & & | \\
\text{CH}_2\text{O}\textcircled{P} & & \text{CH}_2\text{O}\textcircled{P} & & \text{CH}_2\text{O}\textcircled{P} \\
\text{PGA} & & \text{DPGA} & & \text{GAP} \\
\end{array}
$$

羧化阶段产生的 PGA 是一种有机酸，尚未达到糖的能级，为了把 PGA 转化成糖，需要消耗光反应中产生的同化力。ATP 提供能量，NADPH 提供还原力，使 PGA 的羧基转变为 GAP 醛基，GAP 是光合碳同化的重要产物，当 CO_2 被还原为 GAP 时，光合作用光反应中形成的同化力 ATP 和 NADPH 携带的能量转贮于碳水化合物中，至此光合作用的贮能过程即告完成。

3. 再生阶段（regeneration phase）　　叶绿体中需保持 RuBP 不断再生去接受 CO_2，卡尔文循环才能得以继续运转。经羧化和还原反应生成的 GAP 经过形成磷酸化的 3 碳糖、4 碳糖、5 碳糖、6 碳糖、7 碳糖的一系列反应，最后被核酮糖-5-磷酸激酶（Ru5PK）催化，消耗 1 分子 ATP，再形成 RuBP，构成一个循环。

首先 GAP 在丙糖磷酸异构酶（triose-phosphate isomerase）作用下，转变为二羟丙酮磷酸（dihydroxy acetone phosphate，DHAP）。GAP 和 DHAP 在果糖双磷酸醛缩酶（fructose biphosphate aldolase）的作用下形成果糖-1,6-双磷酸（fructose-1,6-biphosphate，FBP），FBP 在果糖-1,6-双磷酸磷酸酶（fructose-1,6-biphosphate phosphatase）作用下释放磷酸，形成果糖-6-磷酸（fructose-6-phosphate，F6P）。F6P 进一步转化为葡糖-6-磷酸（glucose-6-phosphate，G6P）。G6P 可在叶绿体中合成淀粉，同时部分 F6P 进一步转变下去。

F6P 与 GAP 在转酮酶（transketolase）作用下，生成赤藓糖-4-磷酸（erythrose-4-phosphate，E4P）

和木酮糖-5-磷酸（xylulose-5-phosphate，Xu5P）。这一反应由硫胺素焦磷酸（thiamine pyrophosphate，TPP）和 Mg^{2+} 活化。在醛缩酶（aldolase）催化下，E4P 和 DHAP 形成景天庚酮糖-1,7-双磷酸（sedoheptulose-1,7-bisphosphate，SBP）。SBP 脱去磷酸后成为景天庚酮糖-7-磷酸（sedoheptulose-7-phosphate，S7P），该反应由景天庚酮糖-1,7-双磷酸酶（sedoheptulose-1,7-bisphosphatase）催化。

S7P 又与 GAP 在转酮酶的催化下，形成核糖-5-磷酸（ribose-5-phosphate，R5P）和 Xu5P。在核酮糖-5-磷酸异构酶的作用下，R5P 转变为核酮糖-5-磷酸（ribulose-5-phosphate，Ru5P）。Xu5P 在核酮糖-5-磷酸表异构酶（ribulose-5-phosphate epimerase）的作用下形成 Ru5P。Ru5P 在核酮糖-5-磷酸激酶（ribulose-5-phosphate kinase）的催化下又消耗 1 个 ATP，形成 CO_2 受体 RuBP。

C_3 途径的总反应式为

$$3CO_2 + 3H_2O + 9ATP + 6NADPH + 6H^+ \longrightarrow GAP + 9ADP + 8Pi + 6NADP^+$$

可见，每同化 1 个 CO_2，要消耗 3 个 ATP 和 2 个 NADPH。还原 3 个 CO_2 可输出一个磷酸丙糖（GAP 或 DHAP），以很高的能量转化效率（80% 以上）将光反应中转化的活跃的化学能转换为稳定的化学能，暂时贮存在磷酸丙糖中。磷酸丙糖可在叶绿体中形成淀粉，也可运出叶绿体，在细胞质中合成蔗糖。

4. 光对卡尔文循环的调节　　光除了通过光反应提供同化力外，还调节着碳同化的一些酶活性。例如，光调节 Rubisco 的酶活性，表现昼夜节律变化。Rubisco 被 CO_2 和 Mg^{2+} 活化，光驱动 H^+ 从基质到类囊体的囊腔，基质中 pH 从 7 增加到 8 以上，这是 Rubisco 催化反应的最适 pH。伴随 H^+ 进入囊内的是 Mg^{2+} 从囊内腔到基质中。Rubisco 活性部分中的一个赖氨酸的 ε-NH_2 在 pH 较高时不带电荷，可以在光下由 Rubisco 活化酶（activase）催化与 CO_2 形成带负电荷的氨基甲酯，后者再与 Mg^{2+} 结合，生成酶-CO_2-Mg^{2+} 活性复合体（ECM），酶被激活。

卡尔文循环中，除 Rubisco 外，3-磷酸甘油醛脱氢酶（GAPDH）、果糖-1,6-双磷酸酶（FBPase）、景天庚酮糖-1,7-双磷酸酶（SBPase）及核酮糖-5-磷酸激酶（Ru5PK）也属于光调节酶。这 4 种酶通过铁氧还蛋白-硫氧还蛋白系统的氧化还原控制酶的活性。光通过还原态 Fd 产生效应物——硫氧还蛋白（thioredoxin，Td），又使 FBPase 和 Ru5PK 的相邻半胱氨酸上的巯基处于还原状态，酶被激活；在暗中，巯基则氧化形成二硫键，酶失活。

虽然 CO_2 同化不直接需要光，但是由于需要的同化力来自光反应，而且重要的酶都是光活化的，所以在暗中，由于缺乏同化力 ATP 和 NADPH，催化固定 CO_2 的酶不活跃，加之气孔关闭，CO_2 减少，因而光合作用，包括 CO_2 同化的卡尔文循环不能继续进行。

（二）C_4 途径

在 20 世纪 70 年代，有人利用 $^{14}CO_2$ 饲喂甘蔗、玉米等发现，这些植物除了和其他植物一样具有卡尔文循环以外，还存在另外一条固定 CO_2 的途径。它固定 CO_2 的最初产物是含 4 个碳的二羧酸，故称为 C_4-二羧酸途径（C_4-dicarboxylic acid pathway），或 C_4 光合碳同化循环（C_4 photosynthetic carbon assimilation cycle，PCA），简称 C_4 途径（C_4 pathway）。由于这个途径是 M. D. Hatch 和 C. R. Slack 发现的，也叫 Hatch-Slack 途径。现已知被子植物中有 20 多个科近 2000 种植物按照 C_4 途径固定、同化 CO_2，这些植物称为 C_4 植物（C_4 plant）。C_4 途径可分为三个阶段（图 5-13）。

1. 羧化与还原（转氨）阶段　　C_4 途径的 CO_2 受体是叶肉细胞的细胞质中的磷酸烯醇式丙酮酸（phosphoenol pyruvate，PEP），催化的酶是磷酸烯醇式丙酮酸羧化酶（PEP carboxylase，PEPC），形成的最初稳定产物是草酰乙酸（oxaloacetic acid，OAA）。CO_2 是以 HCO_3^- 形式被

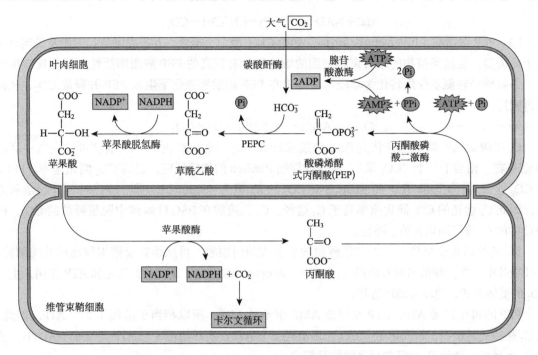

图 5-13 叶片中的 C₄ 途径（引自 Taiz and Zeiger, 1998）

固定的。该反应发生在细胞质中。

与 C₃ 途径不同的是，催化此反应的 PEPC 分布在叶肉细胞的细胞质中，因此，在 C₄ 途径中，固定 CO_2 的最初反应不是在叶绿体中而是在叶肉细胞的细胞质中进行。

草酰乙酸在叶肉细胞叶绿体中被 NADP-苹果酸脱氢酶（malic acid dehydrogenase）催化，被还原为苹果酸（malic acid，Mal）。也有的植物在细胞质中，草酰乙酸在谷氨酸天冬氨酸转氨酶（glutamate aspartic acid aminotransferase）的催化下，OAA 接受谷氨酸的氨基，形成天冬氨酸（aspartic acid，Asp）。

2. **转移与脱羧反应阶段** C₄ 植物叶肉细胞与维管束鞘细胞（bundle sheath cell，BSC）之间有大量的胞间连丝，生成的这些苹果酸或天冬氨酸通过胞间连丝运到维管束鞘细胞中。四碳二羧酸在 BSC 中脱羧，释放 CO_2 进入叶绿体中参加卡尔文循环，经过再次固定、还原而形成磷酸丙糖。

根据运入维管束鞘的 C₄ 二羧酸的种类、参与脱羧反应的酶类及脱羧发生的部位，C₄ 途径又分为 3 种亚类型。

（1）NADP-苹果酸酶（malic enzyme）型（NADP-ME 型） 玉米、甘蔗、高粱等属于此类型。在维管束鞘细胞的叶绿体中，由 NADP-苹果酸酶催化，苹果酸脱羧，生成丙酮酸（pyruvate，Pyr）。丙酮酸运回到叶肉细胞的叶绿体中，再生为 PEP。

$$Mal + NADP^+ \longrightarrow Pyr + NADPH + CO_2$$

（2）NAD-苹果酸酶型（NAD-ME 型） 龙爪稷、蟋蟀草、狗牙根及马齿苋等属于此类型。这类植物的叶肉细胞和维管束鞘细胞中有高活性的氨基转移酶和 NAD-苹果酸酶，固定 CO_2 的最初产物为天冬氨酸，运入维管束鞘细胞，经转氨基作用形成草酰乙酸，再被 NAD-苹果酸脱氢酶还原为苹果酸；在维管束鞘细胞的线粒体中，由 NAD-苹果酸酶催化，苹果酸脱羧，生成丙酮酸，在细胞质中由丙酮酸转氨酶催化成为丙氨酸后运回叶肉细胞，再生为 PEP。

$$Mal + NAD^+ \longrightarrow Pyr + NADH + CO_2$$

（3）PEP 羧激酶（PEP carboxy kinase，PEP-CK）型　　羊草、五芒虎尾草、卫矛及鼠尾草等属于此类型。在这类植物的维管束鞘细胞的细胞质中有很高的 PEP 羧激酶活性。羧化反应生成的天冬氨酸经转氨基作用转化为草酰乙酸，再在 PEP 羧激酶催化下生成 PEP 并释放 CO_2，从而被再固定。

$$OAA + ATP \longrightarrow PEP + ADP + CO_2$$

C_4 二羧酸从叶肉细胞转移到 BSC 内脱羧释放 CO_2，使 BSC 内的 CO_2 浓度可比空气中高出 20 倍左右，相当于一个"CO_2 泵"，能有效抑制 Rubisco 的加氧反应，提高 CO_2 同化速率。PEPC 对 CO_2 的 K_m 值为 $7\mu mol/L$，而 Rubisco 对 CO_2 的 K_m 值为 $450\mu mol/L$，即 PEPC 对 CO_2 的亲和力高，因此 C_4 途径的 CO_2 同化速率高于 C_3 途径。C_4 二羧酸在 BSC 叶绿体中脱羧释放的 CO_2，由 BSC 中的 C_3 途径同化为糖、淀粉。

3. 底物的再生阶段　　C_4 二羧酸脱羧后生成的丙酮酸，再从维管束鞘细胞运回叶肉细胞，在叶绿体中，经丙酮酸磷酸双激酶（pyruvate phosphate dikinase，PPDK）催化和 ATP 作用，生成 CO_2 的受体 PEP，使反应循环进行。

PEP 的再生需要 ATP，ATP 水解成 AMP 而不是 ADP，所以相当于消耗了 2 个 ATP。因此，在 C_4 途径的转运中，每同化 1 个 CO_2，多消耗 2 个 ATP，实际消耗 5 个 ATP 与 2 个 NADPH。所以 C_4 途径的运转比 C_3 途径有更高的能量需求。

（三）景天酸代谢途径

许多起源于热带的植物如景天科（Crassulaceae）的景天、仙人掌科的仙人掌、凤梨科的菠萝、兰科的兰花等，分布于干旱环境中，多具肉质茎，有大的薄壁细胞，内有叶绿体和大液泡，叶片表面有较厚的角质层。这类植物在进化中发展了特殊的碳固定方式——景天酸代谢途径，以适应高温干旱的特殊生态环境。目前已知近 30 科、100 多属、1 万多种植物具有 CAM 途径，这些植物称为 CAM 植物（CAM plant）。

景天酸代谢植物的叶肉细胞中同时存在 PEPC 与 Rubisco 两种酶，因而有两套羧化固定 CO_2 的系统。

为适应高温干旱环境，避免过度蒸腾失水，提高水分利用效率，CAM 植物白天气孔关闭，CO_2 不能进入叶片。当夜间温度降低、相对湿度升高时，气孔开放，吸收 CO_2，PEPC 催化发生羧化反应，PEP 与 HCO_3^- 结合形成 OAA，并在 NADP-苹果酸脱氢酶作用下进一步还原为苹果酸，大量苹果酸暂时贮藏在叶肉细胞的液泡中，表现出夜间淀粉、糖减少，苹果酸增加，细胞液变酸。白天液泡中的苹果酸运至细胞质，在 NAD-苹果酸酶或 NADP-苹果酸酶或 PEP 羧激酶催化下氧化脱羧释放 CO_2，再进入叶绿体参与 C_3 途径同化为糖或淀粉等；脱羧后形成的丙酮酸可以转化为 PEP，进一步参与循环。丙酮酸也可进入线粒体被氧化脱羧生成 CO_2，再进入叶绿体参与 C_3 途径同化为糖或淀粉等，所以白天表现出苹果酸减少，淀粉、糖增加，酸性减弱（图 5-14）。

CAM 途径与 C_4 途径基本相同，二者的差别在于 C_4 植物的两次羧化反应是在空间上（叶肉细胞和维管束鞘细胞）分开的，而 CAM 植物则是在时间上（黑夜和白天）分开的。

综上所述，植物的光合碳同化途径具有多样性，这也反映了植物对生态环境多样性的适应。其中 C_3 途径是光合碳代谢最基本、最普遍的途径，同时也只有这条途径才有合成淀粉等产物的能力，C_4 途径和 CAM 途径可以说是对 C_3 途径的补充。

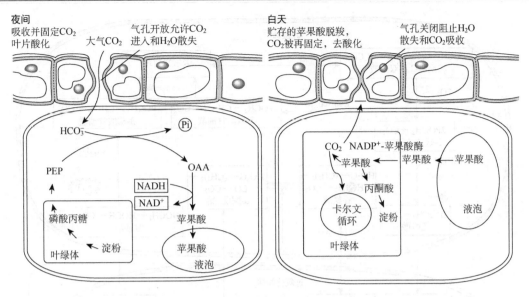

图 5-14 CAM 途径（引自 Taiz and Zeiger，2010）

夜间吸收并固定 CO_2，贮藏在液泡中；白天脱羧，CO_2 被再固定

第四节 光 呼 吸

Warburg 在 20 世纪 20 年代发现氧有抑制小球藻光合过程的作用，当氧浓度加倍时，其光合速率降低 50%，这种氧对光合作用抑制的现象称为瓦布格效应（Warburg effect）。1955 年，Decher 测定烟草的光合速率时，观察到在停止照光后的短时间内，叶片大量释放 CO_2，产生"CO_2 猝发"（CO_2 outburst）现象。这些实验结果导致光呼吸（photorespiration）的发现，即植物的绿色细胞在光下吸收氧气，放出二氧化碳的过程称为光呼吸。这种呼吸仅在光下发生，且与光合作用密切相关。由于植物细胞通常的呼吸作用，在光下和暗中都能进行，为了便于与光呼吸区别，可将植物细胞通常的呼吸作用称为暗呼吸（dark respiration）。

一、光呼吸的代谢途径

整个光呼吸碳氧化循环在叶绿体、过氧化物体和线粒体三种细胞器中完成。光呼吸实际上是乙醇酸代谢途径，由于乙醇酸是 C_2 化合物，因此光呼吸途径又称 C_2 光呼吸碳氧化循环（C_2 photorespiration carbon oxidation cycle，PCO），简称 C_2 循环（C_2 cycle）（图 5-15）。

（一）乙醇酸的合成

乙醇酸（glycolic acid）的产生是以 RuBP 为底物，催化这一反应的酶是 Rubisco。这种酶是一种兼性酶，具有催化羧化反应［核酮糖-1,5-双磷酸羧化酶（RuBP carboxylase）］和加氧反应［核酮糖-1,5-双磷酸加氧酶（ribulose-1,5-bisphosphate oxygenase）］两种功能。其催化方向取决于 CO_2 和 O_2 的分压。当 CO_2 分压低而 O_2 分压高时，RuBP 与 O_2 在此酶催化下生成 1 分子 PGA 和 1 分子磷酸乙醇酸（C_2 化合物），后者在磷酸乙醇酸磷酸（酯）酶的作用下变成乙醇酸。

（二）乙醇酸的氧化

在叶绿体中形成的乙醇酸转移到过氧化物体（peroxisome）中，由乙醇酸氧化酶（glycolate oxidase）催化氧化成乙醛酸和 H_2O_2，后者由过氧化氢酶催化分解成 H_2O 和 O_2，乙醛酸经转氨酶

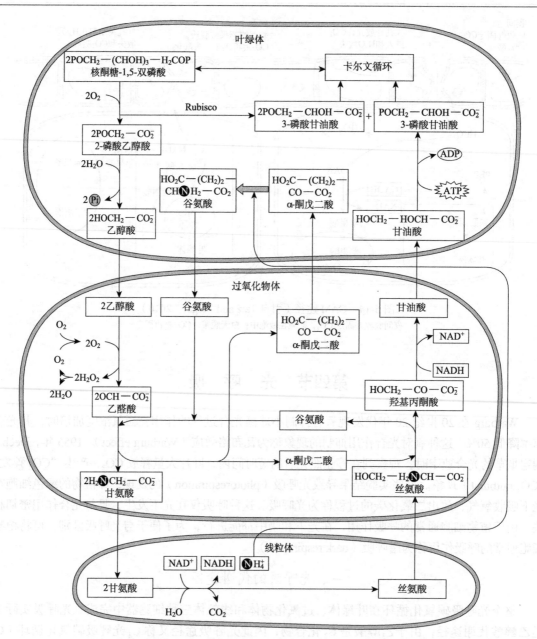

图 5-15　光呼吸循环的主要反应过程（引自 Taiz and Zeiger，2010）

作用形成甘氨酸，并进入线粒体。2 分子甘氨酸在线粒体中发生氧化脱羧和羟甲基转移反应转变为 1 分子丝氨酸，并产生 NADH、NH_4^+，放出 CO_2。丝氨酸转回到过氧化物体，并与乙醛酸进行转氨作用，形成羟基丙酮酸，后者在甘油酸脱氢酶的作用下还原为甘油酸。最后，甘油酸再回到叶绿体，经甘油酸激酶的磷酸化作用生成 PGA，进入卡尔文循环，再生成 RuBP，重复下一次 C_2 循环。在这一循环中，2 分子乙醇酸放出 1 分子 CO_2（碳素损失 25%）。O_2 的吸收发生于叶绿体和过氧化物体内，CO_2 的释放发生在线粒体内。

从 RuBP 到 PGA 的反应总方程式为

$$RuBP+15O_2+11H_2O+34ATP+15NADPH+10Fd_{red} \longrightarrow 5CO_2+34ADP+$$
$$36Pi+15NADP^++10Fd_{ox}+9H^+$$

从光呼吸代谢过程可见,叶片的光合糖代谢实际上是卡尔文循环与光呼吸碳氧化循环整合平衡的结果。两个环间的平衡主要取决于三个因素:Rubisco 的酶动力学特性、底物 CO_2 与 O_2 的浓度和温度。Rubisco 的底物 CO_2 和 O_2 竞争同一活性位点,互为抑制剂,酶催化反应的方向取决于 CO_2/O_2 值。在提供相同 CO_2 与 O_2 浓度条件下,Rubisco 与 CO_2 的亲和性比与 O_2 的亲和性高几十倍,但是在自然环境空气中,羧化反应仅为加氧反应的 3 倍,显然提高 CO_2 浓度可明显抑制光呼吸。当温度升高时,提高了 Rubisco 与 O_2 的亲和力,O_2 的吸收增加,使溶液对 O_2 的溶解度加大,导致 CO_2/O_2 值降低,使平衡更趋于 C_2 循环,表现为光呼吸增加。

二、光呼吸的生理功能

从碳素同化角度看,光呼吸将光合作用固定的 20%~30% 的碳变为 CO_2 放出;从能量的角度看,每释放 1 分子 CO_2 需要损耗 6.8 个 ATP 和 3 个 NADPH。显然,光呼吸是一种浪费。利用拟南芥光呼吸缺陷性突变体的研究发现,突变体在正常空气中不能存活,只有在高 CO_2 浓度条件才能生存,说明光呼吸有其特别重要的生理功能。目前认为其主要生理功能如下。

1. 消除乙醇酸的毒害 伴随光合作用的进行,磷酸乙醇酸的产生是不可避免的。光呼吸具有消除乙醇酸的代谢作用,避免了乙醇酸的积累,使细胞免受伤害。

2. 维持 C_3 途径的运转 在干旱和高辐射胁迫下,叶片气孔关闭或外界 CO_2 浓度降低、CO_2 进入受阻时,光呼吸释放的 CO_2 能被 C_3 途径再利用,以维持 C_3 途径的运转。

3. 防止强光对光合机构的破坏 在强光下,光反应中形成的同化力会超过碳同化的需要,$NADP^+$ 不足,由光激发的高能电子会传递给 O_2 形成超氧阴离子自由基(O_2^-),O_2^- 对光合机构特别是光合膜系统有破坏作用。而光呼吸可消耗过剩的同化力与还原力,避免光抑制,从而保护光合机构中 PS II 反应中心 D_1 蛋白免遭破坏。

4. 氮代谢的补充 光呼吸代谢中涉及多种氨基酸(甘氨酸、丝氨酸等)的形成和转化过程,它对绿色细胞的氮代谢是一个补充。

5. 减少碳的损失 在有氧条件下,光呼吸的发生虽然会损失一部分有机碳,但通过 C_2 循环还可将乙醇酸 75% 的碳回收,避免了碳的过多损失。

三、C_3 植物、C_4 植物与 CAM 植物的比较

根据光合碳同化途径,可将植物分为 C_3 植物、C_4 植物和 CAM 植物,它们的光合与生理生态特性有很大的差异。

1. C_4 植物与 C_3 植物解剖特征的比较 C_4 植物叶片的解剖结构与 C_3 植物不同。C_4 植物叶片的栅栏组织与海绵组织分化不明显,叶片两侧颜色差异小;维管束密集,维管束周围有发达的维管束鞘细胞形成花环结构。C_4 植物的维管束鞘细胞中含有较大的叶绿体,与叶肉细胞的叶绿体相比,维管束鞘细胞叶绿体基粒垛叠较少;还有丰富的线粒体等其他细胞器;维管束鞘细胞与叶肉细胞间存在大量的胞间连丝,有利于光合产物的运转。

2. C_4 植物与 C_3 植物碳代谢特征的比较 C_3 植物的光合细胞主要是叶肉细胞(mesophyll cell,MC),而 C_4 植物的光合细胞有两类:叶肉细胞和维管束鞘细胞(bundle sheath cell,BSC)。C_3 植物在高温及空气相对湿度较低的环境下,叶片气孔导性下降,CO_2 进入减少,Rubisco 的加氧酶活性增加,光呼吸上升,光合效率降低。C_4 植物的 CO_2 固定在叶肉细胞和维管束鞘细胞中进行。在两类光合细胞中含有不同的酶类,叶肉细胞中含 PEPC,而维管束鞘细胞中含脱羧酶和 Rubisco,分别催化不同的反应而共同完成 CO_2 固定、还原。PEPC 与 HCO_3^- 的亲和力极高,即使

气孔部分关闭，PEP 仍能催化固定较低浓度的 CO_2，而且没有与 O_2 的竞争反应，因此固定 CO_2 的效率高。又由于在维管束鞘细胞中苹果酸的脱酸反应是一种浓缩 CO_2 的机制，使维管束鞘细胞中有相对较高的 CO_2 浓度，促进 Rubisco 催化的羧化反应，从而抑制了加氧反应，降低了光呼吸。同时，在维管束鞘细胞中形成的光合产物可及时运至维管束，从而避免了光合产物积累可能产生的反馈抑制作用。因此，在高光强与较高的温度下，C_4 植物可产生更多的同化力，有较高的光合效率，但是 C_4 植物这种"CO_2 泵"的运转是消耗能量的，在光强较弱及温度较低的情况下就体现不出其优势，光合效率并不一定比 C_3 植物高。

3. 三种类型植物的比较　　不同植物的光合碳代谢途径是进化的结果，是对特定生态环境的适应。C_4 植物比 C_3 植物进化；单子叶植物中的 C_4 植物较多。C_3 植物在温带分布较多，C_4 植物多分布在热带、亚热带，CAM 植物主要分布在干旱沙漠地区。

某些植物在环境条件发生变化或发育的不同阶段，会在 C_3 与 C_4 途径间转换。例如，C_3 植物烟草感染花叶病毒后，则在幼叶中出现 C_4 途径。高粱是典型的 C_4 植物，但开花后便转变为 C_3 植物。禾本科的毛颖草在低温多雨地区以 C_3 途径固定 CO_2，而在高温干旱地区则以 C_4 途径固定 CO_2。玉米幼苗叶片具 C_3 植物的某些特征，至第五叶才具有完全的 C_4 植物特征。C_4 植物衰老时，也会出现 C_3 植物的某些特征。CAM 植物也有专性与兼性之分。可见植物光合碳同化途径的多样性及其相互转化是植物对多变生态环境适应性的表现。

不同的碳代谢途径也不可能被绝对分开，常随植物的器官、生育期及环境条件而发生变化。某些植物的形态解剖结构和生理生化特性介于 C_3 和 C_4 植物之间，称为 C_3-C_4 中间型植物（C_3-C_4 intermediate plant）。迄今已发现在禾本科、粟米草科、苋科、菊科、十字花科及紫茉莉科等植物中有数十种 C_3-C_4 中间型植物。这些植物也具有维管束鞘细胞，但不如 C_4 植物发达；在叶肉细胞中也有 RuBP 羧化酶和 PEP 羧化酶，但并不像 C_4 植物那样在叶肉细胞和鞘细胞中有精确的分隔定位。CO_2 同化以 C_3 途径为主，但也有一定量的 C_4 途径。这样植物的光呼吸作用也介于 C_3 和 C_4 植物之间。现在人们认为，C_3-C_4 中间型植物可能是 C_3 植物向 C_4 植物进化的过渡类型。虽然 C_3 植物、C_4 植物、CAM 植物和 C_3-C_4 中间型植物在不同生育期和不同生境条件下发生一定的变化和转化，但它们的基本形态解剖结构和生理生化特性还是相对稳定的，并有较为明显的区别（表 5-3）。

表 5-3　C_3 植物、C_4 植物、CAM 植物的光合及生理生态特征比较

特性	C_3 植物	C_4 植物	CAM 植物
代表植物	典型的温带植物，如小麦、菠菜、大豆、烟草	典型的热带、亚热带植物，如玉米、高粱、甘蔗、苋属植物	典型的旱地植物，如仙人掌、兰花、龙舌兰、肉质植物
叶片解剖结构	维管束鞘细胞不发达，内无叶绿体，仅具叶肉细胞中一种类型叶绿体	维管束鞘细胞发达，内有叶绿体，具两种不同类型的叶绿体	维管束鞘细胞不发达，叶肉细胞中有大液泡
叶绿素 a/b	约 3 : 1	约 4 : 1	小于 3 : 1
碳同化途径	一条 C_3 途径	在不同细胞中存在 C_3 和 C_4 两条途径	同一细胞在不同时间存在两条途径
最初 CO_2 受体	RuBP	细胞质中 PEP，维管束鞘细胞中 RuBP	暗中 PEP，光下 RuBP
催化 CO_2 羧化反应的酶活性	高 Rubisco 酶活性	在叶肉细胞中高 PEPC 酶活性，在维管束鞘细胞中有高 Rubisco 酶活性	暗中有高 PEPC 酶活性，光下有高 Rubisco 酶活性

续表

特性	C₃ 植物	C₄ 植物	CAM 植物
光合初产物	PGA	草酰乙酸→苹果酸	暗中苹果酸，光下 PGA
光呼吸	高光呼吸	低光呼吸	低光呼吸
光合最适温度 /℃	较低，为 15～30	较高，为 30～47	约 35
光饱和点	1/4～1/2 日照强度下饱和	强光下不易达到光饱和状态	同 C₄ 植物
CO_2 补偿点 / （μmol/mol）	高 CO_2 补偿点（40～70）	低 CO_2 补偿点（5～10）	约 5，夜间对 CO_2 有高度亲和性
光合速率（CO_2）/ [μmol/(m²·s)]	10～25	25～50	1～3
蒸腾系数及耐旱性	大（450～950），耐旱性弱	小（250～350），耐旱	光照下 150～600，暗中 80～100，极耐旱
光合产物运输速率	相对慢	相对快	不一定
光合净同化率 / [g/(m²·d)]	约 20	30～40	变化较大

从生物进化的观点看，C₄ 植物和 CAM 植物是从 C₃ 植物进化而来的。在陆生植物出现的初期，大气中 CO_2 浓度较高，O_2 较少，光呼吸受到抑制，故 C₃ 途径能有效地发挥作用。随着植物群体的增加，O_2 浓度逐渐升高，CO_2 浓度逐渐降低，一些长期生长在高温、干燥气候下的植物受生态环境的影响，也逐渐发生了相应的变化。例如，出现了花环结构，叶肉细胞中的 PEPC 和丙酮酸磷酸双激酶含量逐步增多，形成了有浓缩 CO_2 机制的 C₄-二羧酸循环，形成了 C₃-C₄ 中间型植物乃至 C₄ 植物，或者形成了白天气孔关闭、抑制蒸腾作用，晚上气孔开启、吸收 CO_2 的 CAM 植物。

第五节 光合作用的生理生态

一、光合作用指标

植物的光合作用经常受到外界环境条件和内部因素的影响而发生变化。表示光合作用变化的指标有光合速率和光合生产率。

通常以光合速率作为检测植物光合作用强弱的指标，光合速率（photosynthetic rate）又称光合强度（intensity of photosynthesis），是指单位时间、单位叶面积吸收 CO_2 的量或放出 O_2 的量。其常用单位有 μmol/(m²·s) 和 μmol/(dm²·h)；或用光合产物的干物质积累量表示，单位是 g/(m²·h)。目前常用 CO_2 红外线气体分析仪测定植物叶片的光合速率与呼吸速率，也可用便携式光合测定仪在田间直接测定叶片的光合速率，此外还有氧电极法和改良半叶法等。

由于植物在进行光合作用积累物质的同时，也在不断地进行呼吸作用消耗有机物并释放 CO_2，但一般测定光合速率的方法都没有把叶片的呼吸作用考虑在内，所以测定的结果实际是光合作用减去呼吸作用的差数，称为表观光合速率（apparent photosynthetic rate）或净光合速率（net photosynthetic rate，Pn）。如果把表观光合速率加上呼吸速率，则得到真正光合速率（true photosynthetic rate）或总光合速率（gross photosynthetic rate）。

光合生产率（photosynthetic produce rate）又称净同化率（net assimilation rate，NAR），是指植物在较长时间（一昼夜或一周）内，单位叶面积生产的干物质量。其常用单位为 g/(m²·d)，可按下式计算。

$$光合生产率 = \frac{W_2 - W_1}{0.5 \times (S_1 + S_2) \times d}$$

式中，W_1 和 W_2 分别为前后两次测定的植株干重（g）；S_1 和 S_2 分别为前后两次测定的植株叶面积（m^2）；d 为前后两次测定相隔的天数（一般以 1 周左右为宜）。

二、影响光合作用的外界条件

（一）光照

光是光合作用的原动力，是叶绿素生物合成及叶绿体发育的必要条件。碳同化过程中许多关键酶的活性和气孔开度受光的调节，光照也影响其他环境因子，因此光是影响光合作用的重要因素。

1. 光强度

（1）光强度-光合速率曲线　　此曲线也称需光量曲线，如图 5-16 所示。在暗中叶片不进行光合作用，只有呼吸作用释放 CO_2。随着光照强度的增强，光合速率迅速上升，当达到某一光强度时，叶片的光合速率与呼吸速率相等，净光合速率为零，这时的光照强度称为光补偿点（light compensation point）。在光补偿点以上的一定范围内，随着光强度的增加，光合速率成直线上升，光强是光合作用的主要限制因子，此时曲线的斜率即为表观量子效率。曲线的斜率大，表明植物吸收与转换光能的色素蛋白复合体可能较多，弱光利用能力强。随着光强增加，叶片吸收光能增多，光化学反应速率加快，产生的同化力多，于是 CO_2 固定速率加快。此外，气孔开度、Rubisco 活性及光呼吸速率也影响直线阶段的光合速率，因为这些因素都会随光强度的提高而增大，其中前二者的提高对光合速率有正效应，后者有负效应。但超过一定光强后，光合速率增加转慢；当达到某一光强时，光合速率就不再随光强增加而增加，这种现象称为光饱和现象（light saturation）。光合速率开始达到最大值时的光强称为光饱和点（light saturation point）。植物出现光饱和点的实质是强光下暗反应跟不上光反应，从而限制了光合速率随光强的增加而提高。因此，限制饱和阶段光合作用的主要因素有 CO_2 扩散速率（受 CO_2 浓度影响）和 CO_2 固定速率（受羧化酶活性和 RuBP 再生速率影响）等。C_4 植物的碳同化能力强，与其光饱和点与饱和光强下的光合速率较高有关。

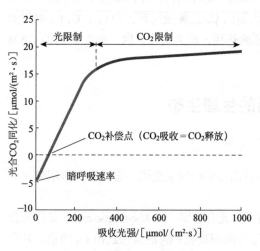

图 5-16　C_3 植物光合作用的需光量曲线
（引自 Taiz and Zeiger，2010）

光补偿点与光饱和点随其他环境条件的变化而变化。当 CO_2 浓度升高，光补偿点降低时，光饱和点则升高。一般来说，光补偿点高的植物，其光饱和点往往也高。例如，草本植物的光补偿点与光饱和点通常高于木本植物，阳生植物（sun plant）的光补偿点与饱和点高于阴生植物（shade plant），C_4 植物的光饱和点高于 C_3 植物。大多数植物的光饱和点为 360～900μmol/（$m^2 \cdot s$），光补偿点为 5～20μmol/（$m^2 \cdot s$）。

光补偿点与光饱和点是植物需光特性的两个主要指标，显示了植物叶片对强光和弱光的利用能力，如光补偿点低的植物较耐阴。这两个指标在选用某地区栽培作物品种及正确选择间套作的作物及林带树种搭配，决定作物的密植程度等方面均有重要的参考价值。

（2）光合作用的光抑制　　当植物吸收的光超过其所需时，过剩的光能会使光合效率降低。这种在高光强条件下，多余光能对光合作用产生抑制作用，使光合作用的量子产率下降的现象称为光合作用的光抑制（photoinhibition）。

光抑制现象在自然条件下经常发生，因为晴天中午的光强往往超过植物的光饱和点，即使是群体内的下层叶，由于上层枝叶晃动，也不可避免地受到较亮光斑的影响。很多植物，如水稻、小麦、棉花及大豆等，在中午前后经常出现光抑制，轻者光合效率暂时降低，过后尚能恢复；重者则形成光破坏，叶片发黄，光合速率不能有效恢复。特别是强光与如高温、低温、干旱等不良环境同时存在，光抑制现象表现更为严重。

PS Ⅱ被证明是最易受光抑制的光合结构。在特殊情况下，如低温弱光也会导致 PS Ⅰ 光抑制产生。正常情况下，光反应与碳同化协调进行，光反应中形成的同化力在碳同化时被及时用掉。但由于叶绿体基质中的 CO_2 浓度往往很低，RuBP 羧化酶的 K_m 值偏高，当光照过强时，就会出现碳同化能力不足引起的光能过剩。此时，一方面，$NADP^+$ 不足使电子传递给 O_2，形成超氧阴离子自由基；另一方面，会导致还原态电子的积累，形成三线态叶绿素，与分子氧反应生成单线态氧（singlet oxygen，$^1O_2^*$）。这些化学性质非常活泼的活性氧，如不及时清除，就会攻击光合膜，引起叶绿素和 PS Ⅱ 反应中心降解，从而损伤光合机构。

植物在长期的进化过程中也形成了多种光保护机制。

1）激发能在不同光系统间的分配。即 PSI 吸收的激发能可传向 PS Ⅱ，PS Ⅱ 吸收的激发能可传向 PSI。光能在两个光系统间的有效调节控制，保证了光合作用的高效进行及对环境变化的适应。

2）类胡萝卜素的光保护作用。色素分子吸收光能变成激发态，激发态色素分子中的能量可通过光化学反应将能量传递给其他分子而被快速耗散，这一过程称为光化学猝灭（quench）。类胡萝卜素作为光能的受体分子能减少激发态叶绿素分子数而起到光保护作用。这是因为激发态的类胡萝卜素分子不会和氧分子反应而形成单线态氧。类胡萝卜素的激发态主要以放热形式返回基态。类胡萝卜素在非光化学猝灭上也起着一定的作用。非光化学猝灭（non-photochemical quench）是指激发态色素分子中的能量通过光化学反应之外的方式耗散的过程。非光化学猝灭在调控光能从天线系统向光反应中心分配中起非常重要的作用：当叶绿素吸收的光能较少时，植物可以降低或关闭非光化学猝灭使光能较多地向光反应中心传递；而当叶绿素吸收光能较多时，非光化学猝灭就会增加而使多余的激发能通过其他途径被消耗掉。

3）通过叶黄素循环（xanthophyll cycle）提高热耗散能力。叶黄素循环是指三种叶黄素：玉米黄素（zeaxanthin）、环氧玉米黄素（antheraxanthin）和紫黄素（violaxanthin），在不同的光强、氧浓度和 pH 条件下，通过环氧化和脱环氧化作用相互转化的循环机制。叶黄素循环在非光化学猝灭方面起着相当重要的作用，可以在照光的条件下快速互相转化，耗散多余的能量，还可以消耗对植物有损伤作用的活性氧。催化叶黄素循环的酶是紫黄素脱环氧化酶和玉米黄素环氧化酶。

4）活性氧清除系统。细胞中存在着如超氧化物歧化酶（SOD）、过氧化氢酶（CAT）、过氧化物酶（POD）、谷胱甘肽、抗坏血酸及类胡萝卜素等，它们共同防御活性氧对细胞的伤害。

5）其他方式。如通过代谢耗能，提高光合速率，增强光呼吸和 Mehler 反应等；在光能过剩条件下，环绕 PSI 的环式电子传递与环式光合磷酸化启动可以有效地保护 PS Ⅱ。

上述机制可以保护光合机构，避免其被过剩光能伤害，是植物对强光的适应。

2. 光质　　在太阳辐射中，对光合作用有效的是可见光。在可见光区域，不同波长的光对光合作用速率的影响不同。在自然条件下，植物或多或少受到不同波长的光线照射。阴天不仅光强减弱，而且蓝光和绿光的比例增加；树木冠层的叶片吸收红光和蓝光较多，造成树冠下的光线中绿光较多，由于绿光对光合作用是低效光，因而使本来就光照不足的树冠下生长的植物光合很弱，生长受到抑制。常说的"大树底下无丰草"就是这个道理。

　　水层同样改变光强和光质。水层越深，光照越弱。例如，20m深处的光强是水面光强的1/20，如水质不好，深处的光强会更弱。水层对光波中的红橙部分吸收显著多于蓝绿部分，深水层的光线中短波长的光相对较多。所以含有叶绿素、吸收红光较多的绿藻分布于海水的表层；而含有藻红蛋白、吸收蓝绿光较多的红藻则分布在海水的深层，这是海藻对光适应的一种表现。

（二）二氧化碳

1. CO_2-光合速率曲线

由 CO_2-光合速率曲线（图 5-17）可以看出，在光下 CO_2 浓度为零时，叶片只有呼吸放出 CO_2。随着 CO_2 浓度升高，光合速率增加，当光合速率与呼吸速率相等时，外界环境中的 CO_2 浓度即为 CO_2 补偿点（CO_2 compensation point，图 5-17 中 C 点）。在低 CO_2 浓度条件下，CO_2 浓度是光合作用的限制因子，直线的斜率（CE）受羧化酶活性和量的限制。因而，CE 称为羧化效率（carboxylation efficiency，CE）。CE 值大，则表示在较低的 CO_2 浓度下有较高的光合速率，亦即 Rubisco 的羧化效率较高。

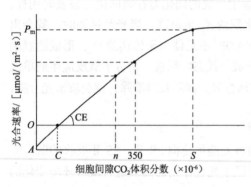

图 5-17　C_3 植物光合作用的 CO_2-光合速率曲线
（引自 Taiz and Zeiger，1998）

曲线上 4 个点对应浓度分别为 CO_2 补偿点（C）、空气浓度下细胞间隙的 CO_2 浓度（n）、与空气浓度相同的细胞间隙 CO_2 浓度（350μl/L 左右）和 CO_2 饱和点（S）；P_m 为最大光合速率；CE 为比例阶段曲线斜率，代表羧化效率；OA 为光下叶片向无 CO_2 气体中的释放速率，可代表光呼吸速率

当 CO_2 浓度继续升高时，光合速率随 CO_2 浓度的增加变慢，当 CO_2 浓度达到某一范围时，光合速率达到最大值（P_m），光合速率开始达到最大值时的 CO_2 浓度称为 CO_2 饱和点（CO_2 saturation point）。在饱和阶段，CO_2 已不再是光合作用的限制因子，而 CO_2 受体的量，即 RuBP 的再生速率成了影响光合作用的因素。由于 RuBP 的再生受同化力供应的影响，因此饱和阶段的光合速率反映了光合电子传递和光合磷酸化活性，因而 P_m 称为光合能力。

　　不同植物的 CO_2 补偿点与 CO_2 饱和点不同，特别是 C_3 植物和 C_4 植物有加大的区别。C_4 植物的 CO_2 补偿点与 CO_2 饱和点均低于 C_3 植物。原因在于 C_4 植物 PEPC 的 K_m 低，对 CO_2 亲和力高，并具有浓缩 CO_2 及抑制光呼吸的机制，所以 CO_2 补偿点低，即 C_4 植物可充分利用较低浓度的 CO_2 进行光合作用；C_4 植物 CO_2 饱和点低的原因，与 C_4 植物每固定 1 分子 CO_2 要比 C_3 植物多消耗 2 个 ATP 有关。因为在高 CO_2 浓度下，光反应能力成为限制因素。尽管 C_4 植物的 CO_2 饱和点比 C_3 植物的低，但其饱和点时的光合速率往往比 C_3 植物的高。CO_2 补偿点也受其他环境因素的影响。在温度升高、光照较弱、水分亏缺等条件下，CO_2 补偿点上升，光合作用下降。因此在温室栽培中，加强通风透气，增施 CO_2 可以防止植物出现 CO_2 "饥饿"。

2. CO_2 供应

CO_2 是光合作用的原料，陆生植物所需的 CO_2 主要是从大气中获得的，CO_2 从大气经叶表面的气孔进入细胞间隙，再进入叶肉细胞叶绿体。在 CO_2 扩散过程中会遇到许多阻力，其中主要阻力是气孔阻力，气孔开度直接影响 CO_2 进入量而控制光合作用。CO_2 从大气至叶肉细胞间隙为气相扩散，而从叶肉细胞间隙到叶绿体基质为液相扩散，扩散的动力为 CO_2 浓度差，因此凡是能提高 CO_2 浓度差和减少阻力的因素都可促进 CO_2 流通从而提高光合速率。

（三）温度

光合作用的碳同化是由一系列酶催化的化学反应，温度是一个重要的影响因子。温度影响酶的活性，同时也影响叶绿体的超微结构、气孔开闭和呼吸速率等。在强光、高 CO_2 浓度下，温度对光合速率的影响比在低 CO_2 浓度下的影响更大，温度成为主要的限制因子，因为高 CO_2 浓度有利于碳同化的进行，同时抑制了光呼吸。

光合作用有温度三基点，即光合作用的最低温、最适合温和最高温。温度的三基点因植物种类不同而有很大的差异。耐寒植物的光合作用冷限与细胞结冰温度相近，一些耐寒植物如地衣放在 $-20℃$ 也可进行光合作用；而起源于热带的喜温植物，如玉米、高粱、番茄、黄瓜及橡胶树等在温度低于 $10℃$ 时，光合作用即受到明显抑制。

低温抑制光合的原因主要是低温下光合酶活性低，CO_2 同化减慢，淀粉和蔗糖合成减少，同化力合成受限，此外膜脂发生相变、叶绿体超微结构被破坏。而温度过高，酶钝化，光合机构受损，光呼吸和暗呼吸加强，净光合速率下降。

昼夜温差对光合净同化率有很大的影响。白天温度较高，日光充足，有利于光合作用的进行；夜间温度较低，可降低呼吸消耗。因此，在一定温度范围内，昼夜温差大，有利于光合产物的积累。

（四）水分

水是光合作用的原料，没有水光合作用无法进行。但是用于光合作用的水只占蒸腾失水的 1%，因此，缺水对光合作用的影响主要是间接原因。

由于气孔运动对叶片缺水非常敏感，缺水会导致气孔关闭，轻度水分亏缺就会引起气孔导度下降，进入叶内的 CO_2 减少。水分亏缺会使光合产物输出变慢，光合产物在叶片中积累，对光合作用产生反馈抑制作用。缺水会影响细胞伸长并抑制蛋白质的合成，使光合面积减少；中度的水分亏缺会影响 PS Ⅱ、PS Ⅰ 的天线色素蛋白复合体和反应中心，电子传递速率降低，光合磷酸化解偶联，同化力形成减少。严重缺水时，甚至造成叶绿体类囊体结构被破坏，不仅使光合速率下降，而且供水后光合能力难以恢复。

水分过多也会使光合作用下降。土壤水分过多时通气状况不良，根系有氧呼吸作用受阻，限制了根系的生长，间接地影响光合作用。地上部水分过多，或大气湿度过大，会使叶片表皮细胞吸水膨胀，挤压保卫细胞，导致气孔关闭，从而限制 CO_2 的供应，使光合作用下降。

（五）矿质营养

由于矿质元素影响了植物的光合面积、光合时间和光合能力，因此矿质营养直接或间接地影响光合作用。N、P、S、Mg 是叶绿体结构中组成叶绿素、蛋白质和片层膜的成分，其中 N 与叶绿素含量、叶绿体发育、光合酶活性关系密切，所以 N 对光合作用的影响最为显著；Cu、Fe 是电子传递体的重要成分；磷酸基团在光、暗反应中均具有重要作用，它是构成同化力 ATP 和 NADPH 及光合碳还原循环中许多中间产物的成分；Mn 和 Cl 是光合放氧的必需因子；K 和 Ca 对气孔开闭和同化物运输具有调节作用。因此，农业生产中合理施肥的增产作用，是通过调节植物的光合作用而间接实现的。

（六）光合作用的日变化

外界的光强、温度、水分、CO_2 浓度等，每天都在不断变化着。同样，光合作用也呈明显的日变化。在温暖、晴朗、水分供应充足的天气，光合速率变化随光强而变化，呈单峰曲线；日出后光合速率逐渐提高，中午前后达到高峰，以后降低，日落后净光合速率出现负值。光强相同的情况下，一般下午的光合速率低于上午的，这是由于经上午光合后，叶片中的光合产物有所积累，发生了反馈抑制。如果气温过高，光强强烈，光合速率日变化呈双峰曲线，大的峰出现在上午，小的峰出现在下午，中午前后光合速率下降，呈现光合"午休"现象（midday depression）。其原因主要是在干热的中午，叶片蒸腾失水加剧，如果此时土壤水分亏缺，植物的失水大于吸水，引起气孔导度降低，CO_2 吸收减少，光呼吸增强，导致光合速率下降。还有人提出，光合"午休"现象与气孔运动内生节奏有关。

三、内部因素对光合作用的影响

（一）叶龄

　　叶片的光合速率与叶龄密切相关。从叶片发生到衰老凋萎，其光合速率呈单峰曲线变化。新形成的嫩叶由于组织发育不健全，叶绿体片层结构不发达，光合色素含量少，光合酶含量少、活性弱，气孔开度低，细胞间隙小，呼吸作用旺盛等原因，净光合速率很低，需要从其他功能叶片输入同化物。随着叶片的成长，光合速率不断提高。当叶片伸展至叶面积最大和叶厚度最大时，光合速率达最大值。通常将叶片充分展开后光合速率维持较高水平的时期，称为叶片功能期，处于这个时期的叶片称为功能叶。功能期过后，随着叶片衰老，光合速率下降。依据光合速率随叶龄增长出现"低—高—低"的规律，可推测不同部位叶片在不同生育期的相对光合速率的大小。例如，处在营养生长期的禾谷类作物，其心叶的光合速率较低，倒 3 叶的光合速率往往最高；而在结实期，叶片的光合速率自上而下地衰减。

（二）叶的结构

　　叶的结构如叶厚度、栅栏组织与海绵组织的比例、叶绿体和类囊体的数目等都对光合速率有影响。叶的结构一方面受遗传因素控制，另一方面还受环境影响。C_4 植物的叶片光合速率通常要大于 C_3 植物，这与 C_4 植物叶片具有花环结构等特性有关。许多植物的叶组织中有两种叶肉细胞，靠腹面的为栅栏组织细胞；靠背面的为海绵组织细胞。栅栏组织细胞细长，排列紧密，叶绿体密度大，叶绿素含量高，致使叶的腹面呈深绿色，且其中 Chla/Chlb 值高，光合活性也高，而海绵组织中情况则相反。生长在光照条件下的阳生植物叶的栅栏组织要比阴生植物叶的发达，叶绿体的光合特性好，因而阳生叶有较高的光合速率。同一叶片不同部位上测得的光合速率往往不一致。例如，禾本科作物叶尖的光合速率比叶的中下部低，这是因为叶尖部较薄，且易早衰。

（三）同化物输出速率与积累的影响

　　植物体内源和库是相互协调的供需关系，库和源的强弱、光合产物从叶片中输出的快慢影响叶片的光合速率。例如，摘去花或果实使光合产物的输出受阻，叶片的光合速率就随之降低。反之，摘除其他叶片，只留一个叶片和所有花果，留下的这一叶片的光合速率就会增加。例如，对苹果枝条进行环割，光合产物会积累，则叶片光合速率明显下降。光合产物积累影响光合速率的原因，其一，是由于蔗糖的积累会反馈抑制合成蔗糖的磷酸蔗糖合成酶活性，使果糖-6-磷酸（F6P）增加，而 F6P 的积累又反馈抑制果糖-1,6-双磷酸酯酶活性，使细胞质及叶绿体中的磷酸丙糖含量增加，从而影响 CO_2 固定。其二，叶肉细胞中蔗糖的积累会促进叶绿体基质中的淀粉合成和淀粉粒形成，过多的淀粉粒一方面会压迫和损伤叶绿体，而且淀粉粒对光有遮挡，影响光合膜对光的吸收。

第六节　光合作用与作物产量

一、光合性能与作物产量

　　作物产量取决于干物质积累的多少，其中从土壤中吸收的矿质营养仅占 5%～10%，有机物占 90%～95%，这些有机物主要由光合产物转化而来。提高作物产量的根本途径是改善植物的光合性能。光合性能（photosynthetic characteristics）是指光合系统的生产性能，它是决定作物光能利用率高低及获得高产的关键。光合性能包括光合能力、光合面积、光合时间、光合产物的消耗和光合产物的分配利用。人类收获的经济产量是以生物产量为基础的。具体表述为

$$作物经济产量＝生物产量 \times 经济系数$$

式中，经济产量（economic yield）为人们要求收获的经济器官的干重；生物产量（biomass）为植物一生中所积累的物质总干重；经济系数（economic coefficient）与品种的遗传特性、栽培管理措施及物质的分配有关。

$$生物产量＝光合产量－消耗量$$
$$光合产量＝光合能力 \times 光合面积 \times 光合时间$$

所以

$$经济产量＝[（光合能力 \times 光合面积 \times 光合时间）－消耗量] \times 经济系数$$

按照光合作用原理，要使作物高产，就应采取适当措施，最大限度地提高光合能力，适当增加光合面积，延长光合时间，提高经济系数，并减少有机物消耗。

（一）提高光合能力

光合能力一般用光合速率表示。光合速率与作物品种的遗传特性，外界光、温、水、肥、气等因素的影响有关，合理调控这些因素才能提高光合速率。选育叶片挺厚、株型紧凑、光合效率高的作物品种，在此基础上创造合理的群体结构，改善作物冠层的光、温、水、气条件。早春采用塑料薄膜育苗栽培，可使温度提高，促进作物生长和光合作用的进行。合理灌水施肥可增加光合面积，提高光合机构的活性。

CO_2 是光合作用的原料，空气中的 CO_2 体积分数只有 3.3×10^{-14} 左右，在温度适宜、无风、光照较强的晴朗天气里，植物往往处于 CO_2 "饥饿"状态，因此，增加空气中的 CO_2 浓度，就会提高光合速率，抑制光呼吸。大田作物可通过深施碳酸氢铵肥料（含 50% CO_2）、增施有机肥料、实施秸秆还田、促进微生物分解发酵等措施，来增加作物冠层中的 CO_2 浓度。在塑料大棚和玻璃温室内，可通过 CO_2 发生装置，直接释放 CO_2。在生产上保证田间通气良好，则可更好地为作物供应 CO_2，有利于光合速率的提高。

（二）增加光合面积

光合面积是指以叶片为主的植物绿色面积。通过合理密植或改善株型等措施可有效增加叶片的总面积，也就增加了单位土地面积的总光合面积。合理密植的关键是通过调整种植密度，使作物群体得到合理发展，达到最适的光合面积、最高的光能利用率。种植过稀，虽然个体发育良好，但群体叶面积不足，光能利用率低。种植过密，一方面下层叶片受光减少，光合减弱；另一方面通风不良，造成冠层内 CO_2 浓度过低而影响光合作用。此外，密度过大时还易造成倒伏，加重病虫危害而减产。

生产上常用叶面积系数（leaf area index，LAI），即作物叶面积与土地面积的比值来衡量密植是否合理，作物群体发育是否正常。在一定范围内，作物 LAI 越大，光合产物积累越多，产量越高。但 LAI 也不是越大越好，不少研究认为，在目前生产水平下，水稻的最大 LAI 为 7 左右，小麦为 6 左右，玉米为 6～7 时，可能获得较高的产量（图 5-18）。

目前培育的小麦、水稻、玉米等高产新品种，多为矮秆或半矮秆、叶片挺厚、分蘖密集、株型紧凑及耐肥抗倒的类型。种植此类品种可适当增加密度，提高叶面积指数，耐肥不倒伏。

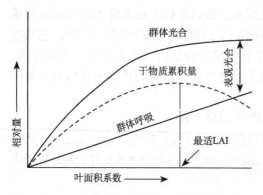

图 5-18　LAI 与群体光合作用和呼吸作用的关系

（三）延长光合时间

延长光合时间可通过提高复种指数、延长生育期及补充人工光照等措施来实现。复种指数（multiple crop index）就是全年内农作物的收获面积与耕地面积之比。提高复种指数可增加收获面积，延长单位土地面积上作物的光合时间，减少漏光损失，充分利用光能。如通过间作套种，就是在一年内巧妙地搭配作物，从时间上和空间上更好地利用光能。

（四）减少有机物消耗

正常的呼吸消耗是植物生命活动所必需的，生产上应注意提高呼吸效率，尽量减少浪费型呼吸。例如，C_3 植物的光呼吸消耗光合作用同化碳素的 1/4 左右，是一种浪费型呼吸，应加以适当限制。目前降低光呼吸主要从两方面入手：一是利用光呼吸抑制剂抑制光呼吸；二是增加 CO_2 浓度，提高 CO_2/O_2 值，使 Rubisco 的羧化反应占优势，光呼吸得到抑制，光能利用率就能大大提高。此外，及时防病虫害也是减少有机物消耗的重要方面。

（五）提高经济系数

经济系数又叫收获指数。国内外许多研究证明，作物产量的增加有赖于收获指数的提高。提高收获指数应从选育优良品种、调控器官建成和有机物运输分配、协调"源、流、库"关系入手，使尽可能多的同化产物运往收获器官。在粮油作物后期田间管理上，为防止叶片早衰，当加强肥水时，要防徒长贪青。

二、植物对光能的利用

通常把单位土地面积上植物光合作用积累的有机物所含的化学能，占同一时期入射光能量的百分率称为光能利用率（efficiency for solar energy utilization, Eu）。

$$光能利用率 = \frac{单位面积上的作物生物产量折合热能}{单位土地面积在生育期所接受的日光能} \times 100\%$$

地球上日辐射资源丰富，但农作物的光能利用率低下。照射到地面上的太阳光能中，只有可见光部分被植物吸收用于光合作用，故称为光合有效辐射。如果把到达地面的总太阳能作为 100%，那么经过若干难免的损失之后，最终贮存在碳水化合物中的光能最多只有 5%（图 5-19）。但实际上，作物光能利用率很低，即使高产田也只有 1%～2%。目前生产上作物光能利用率不高的主要原因是在作物生长初期，植株小，叶面积系数小，日光大部分直射地面而损失掉。据估计，水稻、小麦等作物漏光损失的光能可达到 50% 以上，如果前茬作物收割后不能马上播种，漏光损失将更大。另外，还有大量不能吸收的非可见光及反射

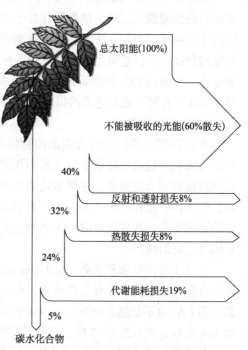

图 5-19　叶片吸收转化太阳能的能力
（引自 Taiz and Zeiger，2010）

光和透光损失。夏季太阳有效辐射可达 1800～2000μmol/（ m²·s ），但大多数植物的光饱和点为 360～900μmol/（ m²·s ），有 50%～70% 的太阳辐射能被浪费掉。在作物生长期间，经常会遇到不适于生长发育和光合作用进行的环境条件，如干旱、水涝、高温、低温、强光、盐渍、缺肥、病虫及草害等，这些都会导致作物光能利用率下降。因此，利用先进技术提高光能利用率大有可为。

本 章 小 结

光合作用是指绿色植物利用光能，同化二氧化碳和水，制造有机物并释放氧气的生物过程。光合作用将无机物转变成有机物，光能转变为化学能，保护环境和维持生态平衡，是植物体内最重要的生命活动过程，也是地球上最重要的化学反应过程。

叶绿体由前质体发育而来，可随光照的方向和强度而运动，由双层被膜、类囊体和基质构成。光合色素即叶绿体色素，主要包括叶绿素、类胡萝卜素和藻胆素，高等植物含有前两类。根据功能将其分为天线色素（聚光色素）和反应中心色素。叶绿素不断合成与降解，受光照、温度、矿质元素、水分、氧气等影响。

光合作用可大致分为三大步骤：原初反应（主要是光能的吸收、传递和转换）；电子传递（含水的光解、放氧）与光合磷酸化（将电能转变为活跃的化学能）；CO_2 同化（将活跃的化学能转变为稳定的化学能）。

光合色素分子对光能的吸收、传递与转换过程称为原初反应，速度非常快，与温度无关，效率高。光合单位为结合于类囊体膜上能完成光化学反应的最小结构功能单位。反应中心由原初电子供体、原初电子受体、次级电子供体及色素蛋白复合体构成。红降与双光增益效应证实光化学反应分别由两个光系统完成。

光合电子传递链是指定位在光合膜上的、一系列互相衔接的电子传递体组成的电子传递的总轨道，包括 PS Ⅱ、PQ、细胞色素 b_6f 复合体、质体蓝素、PS Ⅰ、铁氧还蛋白等。希尔反应等证实水是电子提供者，放氧复合体在 4 次闪光后积累 4 个正电荷，用于 2 个 H_2O 的氧化。光合电子传递是多途径的，包括非环式电子传递途径、环式电子传递途径和假环式电子传递途径。

由于光合作用电子传递而引起的 ATP 的合成，称为光合磷酸化，也分为 3 种类型，即非环式光合磷酸化、环式光合磷酸化和假环式光合磷酸化。ATP 合酶将光合链上的电子传递和 H^+ 的跨膜转运与 ATP 合成相偶联，光合磷酸化的机理可用化学渗透假说来解释。

叶绿体利用 ATP 与 NADPH 贮存的能量，通过一系列酶促反应，催化 CO_2 还原为稳定的碳水化合物，是 CO_2 同化过程。光合碳同化途径有 3 条，即 C_3 途径、C_4 途径和 CAM（景天酸代谢）途径。

C_3 途径可分为羧化阶段、还原阶段和再生阶段，共 14 步反应，所有反应均在叶绿体基质中完成。C_4 途径包括羧化与还原（转氨）阶段，转移与脱羧反应（据运入维管束鞘的 C_4 二羧酸的种类、参与脱羧反应的酶类及脱羧发生的部位，又分为 3 种亚类型），底物的再生阶段。景天酸代谢途径夜间气孔开放，吸收 CO_2，还原为苹果酸，暂时贮藏在叶肉细胞的液泡中；白天苹果酸运至细胞质，释放 CO_2，再进入叶绿体参与 C_3 途径同化。

植物的绿色细胞在光下吸收氧气，放出二氧化碳的过程称为光呼吸。光呼吸碳氧化循环在叶绿体、过氧化物体和线粒体 3 种细胞器中完成，是乙醇酸代谢途径，又称 C_2 循环。光呼吸的主要生理功能包括消除乙醇酸的毒害、维持 C_3 途径的运转、防止强光对光合机构的破坏、氮代谢的补充和减少碳的损失。

根据光合碳同化途径，可将植物分为 C_3 植物、C_4 植物和 CAM 植物。不同植物的光合碳代谢途径是进化的结果，是对特定生态环境的适应。C_3 植物在温带分布较多，C_4 植物多分布在热带、亚热带，CAM 植物主要分布在干旱沙漠地区。

表示光合作用变化的指标有光合速率和光合生产率。光是影响光合作用的重要因素。光补偿点和光饱和点随其他环境条件变化而变化，是植物需光特性的两个主要指标。多余光能会对光合作用产生抑制作用，植物在长期的进化过程中也形成了多种光保护机制。CO_2 是光合作用的原料，不同植物的 CO_2 补偿点和 CO_2 饱和点不同，特别是 C_3 植物和 C_4 植物有更大的区别。凡是能提高 CO_2 浓度差和减少阻力的因素都可促进 CO_2 流通从而提高光合速率。温度、水分、矿质元素等均影响植物的光合作用。光合作用还呈明显的日变化，有"午休"现象。

叶片的光合速率与叶龄密切相关，随叶龄增长出现"低—高—低"的规律。叶的结构如叶厚度、栅栏组织与海绵组织的比例、叶绿体和类囊体的数目等都对光合速率有影响。植物体内库和源的强弱、光合产物从叶片中输出的快慢影响叶片的光合速率。

光合性能是指光合系统的生产性能，它是决定作物光能利用率高低及获得高产的关键，包括光合能力、光合面积、光合时间、光合产物的消耗和光合产物的分配利用。按照光合作用原理，要使作物高产，就应采取适当措施，最大限度地提高光合能力，适当增加光合面积，延长光合时间，提高经济系数，并减少有机物消耗。

单位土地面积上植物光合作用积累的有机物所含的化学能，占同一时期入射光能量的百分率称为光能利用率。如果把到达地面的总太阳能作为 100%，那么经过若干难免的损失之后，最终贮存糖类中的光能最多只有 5%。实际上，作物光能利用率很低，即使高产田也只有 1%~2%，利用先进技术提高光能利用率大有可为。

复习思考题

1. 名词解释

光合作用　光合色素　反应中心色素　天线色素　吸收光谱　荧光与磷光　希尔反应　同化力　量子效率　红降现象　双光增益效应　原初反应　光合单位　反应中心　光系统　原初电子供体　原初电子受体　光合链　非环式电子传递　环式电子传递　假环式电子传递　光合磷酸化　PQ 穿梭　偶联因子　C_3 途径和 C_3 植物　C_4 途径和 C_4 植物　CAM 途径和 CAM 植物　光呼吸　光合生产率　光饱和点　光补偿点　CO_2 饱和点　CO_2 补偿点　光抑制　光能利用率　光合效率　"午休"现象　经济系数　经济产量　叶面积指数　光合速率　表观光合速率　真正光合速率　净光合速率

2. 写出下列缩写符号的中文名称及其含义或生理功能。

Chl　Pheo　PAR　ALA　PS I　PS II　OEC　LHC II　PQ　PC　Fd　$Cytb_6f$　FNR　DCMU　pmf　RuBP　Rubisco　PGA　GAP　BSC　PCO　Pn　NAR　LAI　Eu

3. 简述叶绿体色素的存在形式及特点。

4. 指出植物有哪些黄化现象，并分析产生的原因。

5. 如何证明光合电子传递由两个光系统参与，并接力进行？

6. 什么是同化力？光反应的同化力是如何形成的，又是如何被利用的？

7. C_3 途径分为哪三个阶段？各阶段的作用是什么？

8. C_3 植物、C_4 植物和 CAM 植物在碳代谢上各有何异同点？

9. 光呼吸是如何发生的？有何生理意义？

10. 说明光合作用和呼吸作用的区别和联系。

11. 试绘制一般植物的光强-光合速率曲线，并对曲线的特点加以说明。

12. 试述矿质元素和光合作用的关系。如何做到合理施肥提高作物产量？

13. C_4 植物光合速率为什么在强光、高温和低 CO_2 浓度条件下比 C_3 植物的高？

14. 试述作物光能利用率低的原因及提高作物产量的途径。

第六章　植物的呼吸作用

【学习提要】理解呼吸作用的概念及其生理意义，了解植物糖的降解过程及其调节，掌握糖酵解、三羧酸循环、戊糖磷酸途径等代谢的生理功能。理解生物氧化的概念，掌握电子传递与氧化磷酸化的功能，了解呼吸链与末端氧化系统的多样性。掌握呼吸作用的指标及其影响因素，理解呼吸作用和作物栽培、粮油种子贮藏、果实蔬菜贮藏等的关系。

第一节　呼吸作用的概念及其生理意义

生物的新陈代谢可以概括为两类反应：同化作用（assimilation）与异化作用（disassimilation）。同化作用把非生活物质转化为生活物质。光合作用将 CO_2 和水转变为有机物，把日光能转化为可贮存在体内的化学能，属于同化作用。异化作用则把生活物质分解成非生活物质。呼吸作用则将体内复杂的有机物分解为简单的化合物，同时把贮藏在有机物中的能量释放出来，属于异化作用。植物呼吸作用集物质代谢与能量代谢为一体，是植物生长发育得以顺利进行的代谢中枢纽。呼吸作用是所有生物的基本生理功能，从某种意义上讲，没有呼吸就没有生命。因此，了解植物呼吸作用的物质能量转变和调控过程及呼吸作用的生理功能，对于调控植物生长发育、指导农业生产具有非常重要的意义。

一、呼吸作用的概念

呼吸作用（respiration）是指生活细胞内的有机物，在一系列酶的参与下，逐步氧化分解成简单物质，并释放能量的过程。依据呼吸过程中是否有氧参与，可将呼吸作用分为有氧呼吸（aerobic respiration）和无氧呼吸（anaerobic respiration）。

有氧呼吸是指生活细胞利用氧分子（O_2），将某些有机物如淀粉、葡萄糖等彻底氧化分解为 CO_2 和 H_2O，并产生大量能量的过程。有氧呼吸是高等植物进行呼吸的主要形式。无氧呼吸是指生活细胞在无氧或缺氧的条件下，呼吸底物被分解成不彻底的氧化产物，并同时释放出少量能量的过程。微生物的无氧呼吸称为发酵（fermentation），无氧条件下产生乙醇的，称为乙醇发酵（酒精发酵）（alcohol fermentation）。高等植物细胞在无氧条件下，也可发生乙醇发酵。现今高等植物仍保留无氧呼吸能力，是植物适应生态多样性的表现。

二、呼吸作用的生理意义

呼吸作用对植物生命活动具有十分重要的意义，主要表现在以下几个方面。

1. 为生命活动提供能量　　生命活动所需的能量依赖于呼吸作用。呼吸作用将有机物生物氧化，释放出的能量一部分以 ATP 的形式贮存起来，不断地满足植物对矿质营养的吸收和运输、有机物的合成和运输、细胞的分裂和伸长、植物的生长发育等各种生理过程对能量的需要，未被利用的能量可转变为热能而散失掉。呼吸放热，可提高植物体温，有利于植物种子萌发、幼苗生长、开花传粉、受精等。此外，在呼吸底物降解过程中形成的 NADH、NADPH、$FADH_2$ 等可为脂肪与蛋白质生物合成、硝酸盐还原等过程提供还原力。

2. 为重要有机物合成提供原料　　呼吸作用过程中会产生许多中间产物，其中一些中间产物化学性质活跃，如 α-酮戊二酸、苹果酸、甘油醛磷酸等，可作为合成糖类、脂质、氨基酸、蛋白质、酶、核酸、色素、激素及维生素等各种细胞结构物质、生理活性物质及次生代谢物质的原料。当呼吸作用发生改变时，中间产物的数量和种类也随之改变，从而影响着其他物质代谢过程。因此，可以说呼吸作用是植物体内有机物质代谢的中心。

3. 增强植物抗病免疫能力　　植物受到病菌侵染时，该部位的呼吸速率急剧升高，通过生物氧化分解微生物产生的有毒物质；受伤时，也通过旺盛的呼吸，促进伤口愈合，加速伤口迅速木质化或栓质化，以阻止病菌的侵染。呼吸作用的加强还可以促进具有杀菌作用的绿原酸、咖啡酸等的合成，以增强植物的抗病免疫能力。

第二节　糖的无氧降解

糖在无氧条件下被降解的代谢过程主要有糖酵解及丙酮酸的还原。

一、糖酵解

糖酵解（glycolysis）又称 EMP 途径（EMP pathway）（是为了纪念 3 位德国生物化学家 Embden、Meyerhof、Parnas 在此研究中的贡献），是指己糖在酶的催化下经一系列反应转化为丙酮酸，并释放能量的过程。糖酵解普遍存在于动物、植物、微生物的所有细胞中，整个过程在细胞质中进行。糖酵解从葡萄糖到丙酮酸的转化过程不需要氧参与，因此从进化的角度看，糖酵解可能是生物进化出光合作用并产生氧气之前产生能量的主要方式，是古老的呼吸代谢途径。当植物细胞处于缺氧条件下时，糖酵解可能成为主要的供能代谢途径。过去认为，参与糖酵解的一系列酶是水溶性的，分布于细胞质中，不和细胞器或亚细胞结构结合，但近年从动物细胞中发现，参与糖酵解的酶并不是呈水溶态、均匀分布在细胞质中，而是形成一个超分子的复合物，松散地结合在线粒体外膜上，这种复合体形式可能有利于糖酵解过程的高效运行。

糖酵解的化学过程包括己糖活化，果糖-1,6-双磷酸裂解成两分子的三碳糖，3-磷酸甘油醛氧化脱氢形成磷酸甘油酸，再经脱水脱磷酸形成丙酮酸，并伴随有 ATP 和 $NADH+H^+$ 的生成。在糖酵解中，糖的氧化分解过程没有 CO_2 的释放，也没有 O_2 的吸收。所需要的氧是来自组织内的含氧物质（水分子和被氧化的糖分子），因此糖酵解途径也称分子内呼吸（intramolecular respiration）（图 6-1）。

（一）己糖的活化

这一阶段包括以下 3 步反应。

1. 葡萄糖的磷酸化　　葡萄糖被 ATP 磷酸化形成葡糖-6-磷酸（G6P），即第一个磷酸化反应，这个反应由己糖激酶（hexokinase）催化。己糖激酶是从 ATP 转移磷酸基团到各种六碳糖的酶，该酶是糖酵解过程中的第一个调节酶，催化的这个反应是不可逆的。

2. 果糖-6-磷酸的生成　　这是磷酸己糖的同分异构化反应，由磷酸葡糖异构酶（glucose phosphate isomerase）催化葡萄糖-6-磷酸异构化为果糖-6-磷酸（F6P），即醛糖转变为酮糖。

3. 果糖-1,6-双磷酸的生成　　果糖-6-磷酸被 ATP 磷酸化为果糖-1,6-双磷酸，即第二个磷酸化反应，这个反应由磷酸果糖激酶（phosphate fructose kinase，PFK）催化，是糖酵解过程中的第二个不可逆反应。磷酸果糖激酶是一种变构酶，此酶的活力水平严格地控制着糖酵解的速率。

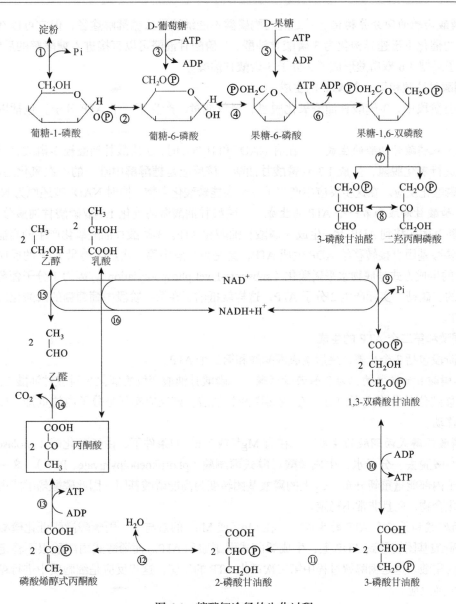

图 6-1 糖酵解途径的生化过程

①淀粉磷酸化酶（starch phosphorylase）；②磷酸葡糖变位酶（phosphoglucomutase）；③己糖激酶（hexokinase）；④己糖磷酸异构酶（phosphohexoseisomerase）；⑤果糖激酶（fructokinase）；⑥果糖磷酸激酶（phosphofructokinase）；⑦醛缩酶（aldolase）；⑧丙糖磷酸异构酶（triosephosphate isomerase）；⑨3-磷酸甘油醛脱氢酶（3-phosphoglyceraldehyde dehydrogenase）；⑩磷酸甘油酸激酶（phosphoglyceric kinase）；⑪磷酸甘油酸变位酶（phosphoglyceromutase）；⑫烯醇化酶（enolase）；⑬丙酮酸激酶（pyruvate kinase）；⑭丙酮酸脱羧酶（pyruvate decarboxylase）；⑮乙醇脱氢酶（alcoholdehydrogenase）；⑯乳酸脱氢酶（lactic acid dehydrogenase）

在这一阶段中，通过两次磷酸化反应，消耗 2 分子 ATP，将葡萄糖活化为果糖-1,6-双磷酸，为裂解成 2 分子磷酸丙糖做准备，可称为耗能的糖活化阶段。

（二）磷酸己糖的裂解

第二阶段是果糖-1,6-双磷酸裂解为 2 分子磷酸丙糖及磷酸丙糖的相互转化，此阶段包括以下两步反应。

1. **果糖-1,6-双磷酸的裂解** 果糖-1,6-双磷酸裂解为 3-磷酸甘油醛和二羟丙酮磷酸，反应由醛缩酶（aldolase）催化。醛缩酶的名称取自于其逆向反应的性质，即醛醇缩合反应。

2. **磷酸丙糖的同分异构化**　　二羟丙酮磷酸不能继续进入糖酵解途径，但它可以在丙糖磷酸异构酶的催化下迅速异构化为3-磷酸甘油醛，3-磷酸甘油醛可以直接进入糖酵解的后续反应。所以一分子果糖-1,6-双磷酸形成了2分子3-磷酸甘油醛。

（三）3-磷酸甘油酸和第一个ATP的生成

在第三阶段中，3-磷酸甘油醛氧化脱氢，释放能量，产生第一个ATP分子，包括以下两步反应。

1. **1,3-双磷酸甘油酸的生成**　　在有NAD^+和H_3PO_4时，3-磷酸甘油醛被3-磷酸甘油醛脱氢酶催化，进行氧化脱氢，生成1,3-双磷酸甘油酸。该反应是糖酵解中唯一的一次氧化还原反应，同时又是磷酸化反应。在这步反应中产生了一个高能磷酸化合物，同时NAD^+被还原为NADH。

2. **3-磷酸甘油酸和第一个ATP的生成**　　磷酸甘油酸激酶催化1,3-双磷酸甘油酸分子C_1上的高能磷酸基团转移到ADP上，生成3-磷酸甘油酸和ATP。3-磷酸甘油醛氧化产生的高能中间物将其高能磷酸基团直接转移给ADP生成ATP，这是糖酵解中第一次产生能量ATP的反应，而且这种ATP的生成方式是底物水平磷酸化（substrate-level phosphorylation）。因为1分子葡萄糖分解为2分子的三碳糖，实际产生2分子ATP，这样就抵消了在第一阶段中葡萄糖的磷酸化所消耗的2分子ATP。

（四）丙酮酸和第二个ATP的生成

第四阶段包括3个步骤，最后生成丙酮酸和第二个ATP。

1. **3-磷酸甘油酸异构化为2-磷酸甘油酸**　　磷酸甘油酸变位酶催化3-磷酸甘油酸C_3上的磷酸基团转移到分子内的C_2原子上，生成2-磷酸甘油酸。该反应实际是分子内的重排，即磷酸基团位置的移动。

2. **磷酸烯醇式丙酮酸的生成**　　在有Mg^{2+}或Mn^{2+}的条件下，由烯醇化酶（enolase）催化2-磷酸甘油酸脱去一分子水，生成磷酸烯醇式丙酮酸（phosphoenolpyruvate，PEP）。这一脱水反应，使分子内部能量重新分布，C_2上的磷酸基团转变为高能磷酸基团，因此磷酸烯醇式丙酮酸是高能磷酸化合物，而且非常不稳定。

3. **丙酮酸和第二个ATP的生成**　　在Mg^{2+}或Mn^{2+}的参与下，丙酮酸激酶催化磷酸烯醇式丙酮酸的磷酸基团转移到ADP上，生成烯醇式丙酮酸和ATP。而烯醇式丙酮酸很不稳定，迅速重排形成丙酮酸。这是糖酵解过程中第二次产生ATP的反应，这步反应是细胞质中进行糖酵解的第三个不可逆反应。

若以葡萄糖为呼吸底物，糖酵解的总反应式如下。

$$C_6H_{12}O_6 + 2NAD^+ + 2ADP + 2Pi \longrightarrow 2CH_3COCOOH + 2NADH + 2H^+ + 2ATP + 2H_2O$$

糖酵解过程总体来说是一个生成ATP的过程。在糖酵解最初几个步骤需要消耗ATP，但从果糖-1,6-双磷酸裂解为两个磷酸三碳糖，并最终氧化为丙酮酸的过程中，每个磷酸三碳糖的氧化可产生2分子ATP，因此共产生4分子ATP，除去糖酵解最初几个步骤中消耗的2分子ATP，六碳糖经糖酵解途径净产生2分子ATP。

糖酵解具有多种生理功能。糖酵解的一些中间产物是合成其他有机物的重要原料，其糖酵解的终产物丙酮酸在生化上十分活跃，可通过不同途径进行不同的生化反应。丙酮酸通过氨基化作用可生成丙氨酸；在有氧条件下，丙酮酸进入三羧酸循环和呼吸链，被彻底氧化成CO_2和H_2O；在无氧条件下进行无氧呼吸，会生成乙醇或乳酸。因此，糖酵解是有氧呼吸和无氧呼吸共同的途径。糖酵解逆转反应，使糖异生作用成为可能。同时，糖酵解中生成的ATP和NADH可使生物体获得生命活动所需要的部分能量和还原力。

二、丙酮酸的还原

在缺氧条件下，氧化磷酸化不能发挥作用，三羧酸循环也无法进行，就会导致丙酮酸的积累。另外，由于细胞中的 NAD^+ 是有限的，一旦所有的 NAD^+ 都处于还原状态（NADH），3-磷酸甘油醛脱氢酶就会失去活性，因而糖酵解途径也就不能继续进行。为了克服这些问题，植物和其他生物通过多种形式的发酵代谢（fermentative metabolism）进一步还原丙酮酸，使 NADH 脱氢氧化。

通常情况下，高等植物在无氧条件下发生乙醇发酵。糖酵解终产物丙酮酸在丙酮酸脱羧酶（pyruvic acid decarboxylase）的作用下脱羧生成 CO_2 和乙醛。

$$CH_3COCOOH \longrightarrow CO_2 + CH_3CHO$$

乙醛在乙醇脱氢酶（alcohol dehydrogenase）的作用下，迅速被糖酵解途径中形成的 NADH 还原成乙醇。

$$CH_3CHO + NADH + H^+ \longrightarrow CH_3CH_2OH + NAD^+$$

因此，乙醇发酵的总反应式如下。

$$C_6H_{12}O_6 + 2ADP + 2Pi \longrightarrow 2CH_3CH_2OH + 2CO_2 + 2ATP + 2H_2O$$

植物组织中有乳酸脱氢酶（lactic acid dehydrogenase），丙酮酸可被糖酵解途径中形成的 NADH 还原为乳酸（lactate），即乳酸发酵（lactate fermentation）。

$$CH_3COCOOH + NADH + H^+ \longrightarrow CH_3CHOHCOOH + NAD^+$$

乳酸发酵的总反应式如下。

$$C_6H_{12}O_6 + 2ADP + 2Pi \longrightarrow 2CH_3CHOHCOOH + 2ATP + 2H_2O$$

由此可见，无氧呼吸过程中葡萄糖分子中的能量只有一小部分被释放、转化，大部分能量还保存在丙酮酸、乳酸或乙醇分子中。无氧呼吸的能量利用效率低，有机物损耗大，而且发酵产物乙醇和乳酸的累积对细胞原生质有毒害作用。如果植物长期进行无氧呼吸，就会受到伤害，甚至死亡。

第三节　糖的有氧降解

在有氧条件下糖被降解的代谢过程主要有三羧酸循环及戊糖磷酸途径。

一、三羧酸循环

糖酵解所产生的丙酮酸在有氧条件下进一步氧化降解，最终生成 CO_2 和 H_2O，即广义的三羧酸循环（tricarboxylic acid cycle，TCA 循环或 TCAC），因为柠檬酸是这个循环中的重要中间产物，又称柠檬酸循环（citric acid cycle）。三羧酸循环可以看成是有氧呼吸的第二个阶段，是在线粒体基质（matrix）中进行的。在细胞质中，葡萄糖经过糖酵解转化成的丙酮酸通过位于线粒体内膜的丙酮酸转运体（pyruvate translocator）进入线粒体基质。丙酮酸转运体位于线粒体内膜上，促进线粒体基质中 OH^- 进行电中性交换。丙酮酸进入线粒体基质后，经丙酮酸脱氢酶系催化，氧化脱羧形成乙酰辅酶 A（乙酰 CoA），乙酰 CoA 再进入狭义的三羧酸循环，彻底氧化成 CO_2，生成 ATP、NADH、$FADH_2$，并释放能量。

（一）由丙酮酸形成乙酰 CoA

丙酮酸在丙酮酸脱氢酶复合体（pyruvate dehydrogenase complex）的催化下，氧化脱羧形成

NADH、CO_2 和乙酸，乙酸再通过硫酯键与 CoA 结合生成乙酰 CoA。

　　丙酮酸脱氢酶系是一个由多个酶蛋白组成的复合体，由 5 种酶组成。其中丙酮酸脱羧酶、二氢硫辛酸脱氢酶、硫辛酸乙酰转移酶催化丙酮酸的氧化脱羧。另外两种酶是激酶和磷酸酶，对其他 3 种酶起调节作用。此外，该酶反应体系还受到产物和能量物质（GTP、AMP、ATP、ADP）的调节。在丙酮酸转化为乙酰 CoA 的过程中，释放 CO_2，脱出的两个氢原子被 NAD^+ 接受产生 NADH。

（二）TCA 循环的化学过程

　　乙酰 CoA 是狭义的三羧酸循环的起始底物，乙酰 CoA 与草酰乙酸缩合成含有 3 个羧基的柠檬酸，然后经过一系列氧化脱羧反应生成 CO_2、NADH、$FADH_2$、ATP 直至草酰乙酸再生的全过程（图 6-2）。整个过程包括合成、加水、脱氢、脱羧等 8 步反应，如果加上丙酮酸的氧化脱羧则共有 9 步反应。

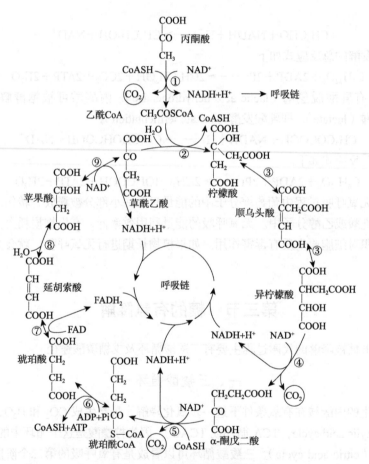

图 6-2　三羧酸循环的反应过程

①丙酮酸脱氢酶复合体（pyruvic acid dehydrogenase complex）；②柠檬酸合酶（citrate synthase）或称缩合酶（condensing enzyme）；③顺乌头酸酶（aconitase）；④异柠檬酸脱氢酶（isocitric acid dehydrogenase）；⑤α-酮戊二酸脱氢酶系（α-ketoglutaric acid dehydrogenase complex）；⑥琥珀酸硫激酶（succinic thiokinase）；⑦琥珀酸脱氢酶（succinic dehydrogenase）；⑧延胡索酸酶（fumarase）；⑨苹果酸脱氢酶（malic acid dehydrogenase）

　　1. 丙酮酸氧化脱羧生成乙酰 CoA　　形成的乙酰 CoA 进入三羧酸循环。

　　2. 乙酰 CoA 与草酰乙酸缩合生成柠檬酸　　在柠檬酸合酶（citrate synthase）的催化下，乙酰 CoA 与草酰乙酸缩合生成柠檬酸 CoA，然后高能硫酯键水解形成 1 分子柠檬酸并释放

CoASH，放出大量能量使反应不可逆。

3. 柠檬酸异构化生成异柠檬酸　　柠檬酸先脱水生成顺乌头酸，然后再加水生成异柠檬酸。反应由顺乌头酸酶催化。

4. 异柠檬酸生成 α-酮戊二酸　　这一反应可分为两段。

（1）异柠檬酸氧化脱氢生成草酰琥珀酸　　反应是在异柠檬酸脱氢酶的催化下，异柠檬酸被氧化脱氢，生成草酰琥珀酸中间产物，这是三羧酸循环的第一次氧化还原反应。

（2）草酰琥珀酸脱羧生成 α-酮戊二酸　　中间物草酰琥珀酸是一个不稳定的 α-酮酸，迅速脱羧生成 α-酮戊二酸。异柠檬酸脱氢酶有两种，一种以 NAD^+ 为辅酶，另一种则以 $NADP^+$ 为辅酶。对 NAD^+ 专一的酶位于线粒体中，它是三羧酸循环中重要的酶。对 $NADP^+$ 专一的酶既存在于线粒体中，也存在于细胞质中，它有着不同的代谢功能。

5. α-酮戊二酸氧化脱羧生成琥珀酰 CoA　　这是三羧酸循环中第二个氧化脱羧反应，由 α-酮戊二酸脱氢酶系催化，该步反应释放出大量能量，为不可逆反应，产生 1 分子 $NADH+H^+$ 和 1 分子 CO_2。

α-酮戊二酸脱氢酶系与丙酮酸脱氢酶系的结构和催化机制相似，由 α-酮戊二酸脱氢酶、转琥珀酰酶和二氢硫辛酸脱氢酶 3 种酶组成；都是氧化脱羧反应，也需要 TPP、硫辛酸、CoASH、FAD、NAD^+ 及 Mg^{2+} 6 种辅助因子的参与；并同样受产物 NADH、琥珀酰 CoA 及 ATP、GTP 的反馈抑制。

6. 琥珀酰 CoA 生成琥珀酸　　琥珀酰 CoA 含有一个高能硫酯键，是高能化合物，在琥珀酸硫激酶催化下，高能硫酯键水解释放的能量使 GDP 磷酸化生成 GTP，同时生成琥珀酸。GTP 很容易将磷酸基团转移给 ADP 形成 ATP。这是三羧酸循环中唯一的底物水平磷酸化直接产生高能磷酸化合物的反应。

7. 琥珀酸氧化生成延胡索酸　　在琥珀酸脱氢酶的催化下，琥珀酸被氧化脱氢生成延胡索酸，酶的辅基 FAD 是氢受体，这是三羧酸循环中的第三次氧化还原反应。

这一反应产物为延胡索酸（反丁烯二酸）。丙二酸、戊二酸等是琥珀酸脱氢酶的竞争性抑制剂。

8. 延胡索酸加水生成苹果酸　　在延胡索酸酶的催化下，延胡索酸水化生成苹果酸。

9. 苹果酸氧化生成草酰乙酸　　在苹果酸脱氢酶的催化下，苹果酸氧化脱氢生成草酰乙酸，NAD^+ 是氢受体，这是三羧酸循环中的第四次氧化还原反应，也是循环的最后一步反应。

至此，草酰乙酸得以再生，又可接受进入循环的乙酰 CoA 分子，进行下一轮三羧酸循环反应。TCA 循环的总反应式如下。

$$CH_3COSCoA + 3NAD^+ + FAD + ADP + Pi + 2H_2O \longrightarrow 2CO_2 + 3NADH + 3H^+ +$$
$$FADH_2 + ATP + CoASH$$

从葡萄糖经糖酵解生成 2 分子丙酮酸，经氧化脱羧生成 2 分子乙酰 CoA，进入 TCA 循环进一步氧化脱羧，总反应式可写成

$$2CH_3COCOOH + 8NAD^+ + 2FAD + 2ADP + 2Pi + 4H_2O \longrightarrow 6CO_2 +$$
$$8NADH + 8H^+ + 2FADH_2 + 2ATP$$

（三）丙酮酸进入 TCA 循环的意义和特点

1. 脱羧　　丙酮酸经过氧化脱羧进入 TCA 循环共生成 $3CO_2$，释放的 CO_2 是有氧呼吸产生 CO_2 的来源，当外界环境中 CO_2 浓度增加时，脱羧反应受抑制，呼吸速率下降。

2. 脱氢　　丙酮酸经过 TCA 循环有 5 步氧化反应脱下 5 对氢，其中 4 对用于还原 NAD^+，

形成 $NADH+H^+$，另一对从琥珀酸脱下的氢，可将 FAD 还原为 $FADH_2$，三羧酸循环逐步氧化释放的自由能主要以 NADH 和 $FADH_2$ 的形式贮存起来，它们再经过氧化磷酸化生成 ATP。由琥珀酰 CoA 形成琥珀酸通过底物水平磷酸化直接生成 1mol ATP。这些 ATP 可为植物生命活动提供能量。

3. 需氧　　TCA 循环中虽没有氧气参与，但必须在有氧条件下经过呼吸链电子传递，使 NAD^+ 和 FAD 在线粒体中再生，该循环才可继续，否则 TCA 循环就会受阻。

4. 代谢桥梁　　TCA 循环的一些中间产物是氨基酸、蛋白质、脂肪酸生物合成的前体，乙酰辅酶 A 不仅是糖代谢的中间产物，同时也是脂肪酸和某些氨基酸的代谢产物，因此 TCA 循环是糖、脂和蛋白质三大类有机物质氧化代谢共同的途径。

TCA 循环的丙酮酸可以转变成丙氨酸，草酰乙酸可以转化成天冬氨酸等，然而这些转化的中间产物必须得到补充，否则 TCA 循环就会停止运转。这种补充反应称为 TCA 循环的回补机制。PEP 可以在 PEP 羧化酶和苹果酸脱氢酶的催化下形成苹果酸，苹果酸通过线粒体内膜上的二羧酸传递体与线粒体基质中的无机磷酸进行交换进入线粒体基质，直接进入 TCA 循环；NAD^+ 苹果酸酶也可将苹果酸氧化脱羧形成丙酮酸，或在苹果酸脱氢酶的作用下生成草酰乙酸，再进入 TCA 循环，起到补充草酰乙酸和丙酮酸的作用。NAD^+ 苹果酸酶的存在使植物可以在缺少丙酮酸的情况下，完全氧化有机酸，这可能也是许多植物包括 CAM 植物在液泡中贮存许多苹果酸的原因。

二、戊糖磷酸途径

植物体内有氧呼吸代谢除 EMP-TCA 途径将糖氧化为 CO_2 和 H_2O 并获得能量外，还有另一代谢途径。这一代谢途径的主要中间产物是五碳糖，因此称为戊糖磷酸途径（pentose phosphate pathway，PPP），又称己糖磷酸途径（hexose monophosphate pathway，HMP）。PPP 同 EMP 一样，也是在细胞质中进行的，都将葡糖磷酸氧化降解，但 PPP 中的电子受体是 $NADP^+$。

（一）戊糖磷酸途径的化学过程

戊糖磷酸途径的化学过程可分为氧化阶段和非氧化阶段：氧化阶段从葡糖-6-磷酸氧化开始，直接氧化脱氢脱羧形成核糖-5-磷酸；非氧化阶段是磷酸戊糖分子在转酮酶和转醛酶的催化下互变异构及重排，产生果糖-6-磷酸和 3-磷酸甘油醛，此阶段产生中间产物 C_3、C_4、C_5、C_6 和 C_7 糖（图 6-3）。

1. 不可逆的氧化脱羧阶段　　第一阶段包括 3 种酶催化的 3 步反应，即脱氢、水解和脱氢脱羧反应。其是不可逆的氧化阶段，由 $NADP^+$

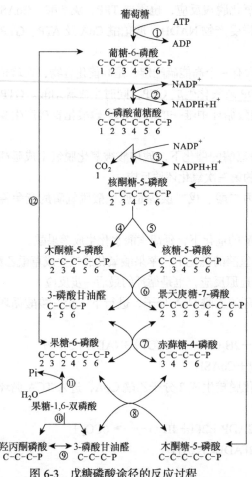

图 6-3　戊糖磷酸途径的反应过程

①己糖激酶；②葡糖-6-磷酸脱氢酶；③6-磷酸葡糖酸脱氢酶；
④木酮糖-5-磷酸差向异构酶；⑤磷酸核糖异构酶；⑥转酮酶；
⑦转醛酶；⑧转羟乙醛基酶；⑨丙糖磷酸异构酶；⑩醛缩酶；
⑪磷酸果糖酯酶；⑫磷酸己糖异构酶

作为氢的受体，脱去 1 分子 CO_2，生成五碳糖。

（1）脱氢反应　　在葡糖-6-磷酸脱氢酶（glucose-6-phosphate dehydrogenase）的作用下，以 $NADP^+$ 为辅酶，催化葡糖-6-磷酸脱氢，生成 6-磷酸葡糖内酯及 NADPH。

（2）水解反应　　在 6-磷酸葡糖酸内酯酶（6-phosphogluconolactonase）的催化下，6-磷酸葡糖内酯水解，生成 6-磷酸葡糖酸。

（3）脱氢脱羧反应　　在 6-磷酸葡糖酸脱氢酶（6-phosphogluconate dehydrogenase）的作用下，以辅酶 $NADP^+$ 为氢受体，催化 6-磷酸葡糖酸氧化脱羧，生成核酮糖-5-磷酸和另一分子 NADPH。

2. 可逆的非氧化分子重排阶段　　第二阶段是可逆的非氧化阶段，包括异构化、转酮反应和转醛反应，使糖分子重新组合。

（1）磷酸戊糖的异构化反应　　磷酸核糖异构酶（phosphoriboisomerase）催化核酮糖-5-磷酸转变为核糖-5-磷酸，而磷酸戊糖差向异构酶（phosphopentose epimerase）催化核酮糖-5-磷酸转变为木酮糖-5-磷酸。

（2）转酮反应　　转酮酶（transketolase）催化木酮糖-5-磷酸上的乙酮醇基（羟乙酰基）转移到核糖-5-磷酸的第一个碳原子上，生成 3-磷酸甘油醛和景天庚酮糖-7-磷酸。在此，转酮酶转移一个二碳单位，二碳单位的供体是酮糖，而受体是醛糖。

转酮酶以硫胺素焦磷酸（TPP）为辅酶，其作用机理与丙酮酸脱氢酶系中的 TPP 类似。

（3）转醛反应　　转醛酶（transaldolase）催化景天庚酮糖-7-磷酸上的二羟丙酮基转移给 3-磷酸甘油醛，生成赤藓糖-4-磷酸和果糖-6-磷酸。转醛酶转移一个三碳单位，三碳单位的供体也是酮糖，而受体也是醛糖。

（4）转酮反应　　转酮酶催化木酮糖-5-磷酸上的乙酮醇基（羟乙酰基）转移到赤藓糖-4-磷酸的第一个碳原子上，生成 3-磷酸甘油醛和果糖-6-磷酸。此步反应与第 5 步相似，转酮酶转移的二碳单位的供体是酮糖，受体是醛糖。

（5）磷酸己糖的异构化反应　　果糖-6-磷酸经异构化形成葡糖-6-磷酸。

戊糖磷酸途径从 6mol 葡糖-6-磷酸（G6P）开始，经两次脱氢氧化及脱羧后，放出 6mol CO_2 和生成 6mol 核酮糖-6-磷酸（Ru5P）。

$$6G6P + 12NADP^+ + 6H_2O \longrightarrow 6CO_2 + 12NADPH + 12H^+ + 6Ru5P$$

接下来的反应在异构酶和差向异构酶的催化下，6mol 核酮糖-5-磷酸（共有 $6 \times 5 = 30$mol 碳原子）经 C_3、C_4、C_5、C_7 等糖的异构变位，然后转变成为 5mol 葡糖-6-磷酸（同样含 $5 \times 6 = 30$mol 碳原子）：

$$6Ru5P + H_2O \longrightarrow 5G6P + Pi$$

经过 6 次的循环反应之后，1mol 的 G6P 被分解成 6mol CO_2，其总反应式如下。

$$G6P + 12NADP^+ + 7H_2O \longrightarrow 6CO_2 + 12NADPH + 12H^+ + Pi$$

（二）戊糖磷酸途径的生物学意义

戊糖磷酸途径具有重要的生理功能。首先，该途径是一个不需要通过糖酵解，而对葡萄糖进行直接氧化的过程，每氧化 1mol G6P 可形成 12mol 的 NADPH，生成的 NADPH 也可进入线粒体，通过氧化磷酸化作用生成 ATP。同时，它是体内脂肪酸和固醇生物合成、葡萄糖还原为山梨酸、二氢叶酸还原为四氢叶酸的还原剂。其次，该途径的一些中间产物是许多重要有机物质生物合成的原料，如 Ru5P 等戊糖是合成核酸的原料；赤藓糖-4-磷酸和磷酸烯醇式丙酮酸可以合成莽草酸，进而合成芳香族氨基酸，也可合成与植物生长、抗病性有关的生长素、木质素、绿原酸、咖啡酸等。植物在受病菌侵染及干旱等逆境条件下，该途径明显加强。再次，该途径中的一些中间产物丙糖、丁糖、戊糖、己糖及庚糖的磷酸酯也是光合作用卡尔文循环的中间产物，因而呼吸作用和光合作用可以联系起来。最后，3-磷酸甘油醛和果糖 -6-磷酸也是 EMP 的中间产物，因此它们也可通过 EMP 而被氧化。

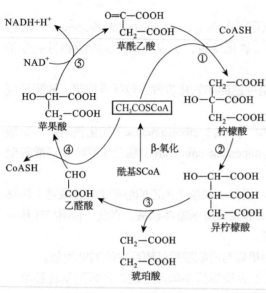

通常，戊糖磷酸途径在机体内可与三羧酸循环同时进行，但在不同生物及不同组织器官中所占比例不同。如在植物中，有时可占 50% 以上，在动物及多种微生物中约有 30% 的葡萄糖经此途径氧化。

三、乙醛酸循环

（一）乙醛酸循环的概念与化学过程

油料种子萌发时，贮藏的脂肪会分解为脂肪酸和甘油。脂肪酸经 β-氧化分解为乙酰 CoA，在乙醛酸体（glyoxysome）内生成琥珀酸、乙醛酸、苹果酸和草酰乙酸的酶促反应过程，称为乙醛酸循环（glyoxylic acid cycle，GAC），素有"脂肪呼吸"之称。该途径中产生的琥珀酸可转化为糖。乙醛酸循环的多个反应与三羧酸循环相似并与三羧酸循环有密切联系，所以可看成三羧酸循环的支路（图 6-4）。

图 6-4　乙醛酸循环
①柠檬酸合酶；②乌头酸酶；③异柠檬酸裂解酶；
④苹果酸合酶；⑤苹果酸脱氢酶

乙醛酸循环绕过 TCA 中的两个脱羧反应，因而无 CO_2 的生成。有两个关键性的酶促反应过程。

1. 异柠檬酸裂解酶反应　　异柠檬酸裂解酶（isocitrate lyase）将异柠檬酸裂解为琥珀酸和乙醛酸。

$$异柠檬酸 \longrightarrow 琥珀酸＋乙醛酸$$

2. 苹果酸合酶反应　　苹果酸合酶（malate synthase）催化 1 分子乙酰 CoA 和乙醛酸加合为苹果酸。

$$乙酰 CoA＋乙醛酸＋H_2O \longrightarrow 苹果酸＋CoASH$$

苹果酸脱氢以后转变为草酰乙酸，再与乙酰 CoA 缩合为柠檬酸而构成环式反应。琥珀酸进入 TCA 循环转变为草酰乙酸。

乙醛酸循环总反应式如下。

$$2乙酰 CoA＋NAD^+＋2H_2O \longrightarrow 琥珀酸＋2CoASH＋NADH＋H^+$$

（二）乙醛酸循环的生理意义

脂类转变为糖是糖的异生作用的一种形式。所谓糖的异生作用（gluconeogenesis）是指非糖的前体物质如氨基酸、脂肪酸、有机酸等转变为葡萄糖的过程。脂肪转变为糖开始于脂肪酸 β-氧化产生的乙酰 CoA，乙酰 CoA 由线粒体进入乙醛酸体，经乙醛酸循环产生琥珀酸，然后琥珀酸进入线粒体，经三羧酸循环转变为草酰乙酸，草酰乙酸穿过线粒体膜进入细胞质，在磷酸烯醇式丙酮酸羧激酶（PEP carboxykinase）的催化下，由 GTP 供能，脱羧生成磷酸烯醇式丙酮酸（PEP），PEP 逆糖酵解过程而异生为葡糖磷酸，可进一步转变为蔗糖。

油料种子萌发时，此过程强烈进行，油脂大量转变为糖，供种子萌发和幼苗生长所需。由此可知乙醛酸循环是脂肪与糖相互转变的桥梁。

第四节　电子传递与氧化磷酸化

细胞中各种生理活动所使用的基本能量形式是磷酸化的形式，其中最重要的是 ATP。在三羧酸循环中，氧化过程所获得的能量以 NADH 和 $FADH_2$ 形式贮存，它们必须转化为 ATP 的形式才能用于细胞。这个过程在线粒体内膜上通过一系列的电子传递过程来实现。

一、生物氧化的概念

三羧酸循环等呼吸代谢过程中脱下的氢被 NAD^+ 或 FAD 所接受，细胞内的辅酶或辅基数量是有限的，它们必须将氢交给其他受体之后，才能再次接受氢。在需氧生物中，O_2 便是这些氢的最终受体，这种在生物体内进行的氧化作用，称为生物氧化（biological oxidation）。所以生物氧化是指发生在细胞线粒体内的一系列传递氢和电子的氧化还原反应。

生物氧化与非生物氧化的化学本质相同，都是脱氢、失去电子或氧直接化合，并产生能量。但体外燃烧或纯化学的氧化，一般是在高温、高压、强酸、强碱条件下短时间内完成，并伴随着能量的急剧释放；而生物氧化则是在生活细胞内、常温、常压、接近中性的 pH 和水的环境下，由一系列的酶、辅酶、辅基及中间传递体的共同作用逐步完成的，氧化反应分阶段进行，能量是逐步释放的。生物氧化过程中释放的能量一部分以热能形式散失，另一部分则贮存在高能磷酸化合物 ATP 中，以满足植物生命活动的需要。

二、呼吸链的组分及功能

呼吸链（respiratory chain）又称电子传递链（electron transport chain，ETC），是指按一定氧化还原电位顺序排列、互相衔接传递氢或电子到分子氧的一系列呼吸传递体的总轨道。呼吸传递体可分为两大类：氢传递体与电子传递体。氢传递体包括一些脱氢酶的辅助因子，主要有 NAD^+、FMN（FAD）、泛醌（ubiquinone，UQ）等。它们既传递电子，也传递质子；电子传递体包括细胞色素系统和某些黄素蛋白（FP）、铁硫蛋白。呼吸传递体除了 UQ 外，大多数组分与蛋白质结合以复合体形式嵌入膜内。

线粒体中的电子载体构成 4 个蛋白复合体，分别是复合体 I、复合体 II、复合体 III 和复合体 IV。电子经过这 4 个复合体形成电子传递链。此外，线粒体中还有其他电子传递体和复合体，如复合体 V，即 ATP 合酶（图 6-5）。

1. 复合体 I（complex I）　又称 NADH-泛醌氧化还原酶（NADH-ubiquinone oxidoreductase），电子载体包括一个单黄素核苷酸（FMN）辅酶和几个铁硫蛋白。其功能在于催化位于线粒体基质中的 $NADH+H^+$ 的 2 个 H^+ 经 FMN 转运到膜间隙，同时 Fe-S 将 2 个电子传递给靠近内膜内侧的 2 个 UQ。UQ 是一类脂溶性的苯醌衍生物，含量高，广泛存在于生物界，故名泛醌，又名辅酶Q（coenzyme Q，CoQ）。UQ 是电子传递链中非蛋白质成员，其结构和功能类似于叶绿体类囊体膜上的 PQ。植物线粒体内膜上的泛醌一般带有 9~10 个异戊二烯侧链，不与蛋白质结合，能在膜脂内自由移动，它是复合体 I 和复合体 II 与复合体 III 之间的电子载体，并参与 H^+ 的跨膜转移。该酶的作用可被鱼藤酮（rotenone）、巴比妥酸所抑制，都是抑制 Fe-S 簇的氧化和泛醌的还原。

2. 复合体 II　又称琥珀酸-泛醌氧化还原酶（succinate-ubiquinone oxidoreductase），由黄素

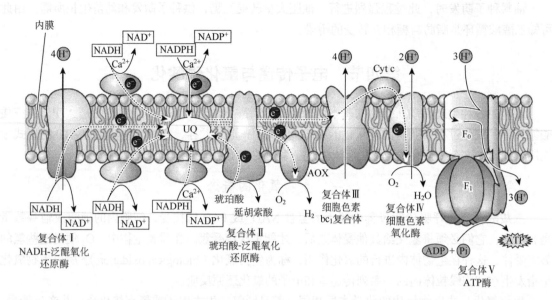

图 6-5　线粒体内膜上分布的 5 个蛋白复合体及电子的传递、ATP 的形成（引自 Taiz and Zeiger，2010）

腺嘌呤二核苷酸（FAD）和 3 个 Fe-S 蛋白（iron sulfur protein）组成。其功能是催化琥珀酸氧化为延胡索酸，并把 H^+ 经 FAD 转移到 UQ 生成 UQH_2，但不能转移线粒体基质中的 H^+ 到膜间隙。该酶的活性可被 2-噻吩甲酰三氟丙酮（TTFA）所抑制。

3. 复合体Ⅲ　　又称细胞色素 bc_1 复合体，起泛醌-细胞色素 c 氧化酶的作用。一般都含有两个 Cytb（b_{565} 和 b_{560}）、1 个 Fe-S 蛋白和 1 个 $Cytc_1$。其功能是氧化还原态 UQ，并通过一个铁硫中心、两个 Cytb（b_{565} 和 b_{560}）和一个与膜结合的 $Cytc_1$ 将电子传递给位于线粒体内膜外侧的Cytc，2 个 UQ 则从内膜外侧返回内侧，完成 UQ 循环。抗霉素 A（antimycin A）抑制从 UQH_2 到复合体Ⅲ的电子传递。在电子传递中，Cytc 是唯一不是膜内在蛋白的蛋白质，它作为可移动的电子载体在复合体Ⅲ和复合体Ⅳ之间进行电子传递。

4. 复合体Ⅳ　　又称细胞色素氧化酶，主要成分是 Cyta 和 $Cyta_3$ 及两个铜原子，组成两个氧化还原中心。其功能是将 $Cytaa_3$ 中的电子传递给分子氧，被激活的 O_2 再与基质中的 H^+ 结合形成 H_2O。CO、氰化物、叠氮化物（azide，N_3^-）可抑制从 $Cytaa_3$ 到 O_2 的电子传递。

复合体Ⅰ至复合体Ⅳ都是膜的内在蛋白，它们以 1:1:1:1 的比率存在。电子传递体在线粒体内膜上的分布严格有序，各组分具有的氧化还原电位（E_0'）值的高低决定了它们在呼吸链上的位置顺序，电子总是从低氧化还原电位流向高氧化还原电位，NADH 的 E_0' 为 -0.32V，而 O_2 的 E_0' 有 +0.8V，因而电子能从 NADH 传递到 O_2。

这 4 个复合体在线粒体内膜上的垂直空间分布也很特殊。NADH 和琥珀酸的氧化是在膜基质一侧，氧的还原也在同一侧。Cytc 松弛结合于线粒体内膜的外侧。在复合体Ⅲ中，Fe-S 中心、$Cytc_1$ 和 $Cytb_{565}$ 靠近线粒体内膜的外侧，而 $Cytb_{560}$ 则靠近基质的外侧，这样的分布特点使电子在电子载体间进行传递的同时进行 H^+ 跨膜运动，这对于建立跨膜质子浓度梯度是非常重要的。因此，在这 4 个复合体中，复合体Ⅰ、复合体Ⅲ和复合体Ⅳ均有跨膜运送质子的功能。

植物线粒体内膜的电子传递具有一些与动物线粒体电子传递不同之处。首先，在植物线粒体内膜的膜间隙一侧有一些特殊的"外在"NAD(P)H 脱氢酶复合体，催化细胞质中的 NADH 或NADPH 氧化，并将电子传递到泛醌，进入电子传递链。其次，研究发现，在植物线粒体基质中可能还存在着一条抗鱼藤酮的 NADPH 氧化途径，但目前还不清楚这一途径的意义，推测这种脱氢酶的主要功能可能是氧化基质中产生的 NADPH 而不是 NADH。

三、氧化磷酸化

氧化磷酸化（oxidative phosphorylation）是指在生物氧化中电子从 NADH 和 FADH$_2$ 脱下，经电子传递链传递给分子氧生成水，并偶联 ADP 和 Pi 生成 ATP 的过程。它是需氧生物合成 ATP 的主要途径，电子沿呼吸链从低电位流向高电位逐步释放能量。

氧化磷酸化所产生的 ATP 的数量是和电子进入电子传递链的部位，或者说电子传递所经过的电子载体有关。当电子在两个电子传递体之间传递时，释放的能量可满足 ATP 的产生，即为氧化磷酸化的偶联部位。呼吸链的 4 个复合体中，复合体 Ⅰ、Ⅲ 和 Ⅳ 是 3 个偶联部位，复合体 Ⅱ 不是偶联部位。NADH 经呼吸链氧化要通过复合体 Ⅰ、Ⅲ 和 Ⅳ 3 个偶联部位，可形成 3mol ATP。FADH$_2$ 经呼吸链氧化只通过复合体 Ⅲ 和 Ⅳ 2 个偶联部位，所以只形成 2mol ATP。

P/O 比（P/O ratio）是评价氧化磷酸化作用的活力指标，是指每消耗 1mol 氧原子有几个 ADP 合成了 ATP；或每吸收一个氧原子与所酯化的无机磷分子数之比，或每传递两个电子与产生的 ATP 数之比。根据 3 个偶联部位，呼吸链中一对电子从 NADH 开始经细胞色素途径传至氧生成水，要进行 3 次 ATP 的形成，即 P/O 比是 3，但实际测定的结果往往是 2.4～2.7。另外，如果用抑制剂抑制电子传递，人为地造成一个跨膜 pH 梯度，也会合成 ATP。以上事实表明，磷酸化并不直接与某个具体偶联部位的电子传递相偶联。电子传递抑制剂并不是直接抑制 ATP 的合成，而是通过抑制跨膜的 H$^+$ 电化学势梯度（$\Delta\mu_H^+$）的建立，间接地抑制了 ATP 的合成。

与光合磷酸化的机理一样，氧化磷酸化也可用 Mitchell 提出的化学渗透假说（chemiosmotic hypothesis）来解释。该假说强调跨膜的质子动力势（proton motive force，pmf）是推动 ATP 合成的原动力，呼吸传递体在线粒体内膜上特定的不对称几何分布，使得当电子在膜中定向传递时，一对电子从 NADH 传递到 O$_2$ 时，共泵出 8～10 个 H$^+$。从琥珀酸的 FADH$_2$ 开始，共泵出 6 个 H$^+$，H$^+$ 从基质转移到膜间隙，由于线粒体内膜对质子的不通透性，质子不能自由通过线粒体内膜而返回内侧，从而建立跨膜的质子浓度梯度（ΔpH）和膜电势差（ΔE），即质子电化学势梯度（proton electrochemical gradient，$\Delta\mu_H^+$），也可称为质子动力势差（ΔP）。在 25℃时：

$$\Delta\mu_H^+ = 5.7\Delta pH + 96.5\Delta E$$

$$\Delta P = 0.059\Delta pH + \Delta E$$

跨膜质子浓度梯度越大，则质子电化学势梯度就越大，可供利用的自由能也就越高。强大的质子电化学势梯度使 H$^+$ 流沿着 F$_1$-F$_0$-ATP 合酶（偶联因子）的 H$^+$ 通道进入线粒体基质时，释放的自由能推动 ADP 和 Pi 合成 ATP。大约 3mol H$^+$ 通过偶联因子进入线粒体基质可生成 1mol ATP。

化学渗透假说解释了合成 ATP 的动力问题。美国生物化学家 Paul Boyer 提出的 ATP 合酶的结合转化机制（binding change mechanism）则解释了 ATP 合酶是怎样合成 ATP 的。该机制认为，ATP 合成过程中主要的耗能步骤是 ATP 的释放，而非 ATP 高能键的形成；F$_1$ 上的 3 个 β 亚基分别处于开放、松弛和紧密结合 3 种构象，分别对应于底物（ADP 和 Pi）结合、产物（ATP）的形成和释放 3 个过程；当质子顺质子电化学势梯度通过时，会引起 γ 亚基的旋转，导致 3 个 β 亚基构象的依次变化，从而完成 ADP 和 Pi 的结合、高能磷酸键的形成及 ATP 的释放。

在氧化磷酸化过程中除了电子传递抑制剂外，有一些化学物能够消除跨膜的质子梯度或电位梯度，使 ATP 不能形成，解除电子传递与磷酸化偶联的作用，称为解偶联作用（uncoupling），具有解偶联作用的化合物称为解偶联剂（uncoupler）。例如，2,4-二硝基苯酚（2,4-dinitrophenol，

DNP）呈弱酸性和脂溶性，在不同 pH 下，可结合 H^+ 转移至膜内，消除跨膜质子梯度，抑制 ATP 的形成。但解偶联剂在抑制 ADP 的磷酸化，或者说 ATP 合成的同时，并不抑制呼吸链的电子传递，甚至会加速电子传递，自由能以热的形式散失，形成"徒劳"呼吸。这说明电子传递过程中形成质子电化学势是合成 ATP 的必要条件。植物在干旱、冷害或缺钾等不良条件下，会导致氧化磷酸化解偶联现象。此外，还有一类氧化磷酸化抑制剂（depressant），既不抑制电子传递，也不同于解偶联剂，它直接作用于 ATP 合酶复合体而抑制 ATP 合成，并能间接抑制 O_2 的消耗，如寡霉素（oligomycin）。

四、呼吸链与末端氧化系统的多样性

（一）呼吸链电子传递途径的多样性

1. **NADH 和 $FADH_2$ 电子传递途径**　　线粒体基质中 NADH 和 $FADH_2$ 氧化时产生的电子，通过泛醌，最终经细胞色素氧化酶交给 O_2 形成水，是细胞色素呼吸电子传递链的主路，这条电子传递途径在生物界分布最广泛，为动物、植物及微生物所共有。

NADH 电子传递途径要通过复合体 I、复合体 III、复合体 IV。每传递 1 对电子可泵出 8～10 个 H^+，因此该途径 P/O 比的理论值为 3，该途径对鱼藤酮、抗霉素 A、氰化物都敏感。$FADH_2$ 电子传递途径绕过了复合体 I，每传递一对电子可泵出 6 个 H^+，因此该途径 P/O 比的理论值是 2。该途径不受鱼藤酮抑制，受抗霉素 A、氰化物抑制。

另外，植物细胞线粒体内膜内侧还存在一种 NADH 脱氢酶，脱氢酶的辅基不是 FMN 及 Fe-S，而是另一种黄素蛋白，氧化"苹果酸穿梭"产生的 NADH。该电子传递途径绕过了复合体 I，电子从 UQ 处进入电子传递链，因此该途径不被鱼藤酮抑制，但对抗霉素 A、氰化物敏感，每传递一对电子可泵出 6 个 H^+，因此其 P/O 比为 2 或略低于 2。该途径被认为是复合体 I 超负荷运转时分流电子的一条支路。

2. **NAD(P)H 电子传递途径**　　这是一条细胞色素呼吸电子传递链的支路。NAD(P)H 脱氢酶位于线粒体内膜外侧，为植物细胞线粒体所特有。活性依赖 Ca^{2+}，本身无泵 H^+ 跨膜功能，催化胞质来源的 NAD(P)H 的氧化，电子由 UQ 处进入电子传递链。电子传递途径绕过了复合体 I，每传递一对电子可泵出 6 个 H^+，因此该途径 P/O 比的理论值是 2。该途径不受鱼藤酮抑制，受抗霉素 A、氰化物抑制。

3. **交替途径（alternative pathway，AP）**　　除了 NADH 和 $FADH_2$ 的电子传递途径之外，大多数植物具有一条对氰化物、叠氮化物和一氧化碳等抑制剂不敏感的交替途径，又称抗氰支路（cyanide resistant shunt）。这种在氰化物存在条件下仍能运行的呼吸作用称为抗氰呼吸（cyanide resistant respiration）。电子自 NADH 脱下后，经 FMN→Fe-S 传递到 UQ，然后从 UQ 处分岔，经 FP 和交替氧化酶（alternative oxidase，AO）即抗氰氧化酶（cyanide resistant oxidase）把电子交给分子氧，电子通过了复合体 I，越过了复合体 III、IV 位点，其 P/O 比为 1（图 6-6）。

抗氰呼吸多见于天南星科的产热植物，这些植物开花时的佛焰花序会产生大量热量，使其温度比周围高 15～35℃，促使恶臭物质散发以吸引昆虫进行传粉。因此，抗氰呼吸又称为放热呼吸（thermogenic respiration）。在高等植物中抗氰呼吸广泛存在，无论是单子叶植物还是双子叶植物都发现了抗氰呼吸，如天南星科、睡莲科和白星海芋科等产热植物的花器官、花粉，玉米、水稻、豌豆、绿豆和棉花的种子，马铃薯的块茎，甘薯和胡萝卜的块根等。在分属于不同科目的 200 多种植物中都存在抗氰呼吸，只是运行程度不同。许多真菌、藻类、酵母也有抗氰呼吸，最近有人还提出在动物中可能也有抗氰呼吸。

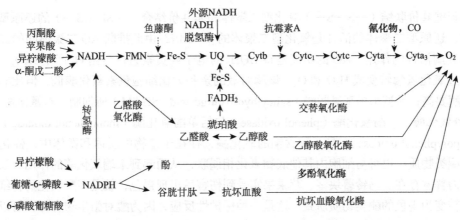

图 6-6　植物呼吸代谢的电子传递途径（引自潘瑞炽，2012）

由于交替途径中氧化并不和磷酸化偶联，因此抗氰呼吸是一个放热呼吸，其产生的大量热能对产热植物早春开花有保护作用。由于抗氰呼吸的放热，花器官的温度与环境的温度相差可达 22℃，还可增加胺类等物质挥发，引诱昆虫传粉，有助于花粉的成熟及授粉、受精过程。放热效应也有利于种子萌发，种子在萌发早期或吸胀过程中抗氰呼吸活跃。此外，研究也证明植物衰老和果实成熟与乙烯的形成密切相关，乙烯的形成与抗氰呼吸速率有平行的关系。并且，抗氰呼吸电子传递系统是乙烯促进呼吸的前提条件，乙烯刺激抗氰呼吸，诱发呼吸跃变的产生，促进果实成熟和植物器官衰老。甘薯块根组织受到黑斑病菌侵染后，抗氰呼吸成倍增长，而且抗病品种块根组织的抗氰呼吸速率明显高于感病品种，真菌感染组织状况也是如此，说明抗氰呼吸的强弱与甘薯块根组织对黑斑病菌的抗性有着密切关系。在低磷、低温、干旱等逆境条件下，植物的呼吸作用（经细胞色素氧化酶）往往受阻，抗氰呼吸产生或加强，这样可以保证 EMP-TCA 循环，PPP 能正常运转，保证底物继续氧化，维持逆境下植物生命活动对呼吸代谢的基本需求。

在底物（碳骨架）和还原力（NADH、ATP）丰富或过剩时，糖酵解和三羧酸循环进行得很快，它们所提供的电子无法完全经细胞色素途径传递时，线粒体通过调整细胞色素氧化酶和抗氰呼吸的比例，交替途径可能作为一种"溢出"途径将过剩的电子和还原力除去，从而防止细胞色素呼吸链组分的过度还原（UQ/UQH_2 值过高）和由此产生的超氧阴离子等活性氧对植物细胞造成的伤害。

线粒体中呼吸链电子传递多条途径的存在是植物适应多变环境的结果，这是进化的表现。

（二）末端氧化系统的多样性

末端氧化酶（terminal oxidase）是指处于呼吸链一系列氧化还原反应最末端，能将底物上脱下的电子最终传给 O_2，使其活化，并形成 H_2O 或 H_2O_2 的酶类。末端氧化酶有的存在于线粒体内，如细胞色素氧化酶和交替氧化酶；有的存在于胞基质和其他细胞器中，属于非线粒体的末端氧化酶，如抗坏血酸氧化酶、多酚氧化酶、乙醇酸氧化酶等（图 6-6）。

1. **细胞色素氧化酶**　　细胞色素氧化酶（cytochrome oxidase）是植物体内最主要的末端氧化酶，该酶包括 Cyta 和 $Cyta_3$，含有两个铁卟啉和两个铜原子，将 $Cyta_3$ 电子传给 O_2，生成 H_2O，承担细胞内约 80% 的耗氧量。该酶在植物组织中普遍存在，以幼嫩组织中比较活跃。与 O_2 的亲和力极高，受氰化物、CO 的抑制。

2. **交替氧化酶**　　交替氧化酶（alternative oxidase，AO）又称抗氰氧化酶（cyanide resistant oxidase）。交替氧化酶定位于线粒体内膜上，是一种含铁的酶，Fe^{2+} 是交替氧化酶活性中心的金属，以二硫键共价联结（—S—S—）氧化型二聚体和非共价结合（—SH HS—）的还原型二聚体形式存在，还原型二聚体的活性是氧化型二聚体的 4～5 倍，由此推断 AO 二聚体间的二硫键可能有调节其酶活性的作用。AO 的功能是将 UQH_2 的电子经黄素蛋白传给 O_2 产生 H_2O_2，再被线粒体内的过氧化氢酶转变成 H_2O 和 O_2，该酶对氧的亲和力比细胞色素氧化酶低，但比非线粒体末端氧化酶要高；易被水杨基氧肟酸（salicylhydroxamic acid，SHAM）所抑制，对氰化物不敏感。

3. 酚氧化酶　　酚氧化酶（phenol oxidase）包括单酚氧化酶（monophenol oxidase）和多酚氧化酶（polyphenol oxidase），是一种含铜的氧化酶，存在于植物的质体和微体中，催化酚类物质氧化为醌类物质，也可与细胞内其他底物氧化相偶联，从而起到末端氧化酶的作用。酚氧化酶在植物体内普遍存在。马铃薯块茎、苹果果实受到伤害后出现褐色，就是多酚氧化酶将细胞中的酚类物质转变为褐色的醌类物质所致。这是一种保护性反应，因为醌对微生物有毒，可以防止感染，提高抗病性。植物组织受伤后呼吸增强，这部分呼吸称为伤呼吸（wound respiration），它直接与酚氧化酶的活性加强有关。制红茶时，要揉破细胞，通过多酚氧化酶的作用将茶叶中的酚类氧化，并聚合成红褐色的色素，从而制得红茶。酚氧化酶对氧的亲和力中等，易受氰化物和 CO 的抑制。

4. 抗坏血酸氧化酶　　抗坏血酸氧化酶（ascorbic acid oxidase）是含铜氧化酶，该酶催化抗坏血酸脱氢反应，生成脱氢抗坏血酸，反应脱去的氢传递给分子氧生成 H_2O。抗坏血酸氧化酶定位于细胞质中，在植物中普遍存在，以蔬菜和果实中较多，与植物的受精作用、能量代谢及物质合成有密切关系。该酶对氧的亲和力低，受氰化物抑制，对 CO 不敏感。

5. 过氧化物酶和过氧化氢酶　　过氧化物酶（peroxidase，POD）是含铁卟啉的蛋白，它可以催化 H_2O_2 对多种芳香族胺类或酚类化合物的氧化作用。过氧化氢酶（catalase，CAT）也是含铁卟啉的蛋白，它可以催化 2 分子的 H_2O_2 进行反应，生成 1 分子的 O_2 和 2 分子的 H_2O。

H_2O_2 是很强的氧化剂，对细胞有严重的破坏作用。例如，H_2O_2 可以使蛋白质失去活性，使膜内磷脂发生氧化而破坏细胞膜的结构，破坏线粒体使能量代谢受阻等。过氧化物酶和过氧化氢酶可以促进 H_2O_2 的分解，消除其毒害。

6. 乙醇酸氧化酶　　乙醇酸氧化酶（glycolate oxidase）是光呼吸的末端氧化酶，该酶是一种黄素蛋白酶（含 FMN），不含金属，催化乙醇酸氧化成乙醛酸并产生 H_2O_2，与甘氨酸和草酸生成有关。该酶与氧的亲和力极低，不受氰化物和 CO 的抑制。

此外，这个氧化体系在根也有活性。例如，乙醇酸氧化途径（glycolic acid oxidation pathway）是发生在水稻根系中的一种糖降解途径。水稻根呼吸产生的部分乙酰 CoA 不进入 TCA 循环，而是形成乙酸，乙酸在乙醇酸氧化酶及其他酶类的催化下依次形成乙醇酸、乙醛酸、草酸和甲酸及 CO_2，并且不断地形成 H_2O_2。H_2O_2 在过氧化氢酶的催化下产生氧气，并释放于根的周围，形成一层氧化圈，使水稻根系周围保持较高的氧化状态，以氧化各种还原性物质（如 H_2S、Fe^{2+} 等），抑制土壤中还原性物质对水稻根的毒害，从而保证根系旺盛的生理机能。

7. 质体末端氧化酶　　质体末端氧化酶（plastid terminal oxidase，PTOX）是叶绿体呼吸的末端氧化酶。叶绿体呼吸是存在于植物叶绿体中的一条依赖 O_2 的电子传递途径，包括 NAD(P)H 脱氢酶复合体介导的 NAD(P)H 对质体醌的非光化学还原和 PTOX 对质体醌进行再氧化的过程。而 PTOX 存在于质体内，定位于类囊体膜的基质片层，它与线粒体中的交替氧化酶具有很高的同源性，能氧化质体醌并将电子传递给分子氧而生成水。另外，PTOX 还是类胡萝卜素合成的一种重要辅助因子。

植物体内末端氧化酶的多样性，能使植物在一定范围内适应各种外界条件。例如，细胞色素氧化酶对氧的亲和力极高，所以在低氧浓度下的仍能发挥良好的作用，而酚氧化酶对氧的亲和力弱，则可在较高氧浓度下顺利发挥作用。

第五节　影响呼吸作用的因素

一、呼吸作用的指标

判断呼吸作用的强弱和性质，一般可以用呼吸速率和呼吸商两种生理指标来表示。

（一）呼吸速率

呼吸速率（respiratory rate）又称呼吸强度（respiratory intensity），是最常用的代表呼吸强弱的生理指标。通常以单位时间内单位重量（鲜重、干重）的植物组织或单位细胞、毫克氮释放的 CO_2 的量或吸收 O_2 的量来表示。单位有 $\mu mol/(g \cdot h)$ 和 $\mu l/(g \cdot h)$ 等。

测定呼吸速率的方法有多种，常用的有：用红外线 CO_2 气体成分分析仪测定 CO_2 的释放量，用氧电极测氧装置测定 O_2 吸收量，广口瓶法，气流法，瓦布格微量呼吸检压法等。通常叶片、块根、块茎、果实等器官释放 CO_2 的速率，用红外线 CO_2 气体分析仪测定，而细胞、线粒体的耗氧速率可用氧电极和瓦布格微量呼吸检压计等测定。

（二）呼吸商

呼吸商（respiratory quotient, RQ）又称呼吸系数（respiratory coefficient），是指在一定时间内，呼吸底物在呼吸过程中所释放 CO_2 的量和吸收 O_2 的量的比值。

$$RQ = \frac{释放 CO_2 的量}{吸收 O_2 的量}$$

呼吸作用中被氧化的有机物称为呼吸底物（respiratory substrate）。糖类、脂肪、蛋白质、氨基酸、有机酸等都可以作为呼吸底物。呼吸底物种类不同，所释放 CO_2 的量和吸收 O_2 的量也有所差异，呼吸商就不同。

以葡萄糖、蔗糖等糖类作为呼吸底物完全氧化时，呼吸商是1。禾谷类种子萌发时，呼吸商通常接近1。以富含氢的脂肪、蛋白质为呼吸底物，由于其含氧量较少，需要较多的氧才能传递氧化，因此呼吸商就小于1。油料种子萌发初期，棕榈酸先氧化转变为蔗糖，其呼吸商约为0.36；完全氧化时，其呼吸商约为0.7。蛋白质完全氧化为 CO_2、氨和水，其 RQ 很接近1，但是在植物细胞中更普遍的是不完全氧化，氨被保留在酰胺中，主要是谷氨酰胺和天冬酰胺，此时RQ 则为 0.75～0.8。以含氧较多的多元有机酸作为呼吸底物，则呼吸商大于1。以苹果酸为例，呼吸商约为 1.33。

因此，呼吸商的大小与呼吸底物的性质关系密切，故可根据呼吸商的大小大致来推测某呼吸过程中的底物性质及其种类的改变。然而，植物材料的呼吸商往往来自多种呼吸底物的平均值。同样，环境的氧气供应状况对呼吸商影响也很大，在无氧条件下发生乙醇发酵，只有 CO_2 释放，无 O_2 的吸收，则 RQ 趋于无穷大。如果在呼吸进程中形成不完全氧化的中间产物（如有机酸），吸收的氧较多地保留在中间产物里，放出的二氧化碳就相对减少，RQ 就会小于1。

二、影响呼吸作用的内部因素

植物的呼吸过程是一个非常复杂的过程，受到许多方面的影响。植物的种类、年龄、器官的不同及多种环境因素都会影响呼吸过程。

　　不同的植物种类、组织或器官，其呼吸速率不同。总的来说，生长快、代谢活跃的组织或器官的呼吸速率高。例如，在高等植物中，小麦、蚕豆的呼吸速率高于仙人掌；玉米、柑橘等喜温植物的呼吸速率高于小麦、苹果等耐寒植物；草本植物高于木本植物；生殖器官的呼吸速率较营养器官高；同一花内雌蕊的呼吸速率高于雄蕊，花萼最低；生长旺盛的、幼嫩的器官的呼吸速率较生长缓慢的、年老的器官为强；种子内胚的呼吸速率比胚乳高。

　　多年生植物的呼吸速率还表现出季节周期性变化。在温带生长的植物，春季会发芽、开花，其呼吸速率最高，夏季略降低，秋季又上升，以后一直下降，到冬季降到最低点。一年生植物开始萌发时，呼吸速率迅速增强，随着植株生长变慢，呼吸速率逐渐平稳，并有所下降，开花时又有所上升。这种周期相变化除受外界环境的影响外，与植物体内的代谢强度、酶活性及呼吸底物的多少也有密切关系。

三、影响呼吸作用的外部因素

（一）温度

　　温度对呼吸作用的影响主要表现为温度对呼吸酶活性的影响。在一定范围内呼吸速率随温度的升高而升高，达到最高值后，继续升高温度，呼吸速率反而下降。可以把温度对呼吸作用的影响分为最低温度、最适温度和最高温度。最适温度是保持稳态的较高呼吸速率时的温度，一般温带植物为 $25\sim35{}^\circ\!C$。最低温度是植物呼吸速率随温度降低至最低时的温度，因植物种类的不同而有很大的差异，一般植物在接近 $0{}^\circ\!C$ 时，植物呼吸作用很微弱，而冬小麦在 $-7\sim0{}^\circ\!C$ 仍可进行呼吸作用，耐寒的松树针叶在 $-25{}^\circ\!C$ 条件下仍未停止呼吸。最高温度一般为 $35\sim45{}^\circ\!C$，最高温度在短时间内可使呼吸速率较最适温度的高，但时间较长后，呼吸速率就会急速下降。这是因为高温加速了酶的钝化或失活。温度对植物呼吸的作用和植物的生理状态有关。例如，冬季松针在 $-25\sim-10{}^\circ\!C$ 时可测出呼吸，但是在夏季当温度降至 $-4{}^\circ\!C$ 时，呼吸会很快停止。在 $0\sim35{}^\circ\!C$ 生理温度，呼吸速率与温度呈正相关，可以用温度系数（temperature coefficient，Q_{10}）来表示。Q_{10} 是指温度每升高 $10{}^\circ\!C$，呼吸速率增加的倍数。大多数植物为 $2.0\sim2.5$，即温度每升高 $10{}^\circ\!C$，呼吸速率可增加 $2.0\sim2.5$ 倍。温度系数能准确地反映短期温度变化、植物发育和外界因素对呼吸作用的影响。

（二）氧气

　　氧是有氧呼吸途径运转的必要因素，是整个呼吸代谢的最终底物。氧浓度的变化对呼吸速率、呼吸代谢途径都有影响，当氧浓度下降到 20% 以下时，植物呼吸速率便开始下降。从呼吸类型来看，氧浓度在 10%～20% 时，全部是有氧呼吸，无氧呼吸不进行；当氧浓度低于 10% 时，有氧呼吸迅速下降，无氧呼吸出现并逐步增强。一般把无氧呼吸停止进行的最低氧含量（10% 左右）称为无氧呼吸消失点（anaerobic respiration point）。在氧浓度较低的情况下，呼吸速率随氧浓度的增大而增强，但氧浓度增至一定浓度时，对呼吸作用就没有促进作用了，这一氧浓度称为氧饱和点（oxygen saturation point）。氧饱和点与温度密切相关，一般是温度升高，氧饱和点也提高，这种现象是由呼吸酶和中间电子传递体的周转率造成的，同时也与末端电子传递体和氧的亲和力有关。氧浓度过高（70%～100%），对植物有毒害，这可能与活性氧代谢形成自由基有关。过低的氧浓度会导致无氧呼吸增强，过度地消耗体内养料，产生酒精中毒，缺乏正常合成代谢的原料和能量，对植物生长发育造成严重危害。

　　氧在水溶液中的扩散速率要远低于在空气中的扩散速率，对植物体来说，氧供应的限制主要是来自氧的液相扩散速率的限制，在植物组织的细胞间存在着充满空气的间隙，就克服了氧气在水相中扩散的不足，从而更有效地为线粒体的呼吸代谢提供充足的氧气。在植物中如果没有这样的气体扩散途径，O_2供应受限，许多植物细胞的呼吸速率将会受到严重影响。

（三）二氧化碳

二氧化碳是呼吸作用的最终产物，当外界环境中二氧化碳浓度增加时，脱羧反应减慢，呼吸作用受到抑制。试验发现二氧化碳浓度高于5%时，有明显抑制呼吸作用的效应。植物根系生活在土壤中，土壤由于植物根系和土壤微生物的呼吸作用会产生大量的二氧化碳，若加之土壤表层板结，深层通气不良，积累二氧化碳将达4%～10%，甚至更高，因此要适时中耕松土、开沟排水，减少二氧化碳，增加氧气，保证根系正常生长。

（四）水分

水分是保证植物正常呼吸的必备条件，植物组织的含水量与呼吸作用有密切的关系。干燥的种子，呼吸作用很微弱；当干燥种子吸水后，呼吸速率则迅速增加，因此种子含水量是制约种子呼吸作用强弱的重要因素。整体植物的呼吸速率，一般是随着植物组织含水量的增加而升高，当接近萎蔫时，呼吸速率会有所增加，而若萎蔫时间较长时，呼吸速率则会下降，细胞含水量成为呼吸作用的限制因素。

影响呼吸作用的外界因素除了温度、氧气、二氧化碳及水分之外，呼吸底物的含量（如可溶性糖的含量）多少也会使呼吸作用加强或减弱；机械损伤可促使呼吸加强；一些矿质元素（如磷、铁、铜、锰等）也对呼吸有重要影响。

第六节 植物呼吸作用与农业生产

一、呼吸作用和作物栽培

呼吸作用与作物物质的吸收、运输、合成、降解和转化及生长发育关系密切，因此许多作物栽培措施都是为了直接或间接地保证作物呼吸的正常进行。例如，早稻浸种催芽时，要换水、翻动谷堆、用温水淋种来提高种子的呼吸速率。对芽苗期秧田实行温润管理，寒潮来临时及时灌水护秧，寒潮过后，适时排水，通过控制温度和保证氧气供应，以利于秧苗进行有氧呼吸，不致因低温、缺氧产生生理障碍，从而达到防止烂秧、培育壮秧的目的。在水稻栽培管理中，通过中耕除草、勤灌浅灌、适时烤田这些措施增加土壤中的氧气供应，分解还原性有毒物质，使根系旺盛呼吸，促进根系对营养和水分的吸收，有利于水稻高产。同样在我国南方小麦灌浆期，由于雨水较多，地下水位过高，易造成高温高湿逼熟，植株提早死亡，籽粒不饱满，因此要及时开沟排渍，增加土壤含氧量，维持根系的正常呼吸和吸收营养。由于光合作用的最适温度比呼吸的最适温度低，因此种植不能过密，封行不能太早，在高温和光线不足的情况下，呼吸消耗过大，净同化率降低，影响产量的提高。

二、呼吸作用与粮油种子贮藏

干燥粮油种子的呼吸作用与种子贮藏有密切关系。种子含水量低于一定限度时，其呼吸速率微弱。一般油料种子含水量为8%～9%甚至以下，淀粉种子含水量为12%～14%时，即风干状态，种子中所含水分都是束缚水，原生质处于凝胶状态，呼吸酶的活性降到极低，呼吸极微弱，可以安全贮藏，此时的含水量称为安全含水量（safety water content）。当油料种子含水量达10%～11%、淀粉种子含水量达15%～16%时，呼吸作用就显著增强，如果含水量继续升高，则

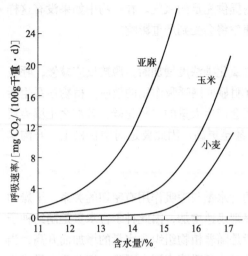

图 6-7　作物种子含水量与呼吸速率的关系

呼吸速率几乎呈直线上升（图 6-7）。其原因是，当种子含水量升高后，种子内出现自由水，原生质由凝胶状态转变为溶胶状态，呼吸酶活性大大升高，呼吸速率也就增强。淀粉种子安全含水量高于油料种子的原因，主要是淀粉种子中含淀粉等亲水物质多，干燥状态下存在的束缚水含量就要高一些。

根据干燥种子呼吸作用的特点，粮油种子贮藏中首要的问题是控制进仓种子的含水量，不得超过安全含水量。否则，呼吸旺盛，不仅会引起大量贮藏物质的消耗，而且呼吸作用的散热提高了粮堆温度，有利于微生物的活动，会导致种子的变质，使种子丧失发芽力和食用价值。为了做到种子安全贮藏，还应注意库房的通风，以便散热和水分的蒸发，可以保持种子发芽率。水稻种子在 14~15℃库温条件下贮藏 2~3 年，仍有 80% 以上的发芽率。此外，还需要对库房内空气成分加以控制，适当增加二氧化碳含量，适当降低氧的含量，有利于安全贮藏。

三、呼吸作用与果实蔬菜贮藏

当果实成熟到一定时期时，其呼吸速率突然升高，最后又突然下降，这种现象称为呼吸跃变（respiratory climacteric）。按果实成熟过程中呼吸作用的变化大体可分为两类：一类是呼吸跃变型，如苹果、梨、香蕉及番茄等；另一类是非呼吸跃变型，如柑橘、柠檬、橙、菠萝等。但后一类果实如用乙烯处理也可能出现呼吸跃变现象。

呼吸跃变现象的出现与温度关系密切。例如，苹果在贮藏过程中，若在 22.5℃ 贮藏时，其呼吸跃变出现得早而显著，在 10℃ 以下就不十分显著，也出现稍迟，而在 2.5℃ 以下几乎看不出来。呼吸跃变产生的原因是与果实内乙烯的释放密切相关的。一般来说，0.1mg/L 是一个阈值，即果实内部的气体中乙烯浓度在 0.1mg/L 以上才显现出乙烯的生理作用，增强呼吸，促进成熟。研究发现，在香蕉和哈密瓜进入成熟阶段发生呼吸跃变的同时，乙烯含量也突然升高，并证明，植物材料内存在抗氰呼吸电子传递系统是乙烯促进呼吸的必要条件，果实的呼吸跃变与乙烯形成相平行；研究发现，苹果果实成熟期呼吸跃变依赖于抗氰呼吸，呼吸跃变期后细胞色素途径又逐渐增强。

由于呼吸跃变是果实进入完熟的一种特征，在果实贮藏和运输中，重要的问题是延迟其成熟。其措施一是降低温度，推迟呼吸跃变发生的时间，香蕉贮藏的最适温度是 11~14℃，苹果是 4℃；二是增加周围环境的二氧化碳和氮气的浓度，降低氧浓度，以降低呼吸跃变发生的强度，这样就可以延迟成熟，保持鲜果，防止生热腐烂。而在需要果品供应市场时，则可对贮藏中未成熟的果实进行人工乙烯处理，可以收到催熟的效果。

四、呼吸作用与切花保鲜

切花（cut flower）是指从植物体上采摘下的枝、叶、花、果等供装饰、观赏用的材料，是植物的离体器官。目前，切花占世界花卉产品的 50% 左右。切花在采后以至瓶插的过程中，仍进行着呼吸作用等生命活动，采取相应的技术措施可以延长切花的保鲜期。

切花的衰老速度通常与呼吸强度成正比。呼吸作用产生的能量，一部分转化为呼吸热，在采后贮藏运输过程中常使贮藏温度升高，加速切花衰老。月季比香石竹寿命短，香石竹比菊花寿命短，均是由于前者呼吸强度高。低温不仅可以降低呼吸速率和碳水化合物的消耗量，还可降低切花采后乙烯的产生量和作用，降低采后切花的发育速度和衰老速度。因此，切花在采后用低温贮藏或气调贮藏等措施，降低呼吸强度，均可达到延长保鲜期的效果。

本 章 小 结

呼吸作用为植物的生命活动提供了大部分能量和许多重要的中间代谢产物，还可增强植物的抗病力。呼吸作用是植物体内代谢的中心。呼吸作用按照其需氧状况，可分为有氧呼吸和无氧呼吸两大类型。在正常情况下，有氧呼吸是高等植物进行呼吸的主要形式。

植物的呼吸作用具有多样性，主要表现为底物降解的多样性、呼吸链电子传递途径和末端氧化系统具有多样性。EMP-TCA 循环是植物体内有机物氧化分解的主要途径，PPP 在植物呼吸代谢中也占有重要地位。植物呼吸多条途径在生化代谢上既相互独立又相互联系，植物依赖于呼吸代谢多样性来满足不同器官、组织及复杂、多变的环境条件对呼吸的需要，呼吸代谢的多样性是植物长期进化中形成的一种对多变环境的适应性表现。

在呼吸代谢途径中，EMP-TCA 循环只有 CO_2、NADH、$FADH_2$ 和少量 ATP 的形成，没有 H_2O 的形成。呼吸底物逐步氧化降解所释放的自由能贮存在 NADH 和 $FADH_2$ 中，再经过电子传递和氧化磷酸化将部分能量贮存于 ATP 的高能磷酸键中，因而呼吸电子传递链和氧化磷酸化在植物生命活动中是至关重要的。

植物呼吸作用与植物的种类、器官、生理状态等都有很大的关系，并且受到各种外界条件的影响。许多代谢途径的中间产物对代谢的关键调节酶有重要的调节作用，特别是 ADP、ATP 和 NAD、NADH 对呼吸代谢途径有广泛的调节作用。

植物呼吸代谢受内外多种因素的影响，因而与作物栽培，粮油种子、果蔬的贮藏与切花保鲜等都有着密切的关系。可根据人类的需要和呼吸作用自身的规律采取有效措施，加以调节、利用。

复习思考题

1. 名词解释

呼吸作用 有氧呼吸 无氧呼吸 糖酵解 三羧酸循环 戊糖磷酸途径 乙醛酸循环 生物氧化 呼吸链 氧化磷酸化 末端氧化酶 抗氰呼吸 呼吸速率 呼吸商 温度系数 呼吸作用氧饱和点 呼吸跃变

2. 写出下列缩写符号的中文名称及其含义或生理功能。

EMP PEP TCA PPP GAC ETC UQ CoQ AP RQ Q_{10}

3. 试述植物呼吸代谢的多样性表现及生理意义。

4. TCA 循环的特点和生理意义如何？

5. 简述抗氰呼吸及其生理意义。

6. 长时间的无氧呼吸为什么会使植物受到伤害？

7. 以化学渗透假说说明氧化磷酸化的机制。

8. 试述呼吸作用与光合作用的关系。

9. 呼吸作用与谷物种子、果蔬贮藏有何关系？

10. 分析下列措施，并说明它们与呼吸作用有何关系：①将果蔬贮存在低温下；②小麦、水稻、玉米、高粱等粮食贮藏之前要晒干；③给作物中耕松土；④早春寒冷季节，水稻浸种催芽时，常用温水淋种并适时翻种。

第七章　植物有机物的代谢、运输和分配

【学习提要】掌握植物初生代谢与次生代谢的关系，了解植物次生代谢物的转化特点。了解植物有机物的运输系统，理解韧皮部运输的物质种类和速率及运输机理。掌握植物代谢源与代谢库的特点及有机物分配规律，理解影响有机物运输分配的因素。

第一节　植物代谢物的转化

一、植物的初生代谢与次生代谢

（一）植物体内有机物的转化

有机物转化又称为有机物代谢（metabolism of organic compound），是指生物体内有机物的合成、分解及相互转化的过程。植物在生长发育过程中，体内各种有机物不断地发生分解、合成和转化，并与周围环境进行物质交换和能量交换，也即新陈代谢。

糖类、脂肪、核酸和蛋白质等是光合作用、呼吸作用等生理过程初生代谢（primary metabolism）的产物，称为初生代谢物（primary metabolite）。此外，植物中还有一些表面看来与植物生长发育没有直接关系的种类繁杂的有机物，它们是由糖类等有机物次生代谢（secondary metabolism）衍生出来的物质，称为次生代谢物（secondary metabolite），又称次生产物（secondary product）或天然产物（natural product）。

植物的初生代谢物与次生代谢物的合成途径存在差别，但不能截然分开，因为两个代谢途径中有些共用的中间产物。根据植物次生代谢物的化学结构和性质，可将其分为酚类（phenol）、萜类（terpene）和次生含氮化合物（nitrogen-containing compound）等类型。萜类化合物是从乙酰辅酶A或糖酵解中间产物转化而来；酚类化合物是经由莽草酸途径等合成的芳香族化合物；次生含氮化合物（如生物碱）主要由氨基酸合成（图7-1）。

次生代谢物多存在于液泡或细胞壁中，是代谢的终产物，除了极少数外，大部分不再参加代谢活动。次生代谢物的产生和分布往往局限在某一个或分类学上相近的几个植物种类，而初生代谢物存在于所有植物中。

植物次生代谢物种类繁多，功能各异，不仅可以作药物、香料及工业原料使用，而且在植物的生态适应性方面具有重要意义。其中最重要的功能之一是赋予植物防御功能，如抑制草食动物的采食和致病微生物的感染。另外，次生代谢物还可以诱引昆虫和动物进行传粉和种子传播。植物之间的异株克生现象也与次生代谢物有关。最新研究表明，次生代谢物也是植物与植物、植物与动物间交流的"语言"。

（二）光合作用的产物与调节

植物通过光合作用将CO_2中的碳转化为植物可利用的碳水化合物，即光合同化物（assimilate）。光合同化物可以被用于光合细胞自身代谢；也可以转化成蔗糖那样的运输化合物被输送到不同的库器官；还可以合成淀粉等贮藏化合物用于储藏等。

1. 光合作用的直接产物　　尽管高等植物CO_2同化存在3条途径，但C_3途径是CO_2同化

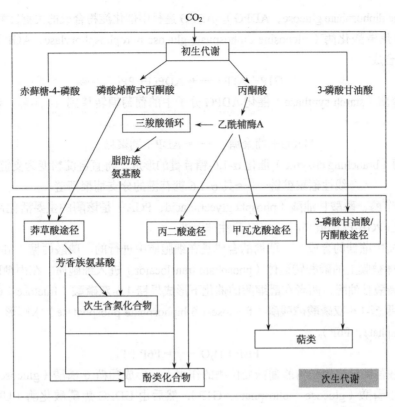

图 7-1　植物次生代谢的主要途径及其与初生代谢的关系（引自 Taiz and Zeiger，2010）

的基本途径，也是合成蔗糖、淀粉、葡萄糖和果糖等产物的唯一途径。关于光合作用的直接产物过去一直认为是蔗糖和淀粉等糖类化合物，利用放射性同位素 $^{14}CO_2$"饲喂"小球藻，照光后发现，在未形成糖类物质前 ^{14}C 已参与到氨基酸（如甘氨酸、丝氨酸等）和有机酸（丙酮酸、苹果酸、乙醇酸等）的合成中。同时，在离体叶绿体中也发现含有 ^{14}C 标记的脂肪酸（如棕榈酸、亚油酸等）。可见，氨基酸、蛋白质、有机酸和脂肪酸也是光合作用的直接产物。

　　光合作用直接产物的种类和数量因不同植物而异，大多数高等植物的光合产物是淀粉，如棉花、大豆、烟草等。而洋葱、大蒜等植物不形成淀粉，其光合产物主要是葡萄糖和果糖。不同生育期植物叶片的光合产物也有变化，在幼叶的光合产物除蔗糖外，还有蛋白质；而成熟叶片则主要形成蔗糖。生境条件也影响光合产物的种类，强光和高 CO_2 浓度有利于蔗糖和淀粉的形成；弱光有利于谷氨酸、天冬氨酸和蛋白质的形成；强光、高氧和低 CO_2 条件有利于甘氨酸和羟基乙酸的合成。磷酸丙糖也可转变为甘油和脂肪，但影响的生境条件还不清楚。

　　2. 光合同化物的代谢转化　　同化物配置（assimilate allocation）是指光合同化物代谢转化的去向与调节。淀粉和蔗糖是光合作用的主要终产物，也是同化物配置的主要去向。

　　（1）叶绿体中淀粉的合成　　淀粉是在质体中合成的。在光合细胞中，淀粉在叶绿体的基质中合成；而在非绿色组织的贮藏细胞中，合成并贮藏淀粉的细胞器为淀粉体。在叶绿体和淀粉体中合成淀粉途径和参与合成的酶类相似，只不过是合成淀粉的前体物（如磷酸己糖）的来源不同，前者来自叶绿体基质中卡尔文循环中间产物的输出，而后者来自蔗糖输入非绿色组织后降解产物的转化。

　　叶绿体和淀粉体中合成淀粉途径一般为 ADPG 途径，即合成淀粉的葡萄糖供体为腺苷二磷酸葡糖（adenosine diphosphate glucose，ADPG）。ADPG 途径中催化淀粉合成的关键性酶有下列 3 种。

1）ADPG 焦磷酸化酶（adenosine diphosphate glucose pyrophosphorylase，AGP）催化葡萄糖供体 ADPG 的合成。

$$G1P + ATP \longrightarrow ADPG + PPi$$

2）淀粉合酶（starch synthase）催化 ADPG 分子中的葡萄糖转移到 α-1,4-葡聚糖引物的非还原性末端。

$$ADPG + 葡聚糖_n \longrightarrow ADP + 葡聚糖_{n+1}$$

3）分支酶（branching enzyme）催化 α-1,6-糖苷键的形成，将直链淀粉变为支链淀粉。

$$线性葡聚糖链 \longrightarrow 具 \alpha\text{-}1,6\text{-}糖苷键的分支葡聚糖链$$

AGP 为调节酶，磷酸甘油酸（phosphoglyceric acid，PGA）是该酶的主要活化剂，而 Pi 是主要的抑制剂。当 PGA/Pi 的值高时，AGP 活性被促进。

（2）细胞质中蔗糖的合成　　蔗糖的合成是在细胞质中进行的。磷酸丙糖（triose phosphate，TP）通过叶绿体被膜上的磷酸转运体（phosphate translocator）进入细胞质。在丙糖磷酸异构酶的作用下转化为磷酸甘油醛，两者在醛缩酶的催化下形成果糖-1,6-双磷酸（fructose-1,6-biphosphate，FBP）。FBP 由果糖-1,6-双磷酸磷酸酶（fructose-1,6-biphosphate phosphatase）水解形成果糖-6-磷酸（fructose-6-phosphate，F6P）。

$$FBP + H_2O \longrightarrow F6P + Pi$$

F6P 在磷酸葡糖异构酶和磷酸葡糖变位酶的作用下，形成葡糖-6-磷酸（glucose-6-phosphate，G6P）和葡糖-1-磷酸（glucose-1-phosphate，G1P），然后由 UDPG 焦磷酸化酶（UDPG pyrophosphorylase）催化将 G1P 和 UTP 合成蔗糖所需的葡萄糖供体尿苷二磷酸葡糖（uridine diphosphate glucose，UDPG）。

$$G1P + UTP \longrightarrow UDPG + PPi$$

UDPG 和 F6P 结合形成蔗糖-6-磷酸（sucrose-6-phosphate，S6P），催化该反应的酶是蔗糖磷酸合酶（sucrose phosphate synthase，SPS），它是蔗糖合成途径中另一个重要的调节酶。

$$UDPG + F6P \longrightarrow S6P + UDP$$

蔗糖合成的最后一步反应是 S6P 由蔗糖磷酸磷酸酯酶（sucrose phosphate phosphatase，SPP）水解形成蔗糖。

$$S6P + H_2O \longrightarrow 蔗糖 + Pi$$

由此可见，C_3 途径中形成的磷酸丙糖，一部分在叶绿体内合成淀粉；另一部分通过磷酸转运体运输到细胞质合成蔗糖。当叶绿体内 Pi 含量降低时，TP 输出减少，淀粉合成增加，胞质中蔗糖合成受阻。反之，当 Pi 含量增加时，TP 输出增加，淀粉合成减少，胞质中蔗糖合成增加。叶片中淀粉和蔗糖的合成也与植物的类型有关，棉花、大豆、烟草的主要光合产物为淀粉，白天合成贮存于叶绿体中，夜间降解输出；而小麦、蚕豆等植物的主要光合产物为蔗糖，边合成、边输出；玉米的光合产物则既有蔗糖，也有淀粉。

二、植物次生代谢物的转化

（一）酚类化合物及其衍生物

酚类物质是芳香族环上的氢原子被取代后生成的化合物。其取代基包括羟基、羧基、甲氧基（methoxyl，—O—CH_3）或其他非芳香环结构。属于该类的植物次生代谢物包括芳环氨基酸（如苯丙氨酸、酪氨酸和色氨酸）、木质素、简单酚类、类黄酮和异类黄酮等，种类繁多，广泛地存在于高等植物、苔藓、地钱和微生物中。

莽草酸途径（shikimic acid pathway）是植物酚类化合物合成的主要途径。其合成前体是磷酸烯醇式丙酮酸（PEP）（来自 EMP 途径）和赤藓糖-4-磷酸（E4P）（来自 PPP 途径）。

通过莽草酸途径及其衍生反应可以生成许多酚类物质，如肉桂酸（cinnamic acid）、对香豆酸（p-coumaric acid）、咖啡酸（caffeic acid）、绿原酸（chlorogenic acid）、原儿茶酸（protocatechuic acid）、没食子酸（gallic acid）、阿魏酸（ferulic acid）、奎宁酸（quinic acid）等。这些化合物在植物中通常以游离形式存在，它们的衍生物如植保素（phytoalexin）、香豆素（coumarin）、木质素（lignin）及其他多种黄酮类化合物（flavonoid）都是具有重要意义的次生代谢物。

1. 简单酚类　　简单酚类（simple phenolic compound）广泛分布于微管植物。许多简单酚类化合物在植物抗病虫过程中有重要作用（图 7-2）。

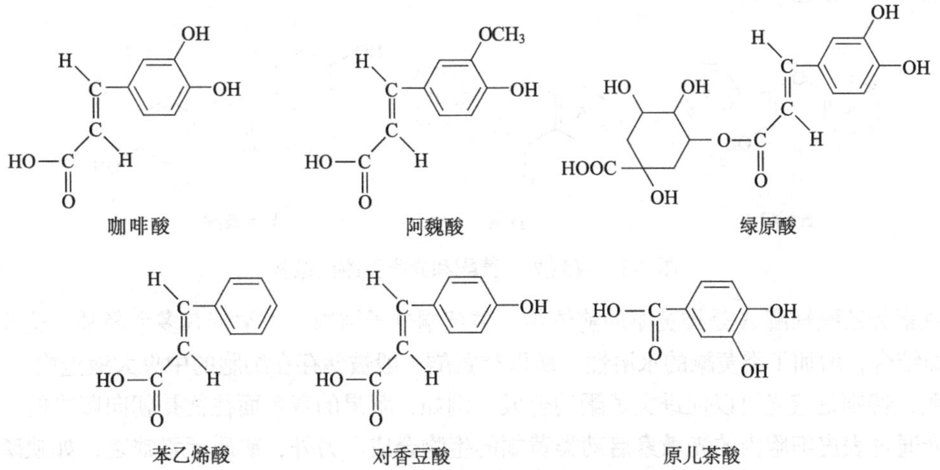

图 7-2　一些简单酚类物质的分子结构

原儿茶酸可以防止由真菌［如葱炭疽病菌（*Colletotrichum circinans*）］感染引起的斑点病，对此病具有抗性的有色洋葱的葱头颈部可以产生大量的原儿茶酸，但是在易感病的白色品种中没有原儿茶酸产生。从有色洋葱中提取的原儿茶酸可以抑制上述真菌及其他真菌的孢子萌发。

绿原酸在植物体内分布很广，而且含量较高，是一种对人体无害的次生代谢物。例如，干咖啡豆中可溶性绿原酸含量高达 13%。土豆块茎内也含有大量的绿原酸，在氧气和铜离子存在的情况下容易被氧化，形成褐色或黑色的多聚醌类物质。催化此反应的酶是多酚氧化酶（polyphenol oxidase），所形成的醌类物质具有抑霉剂（fungistat）作用。所以绿原酸及其氧化多聚物是植物抵抗病菌感染的一种机制，它在抗病品种中含量较多，而且容易发生氧化生成多醌；而在感病品种中绿原酸含量较少，或难以氧化为醌类物质。

没食子酸是形成植物单宁的主要化合物之一。没食子酸以多种方式相互连接，并与葡萄糖和其他糖类结合形成杂合的多聚体——没食子鞣质（一种单宁酸）。没食子鞣质及其他单宁酸可以使蛋白质发生交联和变性，严重地抑制植物的生长，所以植物通常将产生的单宁酸储存在液泡内，否则会使细胞质内的酶类变性。没食子鞣质还能抑制周围其他植物的生长，是一种植物异株克生物质。植物中还存在着大量的其他单宁，对植物的防御作用具有重要意义。例如，单宁可以抑制细菌和真菌的侵染；它们还是一种收敛剂（astringency），使动物食后嘴唇发麻，而且可以抑制消化，借此防止动物采食。

　　酚类物质的一类重要衍生物是香豆素类化合物（coumarins）。自然界的香豆素类化合物有 1000 种以上，但是在某一特定植物内只有若干种存在。植物在衰老或受伤时，会降解体内的香豆素葡萄糖结合物，释放出具有青草味的挥发性香豆素。例如，紫花苜蓿和甜三叶草等牧草中含有大量的香豆素，在储存不当发生腐烂时会产生有毒的双香豆素（dicumarol），它是一种抗凝血剂，可以导致牲畜罹患甜三叶草病。所以筛选低香豆素含量的苜蓿品种是牧草品种改良的重要目标。东莨菪素存在于许多植物的种皮内，是种子的天然萌发抑制剂，可以维持种子的休眠状态。在自然状态下，只有经过雨季足量的降雨将其从种皮淋洗出后，种子才能萌发。

　　2. 类黄酮　　类黄酮（flavonoid）是一种 15 碳的化合物，广泛地分布在各种植物中。目前已经鉴定的类黄酮超过 2000 种。由于类黄酮的基本骨架中具有多个不饱和键，因此可以吸收可见光，呈现各种颜色（图 7-3）。

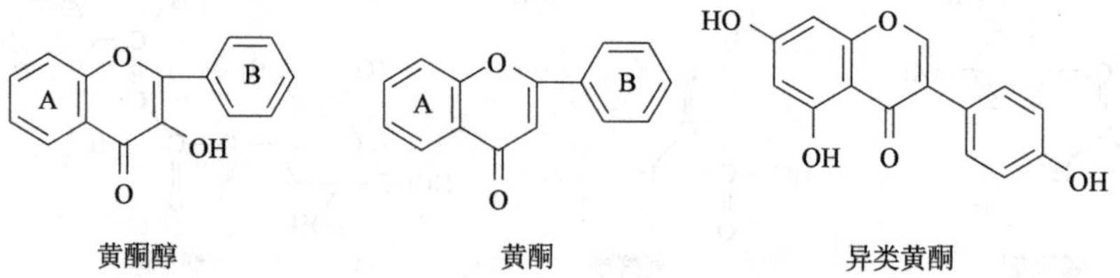

黄酮醇　　　　　　　　　黄酮　　　　　　　　　　异类黄酮

图 7-3　黄酮醇、黄酮和异类黄酮的结构

　　香豆素和乙酰辅酶 A 是类黄酮的前体物。类黄酮分子结构上通常带有多个羟基，这些羟基和各种糖类结合，增加了类黄酮的水溶性，所以类黄酮一般被储存在细胞的中央大液泡内。

　　光照，特别是蓝光可以促进类黄酮的合成。例如，苹果的着色面往往是朝向阳光的一面，一般认为光通过表皮细胞内的光敏素启动类黄酮的生物合成。另外，矿质元素缺乏，如缺磷、硫和氮也容易诱导某些植物形成花色素积累。

　　花色苷（anthocyanin）一般存在于红色、紫色和蓝色的花瓣中，另外在一些植物的果实、叶片、茎干和根中也存在。花色苷大量地分布在植物的表皮细胞中。花和果实的颜色主要是由其中所含的花色苷颜色决定的。晚秋时节，光照良好、温度较低的气候条件，有利于花色苷的大量积累，使树叶呈现鲜艳的颜色。但是在某些黄色或橙色的花和叶片中，类胡萝卜素是呈色的主要物质。

　　地钱、藻类等低等植物中不含花色苷，但是苔藓和裸子植物中含有少量的花色苷和其他一些类黄酮物质。高等植物中含有多种花色苷，有时在一朵花中同时存在两种以上的花色苷，使之呈现不同的颜色组合。

　　在植物细胞内，花色苷一般以糖苷的形式存在，与糖基解离的花色苷剩余部分称为花色素（anthocyanidin）。不同花色素的分子结构的差异仅是环上取代羟基数目的不同。花色素的颜色与取代羟基数目有关，同时还受 pH 的影响。许多花色素在酸性 pH 条件下为红色，随着 pH 的升高会变成蓝色或紫色。例如，飞燕草花瓣表皮细胞液泡内的 pH 在衰老过程中从 5.5 上升到 6.6，其中的花色苷的颜色则从紫红色变为蓝紫色。

　　花色苷在植物中存在的广泛性和丰富性，证明花色苷是植物长期进化选择的结果。目前认为，花色苷的功能主要是作为引诱色，吸引昆虫或动物采食，协助传粉和传播种子。

　　大部分的黄酮醇（flavonol）和黄酮（flavone）呈淡黄色或象牙白色，和花色素一样也是植物花的呈色物质。一些无色的黄酮醇和黄酮可以吸收紫外光，某些昆虫如蜜蜂可以看见部分紫外波段的光线，所以含黄酮醇和黄酮的花可以引诱这些昆虫采食传粉。这些物质还存在于叶片内，对动物起拒食剂的作用。由于黄酮醇和黄酮可以大量吸收紫外光，可以保护植物叶片不受长波紫外光的危害。

异类黄酮（isoflavonoid）存在于某些植物品种中，尤其是蝶形花亚科豆荚属植物中大量存在。某些种类的异类黄酮可起化感作用（allelopathy），即对其他动植物具有排斥或引诱作用的化学物质。例如，鱼藤根中所含的鱼藤酮（rotenone）就是一种异类黄酮，是常用的一种杀虫剂。异类黄酮还是一种植保素，在植物受病原菌感染后迅速产生，抑制病菌的进一步生长。

3. 木质素　　木质素（lignin）是自然界中除了纤维素之外最丰富的有机物，在许多木本植物中，木质素占总干重的15%～25%，是植物细胞壁中的一种骨架物质，存在于纤维素微纤丝之间，起着强化细胞壁的作用。木质部导管分子内木质素含量较高，分布在初生壁、中胶层和次生壁各个部分。

木质素对细胞壁的强化作用，不仅能够使植物保持直立姿态，抗御压力和风力，而且使植物能够形成足够强度的木质部导管分子，进行水分的长距离运输。

木质素还具有防御功能。坚硬的细胞壁有助于抗拒昆虫和动物的采食，即使被采食也难以消化。木质素还可以抑制真菌及其分泌的酶和毒素对细胞壁的穿透能力，感染部位周围细胞壁的木质化还会抑制水分和养分向真菌扩散，达到抑制真菌生长的目的。除了上述的屏障作用之外，木质素合成过程中产生的活性自由基可以钝化真菌的细胞膜、酶和毒素。

由于木质素的分子质量巨大，并与其他细胞壁多糖上的羟基以醚键等共价键的形式紧密结合，因此它不溶于大部分溶剂中。

木质素主要是由三种芳香醇构成的：松柏醇（coniferyl alcohol）、芥子醇（sinapyl alcohol）、对香豆醇（p-coumaryl alcohol）。针叶树中的木质素含松柏醇较多，而其他木本植物及草本植物中后两种含量较多。上述 3 种芳香醇都是通过莽草酸途径合成的。

（二）萜类

植物萜类（terpene）或类萜（terpenoid）化合物是由五碳的异戊二烯（isoprene）单元（图 7-4）构成的化合物及其衍生物，也称为异戊间二烯化合物（isoprenoid）。萜类化合物包括异戊二烯头尾相连形成的含 10 个碳原子的单萜（monoterpene）、含 15 个碳原子的倍半萜（sesquiterpene）和多萜（polyterpene）。

$$
\overset{\displaystyle CH_3}{\underset{}{|}}
$$
（头）— H_2C — C＝CH— CH_2 —（尾）

图 7-4　异戊二烯单元

异戊二烯的合成有两条途径：一条是甲瓦龙酸途径（mevalonic acid pathway）；另一条是甲基赤藓醇磷酸途径（methylerythritol phosphate pathway），又叫 3-磷酸甘油酸/丙酮酸途径（3-phosphoglycerate/pyruvate pathway）。在甲瓦龙酸途径中，3 个乙酰辅酶 A 经过聚合反应生成 6 碳的中间产物，再经过焦磷酸化、脱羧反应和脱水反应生成异戊烯焦磷酸（isopentenyl pyrophosphate，IPP）。IPP 是所有萜烯类化合物生物合成的基本反应单元。3-磷酸甘油酸/丙酮酸途径主要存在于叶绿体和其他质体内。在这条途径中，糖酵解和光合碳同化代谢的中间产物 3-磷酸甘油酸和丙酮酸相互反应，最后生成 IPP。

目前在植物中已经发现了数千种萜类化合物，如植物激素中的赤霉素和脱落酸、黄质醛（脱落酸生物合成的中间体）、甾醇（sterol）、类胡萝卜素（carotenoid）、松节油（turpentine）、橡胶

（rubber）及作为叶绿素尾链的植醇（phytol）等。

有的萜类化合物可以对其他植物或动物产生影响。例如，植物释放萜类物质抑制其他植物的生长；含某些萜类化合物的植物可以防虫或者减少草食动物的采食。细胞膜内的甾醇起着增强膜结构稳定性的作用，这也是甾醇的主要生物功能之一。甾醇类化合物在植物的防御功能上具有重要意义。

许多含10～15碳的萜烯称为植物精油（essential oil），因为它们通常具有挥发性和较强的气味。例如，在橘皮中就存在着71种挥发性的植物精油，其中大部分是单萜，主要是柠檬油精（limonene）。植物精油是香料和香精制造中的重要原料。植物花朵中的精油还有引诱昆虫采蜜、协助授粉的功能（图7-5）。

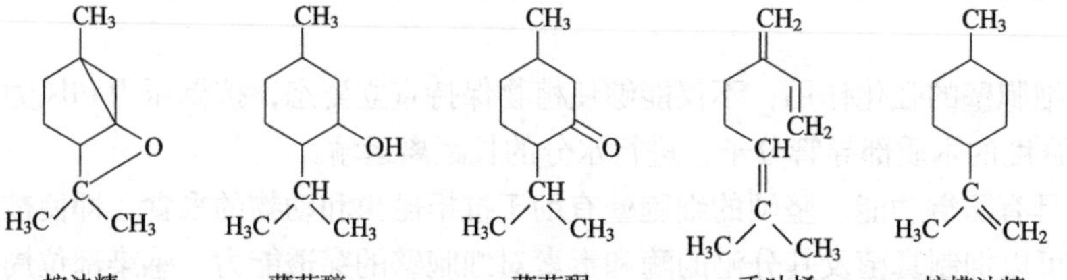

图 7-5　几种植物精油

植物体内释放的挥发性精油（包括异戊二烯自身）的量非常大，在森林上空常常会形成烟雾，甚至会造成一定的空气污染。据测算，每年地球上植物释放出的挥发性物质大约有14亿t，其中大部分是碳氢类萜烯化合物。在美国田纳西州、北卡罗来纳州及澳大利亚等地区经常形成的蓝色山雾，就是空气中的萜烯类化合物颗粒对蓝光的散射引起的。

最知名的一种植物精油是松节油（turpentine），大量地存在于松属（Pinus）植物的一些特殊细胞内。这些化合物及其他一些萜烯类化合物，如香叶烯（myrcene）和柠檬油精，是植物防御松节虫的重要武器。松节虫是针叶林的杀手，每年都给世界各地的林业生产造成巨大的损失。在松属植物中，柠檬油精是昆虫拒食剂（insect repellant）。与此相反，α-蒎烯是松树吸引昆虫聚集的信息素（aggregation pheromone）。所以，柠檬油精含量高而α-蒎烯含量低的松树就不易受到松节虫的侵害。

树脂是10～30碳萜烯的混合物，广泛存在于针叶植物和许多热带被子植物中。树脂在一种特殊的叶片上皮细胞中合成，通过相连的导脂管聚集、分泌，保护植物抗御昆虫侵害。

橡胶含有3000～6000个异戊二烯单元组成的无分支长链，是分子最大的异戊二烯类化合物。天然橡胶是一种热带大戟属植物三叶胶树（Hevea brasiliensis）分泌的一种乳状的细胞原生质，胶乳中大约含有三分之一的纯橡胶。目前世界上发现大约2000种产胶植物，有很多被用作橡胶原料植物。

（三）次生含氮化合物

植物的许多次生代谢物分子结构中含有氮原子。主要的次生含氮化合物包括生物碱、生氰苷、葡萄糖异硫氰酸盐、非蛋白氨基酸和甜菜碱等。这些物质对动物具有重要的生理作用，也是参与植物防御反应的重要物质。

1. 生物碱　　生物碱（alkaloid）是植物中广泛存在的一类次生含氮化合物，分子结构中具有多种含氮杂环。其分子中的氮原子具有结合质子的能力，所以生物碱呈碱性。生物碱多为白色晶体，具有水溶性。生物碱对人和动物具有特殊的生理和精神作用，在植物中也具有十分重要的生理功能（图7-6）。

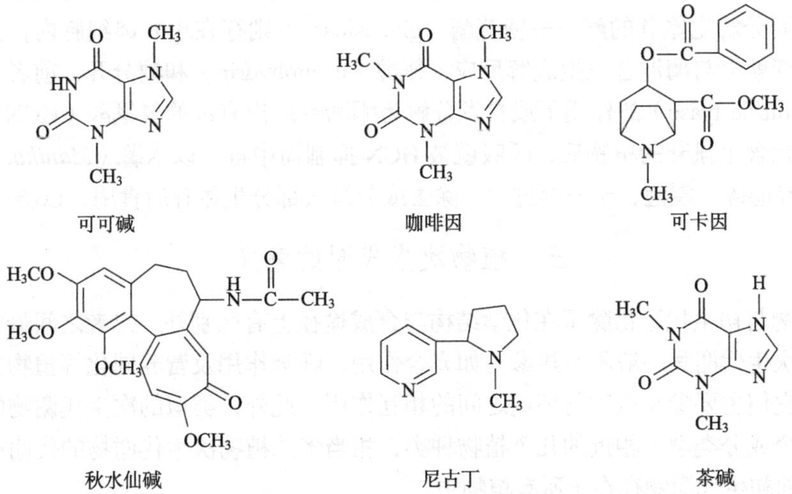

图 7-6 几种生物碱的分子结构

目前在4000余种植物中发现了5500多种生物碱。自然界20%左右的维管植物含有生物碱，其中大多数是草本双子叶植物，单子叶植物和裸子植物很少含生物碱。最早发现的生物碱是1805年从罂粟中提纯的吗啡（morphine），其他广为人知的生物碱有烟草中的尼古丁（烟碱）（nicotine）、古柯树叶中的可卡因（也称古柯碱）（cocaine）、柏树树皮中的奎宁（quinine）、咖啡豆和茶叶中的咖啡因（caffeine）、可可豆中的可可碱（theobromine）、秋水仙中的秋水仙碱（colchicine）等。

大多数生物碱都在植物茎中合成，少数生物碱如尼古丁在根中合成。生物碱是植物体氮素代谢的中间产物，是由不同氨基酸衍生来的。例如，天冬氨酸和甘油衍生出烟碱，苯丙氨酸和赖氨酸衍生出秋水仙碱，赖氨酸衍生出六氢吡啶（piperidine）。但也有一些生物碱是通过萜类、嘌呤和甾类物质合成的。烟碱存在于烟草及同属植物的叶中，也存在于石松中。烟碱由两个环状结构组成，其中的吡咯环是由鸟氨酸衍生而来的，嘧啶环是烟酸（尼克酸）（nicotinic acid）衍生而来的。

生物碱曾被认为是植物的代谢废物，但是现在被认为是植物的防御物质，因为大多数生物碱对动物具有毒性。几乎所有的生物碱对人都是有毒的；但是在低剂量条件下，许多生物碱具有药理学价值，如吗啡、可待因（codeine）、颠茄碱、麻黄素等被广泛应用在医药中。

2. **非蛋白氨基酸** 蛋白氨基酸有20种，但植物还含有一些所谓的非蛋白氨基酸（nonprotein amino acid），这些氨基酸不被结合到蛋白质内，而是以游离形式存在，目前已被鉴定结构的达400种以上。许多非蛋白氨基酸对动物有很大的毒性，它们可以抑制蛋白氨基酸的吸收或合成，或者被结合进正常蛋白质，导致蛋白质功能的丧失，起防御作用，多集中分布于豆科植物中。例如，刀豆氨酸（canavanine）的结构与精氨酸（arginine，Arg）相似，被草食动物摄入后，可以被精氨酸tRNA识别，在蛋白质合成过程中取代精氨酸被结合进蛋白质的肽链内，导致酶催化部位立体构造的紊乱，丧失与底物结合的能力或丧失催化生化反应的能力。但是合成刀豆氨酸的植物体内有完善的辨别机制，可以区别刀豆氨酸和精氨酸，从而避免刀豆氨酸被错误地结合进正常蛋白质；那些以刀豆为食的昆虫体内也有类似的辨别机制。

3. 生氰苷　　生氰苷（cyanogenic glycoside）广泛分布于植物界，其中以豆类、蔷薇、木薯和玫瑰的一些种类中含量较多。生氰苷是植物的一种防御物质，其本身并无毒性，一般存在于表皮的液泡中，而分解生氰苷的酶——糖苷酶（glycosidase）则存在于叶肉细胞内，当叶片被动物咬破后，生氰苷就会与酶混合发生裂解反应，氰醇（cyanohydrin）和糖分开，前者再在羟基腈裂解酶（hydroxynitrile lyase）的作用下或自发分解为酮和释放出有毒的氢氰酸（HCN）气体。昆虫和其他动物取食含生氰苷的植物后，呼吸就被 HCN 抑制而中毒。以木薯（*Manihot esculenta*）为食时，一定要经磨碎、浸泡、干燥等过程，除去或分解大部分生氰苷后食用，以防中毒。

三、植物次生代谢的意义

次生代谢物与初生代谢物除了在化学结构与合成途径上有区别外，二者之间最大的差异是功能上的差别。次生代谢物一般不直接参与如光合作用、呼吸作用及营养同化等植物生长发育必需的生理过程，它们主要参与植物与环境之间的相互作用。此外，类似的次生代谢物的产生和分布往往局限在某个或分类学上相近的几个植物种类，相当多的植物次生代谢物的代谢途径或多或少有其特异性，而初生代谢物存在于所有植物中。

植物次生代谢是大自然长期进化选择的结果，是植物生态适应的重要手段。例如，各种植保素、木质素是植物产生抗逆反应的重要物质基础；生物碱、生氰苷等是植物防御病虫害的有效武器；类黄酮中的花色苷、甜菜碱赋予植物花果多彩的颜色，对物种的繁衍起着重要的作用；而一些次生代谢产物如赤霉素、脱落酸、油菜素甾醇、水杨酸、茉莉酸又是植物激素和信号分子，对植物生长发育的调控具有重要作用。其他如寄生和共生识别、化感作用、异株克生等现象无一不与植物的次生代谢有关。

植物次生代谢物为人类提供了大量的医药原料和工业原料。现代人的心血管疾病和癌症的治疗大多依赖植物次生代谢物。例如，强心苷是心脏病的常规治疗药物；红豆杉的紫杉醇（taxol）是目前最有效的天然抗癌药物；人参皂苷和银杏黄酮更是传统的保健良药。天然药物的研究已经成为人们寻求解决现代疾病的主要手段。植物次生代谢物在食品工业和化学工业中的应用更为广泛：大部分的天然食品色素来源于植物次生代谢物；紫草素可以用作化妆品颜料；甜菊苷是一种理想的无热量天然甜味剂；杜仲树叶内的杜仲胶具有非常奇特的形状记忆性质，被广泛地应用于医疗化工等领域。

上述例子说明植物次生代谢物对植物生长发育及人类福祉具有重要的意义，所以植物次生代谢研究深受重视。利用细胞工程和基因工程的方法来调节或控制植物的次生代谢，已成为人们控制植物生长发育、改良植物品质、增加产量的重要研究手段。

第二节　植物有机物运输的途径

光合作用的产物需要运输到消耗或贮藏的器官组织。高等植物各部位有特异的结构和明确的分工。细胞组织之间之所以能互通有无，制造与吸收器官或消耗与贮藏器官之所以能共存，植物体之所以能保持一个统一的整体，都依赖着有效的运输机构。植物体内有机物的运输和分配，如同人与动物体内的血液流动一样是保证机体生长、发育的命脉。

生产实践中，有机物运输是决定产量高低和品质好坏的一个重要因素。因为即使光合作用形成大量有机物，生物产量较高，但人类所需要的是较有经济价值的部分，如果这些部分产量不高，仍未达到高产的目的。从较高生物产量变成较高经济产量就存在一个光合产物运输和分配的问题。

高等植物体内的运输包括短距离运输系统（short distance transport system）和长距离运输系统（long distance transport system）。短距离运输是指细胞内及细胞间的运输，距离在微米与毫米之间，主要靠物质本身的扩散和原生质的吸收与分泌来完成。长距离运输是指器官之间、源与库之间运输，距离从几厘米到上百米，两者虽然都是物质在空间上的移动，但在运输的形式和机理上有许多不同。

一、短距离运输系统

（一）胞内运输

胞内运输是指细胞内、细胞器间的物质交换。其包括分子扩散、原生质的环流、细胞器膜内外的物质交换，以及囊泡的形成与囊泡内含物的释放等。例如，光呼吸途径中的磷酸乙醇酸、甘氨酸、丝氨酸、甘油酸分别进出于叶绿体、过氧化物体、线粒体。叶绿体中的丙糖磷酸经磷酸转运体从叶绿体转移至细胞质，在细胞质中合成蔗糖进入液泡贮藏；细胞质中的磷酸则经磷酸转运体转移至叶绿体。在内质网和高尔基体中合成的成壁物质由高尔基体分泌小泡运输至质膜，小泡内含物释放至细胞壁中等过程均属胞内运输。

（二）胞间运输

胞间运输是指细胞之间短距离的质外体、共质体及质外体与共质体间的运输。

1. 质外体运输　　物质在质外体中的运输称为质外体运输（apoplastic transport）。由于质外体没有外围的保护，其中的物质容易流失到体外。

2. 共质体运输　　物质在共质体中的运输称为共质体运输（symplastic transport）。由于共质体中原生质的黏度大，故运输的阻力大。在共质体中的物质有质膜保护，不易流失于体外。共质体运输受胞间连丝状态控制，胞间连丝多、孔径大，胞间物质浓度梯度大，则有利于共质体的运输。

3. 质外体与共质体间的运输　　即物质进出质膜的运输。物质进出质膜有3种方式：①顺浓度梯度的被动转运（passive transport），包括自由扩散、经过通道或载体的协助扩散；②逆浓度梯度的主动转运（active transport），含一种物质伴随另一种物质进出质膜的伴随运输；③以小囊泡方式进出质膜的膜动转运（cytosis），包括内吞（endocytosis）、外排（exocytosis）和出胞等（图7-7）。

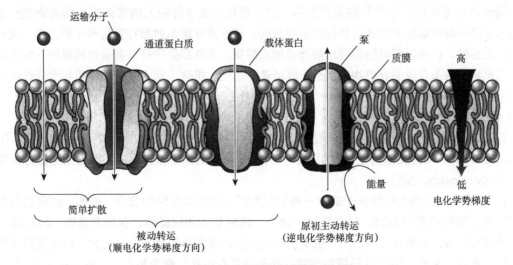

图7-7　溶质穿过膜的被动转运与主动转运

　　植物体内物质的运输常不局限于某一途径。例如，共质体的物质可有选择地穿过质膜而进入质外体运输；质外体的物质在适当的场所也可通过质膜重新进入共质体运输。像这种物质在共质体与质外体间交替进行的运输也称共质体-质外体交替运输。

二、长距离运输系统

　　一段 1～2cm 的茎，两端物质转移和信息传递若要在细胞间进行，就要通过成百上千个细胞才行，数量和速度都受到很大限制。这样，植物只能长得矮小、匍匐在沼泽地域。随着高等植物向空阔大陆迁居，植物躯体不断变得高大，体内物质运输距离拉长，在长期进化过程中，植物体内的某些细胞与组织发生了特殊分化，逐步形成了专行运输功能的输导组织——维管束（vascular bundle）系统。

（一）维管束的组成

　　维管束系统贯穿于植物的周身，通过维管组织的多级分支，形成了一个网络密布、结构复杂、功能多样的通道，为物质运输和信息传递提供了方便。维管束系统的发育状况对植物的生长与器官的发育和成熟具有重要的意义，维管组织的损伤或堵塞会立即引起植物组织的衰败或死亡。

　　一个典型的维管束外面被维管束鞘包围，内部可以分为 3 个部分：①以导管为中心，富有纤维组织的木质部（xylem）；②以筛管为中心，周围有薄壁组织伴连的韧皮部（phloem）；③多种组织集合穿插与包围在两部分中间。两个管道——筛管与导管可以分别看作由共质体与质外体进一步特化、转变而来。运输的物质是以水溶液的形式在导管和筛管中流动。维管束系统的功能多种多样，包括植物的汁液运输、信息传递、横向生长、营养贮备、机械支持等。

（二）木质部运输系统

　　被子植物木质部的输导组织（conducting tissue）主要是导管（vessel），也有少量管胞（tracheid），裸子植物则全部是管胞。导管和管胞是由分生组织（meristem）逐渐分化形成的，当这些细胞能执行运输功能时，已失去了细胞质有生命活动的成分，而成为死细胞。这些细胞在整个茎中形成连续的管状系统，导管端壁消失，管胞在细胞之间的壁上产生大区域穿孔，从而不再被细胞膜阻碍，大量的水溶液沿植物体内的自由空间运动。

　　既然木质部中的导管和管胞是死细胞，那么通过什么来控制其内部液流的内含物呢？这是通过木质部内薄壁组织木射线的活细胞来完成的。这些薄壁组织散布在管胞和导管之间，进行溶质的横向运输，使木质部运输流移出溶质或加入溶质。木质部是进行单向运输的系统，主要将水分、无机物及根部合成的有机物向上运，其运输的速度、机制、动力在有关矿质和水分代谢的章节已有讨论。

（三）韧皮部运输系统

　　韧皮部是光合产物运输的主要途径。被子植物的韧皮部主要由筛管（sieve tube）、伴胞（companion cell）与韧皮部薄壁细胞组成。筛管由筛管细胞首尾相连而成，筛管细胞也称为筛管分子（sieve element，SE）。

　　1. 筛管　　成熟的筛管分子缺少一般活细胞所具有的某些结构成分。例如，细胞在发育过程中失去了细胞核及液泡膜，没有微丝、微管、高尔基体和核糖体，保留有质膜、线粒体、质体、平滑内质网，不能合成蛋白质，也不能独立生活，成熟筛管分子已分化为专门适应同化物运输的特化细胞。它的主要特点是细胞壁的一些部位具有小孔，称为筛孔（sieve pore），筛孔的直径为 0.5～1.5μm。这些具筛孔的凹陷区域称为筛域（sieve area）。被子植物筛管分子的端壁分化为筛板（sieve plate），筛板上有筛孔，一般筛孔面积占筛板面积的 50% 左右。

筛管内存在 P-蛋白，即韧皮蛋白（phloem protein），为被子植物筛分子所特有。P-蛋白呈管状、线状或丝状，有收缩功能，能使筛孔扩大，有利于同化物的长距离运输。P-蛋白可防止筛管中汁液的流失。筛管中通常需要维持较大的压力用于筛管的集流运输。当筛管发生破裂或折断时，筛管内的压力会将筛管内的汁液挤出筛管从而造成营养物质的流失，如果不把受伤的筛管堵住，植物就可能因"流血不止"而死亡，因此，筛管的及时堵漏是十分重要的。当韧皮部组织受到损伤时，P-蛋白就会在伴胞中合成后通过胞间连丝转运到筛管分子中，在筛孔周围累积并形成凝胶，以堵塞筛孔从而防止汁液的进一步流失，并维持其他部位筛管的正压力。

筛管内还有胼胝质（callose），其是一种以 β-1,3- 键结合的葡聚糖。胼胝质的合成酶位于质膜上，合成的胼胝质沉积在质膜和细胞壁之间。正常条件下，只有少量的胼胝质沉积在筛板的表面或筛孔的四周。但当植物受到外界刺激（如机械损伤、高温等）时，筛管分子就会迅速合成胼胝质，并沉积到筛板的表面或筛孔中，堵塞筛孔，以维持其他部位筛管正常的物质运输。植物休眠时也会发生筛管胼胝质的合成。一旦外界刺激或休眠解除，沉积在筛板表面或筛孔内的胼胝质就会迅速消失，使筛管恢复运输功能。

2. 伴胞　　伴胞（companion cell）是一个具有全套细胞器的完整生活细胞，伴胞的细胞核大，原生质浓密，其中含大量的核糖体和线粒体，线粒体的分布密度约是分生细胞的 10 倍，含有高浓度的 ATP、过氧化物酶、酸性磷酸酶等。大量的胞间连丝将筛管分子与伴胞联系在一起，组成筛管分子-伴胞复合体（sieve element-companion cell complex，SE-CC）。筛管分子临近死亡时，伴胞即解体。伴胞有如下生理功能：可为筛管分子提供结构物质——蛋白质；提供信使 RNA；维持筛管分子间的渗透平衡；调节同化物向筛管的装载与卸出。

3. 薄壁细胞　　在源端或库端筛管周围不仅有伴胞，而且增加了许多薄壁细胞。韧皮部中的薄壁细胞与其他组织中的薄壁细胞类似，细胞壁较薄，液泡很大，但是通常比普通薄壁细胞更长一些。韧皮部薄壁细胞可能有储存和运输溶质和水的功能。

4. 小叶脉　　在典型的叶片中，维管束类似树杈状逐级分布，维管束的末梢及小叶脉遍布整个叶片。在叶片中所有叶肉细胞距离小叶脉一般不会超过几个细胞。小叶脉中仅有一或两个筛管，叶肉细胞中光合作用生产的同化物主要在小叶脉被装载进入筛管，以后逐步汇入主叶脉向植物体全身运输。

第三节　植物有机物运输的规律与机理

一、韧皮部运输的规律

（一）物质运输的途径

1. 研究物质运输途径的方法　　环割试验（girdling experiment）可以证明同化物运输的途径是韧皮部。将树木枝条环割一圈，深度以到形成层为止，剥去圈内树皮，经过一段时间可见到环割上部枝叶正常生长，但割口上端膨大或成瘤状，下端却呈萎缩状态（图 7-8）。这是因为环割中断了韧皮部同化物向下运输，同化物只能聚集在割口上端引起树皮组织生长加强而形成粗大的愈伤组织；同时下端因得不到同化物，不能正常生长而萎缩。环割并未影响木质部，因此根系吸收的水分和矿质营养仍能沿导管正常向上输送，保证了枝叶正常生长。

如果环割不宽，过一段时间，这种愈伤组织可以使上下树皮再连接起来，恢复有机物向下运

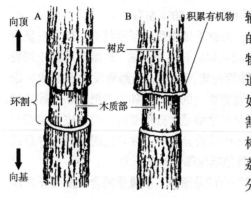

图 7-8　木本植物枝条的环割试验
A. 刚环割；B. 环割后一段时间

输的能力。如果环割较宽，上下树皮连接不上，环割口的下端又不长出枝条，时间一长，根系原来贮存的有机物消耗完毕，根部就会"饿死"。"树怕剥皮"就是这个道理。果树生产常利用环割原理来增加产量或发根。例如，在开花期适当环割树干，可使地上部的同化物在环割时间内集中于花果。北方的枣树、南方的波罗蜜等果树栽培，都应用此法作为增产手段。某些果树（柑橘、荔枝、龙眼等）的高空压条繁殖，也是环割枝条，使养分集中于切口上端，有利于发根。

还可用同位素示踪试验（isotope tracing experiment）直接证明物质运行的通道。用 $^{14}CO_2$ "饲喂"叶片使之进行光合作用之后，在叶柄或茎的韧皮部发现了含 ^{14}C 的光合产物，因此可确认同化物的运输途径是韧皮部。

2. 物质运输的一般规律　　经大量研究，得到了有关物质运输途径和方向的一般结论：①无机营养在木质部向上运输。②无机营养在韧皮部通常向下运输，也可双向运输（bidirectional transport）。③有机物在韧皮部可向上和向下运输，其运输的方向取决于库的位置。④有机氮和激素等可在木质部运输，也可经韧皮部运输；其中根系合成的氨基酸、激素经木质部运输，而冠部合成的激素和含氮物则经韧皮部运输。⑤在春季叶片尚未展开前，糖类、氨基酸、激素等有机物可沿木质部向上运输。⑥物质在组织之间，包括木质部与韧皮部之间可以通过被动或主动转运等方式进行侧向运输。⑦也有例外的情形存在。

（二）韧皮部运输的形式与速率

1. 运输形式　　大量研究表明，利用蚜虫吻针法（aphid tylet method）收集的植物筛管汁液中，干物质含量占 10%～25%，其中 90% 以上为碳水化合物。在大多数植物中，蔗糖是糖类的主要运输形式；某些植物含有其他糖类，如棉子糖、水苏糖、毛蕊花糖等，但这些糖都是由 1 个蔗糖分子与若干个半乳糖分子结合形成的非还原性糖。被运输的糖醇包括甘露醇和山梨醇等，氮素主要以氨基酸和酰胺的形式运输，特别是谷氨酰胺和天冬酰胺。当叶片衰老时，韧皮部中含氮化合物水平非常高。木本植物逐渐衰老的叶片向茎输出含氮化合物以供贮藏，草本植物通常向种子输入有机物。另外，韧皮部运输物中还有维生素、激素等生理活性物质，这些物质的运输量极小，但非常重要。

蔗糖成为同化物运输（assimilate transportation）的主要形式是植物长期进化而形成的适应特征。因为蔗糖是光合作用最主要的直接产物，是绿色细胞中最常见的糖类；蔗糖的溶解度很高，在 0℃时，100ml 水中可溶解蔗糖 179g，100℃时能溶解 487g；蔗糖是非还原糖，其非还原端可保护葡萄糖不被分解，使糖能稳定地从源向库转运；蔗糖含的自由能高，与葡萄糖相比，1mol 蔗糖和 1mol 葡萄糖虽具有相同的渗透势，但前者含的碳原子比后者高一倍，水解产生的能量也比后者多；蔗糖的运输速率很高，适合长距离运输。

2. 运输速率　　运输速率（transfer rate）是指单位时间内物质运动的距离，用 m/h、cm/h 或 mm/s 表示。用放射性同位素示踪法可观察到同化物运输的一般速率是 20～200cm/h。不同植物的同化物运输速率有差异，如大豆 84～100cm/h，南瓜为 40～60cm/h，马铃薯为 20～80cm/h，甘蔗为 270cm/h。同一作物，由于生育期不同，同化物运输的速率也有所不同，如南瓜幼龄时同化物运输速率快（72cm/h），老龄则渐慢（30～50cm/h）。

由于参与运输的韧皮部或筛管的截面积在不同物种和不同植株间变化很大，运输速率并不能真正反映运输的数量，因此用质量运输速率来表示。

质量运输速率（mass transfer rate）是指单位截面积韧皮部或筛管在单位时间内运输物质的质量，用 $g/(m^2 \cdot h)$ 或 $g/(mm^2 \cdot s)$ 等表示，也称为比集转运速率（specific mass transfer rate，SMTR）。

$$SMTR = \frac{转运的干物质量}{韧皮部（筛管）横切面积 \times 时间}$$

$$= g/(m^2 \cdot h) = g/(m^2 \cdot h) \times m/m = g/m^3 \times m/h$$

$$= 转运物浓度 \times 运输速率$$

早期测定运输速率是根据某个库器官在一定时间内的增量来估算的。若进一步测定韧皮部截面积，可经计算得到其质量运输速率。例如，马铃薯块茎与植株地上部由韧皮部横切面为 $0.004cm^2$ 的地下蔓相连，块茎在 50d 内增重 230g，块茎含水量为 75%，则此株马铃薯同化物运输的比集转运速率为

$$SMTR = 230 \times (1-75\%) / (0.004 \times 24 \times 50) \approx 12 \left[g/(cm^2 \cdot h) \right]$$

多数植物韧皮部的 SMTR 为 $1 \sim 13 g/(cm^2 \cdot h)$，最高可达 $200 g/(cm^2 \cdot h)$。筛管分子横切面一般占整个韧皮部横切面的 20%，上述筛管的 SMTR 为 $60 g/(cm^2 \cdot h)$。

二、韧皮部运输的机理

同化物的运输是一个在活细胞内进行的依赖能量的生理过程，不是一个简单的空间转移过程，因此同化物的运输机理十分复杂。研究证明，韧皮部运输的关键是同化物怎样从"源"细胞装载入筛管分子，以及怎样从筛管分子把同化物卸出到消耗或贮存的"库"细胞。因此，同化物从源到库的运输包含 3 个过程：①装载，同化物从叶肉细胞进入筛管；②运输，同化物在筛管中长距离运输；③卸载，同化物从筛管向库细胞释放。

（一）韧皮部装载

1. **韧皮部装载的过程** 韧皮部的装载是同化物运输的第一步。韧皮部装载（phloem loading）是指同化物从合成部位通过共质体和质外体进行胞间运输，最终进入筛管的过程。这一过程需要经过 3 个步骤：第一步，叶肉细胞光合作用形成的磷酸丙糖从叶绿体运到胞质，合成蔗糖；第二步，叶肉细胞的蔗糖运到叶脉末梢的筛管分子附近，这一运输途径属于短距离运输；第三步，蔗糖主动转到 SE-CC，最终进入筛管分子（图 7-9）。一般认为，同化物从韧皮部周围的叶肉细胞装载到韧皮部 SE-CC 的过程存在两条途径——共质体途径和交替运输途径。

2. **韧皮部装载的特点** 韧皮部装载的特点如下。

（1）逆浓度梯度 同化物从叶肉细胞输送至韧皮部 SE-CC 是逆浓度梯度进行的。例如，甜菜 SE-CC 内的蔗糖浓度为 800mmol/L，质外体内的蔗糖浓度为 20mmol/L，浓度比为 40∶1。这种逆浓度梯度运输是需能的过程。在提供外源 ATP 时，运输速率增加。

（2）具有选择性 筛管汁液的大部分干物质是蔗糖。外施标记的葡萄糖于植物后，发现大部分标记物是在蔗糖里，这一事实说明韧皮部装载是有选择性的。

（3）装载途径与伴胞类型相关 韧皮部装载途径与小叶脉伴胞类型、SE-CC 和周围薄壁细胞胞间连丝的数目，以及糖的运输种类等因素密切相关。普通伴胞和转移细胞除了与筛管分子间有大量胞间连丝外，与周围薄壁细胞缺少胞间连丝，因此光合产物进入筛管分子必须经过质外体装载途径。中间细胞与周围细胞间有大量的胞间连丝存在，因此光合产物可以经过共质体装载途

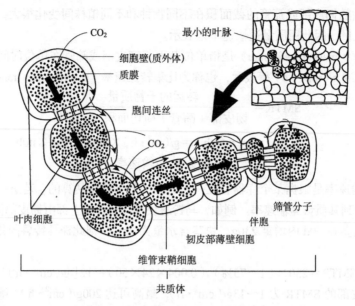

图 7-9　源叶中韧皮部装载途径（引自王忠，2009）

图中粗箭头示共质体途径，细箭头示质外体途径

径进入筛管。以蔗糖为运输物的植物大多数经质外体装载，如甜菜、豆科植物等小叶脉中的伴胞类型通常为普通伴胞或转移细胞；而经共质体装载的植物如锦紫苏、西葫芦和甜瓜等植物除运输蔗糖外，还运输棉子糖、水苏糖等寡聚糖，这类植物的小叶脉通常具有中间细胞类型的伴胞。

（二）筛管运输

同化物装载进入韧皮部筛管后能向需要的部位定向运输。已知蔗糖在筛管中的运输速率高达 100cm/h，而蔗糖在水中的扩散速率只有 0.02cm/h，显然蔗糖在筛管中的运输不会是扩散。那么蔗糖在筛管中运输的机理是什么？

1930 年，E. Münch 提出了解释韧皮部同化物运输的压力流动学说（pressure flow hypothesis）。该学说的基本论点是，同化物在筛管内是随液流流动的，而液流的流动是由输导系统两端的压力势差引起的。自该学说提出以来，许多学者都在致力于能更完整正确地解释光合同化物韧皮部运输的现象，曾提出过多种假说，如简单扩散作用、细胞质环流、电渗、离子泵等假说。

目前广为接受的是在 E. Münch 最初提出的压力流动学说基础上经过补充的新的压力流动学说。新学说认为，同化物在筛管内运输是由源、库两侧筛管-伴胞复合体内渗透作用所形成的压力梯度所驱动（图 7-10）。压力梯度的形成是由源端光合同化物不断向筛管-伴胞复合体装入，库端同化物从筛管-伴胞复合体不断卸出，以及韧皮部和木质部之间水分的不断

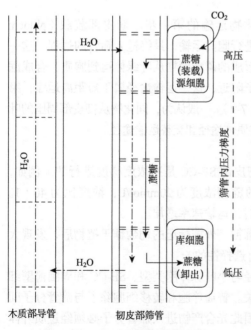

图 7-10　新的压力流动学说示意图

虚线箭头示水流，实线箭头示同化物流

再循环所致。即光合细胞制造的光合产物在能量的驱动下主动装载进筛管分子，从而降低了源端筛管内的水势，筛管分子从邻近的木质部吸收水分，引起筛管的膨压增加；与此同时，库端筛管中的同化物不断卸出进入周围的库细胞，筛管内水势提高，水分流向邻近的木质部，从而库端筛管内的膨压降低。因此，只要源端光合同化物的韧皮部装载和库端光合同化物的卸出过程不断进行，源库间就能维持一定的压力梯度，在此梯度下，光合同化物可源源不断地由源端向库端运输。

压力流动学说是最能解释同化物在韧皮部运输现象的一种理论。当然，该理论还有许多方面需要深入研究，许多问题尚未解决：①上述讨论的是被子植物的情况，而裸子植物韧皮部的结构与被子植物有很大的差异，因此其运输机理也将存在很大的不同；②此学说不能很好地解释有机物的双向运输；③源库之间是否确实存在如此大的压力，能推动有机物从源向库运输。

（三）韧皮部卸载

同化物从源器官经筛管运到库器官后，还要从筛管分子中运出来。同化物从库器官的筛管中转运出去的过程称为韧皮部卸载（phloem unloading）。库端的卸载与源端的装载是两个相反的过程。

韧皮部卸载首先是蔗糖从筛管分子卸出，然后通过短距离运输途径运到库细胞，在此贮藏或参与代谢。韧皮部卸载可发生在植物任何部位的成熟韧皮部，如幼嫩根、茎、叶、贮藏器官、果实、种子等。卸出的蔗糖有多种去向，有的转变为己糖进入糖酵解途径，有的以淀粉形式贮藏，还有的贮存在韧皮部薄壁细胞的液泡里。这样，卸出的蔗糖就不断地被移走，促使库端不断地卸出，也促使源端的同化物不断地装载入筛管和在筛管中源源不断地运输。

同化物卸出途径有两条，即共质体途径和质外体途径。一般在营养器官（如根和叶）中同化物主要通过共质体途径卸出。在幼叶、幼根里，同化物通过共质体的胞间连丝到达生长细胞和分生细胞，在细胞溶质中进行代谢。同化物卸到生殖器官（如发育着的玉米和大豆种子）时，是通过质外体途径。因为母体和胚之间没有胞间连丝，同化物必须通过质外体，然后才进入胚。同化物卸到贮存器官（如甜菜根、甘蔗茎）时，也是通过质外体。通过质外体卸出时，在有些植物（如玉米和甘蔗茎）中蔗糖被细胞壁中的蔗糖酶分解为葡萄糖和果糖之后进入接受细胞，而在甜菜根和大豆种子中蔗糖通过质外体时并不水解，而是直接进入贮藏部位。

第四节　植物有机物的分配与调节

一、代谢源与代谢库

（一）源和库的概念

有机物运输的方向取决于提供同化物的器官与利用同化物的器官的相对位置。源（source）即代谢源（metabolic source），是产生或提供同化物的器官或组织，如功能叶、萌发种子的子叶或胚乳。库（sink）即代谢库（metabolic sink），是消耗或积累同化物的器官或组织，如根、茎、果实、种子等。

应该指出的是，源库的概念是相对的、可变的。例如，幼叶是库，它必须从功能叶获得营养，但当叶片长大时，它就成为源。有的器官同时具有源和库的双重特点。例如，绿色的茎、鞘、果、穗等，它们既需从其他器官输入养料，同时其本身又可制造养料或者加工养料后再输到需要的部位。有些两年生植物的贮藏组织在第一个生长季是库，当第二个生长季开始时，它又成了源，向新的枝叶输出其所贮藏的同化物。

（二）源-库单位

同化物从源器官向库器官的输出存在一定的区域化，即源器官合成的同化物优先向其邻近的库器官输送。例如，在稻麦灌浆期，上层叶的同化物优先输往籽粒，下层叶的同化物优先向根系输送，而中部叶形成的同化物则既可向籽粒也可向根系输送。玉米果穗生长所需的同化物主要由果穗叶和果穗以上的两叶提供。通常把在同化物供求上有对应关系的源与库及其输导系统称为源-库单位（source-sink unit）。例如，菜豆某一复叶的光合同化物主要供给着生此叶的茎及其腋芽，则此功能叶与着生叶的茎及其腋芽组成一个源-库单位（图 7-11）。结果期的番茄植株，通常每隔三叶着生一个果穗，此果穗及其下三叶便组成一个源-库单位。源、库会随生长条件而变化，并可人为改变。例如，番茄植株通常是下部三叶向其上果穗输送光合同化物，当把此果穗摘除后，这三叶制造的光合同化物也可向其他果穗输送。源-库单位的可变性是整枝、摘心、疏果等栽培技术的生理基础。

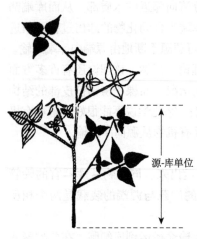

图 7-11　菜豆的源 - 库单位模式图

（三）源-库关系

源是库的供应者，而库对源具有调节作用：两者相互依赖，相互制约。

源为库提供光合产物，控制输出的蔗糖浓度、时间及装载蔗糖进入韧皮部的数量；而库能调节源中蔗糖的输出速率和输出方向。一般来说，充足的源有利于库潜势的发挥，接纳能力强的库则有利于源的维持。

可用源强与库强来衡量源器官输出或库器官接纳同化物能力的大小。源强（source strength）是指源器官同化物形成和输出的能力。库强（sink strength）是指库器官接纳和转化同化物的能力。库强对光合产物向库器官的分配具有极其重要的作用。表观库强（apparent sink strength）可用库器官干物质净积累速率表示。

源和库内蔗糖浓度的高低直接调节同化物的运输和分配。源叶内高的蔗糖浓度短期内可加快同化物从源叶的输出速率。例如，短时期增加光强或提高 CO_2 浓度可提高源叶内蔗糖的浓度，从而加速同化物从这些叶片内的输出速率。但从长期看，源叶内高的蔗糖浓度则抑制光合作用和蔗糖的合成。只有在库器官不断吸收与消耗蔗糖时，才能长期维持高的同化能力。

二、有机物的分配规律

植物体内同化物分配的总规律是从源到库，即从某一源合成的同化物流向与其组成源-库单位的库。

（一）优先向生长中心分配

在植物各生长发育时期，均存在着一个生长占优势的部位，即生长中心（growing center）。生长中心对于同化物具有强烈的吸引力，当时叶片形成的同化物主要向此运输。例如，水稻分蘖期的同化物主要分配到水稻的分蘖节上，作其分蘖所需养分；分蘖期过后，同化物就不再以分蘖节为主要运输点，而向新生长中心运输分配。小麦的同化物分配也有类似规律。可见，生长中心不是不变的，而是随生育期的不同而转向别处。但需要指出的是，一个时期只有一个生长中心。植物存在生长中心，对栽培管理是有利的，可以根据需要通过调节同化物的运输来调控植物的生长。

（二）就近供应

同化物有就近供应（close-by supply）的规律，即叶片制造的同化物首先满足其自身生命活动的需要，用不完的供给其邻近部位。例如，大豆结荚期，当各节都出现荚时，同化物只能由每个叶片进入叶腋中的荚内，只有在某节上摘除豆荚或豆荚受害的情况下，该节叶片的同化物才分配到其邻荚中去。

（三）同侧运输

同侧运输（ipsilateral transport）是指植物上部某处叶片合成的同化物往往向同侧器官分配较多。这是由植物的解剖结构决定的，因为同侧维管束交叉联系要比横跨茎轴到另一侧直接得多。但在另一侧嫩叶缺乏养料供给时，也可引起同化物沿茎轴横向分配到原来不属于它分配的嫩叶中。

（四）已分配的同化物可进行再分配

植物体内的同化物，除了构成像细胞壁这样的骨架物质已定型固定外，其他物质不论是有机物或无机物，包括细胞的各种内含物（细胞器及永久或暂时贮藏的物质）都可以进行再分配及再利用。

同化物的再分配和再利用（redistribution and reutilization of assimilate）也是器官之间营养物质内部调节的主要特征。例如，当叶片衰老时，大量的有机、无机养分都要撤离并重新分配到就近的新器官。尤其在生殖生长时，营养器官细胞的内含物会分解并向生殖器官转移。例如，小麦籽粒生长达到最终饱满度的25%时，植株对氮、磷的吸收已完成了90%，籽粒在以后75%的充实生长中，主要由营养体将这些元素再度转移来供应它的需要。据分析，小麦叶片衰老时，叶中85%的氮和90%的磷都要转移到穗部。

作物成熟期间，茎叶中的有机物即使是在收割后的贮藏期还可以继续转移。例如，我国北方农民为了避免秋季早霜危害或提前倒茬，在预计严重霜冻来临之前，将玉米连根带穗提前收获，竖立成垛，茎叶中的有机物仍能继续向籽粒中转移，这称为"蹲棵"。这样可以增产5%～10%。花瓣在开花授粉后，其细胞的原生质迅速解体，氮、磷、钾等矿质元素与有机物大部分撤退到果实，而后花瓣凋萎脱落。

在果实、鳞茎、块茎、根茎等贮藏器官发育成熟时，营养体一生积累的精华物质几乎都转移给了这些器官，故而出现"麦熟一晌，枝叶枯黄"的景象；葱、蒜结球时，蒜皮干薄如纸也是这个道理。可见营养体的日渐衰老正是同化物撤离的必然结果。实验证明，如将番茄新坐果实一一摘下，切断再分配的去路，营养体寿命将可延续很久。

值得注意的是，同化物不能由一片成熟叶进入另一片成熟叶，甚至当其中的一片叶由于遮光而遭受"饥饿"的情况下，也是如此。各幼叶从成熟叶得到同化物仅是在它达到成年之前。

本 章 小 结

有机物转化又称为有机物代谢，包括初生代谢物与次生代谢物。光合细胞中磷酸丙糖是光合碳代谢形成的最初产物，它可合成淀粉，也可通过磷酸转运体进入细胞质合成蔗糖。植物次生代谢物是与植物初生代谢物在生理功能以及分布上相区别的一类化合物，在植物的防御功能、传粉和种子传播等方面具有重要的生理生态意义。植物次生代谢物分为酚类、萜类和次生含氮化合物等。植物次生代谢是大自然长期进化选择的结果，是植物生态适应的重要手段。

高等植物有机物的运输系统包括短距离运输系统和长距离运输系统。短距离运输含胞内运输，即细胞内、细胞器间的物质运输；胞间运输，即细胞之间短距离的质外体运输、共质体运输及共质体与质外体间的运输。

共质体和质外体间的交替运输常涉及特化的转移细胞。

维管束系统是高等植物长距离运输的通道。木质部的输导组织主要包括导管和管胞，韧皮部运输主要是由筛管承担。用环割试验、同位素示踪等方法可以证明木质部主要是将水分和无机养分向上运输，韧皮部则可双向运输同化物。

筛管汁液的干物质主要是碳水化合物，其中蔗糖是主要运输形式。物质运输速率一般为 20~200cm/h。韧皮部运输过程包括源细胞的同化物装载、筛管运输，以及同化物卸出到消耗或贮存的库细胞。解释韧皮部同化物运输机理的学说主要是压力流动学说。

代谢源是产生或提供同化物的器官或组织，代谢库是消耗或积累同化物的器官或组织。源和库的概念是相对的、可变的。将同化物供求上有对应关系的源与库称为源-库单位。用源强和库强来衡量器官输出或输入同化物能力的大小。

同化物分配规律包括优先向生长中心分配、就近供应、同侧运输等，且还存在着再分配的特性。

复习思考题

1. 名词解释

初生代谢与次生代谢　初生代谢物与次生代谢物　短距离运输系统　长距离运输系统　转移细胞　P-蛋白　代谢源　代谢库　源-库单位　源强与库强

2. 写出下列缩写符号的中文名称及其含义或生理功能。

SE-CC　SMTR

3. 什么是植物的次生代谢物？植物次生代谢物的主要种类有哪些？

4. 植物次生代谢物的主要合成途径有哪些？与植物初生代谢有何关系？

5. 植物内主要的类黄酮物质有哪些？简述其生理意义。

6. 植物萜类化合物的结构特点是什么？

7. 简述长距离运输系统的特点。

8. 如何证明高等植物同化物长距离运输是通过韧皮部途径的？

9. 同化物分配有何特点？

10. 试述同化物运输的压力流动学说。

11. 试讨论影响同化物运输分配的因素。

12. 代谢源和代谢库是怎样影响同化物运输、分配的？

13. 维管束系统的功能有哪些？

14. 为什么"树怕剥皮"？

第三篇

植物生长发育生理

第八章 植物生长物质

【学习提要】掌握植物激素和植物生长调节剂的概念和特点，了解植物激素的测定方法。了解几大类植物激素的发现过程和化学特性。理解植物激素的代谢特点和作用机理，掌握植物激素的生理作用。了解其他植物生长物质的类型、特点，理解植物激素间的相互关系。理解植物生长物质的应用范围与特性。

第一节 植物激素和植物生长调节剂

一、植物激素的概念和特点

植物生长物质（plant growth substance）是一些能调节植物生长发育的微量有机物质。其大体可分为两类，即植物激素与植物生长调节剂。

植物激素（plant hormone，phytohormone）是指在植物体内合成的、通常从合成部位运往作用部位、对植物的生长发育产生显著调节作用的微量有机物，即它们是内生的、能移动的、低浓度就有调节效应的高活性物质。据国际植物生长物质研究专家的建议，要确定一个植物内源物质的激素地位，除了满足上述定义外，还应符合下列 3 个条件：①该物质在植物中广泛分布，而不是特定植物所具有；②是植物完成基本的生长发育及生理功能所必需的，并且不能被其他物质代替；③必须和相应的受体（receptor）蛋白结合才能发挥作用，这是作为激素的一个重要特征。

生长素（auxin）、赤霉素（gibberellin）、细胞分裂素（cytokinin）、脱落酸（abscisic acid）、乙烯（ethylene）和油菜素甾醇（brassinosteroid，BR）是六大类植物激素。近年，也有许多学者将茉莉素（jasmonates，JAs）、水杨酸类（salicylates，SAs）和独脚金内酯类（strigolactones，SLs）归入植物激素中。

植物除需要水分、矿质和有机物作为细胞的结构物质和营养物质外，在生长发育过程中也需要对内外界环境因素的变化及时做出适应性反应，植物激素就是其中重要的信号分子。植物激素虽能调节控制个体的生长发育，但本身并非营养物质，也不是植物体的结构物质。植物激素这个名词最初是从动物激素衍用过来的。尽管植物激素与动物激素具有某些相似之处，然而它们的作用方式和生理效应却差异显著。例如，动物激素的专一性很强，并有产生某激素的特殊腺体和确定的"靶"器官，往往表现出单一的生理效应。而植物没有产生激素的特殊腺体，也没有明显的"靶"器官，植物激素可在植物体的任何部位起反应，且同一激素有多种不同的生理功能，不同种激素间还有相互促进或相互颉颃的作用。另外，植物体内激素的含量甚微，7000～10 000 株玉米幼苗顶端只含有 1μg 生长素，3t 花菜的叶片仅提取出 3mg 生长素，1kg 向日葵鲜叶中的玉米素（一种细胞分裂素）为 5～9μg。

二、植物生长物质的类型

由于植物激素含量很少，难以提取，无法满足大规模现代化农业生产的需要，人们根据植物激素的活性与结构之间的关系，合成了许多类似植物激素的化学物质，也具有强大的生理活性。

为了与内源激素相区别，把人工合成的或从微生物中提取的，施用于植物后对其生长发育具有调节控制作用的有机物叫作植物生长调节剂（plant growth regulator）。其包括植物生长促进剂（plant growth promoting substance）、植物生长抑制剂（plant growth inhibitor）和植物生长延缓剂（plant growth retardant）。目前，在农林生产中大量使用的植物生长物质主要是植物生长调节剂。

除了上述植物激素以外，人们在植物体内还不断发现了另外一些植物生长物质，如三十烷醇（triacontanol，TRIA）、寡糖素（oligosaccharin）、膨压素（turgorin）、系统素（systemin）、多胺（polyamine，PA）、小分子多肽类（small peptide）等。此外，植物体内还有一些生长抑制物质，主要是植物的次生化合物，如酚类物质中的酚酸和肉桂酸族、苯醌中的胡桃醌等，它们对植物的生长发育起着抑制作用。这些存在于植物中的物质，在调节植物生长发育过程中起着不可忽视的作用。随着研究的深入，人们将更深刻地了解这些物质在植物生命活动中的生理功能。

激素在植物中的含量极微，要求测定的方法必须十分灵敏；而植物激素的性质又不稳定，加之细胞中其他化合物会干扰激素的测定，故测定的方法必须十分专一。通常植物组织首先用合适的有机溶剂来提取，既要避免提取许多干扰的化合物，又要避免破坏激素本身。其次，采用萃取或层析等步骤，使激素部分提纯。植物激素常用的测定方法包括生物测定法（bioassay），即根据激素作用于植株或离体器官后所产生的生理反应的强度来推算植物激素含量的方法，如赤霉素诱导 α-淀粉酶的形成、生长素促进小麦胚芽鞘切段伸长等；物理与化学方法，如薄层层析（thin layer chromatography，TLC）、气相色谱（gas chromatography，GC）、高效液相层析（high performance liquid chromatography，HPLC）和质谱（mass spectrography，MS）等方法；免疫分析方法如放射免疫检测法（radioimmunoassay，RIA）和酶联免疫吸附检测法（enzyme linked immunosorbent assay，ELISA）等。

第二节　植物激素的发现和特性

植物激素的发现可追溯到 1758 年，德国植物学家 du Monceau 发现，如果对木本植物的茎进行环割处理，环割伤口的上端树皮会膨大并有许多新根发生。为了解释这些现象，1860 年，Julius Sachs 提出了一种假说，认为植物体内存在着特异的器官形成素（organ-forming substance）。例如，“根形成素”在叶片中形成，并沿着茎干向下运输，最后聚集在环割伤口处，刺激新根的发生。这里假设的器官形成素就是某种意义上的植物激素。

一、生长素的发现和特性

（一）生长素的发现

生长素（auxin）是最早被发现的植物激素。1872 年，波兰园艺学家 Ciesielski 在对根尖的伸长与向地弯曲的研究中发现，置于水平方向的根因重力影响而弯曲生长，根对重力的感应部分在根尖，而弯曲主要发生在伸长区。他认为可能有一种从根尖向基部传导的刺激性物质使根的伸长区在上下两侧发生不均匀的生长。同时代的英国科学家达尔文（Darwin）父子利用金丝雀虉草胚芽鞘进行向光性实验，发现在单方向光照射下，胚芽鞘向光弯曲；如果切去胚芽鞘的尖端或在尖端套以锡箔小帽，单侧光照便不会使胚芽鞘向光弯曲；如果单侧光线只照射胚芽鞘尖端而不照射胚芽鞘下部，胚芽鞘还是会向光弯曲。他们在 1880 年出版的《植物运动的本领》一书中指出：胚芽鞘产生向光弯曲是由于幼苗在单侧光照下产生某种影响，并将这种影响从上部传到下部，造成背光面和向光面生长速度不同。1913 年，Boysen-Jensen 在向光或背光的胚芽鞘一面插入不透物质的云母片，他们发现只有当云母片放入背光面时，向光性才受到阻碍。如果在切下的胚芽鞘尖和胚芽鞘切口间放上一明胶薄片，其向光性仍能发生。1919 年，Paál 发现将燕麦胚芽鞘尖切下，把它放在切口的一边，即使不照光，胚芽鞘也会向一边弯曲，1926 年，荷兰的 Went 把燕麦胚芽鞘尖端切下，放在琼胶薄片上，约 1h 后，移去芽鞘尖端，将琼胶切成小块，然后把这些琼胶小块放在去顶胚芽鞘一侧，置于暗中，胚芽鞘就会向放琼胶的对侧弯曲，如果放纯琼胶块，则不弯曲，这证明促进生长的影响可从鞘尖传到琼胶，再传到去顶胚芽鞘，这种影响与某种促进生长的化学物质有关，Went 将这种促进生长的物质称为生长素。根据这个原理，人们创立了植物激素的一种生物测定法——燕麦胚芽鞘弯曲试验法（*Avena* curvature test），即用低浓度的生长素处理燕麦芽鞘的一侧，引起这一侧的生长速度加快，而向另一侧弯曲，其弯曲度与所用的生长素浓度在一定范围内成正比，以此定量测定生长素含量，推动了植物激素的研究。

　　1934 年，Kogl 等从人尿、根霉、麦芽中分离和纯化了一种刺激生长的物质，经鉴定为吲哚乙酸（indole-3-acetic acid, IAA），分子式为 $C_{10}H_9O_2N$，相对分子质量为 175.19，从此 IAA 成了生长素的代号。

（二）生长素的种类

　　除 IAA 外，在高等植物中还分离出苯乙酸（phenylacetic acid, PAA）、4-氯吲哚乙酸（4-chloroindole-3-acetic acid, 4-Cl-IAA）、吲哚丁酸（indole-3-butyric acid, IBA）、吲哚乙腈（indole acetonitrile）等，它们都具有不同程度的生长素活性。此外，还人工合成了生理活性与生长素类似的化合物，这些生理活性类似生长素的物质称为类生长素（auxin like）（图 8-1A）。

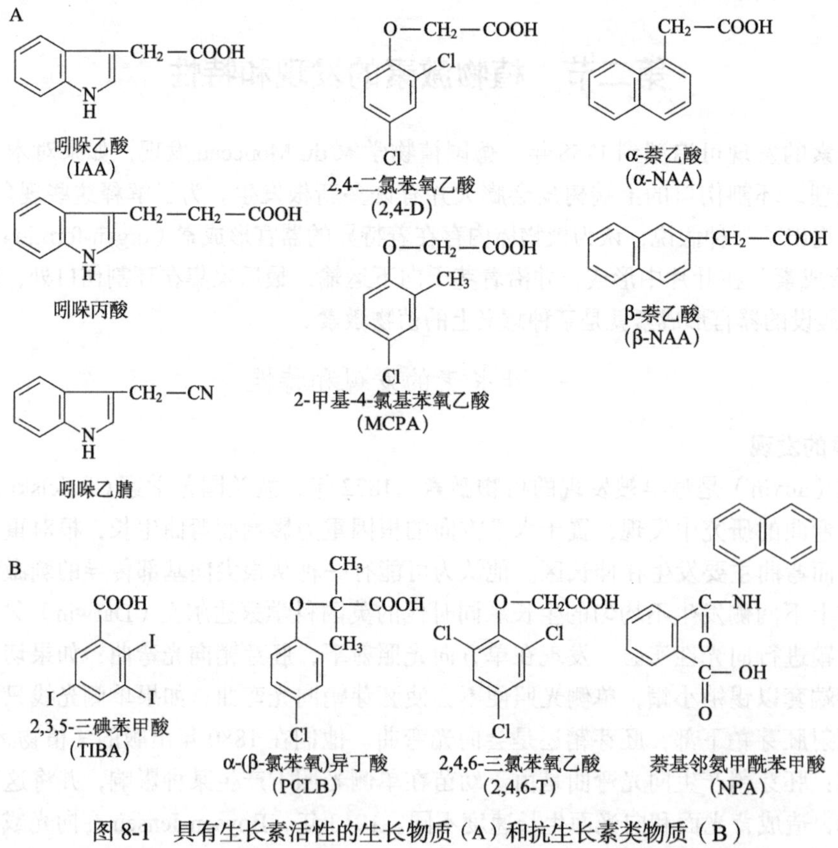

图 8-1　具有生长素活性的生长物质（A）和抗生长素类物质（B）

类生长素可按其结构分为 3 类：吲哚类，如吲哚丁酸、吲哚丙酸（indole propionic acid，IPA）；萘羧酸类，如 α-萘乙酸（α-naphthalene acetic acid，NAA）、萘乙酰胺（naphthyl acetamide，NAD）；苯氧羧酸类，如 2,4-二氯苯氧乙酸（2,4-dichlorophenoxyacetic acid，2,4-D）、2,4,5-三氯苯氧乙酸（2,4,5-trichlorophenoxyacetic acid，2,4,5-T）、4-碘苯氧乙酸（4-iodophenoxyacetic acid，商品名增产灵）。类生长素与生长素在化学结构上的共同之处是都具有一个不饱和的芳香环，环上带有一个适当长度的羧基侧链。现在把结构和功能上类似于吲哚乙酸的物质统称为生长素类物质。

还有一类合成生长素衍生物，如 2,3,5-三碘苯甲酸（2,3,5-triiodobenzoic acid，TIBA）和萘基邻氨甲酰苯甲酸（naphthylphthalamic acid，NPA）等，它们本身没有或只有很低的生长素活性，但在植物体内与生长素竞争受体，对生长素有专一的抑制效应，故称为抗生长素（antiauxin）（图 8-1B）。

（三）生长素的分布

植物体内生长素的含量甚微，一般每克鲜重为 10～100ng，各种器官中都有分布，但集中在生长旺盛的部位，如正在生长的茎尖和根尖、正在展开的幼叶、胚、嫩果和种子等；衰老的组织或器官中生长素的含量则较少。

寄生或共生的微生物也可产生生长素，并影响寄主的生长。例如，豆科植物根瘤的形成就与根瘤菌产生的生长素有关，其他一些植物的肿瘤也与能产生生长素的病原菌入侵有关。

二、赤霉素的发现和特性

（一）赤霉素的发现

赤霉素（gibberellin，GA）是在研究水稻恶苗病时发现的，它是指具有赤霉烷骨架、能刺激细胞分裂和伸长的一类化合物的总称。

1935 年，日本科学家数田从诱发恶苗病的赤霉菌中分离得到了能促进生长的非结晶固体，并称之为赤霉素。1938 年，数田和住木又从赤霉菌培养基的过滤液中分离出了两种具有生物活性的结晶，命名为"赤霉素 A"和"赤霉素 B"。但由于第二次世界大战的爆发，该项研究被迫停止。

直到 20 世纪 50 年代初，英、美科学家从真菌培养液中首次获得了这种物质的化学纯产品，英国科学家称之为赤霉酸（1954 年），美国科学家称之为赤霉素 X（1955 年）。后来证明赤霉酸和赤霉素 X 为同一物质，都是 GA_3。1955 年，日本东京大学的科学家对他们的赤霉素 A 进行了进一步的纯化，从中分离出了 3 种赤霉素。1957 年，东京大学的科学家又分离出了一种新的赤霉素。此后，对赤霉素 A 系列（赤霉素 A_n）就用缩写符号 GA_n 表示。后来，很快又发现了几种新的 GA，并在未受赤霉菌感染的高等植物中也发现了许多与 GA 有同样生理功能的物质。1959 年，Cross 等测出了 GA_3、GA_1 和 GA_5 的化学结构。

（二）赤霉素的种类和化学结构

赤霉素的种类很多，它们广泛分布于植物界，从被子植物、裸子植物、蕨类植物、褐藻、绿藻、真菌和细菌中都发现了赤霉素。现已发现了 125 种赤霉素。赤霉素是植物激素中种类最多的一种激素。

赤霉素的种类虽然很多，但都是以赤霉烷（gibberellane）为骨架的衍生物。赤霉素是一种双萜，由 4 个异戊二烯单位组成，有 4 个环（图 8-2）。可以说，A、B、C、D 4 个环对赤霉素的活性都是必要的，环上各基团的种种变化就形成了各种不同的赤霉素，但所有有活性的赤霉素的第七位碳均为羧基。

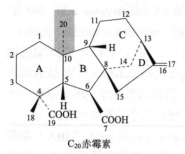

C_{20}赤霉素

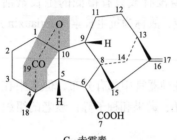

C_{19}赤霉素

图 8-2　赤霉烷的结构

根据赤霉素分子中碳原子的不同，可分为 C_{20} 赤霉素和 C_{19} 赤霉素。前者含有赤霉烷中所有的 20 个碳原子（如 GA_{15}、GA_{17}、GA_{19}、GA_{24}、GA_{25} 等），而后者只含有 19 个碳原子，第 20 位的碳原子已丢失（如 GA_1、GA_3、GA_4、GA_9、GA_{20} 等）。C_{19} 赤霉素在数量上多于 C_{20} 赤霉素，且活性也高。

商品 GA 主要是通过大规模培养遗传上不同的赤霉菌的无性世代而获得的，其产品有赤霉酸（GA_3）及 GA_4 和 GA_7 的混合物。

三、细胞分裂素的发现和特性

（一）细胞分裂素的发现

1948 年，斯库格（F. Skoog）和崔澂等在寻找促进组织培养中细胞分裂的物质时，发现生长素存在时腺嘌呤具有促进细胞分裂的活性。1954 年，雅布隆斯基（J. R. Jablonski）和斯库格发现烟草髓组织在只含有生长素的培养基中细胞不分裂而只长大，如将髓组织与维管束接触，则细胞分裂。后来他们发现维管组织、椰子乳汁或麦芽提取液中都含有诱导细胞分裂的物质。1955 年，米勒（C. O. Miller）和斯库格等偶然将存放了 4 年的鲱鱼精细胞 DNA 加入到烟草髓组织的培养基中，发现也能诱导细胞分裂，且其效果优于腺嘌呤，但用新提取的 DNA 却无促进细胞分裂的活性，如果将其在 pH<4 的条件下进行高压灭菌处理，则又可表现出促进细胞分裂的活性。他们分离出了这种活性物质，并将其命名为激动素（kinetin, KT）。1956 年，米勒等从高压灭菌处理的鲱鱼精细胞 DNA 分解产物中纯化出了激动素结晶，并鉴定出其化学结构为 6-呋喃氨基嘌呤（N^6-furfurylaminopurine），分子式为 $C_{10}H_9N_5O$，相对分子质量为 215.2，接着又人工合成了这种物质。激动素并非 DNA 的组成部分，它是 DNA 在高压灭菌处理过程中发生降解后的重排分子。激动素只存在于动物体内，在植物体内迄今为止还未发现。

尽管植物体内不存在激动素，但实验发现植物体内广泛分布着能促进细胞分裂的物质。1963 年，莱撒姆（D. S. Letham）从未成熟的玉米籽粒中分离出了一种类似于激动素的细胞分裂促进物质，并将其命名为玉米素（zeatin, Z, ZT），1964 年确定其化学结构为 6-（4-羟基-3-甲基-反式-2-丁烯基氨基）嘌呤［6-（4-hydroxyl-3-methy-*trans*-2-butenylamino）purine］，分子式为 $C_{10}H_{13}N_5O$，相对分子质量为 219.24。玉米素是最早发现的植物天然细胞分裂素，其生理活性远强于激动素。

1965 年，斯库格等提议将来源于植物的、其生理活性类似于激动素的化合物统称为细胞分裂素（cytokinin, CTK, CK），目前在高等植物中已鉴定出了 30 多种细胞分裂素（图 8-3）。

（二）细胞分裂素的种类和结构特点

天然细胞分裂素可分为两类，一类为游离态细胞分裂素，除最早发现的玉米素外，还有玉米素核苷（zeatin riboside）、双氢玉米素（dihydrozeatin）、异戊烯基腺嘌呤（isopentenyladenine, iP）等；另一类为结合态细胞分裂素，有异戊烯基腺苷（isopentenyl adenosine, iPA）、甲硫基异戊烯基腺苷、甲硫基玉米素等，它们结合在 tRNA 上，构成 tRNA 的组成成分。

细胞分裂素大都为腺嘌呤 N^6 位上 H 被其他基团取代的衍生物，也有的细胞分裂素的腺嘌呤 N^9 位上 H 被其他基团取代。

常见的人工合成的细胞分裂素有激动素（KT）、6-苄基腺嘌呤（6-benzyl adenine, BA, 6-BA）（图 8-3）和四氢吡喃苄基腺嘌呤（tetrahydropyranyl benzyladenine）［又称多氯苯甲酸（polychlorbenzoic acid，PBA）〕等。在农业和园艺上应用得最广的细胞分裂素是激动素和 6-苄基腺嘌呤。有的化学物质虽然不具腺嘌呤结构，但仍然具有细胞分裂素的生理作用，如二苯脲（diphenylurea）。

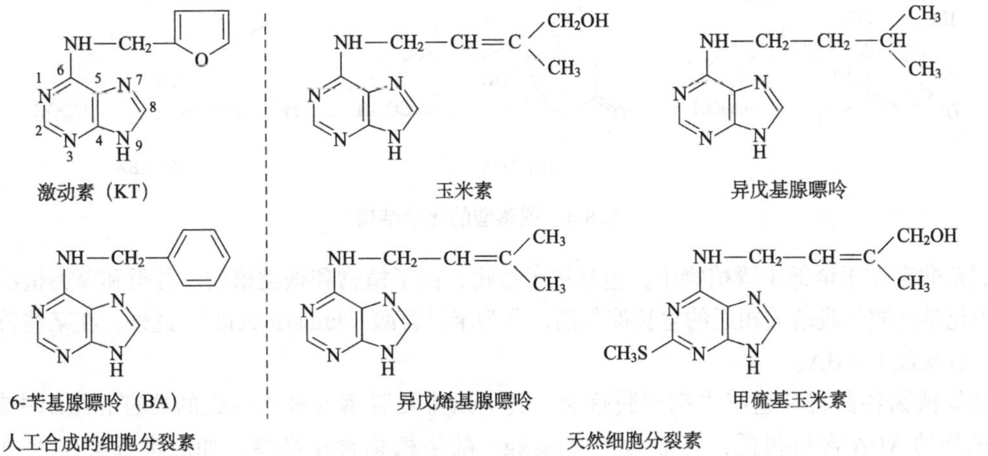

图 8-3　常见的人工合成的细胞分裂素和天然细胞分裂素的结构式

在高等植物中，细胞分裂素主要存在于可进行细胞分裂的部位，如茎尖、根尖、未成熟的种子、萌发的种子和生长着的果实等。一般而言，细胞分裂素的含量为 1～1000ng/g 植物干重。从高等植物中分离出的细胞分裂素，大多数是玉米素或玉米素核苷。

四、脱落酸的发现和特性

（一）脱落酸的发现

脱落酸（abscisic acid，ABA）是指能引起芽休眠、叶子脱落和抑制生长等生理作用的植物激素。它是人们在研究植物体内与休眠、脱落和种子萌发等生理过程有关的生长抑制物质时发现的。

1961 年，Liu 等在研究棉花幼铃的脱落时，从成熟的干棉壳中分离纯化出了促进脱落的物质，并命名这种物质为脱落素〔后来阿迪柯特（F. T. Addicott）将其称为脱落素 I〕。1963 年，大熊和彦（K. Ohkuma）和阿迪柯特等从 225kg 4～7d 龄的鲜棉铃中分离纯化出了 9mg 具有高度活性的促进脱落的物质，命名为脱落素 II（abscisin II）。

在阿迪柯特领导的小组研究棉铃脱落的同时，英国的韦尔林（P. F. Wareing）和康福思（J. W. Cornforth）领导的小组正在进行着木本植物休眠的研究。几乎就在脱落素 II 发现的同时，伊格尔斯（C. F. Eagles）和韦尔林从桦树叶中提取出了一种能抑制生长并诱导旺盛生长的枝条进入休眠的物质，他们将其命名为休眠素（dormin）。1965 年，康福思等从 28kg 秋天的干槭树叶中得到了 260μg 休眠素纯结晶，通过与脱落素 II 的分子质量、红外光谱和熔点等的比较鉴定，确定休眠素和脱落素 II 是同一物质。1967 年，在加拿大渥太华召开的第六届国际植物生长物质会议上，将这种植物生长调节物质正式定名为脱落酸。

（二）脱落酸的结构特点和分布

ABA 是以异戊二烯为基本单位的倍半萜羧酸（图 8-4），化学名称为 5-（1′-羟基 -2′,6′,6′-三甲基-4′-氧代-2′-环己烯-1′-基）-3-甲基-2-顺-4-反-戊二烯酸〔5-（1′-hydroxy-2′,6′,6′-trimethyl-4′-oxo-2′-cyclohexen-1′-yl）-3-methyl-2-*cis*-4-*trans*-pentadienoic acid〕，分子式为 $C_{15}H_{20}O_4$，相对分子质量为

264.3。ABA 环 1′ 位上为不对称碳原子，故有两种旋光异构体。植物体内的天然形式主要为右旋 ABA，即 (＋)-ABA，又写作 (S)-ABA；而左旋 ABA，即（－）-ABA，又写作 (R)-ABA 很少见。

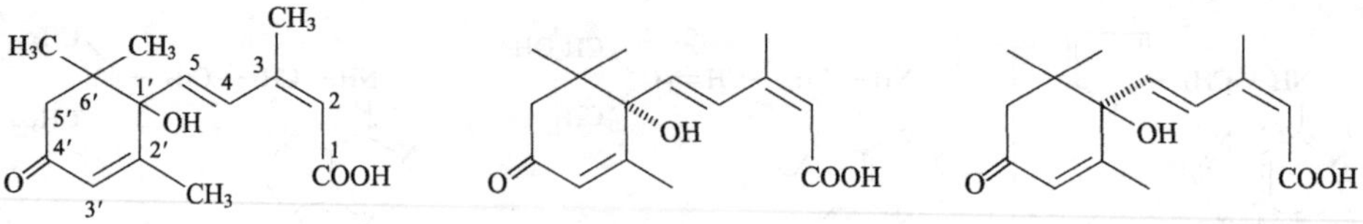

图 8-4　脱落酸的化学结构

脱落酸存在于全部维管植物中，包括被子植物、裸子植物和蕨类植物。苔类和藻类植物中含有一种化学性质与脱落酸相近的生长抑制剂，称为半月苔酸（lunlaric acid）。此外，在某些苔藓和藻类中也发现了 ABA。

高等植物各器官和组织中都有脱落酸，其中以将要脱落或进入休眠的器官和组织中较多。水生植物的 ABA 含量很低，一般为 3～5μg/kg；陆生植物含量高些，如温带谷类作物通常含 50～500μg/kg，鳄梨的中果皮与团花种子中的含量分别高达 10mg/kg 与 11.7mg/kg。

五、乙烯的发现和特性

早在 19 世纪中叶（1864 年），就有关于燃气街灯漏气会促进附近的树落叶的报道，但到 20 世纪初（1901 年），俄国的植物学家奈刘波（Neljubow）才首先证实是照明气中的乙烯（ethylene，ET，ETH）在起作用，他还发现乙烯能引起黄化豌豆苗的三重反应。第一个发现植物材料能产生一种气体并对邻近植物材料的生长产生影响的人是卡曾斯（Cousins，1910 年），他发现橘子产生的气体能催熟同船混装的香蕉。

虽然 1930 年以前人们就已认识到乙烯对植物具有多方面的影响，但直到 1934 年甘恩（Gane）才获得植物组织确实能产生乙烯的化学证据。

1959 年，由于气相色谱的应用，伯格（S. P. Burg）等测出了未成熟果实中有极少量的乙烯产生，随着果实的成熟，产生的乙烯量不断增加。此后几年，在乙烯的生物化学和生理学研究方面取得了许多成果，并证明高等植物的各个部位都能产生乙烯，还发现乙烯对许多生理过程，包括从种子萌发到衰老的整个过程都起重要的调节作用。1965 年，在柏格的提议下，乙烯才被公认为是植物的天然激素。

乙烯是一种不饱和烃，其化学结构为 $CH_2＝CH_2$，是各种植物激素中分子结构最简单的一种。乙烯在常温下是气体，相对分子质量为 28，轻于空气。乙烯在极低浓度（0.01～0.1μl/L）时就对植物产生生理效应。种子植物、蕨类、苔藓、真菌和细菌都可产生乙烯。

六、油菜素甾醇的发现和特性

（一）油菜素甾醇的发现

1970 年，美国的米切尔（Mitchell）等发现在油菜花粉中有一种新的生长物质，它能引起菜豆幼苗节间伸长、弯曲、裂开等异常生长反应，并将其命名为油菜素（brassin）。1979 年，格罗夫（Grove）等从 227kg 油菜花粉中提取得到 10mg 高活性结晶物，因为它是甾醇内酯化合物，故将其命名为油菜素甾醇（brassinosteroid，BR）或油菜素内酯（brassinolide，BL）。此后油菜素甾醇及多种结构相似的化合物纷纷从植物中被分离鉴定。BR 在植物体内含量极少，但生理活性很强。

1998年，在第十六届国际植物生长物质学会年会上已正式确定将油菜素甾醇列为植物的第六类激素。

目前，BR及多种类似化合物已被人工合成，用于生理生化及田间试验，这一类化合物的生物活性可用水稻叶片倾斜及菜豆幼苗第二节间生长等生物测定法来鉴定。

（二）油菜素甾醇的种类和分布

现在已从植物中分离得到60多种油菜素甾醇，分别表示为BR_1、BR_2……BR_n。

最早发现的油菜素甾醇（BR_1），其熔点为274～275℃，分子式为$C_{28}H_{48}O_6$，相对分子质量为475.65，化学名称是2α,3α,22α,23α-四羟基-24α-甲基-B-同型-7-氧-5α-胆甾烯-6-酮（图8-5）。BR的基本结构是有一个甾体核，在核的C-17上有一个侧链。已发现的各种天然BR，根据其B环中含氧的功能团的性质可分为3类，即内酯型、酮型和脱氧型（还原型）。

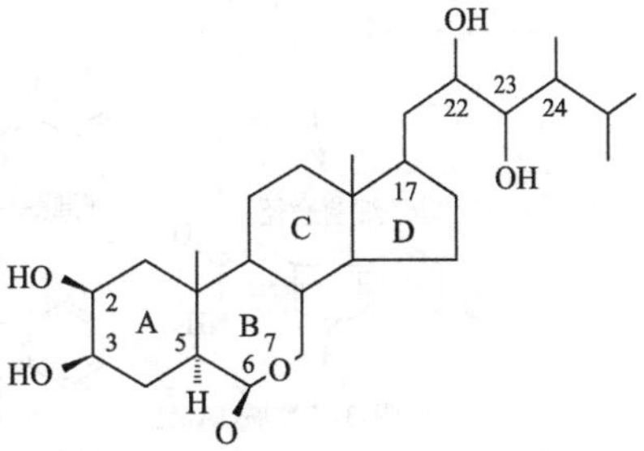

图8-5　油菜素甾醇（BR_1）的化学结构

油菜素甾醇用碱处理时，其活性丧失；若再用酸处理，则活性可恢复，这与B环内酯结构的破坏与形成有关。可见内酯环是活性表现的重要结构因素。

BR在植物界中普遍存在，如双子叶植物的油菜、白菜、栗、茶、扁豆、菜豆、蚊母树、牵牛花，单子叶植物的香蒲、玉米、水稻，裸子植物的黑松、云杉等。从分布的器官看，涉及花粉、雌蕊、果实、种子、根、茎、叶等。油菜花粉是BR_1的丰富来源，BR_1也存在于其他植物中。

BR虽然在植物体各部分都有分布，但不同组织中的含量不同。通常BR的含量是：花粉和种子1～1000ng/kg，枝条1～100ng/kg，果实和叶片1～10ng/kg。某些植物的虫瘿中BR的含量显著高于正常植物组织。

第三节　植物激素的代谢

一、生长素的代谢

（一）生长素的生物合成

通常认为生长素合成的前体是色氨酸（tryptophan，Trp）。色氨酸转变为生长素时，其侧链要经过转氨、脱羧和氧化等步骤（图8-6）。

1. **吲哚丙酮酸途径**　吲哚丙酮酸途径（IPA pathway）即色氨酸通过转氨作用，形成吲哚丙酮酸（indole pyruvic acid，IPA），再脱羧形成吲哚乙醛（indole acetaldehyde），后者经过脱氢酶的催化被氧化脱氢变成吲哚乙酸。该途径在高等植物中占优势，对一些植物来说是唯一的生长素合成途径。

2. **色胺途径**　色胺途径（TAM pathway）即色氨酸脱羧形成色胺（tryptamine，TAM），再氧化转氨形成吲哚乙醛，最后形成吲哚乙酸。色胺途径和IPA途径类似，只是脱氨和脱羧反应的顺序不同，另外参与反应的酶类也不同。本途径在植物中占少数，在同一类植物中很少同时存在这两条途径，但是有证据表明，在大麦、燕麦、烟草和番茄中同时存在上述两条途径。

3. **吲哚乙腈途径**　许多植物，特别是十字花科植物中存在着吲哚乙腈（indole acetonitrile，IAN）。在吲哚乙腈途径（IAN pathway）中，色氨酸首先被转化为吲哚乙醛肟，然后再转化为吲

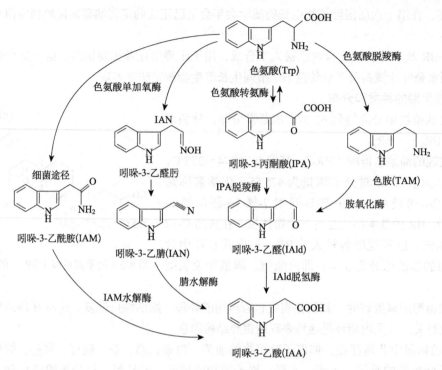

图 8-6 吲哚乙酸生物合成的色氨酸依赖途径

哚乙腈,最后通过一种腈水解酶(nitrilase)将 IAN 转化为 IAA。在经过研究的 21 科植物中,有 3 科植物具有 IAN 途径。拟南芥中编码腈水解酶的 4 种基因(*NIT1~NIT4*)已被克隆,如果将 *NIT2* 基因导入烟草,获得的转基因植物可以将 IAN 分解为 IAA。

4. 吲哚乙酰胺途径　吲哚乙酰胺途径(IAM pathway)是色氨酸在色氨酸单加氧酶的作用下形成吲哚乙酰胺(indole acetylamine,IAM),然后形成 IAA 的过程。该途径存在于各种病原菌中,如沙氏极毛杆菌(*Pseudomonas savastanoi*)和根癌农杆菌(*Agrobacterium tumefaciens*)。这些病菌产生的生长素常常会引起其寄主的形态变化。

锌是色氨酸合成酶的组分,缺锌时,导致由吲哚和丝氨酸结合而形成色氨酸的过程受阻,从而使 IAA 的生物合成前体——色氨酸的含量下降。

5. 非色氨酸依赖型合成途径　上述途径称为色氨酸依赖途径(tryptophan-dependent pathway)。研究表明,植物还可以通过一些非色氨酸依赖途径(tryptophan-independent pathway)合成 IAA。IAA 合成途径的多样化可以保证植物体内 IAA 的来源稳定,也反映了 IAA 作为调节控制植物生长发育的基本激素的重要地位。

植物的茎端分生组织、禾本科植物的芽鞘尖端、胚(是果实生长所需 IAA 的主要来源部位)和正在扩展的叶等是 IAA 的主要合成部位。用离体根的组织培养证明根尖也能合成 IAA。

(二)生长素的结合与降解

植物体内具活性的生长素浓度一般都保持在最适范围内,对于多余的生长素,一般通过结合(钝化)和降解进行自动调节。

1. 生长素的结合　植物体内生物合成的 IAA 可与细胞内的糖、氨基酸等有机化合物结合而形成束缚型生长素(bound auxin);而未与其他分子结合,具有活性,并易于从植物中提取的生长素叫游离型生长素(free auxin)。束缚型生长素无生理活性,是生长素的贮藏形式或钝化形式,占组织中生长素总量的 50%～90%。它在植物体内的运输也没有极性。当束缚型生长素再度水解成游离型生长素时，又表现出生物活性和极性运输。种子萌发时所需的生长素就是种子成熟时贮藏在种子中的束缚型生长素水解来的。

束缚型生长素在植物体内的作用可能有下列几个方面：①作为贮藏形式。吲哚乙酸与葡萄糖形成吲哚乙酰葡糖（indole acetyl glucose），在适当时释放出游离型生长素。②作为运输形式。吲哚乙酸与肌醇形成吲哚乙酰肌醇（indole acetyl inositol）贮存于种子中，发芽时，吲哚乙酰肌醇比吲哚乙酸更易运输到地上部。③解毒作用。游离型生长素过多时，往往对植物产生毒害。吲哚乙酸和天冬氨酸结合成的吲哚乙酰天冬氨酸（indoleactyl aspartic acid）通常是在生长素积累过多时形成，它具有解毒功能。④防止氧化。游离型生长素易被氧化，如易被吲哚乙酸氧化酶氧化，而束缚型生长素稳定，不易被氧化。⑤调节游离型生长素含量。根据植物体对游离型生长素的需要程度，束缚型生长素与束缚物分解或结合，使植物体内游离生长素呈稳衡状态，调节到一个适合生长的水平。

2. 生长素的降解　　吲哚乙酸的降解主要有酶解和光解两个类型。

过去认为过氧化物酶是催化 IAA 氧化降解的主要酶类（脱羧途径）。因为该酶在植物中广泛存在，并且在体外实验中过氧化物酶可以氧化 IAA。但是该降解途径在植物体内是否存在还不清楚。例如，在转基因植物中，即使过氧化物酶活性提高 10 倍或降低到原来的 1/10，对内源 IAA 水平都没有影响。

利用同位素示踪标记试验发现了植物体内 IAA 氧化降解的其他两条途径。它们的终产物都是羟吲哚-3-乙酸（oxindole-3-acetic acid, OxIAA），OxIAA 在玉米胚乳或茎组织中都可以检测到。其中一条途径是直接将 IAA 氧化为 OxIAA，另一条途径是先将 IAA-天冬氨酸结合物氧化为中间产物后，再转变为 OxIAA。这两条氧化降解途径的特点是降解过程中 IAA 的侧链保持完整，所以也叫非脱羧降解途径。

IAA 的水溶液如果暴露在光下可发生光解反应，而且这种光解反应可以被一些植物色素如核黄素促进。IAA 的光解产物也可从植物中检测到。但植物体内光解的具体过程及其生理意义还不清楚。

IAA 的光氧化过程需要相对较大的光剂量。在配制 IAA 水溶液或从植物体提取 IAA 时要注意光氧化问题。在对植物施用 IAA 时，上述两种降解类型都可能同时发生。而人工合成的其他生长素类物质，如 α-萘乙酸（α-NAA）和 2,4-二氯苯氧乙酸（2,4-D）等则不易受影响，能在植物体内保留较长的时间，比外用 IAA 有较大的生理活性。所以，在大田中一般不施用 IAA 而用人工合成的类生长素。

（三）生长素的运输

1. 生长素的极性运输　　生长素在植物体内的运输具有极性，即生长素只能从植物的形态学上端向下端运输，而不能向相反的方向运输，这称为生长素的极性运输（polar transport）。研究生长素极性运输的经典试验是供体-受体琼脂块法（donor-receiver agar block method）（图 8-7）。类生长素也具有极性运输，而其他植物激素则无此特点。

生长素的极性运输现象与植物的发育有密切的关系，如枝条扦插不定根形成的极性和顶芽产生的生长素向基运输所形成的顶端优势等。

2. 生长素的非极性运输　　生长素的极性运输是主动、需能的过程。另外，也发现在植物体中存在被动的、通过韧皮部的非极性生长素运输形式。例如，成熟叶片中合成的生长素大部分是通过韧皮部的非极性运输而到达其他部位的。大部分束缚型生长素的运输也是通过韧皮部进行

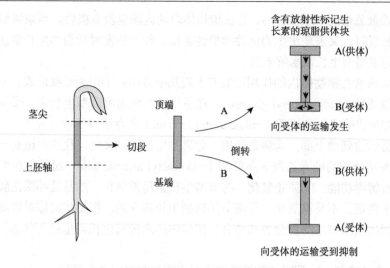

图 8-7　供体 - 受体琼脂块法测定生长素的极性运输（引自 Taiz and Zeiger，2010）

的。例如，萌发的玉米种子中束缚型生长素就是通过韧皮部从胚乳运输到胚芽鞘顶端的。生长素沿韧皮部的长距离运输可能对形成层活动及侧根发生具有调控意义。

生长素的极性运输与非极性运输有不同的机制。近年的研究结果表明，细胞间的生长素极性运输主要由负责生长素内流（auxin influx）的 AUX1/LAX 蛋白家族和负责生长素外流（auxin efflux）的 PIN（pin-formed）蛋白家族控制，而非极性的其他细胞间运输方式则由 ABCB 运输蛋白控制。此外，另一种定位于内质网的 PIL（pin-like）运输蛋白家族则参与细胞内不同分室之间的生长素运输。

3. 极性运输的机理　　游离型生长素的运输依赖于生长素载体（auxin carrier），而生长素载体在细胞膜上不均匀的分布会导致生长素的极性运输。呼吸链抑制剂氰化物和解偶联剂 DNP 均能抑制 IAA 极性运输，说明 IAA 极性运输需要有氧呼吸提供能量。另外，植物组织对放射性 IAA 的吸收受到非放射性 IAA 的部分抑制，说明放射性标记与非标记的 IAA 竞争数量有限的载体位点。

Goldsmith（1977）提出了化学渗透极性扩散假说（chemiosmotic polar diffusion hypothesis）（图 8-8）。该假说认为：位于某个细胞基部的 IAA 输出载体从细胞内单向输出 IAA⁻，IAA⁻ 进入细胞壁空间后即被质子化为 IAAH，IAAH 扩散通过细胞膜，顺着其浓度梯度进入其下部相邻的细胞内。由于细胞质的 pH 约为 7.2，IAAH 进入细胞质后，几乎所有的都被解离成阴离子 IAA⁻ 的形式。IAA⁻ 不能扩散通过细胞膜，只能依靠输出载体输送至细胞壁空间。按此规律，IAA 顺序通过纵向排列的细胞柱向形态学下端运输。在此过程

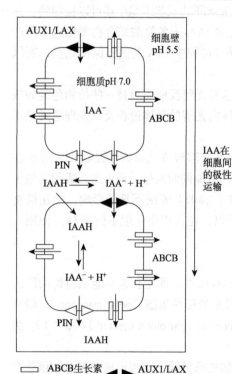

图 8-8　组织中 IAA 极性运输的化学渗透极性扩散假说模式图（引自李合生，2016）

中，位于质膜上的 H^+-ATPase 不断地将 H^+ 从胞内泵出，以防止 H^+ 在胞内积累，并维持细胞壁酸性环境和适宜的跨膜电势梯度，以提供能量。这个过程反复进行，就形成了生长素的极性运输。

现已清楚，IAA^- 也可通过载体介导的 $2H^+$-IAA^- 同向转运体输入，质膜上一个小的 AUX1/LAX 透性酶（permease）家族是生长素的输入载体，可同时转运 2 个质子和 IAA 同向进入细胞质。

PIN 家族是 IAA 的输出载体。在拟南芥（*Arabidopsis thaliana*）中已经鉴定出 8 个基因编码 PIN 蛋白。通过研究发现，PIN1、PIN2、PIN3、PIN4 和 PIN7 都参与了生长素极性运输，它们介导不同组织的生长素输出。PIN1 是发现最早的，也是主要负责生长素从茎顶端向根尖的极性运输。由于细胞质膜基端的载体比顶端的多，故生长素只能从上端向下端运输。用抑制剂处理可阻碍 PIN1 的运动，破坏它们在质膜上的分布，抑制了组织培养细胞中生长素的输出，也降低了幼苗的伸长作用及其向重性弯曲运动。

最近研究者还发现另外一种依赖 ATP 的转运蛋白参与生长素的极性运输，它们属于多种药物抗性/磷酸糖蛋白家族（multidrug resistance/ P-glycoprotein，MDR/ PGP），或 ATP 结合盒（ATP-binding cassette，ABC）转运蛋白超级家族中的"B"亚家族（ABCB）。*ABCB* 基因发生缺陷的拟南芥和玉米植株均表现为不同程度的矮小，改变向地性，并且生长素的输出减少。它们均匀地分布在质膜上，驱动生长素的依赖 ATP 的输出，PIN 协同 ABCB 调控生长素的极性运输。

人工合成的一些化学物质，如能表现出生长素的活性，在植物体内也往往表现出极性运输。活性越强，极性运输也越强。例如，α-萘乙酸（α-naphthalene acetic acid，α-NAA）具有生长素活性，从而也具有极性运输的性质；而 β-萘乙酸（β-NAA）无生长素活性，因此不表现出极性运输。2,4,5-三氯苯氧乙酸（2,4,5-trichlorophenoxyacetic acid，2,4,5-T）的生长素活性比 2,4,6-三氯苯氧乙酸（2,4,6-T）的强，其运输的极性也要强得多。

一些抗生长素类化合物能够专一地抑制 IAA 极性运输，如 2,3,5-三碘苯甲酸（2,3,5-triiodobenzoic acid，TIBA）、9-羟基氟-9-羧酸（9-hydroxy fluorine-9-carboxylic acid，HFCA，又叫形态素）和萘基邻氨甲酰苯甲酸。TIBA 及 NPA 通过阻止生长素外流而阻止生长素的极性运输。它们的抑制作用均为非竞争性的，说明它们与 IAA 在输出载体上占有不同的位置，它们与载体的结合引起载体蛋白构型发生改变，抑制载体输出 IAA。生长素的极性运输是一种可以逆浓度梯度的主动转运过程，因此，在缺氧的条件下也会严重地阻碍生长素的运输。

二、赤霉素的代谢

（一）赤霉素的生物合成

种子植物中赤霉素的生物合成途径，根据参与酶的种类和在细胞中的合成部位，大体分为 3 个阶段（图 8-9）。

1. 从异戊烯焦磷酸（isopentenyl pyrophosphate）到贝壳杉烯（ent-kaurene）阶段　　此阶段在质体中进行，异戊烯焦磷酸是由甲瓦龙酸（mevalonic acid，MVA）转化来的，而合成甲瓦龙酸的前体物为乙酰CoA。

2. 从贝壳杉烯到 GA_{12} 醛（GA_{12}-aldehyde）阶段　　此阶段在内质网上进行。

3. 由 GA_{12} 醛转化成其他 GA 的阶段　　此阶段在细胞质中进行。GA_{12} 醛第 7 位上的醛基氧化生成 20C 的 GA_{12}；GA_{12} 进一步氧化可生成其他 GA。各种 GA 之间还可相互转化，所以大部分

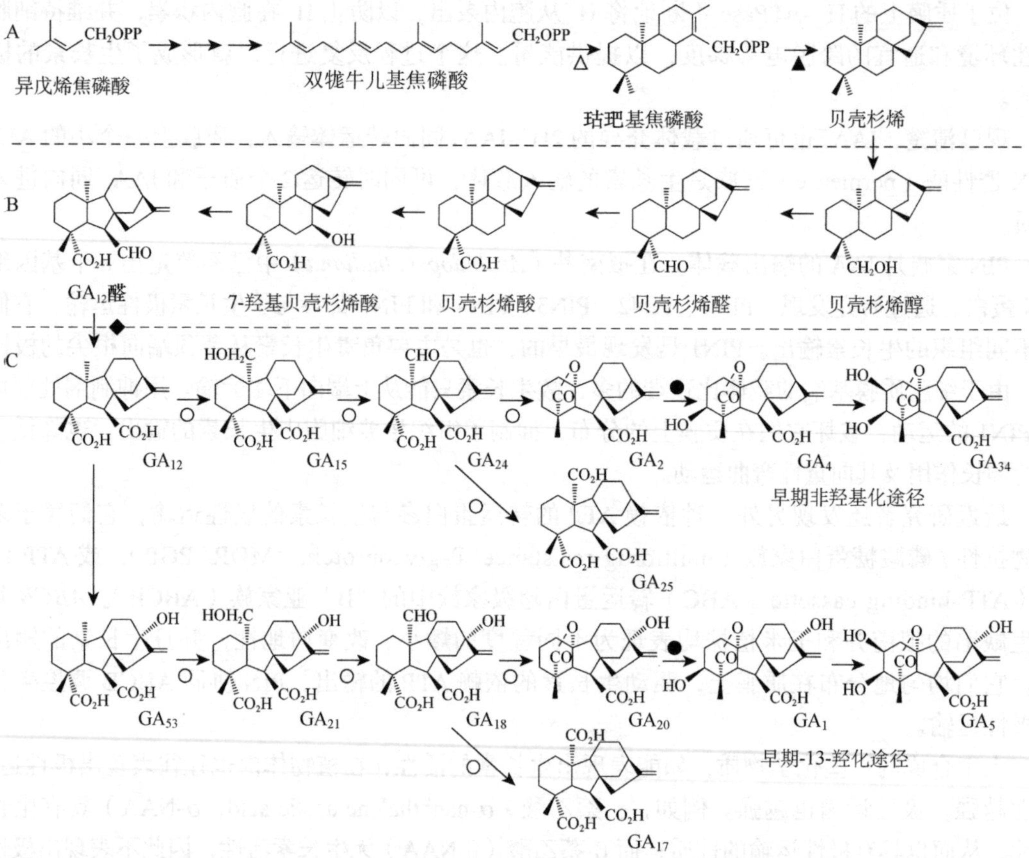

图 8-9　种子植物赤霉素生物合成的基本途径

A～C 阶段分别在质体、内质网和细胞质中进行。图中记号：△珂珀基焦磷酸合成酶（CPS）；
▲贝壳杉烯合成酶（KS）；◆ 7- 氧化酶；○ 20-氧化酶；● 3β-羟化酶

植物体内都含有多种赤霉素。

　　植物体内合成 GA 的场所是顶端幼嫩部分，如根尖和茎尖，也包括生长中的种子和果实，其中正在发育的种子是 GA 的丰富来源。一般来说，生殖器官中所含的 GA 比营养器官中的高，前者每克鲜组织含 GA 几微克，而后者每克鲜组织只含 1～10ng。在同一种植物中往往含有多种 GA，如在南瓜与菜豆种子中至少分别含有 20 种与 16 种 GA。

（二）赤霉素的运输与结合

　　GA 在植物体内的运输没有极性，可双向运输。根尖合成的 GA 通过木质部向上运输，而叶原基产生的 GA 则通过韧皮部向下运输，其运输速率与光合产物相同，为 50～100cm/h。但不同植物间运输速率差异很大。

　　植物体内的 GA 除了可以相互转化外，还可通过结合和降解来消除过量的 GA。GA 合成以后在体内的降解很慢，然而却很容易转变成无生物活性的束缚型（即结合型）赤霉素（conjugated gibberellin）。所以，植物主要是通过结合方式来消除多余的 GA。

　　植物体内的束缚型 GA 主要有 GA-葡糖酯和 GA-葡糖苷等。束缚型 GA 是 GA 的贮藏和运输形式。在植物的不同发育时期，游离型与束缚型 GA 可相互转化。例如，在种子成熟时，游离型 GA 不断转变成束缚型 GA 而贮藏起来，而在种子萌发时，束缚型 GA 又通过酶促水解转变成游离型 GA 而发挥其生理调节作用。

三、细胞分裂素的代谢

（一）细胞分裂素的合成

1. **游离态细胞分裂素的合成**　细胞分裂素的主要合成途径是从头生物合成途径。由底物异戊烯焦磷酸（isopentenyl pyrophosphate，IPP）和 AMP 开始，在异戊烯转移酶（isopentenyl transferase），或称细胞分裂素合酶（cytokinin synthase）的催化下，形成异戊烯基腺苷-5′-磷酸盐，进而在水解酶作用下形成异戊烯腺嘌呤（isopentenyladenine，iP）。异戊烯基腺嘌呤如进一步氧化，就能形成玉米素（图 8-10）。后者可再转化形成二氢玉米素等。

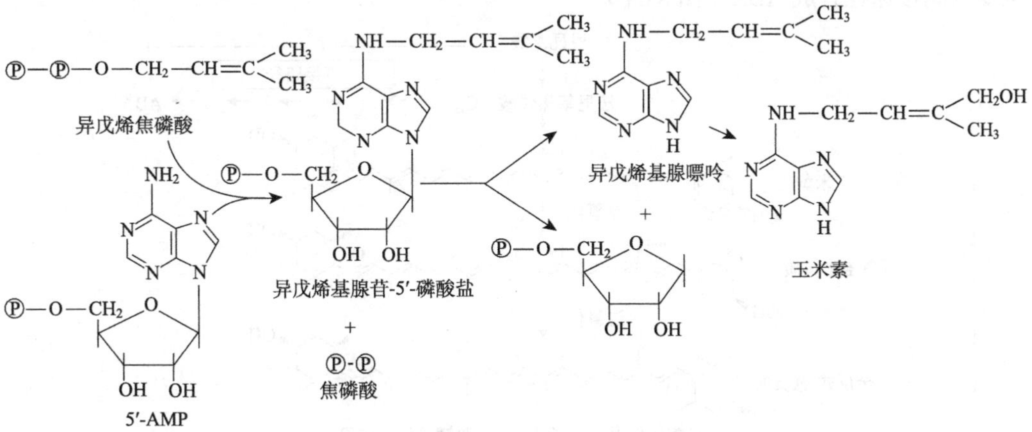

图 8-10　细胞分裂素的从头生物合成途径

2. **由 tRNA 合成细胞分裂素**　生物体内某些 tRNA 上有一些修饰的碱基具有细胞分裂素活性。tRNA 降解时，其中的细胞分裂素游离出来。但这种方式产生的细胞分裂素较少，不是细胞分裂素合成的主要途径。

（二）细胞分裂素的结合与分解

细胞分裂素可与葡萄糖、氨基酸和核苷酸等基团结合形成结合态细胞分裂素。结合态细胞分裂素的性质较为稳定，适于贮藏或运输。

在细胞分裂素氧化酶（cytokinin oxidase）的作用下，玉米素、玉米素核苷和异戊烯基腺嘌呤等可转变为腺嘌呤及其衍生物，细胞分裂素氧化酶对细胞分裂素的不可逆分解可防止细胞分裂素积累过多产生的毒害。

四、脱落酸的代谢

脱落酸主要是在根冠和萎蔫的叶片中合成，也能在茎、种子、花和果等器官中合成脱落酸。细胞内合成 ABA 的主要部位是质体。逆境条件下，如干旱时根尖和萎蔫叶片中 ABA 的含量可数十倍地增加。

（一）脱落酸的生物合成

脱落酸（ABA）生物合成的途径主要有两条。

1. **类萜途径（terpenoid pathway）**　ABA 的前体与 GA 的生物合成前体相同，都为甲瓦龙酸（MVA）。ABA 和 GA 生物合成的前几个步骤是相同的，从法尼基焦磷酸（farnesyl pyrophosphate，FPP）开始分道扬镳，在长日条件下合成 GA，在短日条件下合成 ABA。此途径也称为 ABA 合成的直接途径。

2. 类胡萝卜素途径（carotenoid pathway）　脱落酸的碳骨架与一些类胡萝卜素的末端部分相似。塔勒（Tarlor）等将类胡萝卜素暴露在光下，会产生生长抑制物。后来发现紫黄素（violaxanthin）在光下产生的抑制剂是 2-顺式-黄质醛（xanthoxin），在一些植物的枝叶中也检测出了这种物质。黄质醛迅速代谢成为脱落酸。现发现，除了紫黄质外，其他类胡萝卜素，如新黄质（neoxanthin）等都可光解或在脂氧合酶（lipoxygenase，LOX）的作用下，转变为黄质醛，最终形成脱落酸。由类胡萝卜素氧化分解生成 ABA 的途径也称为 ABA 合成的间接途径。虽然ABA 的间接合成看似是从类胡萝卜素开始的，但它的最终前体仍是 MVA。通常认为在高等植物中，主要以间接途径合成 ABA（图 8-11）。

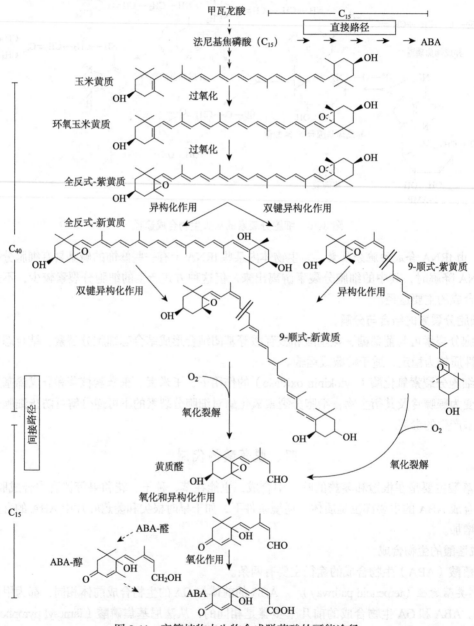

图 8-11　高等植物中生物合成脱落酸的可能途径

直接途径是指从 C_{15} 化合物法尼基焦磷酸（FPP）直接合成 ABA 的过程；间接途径则是指从 C_{40} 化合物经氧化分解生成 ABA 的过程

（二）脱落酸的氧化与运输

ABA 可与细胞内的单糖或氨基酸以共价键结合而失去活性。而结合态 ABA 又可水解重新释放出 ABA，因而结合态 ABA 是 ABA 的贮藏形式。但干旱所造成的 ABA 迅速增加并不是来自结合态 ABA 的水解，而是重新合成的。

ABA 的氧化产物是红花菜豆酸（phaseic acid）和二氢红花菜豆酸（dihydrophaseic acid）。红花菜豆酸的活性极低，而二氢红花菜豆酸无生理活性。

脱落酸运输不具有极性。在菜豆叶柄切段中，^{14}C-脱落酸向基运输的速率是向顶运输速率的 2～3 倍。脱落酸主要以游离型的形式运输，也有部分以脱落酸糖苷的形式运输。脱落酸在植物体的运输速率很快，在茎或叶柄中的运输速率大约是 20mm/h。

五、乙烯的代谢

（一）乙烯的生物合成

乙烯的生物合成前体为甲硫氨酸（蛋氨酸，methionine，Met）。1979 年华裔科学家杨祥发及其同事发现 1-氨基环丙烷-1-羧酸（1-aminocyclopropane-1-carboxylic acid，ACC）是乙烯合成过程中的直接前体。后来证实乙烯的合成是一个甲硫氨酸的代谢循环，因而被命名为"杨氏循环"（Yang cycle）。甲硫氨酸经过甲硫氨酸循环，转化为 S-腺苷甲硫氨酸（S-adenosyl-methionine，SAM），再在 ACC 合酶（ACC synthase）的催化下形成 5′-甲硫基腺苷（5′-methylthioadenosine，MTA）和 ACC，前者通过循环再生成甲硫氨酸，而 ACC 则在 ACC 氧化酶（ACC oxidase）的催化下氧化生成乙烯（图 8-12）。在植物的所有活细胞中都能合成乙烯。

ACC 的合成是乙烯生物合成途径的限速步骤，ACC 合酶存在于细胞质中，半衰期短，含量极低且不稳定。多种植物的 ACC 合酶基因得到了克隆，发现此酶由多基因编码。例如，在番茄中至少有 9 个基因，每个基因受不同的环境和发育因素调控。

乙烯生物合成的最后一步由 ACC 氧化酶催化，在液泡膜内表面及 O_2 存在下，把 ACC 氧化为乙烯。此酶活性极不稳定，依赖于膜的完整性。和 ACC 合酶一样，ACC 氧化酶也是由多基因家族编码，其转录受多种内外因素的调节。

植物组织中甲硫氨酸含量较低，但总是维持在一个比较稳定的水平。在乙烯发生量较高的情况下就需要持续不断地供应甲硫氨酸。植物组织靠杨氏循环持续不断地供应乙烯合成需要的甲硫氨酸。

（二）乙烯生物合成的调节

乙烯的生物合成受到许多因素的调节，这些因素包括发育因素和环境因素（图 8-12）。

在植物正常生长发育的某些时期，如种子萌发、果实后熟、叶的脱落和花的衰老等阶段都会诱导乙烯的产生。成熟组织释放乙烯量一般为每克鲜重 0.01～10nl/h。对于具有呼吸跃变的果实，当后熟过程一开始，乙烯就大量产生，这是 ACC 合酶和 ACC 氧化酶的活性急剧增加的结果。

IAA 也可促进乙烯的产生。IAA 诱导乙烯产生是通过诱导 ACC 的产生而发挥作用的，这可能与 IAA 从转录和翻译水平上诱导了 ACC 合酶的合成有关。

影响乙烯生物合成的环境条件有 O_2、氨基乙氧基乙烯基甘氨酸（aminoethoxyvinyl glycine，AVG）、氨基氧乙酸（aminooxyacetic acid，AOA）、某些无机元素和各种逆境。从 ACC 形成乙烯是一个双底物（O_2 和 ACC）反应的过程，所以缺 O_2 将阻碍乙烯的形成。AVG 和 AOA 能通过抑制 ACC 的生成来抑制乙烯的形成。所以在生产实践中，可用 AVG 和 AOA 来减少果实脱落，抑制果实后熟，延长果实和切花的保存时间。在无机离子中，Co^{2+}、Ni^{2+} 和 Ag^+ 都能抑制乙烯的生成。

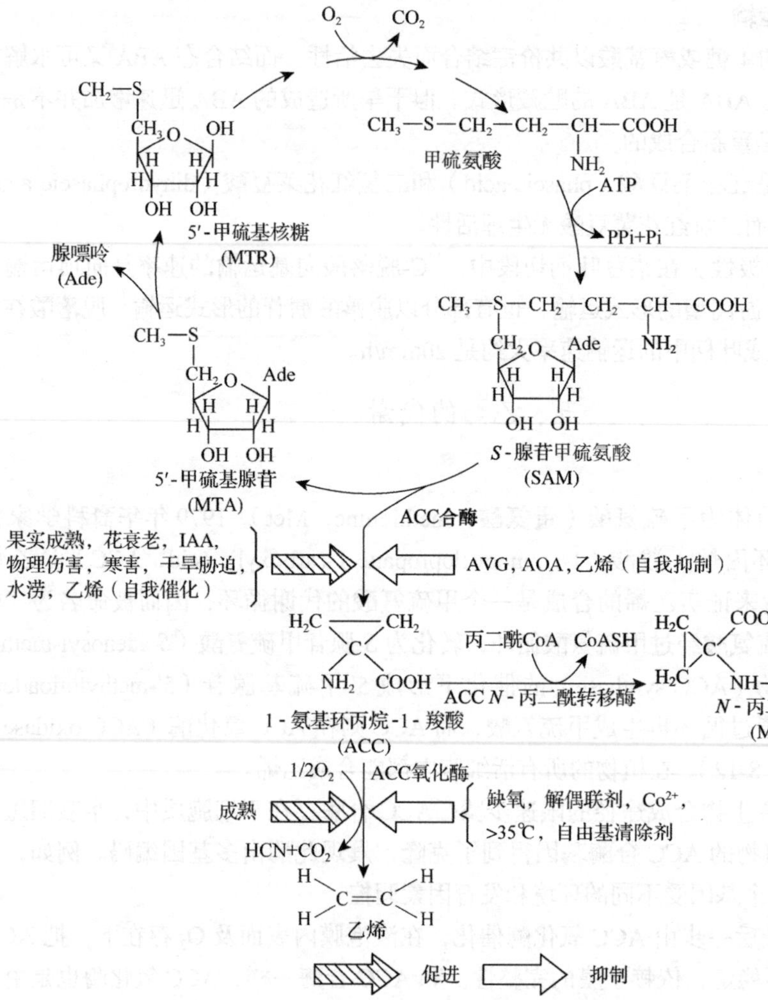

图 8-12　乙烯生物合成及其调节

各种逆境如低温、干旱、水涝、切割、碰撞、射线、虫害、真菌分泌物、除草剂、O_3、SO_2和一定量 CO_2 等化学物质均可诱导乙烯的大量产生，这种由于逆境所诱导产生的乙烯叫逆境乙烯（stress ethylene）。

水涝诱导乙烯的大量产生是在缺 O_2 条件下，根中及地上部 ACC 合酶的活性被增加的结果。虽然根中由 ACC 形成乙烯的过程在缺 O_2 条件下受阻，但根中的 ACC 能很快地转运到叶中，在那里大量地形成乙烯。

ACC 除了形成乙烯以外，也可转变为非挥发性的 N-丙二酰-ACC（N-malonyl-ACC，MACC），此反应是不可逆反应。当 ACC 大量转向 MACC 时，乙烯的生成量则减少，因此 MACC 的形成有调节乙烯生物合成的作用。

（三）乙烯的运输

乙烯在常温下呈气态，所以它在植物体内的运输性较差。乙烯的短距离运输可以通过细胞间隙进行扩散，扩散的距离非常有限。实验证明，乙烯可穿过被电击死亡的茎段，表明乙烯的运动完全是被动的扩散过程，但其生物合成过程一定要在具有完整膜结构的活细胞中才能进行。一般情况下，乙烯就在合成部位起作用。

　　乙烯的长距离运输依靠其直接合成前体 ACC 在木质部溶液中的运输。例如，在根系淹水条件下，植物上部叶片会发生乙烯诱导的典型反应——偏上性生长。这是因为淹水使根系周围空气减少，根系内产生的大量 ACC 由于缺氧无法转变为乙烯而发生积累，便通过蒸腾流向上运输。运输到地上部的 ACC 可以迅速转变为乙烯发挥作用。

六、油菜素甾醇的代谢

　　BR 的合成途径先是由甲瓦龙酸（MVA）转化为异戊烯基焦磷酸，经系列反应后先形成菜油甾醇（campesterol），经过多个反应，最后经栗甾酮（typhasterol）才生成油菜素甾醇（图 8-13）。催化从菜油甾醇到油菜素甾醇代谢途径的多个反应酶的基因已经得到克隆，如甾醇-5-α-还原酶（steroid-5-α-reductase）和含细胞色素 P450 的甾醇羟化酶（steroid hydroxylase）。

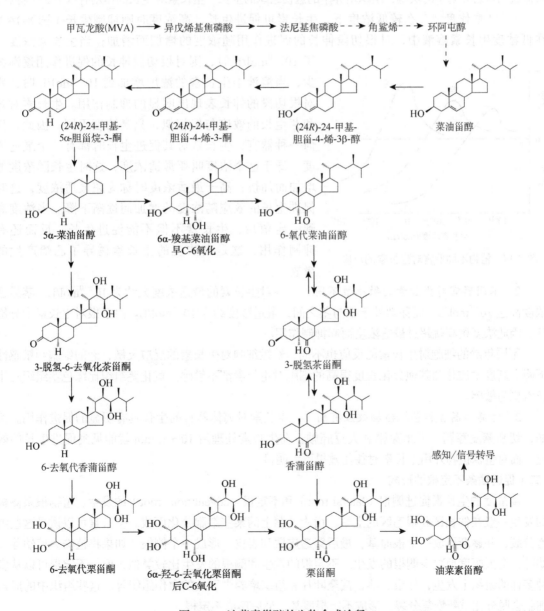

图 8-13　油菜素甾醇的生物合成途径

第四节　植物激素的生理作用

一、生长素的生理作用

生长素的生理作用十分广泛，包括对细胞分裂、伸长和分化，营养器官和生殖器官的生长、成熟和衰老的调控作用等。

（一）促进伸长生长

生长素最显著的效应就是在外用时可促进茎切段和胚芽鞘切段的伸长生长，其原因主要是促进了细胞的伸长。生长素对离体的根和芽的生长在一定浓度范围内也都有促进作用。此外，生长素还可促进马铃薯和菊芋的块茎、组织培养中的愈伤组织的生长。生长素对生长的作用有以下 3 个特点。

1. **双重作用**　在较低浓度下，生长素可促进生长，高浓度时则抑制生长（图 8-14）。在低浓度生长素溶液中，对根切段伸长的促进作用随浓度的增加而增加；当生长素浓度大

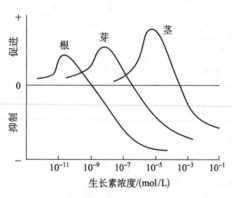

图 8-14　植物不同器官对生长素的反应

于 10^{-10}mol/L 时，则对根切段伸长的促进作用逐渐减少；当溶液中生长素的浓度增加到 10^{-9}mol/L 时，则对根切段的伸长表现出明显的抑制作用。生长素对茎和芽生长的效应与根相似，只是浓度不同。因此，任何一种器官，生长素对其促进生长时都有一个最适浓度，低于这个浓度叫亚最适浓度，这时生长随浓度的增加而加快；高于最适浓度时称为超最适浓度，这时促进生长的效应随浓度的增加而逐渐下降。当浓度高到一定值后，生长素不但不能促进生长，反而还有抑制作用，这是高浓度的生长素诱导了乙烯产生的缘故。

2. **不同器官对生长素的敏感性不同**　根对生长素的最适浓度大约为 10^{-10}mol/L，茎最适浓度高达 10^{-5}mol/L，而芽则处于根与茎之间，最适浓度约为 10^{-8}mol/L。由于根对生长素十分敏感，因此浓度稍高就超过最适浓度而起抑制作用。

不同年龄的细胞对生长素的反应也不同，幼嫩细胞对生长素的反应灵敏，老的细胞则敏感性下降。高度木质化和其他分化程度很高的细胞对生长素都不敏感。黄化茎组织比绿色茎组织对生长素更为敏感。

3. **对离体器官和整株植物效应有别**　生长素对离体器官的生长具有明显的促进作用。例如，切断燕麦芽鞘、玉米芽鞘和大豆胚轴，在生长素处理后 10～15min 就能见到促进生长的效应，而对整株植物外用生长素时往往效果不太明显。

（二）促进插条不定根的形成

高浓度的生长素促进侧根（lateral root）和不定根（adventitious root）的发生。植物根系侧根的发生一般在伸长区和根毛区的上端，由中柱鞘上的某些细胞分化而成。生长素可以诱导这些细胞分裂，并逐渐形成一个根原基，最后穿透皮层和表皮，形成一个侧根。如果将植株去掉幼芽或幼叶，会大幅度地减少侧根的发生。不定根的发生和侧根的发生比较类似，但是不定根可以从多种多样的组织上发生，如根、茎，甚至叶片和组织培养中形成的愈伤组织等。这些组织中的成熟细胞会脱分化重新恢复分裂，形成不定根原基，最后形成不定根。

生长素促进插条不定根形成的主要原理是刺激了插条基部切口处细胞的分裂与分化，诱导了根原基的形成。这种方法已在苗木的无性繁殖上广泛应用。

（三）对调运养分的效应

生长素具有很强的吸引与调运养分的效应。用天竺葵叶片进行试验表明，^{14}C 标记的葡萄糖向着 IAA 浓度高的地方移动。利用这一特性，用 IAA 处理，可促使子房及其周围组织膨大而获得无籽果实。

（四）生长素的其他效应

生长素还广泛参与许多其他生理过程。例如，促进菠萝（凤梨）开花；引起顶端优势（即生长着的顶芽对侧芽生长的抑制现象）（图 8-15），诱导雌花

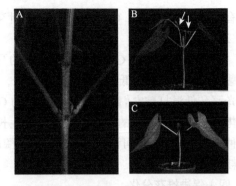

图 8-15　生长素抑制了菜豆植株中腋芽的生长
A. 完整植株中的腋芽由于顶端优势的影响而被抑制；
B. 去除顶芽后腋芽生长；C. 对顶芽切面用含 IAA 的羊毛脂凝胶处理，从而抑制了腋芽的生长

分化（但效果不如乙烯）和促进形成层细胞向木质部细胞分化，促进光合产物的分配、叶片的扩大、气孔的开放。此外，生长素还可抑制花朵脱落，叶片老化，块根形成，引起单性结实（parthenocarpy）、产生无籽果实等。

二、赤霉素的生理作用

（一）促进茎的伸长生长

赤霉素最显著的生理效应就是促进植物的生长，这主要是因为它能促进细胞的伸长。GA 促进植物的生长具有以下特点。

1. **促进整株植物生长**　用 GA 处理，可显著促进植株茎的生长，尤其是对矮生突变品种的效果特别明显（图 8-16）。但 GA 对离体茎切段的伸长没有明显的促进作用，而 IAA 对整株植物的生长影响较小，却对离体茎切段的伸长有明显的促进作用。

矮生种内源 GA 的生物合成受阻，使得体内 GA 含量比正常品种低。用 GA 处理，就克服了内源 GA 的不足而促进植株生长。

2. **促进节间的伸长**　GA 主要作用于已有的节间伸长，而不是促进节数的增加。

3. **不存在超最适浓度的抑制作用**　即使 GA 浓度很高，仍可表现出最大的促进效应，这与生长素促进植物生长具有最适浓度的情况显著不同。

4. **不同植物种和品种对 GA 的反应有很大的差异**　在蔬菜（芹菜、莴苣、韭菜）、牧草、茶和苎麻等作物上使用 GA，可获得高产。

（二）诱导开花

某些高等植物的花芽分化是受日照长度和温度影响的。例如，对于二年生作物，需要一定日数的低温处理（即春化）才能开花，否则表现出莲座状生长而不能抽薹开花。若对这些未经春化的作物施用 GA，则不经低温过程也能显著诱导开花。GA 也能代替长日照诱导某些长日植物开花，但 GA 对短日植物的花芽分化无促进作用。

对于花芽已经分化的植物，GA 对花的生长与开放也

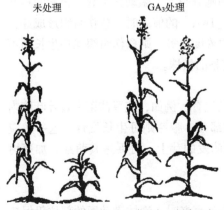

未处理　　　　GA₃ 处理

正常玉米　矮生玉米　　正常玉米　矮生玉米

图 8-16　GA₃ 对矮生玉米的影响
GA₃ 对正常植株的效应较小，但可促进矮生植株长高，达到正常植株的高度

有促进效应。例如，GA 能显著促进甜叶菊、铁树及柏科、杉科植物开花。

（三）打破休眠

用 2～3μg/g 的 GA 处理休眠状态的马铃薯能使其很快发芽，从而可在一年内多次种植马铃薯。对于需光和需低温才能萌发的种子，如莴苣、烟草、紫苏、李和苹果等的种子，GA 可代替光照和低温打破它们的休眠，这是因为 GA 可诱导 α-淀粉酶、蛋白酶和其他水解酶的合成，催化种子内贮藏物质的降解，以供胚的生长发育所需。在啤酒制造业中，对萌动而未发芽的大麦种子用 GA 处理，可诱导种子中α-淀粉酶的产生，加速酿造时的糖化过程，并降低萌芽的呼吸消耗，从而节本增效。

（四）促进雄花分化

对于雌雄异花同株的植物，用 GA 处理后，雄花的比例增加；对于雌雄异株植物的雌株，如用 GA 处理，能诱导开雄花。GA 在诱导花的性别表达方面与生长素和乙烯不同，生长素和乙烯主要诱导某些植物开雌花。

（五）其他生理效应

GA 还可加强 IAA 对养分的动员效应，促进某些植物坐果和单性结实、延缓叶片衰老等。此外，GA 也可促进细胞的分裂和分化。GA 促进细胞分裂是由于缩短了 G_1 期和 S 期。但 GA 对不定根的形成起抑制作用，这与生长素有所不同。

三、细胞分裂素的生理作用

（一）促进细胞分裂

细胞分裂素（CTK）的主要生理功能就是促进细胞的分裂。生长素、赤霉素和细胞分裂素都有促进细胞分裂的效应，但它们各自所起的作用不同。细胞分裂包括核分裂和胞质分裂两个过程，生长素只促进核的分裂（因促进了 DNA 的合成），而与细胞质的分裂无关。而细胞分裂素主要是对细胞质的分裂起作用，所以细胞分裂素促进细胞分裂的效应只有在生长素存在的前提下才能表现出来。而赤霉素促进细胞分裂主要是缩短了细胞周期中的 G_1 期（DNA 合成准备期）和 S 期（DNA 合成期）的时间，从而加速了细胞的分裂。

（二）促进芽的分化

促进芽的分化是细胞分裂素最重要的生理效应之一。细胞分裂素（激动素）和生长素的相互作用控制着愈伤组织根、芽的形成。当培养基中 [CTK]/[IAA] 的值高时，愈伤组织形成芽；当 [CTK]/[IAA] 的值低时，愈伤组织形成根；如二者的浓度相等，则愈伤组织保持生长而不分化。所以，通过调整二者的比值，可诱导愈伤组织形成完整的植株。

（三）促进侧芽发育，消除顶端优势

CTK 能解除由生长素所引起的顶端优势，促进侧芽生长发育。例如，豌豆苗第一真叶叶腋内的侧芽一般处于潜伏状态，但若以激动素溶液滴加于叶腋部分，腋芽则可生长发育。这一效应可应用于果树的整形，用含细胞分裂素的羊毛脂涂在希望萌发的芽上，可促进其萌芽，加速树冠形成。

（四）延迟叶片衰老

如在离体叶片上局部涂以激动素，则在叶片其余部位变黄衰老时，涂抹激动素的部位仍保持鲜绿（图 8-17A、B）。这不仅说明了激动素有延缓叶片衰老的作用，而且说明了激动素在一般组织中是不易移动的。

细胞分裂素延缓衰老是由于细胞分裂素能够延缓叶绿素和蛋白质的降解速度，稳定多聚核糖

体（蛋白质高速合成的场所），抑制 DNA 酶、RNA 酶及蛋白酶的活性，保持膜的完整性等。此外，CTK 还可调动多种养分向处理部位移动（图 8-17C），因此有人认为 CTK 延缓衰老的另一原因是其促进物质的积累，现在有许多资料证明激动素有促进核酸和蛋白质合成的作用。例如，细胞分裂素可抑制与衰老有关的一些水解酶（如纤维素酶、果胶酶、核糖核酸酶等）的 mRNA 的合成，所以，CTK 可能在转录水平上起防止衰老的作用。

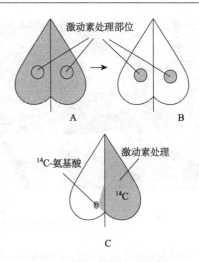

图 8-17　激动素的保绿作用及对物质运输的影响

A. 离体绿色叶片，圆圈部位为激动素处理部位；B. 几天后叶片衰老变黄，但激动素处理部位仍保持绿色，阴影部位表示绿色；C. 放射性氨基酸被移动到激动素处理的一半叶片，阴影部位表示有 ^{14}C- 氨基酸的部位

由于 CTK 有保绿及延缓衰老等作用，故可用来处理水果和鲜花等以保鲜、保绿，防止落果。例如，用 400mg/L 的 6-BA 水溶液处理柑橘幼果，可显著防止第一次生理脱落，对照的坐果率为 21%，而处理的可达 91%，且果梗加粗，果实浓绿，果实也比对照显著增大。

（五）其他生理效应

细胞分裂素可促进一些双子叶植物如菜豆、萝卜的子叶或叶圆片扩大，这种扩大主要是因为促进了细胞的横向增粗。由于生长素只促进细胞的纵向伸长，而赤霉素对子叶的扩大没有显著效应，因此 CTK 这种对子叶扩大的效应可作为 CTK 的一种生物测定方法。需光种子，如莴苣和烟草等在黑暗中不能萌发。用细胞分裂素可代替光照打破这类种子的休眠，促进萌发。此外，细胞分裂素还表现出增强植物抗性、促进结实和促进气孔开放等效应。

四、脱落酸的生理作用

（一）促进休眠

外用脱落酸（ABA）时，可使旺盛生长的枝条停止生长而进入休眠，这是它最初也被称为"休眠素"的原因。这种休眠可用 GA 有效地打破。在秋天的短日条件下，叶中甲瓦龙酸合成 GA 的量减少，而合成 ABA 的量不断增加，使芽进入休眠状态以便越冬。

ABA 对维持种子休眠具有重要作用。例如，桃、蔷薇的休眠种子的外种皮中存在脱落酸，所以只有通过层积处理，脱落酸水平降低后，种子才能正常发芽。某些生态型的拟南芥种子有一定的休眠性，但其 ABA 缺陷型突变体（*aba*）种子没有休眠性，拟南芥的 ABA 不敏感型突变体 *abi1* 和 *abi3* 的休眠性也很弱。

ABA 对种子休眠的调控作用还可以从一种特殊的生理现象即胎萌现象（vivipary）的研究中得到证实。所谓胎萌现象，是指种子在未脱离母体前就开始萌发的现象。例如，玉米的若干种胎萌突变体，种子在穗上就开始发芽，这些突变体都是与 ABA 有关的突变体，有些是 ABA 合成缺陷型，有些是 ABA 不敏感型。ABA 合成缺陷型突变体的胎萌现象可以用外源 ABA 处理加以抑制。

（二）促进气孔关闭

ABA 可引起气孔关闭，降低蒸腾，这是 ABA 最重要的生理效应之一（图 8-18）。水分胁迫下叶片保卫细胞中的 ABA 含量可达正常水分条件下含量的 18 倍。ABA 促使气孔关闭是它使保卫细胞中的 K^+ 外渗，造成保卫细胞的水势高于周围细胞的水势而使保卫细胞失水所引起的。ABA

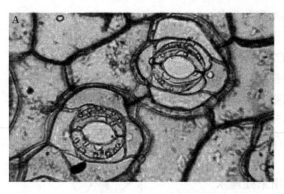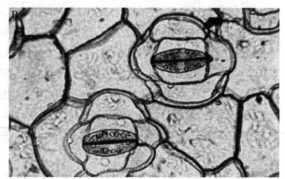

图 8-18　ABA 促进气孔的关闭

A. 培养在缓冲液中的蚕豆表皮；B. 缓冲液中加入 ABA 后几分钟内气孔就关闭

还能促进根系的吸水与溢泌速率，增加其向地上部的供水量，因此 ABA 是植物体内调节蒸腾的激素。

（三）抑制生长

ABA 能抑制整株植物或离体器官的生长，也能抑制种子的萌发。ABA 的抑制效应比植物体内的另一类天然抑制剂——酚要高千倍。酚类物质是通过毒害发挥其抑制效应的，是不可逆的，而 ABA 的抑制效应则是可逆的，一旦去除 ABA，枝条的生长或种子的萌发又会立即开始。

（四）促进脱落

将 ABA 溶液涂抹于去除叶片的棉花外植体叶柄切口上，几天后叶柄就开始脱落，此效应十分明显，已被用于脱落酸的生物测试。虽然 ABA 最初是被当作脱落诱导因子分离提纯的，但后来证明其仅在少数几种植物中促进器官脱落，大多数植物中控制脱落的主要是另一种激素——乙烯。有证据表明，ABA 在叶片的衰老过程中起重要的调节作用，由于 ABA 促进了叶片的衰老，增加了乙烯的生成，从而间接地促进了叶片的脱落。在研究离体燕麦切段的衰老过程中发现，ABA 作用在衰老过程的早期，起一种启动和诱导的作用；而乙烯作用在衰老的后期。

（五）增加抗逆性

一般来说，干旱、寒冷、高温、盐渍和水涝等逆境都能使植物体内 ABA 迅速增加，同时抗逆性增强。例如，ABA 可显著降低高温对叶绿体超微结构的破坏，增加叶绿体的热稳定性；ABA 可诱导某些酶的重新合成而增加植物的抗冷性、抗涝性和抗盐性。因此，ABA 被称为胁迫激素（stress hormone）。

（六）脱落酸的生理促进作用

脱落酸通常被认为是一种生长抑制型激素，但它也有许多促进生长的性质。例如，在较低浓度下可以促进发芽和生根，促进茎叶生长，抑制离层形成，促进果实肥大，促进开花等。此外，ABA 还能促进植株中养分向贮藏器官转运，加快种子脱水成熟。

ABA 的这种生育促进性质与其抗逆激素的性质是密切相关的。因为 ABA 的生育促进作用对于最适条件下栽培的植物并不突出，而对低温、盐碱等逆境条件下的作物表现最为显著。ABA 改善了植物对逆境的适应性，增强了生长活性，所以在许多情况下表现出有益的生理促进作用。ABA 这种特殊的生理性质，对于正确理解其生理意义十分重要，同时对脱落酸的实际应用也具有启发意义。

五、乙烯的生理作用

（一）改变生长习性

乙烯对植物生长的典型效应是：抑制茎的伸长生长、促进茎或根的横向增粗及茎的横向生长（即使茎失去负向重力性），这就是乙烯所特有的三重反应（triple response）（图 8-19A～C）。

乙烯促使茎横向生长是它引起偏上性（epinasty）生长所造成的。所谓偏上性生长，是指叶片、花瓣或其他器官的上部生长速度快于下部，因而出现向下弯曲生长的现象。乙烯对茎与叶柄都有偏上性生长的作用，从而造成了茎横生和叶下垂（并非缺水萎蔫所致）（图 8-19D）。

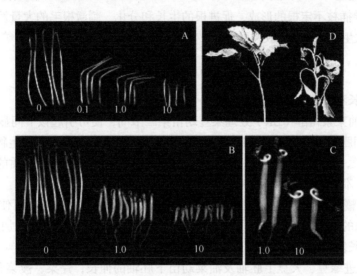

图 8-19 乙烯的三重反应（A～C）和偏上性生长（D）

A～C. 不同乙烯浓度下黄化豌豆幼苗生长的状态，数字示浓度（μl/L）；D. 用 10μl/L 乙烯处理 4h 后番茄苗的形态，因为叶柄上侧的细胞伸长大于下侧，所以叶片下垂

（二）促进成熟

催熟是乙烯最重要和最显著的效应，因此也称乙烯为催熟激素。乙烯对果实成熟、棉铃开裂、水稻的灌浆与成熟都有显著的效果。

在实际生活中我们知道，一旦箱里出现了一个烂苹果，如不立即除去，它会很快使整箱苹果都烂掉。这是由于腐烂苹果产生的乙烯比正常苹果多，触发了附近的苹果也大量产生乙烯，使箱内乙烯的浓度在较短时间内剧增，诱导呼吸跃变，加快苹果完熟和贮藏物质的消耗。又如柿子，即使在树上已成熟，但仍很涩口，不能食用，只有经过后熟才能食用。由于乙烯是气体，易扩散，故散放的柿子后熟过程很慢，放置十天半月后仍难食用。若将容器密闭（如用塑料袋封装），果实产生的乙烯就不会扩散掉，再加上自身催化作用，后熟过程加快，一般 5d 后就可食用了。

根据乙烯生物合成和代谢途径，近年来利用生物技术方法成功地制备了耐储存转基因番茄。其原理是将 ACC 合酶或 ACC 氧化酶的反义基因导入植物，抑制果实内这两种酶的 mRNA 翻译，并且加速 mRNA 的降解，从而完全抑制乙烯的生物合成，这样的转基因番茄不出现呼吸高峰，不变红，不能正常成熟，只有外施乙烯处理才能成熟。

（三）促进衰老和脱落

乙烯不但可促进叶片的衰老和果实的成熟，而且促进叶柄和果柄离层的形成，加快衰老叶片、成熟果实和未受精花朵的脱落。乙烯是控制叶片衰老和脱落的主要激素。这是因为乙烯能促进细胞壁降解酶——纤维素酶的合成并且控制纤维素酶由原生质体释放到细胞壁中，从而促进细胞衰老和细胞壁的分解，引起离区近茎侧的细胞膨胀，从而迫使叶片、花或果实机械地脱离。

（四）促进开花和雌花分化

乙烯可促进菠萝和其他一些植物开花，还可改变花的性别，促进黄瓜雌花分化，并使雌、雄异花同株的雌花着生节位下降。乙烯在这方面的效应与 IAA 相似，现在知道 IAA 增加雌花分化就是 IAA 诱导产生乙烯的结果。

（五）乙烯的其他效应

乙烯还可诱导插枝不定根的形成，促进根的生长和分化，刺激根毛的大量发生，打破种子和芽的休眠，诱导次生物质（如橡胶树的乳胶、漆树的漆等）的分泌，增加产量等。

六、油菜素甾醇的生理作用

（一）促进细胞伸长和分裂

用 10ng/L 的油菜素甾醇（BR）处理菜豆幼苗第二节间，便可引起该节间显著伸长弯曲，细胞分裂加快，节间膨大，甚至开裂，这一综合生长反应被用作油菜素甾醇的生物测定。BR_1 促进细胞的分裂和伸长，其原因是增强了 RNA 聚合酶活性，促进了核酸和蛋白质的合成；BR_1 还可增强 ATP 酶活性，促进质膜分泌 H^+ 到细胞壁，使细胞伸长。

BR 还可促进整株的生长。用 BR 处理菜豆幼苗第二节间后，在数天内可使节间增长；几周后，即可促进全株的生长，包括株高、株重、荚重、芽数等均比对照组显著增加。

（二）调节植株生长发育

BR 可明显促进绿豆、大豆上胚轴及油菜幼苗下胚轴的伸长，芹菜、菠菜和平菇等的生长，提高水稻、小麦、大豆、棉花等的产量。BR 可促进小麦叶 RuBP 羧化酶的活性，提高光合速率。BR_1 处理花生幼苗后 9d，叶绿素含量比对照高 10%～12%，光合速率加快 15%。$^{14}CO_2$ 示踪试验表明，BR_1 处理有促进叶片中光合产物向穗部运输的作用。BR 可提高黄瓜、葡萄、西瓜、番茄的结果率，从而提高产量。BR 喷洒小麦叶面，使旗叶可溶性糖含量降低，加速糖的转化和运输，提高了旗叶叶绿素含量；增加穗粒数，提高千粒重。

（三）提高抗逆性

水稻幼苗在低温阴雨条件下生长，若用 $10^{-4}mg/L$ BR_1 溶液浸根 24h，则株高、叶数、叶面积、分蘖数、根数都比对照高，且幼苗成活率高、地上部干重显著增多。此外，BR_1 也可使水稻、茄子、黄瓜幼苗等抗低温能力增强。

除此之外，BR 还能通过对细胞膜的作用，增强植物对干旱、病害、盐害、除草剂、药害等逆境的抵抗力，因此有人将其称为"逆境缓和激素"。

（四）其他生理效应

表油菜素内酯（epibrassinolide）对绿豆下胚轴切段有"保幼延衰"的作用，促进黄瓜下胚轴的伸长。BR 对黄瓜子叶硝酸还原酶（NR）活性有明显的提高作用。

1nmol/L 浓度的 BR 可促进欧洲甜樱桃、山茶和烟草花粉管的生长。BR 可诱导雌雄同株异花的西葫芦雄花序开出两性花或雌花。

BR 主要用于增加农作物产量，减轻环境胁迫，有些也可用于插枝生根和花卉保鲜。随着对 BR 研究的深入和成本低的人工合成类似物的出现，BR 在农业生产上的应用越来越广泛。

第五节 植物激素的作用机理

一、生长素的作用机理

生长素最明显的生理效应之一就是促进细胞的伸长生长。用生长素处理茎切段后，不仅细胞增长了，而且细胞壁有新物质的合成，原生质的量也增加了。由于植物细胞周围有一个半刚性的细胞壁，因此生长素处理后所引起细胞的生长必然包含了细胞壁的松弛和新物质的合成。

对生长素的作用机理先后提出了"酸生长理论"和"基因活化学说"。

（一）酸生长理论

雷（P. M. Ray）将燕麦胚芽鞘切段放入一定浓度生长素的溶液中，研究 IAA 和 H^+ 对切段伸长的影响（表 8-1），发现 IAA 和低 pH 溶液对切段伸长有显著的促进效应。

表 8-1　IAA 和 H^+ 对燕麦胚芽鞘切段伸长的效应

对切段的处理	处理对切段伸长的效应
将胚芽鞘切段放入一定浓度的 IAA 溶液中	$10\sim15$min 后切段迅速伸长，介质的 pH 下降
将切段放入含 IAA 的 pH4 的缓冲溶液中	切段也表现出迅速伸长
将切段转入含 IAA 的 pH7 的缓冲溶液中	切段的伸长停止
再转入含 IAA 的 pH4 的缓冲溶液中	切段重新伸长
切段放入不含 IAA 的 pH3.2~3.5 的缓冲溶液中	1min 后可检测出切段的伸长
将切段转入 pH7 的缓冲溶液中	切段的伸长停止
将切段再转入 pH3.2~3.5 的缓冲溶液中	切段又重新表现出伸长

基于上述结果，雷利（Rayle）和克莱兰（Cleland）于 1970 年提出了生长素作用机理的酸生长理论（acid growth theory）。其要点是：①原生质膜上存在着非活化的质子泵（H^+-ATP 酶），生长素作为泵的变构效应剂，与泵蛋白结合后使其活化；②活化了的质子泵消耗能量（ATP）将细胞内的 H^+ 泵到细胞壁中，导致细胞壁基质溶液的 pH 下降；③在酸性条件下，H^+ 一方面使细胞壁中对酸不稳定的键（如氢键）断裂，另一方面（也是主要的方面）使细胞壁中的某些多糖水解酶（如纤维素酶）活化或增加，从而使连接木葡聚糖与纤维素微纤丝之间的键断裂，细胞壁松弛；④细胞壁松弛后，细胞的压力势下降，导致细胞的水势下降，细胞吸水，体积增大而发生不可逆增长。

由于生长素与 H^+-ATP 酶的结合和随之带来的 H^+ 的主动分泌都需要一定的时间，因此生长素所引起伸长的滞后期（$10\sim15$min）比酸所引起伸长的滞后期（1min）长。

为什么由生长素或 H^+ 引起细胞的生长主要是纵向伸长而不是宽度的伸展？这是由于细胞壁中纤维素微纤丝是纵向螺旋排列的，当细胞壁松弛后，细胞的伸长生长会优于径向生长。

生长素诱导的细胞伸长生长是一个需能过程，呼吸抑制剂如氰化物（CN^-）和二硝基酚（DNP）可抑制生长素的这种效应，但对 H^+ 诱导的伸长则无影响。此外，生长素所诱导的细胞壁可塑性的增加只有对活细胞才有效，对死细胞不起作用；而 H^+ 所引起的这种效应对死、活细胞都有效。这是因为质膜上的质子泵是一种蛋白质，只有活细胞并在 ATP 的参与下才具活性，使得 H^+ 泵出细胞进入细胞壁，酸生长反应才可进行。

（二）基因活化学说

生长素作用机理的"酸生长理论"虽能很好地解释生长素所引起的快速反应，但许多研究结果表明，在生长素所诱导的细胞生长过程中不断有新的原生质成分和细胞壁物质合成，且这种过程能持续几小时，而完全由 H^+ 诱导的生长只能进行很短的时间。由核酸合成抑制剂放线菌素 D（actinomycin D）和蛋白质合成抑制剂亚胺环己酮（cycloheximide）的实验得知，生长素所诱导的生长是由于它促进了新的核酸和蛋白质的合成。进一步用 5-氟尿嘧啶（抑制除 mRNA 以外的其他 RNA 的合成）试验证明，新合成的核酸为 mRNA。此外还发现，细胞在生长过程中细胞壁的厚度基本保持不变，因此，还必须合成更多的纤维素和交联多糖。

研究表明，生长素与质膜上或细胞质中的受体结合后，会诱发形成肌醇-1,4,5-三磷酸（inositol-1,4,5-triphosphate，IP_3），IP_3 打开细胞器的钙通道，释放液泡等细胞器中的 Ca^{2+}，增加细胞溶质中 Ca^{2+} 水平，Ca^{2+} 进入液泡，置换出 H^+，刺激质膜 ATP 酶活性，使蛋白质磷酸化，于是活化的蛋白质因子与生长素结合，形成了蛋白质生长素复合物，再移到细胞核，合成特殊的 mRNA，最后在核糖体上形成蛋白质。

从以上资料得知，生长素的长期效应是在转录和翻译水平上促进核酸和蛋白质的合成而影响生长的，由此提出了生长素作用机理的基因活化学说。该学说对生长素所诱导生长的长期效应解释如下。

植物细胞具有全能性，但在一般情况下，绝大部分基因是处于抑制状态的，生长素的作用就是解除这种抑制，使某些处于"休眠"状态的基因活化，从而转录并翻译出新的蛋白质。当 IAA 与质膜上的激素受体蛋白（可能就是质膜上的质子泵）结合后，激活细胞内的第二信使，并将信息转导至细胞核内，使处于抑制状态的基因解阻遏，基因开始转录和翻译，合成新的 mRNA 和蛋白质，为细胞质和细胞壁的合成提供原料，并由此产生一系列的生理生化反应。

由于生长素所诱导的生长既有快速反应，又有长期效应，因此提出了生长素促进植物生长的作用方式的设想（图 8-20）。

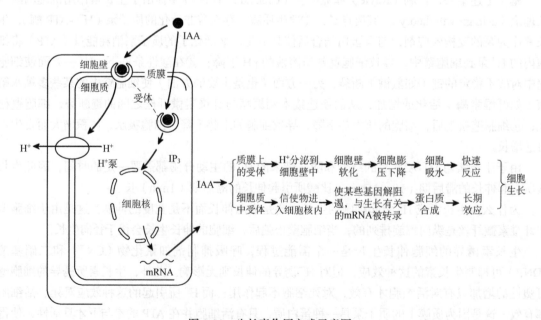

图 8-20　生长素作用方式示意图

（三）生长素与植物信号转导

1. **生长素受体**　　生长素所产生的各种生理作用是生长素与细胞中的生长素受体结合后而实现的，这也是生长素在细胞中作用的开始。生长素受体是激素受体的一种。所谓激素受体（hormone receptor），是指能与激素特异结合的、并能引发特殊生理生化反应的蛋白质。然而，能与激素结合的蛋白质却并非都是激素受体，只可称其为某激素的结合蛋白（binding protein）。激素受体的一个重要特性是激素分子和受体结合后能激活一系列的胞内信号转导，从而使细胞做出反应。

生长素受体在细胞中的存在位置有多种说法，但主要有两种：一种说法认为存在于质膜上；另一种说法认为存在于细胞质（或细胞核）中。前者促进细胞壁松弛，是酸生长理论的基础；后者促进核酸和蛋白质的合成，是基因活化学说的基础。

已分离到一些生长素结合蛋白（auxin-binding protein，ABP）。其中有 3 类，分别位于质膜、内质网或液泡膜上。例如，玉米胚芽中分离出的一种质膜 ABP，其相对分子质量为 40 000，含两个亚基，每一亚基的相对分子质量为 20 000。质膜 ABP 可促进质膜上 H^+-ATPase 的活性，从而促进伸长生长。另外，在烟草愈伤组织中鉴定出了存在于泡液及细胞核内的 ABP，这些 ABP 能显著促进生长素诱导的 mRNA 的增加。内质网上的生长素结合蛋白 1（ABP1）被确认为生长素受体，它是相对分子质量为 22 000 的糖蛋白，参与了生长素诱导质膜超极化的生理过程。

泛素（ubiquitin，Ub）即泛肽，是一个由 76 个氨基酸残基组成的非常保守的小蛋白，在生物体中普遍存在，又叫遍在蛋白。2005 年，美国印第安纳（Indiana）大学的 Dharmasiri 等和英国约克（York）大学的 Kepinski 等同时在《自然》杂志（Nature，435：441～445 和 446～451）上发表论文，证实 TIR1（transport inhibitor response 1）是生长素的一种受体。而 TIR1 是泛素化（ubiquitination）降解途径中泛素连接酶复合体中的一种蛋白。

2. **生长素的信号转导**　　当生长素与受体结合后，可活化一些转录因子，这些转录因子进入细胞，促进专一基因的表达。根据转录因子的不同，生长素诱导基因分为以下两类。

（1）早期基因（early gene）或初级反应基因（primary response gene）　　生长素早期基因是指在很短时间内就会被有活性的生长素特异性诱导的基因。早期基因的表达是被原来已有的转录基因活化刺激所致，所以外施蛋白质合成抑制剂如环己酰亚胺不能堵塞早期基因的表达。早期基因表达所需时间很短，从几分钟到几小时。例如，*Aux/IAA* 基因家族编码短命转录因子，加入生长素 5～60min 后，大部分 *Aux/IAA* 家族就已表达。生长素响应因子（auxin response factor，ARF）是与早期生长素基因启动子中的生长素响应元件特异性地结合的蛋白质，通过结合可调节早期生长素基因的转录活性及其表达。目前在被子植物、裸子植物和蕨类植物中已发现了 20 多种 ARF。

（2）晚期基因（late gene）或次级反应基因（secondary response gene）　　晚期基因转录对激素是长期反应。因为晚期基因需要重新合成蛋白质，所以其表达被蛋白质合成抑制剂堵塞。某些早期基因编码的蛋白质能够调节晚期基因的转录。

二、赤霉素的作用机理

（一）赤霉素与酶的合成

关于 GA 与酶合成的研究主要集中于 GA 如何诱导禾谷类种子 α-淀粉酶（α-amylase）的形成。大麦种子内的贮藏物质主要是淀粉，发芽时淀粉在 α-淀粉酶的作用下水解为糖以供胚生长的需要。在经典的"半种子实验"（half-seed test）中，发现除去胚的种子不能分泌 α-淀粉酶。但外加 GA 可代替胚的作用，诱导无胚种子产生 α-淀粉酶。如果既去胚又去糊粉层，即使用 GA 处

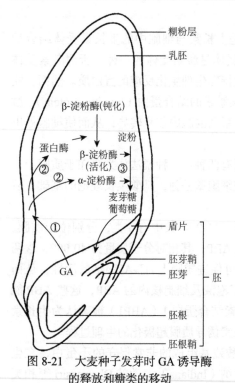

图 8-21 大麦种子发芽时 GA 诱导酶
的释放和糖类的移动

①GA 从胚移动到糊粉层；②刺激 α- 淀粉酶和蛋白酶的合成，蛋白酶把不活化的 β- 淀粉酶转化为活化型；③α- 淀粉酶和 β- 淀粉酶一起分解淀粉为麦芽糖、葡萄糖等，其被运到生长着的胚以满足其代谢需要

理，淀粉仍不能水解，这证明糊粉层细胞是 GA 作用的靶细胞。GA 促进无胚大麦种子合成 α-淀粉酶具有高度的专一性和灵敏性，在一定浓度范围内，α-淀粉酶的产生与外源 GA 的浓度成正比。故可用此作为 GA 的生物鉴定法。

大麦籽粒在萌发时，贮藏在胚中的束缚型 GA 水解释放出游离型 GA，通过胚乳扩散到糊粉层，并诱导糊粉层细胞合成 α-淀粉酶，酶扩散到胚乳中催化淀粉水解（图 8-21），水解产物供胚生长需要。

GA 不但诱导 α-淀粉酶的合成，也诱导其他水解酶（如蛋白酶、核糖核酸酶、β-1,3- 葡糖苷酶等）的形成，但以 α-淀粉酶为主，其占新合成酶的 60%～70%。

GA 诱导酶的合成是由于它促进了 mRNA 的形成，即 GA 是编码这些酶基因的去阻抑物。用大麦糊粉层细胞进行转录试验，可以看到在 GA 处理后的 1～2h 内，α-淀粉酶的 mRNA 含量增加，第 20 小时达到高峰，其含量比对照高出 50 倍。利用同位素标记氨基酸饲喂糊粉层细胞的实验证明，赤霉素诱导的 α-淀粉酶合成是从头合成（ de novo synthesis ）（即从氨基酸开始的合成），而不是激活既存 α-淀粉酶的活性。转录抑制剂或翻译抑制剂可以阻碍 GA$_3$ 诱导的 α-淀粉酶的合成，也说明赤霉素诱导 α-淀粉酶合成是从转录水平进行的。

（二）赤霉素受体与信号转导

GA 的受体定位于糊粉层细胞质膜的外表面，GA 与其受体结合，形成赤霉素受体复合物。它与膜上异源三聚体 G 蛋白相互作用，诱发出两条信号传递链：环鸟苷酸（cGMP）途径（Ca^{2+} 不依赖信号转导途径）和钙调蛋白及蛋白激酶途径（Ca^{2+} 依赖信号转导途径），调节 α-淀粉酶和其他水解酶的基因表达及其生物合成（图 8-22）。

赤霉素处理糊粉层细胞约 1h 后，细胞内 cGMP 水平有一个瞬时的升高过程，鸟苷酸环化酶（guanylyl cyclase，催化 GTP 形成 cGMP 的酶）抑制剂会阻抑赤霉素诱导的 α-淀粉酶合成和分泌；但是外源添加 cGMP 可以克服这种抑制。所以，cGMP 参与了赤霉素诱导 α-淀粉酶合成和分泌的信号传递过程。

在赤霉素诱导 α-淀粉酶合成和分泌的信号传递过程中，钙离子及钙调素也扮演着重要的角色。赤霉素处理可以在 1～4h 提高糊粉层细胞细胞质内的 Ca^{2+} 水平，同时在 2h 内将细胞内的钙调素水平提高 2 倍，这些效应都发生在 α-淀粉酶合成和分泌之前。但是如果在糊粉层细胞温育液中除去 Ca^{2+}，不仅会抑制胞内 Ca^{2+} 水平的升高，而且会抑制 α-淀粉酶的分泌。用显微注射的方法将钙离子荧光染色剂注入细胞，再用激光共聚焦显微镜观察，发现赤霉素诱导的钙离子水平的增加主要集中在质膜附近，上述实验结果不仅证明钙离子及钙调素参与了赤霉素的信号传递链，而且可能与赤霉素诱导合成的 α-淀粉酶的分泌有关。

（三）赤霉素调节 IAA 水平

许多研究表明，GA 可使内源 IAA 的水平升高。这是因为：①GA 降低了 IAA 氧化酶的活

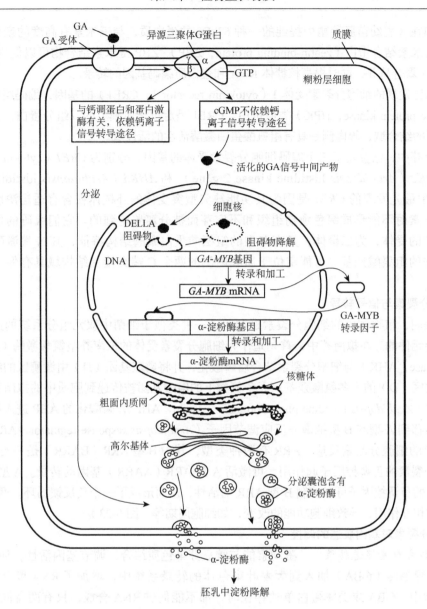

图 8-22　赤霉素诱发大麦糊粉层 α- 淀粉酶合成的模式图（引自 Taiz and Zeiger，2010）

性；② GA 促进蛋白酶的活性，使蛋白质水解，IAA 的合成前体（色氨酸）增多；③ GA 还促进束缚型 IAA 释放出游离型 IAA。以上三个方面都增加了细胞内 IAA 的水平，从而促进生长。所以，GA 和 IAA 在促进生长、诱导单性结实和促进形成层活动等方面都具有相似的效应。但 GA 在打破芽和种子的休眠、诱导禾谷类种子 α-淀粉酶的合成、促进未春化的二年生及长日植物成花，以及促进矮生植株节间的伸长等方面的功能是 IAA 所不具有的。

三、细胞分裂素的作用机理

（一）细胞分裂素受体

细胞分裂素受体可分为两类：一类是细胞质受体，可直接影响基因的转录过程；另一类是质膜受体，是通过激发一系列的信号转导系统来诱导其生理反应的。

前者如在大麦幼苗胚芽鞘内提纯的一种 67kDa 的蛋白质，与玉米素有高度的亲和性和特异性，称为玉米素结合蛋白（zeatin-binding protein，ZBP）。ZBP-玉米素结合物可以促进 RNA 聚合酶 I 和 RNA 聚合酶 II，同时提高核糖体 RNA 和蛋白质编码基因的转录。

后者如已发现的细胞分裂素受体 1（cytokinin receptor 1，CRE1）的基因，编码组氨酸蛋白激酶（histidine protein kinase，HPK）类似蛋白。CRE1 是定位于质膜上的双组分蛋白，在膜外侧是细胞分裂素的结合域，膜内侧是具有组氨酸蛋白激酶活性的活性域。

在拟南芥中，已鉴定了三个编码细胞分裂素受体的基因，分别为 CRE1（cytokinin receptor 1 gene）、AHK2（Arabidopsis histidine kinase 2 gene）和 AHK3（Arabidopsis histidine kinase 3 gene），其中最先发现的 CRE1 是因为其功能缺失型突变体的外植体在含有适当浓度的细胞分裂素和生长素时不能形成绿色愈伤组织和不定芽而被分离鉴定到的。它们编码的蛋白质都是细胞分裂素的受体，为二聚体，具有典型的组氨酸蛋白激酶结构特征，其 N 端激酶结构域含有一个保守的组氨酸残基，可能定位于质膜内侧的两个 C 端类接受结构域具有保守的天冬氨酸残基。

（二）细胞分裂素与信号转导

研究表明，植物体内的细胞分裂素是利用了一种类似于细菌中双元组分系统的途径将信号传递至下游元件的。在拟南芥中，首先是作为细胞分裂素受体的拟南芥组氨酸激酶（Arabidopsis histidine kinase，AHK）与细胞分裂素结合后磷酸化，并将磷酸基团（H）由激酶区的组氨酸转移至信号接收区（D）的天冬氨酸残基；天冬氨酸上的磷酸基团被传递到胞质中的拟南芥组氨酸磷酸转运蛋白（Arabidopsis histidine-phosphotransfer protein，AHP），磷酸化的 AHP 进入细胞核并将磷酸基团转移到 A 型和 B 型拟南芥反应调节因子（Arabidopsis response regulator，ARR）上，进而调节下游的细胞分裂素反应。ARR 有两种类型，其中 B 型 ARR（BARR）是一类转录因子，作为细胞分裂素的正调控因子起作用，可激活 A 型 ARR（AARR）基因的转录。A 型 ARR 作为细胞分裂素的负调控因子可以抑制 B 型 ARR 的活性，从而形成了一个负反馈循环。两种 ARR 与各种效应物相互作用，导致细胞功能的改变，如细胞周期等（图 8-23）。

（三）细胞分裂素对基因表达的调控

1. 细胞分裂素促进转录　　激动素能与豌豆芽染色质结合，调节基因活性，促进 RNA 合成。6-苄基腺嘌呤（6-BA）加入到大麦叶染色体的转录系统中，增加了 RNA 聚合酶的活性。在蚕豆细胞中，6-BA 或受体蛋白单独存在时，都不能促进 RNA 合成，只有两者同时存在时，^{3}H-UTP 掺入核酸中的量才显著增多。这表明细胞分裂素有促进转录的作用。

2. 细胞分裂素与 tRNA　　多种细胞分裂素是植物 tRNA 的组成成分，占 tRNA 结构中约 30 个稀有碱基的小部分。这些细胞分裂素成分都在 tRNA 反密码子（anticodon）的 3′ 端的邻近位置，由于 tRNA 反密码子与 mRNA 密码子之间相互作用，因此曾设想，细胞分裂素有可能通过它在 tRNA 上的功能，在翻译水平发挥调节作用，由此通过控制特殊蛋白质合成来发挥作用。但是，玉米种子 tRNA 含有顺式玉米素，而游离玉米素则是反式的，这使人们怀疑细胞分裂素与 tRNA 的关系。然而现已从菜豆（Phasolus vulgaris）种子中分离出玉米素顺反异构酶（zeatin cis-trans-isomerase），暗示了细胞分裂素和 tRNA 之间确实存在某种关系。

3. 细胞分裂素与蛋白质和 mRNA 的合成　　细胞分裂素可以促进蛋白质的生物合成。试验证实，细胞分裂素可诱导烟草细胞的蛋白质合成，形成新的硝酸还原酶。此外，细胞分裂素还促进 mRNA 的合成，从大豆细胞得到 20 种 DNA 克隆及其所产生的 mRNA，细胞分裂素处理后 4h 内，这些 mRNA 明显增加，比对照高 2～20 倍。不同的细胞分裂素表现相似的效果。这些

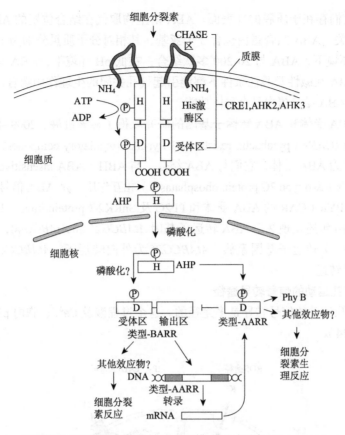

图 8-23　拟南芥中细胞分裂素信号转导途径模式图（引自 Taiz and Zeiger，2010）

mRNA 的变化发生在生长反应之前，且受生长素的影响。细胞分裂素可以取代光照条件诱导黄化大麦叶片产生硝酸还原酶，同时伴随着硝酸还原酶 mRNA 水平的增加。

四、脱落酸的作用机理

在植物体内，ABA 不仅存在多种抑制效应，还有多种促进效应。高浓度或低浓度的 ABA 很可能对生长发育的调节作用是相反的。在各种实验系统中，它的最适浓度可跨 4 个数量级（0.1～200μmol/L）。对于不同组织，它可以产生相反的效应。例如，它可促进保卫细胞胞液的 Ca^{2+} 水平上升，却诱导糊粉层细胞胞液的 Ca^{2+} 水平下降。通常把这些差异归因于各种组织与细胞的 ABA 受体的性质与数量的不同。ABA 及其受体的复合物一方面可通过第二信使系统诱导某些基因的表达，另一方面也可直接改变膜系统的性状，干预某些离子的跨膜运动。

（一）脱落酸受体

脱落酸与受体的结合是其信号转导的第一步。脱落酸受体的结合位点可能是多元的，可以在质膜外侧和细胞内部。将脱落酸分别注射到鸭跖草保卫细胞和大麦糊粉层细胞，不能使气孔关闭，也不能抑制 GA 诱发 α-淀粉酶的合成，表明 ABA 受体在质膜外表面。但有人用膜片钳技术把 ABA 直接注入蚕豆气孔的胞质溶胶，抑制了内向 K^+ 通道，气孔就不开放；还有实验向鸭跖草保卫细胞注射脱落酸，若以紫光照射，脱落酸即放出，于是气孔关闭，这些实验表明脱落酸的受体在胞内。

实验表明，脱落酸同时具有胞内和胞外两类受体。据估计，每个原生质体含有 $19.5×10^5$ 个

ABA 结合位置，它们存在于质膜的外表面。ABA 衍生物取代在结合位置的 ABA 的效率与它们的生物活性呈正相关。ABA 结合蛋白包含 3 个亚基，其相对分子质量分别为 19 300、20 200 及 24 300。在高 pH 环境下，ABA 与 20 200 多肽结合；在低 pH 环境下，ABA 与其他两种多肽结合。这种特性与 ABA 在碱性及酸性条件下都能引起气孔关闭的生理作用吻合，以上试验结果提示气孔保卫细胞内 ABA 结合蛋白具有受体功能。

近年来，对 ABA 受体和 ABA 转运子基因的研究取得了显著进展。2009 年发现了一个小蛋白家族 PYR1/PYLs/RCARs（pyrabactin resistance 1/Pyr-likes/regulatory component of ABA receptors，后来又称为 PYRs）为 ABA 受体，它们与 ABA 结合，与 ABI1（ABA insensitive 1）、ABI2（ABA insensitive 2）、PP2Cs（two type 2C protein phosphatases）相互作用，是 ABA 信号途径的负调节子，并提出了一个通过 PYR/RCAR 的 ABA 受体和 PP2C 及 SnRK2（protein kinase 2）的 ABA 信号接收和转导模型。2010 年还发现 2 个 ABA 转运子基因 *AtABCG*25 和 *AtABCG*40，它们都属于 ABC（ATP-binding cassette）转运子基因家族，*AtABCG*25 为外向转运子，*AtABCG*40 为内向转运子，负责植物中 ABA 的转运。

（二）脱落酸调节气孔运动的信号转导途径

脱落酸调节气孔运动的信号转导是多途径的。这个过程涉及 Ca^{2+}、胞内 pH、磷酸化和脱磷酸化反应等（图 8-24）。

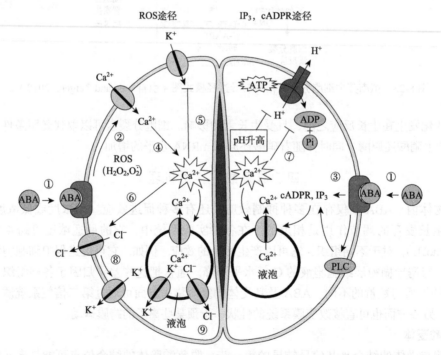

图 8-24　气孔保卫细胞中 ABA 信号转导的简单模式（引自王忠，2009）

当 ABA 与保卫细胞质膜上受体相结合以后（①），诱导细胞内产生 ROS（活性氧），如过氧化氢和超氧阴离子，它们作为第二信使激活质膜的钙离子通道，使胞外钙离子流入胞内（②）；同时，ABA 还使细胞内的 cADPR（环化 ADP 核糖）和 IP$_3$ 水平升高（③），它们又激活液泡膜上的钙离子通道，使液泡向胞质释放钙离子；另外，胞外钙离子的流入还可以启动胞内发生钙离子振荡（④）并促使钙从液泡中释放出来；钙离子的升高会阻断钾离子流入的通道（⑤），促使氯离子通道的开放，氯离子流出而质膜产生去极化（depolarization）（⑥）；胞内钙离子的升高还抑制质膜上质子泵，细胞内 pH 升高，进一步发生去极化作用（⑦）；去极化导致外向钾离子通道活化（⑧）；钾离子和氯离子先从液泡释放到胞质溶胶，进而又通过质膜上的钾离子和阴离子通道向胞外释放（⑨），导致气孔关闭。

气孔保卫细胞可同时响应多种信号而发生气孔关闭，说明有多种受体和重叠交叉的信号转导途径。最近的研究表明，在拟南芥中，NO 及磷脂酶 Da1（PLDa1）也参与了 ABA 对气孔调控的信号转导途径。在信号转导途径中，蛋白质磷酸化和去磷酸化作用起着重要的作用。

（三）脱落酸对基因表达的调控

ABA 可以诱导许多逆境蛋白基因的表达。当植物受到渗透胁迫（osmotic stress）时，其体内的 ABA 水平会急剧上升，同时出现若干个特殊基因的表达产物。倘若植物体并未受到干旱、盐渍或寒冷引起的渗透胁迫，而只是吸收了相当数量的 ABA，其体内也会出现这些基因的表达产物。近年来，已从水稻、棉花、小麦、马铃薯、萝卜、番茄、烟草等植物中分离出 10 多种受 ABA 诱导而表达的基因，如种子胚胎发育晚期丰富蛋白（late embryogenesis abundant protein，LEA）、凝集素基因、贮藏蛋白质基因、酶抑制剂基因等。这些基因表达的部位包括种子、幼苗、叶、根和愈伤组织等。

逆境条件可以诱导植物组织内 ABA 水平的升高，同时诱导和逆境相关基因的表达。外源 ABA 往往也能诱导这些抗性基因的表达。ABA 所诱导表达的抗性基因从功能上可以分为两大类：第一大类是功能蛋白，包括水通道蛋白、渗透调节分子（如蔗糖、脯氨酸和甜菜碱）的合成酶、保护大分子及膜蛋白结构和功能的保护蛋白（如 LEA 蛋白、抗冻蛋白、分子伴侣、mRNA 结合蛋白）等。这类蛋白质分子直接参与植物对胁迫环境的应答反应和修复过程，是直接保护植物细胞免受胁迫环境伤害的效应分子。第二大类是调节蛋白，包括蛋白激酶、转录因子、磷脂酶等，这类蛋白质是通过参与植物胁迫信号转导途径或通过调节其他效应分子的表达和活性而起作用的。

五、乙烯的作用机理

（一）乙烯的受体

近年来，通过对拟南芥（*Arabidopsis thaliana*）乙烯不敏感突变体（ethylene resistant1，*etr1*）的研究，发现了质膜与内质网膜上的 ETR1 蛋白具有与乙烯可逆结合的能力，是乙烯的受体。ETR1 是双组分受体蛋白，具有乙烯的结合域和丝氨酸/苏氨酸蛋白激酶的活性域两部分。乙烯与受体结合后通过一系列的信号转导，最后引起细胞核的基因表达。

乙烯受体（ethylene receptor）是乙烯信号转导途径中的上游元件，由多基因家族编码。至今在拟南芥中发现了包括 ETR1 在内的 5 个乙烯受体，另外 4 个分别是 ETR2、EIN4、ERS1 和 ERS2。

下面以乙烯受体 ETR1 为例说明乙烯的信号转导途径。乙烯经过与内质网受体 ETR1 结合之后，激活了下游的有丝分裂原活化蛋白激酶（mitogen activated protein kinase，MAPK）级联途径，CTR1（constitutive triple response 1）是 RAF（serine/threonine kinase）家族 MAPKKK（MAPK kinase kinase）的同系物。CTR1 通过级联反应将信号传递到乙烯不敏感 2（ethylene insensitive 2，EIN2）的基因，*EIN2* 基因编码的蛋白质有 12 个跨膜区，类似于动物的 N-RAMP（natural resistant-associated macrophage protein）家族，具有通道的作用。EIN2 继而将信号传递到细胞核中，激活转录因子 EIN3。EIN3 是一个转录因子的家族，拟南芥中有 4 个成员。EIN3 二聚体与乙烯反应因子 1（ethylene response factor 1，ERF1）的启动子结合并诱导 *ERF1* 的表达，随后又调控其他乙烯反应基因的表达而引起细胞反应。

乙烯与受体结合需要通过一个过渡金属辅因子，大多是铜或锌，它们和乙烯有高亲和力，银离子也能代替铜产生高亲和结合，因此，Ag^+ 抑制乙烯的作用，可能是影响乙烯与受体结合后的蛋白变化，而不是阻止乙烯与受体的结合。乙二胺四乙酸（EDTA）是一种与金属结合的螯合物，所以也抑制乙烯的作用。CO_2 与乙烯竞争同一作用部位，也抑制乙烯的作用。

（二）乙烯与基因表达和膜透性提高的关系

乙烯诱导的基因包括纤维素酶、几丁质酶、β-1,3-葡聚糖酶、过氧化物酶、查耳酮合成酶、许多病程相关蛋白及许多与成熟相关蛋白的编码基因，另外，乙烯甚至促进与自身生物合成有关的许多酶的基因表达。

黄化大豆幼苗经乙烯处理后，能促进染色质的转录作用，使 RNA 水平大增；乙烯促进鳄梨和番茄等果实纤维素酶和多聚半乳糖醛酸酶的 mRNA 增多，随后酶活性增加，水解纤维素和果胶，果实变软、成熟。

由于乙烯能提高很多酶，如过氧化物酶、纤维素酶、果胶酶和磷脂酶等的含量及活性，因此，乙烯可能在翻译水平上起作用。但乙烯对某些生理过程的调节作用发生得很快，如乙烯处理可在 5min 内改变植株的生长速度，这就难以用促进蛋白质的合成来解释了。因此，有人认为乙烯的作用机理与 IAA 的相似，其短期快速效应是对膜透性的影响，而长期效应则是对核酸和蛋白质代谢的调节。

（三）乙烯与生长素的关系

乙烯与 IAA 在增加雌花分化等方面有相同效应，这可能与 IAA 诱导乙烯生成有关。ACC 合酶是乙烯生物合成的限速酶，IAA 可通过提高 ACC 合酶的生成速率来增强乙烯的合成。用蛋白质和 RNA 合成抑制剂研究表明，IAA 是通过上调转录来对乙烯合成起作用的。乙烯与 IAA 在拟南芥根毛形成中也起重要作用。在生长素诱导的早期基因中，就包括 ACC 合酶基因家族（ACC synthase gene family）。

六、油菜素甾醇的作用机理

（一）油菜素甾醇与基因表达

油菜素甾醇主要从翻译和转录两个水平对相关基因的表达进行调节。有人用差异杂交法从豌豆苗中鉴定出一种油菜素甾醇的上调基因（*BRU 1*），该基因编码与细胞伸长密切相关的一种酶，即木葡聚糖内转化糖基化酶（xyloglucan endotransglycosylase，XET）。*BRU 1* 转录物的表达水平与油菜素甾醇所引起的茎的伸长相关。在拟南芥中也发现了受油菜素甾醇调节的 XET，由 *TCH4* 基因编码。经过研究还发现，油菜素甾醇在 *BRU 1* 翻译水平、在 *TCH 4* 转录水平分别进行调控。

曼德瓦（Mandava）早在 1987 年就发现 RNA 及蛋白质合成抑制剂对 BR 的促进生长作用有影响，其中以放线菌素 D 及亚胺环己酮最显著。多种试验均表明 BR 可能通过影响转录和翻译进而调节植物生长。曼德瓦等还用 RNA 合成抑制剂——放线菌素 D 和蛋白合成抑制剂——环己亚胺等检测 BR 诱导的上胚轴生长作用，表明 BR 诱导生长的生长效应依赖于核酸和蛋白质合成。

表油菜素内酯可能参与了组织生长过程的转录和复制，从而增加 RNA 聚合酶活性，降低 RNA、DNA 水解酶活性，造成 RNA 和 DNA 的累积，促进组织的生长。

近年根据对拟南芥的油菜素甾醇不敏感突变体的研究推断，油菜素甾醇的受体可能是存在于质膜上的 LRR 受体样激酶。LRR 受体样激酶（leucine-rich repeat receptor-like kinase，LRR RLK）

的化学组成特点是富含亮氨酸。

（二）油菜素甾醇与膜透性

也有一些研究表明 BR 与细胞膜的透性有关，特别是在逆境下提高植物抗性往往与膜相关，如在某些试验中，BR 与 IAA 作用相似，都可增强膜的电势差、ATPase 活性及 H^+ 的分泌。

BR 通过结合质膜上的受体 BRI1，一方面，活化液泡膜上的 ATPase，促进液泡泵入 H^+，向胞液输出阴阳离子，从而提高了液泡水势，增大了膨压；另一方面，通过诱导与生长有关的基因表达（gene expression），最终引起细胞的扩大反应。

（三）油菜素甾醇与酸生长理论

油菜素甾醇对赤豆上胚轴节段和玉米根尖切段生长的促进作用和 IAA 类似，是同 H^+ 分泌的增加和转移膜电位的早期过极化联系在一起的，也即共同遵循酸生长理论：通过促进膜质子泵对 H^+ 的泵出，导致自由空间的酸化，使细胞壁松弛，进而促进生长。

但 BR 与 IAA 在其最适浓度下同时使用具有明显的加成效果，又表明它们在最初的作用方式上是有区别的。例如，BR 促进小麦胚芽鞘伸长的生理活性大于 IAA。但在高浓度的促进作用不如 IAA 明显。BR 和 IAA 混合处理对芽鞘切段的伸长、乙烯释放和 H^+ 分泌都表现了加成作用。BR 也有颉颃 ABA 对小麦胚芽鞘切段伸长的抑制作用。

（四）油菜素甾醇的基因响应和非基因响应途径

有人提出了 BR 生理作用的基因响应和非基因响应途径。

（1）BR 的基因响应途径　　BR 通过调节基因表达来调控植物生长发育的途径称为 BR 的基因响应途径。BR 信号首先被膜上的受体 BRI1/BAK1 复合体感知，然后在一系列蛋白参与下传递到核内，进一步调控下游基因的表达。

（2）BR 的非基因响应途径　　这个途径又称为快速响应途径，不涉及基因的表达并且不被转录和翻译抑制剂所阻断。实验表明，一种 BR 相关蛋白激酶能够和液泡膜的 H^+-ATPase 上的亚基相互作用，并磷酸化该亚基，因此 BR 信号可能通过相关蛋白激酶的活性调节液泡膜 H^+-ATPase 的装配，从而影响液泡对水分的吸收而引起细胞的迅速伸长。

第六节　其他植物生长物质及其应用

一、其他植物生长物质

植物体内除了有上述六大类激素外，还有很多微量的有机化合物对植物生长发育表现出特殊的调节作用。其中有的学者将茉莉素、水杨酸类和独脚金内酯类等也归入植物激素中。

（一）茉莉素

1. 茉莉素的代谢和分布

茉莉素是广泛存在于植物体内的一类化合物，现已发现了 30 多种。茉莉酸（jasmonic acid，JA）和茉莉酸甲酯（methyl jasmonate，JA-Me）是其中最重要的代表（图 8-25）。

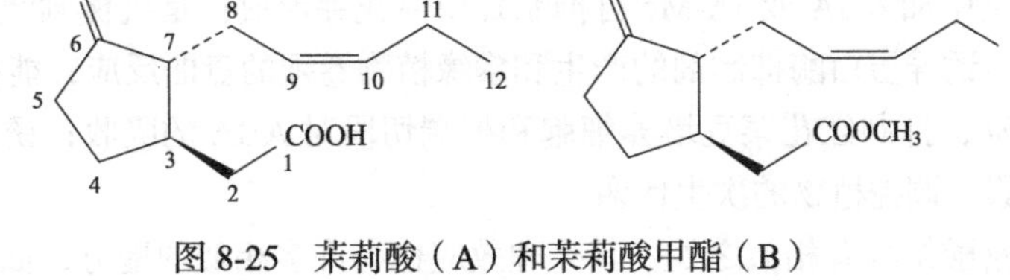

图 8-25　茉莉酸（A）和茉莉酸甲酯（B）

　　游离的茉莉酸首先是从真菌培养滤液中分离出来的，后来发现许多高等植物中都含有 JA。而 JA-Me 则是 1962 年从茉莉属（*Jasminum*）的素馨花（*J. officinale* var. *grandiflorum*）中分离出来作为香精油的有气味化合物。

　　茉莉酸的化学名称是 3-氧-2-（2′-戊烯基）-环戊烷乙酸［3-oxo-2-（2′-pentenyl）-cyclopentanic acetic acid］，其生物合成前体来自膜脂中的亚麻酸（linolenic acid），目前认为 JA 的合成既可在细胞质中，也可在叶绿体中。亚麻酸经脂氧合酶（lipoxygenase，LOX）催化加氧作用产生脂肪酸过氧化氢物，再经过氧化氢物环化酶（hydroperoxide cyclase）的作用转变为 18 碳的环脂肪酸（cyclic fatty acid），最后经还原及多次 β-氧化而形成 JA。

　　用放射免疫检测等技术的调查表明，160 多科的 206 种植物材料中均有茉莉素存在。被子植物中茉莉素分布最普遍，裸子植物、藻类、蕨类、藓类和真菌中也有分布。高等植物的茎端、嫩叶、根尖等营养器官中 JA 的含量为 10～100ng/g 鲜重，而籽粒、果实等生殖器官中 JA 的含量可达 1000ng/g 鲜重。有研究认为，茉莉酸异亮氨酸（jasmonic acid-isoleucine，JA-Ile）是植物内源茉莉素的生物活性形式。此外，假单胞菌可以分泌一种茉莉素的类似物冠菌素（coronatine，COR），其也具有茉莉素的生理活性。

　　茉莉素通常在植物韧皮部系统中运输，也可在木质部及细胞间隙运输。

　　2. 茉莉素的生理作用及应用　　茉莉素的生理效应非常广泛，包括促进、抑制和诱导等多个方面。

　　（1）抑制生长和萌发　　茉莉素通过抑制细胞周期相关蛋白的表达而抑制细胞分裂，从而抑制植物叶片的生长。JA 能显著抑制水稻幼苗第二叶鞘长度、莴苣幼苗下胚轴和根的生长及 GA$_3$ 对它们伸长的诱导作用，JA-Me 可抑制珍珠稗幼苗生长、离体黄瓜子叶鲜重和叶绿素的形成及细胞分裂素诱导的大豆愈伤组织的生长。

　　用 10μg/L 和 100μg/L 的 JA 处理莴苣种子，45h 后萌发率分别只有对照的 86% 和 63%。茶花粉培养基中外加 JA，则能强烈抑制花粉萌发。

　　（2）促进生根　　JA-Me 能显著促进绿豆下胚轴插条生根，10^{-8}～10^{-5}mol/L 处理对不定根数目无明显影响，但可增加不定根干重（10^{-5}mol/L 处理的根重比对照增加 1 倍）；10^{-4}～10^{-3}mol/L 处理则显著增加不定根数（10^{-3}mol/L 处理的根数比对照增加 2.75 倍），但根干重未见增加。茉莉素虽然可以抑制拟南芥幼苗叶片的生长及主根的伸长，但是会诱导侧根和根毛的产生。

　　（3）促进衰老　　从苦蒿中提取的 JA-Me 能加快燕麦叶片切段叶绿素的降解。用高浓度乙烯利处理后，JA-Me 能促进豇豆叶片离层的产生。JA-Me 还可使郁金香叶的叶绿素迅速降解，叶黄化，叶形改变，加快衰老进程。这可能是与 JA 诱导乙烯的生物合成有关。

　　（4）提高抗性　　昆虫侵害和病原菌侵染都可迅速诱导植物组织中茉莉素的合成，而茉莉素合成缺失突变体和信号转导突变体丧失了对昆虫和病原菌的抗性。经 JA-Me 预处理的花生幼苗，在渗透逆境下，植物电导率减少，干旱对其质膜的伤害程度变小。JA-Me 预处理也能提高水稻幼苗对低温（5～7℃，3d）和高温（46℃，24h）的抵抗能力。

　　（5）其他效应　　茉莉素在植物生殖器官发育中起重要作用，如调控花粉的发育和花芽分化，在烟草培养基中加入 JA 或 JA-Me 可抑制外植体花芽形成；是机械刺激（包括昆虫咬食）的有效信号分子，能诱导蛋白酶抑制剂的产生和攀缘植物卷须的盘曲反应；能抑制光和 IAA 诱导的含羞草小叶的运动，抑制红花菜豆培养细胞和根端切段对 ABA 的吸收；诱导气孔关闭；促进花青素等物质的积累，调控植物的次生代谢。

　　茉莉素与脱落酸结构有相似之处，其生理效应也有许多相似的地方，如抑制生长、抑制种子和花粉萌发、促进器官衰老和脱落、诱导气孔关闭、促进乙烯产生、抑制含羞草叶片运动、提高抗逆性等。但是 JA 与 ABA 也有不同之处。例如，在莴苣种子萌发的生物测定中，JA 不如 ABA 活力高，JA 不抑制 IAA 诱导燕麦芽鞘的伸长弯曲过程，不抑制含羞草叶片的蒸腾作用。

（二）水杨酸

1. **水杨酸的发现**　　　公元前，美洲印第安人和古代希腊人相继发现柳树皮和叶可用来治疼痛和发烧，这是由于柳树皮中含有大量的水杨酸及相关化合物。19 世纪，人们从柳树和其他植物中分离出水杨酸、甲基水杨酸和水杨酸的葡糖苷。1858 年，德国化学合成了水杨酸，1874 年开始了商业生产水杨酸。水杨酸粉剂特别苦，对胃有刺激作用，很难长期服用。后来发现水杨酸乙酰化衍生物可替代水杨酸克服这些副作用。1898 年，乙酰水杨酸（acetylsalicylic acid）的商品名被定为阿司匹林（aspirin）。乙酰水杨酸在生物体内可很快转化为水杨酸，即邻羟基苯甲酸（图 8-26）。阿司匹林片剂具有很好的镇痛作用，可用于治疗感冒头痛、发烧和风湿关节炎，并能预防心脏病和脑血栓病，因而得到广泛应用。每年阿司匹林的全球年销量达数千吨。

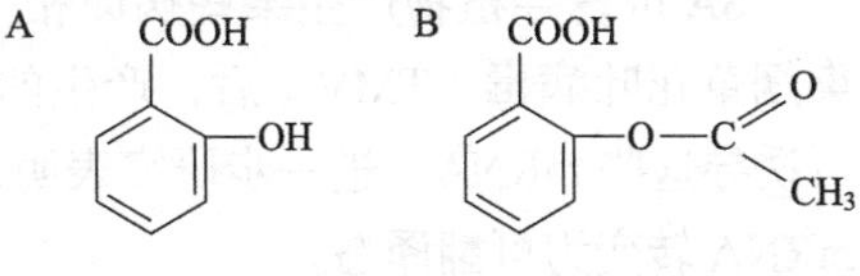

图 8-26　水杨酸（A）与乙酰水杨酸（B）

至于水杨酸在植物中的生理作用，直到 20 世纪 60 年代后才被人们开始发现而受到重视。

2. **水杨酸的分布和代谢**　　　水杨酸能溶于水，易溶于极性有机溶剂。在植物组织中，非结合态 SA 能在韧皮部中运输。SA 在植物体中的分布一般以产热植物的花序较多，如天南星科的一种植物花序含量达 3μg/g FW，西番莲花为 1.24μg/g FW。在不产热植物的叶片等器官中也含有SA，在水稻、大麦、大豆中均检测到 SA 的存在。

植物体内 SA 的合成来自反式肉桂酸（trans-cinnamic acid），即由莽草酸（shikimic acid）经苯丙氨酸（phenylalanine，Phe）形成反式肉桂酸，再经系列反应生成苯甲酸（benzoic acid），最后转化成 SA。SA 也可被水杨酸酯葡糖基转移酶催化转变为水杨酸-2-氧-β-葡糖苷，这个反应可防止植物体内因 SA 含量过高而产生的不利影响。

3. **水杨酸的生理作用和应用**

（1）**生热效应**　　　天南星科植物佛焰花序的生热现象很早就引起了人们的注意。早就有人指出，这一突发的代谢变化是由一种生热素引起的。为了寻找这种生热素，人们整整经历了 50 年的研究，直到 1987 年拉斯金（Raskin）等的试验才证明这种生热素就是 SA。外源施用 SA 可使成熟花上部佛焰花序的温度升高 12℃。生热现象实质上是与抗氰呼吸途径的电子传递系统有关。有人从枯苞（*Sauromatum guttatum*）中分离出了编码交替氧化酶的核基因，经纯化的百合雄花提取液和 SA 都可激活该基因，这就直接证明了 SA 可激活抗氰呼吸途径。

（2）**延迟花瓣衰老**　　　向装有切花的花瓶中加入阿司匹林片剂可延缓花瓣的衰老而延长观花的时间。这是因为阿司匹林片剂在水中迅速分解，乙酰水杨酸被转化为水杨酸，而水杨酸能阻断ACC 向乙烯的转化，因而减少了乙烯的合成。

（3）**诱导开花**　　　SA 处理可使长日植物浮萍在非诱导光周期下开花。在其他浮萍上也发现了类似现象。后来发现这一诱导是依赖于光周期的，即是在光诱导以后的某个时期与开花促进或抑制因子相互作用而促进开花的。

北京大学的试验发现 SA 还可显著影响黄瓜的性别表达，抑制雌花分化，促进较低节位上分化雄花，并且显著抑制根系发育。由于良好的根系可合成更多的有助于雌花分化的细胞分裂素，因此，SA 抑制根系发育可能是其抑制雌花分化的部分原因。

（4）**增强抗性**　　　大量研究证明，SA 是植物系统获得性抗性（systemic acquired resistance，

SAR）激活所必需的关键因子。植物受到病原菌感染时，在感染部位会迅速积累高水平的 SA，SA 作为系统信号分子，运输到植物其他部位后会诱导 SAR 的产生，且这种 SAR 一旦建立，就具有广谱、非特异和持久的抗病性。如果植物不能积累 SA 或 SA 合成受阻，就不能建立有效的 SAR 而表现出对病原菌更加敏感。

　　某些植物在受病毒、真菌或细菌侵染后，侵染部位的 SA 水平显著增加，同时出现坏死病斑，即过敏反应（hypersensitive reaction，HR），并引起非感染部位 SA 含量的升高，从而使其对同一病原或其他病原的再侵染产生抗性。某些抗病植物在受到病原侵染后，其体内 SA 含量立即升高，SA 能诱导抗病基因的活化而使植株产生抗性。感病植物也含有有关的抗性基因，只是病原的侵染不能导致 SA 含量的增加，因而抗性基因不能被活化，这时施用外源 SA 可以达到类似的效果。

　　SA 可诱导植物产生某些病原相关蛋白（pathogenesis related protein，PR）。抗性烟草植株感染烟草花叶病毒（TMV）后，产生的系统抗性与 9 种 mRNA 的诱导活化有关，施用外源 SA 也可诱导这些 mRNA。进一步研究表明，病菌的侵染或外源 SA 的施用能使本来处于不可翻译态的mRNA 转变为可翻译态。

　　（5）其他作用　　　SA 还可抑制大豆的顶端生长，促进侧生生长，增加分枝数量、单株结角数及单角重。SA（0.01～1mmol/L）可提高玉米幼苗硝酸还原酶的活性，还颉颃 ABA 对萝卜幼苗生长的抑制作用。

（三）独脚金内酯

　　1. 独脚金内酯的特点与代谢　　　早在 1952 年就有研究发现，一些寄生植物的种子萌发需依赖寄主植物的存在。例如，独脚金（Striga）、列当（Orobanche）等如果没有寄主植物分泌的萌发刺激物，即使有适宜的外部条件，它们的种子也将长期保持休眠状态。1966 年，有学者从植物根系中分离出能促进寄生植物独脚金种子萌发的物质，称为独脚金醇（strigol）。1972 年鉴定了其基本化学结构（图 8-27），属于萜类类胡萝卜素衍生物，命名为独脚金内酯（strigolactone，SL）。现已从植物中分离出许多独脚金内酯类物质，如高粱内酯（sorgolactone）、列当醇（orobanchol）等。独脚金内酯类物质具有多种生理功能，在植物中普遍存在，故被称为新型植物激素。目前，已有人工合成的独脚金内酯的类似物 GR（germination releaser）系列，如 GR24、GR27 等，其中GR24 活性最高，被广泛应用。

　　独脚金内酯由植物根部产生，可向上运输产生各种生理效应。天然的 SL 和 ABA 类似，来源于类胡萝卜素生物合成途径。独脚金内酯在质体中合成。由 β-类胡萝卜素在 β-类胡萝卜素异构酶（β-carotene-9-isomerase）、类胡萝卜素裂解双加氧酶（carotenoid cleavage dioxygenase，CCD）等酶的催化下，合成一种结构类似的内酯（carlactone），然后在细胞色素 P450 的催化下，转化成 5-脱氧独脚金醇，进而转化成独脚金内酯和其他独脚金内酯类物质。已经从不同植物中克隆到了 4 个 SL 合成途径中的基因。

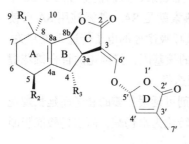

图 8-27　独脚金内酯

　　2. 独脚金内酯的生理作用和应用

　　（1）诱导种子萌发　　　独脚金内酯对寄生植物种子的萌发具有很强的诱导活性，在 10^{-12}g 水平就可诱导种子萌发。目前从多种寄主植物根中分离出萌发刺激物，研究表明这些萌发刺激物都是独脚金内酯类化合物，寄生植物通过感知 SL 来使自己的根朝寄主生长。生产上可利用 SL 控制杂草，通过人工合成的 SL 类似物诱导寄生杂草种子的萌发，这些萌发的杂草如果一周内未找到宿主植物就会死亡。

（2）抑制侧枝与分蘖发生　　独脚金内酯能够抑制双子叶植物（如拟南芥）分枝或单子叶植物（如水稻）分蘖的形成。通过对豌豆 *rms* 和矮牵牛 *dad* 多分枝突变体的研究发现，除生长素、细胞分裂素之外，植物根部还可合成一种可向上运输的物质，可控制地上部的分枝／分蘖。现已证实这种能够抑制植物分枝／分蘖发生的信号物质就是独脚金内酯。对水稻、大豆、豌豆等粮食作物，可通过喷施独脚金内酯人工合成类似物（如 GR24）抑制无效分枝（分蘖），塑造高产优质的理想株型。

（3）促进丛枝菌根真菌菌丝分枝和养分吸收　　独脚金内酯可促进植物根系与真菌之间的互惠共生；刺激与植物共生的丛枝菌根真菌菌丝分枝，从而帮助植物吸收土壤中的营养元素。研究发现植物界有超过 80% 的陆生植物根可以将 SL 分泌到周边环境中与丛枝菌根真菌形成共生关系。

（4）其他生理作用　　独角金内酯还有许多其他生理效应。例如，可促进叶片衰老，矮牵牛的 SL 合成缺陷突变体 *dad* 具有延缓叶片衰老、滞绿等突变表型，这也证明了 SL 能够促进衰老；调控植物初生根、侧根发育及根毛延长；参与调控小立碗藓（*Physcomitrella patens*）丝状体的分枝和菌落的扩展过程。

（四）多胺

1. 多胺的种类和分布　　多胺（polyamine，PA）是一类脂肪族含氮碱，包括二胺、三胺、四胺及其他胺类，广泛存在于植物体内。20 世纪 60 年代，人们发现多胺具有刺激植物生长和防止衰老等作用，能调节植物的多种生理活动。

高等植物的二胺有腐胺（putrescine，Put）和尸胺（cadaverine，Cad）等，三胺有亚精胺（spermidine，Spd），四胺有精胺（spermine，Spm），还有其他胺类（表 8-2）。通常胺基数目越多，生物活性越强。

表 8-2　高等植物中的多胺

胺类	结构	来源
二氨丙烷	$NH_2(CH_2)_3NH_2$	禾本科
腐胺	$NH_2(CH_2)_4NH_2$	普遍存在
尸胺	$NH_2(CH_2)_5NH_2$	豆科
亚精胺	$NH_2(CH_2)_3NH(CH_2)_4NH_2$	普遍存在
精胺	$NH_2(CH_2)_3NH(CH_2)_4\text{-}NH(CH_2)_3NH_2$	普遍存在
鲱精胺	$NH_2(CH_2)_4NH\underset{\underset{NH}{\parallel}}{C}NH_2$	普遍存在

高等植物的多胺分布和含量在不同植物间及同一植物不同器官间、不同发育状况下差异很大，可从每克鲜重数 nmol 到数百 nmol。通常，细胞分裂最旺盛的部位也是多胺生物合成最活跃的部位。例如，玉米根的细胞分裂仅局限于分生组织区，该处精胺含量很高，而其他部位则甚少；玉米胚芽鞘主要依靠基部细胞伸长，其基部腐胺最高，越向上则含量越少。黄化豌豆上胚轴上的亚精胺与腐胺的分布也有差异：亚精胺大多存在于顶部倒钩处，基部较少，而腐胺于正在伸长的细胞中分布较多，顶端较少。

2. 多胺的生理作用和应用

（1）促进生长　　多胺能够促进植物的生长。例如，休眠菊芋的块茎是不进行细胞分裂的，它的外植体中内源多胺、IAA 和 CTK 的含量都很低，当向培养基中加入 10～100μmol/L 多胺而不加其他生长物质时，块茎便很快进行细胞分裂和生长。多胺在刺激块茎外植体分裂生长的同时，也能诱导形成层的分化与维管组织的分化。

（2）延缓衰老　　置于暗中的燕麦、豌豆、菜豆、油菜、烟草、萝卜等叶片，在被多胺处理后均能延缓衰老进程。而且发现，前期多胺能抑制蛋白酶与 RNA 酶活性，减慢蛋白质的降解速率，后期则延缓叶绿素的分解。据研究，腐胺、亚精胺、精胺等能有效地阻止幼嫩叶片中叶绿素的破坏，但对老叶则无效。

多胺之所以能延缓衰老，可能有两方面的原因。一是多胺具有稳定核酸的作用，在生理 pH 下，多胺是以多聚阳离子状态存在，极易与带负电荷的核酸和蛋白质结合。这种结合稳定了 DNA 的二级结构，提高了对热变性和 DNA 酶作用的抵抗力。多胺还有稳定核糖体的功能，促进氨酰-tRNA 的形成及其与核糖体的结合，有利于蛋白质的生物合成。二是多胺和乙烯有共同的生物合成前体——甲硫氨酸，多胺通过竞争甲硫氨酸而抑制乙烯的生成，从而起到延缓衰老的作用。

（3）提高抗性　　高等植物体内的多胺对各种不良环境十分敏感，即在各种胁迫条件（水分胁迫、盐分胁迫、渗透胁迫、pH 变化等）下，多胺的含量水平均明显提高，这有助于植物抗性的提高。例如，绿豆在高盐环境下根部腐胺合成加强，由此可维持阳离子平衡，以适应渗透胁迫。

（4）其他作用　　多胺还可调节与光敏素有关的生长和形态建成，调节植物的开花过程，参与光敏核不育水稻花粉的育性转换，并能提高种子活力和发芽力，促进根系对无机离子的吸收。

（五）植物多肽激素

1. **系统素**　　系统素（systemin，SYS）是从受伤的番茄叶片中分离出的一种 18 个氨基酸组成的多肽，其一级结构为 AVQSKPPSKRDPPKMQTD，是植物感受创伤的信号分子，在植物防御反应中起重要的作用。动物中有大量的多肽激素，SYS 是植物中发现的第一种多肽类的生理活性物质。

在植物中存在一种 200 个氨基酸的多肽，称为原系统素（prosystemin），经蛋白酶加工后可以形成 SYS。利用转基因植物进行的试验表明，SYS 是诱导植物抗逆反应如蛋白酶抑制剂合成的必要因子。例如，将原系统素的反义 cDNA 和 35S CaMV 启动子整合后导入番茄植株，导致该转基因植物在创伤条件下蛋白酶抑制剂的产生受到严重阻碍，证明 SYS 是植物创伤反应的信号分子。

SYS 具有很高的生理活性，如在极低的浓度下可以诱导植物抗逆基因的表达；并在植物防御病虫侵染中起重要作用。已在番茄叶细胞中鉴定出一个系统素结合蛋白。

2. **其他植物多肽激素**　　除系统素外，近年在植物体内还发现了其他一些具有调节生理过程和传递细胞信号功能的活性多肽，有人称其为植物多肽激素（plant polypeptide hormone）。例如，植物根瘤素（nodulin）是由 10~13 个氨基酸组成的活性多肽，与豆科植物根瘤形成及维持共生功能有关。从大豆种子中分离出与动物胰岛素特性相似的豆胰岛素（leginsulin），由 37 个氨基酸组成，可促进胡萝卜愈伤组织的分化和小植株的形成。

植物磺肽素（phytosulfokine，PSK），又叫植物硫素，由 4 或 5 个氨基酸组成，可诱导细胞分裂和增殖，促进导管分化和胚性细胞形成，调节花粉细胞的群体效应，提高植物的耐热性。目前已在水稻、玉米、胡萝卜、番茄、松树、烟草等多种植物中发现了 PSK。

二、植物生长物质的应用

（一）植物激素间的相互关系

1. **激素间的增效作用与颉颃作用**　　植物体内同时存在数种植物激素。它们之间可相互促进增效，也可相互颉颃抵消。在植物生长发育进程中，任何一种生理过程往往不是某一激素的单独作用，而是多种激素相互作用的结果。

（1）增效作用　　一种激素可加强另一种激素的效应，此种现象称为激素的增效作用（synergism）。例如，生长素和赤霉素对于促进植物节间的伸长生长，表现为相互增效作用。IAA促进细胞核的分裂，而CTK促进细胞质的分裂，二者共同作用，从而完成细胞核与细胞质的分裂。脱落酸促进脱落的效果可因乙烯而得到增强。细胞分裂素与赤霉素通过二者之间的互作调控细胞分裂、细胞生长而促进植物生长。细胞分裂素可通过调控乙烯合成关键酶ACC合酶的活性而诱导乙烯的合成。

（2）颉颃作用　　颉颃作用（antagonism）也称对抗作用，是指一种物质的作用被另一种物质所阻抑的现象。激素间存在颉颃作用。例如，GA诱导α-淀粉酶的合成和对种子萌发的促进作用，因ABA的存在而受到颉颃。

赤霉素与脱落酸的颉颃作用表现在许多方面，如生长、休眠等。它们都来自甲瓦龙酸，且通过同样的代谢途径形成法尼基焦磷酸（farnesyl pyrophosphate）。在光敏素的作用下，长日照条件形成赤霉素，短日照条件形成脱落酸。因此，夏季日照长，产生赤霉素使植株继续生长；而冬季来临前日照短，则产生脱落酸而使芽进入休眠。

生长素推迟器官脱落的效应会被同时施用的脱落酸所抵消；而脱落酸强烈抑制生长和加速衰老的进程又可能会被细胞分裂素所解除。细胞分裂素抑制叶绿素、核酸和蛋白质的降解，抑制叶片衰老；而ABA则抑制核糖、蛋白质的合成并提高核酸酶活性，从而促进核酸的降解，使叶片衰老。ABA和细胞分裂素还可调节气孔的开闭，这些都证明ABA与生长素、赤霉素及细胞分裂素间的颉颃关系会直接影响某些生理效应。

生长素与赤霉素虽然对生长都有促进作用，但二者间也有颉颃的一面。例如，生长素能促进插枝生根而GA则抑制不定根的形成；生长素抑制侧芽萌发，维持植株的顶端优势，而细胞分裂素却可消除顶端优势，促进侧芽生长。此外，多胺和乙烯都有共同的生物合成前体——甲硫氨酸，因而乙烯诱导衰老的效应可以被多胺所抵消。

2. **激素间的比值对生理效应的影响**　　由于每种器官都存在着数种激素，因而决定生理效应的往往不是某种激素的绝对含量，而是各激素间的相对含量。

在组织培养中，生长素与细胞分裂素不同的比值影响根芽的分化。烟草茎髓部愈伤组织的培养实验证明，当细胞分裂素与生长素的比例高时，愈伤组织就分化出芽；比例低时，有利于分化出根；当二者比例处于中间水平时，愈伤组织只生长而不分化，这种效应已被广泛应用于组织培养中。

赤霉素与生长素的比例控制形成层的分化，当GA/IAA值高时，有利于韧皮部分化，反之则有利于木质部分化。

植物激素对性别分化也有影响。例如，GA可诱导黄瓜雄花的分化，但这种诱导可为ABA所抑制。黄瓜茎端的ABA和GA_4含量与花芽性别分化有关，当ABA/GA_4值较高时有利于雌花分化，较低时则利于雄花分化。

在自然情况下，植物根部与叶片中形成的激素间是保持平衡的，因此雌性植株与雄性植株出现的比例基本相同。由于根中主要合成细胞分裂素，叶片主要合成赤霉素，用雌雄异株的菠菜或大麻进行试验时发现，当去掉根系时，叶片中合成的GA直接运至顶芽并促其分化为雄花；当去掉叶片时，则根内合成的细胞分裂素被直接运至顶芽并促其分化雌花。可见，赤霉素与细胞分裂素间的比值可影响雌雄异株植物的性别分化。

3. 植物对激素的敏感性及其影响因素　　植物对激素的敏感性（sensitivity）是指植物对一定浓度的激素的响应程度。在很多情况下，植物激素作用的强弱与其浓度关系不大，植物细胞对激素的敏感性才是激素作用的控制因素。植物对激素的敏感性可能由激素受体（receptor）的数目、受体与激素的亲和性（affinity）、植物反应能力（response capacity）等因素所决定。

如在植物体内，高浓度或低浓度的 ABA 很可能对生长发育的调节作用是相反的。在各种实验系统中，它的最适浓度可跨 4 个数量级（0.1～200μmol/L）。对于不同组织，它可以产生相反的效应。它可促进保卫细胞胞液的 Ca^{2+} 水平上升，却诱导糊粉层细胞胞液的 Ca^{2+} 水平下降。通常把这些差异归因于各种组织与细胞的 ABA 受体的性质与数量的不同。

此外，外源生长调节剂的作用效果还受植物细胞的吸收效率、生长调节剂在植物体内的运输与代谢及其他内源激素浓度变化等影响。因此，在植物离体试验时往往需要施加高浓度的激素才能获得显著的生理反应。

（二）植物生长调节剂在生产上的应用

1. 植物生长调节剂的类型

根据对生长的效应，将植物生长调节剂分为以下几类。

（1）生长促进剂　　植物生长促进剂（plant growth promoting substance）可以刺激细胞分裂、分化和伸长生长，也可促进植物营养器官的生长和生殖器官的发育，如吲哚丙酸、萘乙酸、激动素、6-苄基腺嘌呤、二苯基脲（DPU）等。

（2）生长抑制剂　　抑制植物茎顶端分生组织生长的生长调节剂属于植物生长抑制剂（plant growth inhibitor）。这类物质使茎顶端分生组织细胞的核酸和蛋白质合成受阻，细胞分裂慢，植株生长矮小。生长抑制剂通常能抑制顶端分生组织细胞的伸长和分化，但往往促进侧枝的分化和生长，从而破坏顶端优势，增加侧枝数目。有些生长抑制剂还能使叶片变小，生殖器官发育受到影响。外施生长素等可以逆转这种抑制效应，而外施赤霉素则无效，因为这种抑制作用不是由缺少赤霉素而引起的。常见的生长抑制剂有三碘苯甲酸、青鲜素、水杨酸、整形素等。

（3）生长延缓剂　　抑制植物亚顶端分生组织（即茎尖伸长区中的细胞）伸长和节间伸长，使植株矮化的生长调节剂称为植物生长延缓剂（plant growth retardant）。这类物质包括矮壮素、多效唑、比久（B₉）等，它们不影响顶端分生组织的生长，而叶和花是由顶端分生组织分化而成的，因此生长延缓剂不影响叶片的发育和数目，一般也不影响花的发育。亚顶端分生组织中的细胞主要是伸长，由于赤霉素在这里起主要作用，所以外施赤霉素往往可以逆转这种效应。

当然，由于植物生长调节剂的生理功能多样，用途各异，分类方法也可有多种，上述分类方法通常是以使用目的而定的。同一种调节剂由于浓度不同，对生长的作用也可能不同。例如，生长素类调节剂 2,4-D，低浓度时促进植物生长，可作为生长促进剂使用，而高浓度则会抑制生长，甚至杀死植物，因而可作为除草剂使用。另外，同一种浓度的生长调节剂施用于不同植物、不同器官或生长发育的不同时期，生理效应有可能不同。

2. 类生长素　　人工合成的类生长素是农业上应用最早和最多的生长调节剂。有些人工合成的类生长素物质，如萘乙酸、2,4-D 等，由于原料丰富，生产过程简单，可以大量制造。此外，它们不像 IAA 那样在体内会受吲哚乙酸氧化酶的破坏，因而效果稳定。因此，人工合成的类生长素物质在农业上得到了广泛的应用。下面介绍一些应用例子。

（1）插枝生根　　人们很早就知道，如果在插枝上保留正在生长的芽或幼叶，插枝基部便容易产生愈伤组织和根。这是因为芽和叶中产生的生长素，通过极性运输积累在插枝基部，使之得到足量的生长素。而类生长素可使一些不易生根的植物插枝生根，这是因为当用类生长素处理插枝基部后，那里的薄壁细胞恢复分裂的机能，诱导产生愈伤组织，然后分化出不定根。常用的促使插枝生根人工合成的生长素是 IBA、NAA 等。IBA 作用强烈，作用时间长，诱发根多而长；而 NAA 诱发根少而粗，若两者混合使用，插枝的发根就会多而粗。

（2）防止器官脱落　　将锦紫苏属（*Coleus*）的叶片去掉，留下的叶柄也会很快脱落。但如果将含有生长素的羊毛脂膏涂在叶柄的断口，就会延迟叶柄脱落，这说明叶片中产生的生长素有抑制其脱落的作用。在生产上施用 10g/L NAA 或者 1mg/L 2,4-D 之所以能使棉花保蕾保铃，就是因为其提高了蕾、铃内生长素的浓度而防止离层的形成。2,4-D 也可防止花椰菜在贮藏期间落叶。

（3）促进结实　　雌蕊受精后能产生大量生长素，从而吸引营养器官的养分运到子房，形成果实，所以生长素有促进果实生长的作用。用 10mg/L 2,4-D 溶液喷洒番茄花簇，即可坐果，促进结实，且可形成无籽果实。

（4）促进菠萝开花　　研究证明，凡是达到 14 个月营养生长期的菠萝植株，在 1 年内任何月份，用 5～10mg/L 的 NAA 或 2,4-D 处理，2 个月后就能开花。因此，用生长素处理菠萝植株可使植株结果和成熟期一致，有利于管理和采收，也可使 1 年内各月都有菠萝成熟，终年均衡供应市场。

（5）促进黄瓜雌花发育　　用 10mg/L 的 NAA 或 500mg/L 吲哚乙酸喷洒黄瓜幼苗，能提高黄瓜雌花的数量，增加黄瓜产量。

（6）其他作用　　用较高浓度的类生长素可抑制窖藏马铃薯的发芽；也可促进器官脱落，代替人工疏花疏果，并能克服水果生产中的大小年现象；另外，高浓度的类生长素如 2,4-D 还可杀除杂草。但是，在施用中要注意防止高浓度的类生长素残留可能带来的副作用。

3. 乙烯利　　由于乙烯在常温下呈气态，因此即使在温室内，使用起来也十分不便。为此，科学家研制出了各种乙烯发生剂，这些乙烯发生剂被植物吸收后，能在植物体内释放出乙烯。其中乙烯利（ethrel）的生物活性较高，被应用得最广。乙烯利是一种水溶性的强酸性液体，其化学名称叫 2-氯乙基膦酸（2-chloroethyl phosphonic acid，CEPA），在 pH<4 的条件下稳定，当 pH>4 时，可以分解放出乙烯，pH 愈高，产生的乙烯愈多。

乙烯利易被茎、叶或果实吸收。由于植物细胞的 pH 一般大于 5，因此乙烯利进入组织后可水解放出乙烯（不需要酶的参加），对生长发育起调节作用。

乙烯利在生产上主要用于以下几个方面。

（1）催熟果实　　对于外运的水果或蔬菜，一般都是在成熟前就已收获，以便保鲜和运输，然后在售前 1 周左右用 500～5000μl/L（随果实不同而异）的乙烯利浸沾，就能达到催熟和着色的目的，这已广泛应用于柑橘、葡萄、梨、桃、香蕉、柿子、杧果、番茄、辣椒、西瓜和甜瓜等作物上。此外，用 700μl/L 的乙烯利喷施烟草，可促进烟叶变黄，提高质量。

（2）促进开花　　菠萝是应用生长调节剂促进开花最成功的植物，每公顷用 2000L 120～180μl/L 的乙烯利喷施菠萝，可促进菠萝开花，如再加入 5% 的尿素和 0.5% 的硼酸钠溶液，能促进乙烯利的吸收，并提高其药效。由于菠萝复果的大小取决于花芽分化前的叶数，因此，在不同时期用乙烯利处理，可以控制果实的大小。乙烯利也能诱导苹果、梨、杧果和番石榴等果树的花芽分化。

（3）促进雌花分化　　用 100～200μl/L 的乙烯利喷洒 1～4 叶的南瓜和黄瓜等瓜类幼苗，可使雌花的着生节位降低，雌花数增多；用 100～300μl/L 的乙烯利喷洒 2 叶阶段的番木瓜，15～30d 后再重复喷洒，如此 3 次以上，可使雌花达 90%，而对照却只有 30% 的雌花。

（4）促进脱落　　乙烯是促进脱落的激素，所以可用乙烯利来疏花疏果，使一些生长弱的果实脱落，并消除大小年。用乙烯利处理茶树，可促进花蕾掉落以提高茶叶产量。乙烯利还可促进果柄松动，便于机械采收。葡萄采前 6～7d 用 500～800μl/L 的乙烯利喷洒，柑橘用 200～250μl/L、枣用 200～300μl/L 乙烯利在采前 7～8d 喷洒，都能收到很好的效果，从而节省大量的人力，避免采摘对枝条的伤害，还可增进果实的着色。

（5）促进次生物质分泌　　将乙烯利水溶液或油剂涂抹于橡胶树干割线下的部位，可延长流胶时间，且其药效能维持 2 个月，从而使排胶量成倍增长。乙烯利对乳胶增产的机理，可能是由于排除了排胶的阻碍，而不是促进了胶的合成。因此，用乙烯利处理后，树势会受到一定的影响，要加强树体管理，追施肥料，否则会造成树体早衰。此外，乙烯利也可促进漆树、松树等次生物质的分泌。

4. 生长抑制剂

（1）2,3,5 三碘苯甲酸（2,3,5-triiodobenzoic acid，TIBA）　　分子式为 $C_7H_3O_2I_3$，结构式见图 8-1。它可以阻止生长素运输，抑制顶端分生组织细胞分裂，使植物矮化，消除顶端优势，增加分枝。生产上多用于大豆，开花期喷施 125μl/L TIBA，能使豆梗矮化，分枝和花芽分化增加，结荚率提高，增产显著。

（2）整形素（morphactin）　　化学名称是 9-羟基芴-(9)-羧酸甲酯（图 8-28），常用于禾本科植物，它能抑制顶端分生组织细胞分裂和伸长、茎伸长和腋芽滋生，使植株矮化成灌木状，常用来塑造木本盆景。整形素还能消除植物的向地性和向光性。

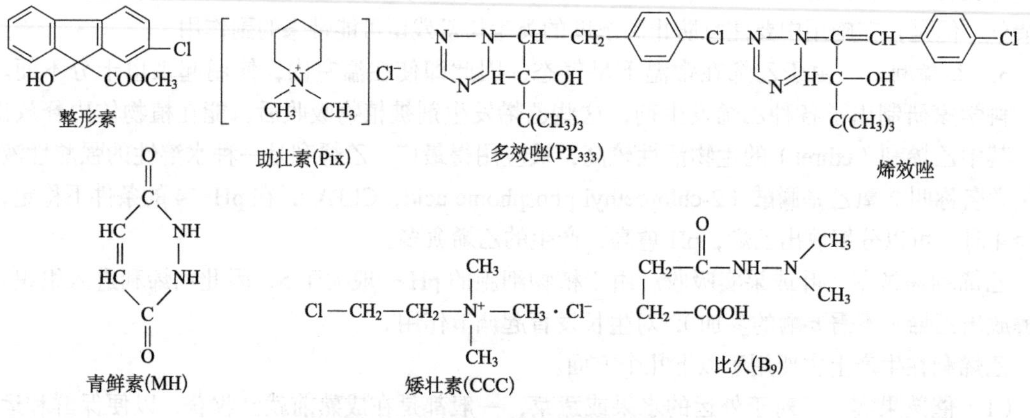

图 8-28　部分植物生长抑制物质

（3）青鲜素　　也叫马来酰肼（maleic hydrazide，MH），分子式为 $C_4H_4O_2N_2$，化学名称是顺丁烯二酸酰肼，其作用与生长素相反，抑制茎的伸长。其结构类似尿嘧啶，进入植物体后可以代替尿嘧啶，阻止 RNA 的合成，干扰正常代谢，从而抑制生长。MH 可用于控制烟草侧芽生长，抑制鳞茎和块茎在贮藏时发芽。有报道，较大剂量的 MH 可以引起实验动物的染色体畸变，建议使用时注意适宜的剂量范围和安全间隔期，且不宜施用于供食用的作物。

5. 生长延缓剂

（1）多效唑（paclobutrazol，MET，PP_{333}）　　又名氯丁唑，化学名称为 1-（对-氯苯基）-2-（1,2,4-三唑-1-基）-4,4-二甲基-戊烷-3-醇，是英国 ZCJ 公司 20 世纪 70 年代推出的一种新型高效生长延缓剂（图 8-28）。PP_{333} 的生理作用主要是阻碍赤霉素的生物合成，同时加速体内生长素的分解，从而延缓、抑制植株的营养生长。PP_{333} 广泛用于果树、花卉、蔬菜和大田作物，可使植株根系发达，植株矮化，茎秆粗壮，并可以促进分枝，增穗增粒，增强抗逆性等，另外还可用于海桐、黄杨等绿篱植物的化学修剪。然而，PP_{333} 的残效期长，影响后茬作物的生长，目前有被烯效唑取代的趋势。

（2）烯效唑　　又名 S-3307、优康唑、高效唑，化学名称为（E）-（对-氯苯基）-2-（1,2,4-三唑-1-基）-4,4-1-戊烯-三醇（图 8-28）。烯效唑能抑制赤霉素的生物合成，有强烈抑制细胞伸长的效果，有矮化植株、抗倒伏、增产、除杂草和杀菌（黑粉菌、青霉菌）等作用。

（3）矮壮素　　又名 CCC，是 2-氯乙基三甲基氯化铵（chlorocholine chloride）的简称，属于季铵型化合物（图 8-28）。矮壮素能抑制赤霉素的生物合成过程，所以是一种抗赤霉素剂，它与赤霉素作用相反，可以使节间缩短、植株变矮、茎变粗、叶色加深。CCC 在生产上较常用，可以防止小麦等作物倒伏，防止棉花徒长，减少蕾铃脱落，也可促进根系发育，增强作物抗寒、抗旱、抗盐碱能力。

（4）Pix　　Pix 是 1,1-二甲基哌啶鎓氯化物（1,1-dimethyl pipericlinium chloride），国内俗称缩节安、助壮素、皮克斯等（图 8-28）。它与 CCC 相似，生产上主要用于控制棉花徒长，使其节间缩短，叶片变小，并且减少蕾铃脱落，从而增加棉花产量。

（5）比久　　是二甲胺琥珀酰胺酸（dimethylamino succinamic acid）的俗称，也叫阿拉、B_9（图 8-28）。B_9 可抑制赤霉素的生物合成，抑制果树顶端分生组织的细胞分裂，使枝条生长缓慢，抑制新梢萌发，因而可代替人工整枝。同时有利于花芽分化，增加开花数和提高坐果率。B_9 可防止花生徒长，使株型紧凑，荚果增多。B_9 残效期长，影响后茬作物生长，有人还认为 B_9 有致癌的危险，因此不宜用在供食用的作物上，也不要在临近收获时再施用。

（三）生长调节剂的合理应用

生长调节剂在生产实践中得到了广泛的推广和应用，成功的例子很多，但失败的教训也时有发生，这主要是对生长调节剂的特性认识不够和使用不当造成的。以下几点事项应引起重视。

1. 明确生长调节剂的性质　　生长调节剂不是营养物质，也不是万灵药，更不能代替其他农业措施。只有配合水、肥等管理措施施用，方能发挥其效果。

2. 进行一定规模预备试验　　有许多试剂会产生同一效果，如化学整形，多种植物生长延缓剂可供选择，不同植物对不同试剂反应不同。地理气候、土壤条件各地相差很大，文献上即使有同样的试验报告，由于种类不同、品种不同，即使同一作物同一品种，由于南北地区气候条件不同，甚至每年条件不同，土壤类型不同，不做预备试验会有危险。

3. 选定适宜的使用时期　　使用植物生长调节剂的时期至关重要。只有在适宜的时期内使用植物生长调节剂才能达到应有的效果。使用时期不当，则效果不佳，甚至还有副作用。植物生长调节剂的适宜使用期主要取决于植物的发育阶段和应用目的。因为作物生育的不同时期，对外施生长调节剂的反应（敏感性）不同。

4. 正确的处理部位和施用方式　　要根据问题的实质决定处理部位。一般生长调节剂可通过叶面被吸收，常用叶面喷洒。有的生长调节剂较易被根吸收，则以土壤施用效果较好。还有一些生长调节剂既可通过叶面吸收，又可通过根系吸收，两种方法均可采用。

5. 要根据不同对象（植物或器官）和不同的目的选择合适的试剂　　例如，促进插枝生根宜用 NAA 和 IBA；促进长芽则要用 KT 或 6-BA；促进茎、叶的生长用 GA；提高作物抗逆性用 BR；打破休眠、诱导萌发用 GA；抑制生长时，草本植物宜用 CCC，木本植物则最好用 B_9；葡萄、柑橘的保花保果用 GA，鸭梨、苹果的疏花疏果则要用 NAA。研究发现，两种或两种以上植物生长调节剂混合使用或先后使用，往往会产生比单独施用更佳的效果，这样就可以取长补短，更好地发挥其调节作用。此外，生长调节剂施用的时期也很重要，应注意把握。

6. **正确掌握试剂的浓度和剂量**　　生长调节剂的使用浓度范围极大，为 $0.1\sim5000\mu g/L$，这就要视药剂种类和使用目的而异。剂量是指单株或单位面积上的施药量，而实践中常发生只注意浓度而忽略了剂量的现象。正确的方法应该是先确定剂量，再定浓度。浓度不能过大，否则易产生药害，但也不可过小，过小又无药效。药剂的剂型有水剂、粉剂、油剂等，施用方法有喷洒、点滴、浸泡、涂抹、灌注等，不同的剂型配合合理的施用方法，才能收到满意的效果，此外，还要注意施药时间和气象因素等。

本 章 小 结

植物生长物质是一些可调节植物生长发育的微量有机物，包括植物激素和植物生长调节剂，此外还有一些天然存在的生长活性物质和抑制物质。

生长素是最早被发现的植物激素，吲哚乙酸（IAA）成其代表，主要集中在生长旺盛的部位。赤霉素（GA）是种类最多的一种激素，为以赤霉烷为骨架的衍生物。细胞分裂素（CTK）以促进细胞分裂为主，包括游离态和结合态细胞分裂素，主要存在于可进行细胞分裂的部位。脱落酸（ABA）是以异戊二烯为基本单位的倍半萜羧酸。乙烯（ETH）分子结构最简单，在常温下是气体。油菜素甾醇（BR）是植物的第六类激素，在植物界中普遍存在。

生长素合成的前体是色氨酸，可形成束缚型和游离型两类，运输具有极性，是主动、需能的过程，可用化学渗透极性扩散假说解释。赤霉素是由甲瓦龙酸转化来的，主要存在于顶端幼嫩部分，也包括生长中的种子和果实，可双向运输，通过结合和降解来消除过量的 GA。细胞分裂素主要从头合成，由异戊烯基焦磷酸开始，结合态细胞分裂素性质较为稳定，适于贮藏或运输。脱落酸生物合成的途径主要有两条，类萜途径的前体与 GA 的前体相同，都为甲瓦龙酸，结合态是 ABA 的贮藏形式。乙烯的生物合成前体为甲硫氨酸，1-氨基环丙烷-1-羧酸（ACC）是其直接前体。油菜素甾醇的合成先是由甲瓦龙酸转化为异戊烯基焦磷酸，经系列反应后才能生成。

生长素能促进细胞伸长和分裂，并且有促进插枝生根、抑制器官脱落、性别和向性控制、顶端优势、单性结实等作用。赤霉素主要加速细胞的伸长生长，也促进分裂，并且还可打破休眠，诱导淀粉酶活性，促进营养生长，防止器官脱落。细胞分裂素不仅促进细胞分裂，还能促进细胞扩大，诱导芽的分化，延缓叶片衰老，保绿和防止果实脱落等。脱落酸可抑制细胞分裂和伸长，还能促进脱落和衰老，促进休眠，提高植物的抗逆性。乙烯是促进衰老和催熟的激素，也可促进细胞扩大，引起偏上性生长，促进插枝生根，打破某些种子的休眠，控制性别分化。油菜素甾醇可促进植物生长、细胞伸长和分裂，促进光合作用，增强抗性。

对生长素的作用机理先后提出了"酸生长理论"和"基因活化学说"，生长素与植物信号转导有关，生长素诱导的基因包括早期基因和晚期基因。赤霉素的作用与酶的合成有关，可诱导 α-淀粉酶从转录水平合成，参与信号转导，调节 IAA 水平。细胞分裂素的受体可分为细胞质受体（可直接影响基因的转录过程）和质膜受体（通过激发一系列的信号传递系统来诱导其生理反应，利用双元组分系统的途径将信号传递至下游元件）。脱落酸及其受体复合物可通过第二信使系统诱导某些基因的表达，也可直接改变膜系统的性状，逆境条件可以诱导 ABA 水平的升高。乙烯与受体结合后通过一系列的信号转导，最后引起细胞核的基因表达，能提高很多酶的含量及活性，其短期快速效应是对膜透性的影响，而长期效应则是对核酸和蛋白质代谢的调节。油菜素甾醇主要从翻译和转录两个水平对相关基因的表达进行调节，也与细胞膜的透性有关，其生理作用有基因响应和非基因响应途径。

植物体还有很多微量的有机化合物对植物生长发育表现出特殊的调节作用。茉莉素类（JAs）的生理效应包括促进、抑制和诱导等多个方面。水杨酸（SA）有生热效应、延迟花瓣衰老、诱导开花、增强抗性等作用。独脚金内酯类（SLs）具有诱导种子萌发、抑制侧枝与分蘖发生、促进叶片衰老等生理作用。多胺（PA）可刺激植物生长和防止衰老，能调节植物的多种生理活动。植物生理活性物质还有系统素和其他植物多肽激素等。

植物激素间有增效作用与颉颃作用，激素间的比值对生理效应有影响，植物对激素的敏感性可能由激素受体的数目、受体与激素的亲和性、植物反应能力等因素所决定。植物生长调节剂分为植物生长促进剂、生长抑制剂、生长延缓剂等，种类很多，在农业生产上有着广阔的应用前景。

复习思考题

1. 名词解释

植物生长物质　植物激素　植物生长调节剂　极性运输　乙烯的"三重反应"　偏上性生长　类生长素　生长延缓剂　生长抑制剂　激素受体　早期基因和晚期基因　植物多肽激素

2. 写出下列缩写符号的中文名称及其含义或生理功能。

IAA　IBA　NAA　2,4-D　GA　GA_3　MVA　CTK　KT　6-BA　ZT　ABA　ETH　ACC　BR　JA　JA-Me　SA　SL　PA　SYS　CEPA　PP_{333}　CCC　B_9

3. 六大类植物激素的主要生理作用是什么？

4. 简要说明生长素的作用机理。

5. 试述 ETH 的生物合成途径及其调控因素。

6. 为什么有的生长素类物质可用作除草剂？人工合成的类生长素在农业上有何应用？

7. IAA、GA、CTK、BR 的生理效应有什么异同？ABA、ETH 又有哪些异同？

8. 除六大类激素外，植物体内还含有哪些能显著调节植物生长发育的有活性的物质？它们有哪些主要生理效应？

9. 生长调节剂在作物生产上有哪些应用？

10. 植物体内有哪些因素决定了特定组织中生长素的含量？

11. 各种赤霉素的结构、活性的共同点及区别是什么？

12. 在调控植物的生长发育方面，六大类植物激素之间在哪些方面表现出协同作用或颉颃作用？

13. 如何用生物测定法来鉴别生长素、赤霉素与细胞分裂素？怎样鉴别脱落酸和乙烯？

14. 请计算 $0.175\mu g/g$ IAA 溶液的摩尔浓度。

15. 要配制 1L MS 培养基，其中 BA 浓度为 $10^{-5}mol/L$，NAA 浓度为 $10^{-7}mol/L$。应加入 $10^{-3}mol/L$ 的 BA 和 $10^{-4}mol/L$ 的 NAA 各多少毫升？在这种培养基上培养烟草愈伤组织，可能会得到什么结果？

16. 将 2mg IAA 配成 1000ml 的水溶液，分别处理豌豆的离体根和茎，可能会产生什么结果？

第九章　植物的营养生长和运动

【学习提要】 了解植物的生命周期，理解生长、分化和发育的概念及相互关系。了解植物生长与分化的类型、生长曲线与生长大周期、植物组织培养的原理和方法，理解植物生长的周期性现象。掌握种子萌发的生理机制与影响因素，理解植物幼苗形成的特点、植物的光形态建成。掌握植物生长相关性的规律，理解地下部和地上部、主茎和侧枝、营养器官与生殖器官的生长关系及其调控。了解植物运动的类型与特性。

第一节　生长、分化和发育

植物营养器官的生长是十分重要的过程，若以营养器官为收获物，则营养器官的生长直接影响其产量；若以生殖器官为收获物，由于生殖器官的形成和发育所需要的养料绝大部分是营养器官提供的，因此营养器官生长对生殖器官生长的影响极大。虽然植物的根系深深地扎在地下，不能像动物那样整体地移动，但植物体各个部分的细胞都在不停地进行着各种运动，只是这些生长运动极为缓慢，不易被人察觉。除了细胞运动之外，植物自身还会产生一些比较明显的运动方式。

通常将生物体从发生到死亡所经历的过程称为生命周期（life cycle）。植物的生命周期要经历胚胎的形成、种子萌发、幼苗生长、营养体形成、生殖体形成、开花结实、衰老和死亡等一系列生长发育阶段。一般把植物生命周期中器官结构的形成过程，称为形态发生（morphogenesis）或形态建成。伴随着形态建成，植物体发生着生长、分化与发育等变化（图9-1）。

一、生长、分化和发育的概念

生长（growth）是指在植物的生命周期中，由于原生质的增加、细胞分裂和细胞体积的扩大而引起的组织、器官在体积、质量和数目等形态指标上发生的不可逆增加，如根、茎、叶、花、果实和种子的体积扩大或干重的增加。通常将营养器官（根、茎、叶）的生长称为营养生长（vegetative growth），而将繁殖器官（花、果实、种子）的生长称为生殖生长（reproductive growth）。

分化（differentiation）是指植物细胞从一种同质的细胞类型转变成形态结构与原来不相同的异质细胞过程，是植物细胞在结构、机能和生理生化性质方面发生的变化。它可以在细胞、组织、器官的不同水平上表现出来。例如，从生长点转变成叶原基、花原基；从受精卵分裂转变为胚胎；从形成层转变成输导组织、机械组织、保护组织等。正是由于这些不同水平上的分化，植物的各个部分才具有异质性，即具有不同的形态结构与生理功能。由于细胞与组织的分化通常是在生长过程中发生的，因此分化又可看作"变异生长"。

发育（development）是指在整个生活史上，植物体的构造和机能从简单到复杂的有序变化过程，它表现为植物生长和分化的总和，是植物生长分化的动态过程。例如，根原基长成根，分化出侧根，成为完整的根系，是根的发育；受精的子房膨大，果实形成和成熟是果实的发育。广义上的发育泛指生物的发生与发展，狭义的发育通常是指植物从营养生长向生殖生长的有序变化过程。

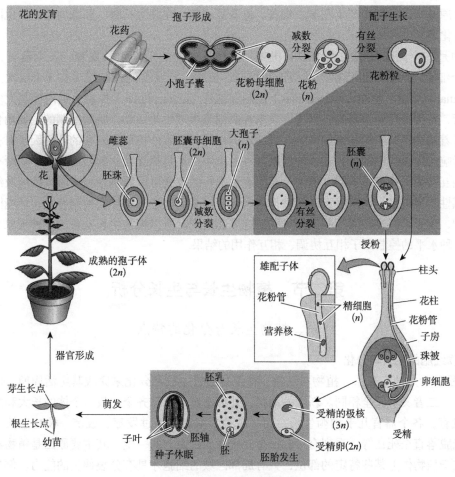

图 9-1　种子植物的生命周期

　　从分子生物学的观点看，生长、分化和发育的本质是基因按照特定的程序表达而引起植物生理生化活动和形态结构上的变化。

二、生长、分化和发育的相互关系

　　生长是量变，是基础；分化是质变，是变异生长；发育则是有序的量变与质变，是生物体生长和分化的总和。从分子生物学的观点来看，生长、分化和发育的本质是基因按照特定的程序表达而引起植物生理生化活动和形态结构上的变化。

　　一般认为，发育包含了生长和分化，生长和分化又受发育的制约。例如，花的发育包括花原基的分化和花器官各部分的生长。发育只有在生长和分化的基础上才能进行，同样，没有营养物质的积累、细胞的增殖、营养体的分化和生长，就没有生殖器官的分化和生长，也就没有花和果实的发育。但同时，生长和分化又受发育的制约。植物某些部位的生长和分化往往要通过一定的发育阶段后才能开始。例如，水稻必须生长到一定叶数以后，才能接受光周期诱导。白菜、萝卜等在抽薹前后长出不同形态的叶片，也表明不同的发育阶段有不同的生长数量和分化类型。

　　发育是遗传信息在内外条件影响下有序表达的结果。发育在时间上有严格的进程，如种子发芽、幼苗生长、开花结实、衰老死亡都是按一定的时间顺序发生的。发育在空间上也有巧妙的布局，如茎上的叶原基就是按一定的顺序排列形成叶序；花原基的分化通常是由外向内进行，如先发生萼片原基，以后依次产生花瓣、雄蕊、雌蕊等原基；在胚生长时，胚珠周围组织也同时进行生长与分化等。

　　植物是一个高度复杂的多细胞有机体，要保证植物的正常生长发育，各个器官、各个组织及各个细胞之间必须进行精确的协调和控制。植物生长发育的控制发生在 3 个层次上：胞内（intracellular）控制、胞间（intercellular）控制和胞外（extracellular）控制。胞内控制大多在基因水平进行，基因通过所编码的各种蛋白质来控制细胞生理生化活动；胞间控制的主要角色是植物激素，起着协调不同组织和细胞间的生理活动的作用；而胞外控制是外在的环境因子对植物生长发育的影响。应该指出的是，这 3 种控制水平的作用并不是相互独立的，而是几乎在所有的情况下都是相互交叉、相互影响的。例如，基因表达水平的改变可以影响细胞内激素浓度及细胞对激素的敏感性，反过来，许多激素的生理作用又和特定基因表达的诱导和控制有关；环境因子对植物的影响，也必须经过胞间和胞内信号的传递才能实现。所以植物生长发育的各种现象及其调控是上述 3 种水平的控制因子相互协调、相互作用的结果。

第二节　植物生长与生长分析

一、植物生长与分化的特点

（一）植物细胞的生长与分化

　　1. **植物细胞的生长**　　植物与动物一样都是通过生长和分化来完成其生活周期。但在发育的进程上，二者又不完全相同。新生的动物，外形已定，器官齐全，只是个体的长大和内部调节系统的发育，各个器官几乎均衡生长；而一粒种子则需要经过发芽、成苗、枝叶生长、开花结实、衰老脱落直至死亡等一系列有序的形态变化才能走完它的一生。其主要原因是植物器官的发育是受控于植物体上某些特定的部位，只有局部区域的细胞才具有分裂伸长的能力。例如，枝叶的出现、个体的长高源于顶芽；茎秆增粗则始于形成层；而扦插、嫁接成苗又与枝条受伤部位的再生作用有关。

　　细胞的生长是植物生长的基础。细胞的生长经常伴随着细胞形态和内部生理的变化，细胞生长初期，在分生组织中，分裂后形成的细胞最初是原生质生长（plasmatic growth），即原生质合成。而后，随着细胞分裂，细胞数目增加，有些细胞进入扩大（expansion）或伸长（elongation）生长。体积迅速增大时，细胞进一步分化。在所有细胞生长过程中，蛋白质（酶）、核酸的量都不断增加。

　　由于细胞壁的存在，细胞的生长受到一定的限制。在细胞生长过程中，细胞壁的松弛非常关键，有两种酶参与其中，被称为细胞壁松弛酶。一种是木葡聚糖内转化糖基化酶，它可将一条多糖链切断并重新连接到另一条多糖链的非还原端，调节细胞生长过程中多糖链的重新排列和新合成的多糖链在细胞壁中的沉积；另一种是扩张蛋白（expansin），它通过可逆结合在细胞壁中纤维素微纤丝和交联多糖结合的交叉点，催化纤维素微纤丝和交联多糖间的氢键断裂，解除细胞壁中多糖对纤维素的制约，使细胞壁松弛，细胞的扩大得以实现。

　　2. **植物细胞的分化**　　植物的分生组织细胞处在不断分裂的过程中，具有分裂能力的细胞体积小、细胞质浓厚、无大液泡、细胞核大、细胞壁薄、合成代谢旺盛。分生组织的细胞生长到一定阶段就要发生有丝分裂，一分为二。

　　高等植物个体是由不同器官组成的，器官由不同组织构成，而组织又由结构和功能相同的细胞构成。不同器官和组织的细胞具有不同的结构和功能。在个体发育过程中，细胞后代在形态、结构和功能上发生差异的过程称为细胞分化（cell differentiation），细胞分化过程的实质是基因按一定程序选择性的活化或阻遏，也就是说，细胞分化是基因选择性表达的结果。

植物细胞的分化通常包括以下过程：①诱导细胞分化信号的产生和感受；②分生细胞特征基因的关闭及分化细胞特征基因的表达；③形成分化细胞结构和功能基因的表达；④细胞结构和功能上的分化成熟。

植物细胞具有全能性，即植物体的每一个细胞都有该物种一套完整的基因组，并具有发育成完整植株的潜在能力。植物细胞也可脱分化。脱分化（dedifferentiation）是指已分化的细胞在一定条件下恢复分裂机能，转变成具有分生能力的细胞。脱分化是分生细胞在特定培育条件下表达全能性的第一步，脱分化细胞进入细胞周期，分化形成愈伤组织或直接发生组织分化和形态建成。

（二）植物体生长发育的特点

1. 分生组织的作用与类型　　　高等植物是直立不动的生物，其发育过程中一个最突出的特点就是在茎和根的尖端始终保持着一团胚胎状态的分生组织。分生组织（meristem）是在植物体的一定部位，具有持续或周期性分裂能力的细胞群。分生组织可以无限地保持其胚胎特性，甚至在数千年树木亦是如此。这是由于一些分生细胞不经过分化途径，它们仍保留细胞的分裂能力，而使分生组织保持营养状态。在高等植物的发育过程中，一个最突出的特点就是在茎和根的先端始终保持着分生组织，它们对整株植物的发育起着绝对的控制作用。在分生组织中能衍生各种组织的原始细胞，称为组织原细胞（initial cell），功能上它们与动物干细胞（stem cell）非常相似。当组织原细胞分裂时，一个子细胞保留组织原细胞的特性，而另一个子细胞进入特定的分化进程，经过若干次分裂后开始分化。

依来源和性质不同，分生组织可分为：①原生分生组织（promeristem），直接由胚胎保留下来的一群原始细胞，具持久的分裂能力，位于根、茎的最前端，是其他组织的最初来源。②初生分生组织（primary meristem），由原分生组织分裂的细胞衍生而来，位于原分生组织之后。其特点是：细胞一边分裂，只是分裂活动不及原分生组织那样旺盛；一边开始分化。也可以看作由原分生组织向成熟组织过渡的组织。③次生分生组织（secondary meristem），由分化成熟的薄壁细胞或厚角组织恢复分裂能力而形成的分生组织，如木栓形成层和束间形成层。

按位置不同，分生组织又可分为：①顶端分生组织（apical meristem），位于根、茎及其分枝顶端。它们的活动使根、茎得以伸长，长出侧根、侧枝、新叶和生殖器官。组成顶端分生组织的细胞小而呈等径的多面体，细胞壁薄，细胞核大且位于细胞的中央，细胞质浓厚，液泡小而分散。②侧生分生组织（lateral meristem），纵贯根、茎，位于其周围靠近器官边缘的部分，一般为一两层细胞所构成的圆筒形或带状结构。其包括微管形成层（即形成层）和木栓形成层。前者的活动使植物的根和茎得以不断增粗，后者的活动使长粗的根和茎的表面及受伤器官的表面形成新的（次生的）保护组织。侧生分生组织主要存在于裸子植物和木本双子叶植物。草本双子叶和单子叶植物由于缺乏侧生分生组织，故其根和茎没有明显的增粗。组成侧生分生组织的细胞与顶端分生组织的细胞有明显的区别。例如，形成层的细胞多呈长梭形，液泡明显，细胞质不浓厚，其分裂活动往往随季节的变化而有明显的周期性。③居间分生组织（intercalary meristem），位于成熟细胞之间，是顶端分生组织在某些器官中的局部区域的保留，主要存在于多种单子叶植物的茎和叶中。例如，在水稻、小麦等谷类作物茎的节间基部保留有居间分生组织，其活动的结果是茎节急剧伸长，以完成拔节和抽穗。葱、蒜、韭菜的叶子剪去上部还能继续伸长，是因为叶基部居间分生组织活动的结果。花生雌蕊柄基部的居间分生组织的活动，能把开花的子房推入土中。跟顶端分生组织和侧生分生组织相比，居间分生组织持续分裂的时间较短，一般分裂一段时间后，所有细胞都转变为成熟组织。

2. 有限生长与无限生长　　根据生长量是否有上限（asymptote），可把植物器官或个体的生长分为有限生长（determinate growth）和无限生长（indeterminate growth）两类。叶、花、果等器官的生长为有限生长，这些器官发育到一定的阶段就停止生长，然后衰老死亡。具有分生组织的根、茎等营养器官具有无限生长的潜在性，在适宜的环境中能不断地生长、分化。通常一年生或越年生植物个体的生长是有限的；而多年生植物个体的生长是无限的。当然植物生长的"有限性"和"无限性"不是绝对的，可以转化。例如，茎尖分生组织的生长通常是无限性的，但一旦变成花芽之后，就变成了有限性；如果它变成一个花序分生组织的话，其生长方式则可能是有限的，也可能是无限的。有限生长植物器官也可能会产生无限生长的不定根或茎芽。

3. 生长的再生性　　植物体内有些长成的薄壁组织平时不具有分生能力，但在特殊环境中，其细胞仍可以恢复分裂而使其生长。例如，受伤后伤口的愈合、茎和根的皮层在植物长粗时被胀破后有周皮的形成等，都是再生分生组织活动的结果。植物的离体器官（根、茎、叶等）在适当条件下能恢复细胞分裂，把欠缺的部分再生出来，从而形成一个新植株的过程叫作再生作用（regeneration）。再生作用常被用于农林业生产实践，如再生稻的培育、苗木的扦插繁殖等。

4. 生长的极性　　极性（polarity）是指细胞、器官和植株在不同轴向上存在某种形态结构和生理生化上的梯度差异的现象，主要表现在细胞内物质（如代谢物、蛋白质、激素等）、细胞器数量的不均匀分布，核位置的偏向等方面。极性的建立会引发不均等分裂（asymmetric division），使两个子细胞的大小和内含物不等，由此引起分裂细胞的分化。因此，极性是细胞分化的前提。极性一旦建立，即难以逆转。

低等植物（如多细胞藻类）的合子一端形成假根（rhizoid），另一端形成叶状体（thallus）。高等植物的合子第一次分裂也有极性现象，受精卵在第一次分裂便形成茎细胞和顶细胞。受精卵的不均等分裂产生大小不等的两个细胞，靠近珠孔端的茎细胞大，将来发育成为胚柄，其对侧的顶细胞小，将来形成胚。在植物整个生长发育期间，细胞不均等分裂现象屡见不鲜。例如，形成层的分裂向内分化木质部，向外分化韧皮部；气孔发育、根毛形成和花粉管发育等。

极性与基因表达有关，但有关极性产生的原因，尚不完全清楚。通常认为生长素的极性运输是极性产生的重要基础。生长素在茎中的极性运输，使形态学下端生长素含量较高，促进下端生根，上端发芽。因此，在生产实践中，如在扦插、嫁接及组织培养时，应注意形态学的下端朝下，上端朝上，避免倒置，否则会影响成活（图9-2）。

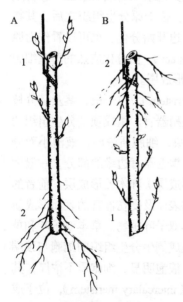

图9-2　柳树枝条的极性生长
A. 正放，上端出芽，下端生根；B. 倒置，下端出芽，芽朝上，上端长根，根朝下。1. 形态学上端；2. 形态学下端

5. 植物的一年生和多年生　　高等植物有单次结实性（monocarpic species）和多次结实性（polycarpic species）之分。前者只开一次花，随后衰老死亡；后者开花后再进入营养生长，然后再开花，这样重复循环一次或多次后衰老死亡。一年生的禾本科植物种子多数在春天萌发，秋天开花结实，冬天到来时死亡。冬小麦等一年生植物则是在秋天播种，以幼苗的形式在冬雪的覆盖

下度过冬天，在来年春天开始生长，并开花结实。单次结实性的禾本科植物也有多年生的，如竹子可以生长 10 多年，有的达到 50 多年，然后才开花死亡。多次结实性植物也称为多年生植物，在每次开花结实时仍然保留大量的营养枝。例如，多年生木本植物只利用侧芽和腋芽发育成花芽，或顶芽开花而保留侧芽和腋芽为营养芽。

二、植物的组织培养

（一）植物组织培养的概念、类型和优点

1. **植物组织培养的概念**　　植物组织培养（tissue culture）是指在无菌和人工控制的环境条件下培养植物的离体器官、组织或细胞的技术。用于离体培养的各种材料叫外植体（explant）。外植体的第 1 次培养（第 1 代）叫初代培养，第 2 次及以后的培养叫继代培养。

组织培养的理论基础就是细胞全能性（totipotency）。植物组织培养技术正是利用每个具有核的活细胞都有着与母体合子类似的全部遗传信息，在适宜的条件下能发育成一完整有机体的特性及细胞极性和再生特性，将其从植物体中分离出来并给予一定的刺激和培养条件（植物生长调节物质，营养，适宜的光照、温度、水分及无菌条件等），使这些已分化的细胞脱分化，然后在一定条件下再分化，最后形成再生植株。

2. **植物组织培养的类型**　　根据外植体的不同将组织培养分为各种类型：愈伤组织培养、悬浮细胞培养、器官培养（胚、花药、子房、根和茎）、茎尖分生组织培养和原生质体培养，其中愈伤组织培养是最常见的培养方式。所谓愈伤组织（callus），是指在人工培养基上由外植体长出的一团无序生长的薄壁细胞。

外植体在培养基上经诱导，逐渐失去原有的分化状态，形成愈伤组织或细胞团。处于脱分化状态的细胞或细胞群，再度分化形成不同类型的细胞、组织、器官乃至最终产生完整植株的过程，叫再分化（redifferentiation）。通常，愈伤组织再分化有两种类型：一是器官发生型，即直接分化形成芽和根，从而获得小植株；二是胚胎发生型，即分化形成类似胚胎结构，叫胚状体（embryoid），胚状体的一端分化形成芽原基，另一端分化形成根原基，进而获得小植株（图 9-3）。组织培养的成败与外植体本身的遗传、生理状态及培养环境条件有关。

3. **植物组织培养的优点**　　通过植物组织培养可以研究被培养部分在不受植物体其他部分干扰下的生长与分化的规律，并且可以利用各种培养条件影响它们的生长与分化，以解决理论和生产上的问题。与常规无性繁殖相比，组织培养具有以下优点：用料少，节约母株资源；繁殖系数高，一块组织或小植株 1 年内可以繁殖成千上万株小苗；占地面积少，繁殖速度快，在 $20m^2$ 的培养室中 1 年可繁殖 30 万株试管苗；不受自然气候变化的影响，在人工条件下能进行大规模生产；生产周期短，繁殖一代小苗只需 1 个月左右；试管苗不带病毒；可在培养中获得突变体、多倍体和有价值的新类型，便于种植资源的保存、交流和创新。

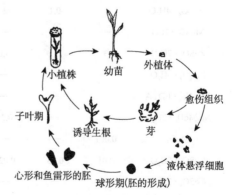

图 9-3　植物组织培养的过程

（二）植物组织培养的基本程序

1. **外植体的消毒**　　通常采集来的材料都带有各种微生物，故在培养前必须进行严格的消毒处理。常用的消毒剂有 70% 乙醇、次氯酸钠、氯化汞（$HgCl_2$，升汞）等，消毒后需用无菌水

充分清洗。

2. 培养基制备 培养基（medium）中含有外植体生长所需的各种营养物质。不同的外植体、培养方法、培养目的等要求选用不同的培养基。各种培养基配方虽有所不同，但其主要成分基本相同，都是由无机营养物（大量元素和微量元素）、有机碳源（1%～4% 蔗糖）、生长调节剂（IAA、2,4-D、NAA、KT、6-BA 等）、有机附加物（维生素、甘氨酸、水解酪蛋白、肌醇、椰子汁等）等几类物质组成，同时要调节 pH 至适宜。常见的几种培养基见表 9-1。

表 9-1 植物组织培养常见培养基配方 （单位：mg/L）

成分	White[①]	Heller[②]	MS[③]	ER[④]	B$_5$[⑤]	Nitsch[⑥]	N$_6$[⑦]	NT[⑧]	SH[⑨]
NH$_4$NO$_3$	—	—	1 650	1 200	—	720	—	825	—
KNO$_3$	80	—	1 900	1 900	2 527.5	950	2 830	950	2 500
CaCl$_2$ · 2H$_2$O	—	75	440	440	150	—	166	220	200
CaCl$_2$	—	—	—	—	—	166	—	—	—
MgSO$_4$ · 7H$_2$O	750	250	370	370	246.5	185	185	1 233	400
KH$_2$PO$_4$	—	—	170	340	—	68	400	680	—
NH$_4$H$_2$PO$_4$	—	—	—	—	—	—	—	—	300
（NH$_4$）$_2$SO$_4$	—	—	—	—	134	—	463	—	—
Ca（NO$_3$）$_2$ · 4H$_2$O	300	—	—	—	—	—	—	—	—
NaNO$_3$	—	600	—	—	—	—	—	—	—
Na$_2$SO$_4$	200	—	—	—	—	—	—	—	—
NaH$_2$PO$_4$ · H$_2$O	19	125	—	—	150	—	—	—	—
KCl	65	750	—	—	—	—	—	—	—
KI	0.75	0.01	0.83	—	0.75	—	0.8	0.83	1
H$_3$BO$_3$	1.5	1	6.2	0.63	3	10	1.6	6.2	5
MnSO$_4$ · 4H$_2$O	5	0.1	22.3	2.23	—	25	4.4	22.3	—
MnSO$_4$ · H$_2$O	—	—	—	—	10	—	—	—	10
ZnSO$_4$ · 7H$_2$O	3	1	8.6	—	2	10	1.5	—	1
ZnSO$_4$ · 4H$_2$O	—	—	—	—	—	—	—	8.6	—
Zn · Na$_2$ · EDTA	—	—	—	15	—	—	—	—	—
Na$_2$MoO$_4$ · 2H$_2$O	—	—	0.25	0.025	0.25	0.25	—	0.25	0.1
MoO$_3$	0.001	—	—	—	—	—	—	—	—
CuSO$_4$ · 5H$_2$O	0.01	0.03	0.025	0.002 5	0.025	0.025	—	0.025	0.2
CoSO$_4$ · 7H$_2$O	—	—	—	—	—	—	—	0.03	—
CoCl$_2$ · 6H$_2$O	—	—	0.025	0.002 5	0.025	—	—	—	0.1
AlCl$_3$	—	0.03	—	—	—	—	—	—	—
NiCl$_2$ · 6H$_2$O	—	0.03	—	—	—	—	—	—	—
FeCl$_3$ · 6H$_2$O	—	1	—	—	—	—	—	—	—
Fe$_2$（SO$_4$）$_3$	2.5	—	—	—	—	—	—	—	—

续表

成分	培养基								
	White[①]	Heller[②]	MS[③]	ER[④]	B$_5$[⑤]	Nitsch[⑥]	N$_6$[⑦]	NT[⑧]	SH[⑨]
FeSO$_4$ · 7H$_2$O	—	—	27.8	27.8	—	27.8	27.8	27.8	15
Na$_2$ · EDTA · 2H$_2$O	—	—	37.3	37.3	—	37.3	37.3	37.3	20
NaFe · EDTA	—	—	—	—	28	—	—	—	—
肌醇	—	—	100	—	100	100	—	100	1 000
烟酸	0.05	—	0.5	0.5	1	5	0.5	—	5
盐酸吡哆醇	0.01	—	0.5	0.5	1	0.5	0.5	—	0.5
盐酸硫胺素	0.01	—	0.1	0.5	10	0.5	1	1	5
甘氨酸	3	—	2	2	—	2	2	—	—
叶酸	—	—	—	—	—	0.5	—	—	—
生物素	—	—	—	—	—	0.05	—	—	—
D-甘露糖醇	—	—	—	—	—	—	—	12.7%	—
蔗糖	2%	—	3%	4%	2%	2%	5%	1%	3%

注：本表不包括生长调节物质和各种复杂的天然提取物；糖的浓度是以百分数表示的。① White（1963）；② Heller（1953）；③ Murashige 和 Skoog（1962）；④ Eriksson（1965）；⑤ Gamborg 等（1968）；⑥ Nitsch（1969）；⑦朱至清等（1974）；⑧ Nagata 和 Takebe（1971）；⑨ Schenk 和 Hidebrandt（1962）

3. **消毒灭菌**　由于培养基的营养十分丰富，微生物极易滋生而造成污染，因此在接种培养前需经过严格的灭菌。培养基及用具一般通过高温高压灭菌法，在高压灭菌锅内，121℃和 0.11MPa 压强下保持 15～20min，即可杀死微生物的营养体及其孢子。

4. **接种与培养**　植物组织培养是一种无菌培养技术，因此要求操作人员在操作过程中遵守无菌操作规程。接种时，在接种室的超净工作台上，用无菌镊子将灭过菌的材料放在无菌培养皿或铺垫上，用无菌解剖刀或剪刀切成适当大小的组织块，再转移到预先准备好的培养基中，密封培养瓶待培养。

无菌培养是将接种在无菌培养基中的外植体，置于培养室的专用培养架上培养。要求培养室清洁少菌，能够调控温度、光照和通气等环境因子。温度一般控制在 23～28℃，人工光照采用日光灯，光周期和光照强度依据实验目的而定。培养方式有固体培养和液体培养两种。通常在液体培养基中加入 0.7%～1% 的琼脂作凝固剂，便成了固体培养基。用液体培养基时，特别是细胞悬浮培养，一般用振荡法通气。

5. **试管苗移栽**　当试管苗具有 4～5 条根后，即可移栽。移栽前应先去掉试管塞，在光线充足处炼苗。移栽时先将小苗根部的培养基洗去，以免招细菌繁殖污染。苗床土可采用通气性较好的基质，如泥炭土、珍珠岩、蛭石、砻糠灰等调配成的混合培养土。用塑料薄膜覆盖并经常通气，小苗长出新叶后，去掉塑料薄膜就能成为正常的田间植株。

（三）植物组织培养的应用

组织培养技术是研究器官分化和形态建成等的有效手段，对离体器官的代谢及胚胎学、细胞学和病理学方面的研究也有重要意义。分子生物学、分子遗传学、细胞生物学与植物组织培养技术的结合，推动了遗传工程、基因工程的研究。利用植物组织培养技术，可以把带有遗传信息的分子、特异的基因、片段、颗粒、细胞器等引入受体植株中，从而改造和创造出新的植物品种。随着组织培养技术的普及与深入，这种技术在生产实践中的应用日益增多，并取得了可喜的成绩。

1. **无性系的快速繁殖**　　快速繁殖是组织培养在生产上应用最广泛、最成功的一个领域。自 20 世纪 60 年代在兰花工业上应用获得成功以来，其已在香蕉、苹果、甘蔗、葡萄、草莓、甜瓜、牡丹、香石竹、唐菖蒲、菊花、菠萝、柑橘、樱桃、桉树、杨树、杉木等经济作物和林木的无性系快速繁殖方面取得了成功，带来了巨大的经济效益，特别是对于名贵品种、稀优种质、优良单株或新育成品种的繁殖推广具有重要的意义。

2. **获得无病毒种苗**　　自然条件下生长的植物常常带有病毒。例如，草莓能感染 60 多种病毒和类菌物质，母体的病毒可以通过代代相传，造成产量下降、品质劣化、抗病能力下降。病毒病害与细菌和真菌病害不同，不能通过化学药剂进行防治。依据感病植株的不同部位病毒分布不一致的特点，通过茎尖培养可以获得无病毒苗。此法已在马铃薯、香蕉、苹果、甘蔗、葡萄、桉树、毛白杨、草莓、康乃馨等经济作物上应用，产生了明显的经济效益。

3. **新品种的选育**

（1）花药培养和单倍体育种　　花药和花粉培育的主要目的是诱导花粉发育形成单倍体植株，以便快速地获得纯系，缩短育种周期，且有利于隐性突变体筛选，提高选择效率。已有烟草、水稻、小麦、大麦、玉米和甜椒等一大批花培优良新品种在生产上大面积推广。

（2）离体胚培养和杂种植株的获得　　组织培养为克服远缘杂交不亲和的一种有效方法。至今，用胚培养技术已得到许多栽培种与野生种的种间杂种，并选育出一批高抗病、抗虫、抗旱、耐盐的优质品系或中间材料，从而扩充了作物的基因库。

（3）体细胞诱变和突变体筛选　　植物细胞在离体培养条件下，不受整体的调控，直接与环境接触，易受培养条件和外加压力（物理、化学因素）的影响而产生诱变，从中可以筛选出有用的突变体，培育新品种。

（4）细胞融合和杂种植株的获得　　利用去除细胞壁后的原生质体易于诱导融合，也易于摄取外源遗传物质、细胞器的特点，通过原生质体融合，可部分克服有性杂交不亲和性而获得体细胞杂种，从而创造和培育优良品种。

4. **人工种子和种质保存**　　人工种子（artificial seed）又称人造种子、超级种子，是指将植物组织培养产生的胚状体、芽体及小鳞茎等包裹在含有养分的胶囊内，具有种子的功能并可直接播种于大田的颗粒。人工种子具有巨大的应用潜力，它在快速繁殖优良品种与无性系、固定杂种优势、简化育种程序、去病毒技术及与其他生物技术相结合等方面，均有非常诱人的前景。

利用组织和细胞培养法低温保存种质，给保存和抢救有用基因带来了希望和可能。超低温植物材料的保存可以减少培养物的继代次数，节省人力、物力，解决了培养物因长期继代培养而丧失形态建成能力的问题。

5. **药用植物和次生物质的工业化生产**　　药用植物的有效成分如抗癌药物、生物碱、调味品、香料、色素等，都是一些次生代谢物，而这些化合物都是在细胞内合成的。利用次生物质的细胞工程来开发天然植物资源，可以克服植物本身有用成分含量低、生产速度慢、资源稀缺等缺点，并且不受地区、季节、气候等限制，便于进行代谢调控和工厂化生产。例如，人参、紫草、毛地黄、黄连等通过细胞培养生产药用成分以实现工业化生产，具有广阔的发展前景。

三、生长曲线与生长大周期

（一）植物生长速率的特点

在植物的生长过程中，细胞、器官及整个植株的生长速率都表现出"慢-快-慢"的基本规律，即开始时生长缓慢，以后逐渐加快，至最高点再逐渐减慢，以致最后停止生长。把生长的这三个阶段加起来，叫作生长大周期（grand period of growth）。

如果以时间为横坐标，以植株的净增长量变化（生长速率）为纵坐标作图，可得到一条抛物线；若以植株的生长积量（如株高）为纵坐标作图，则得到一条"S"形的生长曲线（图9-4）。生长曲线反映了植物生长大周期的特征，即由3部分组成：对数期（logarithmic phase）、直线期（linear phase）和衰老期（senescence phase）。在对数期，绝对生长速率是不断提高的，而相对生长速率则大体保持不变；在直线期，绝对生长速率为最大，而相对生长速率却是递减的；在衰老期生长速率逐渐下降，绝对与相对生长速率均趋向于零值。

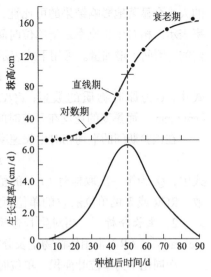

图 9-4　玉米的生长曲线
（引自李合生，2016）

植物生长大周期的产生与细胞生长过程有关，因为器官或整个植株的生长都是细胞生长的结果，而细胞生长的3个时期，即分生期、伸长期、分化期呈"慢-快-慢"的生长规律。另外，从整个植株来看，初期植株幼小，合成的干物质量少，生长缓慢；中期产生大量绿叶，使光合能力加强，制造大量有机物，干重急剧增加，生长加快；后期因植物的衰老，光合速率减慢，有机物积累减少，同时还有呼吸消耗，使得干重非但不增加，甚至还会减少，表现为生长转慢或停止。图9-4所示的生长曲线是模式化的曲线，由于生长过程的复杂和多变，以及环境条件的影响，实际的生长曲线常与此有一定的偏离。曲线变异的产生，很大程度上取决于植物的发育情况。

认识生长大周期对农业生产有指导意义。首先，由于植物生长是不可逆的，为促进植物生长，必须在生长速率最快期到来之前采取措施才有效，如果生长速率已开始下降，器官和株型已形成时才采取措施，往往效果很小甚至不起作用。例如，要控制水稻和小麦的徒长，可在拔节前使用矮壮素或节制水肥供应，如果在拔节后采取相应措施，则达不到目的。其次，同一植物不同器官生长大周期的各时期不尽相同，在控制某一器官生长时，还应注意到对其他器官的影响。例如，给水稻、小麦的灌溉拔节水不宜推迟太晚，否则会影响幼穗分化和生长，造成穗小而减产。总之，农业生产上应根据生长规律确定正确的栽培措施，适时灌溉、施肥，确保作物丰收。

（二）生长分析指标

1. **生长速率**　　植物的生长速率有两种表示方法：一种是绝对生长速率（absolute growth rate，AGR）；另一种是相对生长速率（relative growth rate，RGR）。

（1）绝对生长速率　　是指单位时间内植株的绝对生长量，可用下式表示。

$$AGR = dQ/dt$$

式中，Q 为数量，可用重量、体积、面积、长度、直径或数目（如叶片数）来表示；t 为时间，可用 s、min、h、d 等表示。植物的绝对生长速率，依物种、生育期及环境条件等不同而有很大的差异。例如，雨后春笋的生长速率可达 50～90cm/d；而生长在北极的北美云杉的生长速率仅为每年 0.3cm；小麦的茎秆在抽穗期的生长速率为 5～6cm/d；拔节期的玉米的生长速率为 10～15cm/d，而抽雄后株高就停止增长。

（2）相对生长速率　　在比较不同材料的生长速率时，绝对生长常受到限制，因为材料本身的大小会显著地影响结果的可比性，为了充分显示幼小植株或器官的生长程度，常用相对生长速率表示。相对生长速率是指单位时间内的增加量占原有数量的比值，或者说原有物质在某一时间内的（瞬间）增加量。可用下式表示。

$$RGR = (1/Q) \times (dQ/dt)$$

式中，Q 为原有物质的数量；dQ/dt 为瞬间增量。例如，竹笋的相对生长速率约为 0.005mm/（cm·min）；而黑麦的花丝在开花时的相对生长速率可达 2.0mm/（cm·min）。

在试验期间的平均相对生长速率（R）可用下式表示。

$$R = (\ln Q_2 - \ln Q_1)/(t_2 - t_1)$$

式中，Q_1 为第一次取样时（t_1）的植物数量；Q_2 为第二次取样时（t_2）的植物数量；ln 为自然对数。RGR 或 R 的单位依 Q 的单位而定，Q 如以干重表示，则 RGR 或 R 的单位为 mg/（g·d）。

2. 生长分析　　相对生长速率、净同化率（net assimilation rate，NAR）和叶面积比（leaf area ratio，LAR）常用作植物生长分析的参数。

净同化率为单位叶面积、单位时间内的干物质增量。

$$NAR = (1/L) \times (dW/dt)$$

式中，L 为叶面积；dW/dt 为干物质增量。NAR 常用的单位为 g/（m^2·d）。

以干重（W）为计量单位的 RGR 的计算公式与 NAR 有以下关系。

$$RGR = (1/W) \times (dW/dt) = (L/W) \times (1/L) \times (dW/dt) = (L/W) \times NAR$$

式中，L/W 就是叶面积比，它是总叶面积除以植株干重的商。

$$LAR = L/W$$

因而，相对生长速率、叶面积比和净同化率三者之间的关系为

$$RGR = LAR \times NAR$$

RGR 可作为植株生长能力的指标，LAR 实质上代表植物光合组织与呼吸组织的数量之比，在植物生长早期该比值最大，可以作为光合效率的指标，但不能代表实际的光合效率，因为 NAR 是单位叶面积对植株干重净增量的贡献，数值因呼吸消耗量的大小而变化。

LAR 会随植株年龄的增长而下降。光照、温度、水分、CO_2、O_2 和无机养分等影响光合作用、呼吸作用和器官生长的环境因素都能影响 RGR、LAR 和 NAR，因此这些参数可用来分析植物生长对环境条件的反应。决定 RGR 的主要因素是 LAR 而不是 NAR。生长分析参数值在不同植物间始终存在差异。以 RGR 为例，低等植物通常高于高等植物；在高等植物中，C_4 植物高于 C_3 植物；草本植物高于木本植物；在木本植物中，落叶树高于常绿树，阔叶树高于针叶树。NAR 也有类似倾向，但差异较小（表 9-2）。

表 9-2　几种植物的 RGR 和 NAR

植物种类	物种	RGR/[mg/(g·d)]	NAR/[g/(m²·d)]
草本	玉米（C_4）	330	22
	绿苋（C_4）	370	21
	大麦（C_3）	116	10
落叶木本	欧洲白蜡（C_3）	43	4
常绿木本	酸橙（C_3）	20	3
	云杉（C_3）	8	3

四、植物生长的周期性

植物体或植物器官的生长速率受昼夜或季节的影响而发生有规律的变化，该现象叫作植物生长的周期性（growth periodicity）。

（一）生长的昼夜周期性

植物生长随着昼夜交替变化而呈现有规律的周期性变化的现象，叫作植物生长的昼夜周期性（daily periodicity）。影响植物昼夜生长的温度、水分、光照等诸因素中，以温度的影响最明显，因此也常把植物生长的昼夜周期性叫作温周期性（thermoperiodicity）。一般来说，在夏季，植物生长速率白天较慢，夜晚较快，因为白天温度高，光照强，蒸腾强，植物易缺水。此外，强光会抑制细胞的伸长；夜晚温度低，呼吸作用弱，有机物消耗少，积累增加。越冬植物，白天的生长量通常大于夜间，因为此时限制生长的主要因素是温度。在温度高、光照强、湿度低的时期，影响生长的主要因素则为植株的含水量，此时在日生长曲线中可能会出现两个生长峰，一个在午前，另一个在傍晚。

植株生长的昼夜周期性变化是植物在长期系统发育中形成的对环境的适应性。例如，番茄虽然是喜温作物，但系统发育是在变温下进行的。在白天温度较高（23～26℃），而夜间温度较低（8～15℃）时生长最好，果实产量也最高。例如，将番茄放在白天与夜间都是 26.5℃ 的人工气候箱中或改变昼夜的时间节奏（如连续光照或光暗各 6h 交替），植株生长欠佳，产量也低；如果夜温高于日温，则生长受抑更为明显。小麦籽粒蛋白质含量和昼夜温度变幅值呈正相关；水稻在昼夜温差大的地方栽种，不仅植株健壮，而且籽粒充实，米质也好。这是因为白天气温高、光照强，有利于光合作用和有机物的转化与运输；夜间气温低，呼吸消耗下降，则有利于糖分的积累，这些都对作物的生长、产量与品质的提高有好处。

（二）生长的季节周期性

植物的生长在一年中随着季节的变化而发生有规律的周期性变化，叫作植物生长的季节周期性（seasonal periodicity of growth）。在一年四季中，光照、温度、水分等影响植物生长的环境因素不同，春季日照不断延长，温度不断回升，植株上的休眠芽开始萌发生长；夏季日照进一步延长，温度不断提高，雨水增多，植物旺盛生长。秋季日照逐步缩短，气温下降，生长逐渐停止，植物逐渐进入休眠。

树木的长高和加粗均具有季节周期性的变化规律，并基本上呈"S"形的季节性生长曲线。树木的直径生长是构成木材的主要生长过程，而年轮的形成体现了树木形成层周期性生长的结果。在每年生长季节的早期，由于气温温和、雨量充沛，形成层活动旺盛，所形成的木质部细胞较大，且壁较薄，材质疏松，颜色较浅，叫作早材（early wood）。到了秋季，形成层细胞分裂减弱以至停止，所形成的木质部细胞小而壁厚，材质紧密，颜色较深，叫作晚材（late wood）。早材和晚材构成一个年轮。在具有显著季节性变化的温带和寒带地区，树木的年轮较为明显，生长在热带和亚热带地区的木本植物，由于一年内无明显的四季之分，形成层活动整年不停，年轮的界限就不明显。

因此，年轮的形成与环境条件具有明显的相关性。例如，在半干旱地区，树木的生长受降雨量的限制，在降雨充沛的年份，树木年轮就较宽，反之就形成较窄的年轮；在高纬度和高海拔地区，温度一般是树木生长的主要限制因子。通过年轮分析，可以推测历史上的气候变化情况，获得历史气象信息。

季节周期性是与温度、光照、水分等因素的季节性变化相适应的。一年生植物完成生殖生长后，种子成熟进入休眠，营养体死亡。而多年生植物，如落叶木本植物，其芽进入休眠。一年生植物的生长量的周期变化呈"S"形曲线，这也是植物生长季节周期性变化的表现。多年生树木的根、茎、叶、花、果和种子的生长并不是平行生长的，而是此起彼伏的。

第三节　种子萌发与幼苗生长

种子是由受精胚珠发育而来的，是脱离母体的延存器官。严格地说，生命周期是从受精卵分裂形成胚开始的，但人们习惯上还是以种子萌发作为个体发育的起点，因为农业生产是从播种开始的。播种后种子能否迅速萌发，达到早苗、全苗和壮苗，这关系到能否为作物的丰产打下良好的基础。

一、种子的萌发

（一）种子萌发的概念

种子萌发（germination）是种子的胚从相对静止状态变为生理活跃状态，并长成营自养生活的幼苗的过程。生产上往往以幼苗出土为结束。

风干种子的生理活动极为微弱，处于相对静止状态，即休眠状态。在有足够的水分、适宜的温度和正常的空气条件下，种子开始萌发。种子萌发是植物进入营养生长阶段的关键一步。从形态上看，萌发是由静止状态的胚转变为活跃生长的幼苗；从生理上看，萌发是受阻抑的代谢生长过程获得恢复，遗传程序发生变化，出现新的转绿部分；从生化上看，萌发是氧化与合成途径顺序的演变，营养生长的途径得以恢复；从分子上看，萌发是大量基因特异表达的结果；从发育上看，萌发是植株个体走向成熟的标志。

（二）种子萌发的过程

种子从吸胀开始的一系列有序的生理过程和形态发生过程，根据萌发过程中种子吸水量，即种子鲜重增加量的"快-慢-快"的特点，大致可分如下几个阶段（图9-5）。

1. 阶段 I　　又叫吸胀吸水阶段，即依赖原生质胶体吸胀作用的物理吸水。此阶段的吸水与种子代谢无关。无论种子是否通过休眠，是否有生活力，同样都能吸水。通过吸胀吸水，活种子中的原生质胶体由凝胶状态转变为溶胶状态，使那些原来在干种子中结构被破坏的细胞器和不活化的高分子得到伸展与修复，表现出原有的结构和功能。种子浸于水中或落到潮湿的土壤中，其内的亲水性物质便吸引水分子，使种子体积迅速增大（有时可增大1倍以上）。吸胀开始时吸水较快，以后逐渐减慢。种子吸胀时会有很大的力量，甚至可以把玻璃瓶撑碎。吸胀的结果是种皮变软或破裂，种皮对气体等的通透性增加，萌发开始。

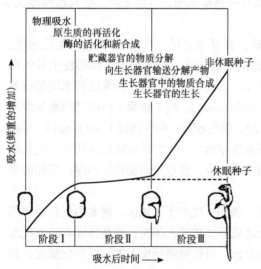

图 9-5　种子萌发的 3 个阶段和生理转变过程示意图

2. 阶段 II　　又叫迟缓吸水阶段，经阶段 I 的快速吸水，原生质的水合程度趋向饱和；细胞膨压增加，阻碍了细胞的进一步吸水；再则，种子的体积膨胀受种皮的束缚，因而种子萌发在突破种皮前，有一个吸水暂停或速度变慢的阶段。随着细胞水合程度的增加，酶蛋白恢复活性，细胞中某些基因开始表达，转录成 mRNA。于是，"新生"的 mRNA 与原有"贮存"的 mRNA 开始翻译与萌发有关的蛋白质。那些在种子发育期间已经形成，负责编码种子萌发初期所需蛋白质的 mRNA，称为长命 mRNA（long lived mRNA）或储存 mRNA。与此同时，酶促反应与呼吸作用增强。了叶或胚乳中的贮藏物质开始分解，转变成简单的可溶性化合物，如淀粉被分解为葡萄糖；蛋白质被分解为氨基酸；核酸被分解为核苷酸和核苷；脂肪被分解为甘油和脂肪酸。氨基酸、葡萄糖、甘油和脂肪酸则进一步被转化为可运输的酰胺、蔗糖等化合物。这些可溶性的分解物运入胚后，一方面给胚的发育提供了营养，另一方面也降低了胚细胞的水势，提高了胚细胞的吸水能力。

3. 阶段Ⅲ　　又叫生长吸水阶段，在贮藏物质转化转运的基础上，胚根、胚芽中的核酸、蛋白质等原生质的组成成分合成旺盛，细胞吸水加强。胚细胞的生长与分裂引起了种子外观可见的萌动。当胚根突破种皮后，有氧吸收加强，新生器官生长加快，表现为种子的（渗透）吸水和鲜重的持续增加。

（三）种子生活力与种子活力

1. 种子寿命　　种子从成熟到丧失生活力所经历的时间，称为种子寿命（seed longevity）。生产上种子寿命以半活期为标准。半活期是指种子从收获起，至发芽率下降至 50% 所经历的期限。根据种子寿命的长短可分为如下几类。

（1）短命种子　　寿命为几小时至几周，如杨、柳、榆、栎、可可属、椰子属、茶属种子等。柳树种子成熟后只在 12h 内有发芽能力。杨树种子寿命一般不超过几周。酢浆草的种子从荚果放出后，只有新鲜时才能发芽，干燥后就失去生活力。

（2）中命种子　　寿命为几年至几十年。大多数栽培植物如水稻、小麦、大麦、大豆、菜豆的种子寿命为 2 年；玉米为 2～3 年；油菜为 3 年；烟草为 4～5 年；蚕豆、绿豆、豇豆、紫云英为 5～11 年。

（3）长命种子　　寿命在几十年以上。北京植物园曾对从泥炭土层中挖出的沉睡千年的莲子进行催芽萌发，后来竟开出花来。远在更新世时期被埋入北极冻土带淤泥中的北极羽扁豆种子，被挖出后可在实验室里迅速萌发，这些都是长命种子。据美国加州大学报道，种子寿命在 10 年以上的植物有 700 多种；在 100 年以上的有 60 多种；在 500 年以上的有 20 多种。

种子的寿命具有种间和品种间的差别，同时又受到各种环境因素的影响。一般而言，豆科、锦葵科、睡莲科种子寿命较长，葫芦科、大戟科、梧桐科中也有许多长命种子，有人观察、测定了 1400 个植物种及变种的种子，其中有 49 种经过半个世纪以上的贮藏，尚能保持其生活力，在这 49 种中，豆科种子占了 37 种。

2. 种子生活力　　种子的生命力（vitality）是指种子有无生命活动的能力，换言之是种子有无新陈代谢能力和生命所具属性，有则为活种子（life seed），反之为死种子（death seed）。各种种子生命力既由其遗传基因所决定，又受环境因素所影响。基因型（gene type）能控制生理生化活动，而生理生化活动又受到环境条件调节，故生命力和生境有着一定的统一性。种子生活力（seed viability）又叫发芽力或发芽率，种子生活力高，则发芽率高，生活力低，则发芽率低，是生产上常用的术语。

3. 种子活力　　早就有实验证明，发芽率相同的种子，田间出苗率有可能不一样，这便是种子活力问题。种子活力（seed vigor）是指种子的健壮度，包括萌发迅速整齐的发芽潜力和生产潜力。以往常把种子生命力、生活力和活力混为一谈，作为同义语使用，其实三者是有概念上的差别的。这种深入认识，对理论研究和生产实践有重大意义。

对种子活力的概念，归纳为两方面：①萌发速度和生长能力；②对逆境生长的适应性。两者既不尽相同，又密切联系。下面是一个种子活力差异研究的典型例子。表 9-3 列出了两批次种子在 3 种田间条件下的发芽率和田间出苗率。

表 9-3　假定两批次种子的发芽率与田间出苗率　　　　　　　　　（单位：%）

种子批次	发芽率	田间出苗率		
		田块1（接近理想条件）	田块2（轻微不适合）	田块3（严重胁迫）
A	90	88	80	70
B	90	87	60	40

A 批种子和 B 批种子在标准发芽试验测试中发芽率相同。田块 1 的苗床（温度、湿度等）有利于发芽，A 批次和 B 批次的出苗率相似，接近实验室的发芽率。田块 2 的土壤轻微不利于发芽（或许轻微冷和微湿），B 批次的出苗率低于 A 批次。田块 3 十分不利于发芽，B 批次种子的发芽率远远低于 A 批次。两批次的出苗率都低于实验室发芽率。两批次种子在田块 1 和标准试验发芽率相类似，什么因子造成在田块 2 和田块 3 的差异呢？答案在于种子活力的差异。A 批次种子活力高于 B 批次。

该例子阐明了下述一些非常重要的论点：①实验室测定发芽率高的种子批次，其活力可能低。因此，出苗率可能与发芽率存在极大偏差，如活力低的 B 批次在田块 2、田块 3 的出苗率。②即使活力较高的 A 批次，田块 2 和田块 3 的出苗率仍低于发芽率。这显示环境胁迫时，尽管子活力处于高水平，但可能遇到不理想的出苗。活力高的种子并不保证在所有环境下均有让人满意的出苗率。重要的是活力低的种子会导致更低的出苗。③在接近理想的条件下，活力高、低的两批次种子出苗率均类似于其发芽率。这表明在给定理想的条件下，活力不是一个问题。不幸的是，生产者常常不能预测种植期间的苗床环境。从前面的例子可以得出，种子活力是在不利条件下测定出苗的种子特性。

1977 年，国际种子检验协会代表大会通过了活力的统一概念，即"种子活力是决定种子和种子批在发芽和出苗期间的活性强度和那些种子特性的综合表现。表现好的种子称为高活力种子，表现差的种子称为低活力种子"。所谓综合表现包括：①发芽期间一系列生化反应如酶的活性和呼吸强度；②种子发芽和幼苗生长的速度和整齐度；③田间出苗和生长速度及整齐度；④在不良环境条件下种子的出苗力。活力强度可持续影响植株的生长及产量。

4. 种子活力的影响因素　　种子活力的高低由遗传因素、种子发育期间的环境条件及种子采收贮藏条件等决定。从生理生化角度上讲，种子活力主要包括：①种子有效修复与再活化系统；②贮藏物质的降解与合成能力的大小；③遗传信息的去阻抑及传递能力；④由各种因子组成的微观环境（包括基质、能量、辅酶、辅助因子、效应物、化合剂、pH、离子浓度、温度、氧等）。

（四）种子萌发的外界条件

种子的萌发，除了种子本身要具有健全的发芽力及解除休眠期以外，也需要一定的环境条件。

1. 充足的水分　　水分是种子萌发的先决条件，种子只有吸收一定量的水分才能萌发。干燥种子的含水量极低（一般只有 5%～14%），这些水分都属于被蛋白质等亲水胶体吸附住的束缚水，不能作为反应的介质。只有吸水后，种子细胞中的原生质胶体才能由凝胶状态转变为溶胶状态，使细胞器结构恢复，基因活化，转录萌发所需要的 mRNA 并合成蛋白质。同时吸水能使种子呼吸上升，代谢活动加强，让贮藏物质水解成可溶性物质供胚发育所需。另外，吸水后种皮膨胀软化，有利于种子内外气体交换，也有利于胚根、胚芽突破种皮而继续生长。

不同种子萌发时吸水量不同。含蛋白质较多的种子如豆科的大豆、花生等吸水较多；而禾谷类种子如小麦、水稻等以含淀粉为主，吸水较少。一般种子吸水有一个临界值，在此以下不能萌发。一般种子要吸收其本身重量的 25%～50% 或更多的水分才能萌发，如水稻为 40%，小麦为 50%，棉花为 52%，大豆为 120%，豌豆为 186%。种子萌发时吸水量的差异，是由种子所含成分不同引起的。为满足种子萌发时对水分的需要，农业生产中要适时播种、精耕细作，为种子萌发创造良好的吸水条件。

干燥种子吸涨作用的大小与原生质凝胶物质对水的亲和性有关，蛋白质、淀粉和纤维素对水的亲和性依次递减，因此含蛋白质较多的豆类种子的吸涨作用大于含淀粉较多的禾谷类种子。种子吸水的程度和速率还与温度及环境中水分的有效性有关。在一定温度范围内，温度高时，吸水快，萌发也快。例如，早春水温低，早稻浸种要 3～4d，夏天水温高，晚稻浸种 1d 就能吸足水分。土壤中有效水含量高时有利于种子的吸胀吸水。土壤干旱或在盐碱地中，种子不易吸水萌发。土壤水分过多，会使土温下降、氧气缺乏，对种子萌发也不利，甚至引起烂种。

2. 适宜的温度　　种子萌发是在一系列酶参与下的生理生化过程，因而受温度影响很大，因为温度能影响酶的活性，从而影响贮藏物质的转化和运输。各类种子的萌发一般都有最低、最适和最高三个基点温度。温带植物种子萌发，要求的温度范围比热带的低。例如，温带起源植物小麦萌发的三个基点温度分别为 0～5℃、25～31℃、31～37℃；而热带起源植物水稻的三个基点温度则分别为 10～13℃、25～35℃、38～40℃。还有许多植物种子在昼夜变动的温度下比在恒温条件下更易于萌发。例如，小糠草种子在 21℃ 条件下萌发率为 53%，在 28℃ 条件下也只有 72%，但在昼夜温度交替变动于 28℃ 和 21℃ 之间的情况下发芽率可达 95%。种子萌发所要求的温度还常因其他环境条件（如水分）不同而有差异，幼根和幼芽生长的最适温度也不相同。了解种子萌发的最适温度以后，可以结合植物体的生长和发育特性，选择适当季节播种。萌发的最适温度尽管是生长最快的温度，但由于种子消耗的有机物较多，往往使幼苗生长快但不够健壮，抗逆性不强，因此生产上常采用比最适温度稍低的协调最适温度。

3. 足够的氧气　　休眠种子的呼吸作用很弱，需氧量很少，但种子萌发时，旺盛的物质代谢和活跃的物质运输等需要有氧呼吸来保证。因此，氧对种子萌发极为重要。当环境缺氧（如土壤板结、水分过多、播种太深等）时，则萌发种子进行无氧呼吸。长时间的无氧呼吸消耗过多的贮藏物，同时产生大量乙醇，致使种子中毒，因而不利于种子萌发。

一般作物种子要求氧浓度在 10% 以上才能正常萌发，当氧浓度在 5% 以下时，很多作物的种子不能萌发，尤其是含脂肪较多的种子在萌发时需氧更多，如花生、大豆和棉花等种子，因此这类种子宜浅播。水稻种子萌发时虽然有一定的耐缺氧能力，但在缺氧时会造成只长胚芽鞘，而根及真叶生长缓慢的状况，易发生烂秧。原因是胚芽鞘的生长只有细胞伸长没有细胞分裂；而根的生长既有细胞伸长又有细胞分裂，对能量和物质的需求量高，尤其是细胞分裂，所以必须依赖有氧呼吸。

4. 光照　　不同种类植物的种子萌发对光的需求不同，据此可将种子分为 3 种类型：一是中性种子，萌发时对光无严格要求，在光下或暗中均能萌发，大多数种子属于此类；二是需光种子（light seed），又称喜光种子，如莴苣、紫苏、胡萝卜、桦木及多种杂草种子，它们在有光条件下萌发良好，在黑暗中则不能发芽或发芽不好；三是需暗种子（dark seed），又称嫌光种子，萌发时有光时受抑制，只能在黑暗处萌发，如茄子、番茄、韭菜、瓜类等。光对种子萌发的影响与光的波长有关，并通过光敏素实现。需光种子的萌发受红光（660nm）促进，被远红光（730nm）抑制，两种光的作用效果可以相互逆转（表9-4）。

表 9-4　红光（R）和远红光（FR）对莴苣种子萌发的控制

照光处理	种子萌发率 /%	照光处理	种子萌发率 /%
R	70	R＋FR＋R＋FR＋R	76
R＋FR	6	R＋FR＋R＋FR＋R＋FR	7
R＋FR＋R	74	R＋FR＋R＋FR＋R＋FR＋R	81
R＋FR＋R＋FR	6	R＋FR＋R＋FR＋R＋FR＋R＋FR	7

注：R 代表照红光 1min；FR 代表照远红光 4min；温度为 26℃

　　种子萌发对光的需求是植物在进化过程中发展起来的一种保护机制，具有重要的生物学意义。例如，需光种子一般体积比较小，假如种子在埋土太深的黑暗条件下萌发，幼苗出土前就可能发生储存物质就已耗尽的情况。萌发对光的需求可以防止这种情况的发生。

二、幼苗的形成

（一）从种子萌发到幼苗形成的生理生化变化

　　1. **呼吸作用的变化**　　种子萌发过程中呼吸作用和吸水过程相似，也分为 3 个阶段（图9-6）。种子吸水的第一阶段，呼吸作用也迅速增加，这主要是由已经存在于干种子中并在吸水后活化的呼吸酶及线粒体系统完成的，可能与三羧酸循环及电子传递有关的线粒体酶的活化有关。在吸水的迟滞期，呼吸作用也停滞在一定水平，这一方面是因为干种子中已有呼吸酶、线粒体系统已经活化，而新的呼吸酶和线粒体系统还没有大量形成；另一方面，此时胚根还没有突破种皮，氧气的供应也受到一定的限制。吸水的第三阶段，呼吸作用又迅速增加，因为胚根突破种皮后，氧气供应得到改善，而且此时新的呼吸酶和线粒体系统已经大量形成。在吸水的第一和第二阶段，CO_2 的产生大大超过 O_2 的消耗，呼吸商（RQ）>1，而第三阶段，O_2 的消耗大大增加。这说明种子萌发初期的呼吸作用主要是无氧呼吸，而随后进行的是有氧呼吸。

　　2. **有机物的转化**　　种子中贮藏有大量的大分子有机物，如淀粉、脂肪、蛋白质等，这些大分子有机物在酶的作用下分解为简单的、便于转运的小分子化合物，供给正在生长的幼胚，一方面作为呼吸底物进一步分解，释放能量，满足生命活动需要；另一方面作为新建器官的各种原料（图9-7）。

　　（1）**碳水化合物的转化**　　禾谷类种子的胚乳内贮藏有大量的淀粉。种子萌发后，淀粉在淀粉酶作用下被水解为可溶性糖。萌发初期主要靠 β-淀粉酶，随着种子的萌发又逐渐形成 α-淀粉酶，将淀粉水解为糊精和麦芽糖，麦芽糖在麦芽糖酶（maltase）作用下再进一步水解为葡萄糖。此外，淀粉还可以通过磷酸化酶的作用水解。淀

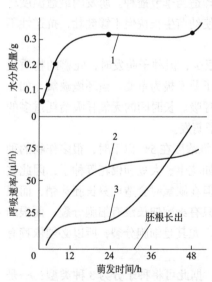

图 9-6　豌豆种子萌发时吸水和呼吸的变化
1. 种子吸水过程的变化；2. CO_2 释放的变化；3. O_2 吸收的变化

粉降解的产物以蔗糖的形式从胚乳或子叶运输到生长中的胚根和胚芽中。

（2）脂肪的转化　油料作物的种子萌发时，在脂肪酶（lipase）的作用下，将脂肪水解为甘油和脂肪酸。脂肪酶在酸性条件下水解作用较强，因而脂肪酶的作用具有自动催化的性质，所以油料种子储藏时间过长或在高温、高湿条件下，常易发生酸败。脂肪酸经 β-氧化途径分解为乙酰辅酶 A，再经乙醛酸循环（glyoxylic acid cycle）转变为蔗糖。甘油则在酶的催化下变成磷酸甘油，再转变成二羟丙酮磷酸参加糖酵解反应，或进一步经糖异生途径（gluconeogenesis pathway）转变为葡萄糖、蔗糖，转运至胚轴供生长用。

（3）蛋白质的转化　萌发的种子靠

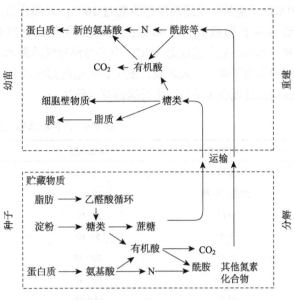

图 9-7　萌发种子中贮藏物质的降解转化

种子中贮藏的蛋白质来满足氮素的需要。水解蛋白质的酶有两大类：蛋白酶（protease）和肽酶（peptase）。蛋白质在蛋白酶的作用下分解为许多小肽，而后在肽酶的作用下完全水解为氨基酸。种子萌发时，贮藏蛋白质在蛋白酶和肽酶的作用下分解为游离氨基酸，并主要以酰胺（谷氨酰胺和天冬酰胺）的形式运输到胚轴供生长用。最近发现，在豌豆种子萌发过程中，高丝氨酸可能担负着氨基的运输作用。蛋白质水解产生的氨基酸，除了可作为再合成蛋白质的原料外，也可以通过脱氨基作用转变为有机酸或游离的氨（NH_3）。有机酸可以进入呼吸代谢途径彻底氧化分解或转化为糖，也可作为形成氨基酸的碳架。氨以酰胺的形式贮存起来，既可消除氨态氮大量积累造成的毒害作用，又可供新的氨基酸合成之用。

3. 植物激素的变化　种子萌发过程中有许多激素的参与。未萌发的种子通常不含自由态的生长素，萌发初期种子内束缚态的生长素转为自由态，并且合成新的生长素。落叶松种子经层积处理后，种子吸水萌发时，生长抑制剂含量逐渐下降，而赤霉素含量逐渐升高。大麦种子萌发时胚细胞的赤霉素浓度增加，赤霉素从胚细胞分泌到糊粉层细胞诱导 α-淀粉酶和其他酶的形成。此外，在种子萌发早期，细胞分裂素和乙烯都有所增加，而 ABA 和其他抑制剂则明显下降。

（二）影响幼苗（植株）生长的环境条件

植物的生长发育是内部遗传因子和外界环境综合作用的结果。幼苗出土后，要在适宜的温度、光照、水分、肥料等条件下才能成为健壮的植株。

1. 温度　温度能影响光合、呼吸、矿质与水分的吸收、物质合成与运输等代谢功能，从而影响细胞的分裂、伸长、分化及植物的生长。与种子萌发一样，植株的生长也要在一定的温度范围内才能进行。每种植物的生长都有温度三基点，即生长的最低温度、最适温度和最高温度。最适温度一般是指生长最快时的温度，而不是生长最健壮的温度，因为生长最快时，物质较多用于生长，消耗太快，抗性也差，没有在较低温度下生长得壮实。在生产实践中，培育健壮的植株，常常要求在比生长最适温度略低的温度，即植株生长最健壮的温度，所谓生长协调最适温度（growth coordinate temperature）下进行。

温度三基点因植物原产地不同而有很大差异（表 9-5）。北极或高山上的植物，可在 0 ℃或

0℃以下生长，最适温度很少超过10℃；大部分原产温带的植物，其最适温度通常在25～35℃，最高生长温度在35～40℃；大多数热带和亚热带植物生长温度范围更高些，最适温度为30～40℃，最高温度为45℃；有些沙漠地区的灌木，60℃仍能生存。同一植物的不同器官对温度的要求也不同，一般来说，根生长的温度都比地上部低，其土壤最适温度通常在20～30℃，温度过高或过低吸水减少，生长缓慢甚至停滞。

表9-5　几种农作物生长的温度三基点　　　　　　　　（单位：℃）

作物种类	最低温度	最适温度	最高温度
水稻	10～12	20～30	40～44
大麦、小麦	0～5	25～31	31～37
向日葵	5～10	31～37	37～44
玉米	5～10	27～33	44～50
大豆	10～12	27～33	33～44
南瓜	10～15	37～44	44～50
棉花	15～18	25～30	30～38

研究表明，日温较高而夜温较低有利于植物的生长，因为白天温度高，光照强，光合作用合成的有机物多；晚间温度降低，呼吸作用减弱，物质消耗减少，积累增加。较低的夜温还有利于根系的生长和发育。因此，温室或大棚栽培作物时，应注意调节昼夜变温，使植株健壮生长。

2. 光照

（1）光强　光照强度（光强）直接影响植物的形态和组织的分化。在足够的光照下，植物生长得粗壮结实，结构紧密，形成的叶片较厚。光线不足时（如植株群体过密、株间郁闭缺光），叶片较薄，机械组织分化较差，茎秆脆弱、纤细，易倒伏，易受病虫害侵袭。如果植株完全处于黑暗中，只要有足够的养料，也能够生长，但与正常光照下生长的植株有较大差异。

在蔬菜生产中，可利用黄化植株组织分化差、薄壁细胞多、机械组织不发达的特点，用遮光或培土的方法来生产柔嫩的韭黄、蒜黄、豆芽菜、葱白、软化药芹等。农林业生产中也常因植株群体过密、光线不足、分化差，出现倒伏而致减产。因此，要合理密植，加强水肥管理，使株间通风透光，防止黄化现象的出现。

（2）光质　不同波长的光对植物生长的影响也不相同，红光对促进叶片伸展、抑制茎的过度伸长、促使黄化苗恢复正常最有效；蓝紫光明显抑制生长，紫外光（紫外线）抑制伸长作用最明显。海拔较高的地区，大气稀薄，紫外光强，因此高山上生长的树木相对矮小。光对茎伸长的抑制作用与光对生长素的破坏有关。光可使自由型的生长素转变为无活性的生长素，并促进IAA氧化酶的活性，降低植物体内自由态IAA水平。在生产中，采用浅蓝色塑料薄膜育出的苗木矮壮，是因为浅蓝色薄膜可大量透过蓝紫光，抑制茎的伸长生长，提高根冠比；而温室植物生长得细长，原因之一是玻璃吸收了部分光波，尤其是短波光。

植物在受到紫外光照射后，会增加抗紫外光色素如黄酮、黄酮醇、肉桂酰酯及肉桂酰花青苷等的合成，这些抗紫外光色素分布于叶的上表皮，能吸收紫外光而使植株免受伤害，这也是植物的一种保护反应。

3. 水分　原生质的代谢活动，细胞的分裂、生长与分化等都必须在细胞水分接近饱和的情况下才能顺利进行。细胞分裂和伸长均需要充足的水分，但细胞伸长对缺水更为敏感。细胞的扩展主要受膨压的控制，植物缺水后膨压下降，细胞生长受阻，因此供水不足，植株的体积增长会提早停止。生产上，控制小麦、水稻茎部过度伸长的根本措施就是控制第二、三节间伸长期间的水分供应。研究表明，在控水条件下，许多树木在叶水势$-0.4\sim-0.2$MPa时生长就迅速下降，而光合速率在$-1.2\sim-0.8$MPa时才开始下降。充足的水分加快叶片的生长速率，叶大而薄；相反，水分不足，叶小而厚。在植物生长水分敏感期，如禾谷类植物拔节和抽穗期供水不足，会严重影响产量。

土壤水分过多时，如淹水条件下，通气不良，根尖细胞分裂明显被抑制。此外，无氧条件还使土壤积累还原物质如NO_2^-、Mn^{2+}、Fe^{2+}、H_2S等，对根生长有害。根在通气不良条件下会形成通气组织或不定根以适应环境，通气组织的产生与乙烯诱发有关。水分供应充足条件下，植物生长快，茎叶柔软，机械组织和保护组织不发达，抗逆能力降低，因此在生产上，苗期适度控制水分，是培育壮苗的主要手段之一。

4. 其他因素

（1）气体　大气中的O_2、CO_2和水等对植物生长影响很大。氧为一切需氧生物生长所必需，大气含氧量相当稳定（21%），所以植物的地上部通常无缺氧之虑，但土壤在过分板结或含水过多时，常因空气中氧不能向根系扩散，而使根部生长不良，甚至坏死。CO_2常成为光合作用的限制因子，田间空气的流通及人为提高空气中CO_2浓度，常能促进植物生长。水（相对湿度）会通过影响蒸腾作用而改变植株的水分状况，从而影响植物生长。

（2）矿质元素　土壤中含有植物生长必需的矿质元素。植物缺乏必需元素会引起生理失调，影响生长发育，并出现特定的缺素症状。另外，土壤中还存在许多有益元素和有毒元素。有益元素促进植物生长，有毒元素则抑制植物生长。

（3）其他生物　植物体的生长还受其他生物的影响。寄生物（可以是动物、植物和微生物）有时能杀伤杀死或抑制寄主植物的生长，如菟丝子寄生在大豆上会严重危害大豆植株的生长。有时则能引起寄主植物的不正常生长，如形成瘤瘿。在共生情况下则双方的生长均受到促进，如根瘤菌与豆类的共生。

（4）植物间的相互作用　植物体也可通过改变生态环境来影响另一生物体。这表现在两个方面：一是相互竞争（allelospoly），即对环境因素，如对光、肥、水的竞争，如高秆植物对短秆植物生长的影响；二是相生相克（allelopathy），即植物通过分泌化学物质来促进或抑制周围植物的生长。

相生相克也称它感作用或化感作用，是指植物或微生物的代谢分泌物对环境中其他植物或微生物的促进或抑制作用。引起化感作用的化学物质称为化感物质（allelochemical），它们几乎都是一些分子质量较小、结构较简单的植物次生代谢物质，如直链醇、脂肪酸、醛、酮、肉桂酸、香豆素、萘醌、生物碱等，最常见的是酚类和类萜化合物。这些物质对植物生理代谢及生长发育均能产生影响。

相生相克物质可来源于植物体的不同部位，如茎、叶和根，经过雨水冲刷、根系分泌、产生挥发性物质或植物残体分解释放到土壤中。由于相生相克物质不同，其生理作用也不同。总的来说，相生相克物质在影响细胞分裂和生长、引起膜功能和激素平衡的改变、影响矿质元素的吸收、影响光合作用和呼吸作用、调节蛋白质的合成等方面起作用。

相生的例子很多，如豆科与禾本科植物混种，豌豆和小麦、大豆和玉米等。豆科植株上的根瘤固定的氮素能供禾本科植物利用；而禾本科植物由根分泌的载铁体（如麦根酸），能络合土壤中的铁，供豆科植物利用，使豆类能在缺铁的碱性土壤里生长。在种过苜蓿的土壤里种植番茄、黄瓜、莴苣等植物，其会生长良好，这是因为苜蓿分泌三十烷醇。洋葱和食用甜菜、马铃薯和菜豆种在一起有相互促进的作用。

相克现象也很普遍。例如，番茄植株释放鞣酸、香子兰酸、水杨酸等能严重抑制莴苣、茄子种子的萌发和幼苗生长，对玉米、黄瓜、马铃薯等作物的生长也有抑制作用。薄荷叶强烈的香味抑制蚕豆的生长。多种杂草产生的化感物质会严重阻抑作物生长。苇状羊茅分泌物影响油菜、红三叶草生长，它的粗提物抑制菜豆、绿豆生长，其含有许多次生物质，包括多种酚类化合物。

植物残体也会产生化感物质。例如，玉米、小麦、燕麦和高粱的残株分解产生的咖啡酸、绿原酸、肉桂酸等抑制高粱、大豆、向日葵、烟草生长；小麦残株腐烂产生异丁酸、戊酸和异戊酸，抑制小麦本身生长；水稻秸秆腐烂产生羟基苯甲酸、苯乙醇酸、香豆酸等抑制水稻秧苗生长；甘蔗残株腐烂产生羟苯甲酸、香豆酸、丁香酸等，抑制甘蔗截根苗的萌发与生长。

相生相克物质有些具有广谱性，有些则具有选择性或专一性。例如，胡桃醌抑制苹果树生长，但对梨、桃、李无作用。弯叶画眉草（*Eragrostis curvula*）产生的相生相克物质刺激向日葵生长，但抑制玉米和小麦的生长。有些相生相克物质影响植物自身或本种植物的生长，这种现象称为自毒作用（autointoxication）。例如，银胶菊（*Parthenium argentatum*）根分泌的反式肉桂酸抑制本种幼苗的生长。从高等植物如苹果、梨、葡萄、茶、咖啡、苜蓿和林木到低等植物如蕨类、藻类都存在自毒现象。

对相生相克的研究在生产中有重要意义。在作物布局上可利用有益的作物组合，尽量避免与相克的作物为邻，对有自毒作用的植物应避免连作障碍。植物的相生相克现象在防止病虫害和控制杂草方面也有应用潜力。例如，燕麦分泌莨菪亭，可抑制一些杂草种子的萌发。利用一茬对杂草有相克作用的作物进行轮作，既在当年也对下一年作物发挥除草作用，可大大减少除草剂的应用。此外，植物的相生相克现象在引进外来种时应该得到足够的重视，以免造成难以控制的局面。

三、植物的光形态建成

（一）光形态建成与暗形态建成

1. 光形态建成　　植物的光生物学（photobiology）有两大分支，即光合作用和光形态建成。习惯上把生命周期中呈现的个体及其器官的形态结构的形成过程，称作形态发生或形态建成（morphogenesis）。光在植物的分化、生长、发育的各个进程中起调节控制作用，这些调节作用表现在分子、细胞、组织和器官各个水平层次的变化上，就是光形态建成（photomorphogenesis），亦即植物的光控发育作用。

因此，光对植物生长有两种作用：间接作用和直接作用。间接作用即光合作用，由于植物必须在较强的光照下才能合成足够的光合产物供生长需要，因此光合作用对光能的需要是一种高能反应，光在此为植物生长发育提供足够的能量。直接作用是指光形态建成，如前所述的光促进需光种子的萌发、光对幼苗生长的影响，此外，植物叶芽与花芽的分化、黄化植株的转绿、叶绿素的形成、生物节律、基因表达、向地性和向光性等都是光形态建成的例子。由于光形态建成只需短时间、较弱的光照就能满足，因此光形态建成对光的需要是一种低能反应，光在此为植物生长发育给予适当的信号。

和光合作用转化并贮存大量的光能不同，光形态建成反应所需的能量不是从光本身来的，而是靠植物细胞内贮存的能量转化而来。低能的光只是一个信号，引起光受体的变化，又经过一系列中间过程并消耗体内许多能量之后，才在产物的积累和结构形态上产生一个可见的变化。作为信号，只需要极弱的光。如果比较这两个过程所需要的光能，那么光形态建成所需红闪光的能量和一般光合作用补偿点的能量相差达 10 个数量级。

光形态建成的研究从 20 世纪 20 年代开始，在 50 年代末发现光敏素之后迅速增多起来，现在更是成为与光合作用并列的一个分支学科。至今已在各种植物中发现了几百个生理生化过程受光调控，其中有些过程是其他基因顺序表达的必要条件。

2. 暗形态建成　　　现代实验植物生理学的奠基人之一，Julius von Sachs 在他的著名教科书 *Vorlesungen Uber Pflanzen—Physiologie*（1882 年第 1 版）中描述了光与暗对植物生长发育的影响，这也许是关于植物光形态建成的第一个科学性的文献。Sachs 注意到在黑暗中生长的幼苗或成熟植株的一部分形成不规则的奇形、瘦弱、伸长的茎及发育不全的黄化叶。他将这个症状称为黄化症（etiolation illness），如果植株的另一部分被暴露在光下，则黄化症就可以减轻，但不可能完全恢复。

就生长而言，只要条件适宜，并有足够的有机养分供应，植物在黑暗中也能生长，如豆芽发芽、愈伤组织在培养基上生长等。但与正常光照下生长的植株相比，其形态上存在着显著的差异，如茎叶淡黄、茎秆细长、叶小而不伸展、组织分化程度低、机械组织不发达、水分多而干物质少等。黄化植株每天只要在弱光下照光数十分钟就能使茎叶逐渐转绿，但组织的进一步分化又与光照的时间与强度有关，即只有在比较充足的光照下，各种组织和器官才能正常分化，叶片伸展加厚，叶色变绿，节间变短，植株矮壮。光促进幼叶的展开，抑制茎的伸长。例如，草坪中长在树下的草比空旷处的草长得要高；黑暗中生长的幼苗比光下生长的幼苗要高（图 9-8）。

光照和黑暗条件下不但植物的形态特征不同，细胞分化和化学成分也有极大的差异。这种差异是植株适应不同环境基因差别表达的结果，因此许多学者建议用暗形态建成（skotomorphogenesis），而不用黄化现象（etiolation）甚至黄化症（etiolation illness）来表述黑暗环境对植物生长发育的影响。例如，十字花科植物拟南芥在光下，其幼苗植株下胚轴短，子叶扩展，叶绿体分化明显；而在暗下则恰恰相反，下胚轴长，具顶端钩，子叶不展开，质体不分化。不论光形态建成或暗形态建成都被认为是自养植物对自然环境的特殊适应，以尽可能适应生存条件的变化。暗形态建成虽具有个体的全部遗传信息，但它的大部分基因不能表达出来。只有在一定的光照条件下，植物的基因才能充分地表达。

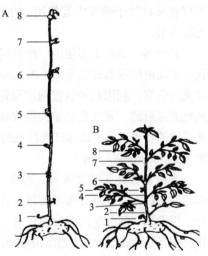

图 9-8　光、暗条件下生长的马铃薯幼苗
A. 黑暗中生长的幼苗；B. 光下生长的幼苗。
1～8 指茎节的顺序

3. 光受体　　　光化学定律认为，光要引起一定的作用，首先必须被吸收。植物中除含有大量的叶绿素、类胡萝卜素和花青素外，还含有一些微量色素。这些微量色素因能感受光质、光强、光照时间、光照方向等信号的变化，进而影响植物的形态建成，故被称为光受体（photoreceptor），即光感受系统。

光受体是植物感受外界环境变化的关键。植物能对不同的光质做出不同的反应，表明它们采用特有的光信号来确定自身在时间和空间上所处的位置，从而使其生长、代谢及发育同外界环境相一致。植物体内的光受体主要包括：①光敏素（phytochrome, Phy），主要感受红光和远红光（600～750nm），还参与光暗交互循环的同步昼夜节律生物钟等；②隐花色素（cryptochrome, cry）或称蓝光/紫外光受体（blue/UV receptor），感受蓝光和近紫外光（紫外光-A）；③紫外光-B受体（UV-B receptor），感受较短波长的紫外光（紫外光-B）；④向光素（phototropin，Phot），感受蓝光/UV-A甚至绿光。其中光敏素是发现最早、研究最为深入的一种光受体。隐花色素和向光素都能感受蓝光，通常都称为蓝光受体（blue light receptor）。其中隐花色素调控植物伸长生长、开花时间及生物体的生理节奏；而向光素则参与调节植物的一系列运动反应，包括向光性、叶绿体运动及气孔开启。

（二）光敏素

1. **光敏素的发现** 美国马里兰州贝尔茨维尔（Beltsville）农业部试验站的博思威客（Borthwick）等从1946年开始，利用大型光谱仪将白光分离成单个的波长成分，对多种植物进行试验，发现不同光质产生相同效应所需的光能存在很大差异。对短日植物（SDP）苍耳与大豆（Biloxi品种）开花的最大抑制作用产生在光谱的红光区（600~680nm），其界限在700nm左右，在480nm左右的黄绿光区作用最小，在较短波长下（近400nm的蓝光区）作用有所增强。另外，他们还对长日植物（LDP）大麦、天仙子进行研究得知，抑制短日植物成花的光谱与促进长日植物成花的光谱相似。

在Flint和McAlister研究光对莴苣种子萌发的基础上，Borthwick和Hendricks等进一步观察到莴苣种子的萌发可以被红光促进；红光的作用可以被后来照射的远红光所抵消；远红光的作用又可以被红光消除。这就像一个两相的开关，植物只对开关的最后一次起反应。这种系统不仅在莴苣种子萌发中起作用，在开花的控制上也有效。因此，他们提出有种色素存在着两个光转换形式。

1959年，Butler等使用一种特制的分光光度计，能够自动记录浑浊样品的光学密度的微细变化，成功地检测到黄化芜菁（*Brassica rapa*）子叶和黄化玉米（*Zea mays*）幼苗体内吸收红光和远红光的色素。利用此种装置测定预先照射红光或远红光的黄化玉米幼苗组织的吸收光谱，发现凡经红光照射的，其红光区域的吸收减少，而远红光区域的吸收增大；反之，照射远红光后，其红光区域的吸收增多，而远红光区域的吸收减少。Borthwick等（1960）将这种色素物质命名为光敏素（phytochrome，Phy）。

光敏素存在于除真菌外，藻类、苔藓、地衣、蕨类、裸子及被子植物几乎一切能进行光合作用的植物中，并且分布于各种器官组织中。在植物分生组织和幼嫩器官，如胚芽鞘、芽尖、幼叶、根尖和节间分生区中含量较高。光敏素主要存在于质膜、线粒体、质体和细胞质中。通常黄化苗中光敏素含量比绿色组织中高出50~100倍。

2. **光敏素的结构与类型** 光敏素的两种形式在不同光谱作用下发生相互转换，当光敏素的红光吸收型（red light-absorbing form，Pr）吸收了660nm的一个光量子，就转变为远红光吸收型（far-red light-absorbing form，Pfr），后者是色素的活跃形式。Pfr可以通过吸收730nm的光量子，或在黑暗中转变为Pr。

Pr是生理钝化型，Pfr是生理活化型。在黄化苗中仅存在Pr型，照射白光或红光后，没有生理活性的Pr型转化为具有生理活性的Pfr型；相反，照射远红光后，Pfr型转化为Pr型。Pr和Pfr的吸收光谱在可见光波段上有相当多的重叠，因此在自然光照下植物体内同时存在着Pfr型和Pr型两种形式。Pfr在光敏素总量（$P_{tot}=Pr+Pfr$）中占有一定的比例（Pfr/P_{tot}），这个比例在饱和远红光下为0.025，在饱和白光下约为0.6，当Pfr/P_{tot}值发生变化时，即可以引起植物体内的生理变化。

也可用Pr/Pfr值表述。提纯的光敏素在溶液中呈现的吸收光谱与作用光谱很接近。用远红光照射光敏素溶液时，几乎所有Pfr转换为Pr，可是用红光照射时，不是所有的Pr转换为Pfr，因其中一部分 Pfr 会逆转成 Pr。红光照射光敏素的吸收光谱表示有一个 Pfr 占优势的某些 Pr 成分的混合物。在这种平衡中，出现一个 Pr/Pfr 特异的值。在纯光敏素的吸收光谱中，红光建立的光稳定状态是 81% Pfr 和 19% Pr，而当远红光照射时，相当完全的光敏素转换为 Pr，只残留 2% Pfr。

光敏素是一种易溶于水的色素蛋白，在植物体中以二聚体形式存在。红光吸收形式呈蓝绿色，而远红光吸收形式呈浅绿色。每个单体由一条长链多肽脱辅基蛋白（apoprotein）与一个线状四吡咯环的发色团（生色团）（chromophore）组成，二者以硫醚键连接（图 9-9）。

光敏素每个亚基的两个组成部分生色团和脱辅基蛋白质合称为全蛋白质（holoprotein）。生色团与胆绿素（biliverdin）结构相似，相对分子质量为 612，具有独特的吸光特性。光敏素的 Pr 和 Pfr 的光

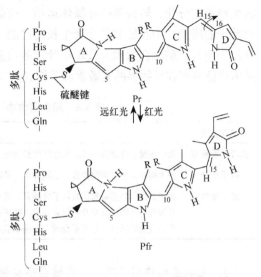

图 9-9　光敏素 Pr 和 Pfr 生色团的结构及与脱辅基蛋白的连接

学特性不同。Pr 的吸收高峰在 660nm，而 Pfr 的吸收高峰在 730nm（图 9-10）。

多年前人们只知道有一种光敏素分子，现在的光谱学、免疫化学和分子生物学研究认为，植物组织中，不论是黄色或绿色组织中都至少存在两种类型的光敏素分子。一种称为类型Ⅰ光敏素（typeⅠphytochrome，PⅠ），即人们原来熟悉的、主要存在于黄化组织中的光敏素，有一种分子形式（phy A）；另一种称为类型Ⅱ光敏素（typeⅡphytochrome，PⅡ），在绿色组织中相对较多，其中可能包括多种分子形式（phy B、phy C 等）。每种光敏素都有光致互变的两种形式：Pr 和 Pfr。PⅠ在黄化组织中大量存在，在光转变成 Pfr 后就迅速降解，因此在绿色组织中含量较低。PⅡ在黄化组织中含量较低，仅为 PⅠ的 1%～2%，但光转变成 Pfr 后较稳定，加之在绿色植物中 PⅠ被选择性降解，因而 PⅡ虽然含量低，却是绿色植物中主要的光敏素。两类光敏素分别调控不同的生理反应。一般认为 PⅠ参与调控的反应时间较短，而 PⅡ参与调控的反应时间较长。PⅡ调控的反应有时不被远红光和暗期所逆转。

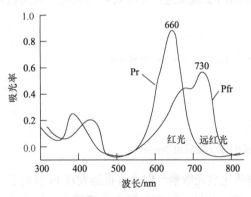

图 9-10　光敏素的吸收光谱

3. 光敏素的广泛生理效应　　判断一个光调节的反应过程是否包含光敏素作为其中光受体的实验标准是：如果一个光反应可以被红闪光诱发，又可以被紧随红光之后的远红闪光所充分逆转，那么这个反应的光受体就是光敏素。

红光和远红光通过光敏素调控的光形态建成反应非常广泛。如前述吸水后需光种子莴苣的萌发可被红光（red light，R）促进，被远红光（far red light，FR）抑制。这一现象与光敏素有关。光敏素吸收了红光或远红光后，分子结构上就发生可逆变化，从而引起相应的生理生化反应。不仅种子的光发芽反应，而且具有叶绿素的各种植物，包括藻类、苔藓、地衣、蕨类、裸子植物和被子植物的生活周期中的许多生理现象都和光敏素的调控有关。例如，双鞭毛藻的趋光性，红藻

的生殖器官分化，转板藻的叶绿体运动，苔藓和蕨类孢子的光发芽，蕨类假根的伸长，禾本科幼苗叶子的展开、中胚轴和胚芽鞘生长的抑制，双子叶植物胚芽弯钩的展开、茎伸长抑制及叶片的分化和生长，刺激合欢和含羞草小叶片的快速闭合，抑制短日植物开花，刺激长日植物开花等都是由广泛分布在植物界的光敏素调节控制的（表 9-6）。

表 9-6　绿色植物中一些典型的光敏素控制的反应

植物类型	反应类型
藻类、苔藓类	孢子萌发，叶绿体运动，原丝体生长分化
裸子植物	种子萌发，胚芽弯勾伸直，节间伸长，芽萌发
被子植物	种子萌发，胚芽弯勾伸直和子叶展开，茎节间伸长，根原基分化和根的生长，叶片分化和生长，单子叶植物叶片展开，叶绿体发育及叶绿素合成，叶感夜运动，向光性生长，膜电位、膜透性变化和离子流动，核酸、蛋白质合成及酶活性，花青素合成，光周期成花诱导

4. 光敏素的作用机理　　光敏素本身是一种受光调节的蛋白激酶，具有光受体和激酶的双重性质。光敏素接收光信号后，其自身可以发生磷酸化的同时，还可以将其他蛋白因子磷酸化。光敏素的这种蛋白激酶活性是其原初信号得以传递的原因，它可能是红光和远红光信号转导的一种重要方式，也可能是光敏素信号转导机制的一部分。

光敏素的 Pr 比较稳定，Pfr 不稳定。在黑暗条件下，Pfr 会逆转为 Pr，Pfr 浓度降低；Pfr 也会被蛋白酶降解。Pfr 的半衰期为 20min～4h。Pfr 一旦形成，即和某些物质（X）反应，生成 Pfr·X 复合物，经过一系列信号放大和转导过程，产生可观察到的生理反应。X 在具体的反应中应是信号转导链上的早期组分（图 9-11）。

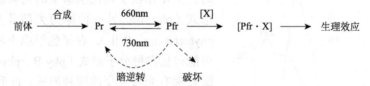

图 9-11　光敏素的产生、代谢与引起生理反应的可能途径

通常认为 Pfr 是生理活化型光敏素，而 Pr 是非生理活化型光敏素。但也有报道发现 Pr 参与了拟南芥种子萌发和向地性反应的调节及去黄化等多种反应。此外，Pr 型光敏素在细菌中的活性也得到了证明。有关光敏素的作用机理主要有两个假说，即膜作用假说和基因调节假说。

（1）膜作用假说　　该假说于 1967 年由 Hendricks 与 Borthwich 提出，认为光敏素能改变植物细胞中一种或多种膜的特性和功能，然后引发以后的各种反应。显然光敏素调控的快速反应与膜性质的变化有关。

Pfr 能结合到质膜、内质网、叶绿体和线粒体等膜上。燕麦幼苗实验表明光活化的 Pfr 能与线粒体被膜结合。活化的光敏素不仅能与膜结合，还能调节膜的功能。巨大藻（*Nitella*）在照光后 1.7s 就可观察到原生质膜内侧的电势比外侧低的极化作用被消除。一些豆科植物的小叶在光照时会运动，这是由 K^+ 快速进入或排出细胞，进而影响到小叶叶枕细胞的膨压引起的。光敏素在小叶运动中起光调节作用，在吸光后，光敏素改变了膜的透性，引起 K^+ 的流动，最终引起小叶运动。

早在 1964 年，Fredericq 就观察到用远红光（FR）逆转暗间断红光（R）对牵牛花分化的抑制效应时，只有在 R 处理后 2 min 内进行 FR 处理才有效；如果超过 2min，则 FR 的逆转能力迅速消失。此后还发现光敏素诱导的白芥硝酸还原酶的增加，其 FR 逆转能力失效一半的时间是 7min。

记录到的最快的 Pfr 调节的反应是在 R 处理后的暗期中，玉米和燕麦苗组织提取液内光敏素沉降力的诱导。黄化植物粗提取液离心后，只有 5%～10% 的光敏素随膜碎片沉降，但是当 Pr 转化成为 Pfr 以后可以导致多到 60%～80% 的光敏素和一些亚细胞组分一起沉降下来，在 25℃光敏素沉降一半的时间仅为 2s。

光诱导的转板藻（*Mongeotia*）叶绿体转动在照光开始 60s 即可观察到，若 R 后间隔 5min 再照射 FR，其逆转力就减少一半。光敏素对光形态建成的作用是与 Ca^{2+} 及依赖 Ca^{2+} 的结合蛋白 CaM 有关的。给转板藻照射 30s 红光后，可检测到在 3min 内转板藻体内 Ca^{2+} 积累速度增加 2～10 倍。这个效应可被照射红光后立即照射 30s 的远红光全部逆转。叶绿体之所以能在细胞内转动，是由于叶绿体和原生质膜之间存在肌动球蛋白纤丝，而钙调素能活化肌球蛋白轻链激酶，导致肌球蛋白的收缩运动，使叶绿体转动。

（2）基因调节假说　　上述光敏素诱导的膜电势变化、离子流动、叶绿体转动等反应可以在数分钟内迅速完成，但对于多数被光敏素诱导的生理过程来说，这需要较长的时间。例如，种子萌发、花的分化与发育、酶蛋白的合成等都要涉及基因的转录与蛋白质的翻译。光敏素对光形态建成的作用，通过调节基因表达来实现的假说，称为光敏素的基因调节假说。基因调节假说最早由 Mohr（1966）提出，越来越多的实验事实支持该假说。

自从 1960 年 Marcus 发现 3-磷酸甘油醛脱氢酶（$NADP^+$）的活性受光的调节以来，已发现 60 多种受光敏素调控的酶（或蛋白质）。这些酶（或蛋白质）涉及许多重要的代谢途径，如光合作用的光反应和暗反应、能量代谢、叶绿素合成及光呼吸、氮素同化、核酸与蛋白质的合成及降解、脂肪和淀粉的降解，以及次生产物和生长调节物质的合成等，而且常常是有关代谢的关键酶或限速酶。

其中关于 Rubisco 小亚基（SSU）的基因 *rbcS* 和 LHC Ⅱ 的基因 *cab* 表达的光调节研究是光敏素调节基因表达的一个例子。这两种重要的叶绿体蛋白的基因都存在于细胞核中，图 9-12 是

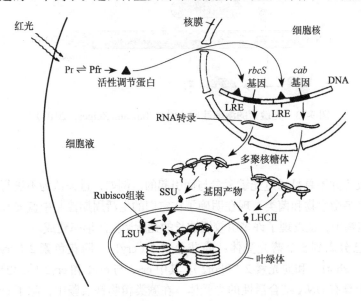

图 9-12　光敏素调节基因 *rbcS* 和 *cab* 转录的模式

关于光敏素调节基因 *rbcS* 和 *cab* 转录的模式图。和其他真核生物的基因一样，*rbcS* 和 *cab* 也都由负责表达调控的启动子区和负责编码多肽链的编码区两个主要区域构成。红光照射时，Pr 转变成 Pfr，于是引起一系列的生化变化，激活了细胞质中的一种调节蛋白。活化的调节蛋白转移至细胞核中，并与 *rbcS* 和 *cab* 基因启动子区中的一种特殊的光调节因子（light regulated element，LRE）相结合，转录被刺激，促使生成较多的基因产物 SSU 和 LHC Ⅱ 蛋白。新生成的 SSU 进入叶绿体，与在叶绿体中合成的大亚基 LSU 结合，组装成 Rubisco 全酶。而 LHC Ⅱ 进入叶绿体后，则参与了类囊体膜上 PS Ⅱ 复合体的组成。

光敏素对基因表达的调控大都在转录水平上进行。这样，该过程就涉及植物如何感受光信号及感受光信号后如何进一步调控基因表达。研究表明，G 蛋白、cGMP、Ca^{2+}、二酰甘油（diacylglycerol，DAG）和 IP_3 等第二信使都是光敏素信号转导的组分。

参与光敏素介导的光信号转导因子已被成功分离和鉴定。现已明确，光敏素本身是一种受光调节的蛋白激酶，具有光受体和激酶双重性质。光敏素接收光信号刺激后，其 N 端丝氨酸残基发生磷酸化而被激活，同时将信号传递给下游的 X 组分（图 9-13）。X 组分有多种类型，由 X 所引起的信号转导途径也各不相同。细胞核中的 X 组分多为转录因子，与 Pfr 相互作用调节基因表达；细胞质中 X 组分可以是 G 蛋白、钙调素和 cGMP 等胞内信使。光敏素可以通过调节膜上离子通道和质子泵等来影响离子的流动，进而调节快反应过程；而光敏素调节慢反应都涉及基因的表达。

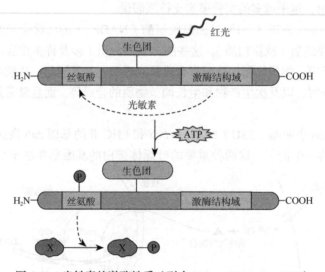

图 9-13　光敏素的激酶性质（引自 Taiz and Zeiger，2010）

（三）蓝光受体

光形态建成反应并不总是通过光敏素参与而引起的。例如，过去认为不进行光合作用，与光似乎没有关系的许多微生物和菌类，现在明确了在它们的生活周期控制中蓝光和近紫外光起着重要作用。在高等植物中，也发现了许多由较短波长的光所调控的形态建成。

在拟南芥中已分离到 5 个蓝光受体：隐花色素 1（cry1）、隐花色素 2（cry2）、隐花色素 3（cry3）、向光素 1（Phot1）和向光素 2（Phot2）。其中 cry3 与 cry1 和 cry2 的起源不同，是定位于叶绿体和线粒体上具有 DNA 结合活性的光受体。在蕨类植物铁线蕨中，除了 cry 和 Phot 外，还发现了紫外光-A 受体和光敏素-向光素嵌合的光受体。在苔藓植物中已分离出 2 个 cry 光受体和

4个Phot光受体，推测也有紫外光-A受体和Phy-cry嵌合的光受体。

蓝光对植物生长发育的影响是至关重要的，涉及多种生理过程的调节作用，包括脱黄化、开花、昼夜节律、基因表达、向光性、叶绿体运动、气孔运动、向地性反应、极性的建立、生长素调节、侧枝诱导、叶茎生长调节等。

1. **隐花色素**　植物界存在的另一类光形态建成反应是蓝光调节的反应。人们早就观察到许多由蓝光诱导的光形态建成，隐花色素被用以表示对许多蓝光和近紫外光诱导的光反应响应的、不同于光敏素的吸光色素系统。

真菌体内没有叶绿素和光敏素，它们的许多生物学过程受蓝光的调控。例如，呼吸途径由糖酵解途径变成戊糖磷酸途径，类胡萝卜素的生物合成等。水生镰刀霉（*Fusarium aquaeductum*）等菌丝体受光所诱导的类胡萝卜素生物合成的作用光谱（action spectra）说明只有波长小于500nm的蓝光和近紫外光（UV-A）有效。与此类似的蓝光对真菌发育的影响还有须霉（*Phycomyces*）的向光性反应，青霉（*Denicillium*）孢梗束的形成，木霉（*Trichoderma*）分生孢子的分化等。糖海带（*Laminaria saccharina*）雌配子体卵发生诱导的效应光谱和真菌中隐花色素的作用光谱完全一致。蕨类植物孢子体的正常发育需要蓝光：鳞毛蕨属的绵马（*Dryopteris filixmas*）的丝状体在红光下只能进行纵向伸长生长，只有蓝光能使它变成长宽相似的心形原叶体。铁线蕨（*Adiantum capillus-veneris*）原丝体顶端也在蓝光下转变成横向生长而膨大起来。

隐花色素作用光谱的特征是在蓝光区有3个吸收峰或肩（在425nm、445nm和472nm左右，图9-14），在近紫外光区有一个峰（在370～380nm），大于500nm波长的光对其是无效的，这也是判断隐花色素介导的蓝光、紫外光反应的实验性标准。由于隐花色素作用光谱的最高峰处在蓝光区，因此常把隐花色素引起的反应简称为蓝光效应（blue light effect）。不同植物对蓝光效应的作用光谱稍有差异。

隐花色素是吸收蓝光（400～500nm）和近紫外光（320～400nm）的黄素蛋白，分子质量为70～80kDa，其生色团可能是黄素腺嘌呤二核苷酸（FAD）和蝶呤（pterin）。

和光敏素不同，通过隐花色素吸收的蓝光、近紫外光诱导效应是不能被随后给予的较长波长的光照所逆转的。

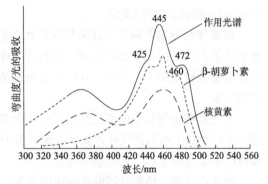

图9-14　燕麦胚芽鞘的向光性作用光谱及核黄素和β-胡萝卜素的吸收光谱

隐花色素在不产生种子而以孢子繁殖的隐花植物（cryptogamoa）如藻类、菌类、蕨类等植物的光形态建成中起重要作用。隐花色素也广泛存在于高等植物中，因为许多生理过程如植物的向光性反应、花色素的合成、气孔的开放、叶绿体的分化与运动、茎和下胚轴的伸长及抑制等都可被蓝光和近紫外光调节。一般认为蓝紫光抑制伸长生长，阻止黄化并促进分化。用浅蓝色聚乙烯薄膜育秧，因透过的蓝紫光多，能使秧苗长得较健壮。在蓝光、近紫外光引起的信号传递过程中涉及G蛋白、蛋白磷酸化和膜透性的变化。隐花色素在植物种子萌发中的去黄化作用、光周期诱导开花和调节昼夜节律中均起作用。蓝光下，cry1可以调节胚轴伸长。

拟南芥有两种隐花色素基因，即*cry1*和*cry2*；番茄和大麦都有至少3种隐花色素基因，即*cry1a*、*cry1b*和*cry2*；蕨类和藓类分别有5种和至少2种隐花色素基因。

cry1和cry2的生理功能在某种程度上可能有重叠。例如，cry1和cry2都抑制下胚轴伸长和诱导花色素苷合成。而且，功能分析表明，cry1 和 cry2 的 N 端域或 C 端域是可互换的。除了它们的共同功能外，拟南芥的两种 cry 蛋白也有显著不同的功能。例如，cry1 主要抑制下胚轴伸长和蓝光引导昼夜节律时钟，而 cry2 主要调节子叶扩展和控制开花时间。cry1 大多在地上组织中表达，cry2 在叶原基、根尖和子叶中活性较高。

2. 向光素　　　向光素（phototropin，Phot）是一种与质膜相关的自磷酸化蛋白激酶，感受蓝光 /UV-A 甚至绿光，分子质量为 120～144kDa。此类蛋白质都含有两个重要的多肽区域，N 端含有两个与黄素单核苷酸（flavin mononucleotide，FMN）结合的发色团结构域；C 端有一个典型的丝氨酸 / 苏氨酸（Ser/Thr）蛋白激酶结构域。在黑暗中向光素主要定位于质膜的内表面；在蓝光刺激下，向光素发生自磷酸化，磷酸化的向光素具有光受体活性，从质膜上分离，进入胞质中，继而诱发向光性等生理反应。

Gallagher 等（1988）首先报道了豌豆黄化苗生长区有一种能够被蓝光诱导发生磷酸化作用的 120kDa 的质膜蛋白。这种蛋白质在离体状态下能发生强烈的蓝光依赖型的磷酸化作用，但在缺乏向光性的拟南芥突变体 *JK224* 中几乎没有这种蛋白质。Christie 等（1999）发现在昆虫细胞中表达的重组 nphl/Phot1 蛋白的吸收光谱和荧光激发光谱与拟南芥向光性反应的作用光谱相似。同时，他们还发现 Phot1 不仅是其自身磷酸化作用的激酶，也是植物向光性反应的光受体。根据这种蛋白质在植物向光性反应的作用，他们将其命名为向光素。

人们已经在拟南芥、水稻、玉米等植物中克隆出了多种编码向光素的基因，主要有 *Phot1* 和 *Phot2*（以前称为 *nph1* 和 *nph2*），而在燕麦（*Avena sativa*）细胞中则存在两种类型的 *Phot1*，分别为 *Phot1a* 和 *Phot1b*。向光素的相关蛋白存在于植物的不同器官中，能够调节如光照、氧气及电位差等环境刺激诱导的反应。

在黄化苗顶端弯钩处于分裂和伸长状态的细胞及根尖伸长区的细胞中，Phot1 主要集中分布于下胚轴皮层的横向细胞壁区域。而在光下生长的植物中，Phot1 则主要分布在微管薄壁组织和叶片微管薄壁组织中。另外，在叶片表皮细胞的质膜、叶肉细胞及保卫细胞中，Phot1 也有不均匀的分布。

向光素在植物复杂的蓝光信号反应中发挥了很重要的作用，它不仅介导植物的向光性反应，还介导叶片保卫细胞的气孔开放和叶肉细胞中叶绿体移动，并能启动蓝光信号转导反应中生长素载体的移动及诱导 Ca^{2+} 的流动等反应。

向光性反应是植物对环境适应性的表现。胚芽鞘向光弯曲可增加子叶的吸光面积，而根对蓝光照射的背光生长则可保证其伸向土壤吸收水分和营养。弱光下，叶绿体移动到叶肉细胞的表面以增加光能的吸收，而在强光下叶绿体则会移动到叶肉细胞的侧壁以减小强光的伤害。气孔在白天张开以交换气体，夜间关闭以减少水分的散失。向光素是植物向光性反应的主要光受体，Phot1 和 Phot2 在向光性反应过程中起不同的作用：Phot1 既能调节低照度光下植物的向光性反应，又能调节高照度光下的向光性反应；而 Phot2 仅调节高照度光下植物的向光性反应。

植物的向光性反应是由植物体内不同蓝光受体及其信号转导系统协同作用完成的。Whippo 和 Hangarter 在研究中发现，在相对高照度光的蓝光［100mmol/(m^2·s)］下，向光素和隐花色素协同作用使向光性反应减弱；而在相对低照度光的蓝光［<1.0mmol/(m^2·s)］下，向光素和隐花色素协同作用增强植物的向光性反应。根据这些结果，他们认为随着蓝光照度的改变，向光素和隐花色素会相应地改变其对胚轴生长的刺激或抑制作用来调节向光性反应。

Phot1 除了在胚轴向光性反应中起作用外，也调节根系的向光性反应。胚轴无向光性的拟南芥突变体 *phot1* 在高照度光和低照度光的蓝光照射下，其根系都不表现负向光性反应。拟南芥、水稻等的根有负向光性反应，蓝光显著诱导水稻根的负向光性，红光则无效。这说明水稻根的负向光性反应也是由蓝光受体控制的。

向光素可在组织水平上调节叶伸展，即扩大叶接受光能的范围，在分子水平上介导蓝光调节气孔开放、控制气体交换和蒸腾作用。

在细胞水平上转动的叶绿体，其光合作用效率可达到最优。植物叶片中的叶绿体会随着光照方向和光照度的变化而改变其在细胞中的位置，在高照度光下它从叶肉细胞表面移动到细胞侧壁，叶绿体扁平面与光照方向平行，称为叶绿体的回避反应（avoidance response）；在弱照度光下叶绿体聚集在细胞表面，其扁平面与光照方向垂直，称为叶绿体的聚集反应（accumulation response）。研究表明向光素参与调控了叶绿体的移动反应。

第四节　植物生长的相关性

植物体是由各部分组成的统一有机体，构成整体的各部分之间，包括细胞与细胞、组织与组织及器官与器官之间是相互密切联系的。植物体各部分之间的这种相互制约与协调的现象称为相关性（correlation）。植物生长的相关性包括地上部与地下部的生长相关、主茎与侧枝的生长相关、营养器官与生殖器官的生长相关等。

一、地下部与地上部的生长相关

（一）根与冠的相互促进关系

植物的地上部和地下部分别处在不同的环境中，两者之间由维管束联络，存在着营养物质与信息物质的大量交换。地下部的活动和生长有赖于地上部多提供光合产物、生长素、维生素等；而地上部的生长和发育则需要地下部提供水分、矿质营养及根系合成的植物激素、氨基酸等。通常所说的"根深叶茂""本固枝荣"就是指地上部与地下部的协调关系。一般情况下，植物的根系生长良好，其地上部的枝叶也较茂盛；同样地上部生长良好，也会促进根系的生长。

（二）根与冠的相互抑制关系

这可从根冠比（root-top ratio，R/T）的变化中看到。根冠比是指地下部与地上部相对生长量之比，一般以地下部根系与地上部茎、叶的干重比值表示。地上部与地下部生长发育相互依赖又相互制约，在形态上表现出有一定的比例关系。根冠比能反映出植物地上部、地下部的生长发育情况，高则根系机能活性强，低则弱。不同的品种、生物学年龄、栽培管理技术等有不同的根冠比。茶树幼苗期根系与枝叶的生长速度几乎相同，根冠比基本在1左右，表现为幼苗出土初期，根系生长占优势。第二次生长开始，子叶的养分已消耗殆尽，生长所需的养分主要靠枝叶光合产物供给。由于地上部的光合能力增强，枝叶生长加速，其生长总量逐渐超过地下部，根冠比相应减小。在自然生长条件下，根冠比在1∶1.5左右。但在采摘和修剪条件下，地上部生长特别旺盛，其生长量常超过根系生长量的2～3倍。随着树龄增加，地上部与根系之间仍保持一定的比例关系。在生产实践上，人们常通过修剪、深耕等手段调控地上部与根系的生长发育，达到树冠更新复壮的目的。

由于根系和茎、叶所处的环境不同，它们对外界条件的要求也就不完全一样。当外界条件发生变化时，对根系和地上部会产生不同的影响，因而造成二者在生长上的相互关系发生变化，出现二者相互抑制的现象。例如，根和地上部都需要水分，但根系生活在潮湿的土壤中，容易满足对水分的需要，而地上部则完全依靠根系供给水分，同时又因蒸腾作用不断消耗大量水分，所以土壤水分不足对地上部的影响比对根系的影响更大。因此，当土壤水分降低时，根冠比增加，棉花在水分亏缺时，根冠比较大，说明水分亏缺利于根系的生长；反之，土壤水分稍多，减少土壤通气而限制根系活动，使地上部得到良好的水分供应，生长旺盛，根冠比降低。在生产实践中，了解与调控作物生长的根冠比，能够指导栽培，提高作物产量。例如，在果树生产中常采用修剪来减缓根系生长而促进地上部生长，从而增加果树产量。

（三）地下部与地上部之间的信息传递

植物的地下部与地上部之间除了进行物质交换和能量交换外，各部分之间还进行着信息的传递。其中 ABA 被认为是一种逆境信号，在水分亏欠时根系快速合成并通过木质部蒸腾流将 ABA 运输到地上部，调节地上部的生理活动，如缩小气孔开度、抑制叶的分化与扩展，以减少蒸腾来增强植物对干旱的适应性。植物地上部叶合成一些微量活性物质并影响根系的生理功能。例如，叶片的水分状况信号、细胞膨压，以及叶片中合成的化学信号物质（IAA）可以传递到根部，影响根的生长。除了 ABA 外，根系合成的细胞分裂素及氨基酸在这一过程中也可起到某些作用。

二、主茎与侧枝的生长相关

（一）顶端优势现象

种子植物中，顶芽生长主要是在主茎顶端。虽然在每个叶腋都有侧芽，由于发育的时间与着生的位置不同，在生长上顶芽与侧芽有着相互制约的关系，只要主茎顶端保持生长活力，一般不形成侧枝。这种茎顶端在生长上占优势的现象，称为顶端优势（apical dominance, terminal dominance）。几乎所有的高等植物在生长过程中都有顶端优势，这种相关性是植物形态建成的重要协调方式。植物的顶芽长出主茎，侧芽长出分枝，通常主茎的顶端生长很快，而侧枝或侧芽生长很慢或潜伏不长。

1. 顶端优势形成的机理　　从 20 世纪初开始，人们对顶端优势的作用机理从不同角度进行了深入的研究，提出了关于这一作用机理的各种不同假说。

（1）营养竞争假说　　Goebel（1900）认为顶端构成营养库，垄断了大部分营养物质，顶芽分生组织比侧芽分生组织先形成，具有竞争优势，能优先利用营养物质并优先生长，侧芽因缺乏营养物质而生长受到限制。近年研究表明，蔗糖作为信号分子也参与调控侧芽的发育。

（2）生长素假说　　Thimann 和 Skong（1934）认为顶端优势是由于生长素对侧芽的抑制作用而产生的。植物顶端形成生长素，通过极性运输将其运输到侧芽，侧芽对生长素的响应比顶芽敏感，而使侧芽生长受到抑制。距离顶芽越近，生长素浓度越高，对侧芽的抑制作用越强。

（3）营养物质转移假说　　Went（1936）认为植物内源或外源施用的生长素可以将植物生长所需的营养物质调向生长素产生或施用部位，加强顶芽生长，从而使侧芽中的营养物质亏缺，导致其生长受到抑制。

（4）植物激素相互作用假说　　大量实验证明，用细胞分裂素处理侧芽，可以解除顶端对侧芽的抑制作用，侧芽在有顶端存在的情况下也可萌发。近年来的研究表明，植物顶端优势的存在是某些特定基因控制的多种内源植物激素相互作用的结果。生长素、细胞分裂素和独脚金内酯共同参与顶芽和侧芽的调控。细胞分裂素和独脚金内酯在根部合成，通过木质部进行长距离运输到达地上部。在侧芽处，若生长素占优势，侧芽生长便受到抑制；若细胞分裂素和独脚金内酯占优势，便促进侧芽生长。因此，侧芽的发育取决于该部位生长素、细胞分裂素和独脚金内酯 3 种激素间的相互作用。

对植物顶端优势的研究，虽然提出了众多假说，但有一点是共同的，即认为顶端是信号源。

该信号源是由顶端产生并向下极性运输的生长素，它直接或间接地调节着其他激素和营养物质的合成、运输和分配，从而促进顶端生长而抑制侧芽生长。

2. 根系顶端优势　　植物根系生长也存在顶端优势。最早人们试图借鉴茎顶端优势的研究结果解释根的顶端优势，却发现两者不完全相同。

研究发现，生长素在茎和根中都调节细胞的扩张和分裂，但是这些作用所导致的生理学效应不同。例如，生长素促进根的中柱鞘细胞的分裂，导致侧根的形成，但抑制了茎中侧生分生组织的细胞分裂，从而形成了顶端优势。也就是说，生长素在根中的作用是消除顶端优势，在茎中则促进顶端优势，其作用结果正好相反。

用外源 IBA、NAA 及 KT 直接处理根系基部后发现，不同浓度的生长素（IBA 或 NAA）均能促进侧根发生，并使主根变短；在控制了根系顶端优势的同时，其形态建成更为合理。在生产实践中，人们通过外源生长物质和其他一些人工手段如截断主根来调控根系顶端优势，合理诱导根系形态建成，促进根系生长和繁茂，最大限度地提高整株活力和作物产量。

（二）顶端优势的应用

1. 茎顶端优势的应用　　茎顶端优势与植物的生物产量和经济产量密切相关，很多人工栽培措施都是根据生产需要的不同来抑制或促进顶端优势的发生。在生产上，常常利用顶端优势的原理控制植物的生长。有时需要利用和保持植物的顶端优势，如蓖麻、向日葵、玉米、高粱等作物及用材林木，需抑制其侧芽生长；有时则需消除顶端优势，以促进分枝生长，如棉花、果树、花卉需分枝以高产或提高观赏价值。果树整枝、修剪和棉花整枝、打顶都是抑制顶端优势的例子。还可使用植物生长调节剂如三碘苯甲酸（TIBA）处理植株，可去除顶端优势，促进矮化、增加分枝，多开花结实。

2. 根系顶端优势的应用　　根系是植物负责有机养分、水分和矿质元素吸收、同化和运输的主要器官，良好的根系是作物高产、优质、抗逆的基础。

在对大麦、玉米根的矿质离子吸收做了研究后发现，大麦种子根的吸收主要发生在根尖2～3cm 区域；玉米主根对离子的吸收也主要发生在根尖部位。以上结果说明，根系对水分和矿物质，特别是对矿物质的吸收，主要发生在根尖后面几厘米的区域内，而占根总长度绝大部分的成熟区（中部和基部）基本上没有吸收功能。显然，如果仅靠主根，其吸收长度有限，所起的作用也很小；而众多的一级侧根和多级侧根则使植物根系的吸收区长度大大增加，根系的整体吸收能力也相应增大。由此可见，如果控制根系顶端优势，促进侧根大范围发生，就可以在整体上提高根系的吸收能力，为实现植株健壮增产打下坚实基础。生产上，树苗、菜苗、棉花等移栽时，切断主根以促进侧根发生，增加了根系总量及与土壤接触面积，提高了根系吸收水分和矿物质的能力，提早返苗，促进壮苗，这是对根系顶端优势控制作用的典型范例。

三、营养器官与生殖器官的生长相关

（一）营养生长与生殖生长

营养生长与生殖生长是植物生长周期中的两个阶段，以花芽分化作为生殖生长开始的标志。根据开花结实次数的不同，可以把种子植物分为两大类：单次开花植物和多次开花植物。

单次开花植物的营养生长在前，生殖生长在后，生命周期中只开一次花。这些植物开花后，营养器官所合成的有机物向生殖器官转移，随后营养器官逐渐停止生长和衰老死亡。例如，水稻、小麦、玉米、高粱、向日葵、竹子等植物即属此类。

多次开花植物的营养生长与生殖生长有所重叠，生命周期中能多次开花。这些植物生殖器官的出现并不会马上引起营养器官的衰竭，在开花结实的同时，营养器官还可继续生长。不过通常在盛花期以后，营养器官的生长速率降低。多次开花植物如棉花、番茄、大豆、四季豆、瓜类及多年生果树等。

有些单次开花植物在条件适宜时，开花结实后并不引起全部营养体的死亡。例如，南方的再生稻，在早稻收割后，稻茬上再生出的分蘖仍能开花结实。

营养生长与生殖生长之间的关系表现为既相互依赖、又相互对立的关系。良好的营养生长是植物生殖生长的基础，生殖生长所需要的养分，大部分由营养器官提供。没有健壮的营养器官，生殖器官就不可能获得足够的养分。同样，生殖器官为生命活动旺盛的代谢库，对营养器官和代谢有促进作用，有利于光合产物输出，缓解光合产物积累对光合作用的反馈抑制，此外，生殖器官产生的赤霉素等激素对营养器官有促进和调节作用。

（二）营养器官与生殖器官的相互作用

营养器官的生长过于旺盛，消耗营养物质过多，会抑制生殖器官的生长。在自然界常常可以看到，许多枝叶长得极其茂盛的果树往往不能正常开花结实，即使开花结实也会因营养的不足而出现落花落果现象。

生殖器官生长对营养器官生长的影响也十分明显，通常从花芽分化开始，生殖器官就消耗营养器官的营养物质。生殖生长时，根部及枝叶得到的糖分减少，如生殖器官过于旺盛，会制约营养器官的生长。植株大量开花结果，很多的养分为花果消耗，枝、叶等营养器官的生长会趋于停滞、衰退甚至死亡。

在番茄上有一个很好的例子，把番茄植株连续去掉所有花或果，植株将维持连续的营养生长。但是保留果实并不断膨大，营养生长和花的形成减缓，并形成越来越多的果实，这样的植株表现如下的生长程序：花序变小→花蕾脱落→茎生长的抑制或终止→果实以外的器官死亡。番茄果实膨大对营养生长和花的持续产生抑制作用，是因为植株中大部分氮化合物被果实所利用。碳水化合物在果实和营养器官中都有一定的积累，一般情况下，可利用的氮化合物越多，在开花和营养生长抑制前结的果实越多。在营养器官死亡前任何时候去掉这些果实，会恢复营养生长和生殖生长的循环。

去掉果实会使叶片的功能发生改变。一般认为大豆叶衰老表现为光合作用下降，蛋白质、叶绿素丧失，最后死亡。但去荚果后发现，叶光合作用下降但仍可保持高水平的蛋白质和叶绿素，所以说，去荚果可改变叶的功能，从而改变衰老进程。

营养和生殖生长研究的另一范例是棉花。与结铃伴随的营养生长的减缓，可以归因于运往根系的碳水化合物的减少。叶片中多数碳水化合物会运往发育的果实中，因此根系只能得到相对少的营养，导致吸收矿质元素的速率降低，继而限制了营养生长。

许多在特定时期形成花原基的植物中存在结果与开花的相互影响。例如，香豌豆（*Lathyrus odoratus*）的花如果持续发育则开花不久就会终止开花；若不断摘去花芽，花原基和花在整个生长季节可持续形成。所以，很多植物种类，特别是一年生植物，要保持连续开花，必须对其定期摘花。

植物激素参与了二者关系的调节。大豆的实验结果说明，叶子与花、果实的关系远比营养竞争更复杂。发育的种子（豆荚）合成或输出 IAA、CTK、ABA 等植物激素，对叶的功能和衰老有影响。用 IAA、GA 单独或混合施于去掉种子的豆荚部分，IAA 和 IAA 加 GA 处理可加速叶片衰老，而 GA 单独使用没有作用。去果后在果柄处加混合的或单独加其中一种激素，然后从根吸收 ^{32}P，IAA 可以促进 ^{32}P 向果柄部分积累，证明 IAA 引导营养物质向果实运输能力加强，这就导致叶片处于"饥饿"状态。

由于开花结果过多而影响营养生长的现象在农业生产上经常遇到。例如，苹果、梨、荔枝和龙眼等果树常发生一次产量高、次年产量低的"大小年"现象。当果树结实过多时，花、果消耗了大量养分，导致枝叶中储备的养料不足，花芽分化受阻，来年花果减少。相反，在小年结实少，消耗养分少，枝、叶积累营养多，可形成较多花芽，来年开花结果多。因此，在果树生产中适当疏花疏果，可使果树营养分配趋于平衡，以消除"大小年"现象，保证果树年年丰收。

第五节 植物的运动与生理钟

高等植物虽然不能像动物或低等植物那样整体运动，但是它的某些器官在内外因素的作用下能发生有限的位置变化，这种器官的位置变化就称为植物运动（plant movement）。植物从接受刺激到产生运动一般包括3个基本步骤：①刺激感应（perception），植物体内的感受器感受环境的刺激。②信号转导（transduction），感受器接受的刺激转换成一种信号，继而把信号传递到产生运动的器官。一般来说，这种信号是对环境刺激产生反应的某种化学或物理变化，如动作电位、化学信号的激素等。③运动反应（motor response），器官接收信号后发生反应，表现出运动。

高等植物的运动按其与外界刺激的关系可分为向性运动（tropic movement）和感性运动（nastic movement）；按其运动的机理可分为生长性运动（growth movement）和膨压运动（也叫紧张性运动）（turgor movement）。

一、向性运动

向性运动是指植物的某些器官由于受到外界环境中单方向的刺激而产生的运动。根据刺激因素不同，向性运动可分为向光性、向重力性、向化性等。几乎所有的向性运动都是生长性运动，是在一定的刺激下，植物的特点部位不均等生长所引起的，是不可逆的运动，当器官停止生长或者除去生长部位时，向性运动随即消失。植物的向性运动有方向之分，将朝向刺激方向的运动称为"正向性"运动，而背向刺激方向的运动称为"负向性"运动。

（一）向光性

1. 向光性的概念　　植物生长器官受单方向光照射而引起生长弯曲的形象称为向光性（phototropism）。根据植物向光弯曲的部位不同，可将向光性分成3种类型：正向光性（positive phototropism），即植物器官向着光照的方向弯曲，如向日葵、棉花等植物；负向光性（negative phototropism），即植物器官背着光照的方向弯曲，如拟南芥和常春藤的气生根；横向光性（diaphototropism），即植物器官保持与光照方向垂直的能力，如叶片通过叶柄扭转使其处于光线合适的位置。

向光性在植物生长中具有重要的意义。由于叶子具有向光性的特点，叶子能尽量处于最适宜利用光能的位置。例如，用锡箔把在光下生长的苍耳叶片一半遮住后，叶柄相应的一侧延长，向光源方向弯曲，这样叶片就会从阴处移到光亮处，叶片不易重叠。这种同一植株的许多叶片做镶嵌排列的现象，叫叶镶嵌（leaf mosaic）。推测可能由于叶片遮蔽部分运输较多的生长素到该侧的叶柄，因此该侧叶柄生长较快，使叶柄向有光一侧弯曲。另外，棉花、花生、向日葵等植物顶端在一天中随阳光而转动，呈所谓的"太阳追踪"（solar tracking），叶片与光垂直，即横向光性，这种现象是溶质（包括K^+）控制叶枕的运动细胞引起的。

2. 向光性的机理　　植物感受光刺激的部位主要是嫩茎尖、芽鞘尖端、根尖、某些叶片或者生长中的茎等。燕麦、小麦和玉米等禾本科植物的黄化幼苗及豌豆、向日葵的上下胚轴等，都常用作向光性的研究材料。

（1）生长素浓度差异分布假说（Cholodny-Went 假说）　　乔罗尼（Cholodny）和温特（Went）于 1928 年以燕麦胚芽鞘为材料进行研究发现，在单侧蓝光作用下，IAA 向胚芽鞘的背光侧移动。即单侧照光后，胚芽鞘背光侧生长素含量比向光侧多，刺激背光侧生长加快，结果向光弯曲。至于光照引起生长素分布不均，可能是单方向光照引起胚芽鞘尖端不同部位产生电势差，背光一侧带正电，吸引带负电的弱酸性吲哚乙酸（生长素）多；而向光一侧带负电，生长素含量少，生长速度较背光侧慢，结果鞘尖向光弯曲。例如，玉米胚芽鞘尖端 1～2mm 处产生游离态生长素，在光的影响下，生长素在 5mm 以内区域发生横向运输，更多地分布到背光一侧。

（2）抑制剂分布不均匀假说（Brusium-Hasegawa 假说）　　20 世纪 70 年代，人们用生物测定法得到和 Went 类似的结果，而物理化学方法得到的结果显示背光和向光两侧的生长素含量没有明显的差异。相反，向光侧的生长抑制物含量比背光侧多。试验表明，不同植物所含生长抑制物的种类不同。例如，引起向日葵下胚轴向光性的抑制物可能是黄质醛（xanthoxin）；引起萝卜下胚轴向光性的物质可能是萝卜宁（raphanusanin）和萝卜酰胺（raphanusamide）。可见，植物的向光性反应可能不是单一机制或单一物质所控制。另外还发现，这些抑制剂的浓度不仅在向光侧增加，而且与光强呈正相关。

于是 Hasegawa 和 Brusium（1990）共同提出了抑制剂分布不均匀假说。他们认为植物向光性形成的原因是生长抑制物在向光侧和背光侧分布不均匀，光诱导了生长抑制物在向光侧胚轴中的合成，使向光侧生长受到抑制从而产生向光性弯曲。生长抑制剂抑制生长的原因可能是妨碍了 IAA 与 IAA 受体结合，减少 IAA 诱导与生长有关的 mRNA 的转录和蛋白质的合成。还有试验表明生长抑制物质能阻止表皮细胞中微管的排列，引起器官的不均衡伸长。

（3）向光素在植物向光性中的作用　　近年的研究表明，向光素是植物向光性的光受体。试验表明，引起向光性的光是蓝光，而红光则无效。植物体内存在蓝光信号的光受体——向光素，在相对高光强的蓝光 [$100\mu mol/(m^2 \cdot s)$] 下，向光素和隐花色素协同作用使植物的向光性反应减弱；而在相对低光强的蓝光 [$<1.0\mu mol/(m^2 \cdot s)$] 下，两者协同作用使植物的向光性反应增强。

Liscum 等（2014）指出，单侧蓝光照射引起的下胚轴向光性反应与向光素调控生长素的不均匀分布有关。当幼苗在黑暗中时，生长素通过下胚轴运输的量是相同的。在单侧蓝光刺激下，向光素被激活，磷酸化的向光素从质膜进入胞质中，调控生长素积累在下胚轴的背光侧，从而导致下胚轴发生向光性弯曲。

（二）向重力性

植物在重力的影响下，保持一定方向生长的特性，称为向重力性（gravitropism）。根顺着重力方向向下生长，称为正向重力性（positive gravitropism）；茎背离重力方向向上生长，称为负向重力性（negative gravitropism）；地下茎、侧枝、叶柄、次生根等以垂直于重力的方向水平生长，称为横向重力性（diagravitropism）。通常初生根有明显的正向重力性，次生根趋于水平生长；主茎有明显的负向重力性，但侧枝、叶柄、地下茎偏向水平生长。根的正向重力性有利于根向土壤中生长，以固定植株并吸收水分和矿质元素；茎的负向重力性则有利于叶片伸展，并从空间上获得充足的空气和阳光。作物倒伏后，茎会弯曲向上生长；水平放置的幼苗，一定时间后根向下弯曲、茎向上弯曲等现象，都是植物向重力性的表现。太空实验证明，在无重力作用的条件下，植物的根和茎都不会发生弯曲。

　　重力的感受部位在离根尖 1.5～2.0mm 的根冠、离茎端约 10mm 的幼嫩组织及其他尚未失去生长机能的节间、胚轴、花轴等，感受重力的受体是含淀粉体或叶绿体的细胞。研究表面，IAA 是根向重力性反应的主要调控物质，而 Ca^{2+} 在向重力性反应信号转导中起重要作用。

　　长期以来，人们普遍用平衡石的概念来解释向重力性现象。平衡石（statolith）原指甲壳类动物器官中的一种控制平衡的砂粒（起平衡作用）。植物器官中的淀粉体（amyloplast）具有类似平衡石的作用，当器官位置改变时（如横放或斜放），淀粉体将沿重力的方向"沉降"至与重力垂直的一侧，对原生质体造成一定的压力，并作为一种刺激被细胞感受。根部的根冠细胞、茎部维管束周围的淀粉鞘或髓部薄壁细胞中都存在大量的淀粉体，起平衡石的作用。有人发现，拟南芥的一种突变体中无淀粉体的质体也可能起平衡石的作用。

　　一般认为，植物向重力性导致的弯曲生长也是生长素的不均匀分布引起的。当植株水平放置时，由于重力作用，器官上侧的生长素将向下侧移动，导致上侧生长素减少，下侧生长素增多。生长素向下侧移动可能是重力造成的电势差，引起上侧带负电荷、下侧带正电荷，于是带负电荷的生长素向下移动。由于根对生长素比茎敏感，因此根横放时，下侧的生长将由于生长素增多而受抑制，使根向下弯曲生长；相反，茎横放时，下侧的生长将由于生长素的增多而加快，使茎向上弯曲生长。

　　研究发现，Ca^{2+}（及钙调素）和 ABA 在向重力性中也发挥着重要作用。综合平衡石、IAA、Ca^{2+}、钙调素和 ABA 对向重力性的影响，有人提出向重力性的机理：平衡石"沉降"到细胞下侧的内质网上，产生压力，诱发内质网释放 Ca^{2+} 到细胞质，Ca^{2+} 和钙调素结合后激活细胞下侧的生长素泵和钙泵，引起细胞下侧生长素和 Ca^{2+} 的积累（图 9-15）。与此同时，横放根的下侧积累较多的 ABA，从而抑制下侧的生长，引起根尖向下弯曲生长。

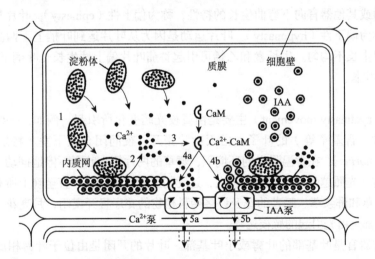

图 9-15　根向重力性反应在柱细胞中的信息感受与转导（引自王忠，2009）
1. 根由垂直改为水平后，柱细胞下部的淀粉体随重力方向沉降，此过程被视为重力感受；2. 淀粉体的沉降触及内质网，使 Ca^{2+} 从内质网释放；3. Ca^{2+} 在胞质内与 CaM 结合（根冠中存在较高浓度的 CaM）；4. Ca^{2+}-CaM 复合体激活质膜 ATPase；5. 活化的 ATPase 把 Ca^{2+} 和 IAA 从不同通道运出柱细胞，并向根尖运输

（三）向化性和向水性

　　向化性（chemotropism）是某些化学物质在植物体内外分布不均匀引起的向性生长。根在土壤中总是朝着肥料多的地方生长。生产上采用深耕施肥，就是为了使根向深处生长，从而可以吸收更多的营养。此外，花粉管的生长也表现出向化性，当花粉落在柱头上时，凡是亲和的，在胚

珠细胞分泌物的诱导下，花粉管向胚珠生长。

根的向水性（hydrotropism）也是一种向化性。当土壤干燥而水分分布不均时，根总是趋向潮湿的地方生长。种植香蕉、竹子时，采用以肥养芽的措施，把它们引到人们希望它生长的地方出芽生长，就是利用根和地下茎在水肥充足的地方生长较为旺盛的生长特点。

（四）向触性

向触性（thigmotropism）是植物生长器官受到单方向机械刺激而引起运动的现象。许多攀缘植物，如豌豆、黄瓜、丝瓜、葡萄等，它们的卷须一边生长，一边在空中自发地进行回旋运动，当卷须的上端触及粗糙物体时，由于其接触物体的一侧生长较慢，另一侧生长较快，使卷须在5～10min 发生弯曲而将物体缠绕起来。例如，爬山虎植物的向触性使其藤本布满整个墙面；而根的向触性可使根能够绕开岩石生长。

植物向触性的可能机理是，卷须某些幼嫩部位的表皮细胞的外壁很薄，原生质膜具有感触性。当这些细胞受到机械刺激后，质膜内外会产生动作电位，并迅速传递，影响离子和水的分布而使接触一侧和背侧细胞的膨压发生不同变化而引起不均匀生长。也有人认为，向触性反应是卷须受机械刺激，引起生长素不均匀分布，背侧 IAA 含量高，促进生长所致。

二、感 性 运 动

感性运动是指由没有一定方向的外界刺激所引起的运动，运动的方向与外界刺激无关。根据外界刺激的种类可分为偏性、感夜性、感温性、感震性等。有些感性运动由生长不均匀引起，如偏上性、感温性；另一些感性运动则由细胞膨压的变化引起，如感震性。

（一）偏上性和偏下性

叶片、花瓣或其他器官向下弯曲生长的特性，称为偏上性（epinasty）；叶片和花瓣向上弯曲生长的现象，称为偏下性（hyponasty）。叶片运动是因为从叶片运到叶柄上下两侧的生长素数量不同，因此引起生长不均匀。生长素和乙烯可引起番茄叶片偏上性生长（叶柄下垂）。赤霉素处理可引起偏下性生长。

（二）感夜性

感夜运动（nyctinasty movement）主要是由昼夜光暗变化所引起。例如，一些豆科植物（大豆、花生、合欢、含羞草等）的叶子，白天叶片张开，夜间闭合或下垂。特别奇特的是舞草（*Codariocalyx motorius*），在常温强光的环境下，舞草的两片侧小叶会不停地摆动，上下飞舞，或作 360° 的大旋转，光照越强或声波振动越大，运动的速度就会越快，直至晚上所有叶片下垂闭合睡眠为止。三叶草和酢浆草、睡莲的花及许多菊科植物的花序昼开夜闭，月亮花、甘薯、烟草等的花昼闭夜开，都是由光引起的感夜运动。

感夜运动的器官是叶基部的叶褥或小叶基部。叶片的开闭是由位于叶褥相反侧称为腹侧运动细胞（ventral motor cell）和背侧运动细胞（dorsal motor cell）膨压的变化所致。而膨压的变化依赖于细胞渗透势变化导致的细胞水分的变化。目前提出的可能机制为：在光调控小叶张开过程中，腹侧运动细胞受光的刺激而使质膜质子泵活化，泵出质子，建立跨膜质子梯度，促进 K^+ 与 Cl^- 的吸收，细胞渗透势下降，细胞吸水，运动细胞膨胀而张开，同时背侧运动细胞质子泵处于去活化状态。在小叶关闭过程中，变化过程处于相反的变化模式。研究表明，光敏素和蓝光受体参与小叶开闭的调控，在白天，红光和蓝光能使闭合的叶片张开，远红光可消除红光的作用。

（三）感温性

由温度变化引起的器官背腹两侧不均匀生长而引起的运动，称为感温运动（thermonasty

movement）。例如，郁金香和番红花的花，通常在白天温度升高时，适于花瓣的内侧生长，而外侧生长减少，花朵开放。夜晚温度降低时，花瓣外侧生长而使花瓣闭合，这样随着每天内外侧的昼夜生长，花朵增大。如果将番红花和郁金香从较冷处移至温暖处，很快又会开花。花的这种感温性是不可逆的生长运动，是由花瓣上下组织生长速率不同所致。这类运动产生的原因可能是温度的变化引起生长素在器官不同面分布不均匀而引起生长不平衡。花的感温性对植物具有重要的意义，可使植物在适宜的温度下进行授粉，还可保护花的内部免受不良条件的影响。

（四）感震性

感震运动（seismonasty movement）是由机械刺激引起的植物运动。含羞草（*Mimosa pudica*）在感受刺激的几秒钟内，就能引起叶褥和小叶基部的膨压变化，使叶柄下垂，小叶闭合，其膨压变化情况及机制类似合欢的感夜运动。有趣的是含羞草的刺激部位往往是小叶，而发生动作的部位是叶褥，两者之间虽隔一段叶柄，但刺激信号可沿着维管束传递。它还对热、冷、电、化学等刺激做出反应，并以 1～3cm/s（强烈刺激时可达 20cm/s）的速度向其他部位传递。另外，食虫植物的触毛对机械触动产生的捕食运动也是一种反应速度更快的感震性运动。

三、生 理 钟

（一）生理钟的概念与作用

生理钟（physiological clock）或生物钟（biological clock）是生物对外界环境变化相适应而产生的生理上有周期性变化的内在节奏。植物的一些生理活动具有周期性或节奏性，而这种周期是一个不受环境影响，以近似昼夜周期的节律（22～28h）自由运行的过程，又称为近似昼夜节奏（circadian rhythm，circadian clock）。

首先用科学的方法来研究生理钟的是 18 世纪的法国天文学家 Jean-Jacques d'Ortous de Mairan。他发现含羞草的叶片白天向着太阳打开，然后在黄昏时合拢；如果将含羞草持续处于黑暗环境中，尽管没有日光照射，其叶片每天仍然保持正常的规律性变化（图9-16），植物似乎有它们自己的生理节律。这是第一次记录内源性的、而不是光或其他外因造成的昼夜节律性的振荡现象。后来法国农学家 Henri-Louis Duhamel du Monceau 做了一个类似的实验。他把含羞草放到黑暗并保持温度恒定的环境中，结果含羞草叶片的昼夜变化仍然存在，从而发现了这种节律不仅不依赖光，而且不依赖于温度，进一步提示内源性生理钟的存在。1832 年，瑞士植物学家 Alphonse de Candolle 发现，植物叶片在恒定条件下的律动周期并不完全与地球的自转周期相同，有的植物律动周期比 24h 长一点，而另一些则短一点，这从另一方面提示生理钟的节律是独立于环境的、自主的节律，否则它们的节律周期应该和地球自转一样。

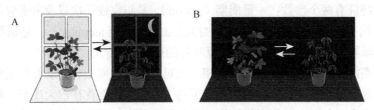

图 9-16 含羞草的昼夜周期节律现象

含羞草的叶片白天向着太阳打开，到黄昏时闭合（A）；如果将含羞草放在黑暗环境中，没有阳光照射，叶片仍然保持其正常的规律性变化（B）

菜豆叶片在白天呈水平方向伸展，而晚间呈下垂状态的运动，也是一种典型的近似昼夜节律（图9-17）。这种周期性运动即使在连续光照或连续黑暗及恒温的条件下仍能持续进行，其特点是不受温度的影响，可以自动调拨。生命的内源节奏现象在生物界从单细胞到多细胞生物，包括植物和动物中广泛存在。

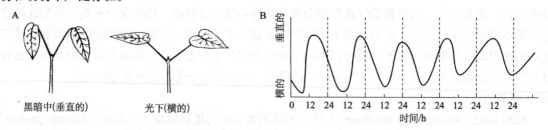

图 9-17　菜豆叶片在恒定条件（微弱光，20℃）下的运动（引自潘瑞炽，2012）
A. 菜豆叶片的位置；B. 在连续弱光下菜豆叶片的睡眠运动

植物方面的例子很多。例如，小球藻的细胞分裂，膝间藻的发光现象，许多种藻类和真菌的孢子成熟和散放；高等植物的花朵开放，叶片的感夜运动、光合活性、气孔开闭、蒸腾作用、呼吸作用，伤流液的流量和其中氨基酸的浓度和成分，胚芽鞘的生长速度等。植物组织培养中也可观察到培养物膨压和生长速度的内在性昼夜变化。

生理钟有明显的生态意义。例如，有些花在清晨开放，为白天活动的昆虫提供了花粉和花蜜；菜豆、酢浆草、三叶草等叶片在白天呈水平位置，这对吸收光能有利。

（二）生理钟的特征与机制

生理钟是生物适应环境的古老机制。从原理上讲，地球上所有的生物都生活在同一个周期为24h的日光变化的环境中，并且每种生物都是从单细胞演化而来，因此每个生物体的每个细胞都可能有一个生理钟。

生理钟有如下几个基本特征：生理钟是内源的、自主的、不依赖于环境变化的生物节律；昼夜节律的生理钟周期不是精确的 24h，而是接近于 24h；生理钟具有温度补偿的性能，能在不同的温度条件下保持稳定；光照不是产生节律的原因，但能够调节和重置昼夜节律生理钟的相位并使其同步。

生理钟包括 3 个基本组成：①昼夜振荡器（circadian oscillator），产生近似 24h 计时机制；②信号输入途径，该途径可根据环境变化调节昼夜振荡器，决定生理钟的节律；③信号输出途径，通过该途径调节生理钟控制的生理过程。最初，人们认为生理种是输入途径、昼夜振荡器和输出途径 3 个元件以单方向形式行使调控功能；随着研究的深入，越来越多的证据表明，生理钟节律是一个扩大的相互调控的网络系统，并与植物信号元件之间有相互作用、共同感知环境变化、调控植物与之适应的生理过程。

描述生理钟特征有两个参数：一是周期（period），是指完成一次昼夜节奏时间长度，也就是在重复的周期曲线上两个同位点之间的特定时间；二是振幅（amplitude），是指所观察的反应的变动幅度，即波峰与波谷之间的距离，如菜豆叶片的运动。

生理钟的周期能被外界光信号重拨和调相。光对生理钟的周期有启动和校正的作用。若将通常在夏季夜间开放的昙花放在日夜颠倒的条件下约 1 周，可使昙花在白天盛开。接收光信号的受体可能是光敏素或隐花色素，一些豆科植物叶片的昼夜节奏性运动对红光敏感；气孔运动的内源节奏是蓝光反应，由隐花色素作为光受体。

对生理钟分子机制的研究发现，一种受到昼夜节律控制的周围蛋白（period protein，PER）会在夜晚积累并在白天降解，即 PER 蛋白质的水平存在 24h 的周期性起伏，与昼夜节律相一致。PER 蛋白的作用是抑制节律基因的活动，它可通过一条抑制反馈回路阻止自身的合成，从而在一个连续的昼夜周期中形成节律。研究表明，细胞核内 PER 蛋白的含量在夜间上升，与第二种节律基因产生的恒在蛋白（timeless protein，TIM）相互结合而进入细胞核并发挥作用，抑制节律基因的活动并关闭抑制反馈回路（图 9-18）。另一种基因编码的双倍时间蛋白（doubletime protein，DBT）能够延缓 PER 蛋白积累，从而调控 PER 积累的周期，使其尽可能接近 24h。杰弗里·霍尔（Jeffrey C. Hall）、迈克尔·罗斯巴什（Michael Rosbash）及迈克尔·杨（Michael W. Young）因发现了调控昼夜节律的分子机制于 2017 年获得诺贝尔生理学或医学奖。

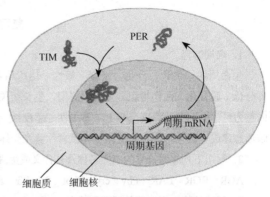

图 9-18　生理钟基因表达的负反馈调控模式图

本 章 小 结

植物的生长包括营养生长和生殖生长。分化是同质的细胞类型转变成异质细胞的过程。发育是植物生长分化的动态过程。生长、分化和发育的本质是基因按照特定的程序表达而引起植物生理生化活动和形态结构上的变化。

分生组织对整株植物的发育起控制作用，可分为原生分生组织、初生分生组织和次生分生组织或顶端分生组织、侧生分生组织和居间分生组织。植物体还有再生作用与极性现象。

植物组织培养的理论基础是细胞全能性。组织培养的基本程序包括外植体的选择与消毒、培养基制备、消毒灭菌、接种与培养、试管苗移栽等环节。组织培养技术是研究器官分化和形态建成等的有效手段，在生产实践中的应用日益增多，并取得了可喜的成绩。

植物细胞、器官及整株的生长速率都表现出"慢-快-慢"的基本规律，即生长大周期。生长速率的表示方法可用绝对生长速率和相对生长速率。植物体或植物器官的生长速率存在昼夜周期性（温周期性）和季节周期性。

种子萌发是种子的胚从相对静止状态变为生理活跃状态，可分为 3 个阶段，即吸胀吸水阶段、迟缓吸水阶段和生长吸水阶段。种子的萌发除本身要具有健全的发芽力及解除休眠期以外，也需要充足的水分、适宜的温度、足够的氧气，有的还需要光照。

种子萌发初期的呼吸作用主要是无氧呼吸，而随后进行的是有氧呼吸；贮藏的大分子有机物在酶的作用下分解为简单的、便于转运的小分子化合物，供给正在生长的幼胚；有许多激素参与。幼苗出土后，要在适宜的温度、光照、水分、肥料等条件下才能成为健壮的植株。

光形态建成亦即植物的光控发育作用。植物体内的光受体主要包括光敏素、隐花色素、向光素等。光敏素的红光吸收型（Pr）和远红光吸收型（Pfr）可相互转化，Pr 是生理钝化型，Pfr 是生理活化型。光敏素调控的光形态建成反应非常广泛，其作用机理主要有膜作用假说和基因调节假说。

植物体各部分之间的相关性包括地上部与地下部的生长相关，主茎与侧枝的生长相关，营养器官与生殖器官的生长相关等。

向性运动是指植物的某些器官由于受到外界环境中单方向的刺激而产生的运动，可分为向光性、向重力性、向化性等。感性运动是指由没有一定方向的外界刺激所引起的运动，可分为偏性、感夜性、感温性、感震性等。植物的一些生理活动具有周期性或节奏性，不受环境影响，称为生理钟或生物钟。

复习思考题

1. 名词解释

生命周期　生长　分化　发育　极性　组织培养　温周期　顶端优势　生长曲线　生理钟　外植体　再分化　脱分化　愈伤组织　生长大周期　生长相关性　根冠比　再生作用　向性运动　感性运动　向光性　向重力性　协调最适温度　偏上（下）性　感夜性　感温性　感震性　需光种子　需暗种子　光形态建成　暗形态建成　黄化现象　光受体　光敏素　蓝光受体　隐花色素　向光素　种子活力

2. 写出下列缩写符号的中文名称及其含义或生理功能。

AGR　RGR　LAR　Phy　cry　Phot　Pr　Pfr　*R/T*

3. 试述植物组织培养的原理和特点。

4. 简述植物地上部和地下部的相关性。生产上如何调节作物的根冠比？

5. 试述生长、分化和发育三者之间的区别与联系。

6. 植物生长和分化的类型有哪些？

7. 简述种子萌发过程中的生理生化变化。

8. 简述植物向光性的生物学意义。

9. 简述含羞草小叶与复叶运动的机制。

10. 了解植物生长大周期有何意义。

11. 分析植物顶端优势产生的原因，如何利用顶端优势指导生产实践？

12. 试用植物生理学的知识解释："雨后春笋""根深叶茂""本固枝荣""旱长根、水长苗"。

13. 光形态建成对于植物有何重要意义？

14. 谈谈光形态建成与暗形态建成的关系。

15. 植物光形态建成的受体有哪几类？各有什么特点？

16. 你如何理解植物体内存在不同的光形态建成受体？

17. 生理钟有何特点与生理作用？

第十章　植物的成花和生殖生理

【学习提要】理解植物从营养生长到生殖生长转变的条件。掌握植物春化作用的概念和条件，了解春化作用的机理。掌握光周期现象的概念与植物对光周期的反应类型，了解植物对光期与暗期的要求及光周期现象的机理。理解春化作用与光周期理论的应用。了解植物花芽分化及性别分化的机制和花粉生理与柱头生理。

第一节　春　化　作　用

在高等植物的生命周期中，最明显的变化是营养生长到生殖生长的转变，其转折点就是花芽分化（flower bud differentiation），即指成花诱导之后，植物茎尖的分生组织不再产生叶原基和腋芽原基，而分化形成花或花序的过程。成花诱导（floral induction）是指植物在内在和外界环境因素的诱导下分化发育形成花芽的过程。大多数植物在开花之前要达到一定年龄或是达到一定的生理状态后才能在适宜的外界条件下开花。植物开花之前必须达到的生理状态称为花熟状态（ripeness to flower state）。植物在花熟状态之前的生长阶段称为幼年期（juvenile phase）。植物幼年期向成年期（adult phase）的转变与基因调控密切相关，是特异基因在特定时间和空间顺序表达的结果。因而，处于幼年期的植株，即使满足其成花所需的外界条件也不能成花；已经完成幼年期生长的植株，往往需在适宜的外界条件下才能开花。这些外界条件中温度和光照长度尤为重要，许多植物总是在特定的季节开花，这与它们在进化过程中长期适应外界环境的周期性变化有关。

一、春化作用的条件

低温是诱导植物进行花芽分化的重要环境因素。一些植物必须经历一定的低温，才能形成花原基，进行花芽分化。早在19世纪人们就注意到低温对作物成花的影响。Anon（1839）低温处理冬性品种的小麦，即使春播也能抽穗结实。Klippart（1857）将冬小麦种子浸水冷冻数月后，也能在春天播种而正常抽穗结实。1918年，Gassner通过对小麦和黑麦研究之后，将它们区分为需要秋播的"冬性"品种与适应春播的"春性"品种，冬性品种必须在秋冬季节播种，出苗越冬后，次年春季才能开花；如果将冬性品种改为春播，则只长茎叶，不能顺利开花结实；而春性品种不需要经过低温过程就可开花结实。

1928年，Lysenko将吸水萌动的冬小麦种子进行低温处理后春播，可在当年夏季抽穗开花，他将这种处理方法称为春化，意指使冬小麦春麦化了。这种经过低温诱导促使植物开花的作用称为春化作用（vernalization）。我国北方农民早就应用春化处理来进行冬麦春播或春季补苗。例如，"闷麦法"就是将萌动的冬小麦种子闷在罐中，放在0~5℃低温下40~50d，即可用于春季补种。现在春化的概念不仅限于种子对低温的要求，还包括成花诱导中植物在其他时期对低温的感受。用低温诱导植物开花的处理称为春化处理（图10-1）。

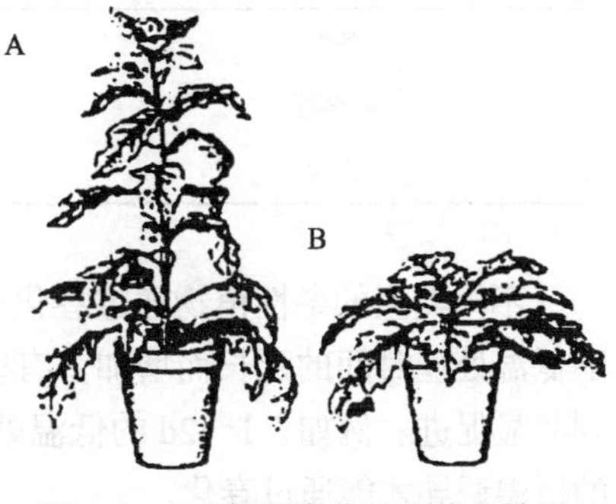

图 10-1　天仙子春化处理成花效果
A. 春化；B. 未春化

（一）春化植物类型

依植物对低温诱导感受的时期不同，可将需要低温诱导的植物划分为 3 个主要类型：冬性一年生植物、二年生植物和需低温诱导的多年生植物。

1. **冬性一年生植物**　常见的有冬性禾谷类植物如冬小麦、冬黑麦、冬大麦等，在秋季播种，以幼苗越冬，经受冬季的自然低温诱导，第二年春末夏初抽穗开花。

2. **二年生植物**　大多数二年生植物如萝卜、胡萝卜、白菜、芹菜、甜菜、荠菜、天仙子等的开花也要求低温。它们在头一年秋季长成莲座状的营养植株，并以这种状态过冬，经过低温的诱导，于第二年夏季抽薹开花。如果不经过一定天数的低温，就一直保持营养生长状态。当然植物经过低温春化后，往往还要在较高温度和一定日照条件下才能完成开花结实过程，因此春化过程只对植物开花起诱导作用。

3. **需低温诱导的多年生植物**　许多多年生植物的开花要求每年冬天的低温诱导，如果没有冬季的寒冷条件，就不开花，如紫罗兰、菊花的某些品种、紫菀、石竹、黑麦草等。有些春季开花的多年生植物，它们的开花也要求低温，如水仙、藏红花等，它们的花是在温暖的春季形成的，而花的发育则需经过冬季的低温，它们对低温的要求不是为了花诱导，而是打破花芽的休眠。

植物开花对低温诱导的依赖性程度也存在一定差异，一般分为两种类型：一类植物对低温的要求是绝对的，二年生和多年生草本植物多属于这类；另一类植物对低温的要求是相对的，如冬小麦等冬性植物，低温处理可促进它们开花，未经低温处理的植株虽然营养生长期延长，但最终也能开花。它们对春化作用的反应表现出量的需要，随着低温处理时间的加长，到抽穗需要的天数逐渐减少，而未经低温处理的，达到抽穗的天数最长。

（二）春化作用的影响因素

1. **低温和低温持续的时间**　低温是春化作用的主要条件之一，但植物种类或品种不同，对低温要求的范围及低温持续的时间也不一样。大多数植物最有效的春化温度是 $1\sim2\,℃$。但只要有足够的持续时间，$-1\sim9\,℃$ 都同样有效。

一般温度低于最适生长温度时对成花就具有诱导作用，但植物的原产地不同，通过春化时所要求的温度也不一样。例如，禾谷类植物的春化温度可低至 $-6\,℃$，而热带植物橄榄的春化温度则高达 $10\sim13\,℃$。根据原产地的不同，可将小麦分为冬性、半冬性和春性品种 3 种类型，通常冬性愈强，要求的春化温度愈低，春化的时间也愈长（表 10-1）。我国华北地区的秋播小麦多为冬性品种，黄河流域一带的多为半冬性品种，而华南一带的则多为春性品种。

表 10-1　不同类型小麦通过春化需要的温度及时间

类型	春化温度范围 /℃	春化时间 /d
冬性	0～3	40～45
半冬性	3～6	10～15
春性	8～15	5～8

不同类型的冬性植物通过春化时要求低温持续的时间也不一样，在一定期限内，春化的效应随低温处理时间的延长而增加。有些植物只要经过几天或约 2 周的低温处理后，其开花过程就受到明显促进。例如，$1\sim2d$ 的低温处理就明显促进芹菜的开花。而强冬性植物通常需要 $1\sim3$ 个月的低温诱导才能通过春化。

植物在春化过程没完成之前，如将其置于较高温度下，低温诱导开花的效果会被减弱或消除。这种由于高温消除春化作用的现象，称为脱春化作用或去春化作用（devernalization）。一般脱春化的有效温度为 25～40℃。例如，冬黑麦在 35℃条件下 4～5d 即可解除春化。植物经过低温春化的时间越长，春化的解除就越困难。一旦低温春化过程结束，春化效应就非常稳定，高温处理便不起作用。多数去春化的植物重返低温条件下，可重新进行春化，且低温的效应可以累加，这种去春化的植物再度被低温春化的现象，称为再春化现象（revernalization）。

2. 氧气、水分和营养　　植物春化时除了需要一定时间的低温外，还需要充足的氧气、适量的水分和作为呼吸底物的糖分，这些是保证植物正常生长发育所必需的条件基础。植物在缺氧条件下不能完成春化；干燥种子低温处理不能通过春化；若将小麦的胚在室温下萌发至体内糖分耗尽时再进行低温诱导，这样的离体胚不能完成春化，当添加 2% 的蔗糖后，则离体胚就能感受低温而通过春化。

3. 光照　　光照与春化作用的关系较为复杂，因植物种类不同而存在差异。一般而言，充足的光照可以促进二年生和多年生植物的低温诱导效果，可能与充足的光照促进植物生长、缩短幼年期、有利于糖类营养积累有关。某些冬性禾谷类品种中，短日照处理可以部分或全部代替春化处理，这种现象称为短日春化现象（short-day vernalization）。但大多数植物在春化之后，还需在长日条件下才能开花，若在短日下生长，则不能开花，春化的效应逐步消失。当然也有例外，如菊花是需春化的短日植物。

二、春化作用的时期和感受部位

（一）感受低温的时期

不同植物感受低温的时期具有明显差异，大多数一年生冬性植物在种子吸胀以后即可接受低温诱导，但在苗期进行效果较好，其中以三叶期春化处理效果最佳，如冬小麦、冬黑麦等，这类植物属种子春化型。大多数需要低温的二年生和多年生植物只有当幼苗生长到一定生物量后才能感受低温，种子萌发状态下进行春化无效。例如，甘蓝幼苗茎的直径达 0.6cm 以上，叶宽达 5cm 以上时，才能感受低温的刺激而通过春化。月见草至少要有 6～7 片叶时，才能进行低温春化，这类植物属绿体春化型。

（二）春化作用感受部位

许多植物感受低温的部位是茎尖端的生长点。例如，栽培于温室中的芹菜，由于得不到春化所需的低温，不能开花结实。如果用通入 0℃冷水的橡胶管把芹菜茎的顶端缠起来，只让茎的生长点得到低温，就能通过春化而在温室开花结实。反之，如果是将芹菜置于低温条件下，当给予茎尖 25℃左右的较高温度处理时，则植株不能开花。多种植物生长点局部温度处理实验都表明茎的尖端是接受春化的部位。

有的冬性一年生植物的萌动种子感受低温刺激进行春化的部位是胚（胚芽）。离体胚在适合的培养基上，也可接受低温刺激进行春化。麦类植物的幼胚在母体的穗中发育时，也能接受低温的影响而进行春化，甚至是受精后 5d 的胚也可进行春化。

上述事实说明植物在春化作用中感受低温的部位是分生组织和能进行细胞分裂的组织。

三、春化作用的机理

（一）春化效应的传递

1. 春化效应传递的试验　　春化作用的效果是否能传递，通过有关试验得到两种完全相反的结果。一些嫁接试验证明，植物完成春化的感受状态只能随细胞分裂从一个细胞传递到另一个细胞，传递时应有 DNA 的复制，与表观遗传机制相关。另一些实验表明完成春化作用的植株不仅能将这种刺激保持到植物开花，还能传递给同一植株后来长出的分蘖或分枝，这些分蘖或分枝不经春化仍能正常开花。嫁接试验还显示，经低温处理的植株可能产生了某种可以传递的物质，通过嫁接传递给未经春化的植株，而诱导其开花。例如，将春化的二年生天仙子枝条或叶片嫁接到未经春化的同一品种植株上，可诱导没有春化的植株开花；如果将已春化的天仙子枝条嫁接到没有春化的烟草或矮牵牛上，也同样引起后两种植物开花。以上现象说明通过低温春化的植株可能产生某种可以在植株间进行传递的物质。

2. 春化效应的物质　　Melcher（1939）将这种春化效应的刺激物质命名为春化素（vernalin）。多年来，许多学者试图从已春化植株中提取春化素，但至今未能分离出这种物质。大量研究表明一些化学物质与开花诱导密切相关。

（1）赤霉素　　许多需春化作用的植物，如二年生天仙子、白菜、甜菜和胡萝卜等不经低温处理则只长莲座状的叶丛，不能抽薹（bolting）开花，但用赤霉素处理可使这些植物不经低温处理就能开花。一些植物（油菜、燕麦等）经低温处理后，体内赤霉素含量较未处理的多；冬小麦的赤霉素含量原来比春小麦低，但经低温处理后体内赤霉素增加到春小麦的水平；用赤霉素生物合成抑制剂处理植株会对春化起抑制效应。

这些结果都表明赤霉素与春化作用有关，是否赤霉素就是所寻找的春化素？研究结果表明：赤霉素并不能诱导所有需春化的植物开花；植物对赤霉素的反应也不同于低温诱导，被低温诱导的植物抽薹时就出现花芽，而赤霉素引起植物抽薹后，才诱导花芽分化。可能低温下产生的春化素在长日下转变为赤霉素或诱导赤霉素合成，进而诱导成花；但赤霉素并不是春化素，两者之间的关系有待进一步研究（图 10-2）。

（2）玉米赤霉烯酮　　也有研究发现，高等植物体的微量生理活性物质玉米赤霉烯酮（zearalenone，ZL）与春化作用有关。玉米赤霉烯酮广泛存在于越冬的小麦、油菜、胡萝卜和芹菜的茎尖中，并在低温下形成。在油菜春化过程中，玉米赤霉烯酮的含量逐步增加，未春化植株的茎尖则未见玉米赤霉烯酮的存在。当玉米赤霉烯酮的累积量达到一定高峰值时，标志着春化作用完成，随后玉米赤霉烯酮逐渐消失。且外施玉米赤霉烯酮有部分代替低温的效果。有人认为玉米赤霉烯酮可能作为一种植物激素信号，启动某些酶系统，从而促进春化作用的通过。

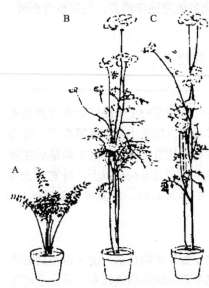

图 10-2　低温和外施赤霉素对胡萝卜开花的效应（引自王忠，2009）
A. 对照；B. 未低温处理，但每天施用 10μg GA；C. 低温处理 8 周

（二）春化作用与植物代谢

植物在通过春化作用的过程中，其开花部位的茎尖生长点并没有立刻发生形态上的明显变化，却在内部代谢方面发生了显著变化，包括呼吸代谢、核酸代谢、蛋白质代谢、激素水平和有关基因的表达。

在春化处理的前期，需要氧和糖的供应，此时氧化磷酸化作用的顺利进行对冬小麦的春化过程有强烈影响。例如，用氧化磷酸化的解偶联剂 2,4-二硝基苯酚（DNP）处理，发现 DNP 在抑制氧化磷酸化的同时，也强烈地抑制了春化的效果，且这种抑制作用在春化处理的前期最明显。这说明氧化磷酸化过程对春化作用有重要影响，可能与 ATP 的形成有关。通过春化的冬小麦种子呼吸速率升高。

同时，在春化过程中，冬性谷类作物细胞内的氧化酶系统也发生动态变化，在前期以细胞色素氧化酶类起主导作用，随着低温处理时间的加长，细胞色素氧化酶活性逐渐降低，而抗坏血酸和多酚氧化酶的活性不断提高。

（三）春化作用与基因表达

春化作用是低温诱导植物体内基因特异表达的过程。冬小麦和冬黑麦经春化之后，有特异蛋白质的出现；而将正在进行春化的冬小麦经高温脱春化处理以后，特异蛋白质组分也就观察不到了。

春化过程中，不仅核酸（特别是 RNA）含量增加，RNA 性质也发生变化。低温处理的冬小麦幼苗中可溶性 RNA 及 rRNA 含量提高；从经过 60d 低温处理的冬小麦麦苗中提取出来的染色体，主要合成沉降系数大于 20S 的 mRNA，而常温下生长的冬小麦麦苗中的染色体，主要合成 9～20S 的 mRNA。这种低温诱导合成大分子质量 mRNA 的现象，表明春化可诱导基因特异性表达，可能对冬小麦以后的成花起重要作用。这些特异性 mRNA 可进行特异多肽的翻译。因此，低温是先在转录水平上进行调节，产生一些特异的 mRNA，并在低温下翻译出特异的蛋白质。这些蛋白质在小麦幼芽内出现后，导致植物体内的代谢方式或生理状态发生变化，使其初步具有与春小麦类似的特点，可在春播条件下开花结实。

（四）春化作用的分子机制

双子叶植物（如拟南芥）春化作用的分子与表观遗传控制机理和单子叶植物（如小麦）的有别。在拟南芥（*Arabidopsis thaliana*）中发现至少有 5 个与春化反应直接相关的基因：*vrn1*、*vrn2*、*vrn3*、*vrn4*、*vrn5*。其中 *vrn2* 编码一个核定位锌指结构蛋白，可能参与转录的调控。在小麦和大麦等作物中，春化促进开花途径包括 *VRN1*、*VRN2*、*VRN3* 和 *VRN-D4* 等春化基因的调控，其中 *VRN1* 编码一个类似 *FRUITFULL* 的 *MADS-box* 转录因子，在春化过程中起到至关重要的促进作用。在小麦中，春化调控基因 *VER2* 在春化过程中通过改变 RNA 结合蛋白 GRP2 的亚细胞定位，解除 GRP2 对 TaVRN1 前体 mRNA 可变剪接的抑制作用，促进小麦开花。在冬小麦中得到 4 个与春化相关的 cDNA 克隆：*verc17*、*verc49*、*verc54* 和 *verc203*。它们只在春化后的冬小麦体内表达，而在未春化和脱春化的植株中不表达。其中，*verc203* 和 *verc17* 相关基因可能参与春化过程，影响开花时间及花序的发育。*verc203* 与茉莉酸诱导基因有部分同源性，暗示该基因在春化诱导中的作用可能与茉莉酸参与的信号转导有关。

还有人采用拟南芥突变体研究证实，开花抑制因子（*FLOWERING LOCUS C*，*FLC*）基因与春化密切相关。在低温处理前，顶端分生组织中有 *FLC* 的强烈表达，低温处理之后，随着处理时间延长，*FLC* 的表达逐渐减弱，直至被抑制，植物则进入生殖生长。此外，DNA 的甲基化程度与春化作用也有密切关系。研究发现，拟南芥经一定时间的低温处理后，其 DNA 的甲基化水平大大降低，使营养生长向生殖生长转变，开花时间提前。由此可见，春化作用作为一种外部条件调控一些特异基因的活化、转录和翻译，从而导致一系列生理生化代谢过程的改变，最终进入花芽分化、开花结实。

四、春化作用的应用

（一）人工春化处理

农业生产上对萌动的种子进行人为的低温处理，使之完成春化作用的措施称为春化处理。经过春化处理的植物，开花诱导加速，提早开花、成熟，可有效缩短作物的生育期。中国农民创造了闷麦法，即将萌动的冬小麦种子闷在罐中，放在 0～5℃低温下 40～50d，就可用于在春天播种或补种冬小麦；在育种工作中利用春化处理，可以在一年中培育数代冬性作物，加速育种过程；为了避免春季倒春寒对春小麦的低温伤害，可以对种子进行人工春化处理后适当晚播，缩短生育期。同样在杂交育种中通过人工春化调节开花期使亲本花期相遇。

（二）指导调种引种

不同纬度地区的温度有明显的差异，我国地理纬度跨度大，南北温度差异大。在南北方地区之间引种时，必须了解品种对低温的要求，北方的冬性品种引种到南方，就可能因当地温度较高而不能满足它对低温的要求，不能开花结实。掌握了不同品种的春化特性，就可在引种中免受损失。

（三）控制花期

在生产上，可以利用春化处理、去春化处理、再春化处理来控制营养生长和开花时期。以营养器官生产为主的作物可延长营养生长期获得更大的经济价值，如洋葱在春季高温处理以去除春化，可防止在生长期抽薹开花，以获得较大的鳞茎。当归为二年生药用植物，当年收获的肉质根品质差，第二年又因开花降低根的药用价值。如果第一年冬前将根挖出，贮藏在高温条件下使其不通过春化，便可减少次年的抽薹率，从而获得质量更好的当归根，提高产量和药用价值。在花卉栽培中，若用低温处理，可使一、二年生草本花卉改为春播，在当年开花。

第二节　光周期现象

一、植物对光周期的反应

（一）光周期现象的发现

在一天 24h 的循环中，白天和黑夜总是随着季节不同而发生有规律的交替变化。一天之中白天和黑夜的相对长度，称为光周期（photoperiod）。光周期的昼与夜相对长度因地理纬度和季节的变化而有严格的规律性。自然条件下的植物开花具有明显的季节周期性，同一地点不同播期的植物往往在同一时期开花。

早在 1912 年，法国人 Tournois 就发现蛇麻子等植物在短日照条件下可提早开花。从 1920 年开始，美国园艺学家 Garner 和 Allard 对日照长短与开花的关系进行了广泛研究。他们观察到美洲烟草在华盛顿附近地区夏季长日照下，株高达 3～5m 时仍不开花，但在冬季温室中栽培时，株高不到 1m 即可开花；而在冬季温室内补充人工光照延长光照时间后，则烟草保持营养生长状态而不开花；在夏季用黑布遮光，人为缩短日照长度后，这种美洲烟草就能开花。他们根据这些实验提出美洲烟草的花诱导取决于日照长度的理论。后来，又观察到不同植物的开花对日照长度有不同的反应，这是植物长期适应自然气候规律性变化的结果。植物对白天和黑夜相对长度的反应，称为光周期现象（photoperiodism）。

（二）植物对光周期反应的类型

根据植物开花对光周期的反应不同，一般将植物分为 3 种主要类型：短日植物、长日植物和日中性植物（图 10-3）。

1. **短日植物**　在 24h 昼夜周期中，日照长度短于某一临界时数才能开花的植物称为短日植物（short day plant，SDP）。短日植物在昼夜周期中适当地缩短光照，或延长黑暗可促进提早开花，而延长光照时数，则延迟开花。若光照时数超过一定数值则不能开花，如苍耳、菊花、玉米、大豆、甘蔗、晚稻、大麻、日本牵牛、美洲烟草等。当然，短日植物需要一定的光照时数维

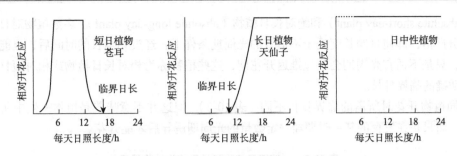

图 10-3　3 种主要光周期反应类型

持正常生长发育水平，过短的光照条件下也无法完成生长和开花。

2. 长日植物　　长日植物（long day plant，LDP）是指在昼夜周期中日照长度大于某一临界时数时才能开花的植物。延长日照长度、缩短黑暗期可促进开花，而延长黑暗，则推迟开花或不能开花。这类植物有小麦、大麦、黑麦、燕麦、油菜、菠菜、甜菜、天仙子、胡萝卜、芹菜、洋葱、莴苣等。

3. 日中性植物　　日中性植物（day neutral plant，DNP）是指在任何日照长度条件下都能开花的植物。这类植物开花对日照长度的要求不严格，对日照长度要求的范围很广，自然条件下的日照一般能满足其开花的要求，只要温度适当，一年四季均能开花，如番茄、黄瓜、茄子、辣椒、四季豆、棉花、蒲公英、月季花等四季花卉及玉米、水稻的一些品种。

4. 其他光周期反应类型　　除上述 3 种典型的光周期反应类型外，还有些植物花诱导和花形成的两个过程很明显地分开，且要求不同的日照长度，这类植物称为双重日长（dual daylight）类型。例如，大叶落地生根、芦荟等的花诱导过程需要长日照，但花器官的形成则需要短日条件，这类植物称为长-短日植物（long short day plant，LSDP）。与之相反，风铃草、白三叶草、鸭茅等植物的花诱导需短日照，而花器官形成需要长日条件，这类植物称为短-长日植物（short long day plant，SLDP）。

还有一类只能在一定的中等长度的日照条件下才能开花，而在较长和较短的日照下均保持营养生长状态的植物称为中日性植物（intermediate-day plant）。例如，甘蔗只有在日长 11.5～12.5h 的日照下才开花。与中日性植物相反，有较少的植物在一定的中等长度的日照条件下保持营养生长状态，而在较长和较短的日照下才能开花，将这类植物称为两极光周期植物（amphotoperiodism plant），如狗尾草等。

二、植物对光期与暗期的要求

（一）植物对临界日长的要求

1. 临界日长的概念　　长日植物和短日植物是依其对临界日长的反应方向而划分的，长日植物开花所需的日照长度并不一定长于短日植物所需要的日照长度，而主要取决于在超过或短于临界日长时的反应。

临界日长（critical daylength）是指在昼夜周期中短日植物开花所能允许的最长日照长度或长日植物开花所能允许的最短日照长度。长日植物只能在长于临界日长的条件下开花或促进开花，日长短于临界日长就不能开花或明显推迟开花；短日植物只能在短于临界日长的条件下开花或促进开花，而日长超过其临界日长时则不能开花或明显推迟开花。

不同植物开花对临界日长要求的严格性有差异。短日植物中当日长大于临界日长时，就绝对不能开花；长日植物中当日长短于其临界日长时，也绝对不能开花，这类植物分别称为绝对短日植物（absolute short-day plant）和绝对长日植物（absolute long-day plant）。多数植物对日长的要求并不十分严格，即使日照长度处于不适宜的光周期条件下，经过相当长的时间后，也能或多或少地开花，只是不适宜光周期会明显推迟开花期，这些植物称为相对长日植物或相对短日植物，它们没有明确的临界日长。

不同植物开花时所需的临界日长不同（表 10-2），但这并不意味着是植物一生中所必需的日照长度，而只是在发育的某一时期经一定数量的光周期诱导后才能开花。

表 10-2　一些短日植物和长日植物的临界日长

植物名称	24h 周期中的临界日长 /h	植物名称	24h 周期中的临界日长 /h
短日植物		甘蔗	12.5
菊花	15	落地生根	<12
苍耳	15.5	厚叶高凉菜	12
大豆		长日植物	
‘曼德临’（‘Mandarin’）（早熟种）	17	天仙子	11.5
		白芥	约 14
‘北京’（‘Peking’）（中熟种）	15	菠菜	13
		小麦	>12
‘比洛克西’（‘Biloxi’）（晚熟种）	13～14	大麦	10～14
		燕麦	9
美洲烟草	14	甜菜（一年生）	13～14
一品红	12.5	拟南芥	13
晚稻	12	意大利黑麦草	11
红叶紫苏	约 14	毒麦	11
裂叶牵牛	14～15	红三叶草	12

2. 临界日长的影响因素　　植物的临界日长值因各种因素的变化而有所改变，同种植物的不同生态类型、不同品种，同株植株的不同年龄，植物生长的温度环境变化都会在一定程度上影响临界日长。同一作物品种，在同一地方，尽管播种期有早有晚，开花期却很相近；而同一品种在不同纬度地区种植，开花期出现有规律的变化。例如，我国同一晚稻品种，种植地方愈往南，开花愈早；而愈往北，开花愈迟。这是因为同一纬度在不同季节之间，以及不同纬度在同一季节之间光周期出现有规律的变化（图 10-4）。

植物的光周期反应类型和临界日长是植物进化中对原产地的光温条件长期适应的结果。在北纬地区的不同纬度，日照时数的季节变化是夏至日照最长，冬至日照最短，春分和秋分的日照时数各为12h。低纬度地区日照时数的季节变化较小，随着纬度的升高，日照时数的季节变化也逐步加大，即冬季是短日条件，夏季是长日条件。但冬季温度

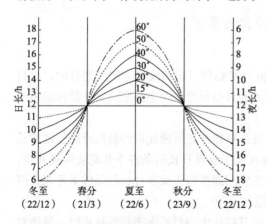

图 10-4　北半球不同纬度地区昼夜长度的
季节性变化

很低，植物不能正常生长，植物生长的季节是长日照条件的夏季。因此光周期和温度的高低共同决定了起源于高纬度地区的植物是长日植物，而起源于低纬度地区的植物是短日植物。中纬度地区，既有长日照条件，又有短日照条件，而且长日季节和短日季节的温度条件都适于植物生长，因此既有长日植物又有短日植物。在温带地区，植物开花的季节很大程度上取决于植物对光周期条件的反应和温度的高低。多数长日植物的自然开花是晚春和早夏；而大多数短日植物属喜温植物，在夏季的长日高温季节进行旺盛的营养生长，到夏末和秋初时开花。日中性植物由于对日照长度没有要求，因此在任何一个季节里都可以开花。植物的光周期现象对指导引种具有十分重要的作用。

（二）植物对暗期的要求

在自然条件下的一个光周期中，光期与暗期在24h内交替出现，两者是互补的。植物的开花诱导需要一定的日长，也就对应一个夜长。大量人工光、暗期处理实验证明，短日植物要求长暗期才能诱导开花，并且这个长暗期要求是连续的，如果没有连续的长暗期，光期长度在临界日长内也不能实现开花诱导。同样，长日植物在满足长光期条件的同时还要求短的暗期才能开花。

Hamner 和 Benner（1938）以短日植物苍耳为材料，在24h的光暗周期中，发现只有当暗期长度超过8.5h时，苍耳才能开花。若以4h光期和8h暗期处理时，苍耳不能开花；当以16h光期和23h暗期处理后，苍耳能开花。这就表明只有当暗期超过一定的临界值时，苍耳才能发生成花反应。又以临界日长为13~14h的短日植物大豆为材料，如果将光期长度固定为16h或4h，在4~20h改变暗期长度，观察到只有当暗期长度超过10h以上时才能开花。以上结果均表明，暗期长度比光期长度显得更为重要。因此，植物在开花诱导中需要一个临界暗期。临界暗期（critical dark period）或称临界夜长（critical night length）是指在昼夜周期中长日植物能够开花的最长暗期长度或短日植物能够开花的最短暗期长度。可以说，短日植物实际上就是长夜植物（long night plant），而长日植物实际上是短夜植物（short night plant），特别是对于短日植物而言，其开花主要是受暗期长度的控制，而不是受日照长度的控制。

暗期间断对植物开花有重要影响。Hamner 等在苍耳的光、暗期实验中，当给予16h暗期处理时，发现在暗期中间即使是短至1min的照光处理（暗期间断），苍耳也会保持营养生长状态，不能完成短日、长夜条件下的开花诱导，而间断白昼则对其开花毫无影响。用很短时间的光照间断了长暗期后的效果如同将苍耳置于长日照下一样；以其他短日植物为材料时，暗期间断同样抑制其花芽分化。Borthwick 等以临界日长大于12h的长日植物大麦为材料，给予12.5h的暗期处理时，其开花受到明显抑制，暗期间断则显著促进其开花（图10-5）。暗期间断实验表明，临界暗期对短日植物和长日植物的开花都是十分重要的。

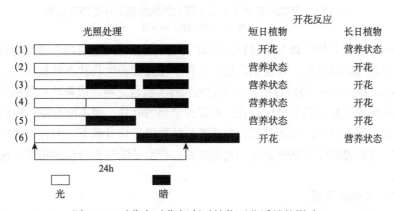

图 10-5　暗期与暗期间断对植物开花诱导的影响

　　归纳起来，在植物的光周期诱导中，暗期的长度是植物成花的决定因素，尤其是短日植物，要求超过一个临界值的连续黑暗。短日植物对暗期中的光非常敏感，中断暗期低强度的短时间的光即有效（日光的 10 万分之一或月光的 3～10 倍），说明这不同于光合作用的反应，是一种光信号的反应。中断暗期的时间也很重要，一般来说，在暗期的中间给予闪光最有效。

三、光周期诱导

（一）光周期诱导的时间

　　植物需要一定天数适宜的光周期处理才能达到光周期诱导效果，然后即使处于不适宜的光周期下，仍然可以长期保持这种诱导效果，即诱导与花的分化是分开进行的，这种诱导现象称为光周期诱导（photoperiodic induction）。光周期诱导是一种低能量反应，所需的光强较低，为 50～100lx。

　　光周期诱导数是指完成开花诱导至少需要的适宜光周期天数。植物种类不同，光周期诱导数有很大的差别。短日植物中如苍耳、日本牵牛等，只要 1 个光周期诱导数即可；'比洛克西'大豆要 3d，大麻要 4d，菊花要 12d。长日植物中油菜、菠菜等只需 1 个光周期诱导，天仙子要 2～3d，而甜菜需要 15～20d。在此基础上增加光周期诱导天数，可使花分化和开花期提早，开花数量也增多。

（二）感受光周期诱导的部位

　　植物的成花部位是茎尖端的生长点。试验表明，感受光周期刺激的部位并不是茎尖的生长点，而是叶片。Knott（1934）首先在长日植物菠菜中观察到这种情况，随后在其他具有光周期反应的植物中得到证实。Chailakhyan 对菊花的叶片和茎尖进行不同光周期处理，发现只要菊花的成熟叶片处于短日照下，不论生长点置于长日照还是短日照下，都能开花；相反，如果成熟叶片处于长日照下，生长点虽然接受短日照却不能开花（图 10-6）。

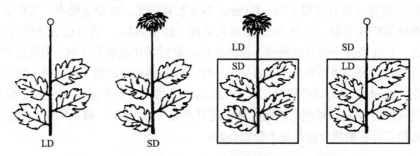

图 10-6　菊花叶片和生长点不同光周期处理的开花诱导效果
LD. 长日照；SD. 短日照

　　Lona（1959）以短日植物紫苏为材料，获得了叶片是感受光周期刺激器官的直接证据。他将离体紫苏叶片经光周期诱导后，嫁接到在长日条件下保持营养生长状态的植株上，结果能使这些植株开花。Hamer 和 Bonner 用短日植物苍耳做的除叶实验也证明，成熟叶片是感受光周期刺激的器官，将苍耳叶片置于短日照下可以开花；若除掉全部的叶片，则不能开花；但只要保留一片叶片的一部分在短日照条件下，则能开花；如将整株植物置于长日照下，但有一张叶片置于短日照下，也能开花。这都说明叶片感受适宜的光周期后，产生了诱导花分化的物质，这些物质能够在植物体内传递。

（三）光敏素在开花中的作用

　　鉴于植物开花光周期现象普遍存在，植物学家对其本质进行了长期而大量的工作。Chaylakhyan

提出了开花的成花素（florigen）假说，但后来的研究者一直没有发现成花素。有研究在拟南芥等植物中发现，flowering locust（*FT*）基因的产物具有类似成花素的功能，该基因受到光周期信号调控表达，其产物在叶片中表达后，通过韧皮部运送到茎端分生组织，促进植物开花。

光敏素虽不是成花素，但影响成花过程。光敏素对成花的作用与 Pr 和 Pfr 的可逆转化有关，成花作用不是取决于 Pr 和 Pfr 的绝对量，而是受 Pfr/Pr 值的影响。Pfr 到 Pr 的暗逆转犹如一个滴漏式计时器，植物以此来感受暗期长度。

短日植物要求低的 Pfr/Pr 值。在光期结束时，光敏素主要呈 Pfr 型，这时 Pfr/Pr 的值高。进入暗期后，Pfr 逐渐逆转为 Pr，或 Pfr 因降解而减少，使 Pfr/Pr 的值逐渐降低，当 Pfr/Pr 值随暗期延长而降到一定的阈值水平时，就可促进形成成花刺激物质而促进开花。对于长日植物成花刺激物质的形成，则要求相对高的 Pfr/Pr 值，因此长日植物需要短的暗期，甚至在连续光照下也能开花。如果暗期被红光间断，Pfr/Pr 值升高，则抑制短日植物成花，促进长日植物成花。

但近年来的研究表明，植物的成花反应并不完全受暗期结束时 Pfr/Pr 相对值所控制。如对许多短日植物来说，在光期结束时立即照射远红光，其开花并未受到促进，反而受到强烈抑制，其临界夜长也只是略微缩短，而不是大大缩短。在短日植物暗诱导的前期（3～6h），体内保持较高的 Pfr 水平有利于成花，而在暗诱导的后期，较低的 Pfr 水平促进成花。

因此，短日植物开花所要求的是暗期前期的"高 Pfr 反应"和后期的"低 Pfr 反应"；而长日植物开花要求的是暗期前期的"低 Pfr 反应"和后期的"高 Pfr 反应"。一般认为，长日植物对 Pfr/Pr 值的要求不如短日植物严，足够长的照光时间、比较高的辐照度和远红光光照对于诱导长日植物开花是必不可少的。有实验表明在用适宜的红光和远红光混合照射时，长日植物开花最迅速。

四、光周期理论的应用

（一）指导调种引种

当从外地引进新的农作物品种时，首先要了解被引品种的光周期特性。因为作物的不同品种之间光周期特性差异很大。例如，烟草既有短日性的，也有长日性和日中性的品种。引种时必须了解所引品种的光周期特性。一般，光周期敏感程度弱的品种，适应性广些；光周期敏感性强的品种，由于它对日长的要求特别严格，适应性差些。因此在引种时一定要考虑本地区的光周期条件能否满足被引品种的需要。同纬度地区间的光周期相同或相近，不同纬度地区间日照长度的差异较大。短日植物南种北引，因光照长而生育期延长，应选用早熟品种；北种南引，生育期缩短，应选用迟熟品种。长日植物南种北引，生育期缩短，可选迟熟品种；北种南引，生育期延长，要选早熟品种。

具有优良性状的某些作物品种间有时花期不遇，无法进行有性杂交育种。通过人工控制光周期，可使两亲本同时开花，便于进行杂交。例如，早稻和晚稻杂交育种时，可在晚稻秧苗 4～7叶期进行遮光处理，促使其提早开花以便和早稻进行杂交授粉，培育新品种。

（二）缩短育种年限

通过人工光周期诱导，可以加速良种繁育、缩短育种进程。可以利用人工短光照或暗期间断处理促进短日植物提前开花，以便进行有性杂交和加代繁殖，培育新品种。同样也可人工调节光周期处理加速长日植物开花。我国地理纬度跨度大，可进行作物的南繁北育：短日植物水稻和玉米可在海南岛加快繁育种子；长日植物小麦夏季在黑龙江、冬季在云南种植，可以满足作物发育对光照和温度的要求，一年内可繁殖 2 或 3 代，加速了育种进程。

（三）控制花期

农作物和园艺植物的栽培中，常常由于某种特殊的目的需要提早或延迟植物的开花。通过人工控制光周期的办法可提前或推迟植物开花。例如，菊花是短日植物，在自然条件下秋季开花，但若给予遮光缩短光照处理，则可提前至夏季开花；也可通过延长日照时数或用光进行暗期间断，使菊花延迟到元旦或春节期间开花。杜鹃、茶花等长日植物，进行人工延长光照处理，可提早开花。

（四）维持作物营养生长

对以收获营养体为主的作物，可通过控制光周期来抑制其开花。例如，短日植物烟草原产于热带或亚热带，引种至温带时，可提前至春季播种，利用夏季的长日照及高温多雨的气候条件，促进营养生长，提高烟叶产量。对于短日植物麻类，通过延长光照或向长日照地区引种，使麻秆生长较长，提高纤维产量和质量。有些叶菜类的蔬菜，通过增施氮肥、加强田间管理和调节播种期，也可收到增产效果。

第三节　花芽分化及性别分化

一、成花诱导的多因子途径

（一）成花诱导途径

在适宜的外界环境和内部因子的共同作用下，植物从营养生长转为生殖生长，开始植物的开花过程。通过应用现代遗传学理论和分子生物学手段进行研究，人们对植物的成花机制有了更深入的了解，发现这个转变过程由复杂的基因调控网络控制。以长日植物拟南芥为例，它的成花诱导包含以下不同的发育途径。

1. 光周期途径　　光周期途径（photoperiodic pathway）是指依赖光周期诱导才能成花的过程。光敏素和隐花色素为光受体，在调控植物开花中起重要作用。在长日条件下，拟南芥中这些光受体和生物钟相互作用导致叶片韧皮部伴胞中 constans（CO）基因表达。在韧皮部中，CO 基因编码的转录因子又激活其下游靶基因 flowering locus T（FT）的表达。FT 蛋白是茎尖分生组织中刺激成花的物质。FT 蛋白运输到茎尖后和转录因子 FD 相互作用形成复合物。然后 FD/FT 复合物激活下游靶基因如 SOC1、AP1 和 LFY，进而致使花序分生组织侧面的花同源异型基因表达。在短日植物水稻中，与 CO 基因同源的 Hd1 是开花的抑制因子基因。然而在诱导性短日条件下，并不产生 Hd1 蛋白。Hd1 的缺乏导致了 Hd3a 基因在韧皮部伴胞中表达。Hd3a 蛋白然后经筛管被运送至茎尖分生组织，在那里它通过一种类似于拟南芥中的途径刺激了开花。

2. 春化途径　　有的植物成花要求低温条件，依赖春化诱导才能成花，称为春化途径（vernalization pathway）。FLC 是控制春化作用的关键基因，可以抑制拟南芥开花。而春化途径则减少开花抑制基因 FLC 的表达而诱导开花。

3. 赤霉素途径　　赤霉素被受体接受之后，通过自身的信号转导途径来促进分生组织中 SOC1 基因表达，促进早开花和非诱导短日下开花，称为赤霉素途径（gibberellin pathway）。

4. 碳水化合物或蔗糖途径　　碳水化合物或蔗糖途径（carbohydrate or sucrose pathway）是指依赖碳水化合物或蔗糖浓度升高才能诱导成花的途径。该途径反映了植物的能量代谢状态。蔗糖是通过增加 LFY 基因表达而促进拟南芥开花，但尚不知其确切的信号转导过程。

5. 自主途径　　某些植物或突变体的开花无须光周期诱导，只要达到一定的生理年龄，即植株只要长足一定的叶片数，无论在长日条件下还是短日条件下都能开花，将依赖生理年龄才能成花的途径称为自主途径（autonomous pathway）。在拟南芥中，与此途径相关联的所有基因都在分生组织中表达。自主途径通过减少开花抑制基因 *FLC* 的表达而诱导开花。因为自主途径和春化途径都通过抑制 *FLC* 基因诱导开花，故可合称为自主和春化途径（autonomous and vernalization pathways）。

6. 其他途径　　此外，被发现的植物开花诱导过程还有年龄途径（age pathway）、环境温度途径（ambient temperature pathway）、光质途径（light quality pathway）等。

（二）各条途径的相互关系

上述这些控制开花的途径最终会聚集在一起，通过开花信号转导途径整合因子基因，起承接整合不同信号转导途径的作用，使多个基因实现各自的调控过程，实现花的形态建成（floral morphogenesis）。例如，这些途径几乎都会增强关键的花分生组织特征基因 *SOC1* 的表达。*SOC1* 是含有 MADS-盒的转录因子，它的作用是将来自各条途径的信号整合到单一的输出端。很显然，当所有途径都被激活时，输出信号最强。*SOC1* 激活下游基因 *LFY* 的表达，*LFY* 一旦被打开，就会激活花器官发育所需的花同源异型基因。

总而言之，植物的开花是一个内外多因子控制的过程，其调节涉及多种信号和多条途径，正是由于植物体内存在成花诱导的多因子途径，才能使植物实现种间同步开花，完成杂交过程，并尽可能产生多而活力强的种子，这也体现了植物进化对环境的适应性。

二、花芽分化

花芽分化（flower bud differentiation）包括花原基形成、花器各部分分化与成熟的过程。

植物经过一定时期的营养生长后，就能感受外界低温和光周期等成花诱导信号产生成花刺激物，完成成花诱导过程。成花刺激物被运输到茎端分生组织，发生一系列成花反应，使分生组织进入一个相对稳定的状态，即成花决定态（floral determined state）。此时植物就具备了分化花或花序的能力，在适宜的条件下就可以启动花的发育过程，实现由营养生长向生殖生长阶段的转变。成花反应的明显标志就是茎尖分生组织在形态上发生显著变化，从营养生长锥变成生殖生长锥，经过花芽分化过程，逐步形成花器官。它包括了成花启动和花器官形成两个阶段。

（一）生长锥形态变化

大多数植物的花芽分化都是从生长锥伸长开始的，但伞形科植物在花芽分化时，生长锥不是伸长而是变为扁平状。无论哪种情况，花芽分化时，生长锥的表面积都明显增大。小麦在春化作用结束时，经过光周期诱导之后，生长锥开始伸长，其表面的一层或数层细胞分裂加速，形成的细胞小、原生质浓，而中部的一些细胞分裂较慢，细胞变大，原生质变稀薄，有的细胞甚至发生液泡化，这样由外向内逐渐分化形成若干轮突起，在原来形成叶原基的位置，分别形成花被原基、雄蕊原基和雌蕊原基。短日植物苍耳在接受短日诱导后，生长锥由营养状态转变为生殖状态的形态变化过程如图 10-7 所示。首先是生长锥膨大，然后自基部周围形成球状突起并逐渐向上部推移，形成一朵朵小花。

图 10-7　苍耳接受短日诱导后
生长锥的变化
A. 营养生长；B~I. 花芽分化各阶段

（二）花芽分化中的生理生化变化

在开始花芽分化后，细胞代谢水平升高，有机物组成发生变化。例如，葡萄糖、果糖和蔗糖等可溶性糖含量增加；氨基酸和蛋白质含量增加；核酸合成速率加快。此时若用 RNA 合成抑制剂或蛋白质合成抑制剂处理植物的芽，均能抑制营养生长锥分化成为生殖生长锥，这说明生长锥的分化伴随着核酸和蛋白质的代谢变化。花器官分化和发育受基因调控，在拟南芥等植物的成花中，已发现有多种基因参与调控。

（三）环境条件对花芽分化的影响

1. 光照　　植物完成光周期诱导之后，光照长和强度大有利于合成成花所需的有机物，特别是碳水化合物的合成有利于成花。如果在花器官形成时期多阴雨，则营养生长延长，花芽分化受阻。在农业生产中，对果树进行的整形修剪、棉花的整枝打杈，可以避免枝、叶的相互遮阴，使各层叶片都得到较强的光照，有利于花芽分化。

2. 温度　　一般植物在一定的温度范围内，随温度升高而花芽分化加快。温度主要通过影响光合作用、呼吸作用和物质的转化及运输等过程，从而间接影响花芽的分化。花分化和形成期如遇低温则会延缓花发育，严重者导致不能形成正常的花粉，一般而言，花发育的减数分裂期是对低温最敏感时期。例如，水稻减数分裂期在低温（如 17℃ 以下）下，花粉母细胞受损伤，进行异常分裂，同时绒毡层细胞肿胀肥大，有机物不能向花粉粒输送，形成不育花粉粒。

3. 水分　　雌、雄蕊分化期和减数分裂期对水分要求特别敏感，如果此时土壤水分不足，则花的形成减缓，引起颖花退化。

4. 肥料　　以氮肥的影响最大。土壤氮不足，花的分化减慢，且花的数量明显减少；土壤氮过多，引起贪青徒长，由于营养生长过旺，养料消耗过度，花的分化推迟，且花发育不良。只有在氮肥适中，氮、磷、钾均衡供应的情况下，才促进花的分化、增加花的数目。此外，微量元素（如 Mo、Mn、B 等）缺乏，也引起花发育不良。

5. 植物生长物质　　研究证明，花芽分化受到内源激素的调控，特别是对果树花芽分化激素调控的研究较多。总的来看，赤霉素可抑制多种果树的花芽分化；细胞分裂素、脱落酸和乙烯则促进果树的花芽分化；生长素的作用比较复杂，低浓度起促进作用而高浓度起抑制作用。在夏季对果树新梢进行摘心，则赤霉素和生长素减少，细胞分裂素含量增加，改变营养物质的分配，促进花芽分化。据报道多胺能明显地促进花芽分化。

外施生长调节物质也同样影响花芽的分化和花器官的发育。细胞分裂素、吲哚乙酸、脱落酸和乙烯可促进多种果树的花芽分化。赤霉素可促进某些石竹科植物花萼、花冠的生长，生长素对柑橘花瓣的生长也有促进作用。而有些生长调节剂或化学药剂还会引起花粉发育不良，如乙烯利可引起小麦花粉败育。

总之，当植物体内淀粉、蛋白质等营养物质丰富，细胞分裂素和脱落酸水平较高而赤霉素含量低时，有利于花芽分化。在一定的营养水平下，内源激素的平衡对成花起主导作用。在营养缺乏时，则要受营养状况所左右。体内的营养状况与激素平衡间相互影响而调节花芽的分化。

三、性别分化

（一）植物性别类型

植物在花芽分化过程中，同时进行着性别分化（sex differentiation）。大多数植物在花芽分化中逐渐在同一朵花内形成雌蕊和雄蕊的两性花，这类植物称为雌雄同花植物（hermaphroditic plant），如水稻、小麦、棉花、大豆等；有些植物的花是单性花，即同一花中只有雄性花器或雌性花器。在同一植株上有雄花和雌花两种花的植物称为雌雄同株植物（monoecious plant），如玉米、黄瓜、南瓜等；还有一些植物，在单个植株上要么只有雌花，要么只有雄花，即同一植株上只具一种单性花，这类植物称为雌雄异株植物（dioecious plant），如银杏、大麻、杜仲、番木瓜、菠菜等。在雌、雄株之间还有一些中间类型。对于单性花植物，人们希望有更多的雌性花收获高产量的种子或果实，但收获纤维的大麻等作物则以雄株的产量和品质更好，有些中药材的雌、雄株药用品质和药效相差较大，在应用中均有特定的选择。

（二）花器官发育的基因类型

在花器官发育中起关键性作用的基因，主要可分为以下 3 种类型。

1. **分生组织特征基因**　花器官特征基因的最初诱导需要分生组织特征基因（meristem identity gene）编码的转录因子，其在发育着的成花分生组织中是花器官特征基因的正调节剂。分生组织特征基因在茎或花序顶端分生组织侧面形成原基的过程中起了关键的作用。例如，金鱼草（*Antirrhinum*）缺乏分生组织特征基因 floricaula（*FLO*）的突变体会形成一个不产生花序的分生组织。而野生型 *FLO* 基因控制成花分生组织形成花序。在拟南芥中也发现了类似现象。

2. **花器官特征基因**　花器官特征基因（floral organ identity gene）直接控制花的特征。花器官特征基因编码的蛋白是转录因子，这些转录因子控制了一些其他基因的表达，而这些基因的产物很可能参与了花器官形成。

3. **界线设定基因**　界线设定基因（cadastral gene）作为花器官特征基因的空间控制因子，为花器官特征基因表达设置分界线。

（三）花发育的遗传调控模式

不同植物的花在形状、花器官的数目及其形态结构上有很大的差别，但典型的花具有基本的结构特征：由雌、雄性器官和周边器官（如被子植物的花萼和花瓣）组成。花器官的基本结构从外到内依次为花萼（萼片）（sepal）、花瓣（petal）、雄蕊（stamen）和雌蕊（pistil）。雌蕊是由一个或多个心皮（carpel）形成的。

花器官的形成依赖于器官特征基因在时间顺序和空间位置的正确表达。近年来对有关花发育的特异性基因的研究已有突破性进展，最突出的是对花发育的同源异型基因（homeotic gene）的研究。现已克隆了拟南芥和金鱼草花结构的多数同源异型基因，这些基因控制花分生组织特异性、花序分生组织特异性和花器官特异性的建立。Coen 等（1991）提出了花形态建成遗传控制的 ABC 模型（ABC model）。该调控模型认为，典型花的 4 轮基本结构从外到内依次为萼片、花瓣、雄蕊和雌蕊（心皮），这几轮花结构的发育由 3 种类型的转录因子基因调控。拟南芥中已知的同源异型基因有 5 种，被分为 3 类，即 A 类、B 类和 C 类。*AP1* 和 *AP2* 是 A 功能基因，*AP3* 和 *PI* 是 B 功能基因，*AG* 是一个 C 功能基因。A 类基因控制第一、二轮花器官的发育，其功能丧失会使第一轮萼片变成心皮，第二轮花瓣变成雄蕊；B 类基因控制第二、三轮花器官的发育，其功能丧失会使第二轮花瓣变成萼片，第三轮雄蕊变成心皮；C 类基因控制第三、四轮花器官的发育，其功能丧失会使第三轮雄蕊变成花瓣，第四轮心皮变成萼片。总之，花的 4 轮结构萼片、花瓣、雄蕊和心皮分别由 A、AB、BC 和 C 类基因决定（图 10-8）。因此，这三类基因中任一组突变都会影响花分化中花器原基的分化与成熟，其中控制雄蕊和心皮形成的那些同源异型基因是最基本的性别决定基因。

随着研究的深入，人们又发现了 D 类和 E 类基因。D 类基因包括 *STK*、*SHP1* 和 *SHP2*；E 类基因包括 *SEP1*、*SEP2*、

图 10-8　植物花器官发育的 ABC 基因控制模型简图

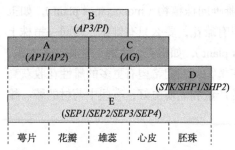

图 10-9　拟南芥花器官发育的 ABCDE 模型及相关基因（引自王忠，2009）

SEP3 和 *SEP4*。这些基因参与了胚珠和整个花器官的发育调控。至此，ABC 调控模式又有了新的发展，形成了更复杂的 ABCDE 调控模式。在 ABCDE 模型（ABCDE model）中，A 类基因仍然是控制萼片和花瓣的发育，B 类基因仍然是控制花瓣和雄蕊的发育，C 类基因仍然是控制雄蕊和心皮的发育；但增加了 D 类基因控制胚珠的发育，E 类基因参与整个花器官的发育（图 10-9）。

（四）性别表现的调控

1. **遗传控制**　　大多数雌雄异花或雌雄异株的植物，其花器官发育早期均为两性的，但在花器官原基分化过程中，一种性器官原基分化不能进行或中止，另一种性器官得到完全发育至成熟就形成了单性花。植物性别表现类型的多样性有其不同的遗传基础。总的来说，可以分为两大类：一类是植物染色体组中有明显可辨的与性别相关的染色体，即性染色体（sexual chromosome）；另一类是没有明显可辨的性染色体，与性别决定相关的基因分散在不同的染色体中。

（1）具有明显性染色体的植株　　这类植物的花性别（雄花或雌花）是由性染色体决定的，常见于许多雌雄异株植物中。有的植物和动物性别决定相同，雄性个体有 XY 型染色体，而雌性个体中为 XX 型染色体。例如，大麻的染色体是 $2n=20$，其中 18 个是常染色体，2 个是性染色体。白麦瓶草（*Silene latifolia*）的染色体是 $2n=24$，其中 22 个是常染色体，2 个是性染色体，当染色体组为 XX 型时，这种植株只产生雌性单性花，为雌株；如果其染色体组为 XY 型，这种植株只产生雄性单性花，为雄株。

（2）没有明显性染色体的植株　　这类植物在同一植株上产生不同性别的花，何时何处产生雄花或雌花是由分散在不同染色体上的性别决定相关基因调控的，常见于许多雌雄同株异花植物中。这些性别基因的表达具有时间和空间的顺序性，有的与植株年龄有关，通常雄花出现在植株发育的早期，然后才出现雌花。例如，玉米的雄花先抽出，然后在茎秆的一定部位出现雌花。黄瓜、丝瓜等瓜类植株雄花着生在较低的节位上，而雌花着生在较高的节位上。

2. **环境条件**　　环境条件如光周期、温度、营养条件及生长调节物质水平也影响性别决定基因的表达，从而可在一定范围内调节花的性别与比例。

植物经过适宜光周期诱导后开花，但雌雄花的比例却受诱导之后的光周期影响，总的来说，如果植物继续处于诱导的适宜光周期下，促进多开雌花，如果处于非诱导光周期下，则多开雄花。例如，长日植物蓖麻，在花芽形成前 10d，每天光照延长至 22h，就大大增加雌花的数量；长日植物菠菜，在光周期诱导后给予短日照，在其雌株上也能形成雄花；短日植物玉米在光周期诱导后继续处于短日照下，可在雄花序上形成果穗。光周期不仅能调节开花，而且能控制性别表达和育性。

较低的夜温及昼夜温差大时对许多植物的雌花发育有利。例如，夜间较低温度有利于菠菜、大麻、葫芦等植物的雌花发育；但黄瓜在夜温低时雌花减少；对于番木瓜，在低温下雌花占优势，在中温下雌雄同花的比例增加，而在高温下则以雄花为主。通常水分充足、氮肥较多时促进雌花分化，而土壤较干旱、氮肥较少时则雄花分化较多。

另外，植物激素也参与性别分化的调控。往往不同性别植株或性器官的植物内源激素含量有所不同。外施植物生长物质可以调控植物的性别分化。

第四节　受 精 生 理

有性生殖是由两性细胞结合形成合子再发育成子体的过程。有性生殖包括传粉、受精、果实与种子的发育和成熟等过程。这些过程涉及一系列生理生化变化，也是植物对环境影响的敏感时期。

一、花粉生理与柱头生理

（一）花粉生理

花粉（pollen）是花粉粒（pollen grain）的总称，花粉粒是由小孢子发育而成的雄配子体。被子植物的花粉粒外有花粉壁，内含一个营养细胞和一个生殖细胞，或一个营养细胞和两个精细胞，分别称为二细胞花粉和三细胞花粉。

成熟的花粉分为内壁与外壁。外壁较厚，由花粉素［或称孢粉素（sporopollenin）］、纤维素、角质构成，其中花粉素是花粉特有的，含量较高，是纤维素的2～3倍。花粉素是由类胡萝卜素、花药黄质或类胡萝卜素酯氧化后形成的聚合物。

花粉内壁较薄，由果胶质和胼胝质组成。无论外壁或内壁均含有活性蛋白。外壁蛋白由绒毡层合成，属于糖蛋白类，具有种的特异性，授粉时与柱头相互识别有关；内壁蛋白是花粉自身合成，主要是与花粉萌发和花粉管在柱头中伸长相关的水解酶类。

根据对1170种植物的分析，把花粉分为淀粉型与脂肪型两大类，风媒传粉植物多为淀粉型花粉，虫媒传粉植物多为脂肪型花粉。

花粉中色素的作用可归纳为3个方面：第一，防止紫外光对花粉粒的破坏，所以高山植物花粉中色素含量较高；第二，吸引昆虫传粉，因此虫媒花的花粉色素含量高于风媒花的花粉；第三，可能与某些植物的自花授粉不亲和性有关。例如，连翘的花粉中含槲皮苷和芸香苷两种色素，均能抑制其自身花粉的萌发，防止自花授粉。

花粉中还有大量的氨基酸、上百种酶、多种内源激素，其中生长素的含量最高。花粉中的维生素以B族维生素较多。花粉的无机盐主要有P、K、Ca、Mg、Na、S等。

在自然条件下，各种植物花粉生活力很不同，苹果、梨可保持70～210d；向日葵可保持一年；小麦花粉在5h后，授粉结实率便降至6.4%；玉米花粉生活力为1～2d。据报道，花粉生活力最长的是一些蔷薇科果树，可达9年。花粉的生活力也与外界环境条件有关，一般来说相对湿度6%～40%贮藏花粉最好。但禾本科的花粉要求40%以上的相对湿度。花粉可忍受−20℃以下的低温。一般花粉贮藏的最适温度是1～5℃。低温可降低花粉的代谢强度，延长贮藏寿命。近年来，采用超低温、真空和冷冻干燥技术保存花粉，使花粉生活力大为延长。

（二）柱头生理

雌蕊（pistil）是由一个或多个包着胚珠的心皮连合而成的雌性生殖器官。虽然植物的雌蕊外部形态各异，但其一般都位于花的中央部，都由柱头、花柱和子房3部分组成。

柱头（stigma）是雌蕊接受花粉的部位，一方面，它表面有许多乳突细胞可容纳花粉粒；另一方面，表皮细胞向外排泌黏性较大的油状物能黏着花粉。柱头分泌的主要是十五烷酸、亚麻酸、12-羟基硬脂酸等脂肪酸，还有蔗糖、葡萄糖、果糖及硼酸等。柱头为酸性，加之柱头又含有较多的硼，对花粉萌发十分有利。

在自然条件下，柱头保持生命力时间的长短依植物种类而异，但比花粉要长。玉米雌穗基部的花柱（俗称花丝）长度达当时穗长的一半时，柱头就开始有受精能力，但要到所有花丝抽齐后

1～5d柱头受精能力最强，8d之后开始下降，9d以后便急剧下降，甚至完全丧失受精能力。水稻颖花柱头的生命力一般可维持1～7d。但以开花当天受精能力最强，随后便逐日下降，所以杂交授粉工作应掌握好时机。小麦柱头的受精能力，从麦穗由叶鞘抽出三分之二时已经开始，但要到麦穗完全抽出后第3天受精结实率最高，第6天后开始下降。通常潮湿多云低温天气，有利于柱头寿命的延长，干燥高温则缩短柱头寿命。棉花柱头在开花前1d就已经有受精能力，但结实率很低。开花当天受精结实率最高。开花后1d的柱头，即使用新鲜花粉授粉，也几乎不结实，那时柱头已完全失去受精能力。

二、花粉与雌蕊的相互识别

（一）花粉萌发和花粉管生长

被子植物的花粉是在花药中产生的，花粉粒是植物的雄配子体。花药发育成熟后开裂，花粉粒散出。花药开裂后，成熟的花粉以不同方式传到雌蕊柱头的过程称传粉或授粉（pollination）。授粉是受精的前提，花粉传到同一花的雌蕊柱头上称自花授粉（self pollination）；而传到另一花的雌蕊柱头上称异花授粉（allogamy），包括同株异花授粉及异株异花授粉。只有经异株异花授粉后才能发生受精作用的称自交不亲和性（self incompatibility，SI）或自交不育（self infertility）。

花粉落在柱头上，被柱头表皮细胞吸附，在适宜的条件下，花粉粒从柱头的分泌物中吸收水分，并很快发生水合作用，使其内部压力增大，花粉粒的内壁从外壁上的萌发孔向外突出形成花粉管，此过程称花粉的萌发（图10-10）。

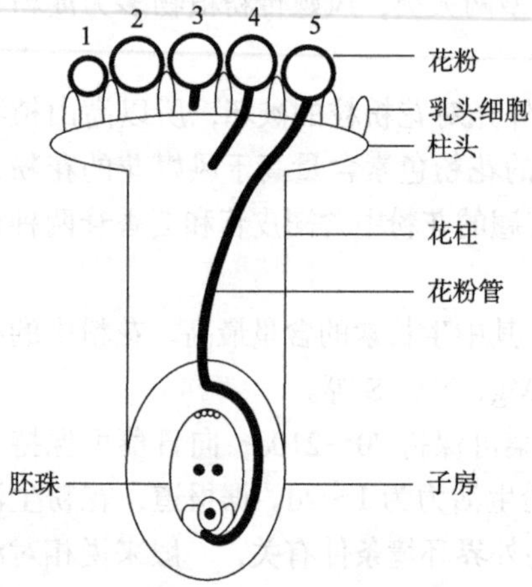

落在柱头上的花粉萌发时间因植物种类而异。例如，玉米需5min，水稻、高粱几乎是在传粉后立即萌发，甜菜为2h，甘蓝为2～4h。

花粉的萌发和花粉管的生长受各种外界条件的影响，其中影响最大的是温度和湿度，一般花粉萌发的最适温度为20～30℃。例如，苹果为10～25℃，葡萄是27～30℃；温度过高过低均可造成不良影响。花粉萌发的温度最低点较高，如果开花期遇到低温，也会影响花粉萌发。例如，水稻开花期的适温为30～35℃，若日平均气温低于20℃，日最高气温持续低于23℃，花药就不易开裂，授粉极难进行。如果温度过高，超过40～45℃，则开颖后花柱易干枯，还易引起花粉失活，同样不利于受精。

图 10-10　雌蕊的结构模式及花粉的萌发过程
1. 花粉落在柱头上；2. 吸水；3. 萌发；4. 侵入花柱细胞；5. 花粉管伸长至胚囊

一般来说花粉成熟时，其大量的内含物经水解酶的作用分解为可溶性物质，具有较低的水势，花粉粒到达柱头后就能快速吸水。如果柱头细胞的水势低于花粉的水势，花粉就不易萌发。如果花粉外围的水势过高，花粉粒又易吸水过度而膨裂，导致原生质溢出而死亡。如果花期雨水过多，花粉易破裂，但太干燥（空气相对湿度低于30%）也影响花粉萌发。花粉萌发需要适宜的水分（空气相对湿度）、温度等外部条件，同时对花粉本身和柱头的营养状态和化学成分也有严格要求。

生长的花粉管从顶端到基部存在着由高到低的Ca^{2+}浓度梯度。这种Ca^{2+}浓度梯度的存在有利于控制高尔基体小泡的定向分泌、转运与融合，从而使合成花粉管壁和质膜的物质源源不断地运到花粉管顶端，以保持顶端的极性生长。若破坏这种Ca^{2+}浓度梯度会导致花粉管生长异常或停滞。显然 CaM 也参与了花粉管生长的调控。

花粉的萌发与花粉管的生长表现出群体效应（group effect），即落在柱头上的花粉密度越大，萌发的比例越高，花粉管的生长越快。这是因为花粉中存在生长素，花粉数量越多，生长素也就越多，所以促进花粉的萌发和花粉管的生长。硼能显著促进花粉萌发和花粉管的伸长。一方面，硼促进糖的吸收与代谢；另一方面，硼参与果胶物质的合成，有利于花粉管壁的形成。

（二）花粉与雌蕊间的亲和性

植物通过花粉和雌蕊间的相互识别来阻止自交或排斥亲缘关系较远的异种、异属的花粉，而只接受同种的花粉。花粉落到柱头上后能否萌发，花粉管能否生长并通过花柱组织进入胚囊受精，取决于花粉与雌蕊间的亲和性（compatibility）和识别反应。

自然界中有许多植物都表现出自交不亲和性，而在远缘杂交中出现不亲和的现象更是非常普遍。从进化角度来看，自交不亲和性是植物丰富变异以增强对环境适应能力的基础，而杂交不亲和性则是植物在繁衍过程中保持物种相对稳定的基础。遗传学上自交不亲和性是受一系列 S 复等位基因所控制，当雌雄双方具有相同的 S 等位基因时就表现不亲和。

被子植物存在两种自交不亲和系统，即配子体型自交不亲和（gametophytic self incompatibility，GSI，即受花粉本身的基因控制）和孢子体型自交不亲和（sporophytic self incompatibility，SSI，即受花粉亲本基因控制）。二细胞花粉（茄科、蔷薇科、百合科）及三细胞花粉中的禾本科属于GSI；三细胞花粉的十字花科、菊科属于 SSI。二者发生不亲和的部位不同：SSI 发生于柱头表面，表现为花粉管不能穿过柱头；而 GSI 发生在花柱中，表现为花粉管生长停顿、破裂。远缘杂交不亲和性常会表现出花粉管在花柱内生长缓慢，不能及时进入胚囊等症状。

有研究指出，花粉与雌蕊柱头的亲和或不亲和，其生理学基础在于双方某种蛋白质的相互识别，这种花粉与柱头的识别蛋白为糖蛋白。花粉的识别蛋白是由绒毡层产生的，存在于花粉外壁中。花粉粒落到柱头上后，即由花粉粒外壁释放蛋白质与柱头的蛋白质相互作用，进行识别，从而决定了以后的一系列代谢过程。如果两者是亲和的，花粉内壁即释放角质酶（cutinase）前体，并被柱头蛋白质活化，蛋白质薄膜内侧的角质层溶解，花粉管便得以进入花柱。如果两者不亲和，便产生排斥反应，柱头的乳突细胞形成胼胝质（callose）阻碍花粉管进入。有时花粉根本不能萌发，无花粉管的形成。

远缘杂交不亲和性是植物保持种性的基本措施，而自交不亲和性是保障开花植物远系繁殖、克服自交退化的机制之一，有利于繁衍和进化。

花粉管经花柱进入子房后，多沿子房内壁生长。然后花粉管进入胚珠，在胚囊分泌的酶的作用下，引起尖端破裂，两个精细胞逸出，其中一个与卵细胞结合成合子（zygote），另一个与两个极核结合形成三倍体的初生胚乳核，从而完成双受精（double fertilization）过程。

本 章 小 结

在高等植物的生活周期中，花芽分化是营养生长向生殖生长转变的转折点，完成幼年期生长的植株开花，还受到环境条件的影响，其中低温和光周期是成花诱导的主要外界条件。

低温诱导促使植物开花的作用叫春化作用，可分为 3 个主要类型：冬性一年生植物、二年生植物和需低温诱导的多年生植物。并存在去春化作用和再春化现象。感受低温的部位是分生组织和能进行细胞分裂的组织。通过春化作用的植物代谢发生了显著变化，包括呼吸代谢、核酸代谢、蛋白质代谢、激素水平和有关基因的表达。春化处理可诱导提早开花、成熟，缩短作物的生育期，指导调种引种，控制花期。

植物对白天和黑夜相对长度的反应，称为光周期现象。根据植物开花对光周期的反应不同，可将植物分为短日植物、长日植物、日中性植物及其他光周期反应类型。不同植物开花对临界日长要求的严格性有差异，有时暗期长度比光期长度显得更为重要，暗期间断对植物开花有重要影响。植物种类不同，光周期诱导数有很大的差别。感受光周期刺激的部位是叶片。光敏素影响成花过程。光周期理论可指导调种引种，缩短育种年限，控制花期，维持作物营养生长。

花芽分化包括花原基形成、器官各部分分化与成熟的过程。环境条件对花芽分化有很大影响。植物在花芽分化过程中，同时进行着性别分化。植物性别表现类型的多样性有其不同的遗传基础，可用 ABC 模型或 ABCDE 模型加以解释。植株年龄和环境条件，包括光周期、温周期和营养条件等对植物性别分化也有影响。

花粉的化学物质丰富，各种植物的花粉生活力各异。柱头保持生命力的时间比花粉要长。授粉有自花授粉和异花授粉，有自交不亲和性发生。花粉的萌发和花粉管的伸长受温度和湿度的影响最大，表现出群体效应。

复习思考题

1. 名词解释

春化作用　去春化作用　再春化现象　光周期　光周期现象　短日植物　长日植物　临界日长　临界暗期　光周期诱导　雌雄异株植物　雌雄同花植物　雌雄异花植物　自交不亲和　ABC 模型　ABCDE 模型

2. 写出下列缩写符号的中文名称及其含义或生理功能。

SDP　LDP　DNP　LSDP　SLDP　SI

3. 什么是春化作用？如何证实植物感受低温的部位是茎尖生长点？

4. 什么是光周期现象？举例说明植物的主要光周期类型。

5. 为什么说暗期长度对短日植物成花比日照长度更为重要？

6. 如何用实验证实植物感受光周期的部位及光周期诱导开花刺激物的传导？

7. 春化作用和光周期理论在农业生产中有哪些应用？

8. 影响植物花器官形成的条件有哪些？

9. 研究植物的性别分化有何实际意义？影响植物性别分化的外界条件有哪些？

10. 花器官发育的同源异型基因模型的要点是什么？

11. 影响花粉生活力的外界条件有哪些？

12. 植物受精过程中雌蕊组织中有哪些生理变化？

13. 如果你发现一种尚未确定光周期特性的新植物种，怎样确定它是短日植物、长日植物或日中性植物？

14. 根据所学生理知识，简要说明从远方引种要考虑哪些因素才能成功。

第十一章 植物的成熟和衰老生理

【学习提要】 了解种子的发育成熟进程，掌握种子发育的代谢变化特点，理解影响种子成熟的环境因素。掌握种子休眠的原理，理解休眠的延长和打破方法。理解果实发育的特性和植物肉质果实成熟时的生理生化变化特点，了解果实成熟的机制及其调控。了解植物衰老的模式、结构与代谢变化，理解植物衰老的机制及其调节。理解器官脱落及其机制，了解影响脱落的环境因素与调控途径。

第一节 种子成熟时的生理生化变化

高等植物受精后，从受精卵开始，又进入了新一轮的个体发育。受精卵发育成胚，胚珠发育成种子，子房壁发育成果皮，子房发育成果实。种子和果实在成熟过程中，不仅形态发生了很大的变化，其内部也发生了一系列复杂的生理生化变化。多数植物种子成熟后进入休眠状态，并且只有在适宜的条件下才能打破休眠，开始萌发。伴随种子和果实的形成，植株渐趋于衰老，有些器官还会发生脱落。果实和种子是下一代生长发育的基础，也决定着作物产量的高低和品质的优劣，因此，了解种子和果实的成熟生理，研究和调控植物休眠、衰老和脱落，具有重要的理论和实践意义。

一、种子的发育成熟进程

（一）种子的发育时期

种子的发育一般可分为胚胎发生期、种子形成期和成熟休止期 3 个时期（图 11-1）。

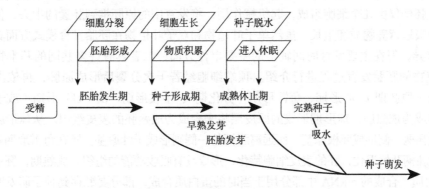

图 11-1 种子发育过程示意图

1. **胚胎发生期**　从受精卵（合子）开始到胚（embryo）形态初步建成为胚胎发生（embryogenesis）期，以细胞分裂为主，同时进行胚、胚乳（endosperm）或子叶的分化。这时期的胚不具有发芽能力，离体种子不具活力。性细胞融合后经过一个短时期静止（少数植物没有静止期），然后开始细胞快速分裂和 DNA 复制，分化产生胚器官原基。该时期胚干重及鲜重增长较快，淀粉、蛋白质和 RNA 合成迅速，种子的含水量可达到 80% 左右。

2. **种子形成期**　细胞分裂停止，以细胞扩大生长为主，淀粉、蛋白质和脂肪等贮藏物质在胚、胚乳或子叶细胞中大量积累，引起胚、胚乳或子叶的迅速生长。其间有些植物种子的胚已具备发芽能力，在适宜的条件下能萌发，即所谓的早熟发芽（precocious germination）或胚胎发芽（viviparous germination），简称胎萌（vivipary）。这种现象在红树科和禾本科植物中最为常见，发生在禾本科植物上则称为穗发芽或穗萌（preharvest sprouting）。种子胎萌可能与胚缺乏 ABA 有关。处于形成期的种子一般不耐脱水，若脱水，种子易丧失活力。豆科植物中的胚的子叶细胞内DNA 继续复制，形成多线体或多倍体，淀粉和贮藏蛋白质合成迅速，累积量最大；此时期植物绿色部分制造的物质加速运向种子，种子干重增长可达 3 倍以上，含水量可下降至 50% 左右。

3. 成熟休止期　　贮藏物质的积累逐渐停止，种子显著脱水，含水量降低，多聚核糖体解聚或消失，原生质由溶胶状态转变为凝胶状态，呼吸速率逐渐降低到最低水平，胚进入休眠期。完熟状态的种子耐脱水、耐贮藏，并具有最强的潜在生活力。种子含水量降至 10%～20%。经过休眠期的完熟种子，在条件适宜时就能吸水萌发。

完熟种子之所以能耐脱水，与 LEA 基因的表达有关。LEA 基因在种子发育晚期表达，其产物被称为胚胎发育晚期丰富蛋白（late embryogenesis abundant protein，LEA）。LEA 的特点是具有很高的亲水性和热稳定性，并可被 ABA 和水分胁迫等因子诱导合成。一般认为，LEA 在种子成熟脱水过程中起到保护细胞免受伤害的作用。

成熟休止期的长短差异很大，受气候等条件影响明显。然而，前两个时期比较稳定。例如，小麦约为 27d，燕麦约为 14d，高粱与向日葵约为 35d，大豆为 38d 左右，棉花可达 65d，水稻为25d 左右。

（二）胚胎发生

1. 植物胚胎发育的基本过程　　种子的发育是从受精卵开始的。精细胞与卵细胞通过受精作用结合为合子（zygote）。合子表现出明显的极性。例如，荠菜的合子在珠孔端为液泡所充满，而在合点端则是细胞质和细胞核。合子经过短期的休眠后进行不均等分裂，产生一个较大的基细胞（basal cell）和一个较小的顶端细胞（apical cell）。

基细胞在珠孔端，由它分裂形成胚柄（suspensor），顶端细胞在合点端，由它分裂、分化后发育成胚。胚柄仅由几个细胞组成，起机械作用，将发育中的原胚推到胚囊的中央，使胚在足够多的空间中吸取营养物质和生长。虽然单子叶植物和双子叶植物在胚胎发育模式方面具有明显的形态上的差异，但在主要发育时间轴上的主要事件方面，二者具有许多共同的基本特征。下面就双子叶植物的胚胎发育过程进行介绍。顶端细胞经若干次分裂后形成原胚，再依次经过球形期、梨形期（原胚期）、心形期、鱼雷形期（分化期）、手杖形期、倒"U"形期（或子叶期）和成熟期最终成为成熟胚。球形期形成的原皮层将来会成为成熟胚的表皮组织。从球形胚到心形胚期间，靠近胚柄一侧形成胚根原基，而远离胚柄的一侧则形成子叶原基。胚在鱼雷形期建立胚胎自主性，这时胚柄开始退化，胚的表皮细胞特化，形成具有吸收功能的组织。成熟期，胚中大量合成RNA 和蛋白质。合成的 mRNA 中部分用于当时的蛋白质合成，部分要贮存到种子萌发时才翻译成蛋白质，即所谓的贮备 mRNA。在胚成熟后期，RNA 和蛋白质合成结束，种子失水，胚进入休眠。

胚发育阶段的划分，因研究者及植物种类不同而异。图 11-2 是大豆胚的发育进程，将胚发育分为Ⅰ、Ⅱ、Ⅲ、Ⅳ、Ⅴ五个阶段。对应于上述的种子发育时期，前三个阶段为胚胎发生期，阶段Ⅳ为种子形成期，阶段Ⅴ为（成熟）脱水休眠期。

2. 胚胎发生的分子机制　　以拟南芥（Arabidopsis thaliana）为模式植物，应用突变体分析和基因克隆技术已鉴定和分离了一些影响胚胎形成的基因，如 LEC2（leafy cotyledon 2）、GNOM、MONOPTERO 和 FACKEL 等。LEC2 编码一个含 B3 区域（植物特有的一种 DNA 结合基序）的转

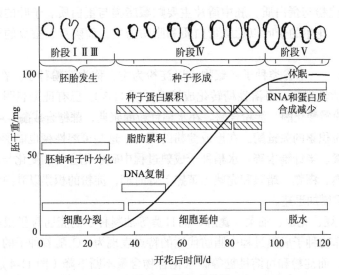

图 11-2 大豆胚的发育进程（引自王忠，2009）

阶段 I. 球形期；阶段 II. 心形期；阶段 III. 鱼雷形期；阶段 IV. 种子形成期；阶段 V. 休眠期。最上面一
行表示胚和种子在一定发育时期的外形，但大小不按比例，否则胚胎发生的早期阶段将看不清

录调控因子，控制胚发育的正确启动，在胚发育早期和后期均大量表达。*GNOM* 基因编码鸟嘌呤
核苷酸交换因子（GEF），通过建立生长素外运载体 PIN 蛋白的极性分布，实现生长素的极性运
输。与正常合子第一次不对称分裂相反，*GNOM* 基因突变体的受精卵第一次分离是对称的，表现
出顶-基极性（apical-basal polarity）缺陷型，没有根和下胚轴。

MONOPTEROS（*MP*）基因编码一个生长素响应转录因子（auxin response transcription factor,
ARF），参与胚体基部组织如根和胚轴的建立。*FACKEL* 基因的产物是参与脂类生物合成的一种固
醇还原酶（sterol C-14 reductase），影响发育中胚细胞的分裂、扩展和有序排列。*FACKEL* 基因突
变引起多种表型，包括畸形子叶、缩短的胚轴和根，以及加倍的根、茎分生组织的出现，反映出
甾醇类物质在胚胎发育的形态建成过程中发挥着关键的作用。

从球形胚到心形胚的发育过程中，双子叶植物的胚形成两片子叶，单子叶植物的胚形成一片
子叶。在 *AMP1*（altered meristem programming 1）突变体中，高达 30% 的非两片子叶幼苗中子叶
数目是不同的，即子叶数目变化比较大，有时还产生多个胚，表明 *AMP1* 基因在植物胚胎发育的
模式建成过程中起着关键作用。*AMP1* 突变体植株不仅细胞分裂素水平提高，还具有部分去黄化、
花提早发育和细胞周期蛋白 D3 含量提高等表型。同源性分析显示 *AMP1* 基因产物是谷氨酸羧肽
酶。已有的研究认为 *AMP1* 基因产物调节某种信号分子的水平，这种信号分子可能是一种小信号
肽，能调控植物发育的许多过程。此外，通过 T-DNA 插入，获得了伴侣蛋白-60α（chaperonin 60
alpha）基因的拟南芥突变体，命名为 schlepperless（*slp*）。该突变不仅延缓心形期前胚的发育，而
且使心形期后胚减少了子叶形成，不能产生前质体。

二、种子发育的代谢变化

（一）贮藏物质的变化

种子发育成熟期间贮藏物质的变化，基本上与种子萌发时的变化相反，植株营养器官制造的
养料以可溶性的小分子化合物（如葡萄糖、蔗糖、氨基酸等）的形式运往种子，并在种子中逐渐
转化为不溶性的高分子化合物（如脂肪、淀粉、蛋白质等），并贮藏在子叶或胚乳中。禾本科植

物的胚乳主要贮藏淀粉与蛋白质，胚中盾片主要贮藏脂类与蛋白质。子叶的贮藏物质因植物而不同。例如，大豆、花生的子叶以贮藏蛋白质和脂肪为主，而豌豆、蚕豆的子叶则以贮藏淀粉为主。

1. **淀粉和糖类**　　禾谷类种子贮藏物质以淀粉为主，称为淀粉种子。在种子成熟过程中，催化淀粉合酶类的活性提高，可溶性糖转化成淀粉（图 11-3）。已有证据表明，与淀粉合成密切相关的酶主要有淀粉磷酸化酶、淀粉合酶。在水稻籽粒灌浆期，蔗糖合成酶、ADPG 焦磷酸化酶、Q 酶是控制胚乳淀粉积累的关键酶。在形成淀粉的同时，这些可溶性糖也能形成构建细胞壁的不溶性物质，如纤维素、半纤维素等。水稻种子成熟过程中碳水化合物的变化与小麦相似。禾谷类种子成熟要经过乳熟、糊熟、蜡熟和完熟（黄熟）等时期，淀粉的积累以乳熟和糊熟两个时期最快，因此该时期干重增加迅速。

2. **脂肪**　　大豆、花生、油菜、蓖麻、向日葵等油料种子的脂肪含量很高，称为脂肪种子或油料种子。油料作物种子成熟过程中脂肪代谢的特点表现为：①随着种子的成熟，籽粒干重和脂肪含量不断升高，而淀粉和可溶性糖等碳水化合物含量不断下降（图 11-4）。这说明脂肪是由碳水化合物转化而来，并且种子发育初期很少合成，但随后有一个迅速合成的时期。②种子成熟初期先形成饱和脂肪酸，然后转化为不饱和脂肪酸，因此其碘值（中和 100g 油脂所能吸收碘的克数）随种子成熟度增加而提高。③种子成熟初期形成的脂肪中含有较多游离脂肪酸，随着成熟度的增加，游离脂肪酸含量逐渐减少，用于合成脂肪，使种子的酸价（中和 1g 油脂中游离脂肪酸所需的 NaOH 毫克数）逐渐降低。未成熟的种子酸价高，所以这样的种子收获后，不但油脂含量低，而且油脂的质量差。

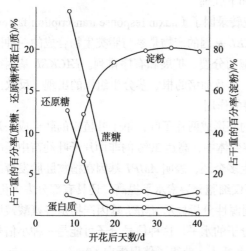

图 11-3　小麦种子成熟过程中胚乳主要碳水化合物和蛋白质含量的变化

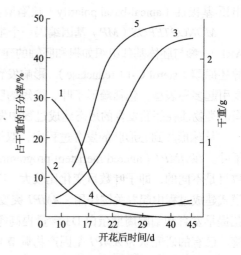

图 11-4　油菜种子成熟过程中各种有机物变化情况
1. 可溶性糖；2. 淀粉；3. 千粒重；4. 含氮物质；5. 粗脂肪

3. **蛋白质**　　主要贮藏物质为蛋白质的种子称为蛋白质种子，如豆科植物的大豆、蚕豆、豌豆等。贮藏蛋白质种类不同，如在禾谷类和其他禾本科植物胚乳中，谷蛋白是主要的贮藏蛋白质；在多数双子叶植物，特别是豆科植物种子中，球蛋白是主要的贮藏蛋白质；一种富含硫的 2S 白蛋白（以沉降系数命名）广泛存在于双子叶植物中，包括豆科、十字花科等。

根据蛋白质在不同溶剂中的溶解性，可将种子中的蛋白质分为 4 类：①水溶清蛋白

（albumin），溶于水；②盐溶球蛋白（globulin），能被 0.5mol/L NaCl 溶液提取；③碱溶谷蛋白（glutelin），溶于较浓的酸（如 0.1mol/L HCl，1% 乳酸）和碱；④醇溶谷蛋白（prolamin），指能溶于 70% 乙醇的疏水蛋白。

种子发育过程中，叶片和其他器官中的氮素以氨基酸或酰胺形式运转到豆荚，合成蛋白质并暂时贮藏，然后分解成酰胺，以酰胺的形式转运到种子，再合成蛋白质。贮藏蛋白质合成和积累是一个高度受调控过程。在种子发育后期，形成 LEA 蛋白，参与种子抗脱水过程，起到保护细胞结构和代谢的作用，还可能参与种子休眠。

4. 矿质　　运进种子的磷、钾、钙、镁等矿质元素主要集中积累在子叶（双子叶植物）或糊粉层与盾片（单子叶植物）中。其中 70% 以上的磷主要是以植酸（肌醇六磷酸）的形式存在。成熟的种子脱水时，植酸会与钙、镁等结合形成非丁（phytin，肌醇六磷酸钙镁盐或植酸钙镁盐）。它是谷类种子中磷、钙、镁等矿质元素的贮存库与供应源。例如，水稻种子成熟时有 80% 的无机磷以非丁的形式贮存于糊粉层，当种子萌发时，非丁分解释放出磷、钙和镁等供幼苗生长用。

（二）其他生理生化变化

1. 呼吸速率　　种子成熟过程是有机物合成与积累的过程，需要通过呼吸作用提供大量能量。因此，种子内有机物的积累与其呼吸速率存在着平行关系，即干物质积累迅速时，呼吸速率也高；干物质积累缓慢（种子接近成熟）时，呼吸速率也逐渐降低（图 11-5）。

2. 含水量　　种子含水量的变化与其干物质的积累相反，但与呼吸作用的变化相似，即随种子成熟，其含水量逐渐降低（图 11-6）。种子成熟时，幼胚中具有浓缩的原生质而无液泡，自由水含量很少，随着含水量的下降，种子的生命活动由活跃状态转入代谢微弱的休眠状态，以利于贮藏，抵御恶劣环境。但顽拗性种子成熟时有较高的含水量，贮藏时不耐干燥与低温。关于顽拗性种子不耐脱水的主要原因可能与 LEA 蛋白有关，顽拗性种子植物大多生长在温湿地区，体内 LEA 蛋白合成与积累少，对脱水敏感，一旦脱水，细胞的结构被破坏，影响萌发，导致生活力迅速丧失。目前贮存顽拗性种子主要采用适温保湿法，可以防止脱水伤害和低温伤害，使种子寿命延长至几个月甚至一年。另一种比较有希望的方法是用液氮贮藏离体胚（或胚轴）。

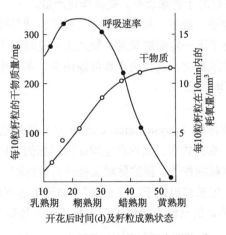

图 11-5　水稻种子成熟过程中干物质
及呼吸速率的变化

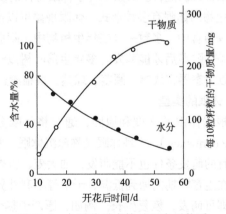

图 11-6　水稻种子成熟过程中干物质
及水分的变化

3. 内源激素　　种子成熟过程受多种内源激素的调节控制，因此种子内源激素的种类和含量都在不断地发生变化。以小麦为例，胚珠受精前玉米素含量极低，受精末期达到最高，然后下降；受精后籽粒开始生长时 GA 浓度迅速升高，受精后第 3 周达到高峰，然后减少；胚珠内 IAA

含量极低，受精时略有增加，然后减少，籽粒再度膨大，当籽粒鲜重最大时其含量最高，籽粒成熟时几乎测不出其活性。此外，籽粒成熟期间 ABA 含量大大增加。种子发育过程中，内源激素的出现有一定的顺序规律，这种变化可能与这些激素的功能有关。首先出现的是 CTK，可能调节籽粒形态建成的细胞分裂过程；其次是 GA 与 IAA，可能调节有机物质向籽粒运输与积累的过程；最后是 ABA，促进贮藏蛋白质和脂质的合成，在调控籽粒的休眠过程中发挥重要作用。

第二节 种子及延存器官的休眠

一、休眠的意义及类型

（一）休眠的意义

休眠（dormancy）是植物的整体或某一部分生长极为缓慢或暂时停止生长的现象。休眠绝不是简单的停顿，而是植物个体发育过程中对周期性环境变化表现出来的适应性反应，主动适应环境，维持生存。地球上的多数地区存在季节变化，特别是在温带，不同季节的光照长度、温度、雨量都有很明显的差异。大多数植物都要经历季节性的不良气候时期，如果没有某些保护性或防御性机制，植物就会受到伤害甚至致死。

通过休眠，植物能够安全渡过逆境，延存生命和繁衍后代。休眠使植物体在适宜季节同步生长，有利于植物延存，这类似于昆虫的滞育期；拓宽萌发的环境和场所，增加植物生存的潜能；可利用不稳定或偶然的信号促使萌发，得到生存条件；可促进种子的传播。温带地区的植物在秋季形成种子后，通过休眠来避免冬季严寒的伤害。禾谷类作物种子由于具备短暂的休眠期，可以避免谷粒在穗上萌发（特别是在收获期遇上阴雨天气），不但保持了物种的延存，而且对人类生产有益处。树木的叶片秋季脱落，形成不透水、不透气的芽，使其在不适宜生长的条件到来前，做好防御准备。这些都是适应环境的保护性反应。

此外，田间杂草种子具有复杂的休眠特性，萌发期参差不齐，由于陆续出土难以防治而给庄稼带来很大的危害。对杂草种子休眠特性的研究，将有助于防除杂草，提高作物产量。

植物的休眠有多种形式。休眠现象可以出现在种子、块茎、鳞茎、球茎、块根、营养芽、再生芽等器官中。多数一、二年生植物中，刚成熟的种子不一定能够萌发，要经历一段时间干燥或低温条件贮藏后才能萌发。多年生落叶树以鳞茎为休眠器官，避免失水和低温伤害。多年生草本植物以变态器官块茎、鳞茎、球茎、块根渡过不良环境。

（二）休眠的类型

根据休眠的深度和原因，通常将休眠分为生理休眠（physiological dormancy）和强迫休眠（force dormancy）。生理休眠又称深沉休眠、熟休眠、真正休眠，是内在生理原因引起的，即使给予适宜的萌发条件也不能萌发，如大麦、银杏等刚收获的种子。强迫休眠又称外因性休眠，是指植物在生育时期内遇到低温、干旱等不利外界条件，生长被迫处于"静止期"，如给予适宜条件，种子即可萌发，恢复生长。例如，原产于热带和亚热带的常绿树始终处于生长或强迫休眠状态，即快速生长或极缓慢生长交替进行。

二、种子休眠与芽休眠

（一）种子休眠

在种子成熟过程中，胚胎脱水并逐渐进入静息状态，即为种子的休眠。通过休眠，种子能暂时避免萌发，为种子传播或避开不利的季节环境提供时间。引起种子休眠的原因很多，主要如下。

1. **种皮障碍**　　有证据表明种皮引起的休眠与种子保持生存活性有关。种皮导致种子休眠的原因是不透水、不透气，对胚形成机械障碍。例如，苜蓿、紫云英等豆科植物的种子，以及锦葵科、藜科、茄科中有些植物的种子，其种皮较厚、结构致密，或附有角质和蜡质，致使种皮不能透水或透水性差，这些种子叫"硬实"或"铁籽"。另有一些植物如椴树、苍耳、甜菜、车前子等的种子，其种皮不透气，外界氧气不能进入，而种子中的二氧化碳在内部又积累，不能排出，从而抑制胚的生长。还有些植物的种子，如苋菜等，虽能透水、透气，但因种皮太硬或过厚，胚不能正常穿出。

2. **胚未发育完全**　　由种子的胚而非种皮或其他胚外组织引起的种子休眠称为胚休眠（embryo dormancy）。一般植物种子成熟时，胚已分化发育完全。但也有一些植物的种子，采收时从外部看已经成熟，但内部的胚还很幼小，其分化发育尚未完成，还需从胚乳中吸取养料，继续生长发育一段时间，直到完全成熟，才能萌发。例如，欧洲白蜡树的种子（图 11-7）及珙桐、白蜡、银杏、人参、冬青、当归等植物的种子都属这一类。

胚　　黏液层　　胚乳

图 11-7　欧洲白蜡树的种子
A. 刚收获；B. 在湿土中贮藏 6 个月

3. **种子未完成后熟**　　有些植物如蔷薇科的苹果、桃、樱桃、梨、李、杏等和松柏类种子的胚已发育完全，形态成熟，但在生理上没有成熟，在适宜条件下仍不能萌发，它们要经过一段时间的休眠，在胚内发生一些生理生化变化才能萌发。这些种子在休眠期内发生的生理生化过程，称为后熟作用（after ripening）。

一般认为，在后熟过程中，种子内的淀粉、蛋白质、脂肪等有机物合成作用增强，呼吸减弱，酸度降低。完成后熟后，种皮透性增加，呼吸增强，有机物开始水解，促进萌发物质如细胞分裂素、赤霉素含量升高，抑制萌发物质如 ABA 含量降低，从而能够萌发。后熟期的长短与植物种类和品种有关。例如，水稻种子的后熟期很短，几乎没有后熟期，可以在枝梗上萌发；小麦为 5d 左右。种子后熟作用可通过层积处理，在潮湿和低温条件下进行，有的可在收获后的晒种干燥过程中完成。

4. **抑制物质的存在**　　有些植物的种子不能萌发，是由于果实或种子内有萌发抑制物质的存在。萌发抑制物质的种类较多，如氨（某些含氮物质，它们在适当的酶作用下释放出来）、氰氢酸（扁桃苷等释放的）、芳香油类、植物碱、有机酸（水杨酸、阿魏酸等）、酚类、醛类（乙醛、苯醛）、某些盐类（NaCl、CaCl$_2$、MgSO$_4$ 等）等。种子中只要含有足够量的抑制物质即可抑制其萌发。此外，有些氨基酸（色氨酸、丙氨酸、甘氨酸等）也能抑制种子萌发。还有些种子的休眠是由脱落酸的存在而引起的，如红松种子。

萌发抑制物质的种类及其存在部位，因不同植物而异。例如，向日葵的诱发抑制物质存在于花盘、果皮和种子的胚乳中；梨、苹果、番茄、黄瓜、西瓜、甜瓜、柑橘等抑制物质存在于果肉、果汁中；水稻、荞麦存在于种皮内；鸢尾存在于胚乳中；菜豆存在于子叶中；野燕麦存在于稃壳中；而红松种子的各部位都有。当种胚与抑制物质所在部位彼此分开存在时，或在贮藏过程中，经过后熟过程的生理生化变化，使抑制物质浓度下降后，即不再抑制种子萌发。

抑制物质的存在具有重要的生态学意义。例如，沙漠中有些植物的种子存在抑制物质，只有大量降雨将这些抑制物质洗脱之后种子才能萌发，因而保证了已萌发的种子不致因缺水而枯死。

（二）芽休眠

芽休眠（bud dormancy）是指植物生活史中芽生长的暂时停顿现象。为了适应低温环境，绝大多数温带树木在冬季处于休眠状态，各种器官和组织的代谢活动减弱，生长显著减慢甚至完全停顿，抗寒性增强。作为树木生长的中枢，此时芽处于休眠状态。芽休眠往往发生在其他部分停止生长之前，在引种栽培中，芽在秋季能否适时进入休眠关系到树木能否安全越冬。我国及世界上大部分茶区，茶树均越冬休眠。茶树芽有多次萌发生长与休止的轮性生长特点，并最终进入冬季休眠。温带的多年生木本植物枝条上近下部的许多腋芽在生长季节里也暂时处于休眠状态。芽休眠不仅发生于植株的顶芽、侧芽和花芽，也发生于根茎、块茎、球茎、鳞茎及水生植物的休眠冬芽。马铃薯块茎、洋葱、大蒜、百合等鳞茎的芽均存在休眠特性。

多年生木本植物遇到不良环境时，其节间缩短，芽停止抽出，并在芽的外层出现"芽鳞"等保护性结构，以度过低温或干旱等环境。当逆境结束后，芽鳞脱落，新芽伸长，或抽出新枝（叶），或开出花朵（花芽）。由此可见，叶、枝、花等均以"芽"的原始体形式通过休眠期（dormancy stage），这是一种良好的生物学特性。

一般顶芽的休眠过程可分为3个时期：休眠前期、真休眠期和休眠后期。在休眠前期，芽本身并未休眠，而是受到来自叶片的抑制物质抑制。如果去掉枝条上的叶片，顶芽就能恢复生长。随着日照缩短，进入真休眠期后，即使给予适宜的温度也不能萌发生长。经过冬季低温，真休眠解除，但此时温度较低，芽暂时处于抑制状态，为休眠后期。休眠马铃薯块茎上侧芽停止生长始于匍匐茎生长期，主要受顶端优势的影响；顶芽停止生长开始于块茎形成时，可能是受到匍匐茎上的细胞分裂中心和代谢重心转移的影响；在块茎休眠过程中顶芽和侧芽不生长主要是受到来自茎内部因素的抑制；当芽从休眠块茎上分离出来时，在培养基上能够很快生长。

三、休眠的延长和打破

（一）种子休眠的破除

由于种子（及器官）的休眠给生产带来不便，因此可根据其休眠原因的不同，采取相应的措施来解除休眠，促进萌发。

1. 机械破损　　种皮厚、结构坚硬的"铁籽"，在自然情况下，可由细菌和真菌分泌的酶类去水解其种皮中的多糖及其他组成成分，使种皮变软，易于水分和气体透过，但需要较长时间。生产上一般采用物理或化学方法促使种皮透水、透气。例如，机械切割或削破种皮；碾磨擦破种皮等。紫云英、苜蓿和菜豆等种子常采用此法促进其萌发。

2. 低温湿砂层积处理（砂藏法）　　需要完成生理后熟的种子，如苹果、梨、桃、白桦、山毛榉等，都可用此法破除休眠。层积处理（stratification）的方法是，将种子和湿砂分层铺埋（或相混埋放），置于1～10℃阴湿环境中1～3个月，即可有效解除休眠，完成后熟作用。在层积处理期间，种子内的抑制物质含量下降，而赤霉素和细胞分裂素含量增加。通常，适当延长低温处理时间，能促进种子萌发。许多木本植物的休眠芽需经历260～1000h、0～5℃的低温才能解除休眠。低温对休眠的解除作用是逐渐积累的，不同休眠阶段低温的效率不同。

3. 化学方法　　用氨水（1:50）处理松树种子或用98%浓硫酸低温处理皂荚种子1h（用此法时必须注意安全），清水洗净，再用40℃的温水浸泡，可打破休眠，提高发芽率；用0.1%～0.2%的过氧化氢溶液浸泡棉籽24h，能显著提高发芽率（过氧化氢分解释放的氧气可供给种子）；也可用有机溶剂除去蜡质或脂类种皮成分，如用乙醇处理莲子，可增加其种皮的透性。

多种植物生长物质能打破种子休眠，促进种子萌发。其中GA效果最为显著。樟子松、鱼鳞云杉和红皮云杉是北方优良树种，把种子浸在100μl/L的GA溶液中一昼夜，不仅可提高发芽势和发芽率，还能促进种苗初期生长。药用植物黄连的种子由于胚未分化成熟，需要低温下90d才能完成分化过程，如果用5℃低温和10～100μl/L GA溶液同时处理，只需经48h便可打破休眠而发芽。此外，许多作物如稻、麦、棉花或人参、银杏等经济植物的种子也可用GA_3（5～50mg/L）处理，以打破休眠，促进其萌发。

4. 清水冲洗 由于抑制物质的存在而休眠的种子或器官，如番茄、甜瓜、西瓜等种子，从果实中取出后，需用清水反复冲洗，以除去附着在种子上的抑制物，从而解除休眠、提高发芽率。

5. 日晒或高温处理 小麦、黄瓜和棉花等种子经日晒或35～40℃温水处理，可打破休眠，促进萌发；油松和沙棘的种子在70℃水中浸种24h，可增加其种皮透性，促进萌发。

6. 光照处理 这主要是对需光种子而进行的方法。不同的需光种子对光照的要求不同，有些需光种子一次性感光就能萌发，如泡桐种子；而有些种子则需经7～10d，每天5～10h的光周期诱导才能萌发，如八宝树、榕树、团花等。

7. 干湿交错处理 这是一种浸泡和干燥交错进行的处理方法，多次反复后，种皮既吸胀又收缩，透性升高，从而打破休眠。通常是先将种子置于水中浸泡，然后白天放在太阳下曝晒，夜间转至凉爽处，并不断加一些水保持种子湿润，当大部分种子膨胀时，就可根据墒情播种。将画眉草种子在24℃条件下置于饱和空气中放置24～72h，然后在70℃的烘箱中干燥24h，可以达到和机械损伤同样的效果。用自来水将早熟禾（*Poa pratensis*）种子浸泡48h，吸胀后滤去水并用滤纸吸干，于20℃室温风干48h，发芽效果也显著提高。

此外，X射线、超声波、高低频电流、电磁场等物理方法也有破除种子休眠的作用。

（二）芽休眠和延存器官休眠的破除

芽休眠解除主要由温度或长日照所控制。许多木本植物的休眠芽需经历260～1000h、0～5℃的低温才能解除休眠。芽休眠经受一定时期的低温后可以得到解除。有些未经低温处理的休眠植株给予长日照或连续光照，也可解除休眠。

高温突然降临，可提早打破休眠，将植株地上部或枝条浸于30～35℃的温水中，12h后即可解除芽休眠。应用此法可使丁香和连翘提早开花。外源施用赤霉素可代替低温或长日照而打破休眠，如马铃薯块茎（0.5～1.0μl/L）、葡萄枝条、桃树苗（4000μl/L）等。此外，用某些化学试剂如乙酸气熏、硫脲（5g/L）浸泡等也可打破休眠，促进发芽。在棚栽果树上喷施适宜浓度的锌肥，可促进芽休眠提前解除。

（三）休眠的延长

1. 延长休眠的基本方法 在生产实践中，除需要打破休眠外，也常需要延长休眠，防止发芽。水稻、小麦、玉米、大麦、燕麦和油菜发生胎萌，往往造成较大程度的减产，并影响种子的耐贮性；杧果种子的胎萌会影响品质。因此防止种子胎萌，延长种子的休眠期，在实践上有重要意义。例如，有些小麦种子在成熟收获期如遇雨或湿度较大，就会引起穗发芽，这在南方尤其严重。一般认为高温（26℃）下形成的小麦籽粒休眠程度低，而低温（15℃）下形成的则高。原因之一可能是高温下种子中的发芽抑制物质ABA降解速度较低温下快。为此，可在小麦成熟时喷施PP_{333}或烯效唑等植物生长延缓剂，延缓种子萌发。对于需光种子可用遮光来延长休眠。对于种（果）皮有抑制物质的种子，如要延长休眠，收获时可不清洗种子。

马铃薯块茎长期贮藏后，渡过休眠期就要萌发，失去商品价值，同时还会产生龙葵素等有毒物质而不能食用，所以要设法延长休眠。用40%的萘乙酸甲酯粉（用泥土混制）处理马铃薯块茎，可安全贮藏；将马铃薯块茎在架上摊成薄层，保持通风，也可安全贮藏6个月。此外，也可用萘乙酸甲酯或其他植物生长调节剂来延长洋葱、大蒜等营养繁殖器官的休眠。

2. 延长种子休眠的方法　　保存种子的方法，多数也是延长种子休眠的方法。种子寿命长短主要由遗传基因决定，但也受环境因素、贮藏条件的影响。大多数作物种子及杂草种子在低温低湿下贮藏，能保持活力几年、几十年，甚至几百年，这类种子叫正常性种子（orthodox seed）。但是有些种子在常温干燥下反而很快死亡，如柑橘类、杧果、可可树、咖啡、橡胶、油棕、椰子等的种子，不符合上述种子的一般贮藏规律，当它们的含水量下降到一定值时（12%～31%），发芽力会迅速下降，这些种子被称为顽拗性种子（recalcitrant seed）。这类种子寿命较短，可在保持一定含水量和适宜温度条件下储存。

（1）正常性种子的保存　　正常性种子在发育后期紧接着贮藏物质积累的结束，要进入一个成熟脱水期。在这一时期种子失去约90%的水并进入静止休眠状态，种子内部的代谢活动也基本停止。这类种子耐脱水性很强，可在很低的含水量下长期贮藏而不丧失活力。一般来说，种子含水量和贮藏温度是保存种子的主要因子。Harington提出了两个准则：种子含水量每下降1%，种子的贮藏寿命加倍；种子的贮藏温度每下降5.6℃，种子的贮藏寿命也加倍。有人提出种子理想贮藏的条件是：含水量4%～6%；温度−20℃或更低；相对湿度15%；适度的低氧；高CO_2；贮藏室黑暗无光，避免高能射线等。1976年，国际植物遗传资源委员会指出，在1%～5%的含水量和−18℃的温度中贮藏，种子的生活力可达1个世纪以上。通常能降低呼吸作用的因子，都有延长种子寿命的作用。另外，收获时带果皮贮存的种子，因保护作用好，可以减少机械损伤和微生物侵害，比脱粒贮存的种子寿命长，活力高。

（2）顽拗性种子的保存　　顽拗性种子是不耐失水的，它们在贮藏中忌干燥和低温。这类种子成熟时仍具有较高的含水量（30%～60%），采收后不久便可自动进入萌发状态。一旦脱水（即使含水量仍很高），即影响其萌发过程的进行，导致生活力迅速丧失。产于热带和亚热带地区的许多果树如荔枝、龙眼、杧果、可可树、橡胶、椰子、板栗、栎树等，以及一些水生草本植物如水浮莲、菱、茭白等，均属于顽拗性种子。要是将这些种子采收后置于室内通风处，往往只有几天或十余天的寿命。例如，可可树种子适宜的贮藏条件是含水量33%～35%、温度17～30℃，贮藏期至少为70d；而当含水量低于27%、温度为17℃时，迅速失去发芽力。杧果、荔枝、龙眼、木菠萝等种子在15℃中贮藏较佳，而在5～10℃出现低温伤害。

贮存顽拗性种子的方法主要有两种：一是采用适温保湿法，可以防止脱水伤害和低温伤害，使种子寿命延长至几个月甚至1年。例如，将木菠萝种子先部分脱水，使种皮趋于风干状态，然后放在能适度换气的塑料袋中，15℃条件下贮藏460d，发芽率仍保持90%。将茭白种子贮于水中14个月，发芽率仍有86%。橡胶种子贮于水中1个月，发芽率在60%以上。水浮莲种子是需光种子，贮于暗中可保持休眠不萌发。另一种比较有希望的方法是用液氮贮藏离体胚（或胚轴）。经低温贮存的橡胶种胚已取得再生植株。

第三节　果实的生长和成熟

一、果实发育的特点

（一）果实的生长

果实（fruit）是由子房或连同花的其他部分发育而成的。单纯由子房发育而成的果实称为真果，如桃、番茄、柑橘等；除子房外，还包含花托、花萼、花冠等花的其他部分共同发育而成的果实称为假果，如苹果、梨、瓜类等。果实的发育应从雌蕊形成开始，包括雌蕊生长、受精后子房等部分的膨大、果实形成和成熟等过程。成熟的果实经过一系列的质变，达到最佳食用的阶段，称为果实的完熟（ripening）。通常所说的果实成熟（maturation）也往往包含了完熟过程。

果实的生长与其他器官一样，是细胞分裂和扩大的结果，其体积和质量的增加也不是平均进行的。不同植物果实的生长周期性呈现出不同的特点。测定果实的生长曲线，基本可分为3种类型。

肉质果实（如苹果、梨、香蕉、草莓、柑橘、番茄、甜瓜等）的生长一般和营养器官一样，也呈单"S"形生长曲线（single sigmoid growth curve），即初期的生长速率较慢，以后逐渐加快，达到高峰后又逐渐减慢，最后停止生长（图11-8）。这种"慢-快-慢"生长节奏的表现是与果实中细胞分裂、膨大（伸长）、分化及其成熟的节奏相一致的。

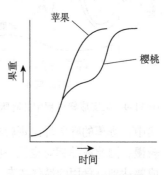

图 11-8　果实的生长曲线

有些核果（如桃、李、杏、樱桃等）及一些非核果（如葡萄、山楂、无花果、柿子等）的生长呈双"S"形生长曲线（double sigmoid growth curve），即在果实生长的中期有一个缓慢生长期，表现出"慢-快-慢-快-慢"的生长节奏（图11-8）。这个缓慢生长期正是果肉暂停生长，而内果皮木质化、果核变硬、珠心及珠被也停止生长，但幼胚迅速生长的时期；而第二个迅速生长期，主要是中果皮细胞的膨大和营养物质大量积累的时期。

已经发现猕猴桃果实的生长曲线是三"S"形的，在其果实生长过程中出现3个快速生长期，表现出"慢-快-慢-快-慢-快-慢"的生长节奏。

（二）单性结实

通常植物通过受精作用，引起子房生长素含量增多，刺激子房膨大，形成含有种子的果实；但是也有不经受精作用而结实的现象，这种不经过受精作用，子房直接膨大形成不含种子的果实的现象，叫作单性结实（parthenocarpy），所形成的果实，叫作无籽果实（seedless fruit）。单性结实可分为以下3种类型。

1. **天然单性结实**　　不经授粉、受精或其他任何刺激而形成无籽果实的现象，叫作天然单性结实（natural parthenocarpy）。例如，香蕉、菠萝和有些葡萄、柑橘、无花果、柿子、黄瓜等的个别植株或枝条发生突变，形成无籽果实（将突变枝条剪下来进行无性繁殖，可形成无核产品）。天然单性结实的原因，一方面，与花粉败育有关；另一方面，无核品种果实的子房中生长素含量高于有核品种，并在开花之前开始积累，促使子房不经受精作用而膨大。

2. **刺激性单性结实**　　在外界环境条件的刺激下而引起的单性结实，叫作刺激性单性结实（stimulative parthenocarpy）。例如，较低温度和较高光强可诱导番茄产生无籽果实；短光周期和较低叶温可引起瓜类作物单性结实；外源生长调节剂（如2,4-D、NAA等）处理花蕾或花序，也可诱导单性结实。

3. **假单性结实**　　有些植物授粉受精后，由于某种原因而胚停止发育，但子房或花托继续发育，也形成无籽果实，这种现象叫作假单性结实（fake parthenocarpy），如无核柿子、无核白葡萄等。

（三）果实呼吸跃变

根据果实成熟过程中呼吸速率变化规律，可将果实分为跃变型和非跃变型两类。呼吸跃变现象即呼吸峰（respiratory climacteric），是指在果实成熟过程中，呼吸速率最初下降，然后突然上升，随后又急剧下降，此时果实进入成熟的现象。具有呼吸跃变现象的果实称为跃变型果实，主

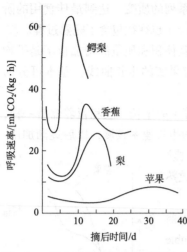

图 11-9　果实成熟过程中的呼吸跃变

要有苹果、梨、香蕉、鳄梨、桃、李、杏、柿、无花果、猕猴桃、杧果、番茄、西瓜、甜瓜、哈密瓜、油梨、番木瓜、番石榴、番荔枝、橄榄等（图 11-9）；无明显呼吸跃变现象的果实称为非跃变型果实，主要有柑橘、橙子、葡萄、樱桃、草莓、柠檬、荔枝、可可、菠萝、橄榄、腰果、黄瓜、凤梨、甜椒、食荚菜豆、西瓜等。

多数果实的跃变可发生在母体植株上，而鳄梨和杧果的一些品种连体时不完熟，离体后才出现呼吸跃变和成熟变化。呼吸跃变的到来，说明果实已完全成熟和衰老，难以继续贮藏。跃变型果实和非跃变型果实的主要区别是，前者含有复杂的贮藏物质（淀粉或脂肪），在摘果后达到完全可食状态前，贮藏物质强烈水解，呼吸加强，而后者并不如此。通常，跃变型果实成熟比较迅速，而非跃变型果实成熟比较缓慢。在跃变型果实中，香蕉的呼吸峰出现较早，淀粉水解迅速，成熟较快；而苹果的呼吸峰出现较迟，淀粉水解较慢，因此成熟相对也慢一些。一般把呼吸跃变的出现作为果实成熟的生理指标，它标志着果实成熟达到可食用的最佳状态，同时也标志着果实已开始衰老，不耐贮藏了。

研究表明，果实跃变正在进行或正要开始前，其内部乙烯的含量明显升高，呼吸跃变的出现是果实内乙烯的产生引起的。呼吸跃变型果实的植物具有两个乙烯合成调控系统，这两个系统依据植物果实发育阶段的不同而发挥作用。系统 1 在未成熟的呼吸跃变型果实中发挥作用，产生基础水平乙烯，并对系统 1 的乙烯合成产生反馈抑制；系统 2 在成熟的呼吸跃变型果实和某些种类植物的衰老叶柄中发挥作用，具有自催化活性，即产生的乙烯能进一步促进系统 2 的乙烯合成。系统 2 的乙烯合成正反馈环能确保整颗果实的均匀完熟。

乙烯刺激呼吸的机制在于：一方面，乙烯可增加果皮细胞的透性，加速气体交换，加强内部氧化过程，加速果实成熟；另一方面，乙烯可诱导呼吸酶 mRNA 的合成，提高呼吸酶含量与活性，并能显著诱导抗氰呼吸，加速果实成熟与衰老。

生产上可控制呼吸跃变的来临，以提早或推迟果实的成熟。例如，降低温度和 O_2 的浓度（提高 CO_2 浓度或充氮气），延迟呼吸峰的出现，使果实成熟延迟。反之，提高温度和 O_2 浓度，或施以乙烯，都可以刺激呼吸跃变早临，加速果实成熟。乙烯甚至可以诱导本来没有跃变期的果实产生呼吸高峰，如橘和柠檬。

二、肉质果实成熟时的生理生化变化

在成熟过程中，果实从外观到内部发生了一系列变化，如呼吸速率、乙烯、贮藏物质、色泽和风味的变化等，表现出特有的色、香、味，使果实达到最适于食用的状态。

（一）色泽变艳

果实成熟时的颜色变化，是最熟悉和易观察的成熟标志之一。果实生长早期，由于果皮中含有叶绿素，一般呈绿色。多数果实成熟时，绿的底色消失，变成黄色、橙色、红色、蓝色或其他鲜艳的颜色。果色的变化通常是由于叶绿素的降解和类胡萝卜素或花青素苷等其他色素显色或不断合成积累的结果。苹果成熟时变黄，是胡萝卜素增加的结果，此时胡萝卜素合成超过叶绿素和叶黄素；柑橘成熟过程中类胡萝卜素增加；柚和柠檬的浅色是类胡萝卜素的减少；番茄的红色是在其后熟期间番红素增多（提高 10 倍）的结果，所以，常以番茄的颜色变化来判断其成熟度。

在光照充足、昼夜温差较大的地区，果实形成花青素较多，利于果实着色。

（二）甜度增加

大多数果实含有丰富的碳水化合物，未成熟果实以淀粉为主。随着果实成熟，甜度增加，甜味来自淀粉等贮藏物质的水解产物，如蔗糖、葡萄糖和果糖等。各种果实的糖转化速度和程度不尽相同。香蕉的淀粉水解很快，由青变黄时，淀粉从占鲜重的20%～30%下降到1%以下，而可溶性糖的含量则从1%上升到15%～20%；柑橘中糖转化很慢，有时要几个月；苹果则介于这两者之间。葡萄果实中糖分积累最高，达到鲜重的25%或干重的80%。部分果实如在未成熟前就采摘下来，则果实不能变甜，如葡萄、杏、无花果、桃、樱桃、猕猴桃等。

（三）酸味降低

果实的酸味是由于有机酸积累的结果。有机酸主要贮存在液泡中，呈游离态，也可与金属元素或生物碱结合成盐等状态而存在，一般苹果含酸0.2%～0.6%，杏1%～2%，柠檬7%。果实中有机酸种类主要有柠檬酸（柑橘、菠萝中含量较多）、苹果酸（苹果、梨、桃、李、杏、梅含量较多）、酒石酸（葡萄含量较多）等，一般果实中同时含有几种有机酸。有机酸可来自CO_2的固定、三羧酸循环、氨基酸的脱氨等。未成熟果实中含酸量高，随着果实的成熟，含酸量下降。有机酸减少的原因主要有：合成被抑制；部分酸转变成糖；部分被用于呼吸消耗；部分与K^{2+}、Ca^{2+}等阳离子结合生成盐；某些酯化反应。

果实中糖和酸含量的比值，即糖酸比，是决定果实品质的重要因素之一。糖酸比越高，果实越甜。但一定的酸味往往能够体现一种果实的特色。

（四）果实软化

果实软化是成熟的一个重要特征。软化后，果实适口性和风味发生变化，达到最理想的使用状态，也更容易受到物理伤害和病原侵染，使贮藏寿命缩短。引起果实软化的主要原因是细胞壁物质的降解。在成熟过程中，果胶酶、纤维素酶、多聚半乳糖醛酸酶、半乳糖苷酶等与细胞壁有关的水解酶活性上升，使细胞壁结构成分及聚合物分子大小发生显著变化，如果胶物质的降解、纤维素长链变短、半纤维素聚合分子变小，从而使胞间层分离。果肉细胞淀粉粒中的淀粉降解为可溶性糖也是果实软化的原因之一。

（五）香味产生

成熟果实发出它特有的香气，这是由于果实内部存在着微量的挥发性物质。它们的化学成分相当复杂，有200多种，主要是酯、醇、酸、醛、酚、萜烯类、杂环化合物、含硫化合物等一些低分子化合物。香蕉的香味来自乙酸戊酯；苹果中含有乙酸丁酯、乙酸己酯、辛醇等；柑橘的香味主要来自柠檬醛。这些挥发性化合物多在果实成熟后期合成并释放出来。

（六）涩味消失

有些果实未成熟时有涩味，如柿子、香蕉、李、苹果等。涩味源于细胞液中的单宁等物质。单宁是一种不溶性酚类物质，可以保护果实免于脱水及病虫侵染。单宁与人口腔黏膜上的蛋白质作用，使人产生强烈的麻木感和苦涩感。果实成熟过程中，单宁可被过氧化物酶氧化成无涩味的过氧化物，或凝结成不溶性的单宁盐，还有一部分可以水解转化成葡萄糖，因而涩味消失。

三、果实成熟的机制及其调控

（一）果实成熟的机制

果实成熟是一个非常复杂的过程，有研究表明果实成熟与基因表达密切相关，并受到激素和环境因子的影响和调控。

果实的成熟过程是在多种内源激素协同作用下进行的。一般在幼果生长时期，生长素、赤霉素、细胞分裂素含量增加，至果实成熟时，这些激素的含量都下降到最低点，与此同时，乙烯和脱落酸含量升高。其中乙烯对果实的成熟影响最大，一方面，乙烯诱导呼吸峰的出现；另一方面，乙烯刺激水解酶类合成，促进不溶性物质水解为可溶性物质，使果实向成熟的方向转化。猕猴桃果实采后初期，ABA含量迅速升高，在2~4d达到最大值，之后快速下降；在ABA下降过程中，乙烯进入跃变期，果实后熟进程加快。乙烯通过影响乙烯反应元件，如转录因子EIN3家族，调节乙烯反应基因的转录水平，提高纤维素酶、成熟相关基因的水平，从而促进果实成熟。

多胺可负反馈调控脂氧合酶（LOX）途径的LOX自我活化，抑制ACC向乙烯转化，调节细胞膜脂过氧化作用和乙烯的生物合成，在果实的成熟衰老进程中发挥作用。LOX途径是高等植物脂肪酸氧化的途径之一，产物直接或间接地促进植物组织衰老，有研究发现LOX的活性变化与猕猴桃果实成熟软化呈极显著的负相关关系，AOS与LOX的协同作用可能是乙烯生物合成的调控因子之一。

磷脂酶可能通过分解磷脂，加剧细胞膜的降解和衰老，产生的游离自由基毒害细胞膜系统，激活其他脂氧合酶等一些与果实成熟衰老相关的酶，参与乙烯、脱落酸等衰老因子的信号转导，促进果实的成熟衰老。

果实成熟是分化基因表达的结果。果实成熟过程中mRNA和蛋白质合成发生变化。有些蛋白质的mRNA含量下降；另一些编码蛋白质的mRNA含量增加，如多聚半乳糖醛酸酶（polygalacturonase，PG）的mRNA，在番茄果实成熟时表现为增加。这些mRNA涉及色素的生物合成、乙烯的合成和细胞壁代谢。

反义RNA技术的应用为研究PG在果实成熟和软化过程中的作用提供了最直接的证据。获得的转基因番茄能表达PG反义mRNA，使PG的活性严重受阻，转基因纯合子后代的果实中PG活性仅为正常的1%，其果实中的果胶降解受到抑制，但乙烯、番茄红素的积累及转化酶、果胶酶的活性未受到任何影响，并没有推迟软化或减少软化程度。这说明，PG虽然可降解果胶，但它不是影响果实软化的唯一因素。

从番茄、香蕉、甜瓜、梨等果实中分离到了许多与果实成熟相关的基因，这些基因涉及细胞壁降解，如多聚半乳糖醛酸酶、果胶甲酯酶；乙烯生物合成与信号转导，如ACC合酶、ACC氧化酶、乙烯受体蛋白；类胡萝卜素合成，如原八氢番茄红素焦磷酸合成酶等的表达。例如，番茄的E4基因、多聚半乳糖醛酸酶基因、E8基因、ACC氧化酶基因等都属于果实成熟调控类型基因。这些基因表达使得细胞壁结构变化及多糖（果胶、纤维素、半纤维素）降解，果实成熟软化。此外，还有大量编码参与调控果实成熟的转录因子的基因也被人们所发现，这些基因与其下游因子一起构成一个调控网络，共同促进乙烯的生物合成及其他与果实成熟相关的生化事件的发生。对番茄果实的研究发现果实成熟还受到表观遗传的控制，在果实成熟过程中伴随着成熟相关基因启动子DNA甲基化程度的下降，后者将导致基因表达水平的上升，这揭开了在果实成熟研究领域的一个尚未探索的领域。

（二）果实成熟的调控

基于对果实成熟机制的理解，人们可对果实成熟进行调控，从而具有明显的应用价值。

1. **基因工程技术**　　基因工程技术不仅在研究果实成熟及调控机制中发挥重要作用，在解决生产实际问题上也提供了诱人的前景。反义RNA技术是果实延熟的常用基因工程技术。一个成功的例子是ACC合酶反义转基因番茄，已投入商业生产。将ACC合酶cDNA的反义系统导入番茄，转基因植株的乙烯合成严重受阻。这种表达反义 RNA 的纯合子果实，放置三四个月不变红、不变软，也不形成香气，只有用外源乙烯处理，果实才能成熟变软，成熟果实的质地、色泽、芳香和可压缩性与正常果实相同。把 *pTOM13*（ACC 氧化酶基因）引入番茄植株，获得反义 ACC 氧化酶 RNA 转化植株，产生的乙烯只相当于正常量的 5%。这些果实可以完全成熟，但不会过熟、变坏，而野生型则在同样条件下，产生正常数量的乙烯，表现出过熟的症状（图 11-10）。也可通过导入 *S*-腺苷甲硫氨酸水解酶基因使 *S*-腺苷甲硫氨酸（SAM）水解，减缓果实中的 ACC 和乙烯合成。

图 11-10 转反义 ACC 合酶基因的番茄和其
亲本（引自 Buchanan et al.，2004）
A. 果实完熟，但不会过熟变坏；B. 野生型在同样条件下，产生正常数量的乙烯，过熟腐烂

还可利用基因工程改变果实色泽，提高果实品质。例如，将反义 *pTOM5n* 导入番茄，转基因植株花呈浅黄色，成熟果实呈黄色，果实中检测不到番茄红素。调节花青苷合成的关键酶查耳酮合成酶和苯丙氨酸解氨酶基因的表达，能有效地改变矮牵牛、烟草和菊花的花色，因此可用同样的方法改变苹果等果实的色泽。

2. 环境和化学调控　　CO_2 可以作为乙烯的颉颃剂，在低浓度乙烯条件下，有效抑制乙烯的作用，但当乙烯浓度超过 1μl/L 时，效果消失。当空气中 O_2 的水平减少到 1%～3% 时，苹果中乙烯的产生减少 50%，因此可通过气调法延长果实贮藏时间。还可根据需要，选择降冰片二烯（norbornadiene，NBD）、Ag^+、丙烯类物质（如环丙烯、1-甲基环丙烯）等抑制乙烯活性。

热处理技术对延熟、减轻贮藏冷害、抑制真菌和虫害也有较好的效果。例如，以 38℃ 处理即将绿熟的番茄果实 3d，置于低温（2℃）后恢复室温，果实能够正常成熟，但比未经处理的成熟晚。其作用机理与抑制乙烯生成、抑制多聚半乳糖醛酸酶（polygalacturonase，PG）的积累和番茄素的合成有关。

ABA 可作为跃变型和非跃变型果实成熟的共同调控因子，促进果实糖分积累、软化、着色。CTK 对大多数植物具有广泛的延缓衰老作用，外源 6-BA 处理对果实起到保鲜、延迟衰老的作用。生长素可延迟成熟和衰老。较高浓度的生长素促进乙烯产生，但并不能促进果实成熟，可能是 IAA 影响了组织对乙烯的敏感性。用生长素类似物处理葡萄果实，使葡萄成熟延迟近 2 周，并使伴随成熟而发生的 ABA 增加也延迟，可能是通过影响与成熟有关的基因表达而起作用。GA 可延迟衰老，阻止柑橘果皮叶绿素的分解，以延缓甜橙果肉变软和类胡萝卜素的积累，增加果实的新鲜度，减少枯蒂。

适当浓度的钙能够降低呼吸强度，推迟呼吸跃变的出现，减缓果实硬度下降，推迟 POD、淀粉酶、PPO、CAT 等酶活性上升，明显减缓果实采后生理代谢活动，降低与衰老有关的膜微粒性增加，减少自由基对膜的伤害，延缓果实衰老进程。

第四节　植物的衰老

一、植物衰老的模式

植物的衰老（senescence）是指细胞、器官或整个植株的生命功能衰退，最终导致自然死亡的一系列恶化过程。衰老是受植物遗传控制、环境影响、能量依赖的主动和有序发育过程，它总是发生在一个器官或整株的死亡之前，因此衰老可以看作是导致自然死亡的最后发育阶段，是植物发育的正常过程。但是，环境因素也可以诱导衰老，如秋季的短日照和低温就可以触发植物叶片衰老、落叶。

（一）衰老的类型

根据植株与器官死亡的情况，将植物衰老分为以下 4 种类型。

1. **整体衰老（overall senescence）**　　由于系统生理机能丧失，整株植物衰老死亡。例如，一、二年生植物（如玉米、花生、冬小麦等）开花结实后，除留下种子外，全株都衰老死亡。多年生的竹子、甘蔗、龙舌兰等，在开花结实后，整株植物衰老死亡。

2. **地上部衰老（top senescence）**　　由于特定季节的到来，植株地上部衰老死亡，地下部继续存活。例如，山药、葛根、百合等球根植物和多年生草本植物（如苜蓿、芦苇等），每年地上部器官都衰老死亡，而根系和其他地下系统仍然存活，到第二年出芽、生长，可持续生存多年。

3. **脱落衰老（deciduous senescence）**　　季节性因素造成植株所有叶片衰老脱落，而茎和根仍保持生活力。例如，多年生落叶木本植物发生季节性的叶片同步衰老脱落现象。

4. **渐进衰老（progressive senescence）**　　叶片及其他组织器官按生长、成熟的先后顺序衰老或脱落死亡，由新生的组织器官逐渐取代。例如，多年生常绿木本植物的茎和根能生活多年，而叶片和繁殖器官则渐次衰老脱落。

事实上，同一植株不同部位的衰老节律也很不同，叶片为脱落型衰老；枝条为渐进型衰老；繁殖器官，如花和果实，有其各自特殊的成长和成熟类型，它们或者与叶片、植株衰老行为有联系，或者不相联系。由于植物具有无限生长的特性，因此器官的衰老过程实际上发生在植物生活周期的各个时期。

植物衰老通常发生在器官成熟以后，形态发生和生长已经停止，衰老发生的快慢很大程度受到内在和环境因素的影响。有的衰老发生十分迅速，如日本牵牛的花瓣在开花一天后就衰老；有的衰老过程较长，需要几个月甚至几年才能完成，如拟南芥植株 1～2 个月，长寿松（*Pinus longaeva*）叶片有 45 年的寿命，沙漠植物千岁兰（*Welwitschia mirabilis*）的单片叶片能存活数十年。

（二）衰老的生物学意义

衰老是植物在长期进化过程和自然选择过程中形成的一种不可避免的生物学现象，是正常的生理过程，因此不应该把衰老单纯看成消极的、导致死亡的过程。从生物学意义上说，没有衰老就没有新的生命开始。例如，叶片或子叶的衰老可促进幼苗其他生长点的生长；多年生植物秋天叶片衰老脱落之前，把大量营养物质运送到茎、芽、根中，以供再分配和再利用；花的衰老能使刚刚授粉而产生的受精卵正常发育；果实与种子成熟后的衰老与脱落，有利于借助其他媒介传播种子，便于物种的生存，对物种的繁衍和人类的生产是有益的；一、二年生的植物成熟衰老时，其营养器官贮存的物质降解，运转到发育的种子、块茎、块根等器官中，以利于新器官的生长发育等。因此，植物衰老在生态适应及营养物质再利用等方面具有积极的生物学意义。但是，生产上措施不当或某些不良因素的影响，会引起作物适应能力降低，生长不良，造成某些器官或植株早衰，籽粒不饱满，进而影响农产品的产量和质量。因此，在生产实践中应通过提高植物的抗衰老能力来克服这些负面影响。

二、衰老的结构与代谢变化

（一）衰老过程中细胞结构的变化

细胞衰老与生物膜的衰老直接相关，因为生物膜对细胞生命活动有重要的调节作用。例如，生物膜调控各种物质进出细胞或细胞器，膜酶控制各种代谢反应的方向与速度。所以，生物膜在形态、结构和功能上的变化会直接影响细胞的生命活动，膜的衰老是细胞衰老的重要原因，也可作为细胞衰老的重要标志。

研究表明，细胞趋向衰老过程中，其膜脂的饱和脂肪酸含量逐渐升高，使膜由液晶相逐渐转变为凝固相。当胁迫严重时，膜会产生渗漏，失去膜的选择性等功能。细胞膜的降解衰变，导致细胞的结构也发生明显的衰变。首先，叶绿体的完整性丧失，叶绿体肿胀，膜脂相变，外被膜结构逐渐脱落，基粒数减少，内囊体经囊泡化作用而解体，基质中出现许多脂质球；而后核糖体和粗面内质网急剧减少，失去蛋白质合成能力。随着组织的衰老，内质网膨胀，功能减退；线粒体是较为稳定的细胞器之一，在衰老后期，线粒体嵴扭曲至消失；最后，液泡膜溶解，其中的各种水解酶散布到整个细胞，同时细胞质 pH 降低，酸性介质的水解酶活跃，消化所有的细胞器，包括细胞核，整个细胞自溶解体。在某些组织的衰老细胞中，可看到核物质穿壁现象。

衰老与程序性细胞死亡（programmed cell death，PCD）有关，包括一系列特有的细胞形态学（如质膜和核膜的囊泡化、DNA 裂解成寡核苷酸片段及凋亡小体的形成等）和生理生化变化，这些变化往往涉及相关基因的表达和调控。

（二）衰老时的生理生化变化

植物的衰老过程可表现在分子、细胞、器官和整体等不同水平上，其中以叶片的衰老研究最为广泛。许多农作物的生育后期均可出现不同程度的叶片早衰现象，成为提高作物产量的限制因素。合成代谢降低、分解加快是衰老生理生化变化的首要特点。

1. **蛋白质的变化**　蛋白质水解是植物衰老的第一步。叶片衰老时，蛋白质合成能力降低，而分解加快，总体表现为蛋白质含量显著下降（图 11-11）。在蛋白质分解的同时，伴随着游离氨基酸的积累，可溶性氮会暂时增加。在衰老过程中也有某些蛋白质的合成，主要是水解酶如核糖核酸酶、蛋白酶、酯酶、纤维素酶的含量和活性增加，进而分解蛋白质、核酸和脂类等物质。分解形成的可溶性糖、核苷、氨基酸等小分子化合物由衰老叶片运至植物体的其他部位，进行物质的再循环利用。

2. **核酸的变化**　叶片衰老时，RNA 总量下降，尤其是 rRNA 的减少最为明显。其中以叶绿体和线粒体的 rRNA 对衰老最为敏感，而细胞质的 tRNA 衰退最晚。RNA 含量的下降伴随着核糖体的解体，核糖体解体可作为衰老的主要特征。叶片衰老时 DNA 也下降，但下降速

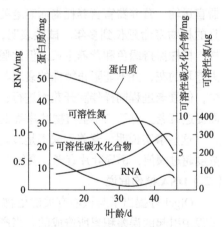

图 11-11　菜豆衰老叶片中有机物含量变化

度比 RNA 小。例如，烟草叶片在 3d 内 RNA 下降 16%，而 DNA 只减少 3%。虽然 RNA 总量下降，但某些酶（如蛋白酶、核酸酶、酸性磷酸酶、纤维素酶、多聚半乳糖醛酸酶等）的 mRNA 的合成仍在继续。这些酶的表达基因，以及与乙烯合成相关的 ACC 合酶和 ACC 氧化酶等基因，称为衰老相关基因（senescence associated gene，SAG），即在衰老过程中表达上调或增加的基因，也称为衰老上调基因（senescence up-regulated gene，SUG）。而另一些编码与光合作用有关的多数蛋白质的基因，则随叶片衰老，其表达量急剧下降，这些降低表达的基因称为衰老下调基因（senescence down-regulated gene，SDG）。

3. **光合速率下降**　在叶片衰老过程中，光合速率下降。原因主要有：一是叶绿体数量减少，体积变小，间质破坏，类囊体膨胀、裂解；二是光合色素含量特别是叶绿素含量迅速降低，

而类胡萝卜素降解较慢，使原来被掩盖的类胡萝卜素颜色得以呈现，叶片失绿变黄，这是叶片衰老的最明显特点；三是 Rubisco 分解，叶绿素 a/b 结合蛋白减少，光合电子传递与光合磷酸化、碳同化反应受阻等。此外，还与气孔开度减少、阻力增大、光呼吸增强等有关。另外，通过苯丙烷类化合物代谢，在衰老组织中积累花青素苷、鞣酸、酚类、类黄酮、木质素等，而使秋天叶片呈现红、紫、黄等各种色彩。

4. 呼吸速率的变化　　叶片衰老时呼吸速率下降，但其下降速率比光合速率慢，因为叶片衰老过程中，线粒体的结构相对比叶绿体稳定，线粒体膨大和数量减少发生在衰老后期。有些植物叶片在衰老开始时呼吸速率保持平稳，后期出现一个呼吸跃变期，以后迅速下降。叶片衰老时，氧化磷酸化与电子传递逐步解偶联，产生的 ATP 数量减少，细胞内合成反应所需能量不足，进一步加剧衰老。越来越多的证据表明，叶片衰老过程中，糖原异生作用的一个通路得到激活，使脂肪降解转变成糖。

5. 内源激素的变化　　在植物的衰老过程中，其内源激素也有明显的变化，通常表现为，促进生长的生长素、细胞分裂素、赤霉素等含量减少；而诱导衰老和成熟的激素如脱落酸和乙烯等含量逐步增加。

三、植物衰老的机制

有关植物衰老的原因有多种解释，现主要介绍以下几种。

（一）营养亏缺假说

营养亏缺假说由 Molish 于 1982 年提出。该假说认为进入生殖生长后，由于营养物质向生殖器官运输，营养器官营养耗竭而衰老死亡。主要依据是通过摘花处理，可将正常生长期只有几个月的植物寿命延长到多年。试验表明，对大豆不断进行摘花处理，在 15 个月后获得 8m 高的植株，植株保持绿色和营养生长。但此假说无法解释如下事实：在诱导开花的短日条件下，不断摘去苍耳的花，并不能阻止植株的衰老与死亡；雌雄异株的大麻、菠菜的雄株，尽管雄花消耗养分少，但衰老进程同样伴随开花而进行；有些植物，如玉米、辣椒，去掉花不仅不能延缓衰老，反而促进衰老。对于二年生植物叶片就更难以解释。

这些事实说明，营养亏缺不是衰老的决定因素。事实上，有报道认为高糖降低光合作用，糖浓度超过阈值，诱导叶片衰老，会触发衰老。

（二）DNA 损伤假说

Orgel 等提出了与核酸有关的植物衰老的误差理论，认为植物衰老是基因表达在蛋白质合成过程中引起的误差积累所造成的。当产生的错误超过一定阈值时，细胞机能失常，导致衰老。这种误差是由于 DNA 的裂痕或缺损导致错误的转录、翻译，合成的蛋白质发生氨基酸排列顺序错误或引起多肽链折叠错误，进而形成并积累无功能的蛋白质（酶），造成代谢紊乱，启动衰老。

一些物理化学因子，如紫外光、电离辐射、化学诱变剂等，会损失 DNA，破坏 DNA 的结构功能，DNA 无法修复，蛋白质合成错误或无法合成。紫外光照射会使 DNA 的胸腺嘧啶形成二聚体，从而影响 DNA 结构，使复制、转录、翻译受到影响。

研究表明，叶片中蛋白酶基因的表达与叶片衰老过程相关，其中一些基因的表达具有衰老特异性。例如，在即将衰老的组织中，RNA 酶活性上升导致核酸（特别是 rRNA）的降解，从而影响了功能蛋白质的生物合成，造成组织衰老。

（三）自由基损伤假说

自由基（free radical）是指具有不配对（奇数）电子的原子、原子团、分子或离子。自由基具有不稳定，寿命短；化学性质活泼，氧化还原能力强；能持续进行链式反应（即自由基引发的反应一旦开始，就会导致一连串反应，一直到新形成的自由基被清除或相互碰撞结合成稳定分子，反应才能终止）等特点。

生物体内自身代谢产生的自由基，叫生物自由基，主要包括氧自由基（如O_2^-、·OH、ROO·）等氧化能力很强的含氧物质［也叫活性氧（active oxygen, reactive oxygen species, ROS）］和非含氧自由基（如·CH_3等）。这些自由基极易与周围物质发生反应，并能持续进行连锁反应，对细胞及生物大分子有破坏作用，对生物系统造成潜在危害，因此自由基有"细胞杀手"之称。自由基引起的代谢失调及其在体内的积累是植物衰老的重要原因之一。然而，越来越多的研究发现 ROS本身并不能通过引起细胞的物理化学损伤启动衰老发生，它们是作为信使激活特定信号通路，诱导那些调控细胞死亡事件的表达。在拟南芥中，ROS，特别是H_2O_2，被认为是拟南芥叶片衰老的内在信使，通过 MAPK 信号转导途径，诱导 WRKY53 表达，引起叶片衰老。

植物体内有些酶与衰老密切相关，如超氧化物歧化酶（superoxide dismutase, SOD），主要功能是清除O_2^-，将其歧化为H_2O_2，H_2O_2可进一步在过氧化物酶或过氧化氢酶的作用下分解，参与自由基的清除和膜的保护；脂氧合酶（lipoxygenase, LOX），催化膜脂中不饱和脂肪酸加氧，产生自由基，使膜损伤，并积累脂类过氧化产物丙二醛（malondialdehyde, MDA）。

衰老过程往往伴随着 SOD 活性的降低和 LOX 活性的升高，导致生物体内自由基产生与消除的平衡被破坏，以致积累过量的自由基，对细胞膜及许多生物大分子产生破坏作用，如加强酶蛋白的降解、促进脂质过氧化反应、加速乙烯产生、引起 DNA 损伤、改变酶的性质等，进而引发衰老。

植物体内的自由基或活性氧（包括H_2O_2等），可以在多个部位通过多条途径产生，如叶绿体可通过 Mehler 反应产生O_2^-和H_2O_2；线粒体能在消耗 NADH 的同时产生O_2^-和H_2O_2；过氧化物酶体通过乙醇酸氧化产生H_2O_2等。正常情况下，由于植物体存在着自由基清除系统，保证了细胞内自由基的产生和清除处于动态平衡，使细胞内自由基水平保持较低，不会引起伤害。植物细胞中的自由基清除系统主要由保护酶和一些抗氧化物质组成。主要的保护酶有 SOD、过氧化物酶（peroxidase, POD）、过氧化氢酶（catalase, CAT）、谷胱甘肽过氧化物酶（glutathione peroxidase, GPX）等，其中 SOD 最为重要；主要的抗氧化物质有维生素 E、抗坏血酸（ascorbate）、还原型谷胱甘肽（glutathione, GSH）、类胡萝卜素（CAR）、巯基乙醇（β-mercaptoethanol, β-ME）等。

对水稻、烟草、菜豆等植物叶片的衰老研究表明，叶片中 SOD 活性随衰老而呈下降趋势，O_2^-等随衰老而增加，脂类过氧化产物 MDA 迅速积累；而植物处于生长旺盛时期，SOD 活性则是随着生长的加速保持比较稳定的水平或有所上升，因此 SOD 活性的下降与植物体的衰老呈正相关。

（四）植物衰老原因的复杂性

还有很多关于衰老的假说，如植物激素调节假说、程序性细胞死亡假说、基因假说等。植物激素调节假说认为植物体或器官内各种激素的相对水平不平衡是引起衰老的原因，抑制衰老的激素与促进衰老的激素之间可相互作用，协同调控衰老过程。PCD 是由内在因素引起的非坏死性变化，受到核基因和线粒体基因的调控。叶片衰老过程中，在基因调控下，细胞结构高度有序地解体，内含物降解，营养物质向非衰老细胞转移和循环利用。需要指出的是，在细胞水平上，PCD、组织衰老和植物整体衰老都通过相同或相近的信号通路实现细胞的自溶。因此，PCD 代表了不同水平上植物衰老的共同特征。

在基因假说中，植物衰老涉及基因表达、转录和蛋白质翻译。已发现一系列植物衰老相关基因（senescence-associated gene，SAG），种类众多，表达差异较大。在拟南芥中已经发现许多在衰老过程中转录水平上调至少 3 倍的衰老相关基因。NAC 和 WRKY 基因家族是调节叶片衰老的两类丰度最高的转录因子。有些衰老基因在早期表达，另一些在晚期表达；一些仅在自然衰老但尚未脱落组织中表达，另一些仅在脱落组织表达；一些是器官特异性表达，另一些在衰老组织中均有表达，如编码糖原异生作用的酶的 *SAG* 在衰老叶片、子叶和萌发种子中都有表达。由于衰老既可自然发生，又可为胁迫所诱导，比较组学的研究发现，在不同衰老类型的早期阶段，基因的表达模式互不相同，然而当叶片开始变黄后，不同衰老类型的基因变化表现出越来越多的相似性。这说明由不同环境胁迫引起的衰老发生的信号转导与转导机制是特异的，但是一旦 PCD 发生了，胁迫诱导的衰老通路便和自然衰老的信号通路相一致。

可见植物的衰老是一个综合复杂的过程，与遗传、营养、激素等很多因素有关，上述衰老机制假说可能都只是解释了衰老的某一过程或某一阶段，更可能的应该是综合反应。例如，Lim 等（2007）提出的叶片衰老调节途径模型就认为，叶片衰老是各种内部和外部信号整合影响发育的综合过程。对不同因素响应的多条途径内部整合成调控网络，这些调控途径激活系列衰老相关基因，进而执行衰老过程，最终导致细胞死亡。

第五节　器官脱落

一、器官脱落与离层的形成

（一）脱落的类型及其生物学意义

脱落（abscission）是指植物细胞、组织或器官脱离母体的过程。脱落可分为 3 种类型：一是衰老或成熟引起的正常脱落，如叶片、花瓣、果实和种子成熟后的脱落；二是由逆境条件（高温、低温、干旱、水涝、盐渍、污染、病虫害等）引起的脱落，叫胁迫脱落；三是由植物自身的生理活动而引起的脱落，叫生理脱落，如营养生长和生殖生长的竞争、源与库的不协调、光合产物运输受阻或分配失控均能引起生理脱落。胁迫脱落和生理脱落都属于异常脱落。

脱落有其特定的生物学意义，即利于物种的保存，尤其是在不适宜生长的条件下。例如，花粉、种子、果实的脱落，可以保存植物种子繁殖其后代；部分器官的脱落有益于留存下来的器官发育成熟，如脱落一部分花和幼果，可以让剩下的果实得以发育；受伤或受害器官脱落可使植物摆脱潜在的感染源；干旱时落叶可减少水分损失。然而，异常脱落也常常给农业生产带来重大损失，如棉花花蕾的脱落率可达 70% 左右，大豆花荚脱落率也很高，果树经常发生的大量落花落果等。

（二）离层的形成

器官脱落大都发生在离层（separation layer）。离层是指分布在叶柄、花柄和果柄等基部的一段区域，经横向分裂而形成的几层细胞（图 11-12），这个特定的组织区域，称为离区（abscission zone）。构成离层的细胞体积小、排列紧密、细胞壁薄，有浓稠的原生质和较多的淀粉粒，细胞核大而突出。脱落就发生在离层细胞之间。叶片脱落之前，纤维素酶和果胶酶活性增强，导致细胞壁的中胶层分解，细胞彼此分离，叶柄只靠维管束与枝条相连，在重力与风力等作用下，维管束折断，于是叶片脱落。正是由于离

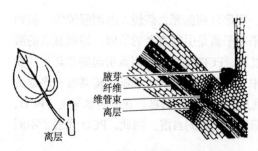

腋芽
纤维
维管束
离层

离层

图 11-12　双子叶植物叶柄基部离层结构示意图

层的形成，脱落时不会损伤原来的组织，同时形成一层新的保护层（protection layer），使新暴露出来的组织免受干旱和微生物的伤害。

多数植物叶片在脱落之前已形成离层，只是处于潜伏状态，一旦离层活化，即引起脱落。但也有例外，如烟草、禾本科植物的叶片不产生离层，因而叶片枯萎也不脱落；花瓣不形成离层也可脱落。在分子水平上，已在拟南芥、水稻、番茄等植物中找到部分离区发育相关基因或转录因子，如 *BOP1*、*BOP2*、*SH4*、*QSH1* 等。

二、脱落的激素调控

（一）生长素

生长素和植物器官脱落有关。例如，幼叶随着叶龄的增加，生长素含量增加；叶片衰老时，生长素含量降低，随后叶片脱落。外施生长素可以防止脱落。将一定浓度的生长素施在离区近轴端（离区靠近茎的一端），则促进脱落；相反，施于远轴端（离区靠近叶片的一侧），则抑制脱落。这表明脱落与离区两侧的生长素含量密切相关。Addicott 等（1955）提出了生长素梯度学说（auxin gradient theory）来解释生长素与脱落的关系。该学说认为，器官脱落由离区两侧的生长素浓度所控制，当远轴端的生长素含量高于近轴端时，则抑制或延缓脱落；反之，当远轴端生长素含量低于近轴端时，则加速脱落。

（二）乙烯

1. 乙烯与脱落　　通常认为乙烯是调控脱落的主要因子，内源乙烯水平与脱落率呈正相关。Osborne（1978）提出双子叶植物的离区存在特殊的乙烯响应靶细胞，乙烯可刺激靶细胞分裂，促进多聚糖水解酶的产生，从而使中胶层和基质结构疏松，导致脱落。乙烯的效应依赖于组织对它的敏感性，随植物种类及器官和离区的发育程度不同而敏感性差异很大，当离层细胞处于敏感状态时，低浓度乙烯即能促进纤维素酶及其他水解酶的合成及转运，导致叶片脱落；而且离区的生长素水平是控制组织对乙烯敏感性的主导因素，只有当其生长素含量降至某一临界值时，组织对乙烯的敏感性才能得以发展。试验证明，叶片内生长素的含量可控制叶片对乙烯的敏感性。乙烯处理会促进嫩叶脱落，但对完全展开的叶片无影响，因为完全展开的叶片内游离生长素含量较嫩叶高，因此对乙烯不敏感。

大多数植物叶片和花、果的自然脱落、幼胚败育、病虫害等都伴随着乙烯的增多，促进脱落的药剂也促进乙烯的释放。转基因植物研究更进一步证实了乙烯促进脱落的作用（图 11-13），在外源 50μl/L 乙烯处理后，桦树野生型的大部分叶片已经脱落，而转错义拟南芥乙烯受体 *ETR1* 基因的植株叶片没有脱落，这是由于乙烯受体基因错义突变，转基因植株无法对乙烯产生应答反应。一些乙烯合成抑制剂如 CO_2、Ag^+、AVG（氨基乙氧基乙烯基甘氨酸）能够延缓幼花、幼果的脱落。乙烯作为脱落过程的主要调节剂，既引起或加速器官衰老，调节离层形成，又促进离区中水解酶类，包括纤维素酶、果胶酶的诱导合成。

图 11-13　乙烯对桦树（*Betula pendula*）叶片脱落的影响
A. 乙烯处理野生型植株，大部分叶片脱落；B. 乙烯处理转基因植株，叶片没有脱落

2. 生长素和乙烯对叶片脱落的调控　　从上可见，生长素和乙烯都与叶片脱落密切相关，那么二者的关系如何？它们是怎样

起作用的？ Reid 提出了激素控制叶片脱落的模型，把叶片脱落分为 3 个明显区别又顺序联系的时期：①叶片维持期。在感知外界或内在启动脱落的信号前，叶片健康生长，功能正常，维持远轴端高于近轴端的生长素浓度梯度，离区细胞处于非敏感状态。②脱落诱导期。远轴端生长素浓度下降，远轴端与近轴端的生长素浓度梯度降低甚至形成相反的浓度梯度，离区细胞对乙烯敏感性增强，进入器官脱落诱导期。促进叶片衰老的处理如乙烯能够通过干扰生长素的合成和运输而促进脱落。③脱落期。被激活的离区细胞对低浓度的乙烯做出响应，合成和分泌纤维素酶及其他细胞壁降解酶，叶片脱落。

（三）脱落酸

生长的叶片内脱落酸含量很少，而在衰老的叶片和即将脱落的幼果中，脱落酸含量很高，尽管如此，脱落酸并非是导致脱落的直接原因。脱落酸的主要作用是刺激乙烯的合成，并抑制叶柄内生长素的传导，提高组织、器官对乙烯的敏感性，促进纤维素酶和果胶酶等水解酶的合成，加速植物衰老，引起器官脱落。秋天短日照促进脱落酸合成，所以导致季节性落叶，这正是短日照成为叶片脱落信号的原因。但脱落酸促进脱落的作用低于乙烯，乙烯能提高脱落酸的含量。

（四）赤霉素和细胞分裂素

赤霉素和细胞分裂素间接影响脱落，其主要作用是颉颃脱落酸和乙烯，抑制水解酶的合成，促进果胶质和纤维素合成酶的形成，延缓植物衰老，因而可以间接地减少器官脱落。例如，细胞分裂素能降低玫瑰和香石竹组织对乙烯的敏感性，并阻止乙烯的合成。生产上常用 GA 来促进番茄、棉花、苹果、柑橘等幼果发育，进行保花、保果。

总之，各种激素的作用并不是孤立的，器官的脱落也并非受某一种激素的单独控制，而是多种激素相互协调、平衡作用的结果。

三、影响脱落的环境因素

（一）温度

温度过高或过低都会加速器官脱落。高温可提高呼吸速率，加速物质消耗，促进脱落，如棉花达到 30℃、四季豆达到 25℃时，脱落加快。在田间条件下，高温常引起土壤干旱而加速脱落。低温既降低酶的活性，又影响物质运输，也导致脱落，如霜冻引起棉花落叶。低温往往是秋天树木落叶的重要因素之一。

（二）O_2

高浓度 O_2 促进脱落，其主要原因在于：一是高浓度 O_2 促进了乙烯的合成；二是高浓度 O_2 能够增加光呼吸，消耗过多的光合产物；三是高浓度 O_2 容易形成超氧自由基，加速衰老，导致脱落。通常 O_2 浓度增加到 25%～30% 时，就能够促进乙烯的合成，加速脱落。低浓度 O_2 抑制呼吸作用，降低根系对水分和矿质元素的吸收，造成植物发育不良，也会导致脱落。

（三）水分

干旱促进器官脱落的主要原因是影响了内源激素水平。干旱可提高 IAA 氧化酶的活性，使生长素含量及细胞分裂素活性降低，促进离层形成而导致脱落。植物根系受到水涝时，也会出现叶、花和果的脱落。水涝主要通过降低土壤中氧气浓度而影响植物生长发育，植物对水涝反应可产生逆境乙烯，因而其脱落也与植物激素有关。

（四）矿质元素

缺 N、P、K、S、Ca、Mg、Zn、B、Mo、Fe 都可导致脱落。Zn、N 缺乏，影响生长素的合成；

B 缺乏会使花粉败育，引起不孕或果实退化；Ca 是细胞壁中果胶酸钙的组成成分，Ca 缺乏会引起严重的脱落和烂根。

（五）光照

光照强度与日照长度对器官脱落有较大的影响。通常，在一定的光照强度范围内，强光能抑制或延缓脱落，弱光则促进脱落。因为光照强度过弱，不仅使光合速率降低，形成的光合产物少，而且光可直接影响碳水化合物的积累与运输，所以使叶片和果实因营养缺乏而脱落。例如，作物种植密度过大时，行间过分遮阴，易使下部叶片提早脱落。不同光质对脱落也有不同影响，远红光增加组织对乙烯的敏感性，促进脱落；而红光则延缓脱落。一般情况下，短日照促进落叶，而长日照则延迟落叶。

此外，大气污染、盐害、紫外线辐射、病虫害等对脱落都会有影响。

本 章 小 结

种子的发育可分为胚胎发生期、种子形成期和成熟休止期。种子发育成熟期间可溶性的小分子化合物逐渐转化为高分子化合物如脂肪、淀粉、蛋白质等，并贮藏在子叶或胚乳中，有机物的积累与其呼吸速率存在着平行关系，含水量逐渐降低，内源激素的种类和含量都在不断发生变化。种子成熟过程及其化学成分除受遗传因素控制外，也受到外界环境影响，主要外界条件包括气候、栽培管理措施等。

休眠是植物的整体或某一部分生长极为缓慢或暂时停止生长的现象，分为强迫休眠和生理休眠两种类型。种子休眠的原因有种皮障碍，胚未发育完全，种子未完成后熟和抑制萌发物质的存在，与植物激素关系密切。种子休眠的破除可用机械破损、低温湿砂层积处理（砂藏法）、化学方法、清水冲洗、日晒或高温处理、光照处理、干湿交错处理等方法。

果实的生长曲线有单"S"形、双"S"形和三"S"形，影响果实大小的因子包括细胞数目、体积、间隙和叶果比，存在单性结实现象。可将果实分为跃变型和非跃变型两类。果实跃变与乙烯相关。肉质果实成熟时，色泽变艳，甜度增加，酸味降低，果实软化，香味产生，涩味消失。果实的成熟是在多种内源激素协同作用下进行的，是分化基因表达的结果。

衰老是指细胞、器官或整个植株的生命功能衰退，最终导致自然死亡的一系列恶化过程，分为整体衰老、地上部衰老、脱落衰老和渐进衰老。衰老过程中发生细胞结构与生理生化变化，合成代谢降低，分解加快。植物衰老的原因有营养亏缺假说、DNA 损伤假说、自由基损伤假说等，是一个综合复杂的过程。

脱落是指植物细胞、组织或器官脱离母体的过程，可分为正常脱落、胁迫脱落和生理脱落。器官脱落大都发生在离层。脱落是多种激素相互协调、平衡作用的结果，也受环境因素影响。

复习思考题

1. 名词解释

休眠　强迫休眠　生理休眠　层积处理　衰老　脱落　单性结实　天然单性结实　刺激性单性结实　假单性结实　后熟作用　离区与离层　自由基　生物自由基　活性氧

2. 写出下列缩写符号的中文名称及其含义或生理功能。

PG　ROS　SOD　MDA　LOX　POD　CAT　SAG　LEA　NAC　WRKY

3. 种子中主要的贮藏物质有哪些？它们的合成与积累有何特点？

4. 引起种子休眠的原因有哪些？如何解除休眠？

5. 顽拗性种子不耐脱水的主要原因是什么？保存时可采取什么措施？

6. 引起芽休眠的主要原因是什么？常用的解除芽休眠和延长芽休眠的方法有哪些？

7. 简述果实的生长模式及影响果实大小的主要因素。

8. 试述乙烯与果实成熟的关系及其作用机理。

9. 肉质果实成熟期间在生理生化上有哪些变化?

10. 影响果实着色的因素有哪些?

11. 植物衰老时在生理生化上有哪些变化?

12. 引起植物衰老的可能因素有哪些?

13. 如何调控器官的衰老与脱落?

14. 植物体内自由基的清除系统由什么组成? 主要的保护酶有哪些?

第四篇

植物逆境生理

第十二章　植物逆境生理通论

【**学习提要**】掌握植物逆境和抗逆性的概念、类型。了解逆境下植物形态结构与生理代谢的变化规律。理解生物膜、渗透调节、自由基与植物抗性的关系。了解植物的交叉适应及逆境间的相互作用，理解逆境蛋白与抗逆相关基因的作用。理解抗性生理与农业生产的关系。

第一节　植物的逆境和抗逆性

植物生长在一个开放的体系中，所处的环境千差万别，同时环境又是千变万化的，一年四季各不相同，且植物是不移动的。因此，植物不可避免地要遭受不良环境条件的影响，面对这些不良环境，有的植物能够生存下去，有的却无法生存，这既与环境胁迫强度相关，也与植物抗逆能力相关。

一、植物的逆境及其响应

（一）逆境及其种类

植物生活的环境是多种多样的，总体上包括适宜环境和不适宜环境。所谓适宜环境，是指适合植物最大限度发挥其生长发育与生殖潜力的环境。由于环境变化，对植物而言，不适宜环境是经常发生的，植物经常会受到水分、温度、辐射、盐分、病虫害、污染等不良环境的影响。对植物生长发育不利的各种环境因素统称为逆境（stress），又称胁迫。胁迫在物理上指应力、胁强，这里指不良环境因素对植物的作用力影响。

逆境的种类多种多样（图 12-1），产生原因包括理化因素、生物因素等，可分为生物逆境（biotic stress）和非生物逆境（abiotic stress）两大类。前者主要包括病、虫、杂草、鼠害、入侵生物（如飞机草、大米草、福寿螺）等，后者主要包括高温、低温、干旱、淹涝、盐分、酸、养

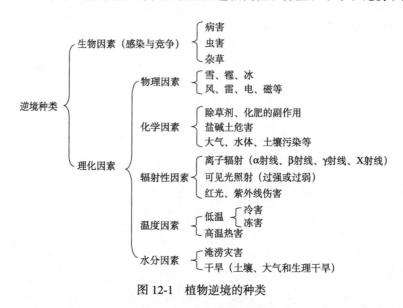

图 12-1　植物逆境的种类

分不足、铝、重金属、紫外线、大气污染、全球性气候变化等。逆境之间通常是相互联系的。例如，水分亏缺通常伴随着盐碱和高温逆境，水分胁迫、低温胁迫、病虫害和大气污染等都可引起活性氧伤害。

生物胁迫和非生物胁迫在全球范围内所造成的作物产量损失是相当巨大的，可使平均产量下降65%～87%，且非生物胁迫造成的损失显著高于生物胁迫（表12-1）。Qaim（2011）选择了小麦、水稻、玉米、马铃薯和棉花5种重要作物进行调查，结果表明由病害、昆虫和杂草造成的产量损失为28%～40%，其中马铃薯最高，为40%，水稻为38%，玉米为30%，小麦和棉花均为28%；其中病害影响最大，然后是昆虫、杂草。因此，保证粮食安全、提高作物产量的重要途径就是采用传统和先进技术，保护环境，减少逆境对作物造成的影响。

表 12-1　8 种主要作物的平均产量与最高产量及胁迫所造成的损失（引自 Buchanan et al., 2004）

作物	最高产量 / （kg/hm²）	平均产量 / （kg/hm²）	平均损失 /（kg/hm²） 生物性	平均损失 /（kg/hm²） 非生物性	非生物性损失占最高产量的百分比 /%
玉米	19 300	4 600	1 952	12 700	65.8
小麦	14 500	1 880	726	11 900	82.1
大豆	7 390	1 610	666	5 120	69.3
高粱	20 100	2 830	1 051	16 200	80.6
燕麦	10 600	1 720	924	7 960	75.1
大麦	11 400	2 050	765	8 590	75.4
马铃薯	94 100	28 300	17 775	50 900	54.1
甜菜	121 000	42 600	17 100	61 300	50.7

注：生物因子包括病害、昆虫和杂草；非生物因子包括但不限于干旱、高盐、涝害、低温和高温

（二）植物对逆境的响应

植物受到胁迫后所产生的相应变化称为胁变（strain）。胁变可表现为物理变化（如原生质流动变慢或停止）和化学变化（代谢变化）两方面。胁变的程度取决于胁迫的强弱及植物对逆境的适应性和抵抗能力。当环境条件重新变为最适时，植物体的功能可恢复到最适水平的胁变称为弹性胁变（elastic strain）；解除胁迫后，植物体功能不能够恢复到正常水平的胁变称为塑性胁变（plastic strain）。塑性胁变严重时会成为永久性伤害，甚至导致死亡。

研究植物在不良环境下的生理活动规律及其忍耐或抗性机制称为植物逆境生理（plant stress physiology）。就种子产量而言，逆境可能导致植物提前实现从营养生长到生殖生长的转变，由于仅有较少的叶片能为生殖器官提供光合产物，导致种子变少、变小。逆境下植物的反应是多种多样的，从生长到发育，从器官到细胞，从酶系统到代谢等方面都能看到逆境下生理反应的变化。植物可通过生长发育调节（如萌发抑制、生长减慢、提前衰老等）、生理活动变化（如水分吸收减少、光合作用下降、呼吸改变等）、分子机制（基因表达改变、生物大分子降解、蛋白质合成下降等）来适应环境。

植物对环境胁迫的反应与环境因子的性质和胁迫的特性有关，包括胁迫的持续时间、胁迫的强度、环境因子的组合、胁迫的次数。植物对环境胁迫的反应还与植物自身的特性有关，包括植物的种类或基因型、器官或组织、发育阶段、受胁迫经历。通常，植物如何改变其代谢路径来应对特定的胁迫以最大化地实现其生长、生殖潜力，是与其特定的生命周期相关的。例如，一年生植物在一季便完成其生命周期，不论在这一季中遭遇了何种逆境，植物都只能调整其代谢与发育

程序以实现其生殖生长。相反，多年生植物因其生命周期覆盖多季，在遭遇逆境时它们不惜影响本季种子的产量，而更倾向于调整代谢与发育程序以更好地实现同化物的储藏，从而使得植物体能够生存到下一季。

二、植物抗性的方式及其比较

植物抗性（stress resistance，hardiness）是指植物对各种逆境因子的适应和抵抗能力，又称抗逆性。在同等程度的逆境下，抗性强的植物产生的胁变小；抗性弱的植物产生的胁变大。抗性是植物在对环境的逐步适应过程中形成的。如果植物长期生活在某种逆境中，通过自然选择，有利性状被保留下来，并不断加强，不利性状不断被淘汰，植物即产生一定的适应该种逆境的能力，采取不同的方式去抵抗各种胁迫，适应逆境，以求生存与发展。

遗传和胁迫锻炼是植物抗逆性的基础。适应（adaptation）和顺应（驯化）（acclimation）是植物获得抗逆能力的表现。

植物体响应外界环境以直接改变其生理状态，进而增强其生长与生殖能力；这类响应不需要新的遗传方面的改变。如果这种响应增强了植物在逆境下的生存能力，则被称为驯化。驯化代表了植物个体在生理或形态方面的一种非永久性的改变，当环境状况改变后，这些改变能被逆转。不改变遗传编码却改变基因表达的表观遗传学机制能够增加驯化作用的持续时间，使驯化响应能遗传给下一代。在环境压力的选择作用下，当植物群体中的遗传改变经多代被固定下来后，这种改变被称为适应。

植物的对逆境的响应与适应表现多种多样，可分为3种类型：避逆性、御逆性和耐逆性。

避逆性（stress escape）是指植物通过调整生育周期来避开逆境的干扰，在相对适宜的环境中完成其生活史。这种方式在植物进化上十分重要。例如，夏季生长的短命植物，其渗透势比较低，且能随环境而改变自己的生育期；沙漠中的某些植物干旱时处于休眠状态，在有足够的雨水时会迅速生长、开花结实，完成生活史。

御逆性（stress avoidance）是指植物处于逆境时，其生理过程不受或少受逆境的影响，仍能保持正常的生理活性。其主要是在内部创造一个适宜生活的内环境，免除外部不利条件对其的危害，或者通过各种方式摒拒逆境对植物组织施加的影响。这类植物通常具有根系发达，吸水、吸肥能力强，物质运输阻力小，角质层较厚，还原性物质含量高，有机物质的合成快等特点。例如，仙人掌一方面在组织内贮藏大量的水分；另一方面，在白天关闭气孔，降低蒸腾，从而避免干旱对它的影响。

耐逆性（stress tolerance）是植物在逆境中通过生理生化变化来阻止、降低或修复由逆境造成的伤害，使其仍保持正常生理活动而存活，多源于原生质和特殊生理机制。例如，植物遇到干旱或低温时，细胞内的渗透物质会增加，以提高细胞抗性。某些苔藓植物在极度干旱的季节仍能存活，一旦水分供应充足，就能旺盛地生长。一般来说，在可忍耐范围内，逆境所造成的损伤是可逆的，即植物可恢复其正常生长；如超出可忍耐范围，损伤是不可逆的，完全丧失自身修复能力，植物将受害甚至死亡。

避逆性和御逆性总称为逆境逃避，由于植物通过各种方式摒拒逆境的影响，不利因素并未进入组织，故组织本身通常不会产生相应的反应。植物在进化上获得的对特定逆境的适应性通常属于逆境逃避，使得植物"避开"潜在的逆境损害。例如，生长在英格兰西南部富含砷酸盐矿场的绒毛草（Holcus lanatus），与生长在正常土壤中的绒毛草相比，吸收砷酸盐的能力大大下降，使其能避免受到砷酸盐的毒害从而在矿场也能大量生长。

　　耐逆性又被称为逆境忍耐，植物虽经受逆境影响，但它通过生理反应而抵抗逆境，植物的驯化通常属于这一范畴，它使得植物能够对环境波动做出响应。在可忍耐的范围内，逆境所造成的损伤是可逆的，即植物的生理状态可以恢复正常状态，一个常见的例子就是园艺上的炼苗；如果超过可忍耐范围，超出植物自身修复能力，损伤将变成不可逆的，植物将受害甚至死亡。

　　植物对逆境的抗性（resistance）或耐性（tolerance）包括其适应和驯化两部分。以上面提到的抗砷酸盐的绒毛草为例，它在遗传上的改变只是降低了对砷酸盐的摄入能力，但并未阻止砷酸盐的摄入。为了缓解砷酸盐的毒性，抗砷酸盐的绒毛草（适应性植物）采用与不抗砷酸盐的绒毛草（非适应性植物）相同的生化机制来应对砷酸盐在组织内的毒性效应。这类生化机制通常涉及一些具有金属结合能力的植物螯合肽的合成。因此，绒毛草依赖其对砷酸盐胁迫的适应及驯化从而实现在富含砷酸盐矿区的旺盛生长。

　　同一种植物，在不同发育状态下可表现出不同的抗性。一般情况下，代谢活动强时，如营养生长期，抗性中等；代谢旺盛，如开花期，抗性最弱；健壮植株抗性最强，弱小植株抗性最弱。

　　不同抗性类型的植物对逆境胁迫抗性机理并不相同，但一般抗性机理主要有：信号因子和转导途径激活、基因表达改变、可溶性物质积累、逆境蛋白合成、抗氧化代谢增强、离子平衡和区室化、跨膜运输加强、多胺积累、激素调节等。

三、胁迫的原初伤害与次生伤害

　　胁迫因子能以不同方式对植物产生伤害作用。伤害可分为原初伤害和次生伤害（图 12-2）。前者是指胁迫直接作用于细胞膜透性和生理功能的伤害，又分原初直接伤害（引起质膜透性失调的伤害）和原初间接伤害（质膜受伤害后，导致细胞内部代谢失调，影响植物正常生长发育的伤害）。次生伤害即不是胁迫因子本身的作用，而是由它引起的次生胁迫所导致的伤害作用。例如，Na^+ 和 Cl^- 对细胞质和细胞器反应都有抑制效应，盐胁迫的原初伤害就是 Na^+ 和 Cl^- 进入植物细胞引起的离子毒害、失衡，以及高渗、膨压降低或消失，细胞质膜的伤害和代谢失调。盐分过多，导致土壤水势下降，水分和 K^+ 吸收困难，膜功能障碍，影响光合作用和其他生化过程，产生 ROS，发生程序性细胞死亡，这种伤害为次生伤害。次生伤害需在原初胁迫下经过比较长的时间才发生，与原初伤害有明显的不同。

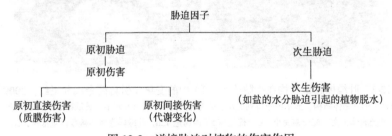

图 12-2　逆境胁迫对植物的伤害作用

第二节　逆境下植物的形态与生理响应

　　在逆境胁迫下，植物通常会在生长发育、生理生化和分子水平发生变化，对逆境做出响应，生长发育方面包括萌发受抑制、生长减慢、早衰、产量下降，生理生化变化有水分吸收减少、蒸腾降低、光合作用下降、呼吸改变、氮同化下降、代谢毒性产生、生长抑制物质积累等，分子水平变化则有改变基因表达、生物大分子断裂降解、关键酶活性降低、蛋白质合成下降、膜系统去组织化等。

一、植物形态结构的变化

　　逆境胁迫下植物形态结构可发生明显变化，称为表型可塑性（phenotypic plasticity）。一个重要的例子就是叶片的形状在逆境下能够发生改变，使得植物能够避免或转移胁迫造成的影响，这些改变包括叶面积、叶向、叶卷、叶毛及蜡质表层等。一般在胁迫下，植物都会表现出枝条和叶片萎蔫下垂，气孔开度降低或关闭；淹水下，叶片变黄，根系褐变甚至腐烂；高温下，叶片变褐，出现死斑，树皮开裂；大气污染、病原菌侵染使叶片产生坏死斑、病斑。

　　逆境对植物细胞结构也产生明显影响，通常影响生物膜结构，使细胞膜变性、龟裂，各种细胞器受到破坏，区室化被打破，原生质变性等。叶绿体、线粒体等细胞器的膜系统在逆境下都会膨胀或破损。如冷胁迫时，叶绿体发生膨胀，这是冷伤害表现的最普遍的早期症状，从而引起叶绿体变形，改变内部片层的排列方向，形成弯曲状；同时，淀粉粒体积变小，数量减少。随着冷胁迫的延续，叶绿体被膜发生变化，转变成许多串联状的小囊泡；进一步胁迫后，叶绿体内产生拟脂颗粒的积累，基粒垛叠片层减少，甚至消失；严重胁迫时，被膜破裂，内含物与细胞质相混合，这是死亡的象征（图 12-3）。受寒害后，线粒体出现膨胀状态，外形体积变大，内嵴腔增大，变粗短，严重时内嵴破裂。但一般认为，线粒体表现相对稳定，在前质体、高尔基体、内质网及液泡膜都发生严重破坏时，大多数线粒体仍保持正常状态。

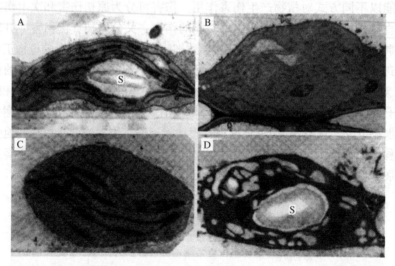

图 12-3　叶绿体超微结构在冷胁迫（5℃）中的变化（引自简令成和王红，2009）

A. 菠菜正常生长条件下的叶绿体结构，显示清晰排列的片层结构和大的淀粉粒（S）；B. 黄瓜在 5℃冷胁迫 9h，叶绿体膨胀，片层排列方向改变，一些类囊体扩大，淀粉粒变小；C. 棉花在 5℃冷胁迫 72h，叶绿体膨胀，被膜严重泡化；D. 菜豆在 5℃冷胁迫 144h，类囊体膨胀，基质变暗

二、植物生理代谢的变化

　　植物的生存和生长依赖于不同代谢通路相互偶联所组成的复杂代谢网络正确地指导物质的合成与催化，通过这些代谢通路，实现细胞内和细胞间的物质与能量的有序流动。逆境对植物代谢网络的干扰能导致不同代谢通路之间解偶联，从而可能导致严重的后果。例如，参与不同代谢的酶具有不同的最适温度，当植物遭遇异常温度时，一些酶的活性受到抑制，而另一些酶则可能正常工作，这就会导致一些代谢通路的停滞，而另一些则继续运作。如此，这种代谢通路间的解偶

联可能会积累大量的中间产物，而后者往往会转变为对植物有毒害作用的副产物，比如活性氧。下面我们就逆境条件下一些主要代谢的变化进行介绍。

（一）水分代谢

研究证明，多数胁迫作用于植物均能对植物造成水分胁迫，细胞脱水，膜系统受损，透性加大。例如，干旱直接导致水分胁迫；低温和冰冻通过结冰间接引起水分胁迫；高温和辐射使植物与大气水势差增加，蒸腾增强，间接引起水分胁迫；盐胁迫使土壤水势降低，植物难以吸收水分，导致生理干旱等。逆境造成水分胁迫的主要原因有植物吸水力降低，蒸腾失水大于吸水量，导致含水量降低，发生萎蔫。一旦出现水分胁迫，植物便会脱水，对膜系统的结构与功能产生不同程度的影响。另外，含水量的降低使组织中束缚水含量相对增加，从而又使植物抗逆性增强。

（二）光合作用

各种逆境胁迫下，植物光合速率都呈现下降的趋势，光合产物减少，主要原因是含水量降低，气孔关闭，CO_2 供应不足，光合酶活性降低。在高温下，植物光合作用的下降可能与酶的变性失活有关，也可能与脱水时气孔关闭、增加气体扩散阻力有关；在干旱条件下，由气孔关闭导致的光合作用的降低则更为明显；低温使得叶绿素生物合成受阻，叶片发生缺绿或黄化，各种光合酶活性受到抑制，如果此时再伴有阴雨、光照不足等，植物的光合速率会下降更多。

（三）呼吸作用

逆境下植物的呼吸速率变化不稳，表现为呼吸速率降低、呼吸速率先升高后降低和呼吸速率明显增强 3 种类型。冰冻、高温、盐渍和淹水胁迫时，植物的呼吸速率逐渐降低；零上低温和干旱胁迫时，植物的呼吸速率是先升后降，即胁迫开始的短时间内呼吸速率上升，$2\sim3d$ 后随着胁迫时间延长又明显下降；受到病、虫害时，呼吸速率显著提高。植物在逆境条件下呼吸速率发生变化的同时，植物呼吸代谢途径也发生变化。例如，干旱、感病、机械损伤时，PPP 所占比例增加，当内外因素不利于 EMP 的酶类时，PPP 依然畅通甚至还能加强，从而提高了植物的适应能力。

（四）物质代谢

由于合成作用往往发生在膜上，合成酶多是多聚酶或多酶复合体，在逆境下容易解离失活，而膜损伤使水解酶从液泡或溶酶体中释放出来，因此在逆境胁迫下，水解酶活性高于合成酶活性，植物体内物质代谢表现出分解大于合成，淀粉水解为可溶性糖，蛋白质水解加强，可溶性氮增加。同时，合成新的逆境胁迫蛋白，渗透调节物质合成增加。逆境胁迫蛋白如热激蛋白（HSP）、低温诱导蛋白、病程相关蛋白等，渗透调节物质主要是脯氨酸、甜菜碱。此外，植物激素变化明显，ABA、乙烯增加，GA 活性迅速下降，CTK 含量减少。

在逆境下，植物通过一系列的形态和代谢方面的改变以适应逆境，通过驯化达到代谢的动态平衡，使得植物体能在逆境下生长。然而，一旦逆境解除，如对干旱的植物复水，植物必须将其代谢水平重新调整到非胁迫状态。在某些情况下，如洪水退去，经过水淹的无氧环境胁迫的植物回到有氧环境下，这种代谢水平的调整可能会对植物造成巨大的危害，因为会生成大量的 ROS 而对细胞造成损害。这种代谢的恢复类似于驯化之于胁迫一样，也是一个同步过程。在这一过程中，植物需要回收清除所有不需要的在逆境胁迫下诱导产生的 mRNA、蛋白质及保护剂等，而且植物需将能量流调整到新的状态。重要的代谢通路如光合作用、呼吸作用及脂质合成等的重新激活过程都是一些受到精细调控的同步过程，因为这些通路能产生大量的 ROS，那些 ROS 清除的通路需要在这些通路完全恢复前开始运作。

从能量利用角度来说，植物在恢复时最好将所有的胁迫响应的机制都清除、回收。然而实际上，有些植物却能在胁迫解除以后仍然保留一些响应逆境诱导的调控机制、激素或者表观遗传学修饰，使得其能从容地面临逆境的再次发生。这一过程常常被人们比喻为植物的"逆境记忆"，因为甚至在胁迫解除后很长时间，植物还能"记住"胁迫，并相较于首次受到胁迫的植物对胁迫表现出更迅速的响应。

三、内源激素在抗逆性中的作用

植物对逆境的适应过程受到植物遗传性和植物激素等因素控制，这些因素相互作用改变膜系统和酶活性，使植物提高抗逆能力。目前对逆境下脱落酸和乙烯的变化研究得较为深入，结果也较为一致。水杨酸、茉莉酸等在植物抗性中也有非常重要的作用。逆境能使植物体内激素的含量和活性发生变化，并通过这些变化来影响生理过程，激素间比值的变化在抗逆性中的作用更为重要。

（一）脱落酸

在逆境下，脱落酸（ABA）的生物合成响应最为迅速，许多资料表明，干旱、水涝、低温、盐渍、辐射、氧缺乏等逆境下，植物体内游离脱落酸会迅速积累，含量大大提高，一般超过原来的十几倍乃至几十倍。脱落酸含量的增加会提高植物抗逆性，因此通常认为脱落酸是一种胁迫激素（stress hormone），又称应激激素。

ABA 的生物合成或重新分布会引起气孔关闭，使得蒸腾减弱，减少水分丧失。增加湿度能促进 ABA 的降解，降低 ABA 水平，从而促进气孔重新张开。ABA 在冷胁迫和盐胁迫下也发挥重要作用，外源施加 ABA 会增强植物对冷害的耐受性。ABA 能够减少自由基对膜的破坏，提高膜脂的不饱和度，稳定生物膜，增加脯氨酸、可溶性糖和可溶性蛋白质等的含量，还可提高根对水分的吸收和输导，防止水分亏缺，提高抗逆能力。

（二）乙烯

在内源激素中，乙烯是对逆境条件最为敏感的一种激素，具有所谓"遇激而增，传息应变"的特性。在淹水、干旱、高温、低温、盐渍、病虫害、辐射、毒物伤害等逆境条件下，乙烯均迅速增加，故将其又特称为逆境乙烯（stress ethylene）；切割、摩擦、碰撞、触摸、振动、挤压、摇曳等机械伤害等诱导下产生的乙烯则称为伤害乙烯（injury ethylene）。

逆境乙烯的产生可使植物克服或减轻因环境胁迫所带来的伤害，促进器官衰老，引起枝叶脱落，减少蒸腾面积，有利于保持水分平衡；可提高与酚类代谢有关的酶类，间接地参与植物对伤害的修复或对逆境的抵抗过程。许多乙烯响应转录因子属于 AP2/ERF 超级家族，被非生物胁迫和乙烯诱导。一个类 DERB 转录因子 TINY 能够以相似亲和力与 DRE（dehydration-responsive element）和 CRE（ethylene-responsive element）结合，激活报告基因，被认为是联系生物和非生物胁迫响应的信号分子。

（三）细胞分裂素

细胞分裂素和 ABA 在调控气孔开闭、蒸腾作用及光合作用方面是相互颉颃的。干旱胁迫促进细胞分裂素水平下降，ABA 含量升高。虽然 ABA 对于关闭气孔、减少水分流失有促进作用，干旱条件下，光合作用同样会受到抑制，并且会引起叶片的早衰。研究表明，细胞分裂素具有缓解干旱胁迫的作用，过表达细胞分裂素生物合成限速酶——异戊烯转移酶（isopentenyl transferase，IPT）基因的转基因植物表现出对干旱胁迫的抗性。这表明细胞分裂素能够保护光合作用相关的生化途径，并能延缓由干旱胁迫引起的衰老。

（四）其他激素

研究表明，多种激素均参与植物逆境胁迫反应。激素间的协同或颉颃作用，以及彼此之间的对激素合成的调控作用，对于植物响应逆境胁迫具有重要的作用。例如，干旱胁迫下，生长素在植物的逆境响应中发挥着关键作用。吲哚-3-乙酸（IAA）酰胺合成酶基因 *TLD1* 与水稻的干旱耐受性表现出相关性。干旱胁迫诱导 ABA 的生成，激活蛋白酶的活性，降解负责调控根毛伸长的 ABCB4 生长素转运蛋白。此外，几个与生长素合成和转运有关的基因（*PIN1*、*PIN2*、*PIN4*、*AUX1*），以及生长素响应转录因子基因（*ARF2*、*ARF19*）都受到乙烯的调控。而生长素调控几个 ACC 合酶基因（ACC 合酶是乙烯生物合成限速酶，在植物体内有多个成员，形成一个蛋白家族）的表达，对于乙烯的生物合成具有重要的影响。

赤霉素和油菜素甾醇是两种促进生长的植物激素，调控许多相同的生理进程，也与胁迫响应相关。影响二者之一的功能都会引起相似的表型，如矮化、种子萌发率下降及开花的延迟。尽管赤霉素和油菜素甾醇是通过不同的机制发挥作用，但已发现大量受它们调控的相同基因，说明它们的信号通路存在着重叠。例如，在水稻中发现的一个赤霉素激活基因家族（gibberellic acid-stimulated gene family）成员——GSR1，既是赤霉素生物合成的正调控子，也是油菜素甾醇生物合成的正调控子，能够作为两种激素作用的调控节点，介导赤霉素和油菜素甾醇的功能互作。

赤霉素还与水杨酸表现为功能上的互作。对拟南芥进行赤霉素处理会引起水杨酸合成与功能相关基因的上调表达。细胞分裂素与油菜素甾醇之间同样存在着互作。在表达了干旱特异性启动子驱动的 *IPT* 基因的转基因植物中，干旱诱导细胞分裂素的合成会导致油菜素甾醇合成与调控相关基因的上调。

第三节　生物膜与抗逆性

一、逆境下膜结构和组分的变化

生物膜是由脂类、蛋白质及糖等组成的超分子体系。逆境胁迫条件下，生物膜结构和组分发生明显变化。首先，膜结构的完整性受到破坏。大部分逆境胁迫都会引起细胞脱水，产生质壁分离，但细胞壁的厚度和坚固性较大，收缩速度和程度较质膜慢而小，而质膜和细胞壁之间存在黏着位点牵拉，结果会造成质膜机械性撕裂，破坏质膜结构的完整性。细胞再度吸水时，细胞壁吸水和膨胀在先，其张力作用又通过黏着位点使质膜再次受到牵拉撕裂的损伤。

其次，发生膜脂相变。膜脂相变是指膜脂从液晶态变成凝胶态，进而可从脂双层转变成单层，这种相变会导致膜功能的变化。干旱、盐和胞外结冰引起的细胞脱水都会导致质膜脂相变。冰冻蚀刻技术显示冰冻脱水引起马铃薯叶片愈伤组织细胞质膜从液态流动相转变成固态晶体相，产生无颗粒小区，质膜断裂面上会呈现粗糙的皱纹状和破裂状，表明质膜已破裂。用电子自旋共振（electron spin resonance，ESR）技术观测到，分离的黑麦原生质体在致死性低温冰冻后，质膜的脂双层产生一种不可逆性的重组结构，转变成一种无序的不定形状态。膜脂相变降低了膜流动性，改变膜脂与膜蛋白的相互作用构型，导致膜功能发生变化，如位于线粒体和叶绿体上蛋白复合体的失活和膜透性改变，进而引起电子传递的失衡。因此，一般认为膜流动性提高有利于增强抗逆性，抗冷性植物品种的膜流动性大于不抗冷品种。

逆境胁迫不仅影响膜结构，还改变膜组分。大量研究表明，低温、干旱、重金属、盐等逆境胁迫会破坏活性氧平衡，引起膜脂过氧化，导致膜脂分解，产生丙二醛。丙二醛可与蛋白质、核酸、氨基酸等活性物质交联，形成不溶性化合物（脂褐素）沉积，干扰细胞的正常生命活动。测定丙二醛含量成为鉴定逆境对膜伤害的重要指标。冰冻提高磷脂 D 酶活性，导致磷脂酰胆碱分解成磷脂酸。铝处理后，小麦品种‘Altas 66’和‘Scout 66’根液泡膜的棕榈酸和油酸含量增加，亚麻酸含量下降，不饱和指数也随之下降，其中铝敏感品种'Scout 66'下降更为明显。低温锻炼中膜蛋白增加，有利于提高膜稳定性，增强植物抗寒性。

一般认为，膜脂种类及膜脂中饱和脂肪酸和不饱和脂肪酸的比例与植物的抗寒性、抗热性、抗旱性、抗盐性等密切相关。不饱和脂肪酸具有双键，将扭结引入烃链中，使得聚集程度较饱和脂肪酸低。膜脂中不饱和脂肪酸越多，固化温度越低，抗冷性就越强。膜脂碳链越长，固化温度越高，相同长度的碳链不饱和键数越多，固化温度就越低。膜脂不饱和脂肪酸越多，固化温度越低，抗冷性就越强。例如，粳稻胚的膜脂脂肪酸不饱和度大于籼稻，因此粳稻抗冷性要大于籼稻。油橄榄、柑橘和小麦等植物的抗冻性也与膜脂的不饱和脂肪酸含量呈正相关。

由于正常活细胞的膜结构需要膜脂有一定的流动性，因此当植物细胞膜的膜脂中含有较多碳链短的、不饱和键多的脂肪酸时，对于提高植物的抗逆性有重要意义。作为驯化的一种形式，在温度胁迫下膜的膜脂组成可能会发生改变。一些特殊的跨膜酶类通过引入一个或多个双键而改变脂肪酸的饱和度。例如，在冷驯化下，去饱和酶的活性增加，使植物细胞膜组分中脂肪酸的不饱和度增加，进而降低膜的相变温度，使得膜在低温条件下仍能保持流动性，从而使抗逆性增强。

膜脂饱和脂肪酸含量高时，抗脱水能力强，植物抗旱性、抗热性强。膜蛋白稳定性强，植物抗逆性强。抗旱性强的小麦品种在灌浆期如遇干旱，其叶表皮细胞的饱和脂肪酸较多，而不抗旱的小麦品种则较少。

二、逆境下膜的代谢变化

逆境胁迫下，随着膜结构和组分的改变，膜代谢活动也产生明显变化。首先，膜透性改变，细胞内物质外渗增加，溶质渗漏率提高，跨膜电化学势受到影响，这是逆境伤害最普遍的共同特征。

其次，发生膜脂过氧化。膜脂过氧化作用（membrane lipid peroxidation）是自由基对膜脂中不饱和脂肪酸的氧化过程，产生对细胞有毒性的脂质过氧化物。自由基可以引发蛋白质分子脱氢生成蛋白质自由基（P·），蛋白质自由基与另一蛋白质分子发生加成反应，生成二聚蛋白质自由基（PP·），依次对蛋白质分子连续加成而生成蛋白质分子聚合物。另外，膜脂过氧化的产物丙二醛与蛋白质结合使蛋白质分子内和分子间发生交联而改变结构。由于聚合和交联，膜上的蛋白质和酶空间构型发生改变，功能或活性也发生改变，从而导致膜结构和功能的改变，细胞受到损伤直至死亡。

磷脂含量高，抗冻性强。杨树树皮磷脂中磷脂酰胆碱（PC）的含量变化和抗冻能力变化基本一致。膜脂不饱和脂肪酸越多，固化温度越低，抗冷性越强，同时也直接影响膜结合酶的活性。饱和脂肪酸抗脱水，和抗旱力密切有关。抗旱性强的小麦品种在灌浆期如遇干旱，其叶表皮细胞的饱和脂肪酸较多，而不抗旱的小麦品种则较少。糖脂与抗盐性有关，单半乳糖二甘油酯等含量低，抗盐性增强。

活性氧对细胞膜有较大的伤害。正常情况下，细胞内活性氧的产生和清除处于动态平衡状态，活性氧水平很低，不会伤害细胞。可是当植物受到胁迫时，活性氧积累的量增多，平衡被打破。活性氧伤害细胞的机理在于活性氧导致膜脂过氧化，SOD和其他保护酶活性下降，积累膜脂过氧化产物，破坏膜的完整性。活性氧还会使膜脂脱酯化，磷脂游离，膜结构破坏。膜结构被破坏的直接后果就是膜透性的增加，细胞内容物外渗，引起细胞衰亡。

膜蛋白与植物抗逆性也有关系。低温下，膜蛋白与磷脂结合能力下降，磷脂游离，膜解体，组织死亡。

最后，膜主动转运系统ATP酶活性降低或失活。大量研究表明，低温、干旱和盐胁迫都使质膜 ATP 酶活性降低直至完全失活，使细胞对物质的主动吸收和运输功能降低，造成细胞内的溶质外渗、水分失散、膨压丧失，细胞与周围环境的物质交换平衡关系遭到破坏，进而改变细胞内的代谢过程。

第四节　渗透调节与植物抗逆性

一、渗透调节的概念

渗透胁迫（osmotic stress）是指环境的低水势对植物体产生的水分胁迫，包括土壤干旱、盐渍等，低温和冰冻也会对细胞产生渗透胁迫。在渗透胁迫下，植物细胞失水，膨压减小，生理活性降低，严重时细胞完全丧失膨压，最后导致细胞死亡。

多种逆境都会对植物产生水分胁迫。水分胁迫时植物体内积累各种有机和无机物质，以提高细胞液浓度，降低其渗透势，这样植物就可保持其体内水分，适应水分胁迫环境。这种由于提高细胞液浓度，降低渗透势而表现出的调节作用称为渗透调节（osmoregulation，osmotic adjustment）。渗透调节是在细胞水平上进行的。

二、渗透调节物质

渗透胁迫下，环境水势下降，植物通过降低自身水势才可能继续从环境吸收水分。渗透调节是一种在不减小细胞体积的前提下，降低细胞水势的过程。这一过程独立于细胞失水引起的细胞体积改变所形成的水势变化，与细胞渗透势的改变直接相关。除了耐旱植物，多数植物在渗透胁迫下能够调节渗透势下降 $0.2\sim0.8$ MPa。大多数的渗透调节都可归结于细胞溶质浓度的增加，包括糖类、有机酸、氨基酸和无机离子（主要是 K^+）。下面就渗透调节物质的特点和种类进行介绍。

（一）渗透调节物质的特点

离子浓度过高会抑制细胞内酶的活性，影响细胞的正常功能。在渗透调节过程中增加的离子通常会进入液泡，使细胞避免离子抑制，同时使液泡的渗透势下降。为了平衡细胞质与液泡的水势，其他的溶质必须在细胞质中合成并积累，这类溶质称为相容性溶质（compatible solutes），主要是有机物，它们不会对细胞内酶的功能造成影响。

通常，作为渗透调节物质的可溶性有机物必须具备以下共同特点：①分子质量小，容易溶解；②在生理 pH 范围内不带静电荷，能被细胞膜保持住而不易渗漏；③能维持酶构象的稳定而不致溶解；④对细胞器无不良影响（即无毒害作用）；⑤生物合成迅速，并在一定区域内很快积累到足以引起调节渗透势的量，从而起到调节渗透势的作用。

（二）渗透调节物质的种类

目前已知的植物细胞的渗透调节物质的种类很多，大致可分为两大类：一类是由外界环境进入细胞的无机离子，如 K^+、Cl^- 等；另一类是细胞自身合成的有机物，在维管植物中主要是脯氨酸（proline，Pro）、甜菜碱（betaine）和可溶性糖等。其中脯氨酸、甜菜碱、甘露醇在植物中普遍存在，而硫代甜菜碱（dimethylsulfoniopropionate，DMSP）、胆碱-O-硫酸（choline-O-sulfate）、D-芒柄醇（D-ononitol）和海藻糖（trehalose）则不常见，四氢嘧啶（ectoine）仅在细菌中发现。

1. 无机离子　　逆境下细胞内常常累积无机离子以调节渗透势，特别是盐生植物主要靠细胞内无机离子的累积来进行渗透调节。虽然细胞质和液泡的渗透势一样，但两者的无机离子浓度不同，细胞质中明显低于液泡。因此，无机离子主要是作为液泡中的渗透调节物质。

　　无机离子主要有 K^+、Na^+、Ca^{2+}、Mg^{2+}、Cl^-、NO_3^-、SO_4^{2-} 等。无机离子累积量、种类因植物种、品种和器官的不同而有差异。与栽培种相比，野生番茄能积累更多的 Na^+、Cl^-；葱不积累 Cl^-，而菜豆和棉花则积累 Cl^-。K^+、Na^+、Ca^{2+}、Mg^{2+}、Cl^-、SO_4^{2-}、NO_3^- 对盐生植物的渗透调节贡献较大。在中度水分胁迫下完全展开的高粱叶片，积累的无机离子主要为 K^+、Mg^{2+}；完全展开的向日葵叶片主要为 K^+、Mg^{2+}、Ca^{2+}、NO_3^-，部分展开的向日葵叶片在严重水分胁迫下，则主要积累 Cl^- 和 NO_3^-。

　　2. 脯氨酸　　脯氨酸是最重要和最有效的渗透调节物质之一。据研究，在逆境尤其是在干旱和盐渍条件下，植物体内游离脯氨酸含量可增加数十倍甚至上百倍，可占总游离氨基酸的 2% 左右。例如，抗旱高粱品种的脯氨酸积累比不抗旱品种高一倍以上。此外，外施脯氨酸也可以减轻高等植物的渗透胁迫。

　　脯氨酸积累的原因：①合成加强，谷氨酸迅速转化为脯氨酸；②氧化作用受抑制，且氧化中间产物还逆转为脯氨酸；③蛋白质合成减弱，抑制脯氨酸掺入蛋白质。

　　脯氨酸在抗逆中的作用主要有两点：一是作为渗透调节物质，保持原生质与环境的渗透平衡；二是保持膜结构的完整性。脯氨酸与蛋白质相互作用能增加蛋白质的可溶性和减少可溶性蛋白的沉淀，增强蛋白质的水合作用。

　　目前认为，脯氨酸是一种理想的渗透调节物质。因为，第一，游离脯氨酸的等电点为 pH6.3，是中性化合物，大量积累不致引起酸碱失调，对酶的活性无抑制作用。第二，游离脯氨酸的毒性最低，利用生物试验法证明，在构成蛋白质的所有氨基酸中，高浓度的游离脯氨酸对细胞生长的抑制作用最低。第三，游离脯氨酸的溶解度最高，25℃条件下 100g 水中溶解脯氨酸达 162.3g，是谷氨酸的 192 倍、天冬氨酸的 300 倍。此外，脯氨酸还是一种既富含氮素又富含能量的化合物，在干旱等逆境胁迫下，可结合游离 NH_3，既消除毒害作用又贮存氮素（复水时作为无毒形式的氮源）；脯氨酸在脱氢酶的作用下可转变为 α-酮戊二酸或作为呼吸底物，或转化为谷氨酸，可提供 2 分子 NAD(P)H。

　　除脯氨酸外，其他游离氨基酸和酰胺也可在逆境下积累，起渗透调节作用，如水分胁迫下小麦叶片中天冬酰胺、谷氨酸等含量增加，但这些氨基酸的积累通常没有脯氨酸显著。

　　3. 甜菜碱　　甜菜碱（betaine）是一种含氮化合物，为季铵衍生物，化学名称为 N-甲基代氨基酸。植物中的甜菜碱主要有 12 种，甘氨酸甜菜碱（glycine betaine）是最简单也是最早发现、研究最多的一种，其通过胆碱脱氢或甘氨酸的 N-甲基化来合成。丙氨酸甜菜碱（alanine betaine）、脯氨酸甜菜碱（proline betaine）也都是比较重要的甜菜碱（图 12-4）。另外，还有硫代甜菜碱、胆碱-O-硫酸等。

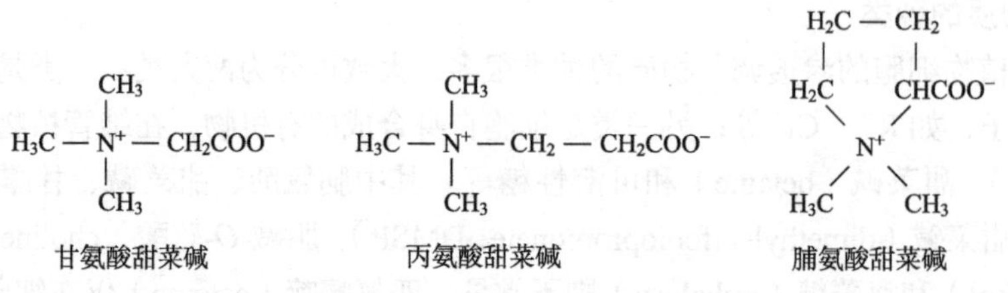

图 12-4　几种常见的甜菜碱

　　甜菜碱在 19℃ 条件下 100ml 水中可溶解 157g；在生理 pH 范围内不带静电荷；无毒，即使浓度达到 1000mmol/L 时也不产生毒害作用。由于其最初是从甜菜中发现的，故称作甜菜碱。许多资料表明，在干旱和盐渍条件下，多种植物体内游离甜菜碱的含量都有提高。在逆境条件下，由于甜菜碱在细胞原生质中的积累量高于液泡，因此可作为细胞质渗透物质（cytoplasmic osmoticum）。在水分亏缺时，甜菜碱积累得比脯氨酸慢，解除水分胁迫时，甜菜碱的降解也比脯氨酸慢。

甜菜碱具有如下生理意义：第一，作为细胞的解毒剂。在干旱和盐渍等逆境条件下，细胞失水，水解反应加强，蛋白质和氨基酸水解产生 NH_3，会伤害植物，但甜菜碱在积累过程中能够消除 NH_3 的毒害，并贮存氮素。第二，作为酶的稳定剂。甜菜碱能消除 Cl^- 对某些酶（如 RuBP 羧化酶、苹果酸脱氢酶等）的抑制作用，防止酶分解为亚基，从而稳定了高盐下酶的活性。第三，作为生物合成中的甲基供体，参与植物体内各种甲基化反应，如甲硫氨酸、甘氨酸等多种氨基酸的合成，以及嘌呤和嘧啶的合成。第四，参与磷脂的生物合成。逆境解除后植物常常进行自身修复，由于甜菜碱可以转化为胆碱，而胆碱则可与甘油、脂肪酸、磷酸共同结合成卵磷脂（磷脂的一种），从而为细胞膜系统的修复提供物质基础。

4. 可溶性糖 可溶性糖包括果糖、葡萄糖、蔗糖、半乳糖、海藻糖、棉子糖（raffinose）、果聚糖（fructan）等。可溶性糖的积累一方面来自淀粉等大分子碳水化合物的分解，另一方面是光合产物形成时直接转向低分子质量的蔗糖等，而不是淀粉。在低温逆境下，植物体内常常积累大量的可溶性糖。

5. 多元醇 多元醇具有多个羟基，亲水性强，在细胞中积累，能有效维持细胞的膨压，包括甘露醇、山梨醇、肌醇、甘油、D-芒柄醇、D-松醇（D-pinitol）等。许多研究表明，高含量的多元醇在植物抵御干旱、高盐中发挥渗透调节作用。例如，甘露醇就是一种在盐和干旱胁迫下积累的糖醇，可以减轻非生物胁迫对植物所造成的危害。

三、渗透调节的生理效应

1. 维持细胞渗透平衡，防止失水 渗透调节的主要生理功能是完全或部分维持细胞膨压，而膨压对细胞生长具有关键性作用，从而有利于其他生理生化过程的进行。脯氨酸大量积累能够保持细胞原生质与环境的渗透平衡，防止细胞失水。

2. 与生物大分子结合，稳定生物大分子的结构和功能 在缺水时，渗透调节物质能够取代核酸、蛋白质、生物膜周围的水分子，这对于保护酶活性、维持细胞膜稳定性十分重要。脯氨酸与蛋白质结合能增强蛋白质的水合作用，增加蛋白质的可溶性和减少可溶性蛋白质的沉淀，保护生物大分子结构和功能的稳定。例如，盐胁迫抑制 Rubisco 活性，而甜菜碱和脯氨酸能够保护 Rubisco，维持酶活性。盐胁迫下，甜菜碱能够稳定 PS II 的结构和活性。

3. 具有清除自由基的作用 例如，积累更多脯氨酸的转基因烟草，其自由基水平下降。瓜氨酸和甘露醇对羟基自由基的清除能力较脯氨酸更强、更快，瓜氨酸能够在羟自由基分子形成部位迅速将其分解。

4. 维持植株的光合作用 渗透调节可在水分胁迫下维持气孔开放和类囊体的完整性，有利于气体交换，从而维持光合作用的进行。

植物通过渗透调节来应对环境的渗透胁迫，那么能否利用植物的渗透调节来增加作物产量呢？研究发现，不论是利用传统的育种手段还是通过转基因技术获得的促进渗透调节物质积累的植物材料，仅表现出略微地提高渗透胁迫耐受性，并且它们的生长速率相较于对照大大下降。这些工作表明，利用渗透调节作用提高作物的农业效益还有待于进一步的探索。

第五节　自由基与植物抗性

一、自由基与活性氧的作用

植物生命活动中不可避免要产生自由基。在干旱、高温、低温、辐射、大气污染等逆境胁迫下，可在植物的细胞壁、细胞核、叶绿体、线粒体及微体等部位通过生物体自身代谢产生自由基，以氧自由基（即活性氧）为主。对植物而言，没有氧就没有生命。基态氧分子具有较低的反应活性，但是氧也会被活化，植物组织中可以通过各种途径形成较多的活性氧。自由基与活性氧具有损伤和保护双重作用。

（一）对植物的伤害作用

当植物受到胁迫时，活性氧累积过多，动态平衡就被打破，形成氧化胁迫（oxidative stress），对植物造成伤害。

1. 损害细胞结构和功能　　活性氧的增加，对细胞结构和功能造成很大损害。活性氧氧化能力很强，抑制光合作用相关酶，损伤类囊体膜，破坏光合机构。抑制顺乌头酸酶等酶活性，引起线粒体结构和功能的破坏，线粒体出现肿胀，嵴残缺不全，基质收缩或解体。在高氧环境下培养 3d 的水稻的芽鞘线粒体出现肿胀、嵴残缺不全，基质收缩或解体，部分线粒体甚至只剩下不完整的外膜。O_2^-、H_2O_2、·OH 都不同程度地引起线粒体膨胀受损。氧化磷酸化效率的指标（P/O比）明显降低，内膜上的细胞色素氧化酶活性下降。

2. 抑制生长　　活性氧明显抑制植物生长，根比芽对高氧逆境更敏感，轻度的氧伤害在解除高氧逆境后可恢复生长，重度胁迫则不可逆致死。以空气中（含氧 20%）培养的幼苗为对照（生长量为 100%），培养在氧浓度分别为 40%、60% 和 80% 中的水稻幼苗，由于体内活性氧升高，其生长量仅为对照的 83%、66% 和 25%。

3. 诱发膜脂过氧化作用　　膜脂分子碳氢侧链的亚甲基上氢原子的解离能较低，它在活性氧的作用下容易解脱而形成不稳定的脂质自由基（lipid radical, R·），并在氧参与下进一步形成脂质过氧化物自由基（lipid peroxy radical, ROO·）。一方面，ROO· 夺取邻近膜脂分子的氢而形成脂质氢过氧化物（lipid hydroperoxide, ROOH）和一个新的 R·，使反应连续不断地发生；另一方面，ROO· 可自动转化为膜脂内过氧化物，进一步降解成丙二醛及其类似物，而新的脂质自由基又继续参与反应。这就是膜脂过氧化自由基链式反应过程。

羟自由基（·OH）是启动这一反应的直接因子，而 O_2^- 和 H_2O_2、$^1O_2$ 可通过 Haber-Weiss 反应和 Fenton 反应等途径转化为 ·OH，诱发膜脂过氧化，膜中不饱和脂肪酸的含量降低，膜脂由液晶态转变成凝胶态，引起膜流动性下降，质膜透性大大增加。

膜脂过氧化作用不仅可使膜相分离，破坏膜的正常功能，而且过氧化产物 MDA 及其类似物也能直接对植物细胞起毒害作用。

4. 损伤生物大分子　　活性氧的氧化能力很强，能破坏植物体内蛋白质（酶）、核酸等生物大分子。组成蛋白质的所有氨基酸都易被 O_2^- 特别是 ·OH 氧化修饰，其中尤以具有不饱和性质的氨基酸，如甲硫氨酸、组氨酸、色氨酸等最为敏感。·OH 能破坏蛋白质一至三级结构。

活性氧可导致多种酶失活，原因可能是：① O_2^-、·OH 与 MDA 一样，可使酶分子间发生交联、聚合，导致酶失活；② O_2^-、·OH 能攻击—SH；③氧自由基可通过氧化修饰酶蛋白的不饱和氨基酸来影响酶的活性；④氧自由基与酶分子中的金属离子起反应导致酶失活。

活性氧也能引起 DNA 结构的定位损伤。直接攻击 DNA 并造成损伤的氧自由基是·OH，而 O_2^- 是通过驱动 Fenton 反应或 Haber-Weiss 反应转化成·OH 起作用。

（二）对植物的有益作用

1. **参与细胞间的某些代谢**　植物体内的许多酶促反应，往往以自由基的形式作为电子转移的中间产物。例如，FMN 和 FAD 是很多黄素酶的辅基，在黄素酶的酶促反应中，电子从黄素转移时形成黄素半醌自由基，它是酶促反应实现电子转移的必要中间物；活性氧在植物代谢中的另一种重要作用是导致某些化合物的合成与分解，如木质素合成反应和降解反应均有 H_2O_2 的参与。

2. **参与细胞的抗病作用**　当病原菌侵入植物体时，发生与病原体识别作用有关的氧化激发（oxidative burst），并产生大量的 O_2^- 与 H_2O_2，作为植物抗病性直接作用因子，在细胞外直接杀死病原体，或使细胞壁氧化交联起到加固效果，从而防止病原菌侵入，还在细胞内启动与抗病相关蛋白的基因表达。

3. **参与乙烯的形成**　乙烯的生物合成需要氧自由基的参与。目前的一种观点认为 O_2^- 通过激发乙烯合成酶（EFE），从而促进乙烯释放。另一种观点认为·OH 直接作用于甲硫氨酸而产生乙烯。

4. **调节过剩光能耗散**　光合作用过程中光能过剩时，过剩的光能需耗散。过量能量（如 ATP）传递给 O_2 后，将 O_2 激发形成 O_2^-、·OH、H_2O_2 等活性氧，然后又在 SOD、POD、CAT 等酶作用下发生猝灭，从而将过剩能量"消化"掉。研究证明，这一过程是植物消除过剩光能的一种合理保护机制。

5. **诱导抗性的提高**　活性氧可以诱导基因表达以发挥保护作用。H_2O_2 处理使叶片中防御蛋白和胞质抗坏血酸过氧化物酶（APX）增加，O_2^- 能够诱导烟草细胞伸展蛋白的转录、荷兰芹悬浮细胞抗生素积累。外源 H_2O_2 可能通过大豆内源 H_2O_2 含量的提高诱导抗氧化酶活性的增强，从而减轻低温伤害，提高在低温下的萌发能力。冷敏感型大豆品种'沈农 8 号''沈农 9411'和耐冷型大豆品种'铁丰 31''Kottman'，分别用 10mmol/L、20mmol/L、50mmol/L、100mmol/L 和 200mmol/L 的 H_2O_2 进行浸种处理后，在低温（5℃）下萌发。当外源 H_2O_2 浓度低于 50mmol/L 时，各浓度处理都提高发芽率，降低电解质外渗率，提高超氧化物酶（SOD）、过氧化氢酶（CAT）和过氧化物酶（POD）活性；当 H_2O_2 浓度高于 50mmol/L 时，抗氧化酶活性随 H_2O_2 浓度的增加而降低，耐冷品种的抗氧化酶活性始终高于冷敏感品种；在萌发过程中，内源 H_2O_2 含量随 H_2O_2 处理浓度的升高而增加。

6. **参与信号转导**　活性氧可作为信号分子通过以下方式引起下游特异性反应：①通过修饰蛋白质产生特异反应，如可通过二硫键的形成和裂解而改变蛋白质的结构和功能；②通过激活 Ca^{2+} 通道进行信息传递，引起各种生理反应；③直接作用于转录因子，如 AP-1、抗氧化剂反应元件结合蛋白（ARE-BP）等；④间接作用于转录因子，如通过激活 MAPK 级联反应，再激活转录因子，引起目的基因转录；⑤调控蛋白磷酸化，如 H_2O_2 可以活化酪氨酸激酶和蛋白质激酶 C，抑制蛋白质酪氨酸磷酸化酶。

二、植物对自由基的清除和防御

自由基具有很强的氧化能力，对许多生物功能分子有破坏作用，但在正常情况下，植物细胞内自由基的产生和清除处于动态平衡状态，自由基的浓度很低，不会对细胞造成伤害。但是，当植物受到逆境胁迫时，这种平衡状态被破坏，自由基的产生速率高于清除速率，因此，当自由基的浓度超过伤害"阈值"时，会破坏细胞的结构与功能，造成细胞的伤害甚至死亡。当然，

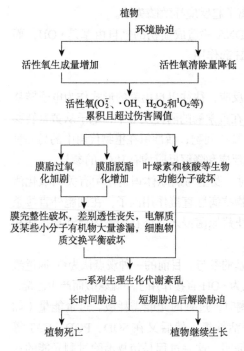

图 12-5　活性氧与植物膜伤害机制

植物体中也有防御系统，能降低或消除活性氧对膜脂的攻击能力（图 12-5）。

（一）将氧直接还原成水

呼吸作用时植物利用碳水化合物、脂肪和蛋白质等物质氧化分解，得到丰富的能量，进行各种活动。为了避免氧在氧化分解物质过程中产生有毒的活性氧，在进化过程中已经发展出一条十分复杂而又精巧的途径，即呼吸链。在没有酶参与的情况下，氧只能进行一个一个电子的还原，一共要得到 4 个电子才能还原成 H_2O。可是线粒体中的细胞色素氧化酶（Cyt-Fe^{2+}）能使电子直接交给氧分子，每分子细胞色素氧化酶只能传递一个电子，4 分子细胞色素氧化酶才能满足 O_2 直接还原成水的需要。此过程中的氢是由还原型泛醌提供的。电子和氢向氧分子的传递都是协调偶联地进行，被还原的氧中间产物牢固地束缚在酶的活性中心，电子通常不能泄漏出来。需氧生物由这条有细胞色素氧化酶参与的呼吸链避免了活性氧的产生。

尽管有了这一道防线，即使在正常的机体中仍有 2%～5% 的 O_2 由线粒体泄漏的电子生成活性氧，在逆境条件下细胞会产生更多的活性氧，所以清除掉过多的活性氧依然是必要的。

植物对自由基具有相应的适应和抵抗能力，表现在其体内具有完善的抗氧化防御系统，又称活性氧清除系统，包括酶促系统和非酶促性的活性氧清除剂（抗氧化剂）。

（二）抗氧化酶系统

能清除活性氧的酶也称为抗氧化酶（antioxidant enzyme）。它们清除的效率十分高。例如，当有超氧化物歧化酶（superoxide dismutase, SOD）参加时，对 O_2^- 的歧化反应速度可快一万倍之多。

SOD 是 1969 年由 McCord 和 Fridovich 发现的，它能使 O_2^- 变成 O_2 和 H_2O_2。后者虽不是自由基，但仍属于活性氧，还需要清除，过氧化氢酶（catalase, CAT）就执行这一任务，使 H_2O_2 变成 H_2O。H_2O_2 是无机过氧化物，对于活性氧中的有机过氧化物，如脂类过氧化物 ROOH，则由谷胱甘肽过氧化物酶（glutathione peroxidase, GPX）来完成。GPX 是极有效的酶，既可清除有机的，也可清除无机的过氧化物。GPX 在真核细胞质中占 60%～75%，在线粒体中占 25%～40%。在清除过氧化物时需消耗谷胱甘肽（GSH），只有 GSH 得到源源不断的补充，GPX 的清除作用才能充分发挥，谷胱甘肽还原酶（glutathione reductase, GR）作用配合供给 GSH。

$$SOD：2O_2^- + 2H^+ \longrightarrow H_2O_2 + O_2$$

$$CAT：H_2O_2 + H_2O_2 \longrightarrow 2H_2O + O_2$$

$$GPX：ROOH + 2GSH \longrightarrow ROH + H_2O + GSSG$$

$$GR：GSSG + NADPH + H^+ \longrightarrow 2GSH + NADP^+$$

上述 GR 催化反应中还原型辅酶 II（NADPH）的消耗需要补充。有两种酶可使 $NADP^+$ 还原成 NADPH：葡糖-6-磷酸脱氢酶（glucose-6-phosphate dehydrogenase, G6PDH）和 6-磷酸葡糖酸脱氢酶（6-phosphogluconate dehydrogenase, 6PGDH）都可使辅酶 II（$NADP^+$）还原成 NADPH。

$$G6PDH：葡糖-6-磷酸 + NADP^+ \longrightarrow 6-磷酸葡糖酸 + NADPH + H^+$$

6PGDH：6-磷酸葡糖酸＋NADP$^+$ ———→ 核酮糖-5-磷酸＋NADPH＋H$^+$

从以上一系列反应可看出在防御活性氧的过程中，各种酶不是孤立的，而是互相密切配合、协调有序的。

・OH 的氧化能力最强，一旦产生，就在产生的部位立刻与碰到的任何分子发生反应，它自身就消失了，不需要专门的酶来清除，不存在能清除・OH 的酶。

植物细胞内产生的 O_2^- 经 SOD 催化反应形成 H_2O_2，H_2O_2 可使卡尔文循环中的酶失活，若 H_2O_2 不及时清除，则叶绿体的光合能力很快丧失。高等植物叶绿体内没有过氧化氢酶（CAT），H_2O_2 的清除是由具有较高活性的抗坏血酸过氧化物酶（Asb-POD）经抗坏血酸循环分解来完成的。真核藻类、原核藻类及高等植物各个器官中都有 Asb-POD 分布。细胞内还存在以其他供氢体（如酚类、Cytc、芳香族胺类等）为底物的过氧化物酶（peroxidase, POD）。

SOD、POD、CAT 及其他酶类相互协调，有效地清除代谢过程产生的活性氧，使生物体内活性氧维持在一个低水平，从而防止了活性氧引起的膜脂过氧化及其他伤害过程。因此，通常把 SOD、CAT、POD、GR 等称为保护酶（protective enzyme）。

（三）抗氧化剂

植物体内除了上述的保护酶系统外，还有多种能与活性氧作用的抗氧化剂，如抗坏血酸（Asb）、还原型谷胱甘肽（GSH）、维生素 E（VE）、类胡萝卜素（Car）、巯基乙醇（MSH）、甘露醇等。植物体内最重要的 $^1O_2$ 猝灭剂是类胡萝卜素，包括 α-胡萝卜素、叶黄素和 β-胡萝卜素，其中以 β-胡萝卜素的含量最高，猝灭 $^1O_2$ 效率也最好。类胡萝卜素存在于叶绿体中，它既可通过与三线态叶绿素（^{3}Chl）作用防止 $^1O_2$ 的产生，也可将已经产生的 $^1O_2$ 转变成基态氧分子，因而能保护叶绿素免受光氧化的损害。

植物体内的一些次生代谢物如多酚、单宁、黄酮类物质也能有效地清除 O_2^-，其中没食子酸丙酯清除 O_2^- 的能力与 SOD 相近。柠檬酸等多种有机酸，许多金属络合物（metal chelating complex）如铜蓝蛋白、转铁蛋白、白蛋白等也有抗氧化作用。

清除剂（scavenger）能清除自由基，或者能使一个有毒自由基变成另一个毒性较低的自由基，也常称为抗氧化剂（antioxidant）。

植物体内固有的清除剂称为内源性清除剂（内源抗氧化剂）；从外界施加的叫外源性清除剂（外源抗氧化剂），如苯甲酸钠、二苯胺、2,6-二叔丁基对羟基甲苯和没食子酸丙酯等。

内源抗氧化剂和保护酶也常合称为膜保护系统（membrane protective system）。

（四）自由基损伤的修复

植物首要的是清除自由基，防患于未然，不过植株的防御机能不完善，尤其当衰老时或在逆境下，清除自由基的能力较弱，这时自由基就会攻击生物体内重要分子，造成损伤。对损伤分子进行修复（repair）就显得必不可少。Davies（1990）最早系统地指出修复应列作机体防御功能之一。修复包括两个步骤：①把损伤性物质降解成基本成分；②利用基本成分重新合成原来完好的物质，第二步才真正完成了修复。

1. 蛋白质的降解和修复　　细胞内溶酶体（lysosomes）和细胞质中都有各司其职的降解酶：蛋白酶（proteinase）和肽酶（peptidase），使蛋白质和多肽变成氨基酸，降解后的氨基酸为修复成原来的蛋白质提供了材料。

2. DNA 的降解和修复　　核酸遭到自由基攻击后产生多种损伤。外切核酸酶（exonuclease）Ⅲ担当着 85% 的修复任务，限制性内切核酸酶（endonuclease）Ⅲ和Ⅳ担当着另外约 10% 的任务，使 DNA 断链、多种 3′-核苷酸水解，以有利于 DNA 修复。DNA 聚合酶用 DNA 第二链作为模板合成切割后缺失的片段，最后由 DNA 连接酶将这些片段连接到 DNA 链上完成修复。有些大肠杆菌突变体缺少这些修复酶，它们对氧胁迫极敏感。

3. 脂类的降解和修复　　磷脂酶（phospholipase）A、B、C、D 分别使磷脂不同的酯键断裂，通过去酰化和重酰化以合成新的磷脂。

（五）程序性细胞死亡

以上几种生物分子的修复过程以 DNA 修复的研究较为清楚，修复必须在复制之前完成，否则受损伤的 DNA 经过复制后会扩大损伤的后果，使得损伤的 DNA 带到每个子细胞中，造成突变等严重事件。为了限制事态的扩大，植株常会使严重被损伤了 DNA 的细胞主动停止增殖，进而表现出生理性的、由特定基因控制的、主动性的程序性细胞死亡（programmed cell death, PCD），也称凋亡（apoptosis）。显然它有别于病理性的、创伤性的、被动的坏死（necrosis）。程序性细胞死亡除了在发育过程和维持细胞稳态过程中起着重要作用外，还在植物抗逆性与预防自由基性损伤中起作用。

在长期进化过程中，需氧生物为了能安全地利用氧以得到高产额的能量就必然会有副产物活性氧生成，为了防止活性氧对生物分子的攻击，又发展出了一整套防御机构来层层设防，这样严密又彼此不同的防御机构反映出了活性氧对机体损害的广泛性和严酷性，也表现出植物对活性氧清除能力的有效性和多样性。

三、活　性　氮

（一）活性氮的概念与特性

活性氮（reactive nitrogen species, RNS；reactive nitrogen oxide species, RNOS）是一氧化氮（nitric oxide, NO）及其在生物体内继发性产物的统称。长期以来，人们对活性氮的研究集中于 NO 等作为环境污染源对机体的影响。1987 年，Palmer 等确证内皮血管舒张因子（endothelium derived relaxing factor, EDRF）的化学本质是 NO 这种自由基气体分子，从此有关 NO 的研究文章在世界著名杂志上频频出现。1992 年，*Science* 刊物将 NO 选为"年度分子"（molecule of the year），1998 年诺贝尔生理学或医学奖授予了研究 NO 的 3 位科学家。NO 具有广泛和重要的功能，与许多生理的、病理的和药理的现象有密切联系。由于 NO 是一种含氧自由基，因而初期人们将之归于活性氧，至今虽仍可称为活性氧，但是由于它继发性地生成许多其他活泼含氮化学物质，其生物学作用也与其继发性产物有关，因此许多人把一氧化氮也归入活性氮中（表 12-2）。

从化学性质上看，NO 是一种自由基性质的气体，具有脂溶性，可快速扩散透过细胞膜，到达邻近靶细胞发挥作用。在有氧、超氧离子（O_2^-）及血红蛋白等与 NO 发生反应的化合物时，NO 被氧化后以硝酸根或亚硝酸根及过氧化亚硝酸根离子（$ONOO^-$）等形式存在于细胞外液中。

NO 可在线粒体、过氧化物体、细胞质和细胞壁等处产生，有多条途径，包括酶促系统和非酶促系统。酶促系统主要有 NO 合酶（nitric oxide synthase, NOS）、硝酸还原酶（nitrate reductase, NR），以及某些植物的特定组织器官或特定环境下存在的一氧化氮氧化还原酶（nitric oxide oxidoreductase, Ni-NOR）和黄嘌呤氧化还原酶（xanthine oxidoreductase, XOR）；非酶促系统主要有 H_2O_2 和 L-精氨酸体外合成，亚硝酸非酶还

表 12-2　NO 来源的活性氮（包括自由基和非自由基）

自由基	非自由基
一氧化氮 NO·	亚硝酸 HNO_2
二氧化氮 NO_2·	亚硝酰离子 NO^+
	亚硝酰阴离子 NO^-
	四氧化二氮 N_2O_4
	三氧化二氮 N_2O_3
	过氧亚硝基阴离子 $ONOO^-$
	过氧亚硝酸 ONOOH
	硝镓阳离子 RNO_2^+
	过氧亚硝酸烷 ROONO

原，硝化／去硝化循环中 NO 作为 N_2O 氧化的副产品。非酶催化合成途径主要是在酸性和还原剂存在条件下将亚硝酸盐还原成 NO，或将亚氮氧化物分解为 NO。例如，经反硝化作用和氮固定作用将 N_2O 氧化形成 NO；在酸性条件下，由 NO_2^- 还原形成 NO；抗坏血酸或光参与由 NO_2^- 形成 NO 等。外源 NO 的供体硝普钠（sodium nitroprusside，SNP）、S-亚硝基-N-乙酰青霉胺（S-nitroso-N-acetyl-penicillamine，SNAP）进入植物细胞后也可形成 NO。

（二）活性氮在植物抗逆性中的作用

活性氮在植物组织中，参与种子萌发、呼吸作用、形态建成、细胞运输、衰老、胁迫响应、PCD 和抗病防御反应等过程，在植物生长发育和逆境调节方面发挥重要作用。

NO 是一种气体自由基，微溶于水（$0.047\text{cm}^3/\text{cm}^3\ H_2O$，$20\,℃$，1atm）。NO 可以在细胞的水溶液部分（如细胞质）穿梭，也可以自由地穿过细胞膜的脂相。所以 NO 一旦产生，可在胞内传递，也可以从一个细胞传递到另一个细胞。NO 在植物体内的半衰期为 $3\sim5s$，它可快速地与 O_2 反应生成 NO_2、N_2O_3 等，并在水溶液中很快地转化为硝酸根离子（NO_3^-）或亚硝酸根离子（NO_2^-），也可与超氧阴离子自由基（O_2^-）反应生成过氧亚硝基阴离子（peroxynitrite ion，$ONOO^-$）。在细胞内，NO 能够与还原态硫醇基反应生成 S-亚硝基硫醇（RSNO），NO 与还原型谷胱甘肽生成 S-亚硝基谷胱甘肽（GSNO），NO 的作用被限制在其产生的细胞及相邻的细胞。

NO 可得到或失去电子，在生理条件下主要以自由基形式（$NO\cdot$）、亚硝鎓离子形式（NO^+）、硝酰基阴离子形式（NO^-）存在，参与植物生理反应。NO 具有毒害和抗氧化双重功能，其作用依赖于 NO 浓度和环境状态。一般在低浓度下，NO 能够激活抗氧化酶活性，降低超氧阴离子 O_2^- 和脂质自由基，降低亚硝酸盐含量；同时，作为信号分子，充当胞间和胞内信号分子，参与逆境胁迫的信号转导，如 Ca^{2+}、H_2O_2、ABA 等介导的信号转导；UV-B 诱导的气孔关闭由 NO 和 H_2O_2 介导。高浓度 NO 产生毒害作用，$NO\cdot$ 可与过渡金属反应，尤其是与血红素中铁离子和蛋白中心的硫-铁离子反应，影响蛋白活性；NO^+ 作为亲电子试剂攻击巯基、铁离子、氮和多种有机化合物的中心碳。$ONOO^-$ 可与蛋白质的巯醇部位和细胞膜上多不饱和脂肪酸自由基反应，导致细胞结构发生变化。已发现 NO 参与转录调节，存在 NO 调节基因，通过 S-亚硝基化参与蛋白质翻译后修饰等。

NO 参与多种胁迫的应答（表 12-3）。例如，用臭氧处理拟南芥叶片可以诱导类 NOS 活性，并引起 SA 的积累和细胞死亡；NO 可介导拟南芥由 UV-B 诱导的查耳酮合酶（chalcone synthase）基因的表达。各种非生物胁迫如水分和盐胁迫、机械损伤及紫外线等都可以诱导 ROS 形成，而低浓度 NO 可通过各种方式与 ROS 作用，发挥抗氧化功能。热激、渗透胁迫和盐胁迫使烟草细胞 NO 释放增加，机械损伤加强拟南芥叶片释放 NO。在干旱、低温、高温、紫外线、臭氧、机械损伤等胁迫下，NO 起介导作用，在过敏反应中起信号转导作用。NO、H_2O_2 和水杨酸在过敏反应和系统获得性抗性过程中起信号转导作用。用丁香假单胞菌（*Pseudomonas syringae*）感染豌豆悬浮细胞时，NO 和活性氧含量升高，启动 HR 和 PCD，NO 和活性氧可触动无毒病原体 HR 反应，并激活衰老相关的标志基因。

表 12-3　NO 在植物非生物胁迫中的作用

胁迫因子	NO 的功能中介或作用位点
干旱	乙烯、脱落酸、LEA 蛋白、活性氧代谢、淀粉酶和内肽酶活性等
高温、低温	乙烯、胁迫相关基因表达、热激蛋白、活性氧代谢
盐胁迫	活性氧代谢、脯氨酸含量、胁迫相关基因表达、H^+-ATPase 活性
除草剂、臭氧	活性氧代谢、乙烯、水杨酸
UV-B	*CHS* 基因表达、葡聚糖酶活性、活性氧代谢等

适合浓度的 NO 有利于提高植物抵御逆境能力。NO 供体硝普钠（SNP）明显促进渗透胁迫下小麦种子萌发、胚根和胚芽生长，提高淀粉酶和内肽酶的活性，加速贮藏物质降解；缓解高难度 NaCl 处理对拟南芥的毒害症状，而 NOS 抑制剂 L-NAA 和 NO 猝灭剂 cPTIO 则加重盐胁迫症状。硝普钠预处理能够减轻铝对决明、小麦、黑麦、花生等根伸长生长的抑制作用，影响 *AhSAG* 基因和 *AhBI-1* 基因的表达，调控程序性细胞死亡。SNP 促进了黑麦草种子的发芽率、幼苗干物质积累速率、萌发种子 α-淀粉酶活性、幼苗叶片可溶性蛋白质及叶绿素含量的提高，通过提高活性氧清除能力，促进黑麦草种子的萌发和幼苗生长。

第六节　植物的交叉适应及逆境蛋白

一、植物的交叉适应

交叉适应（cross adaptation）是指植物经历某种逆境后，能够提高对其他逆境的抵抗能力。莱维特（Levitt）认为低温、高温等 8 种刺激都可提高植物对水分胁迫的抵抗力。缺水、缺肥、盐渍等处理可提高烟草对低温和缺氧的抵抗能力；干旱或盐处理可提高水稻幼苗的抗冷性；低温处理能提高水稻幼苗的抗旱性；外源 ABA、重金属及脱水可引起玉米幼苗耐热性的增加；冷驯化和干旱则可增加冬黑麦和白菜的抗冻性。这些交叉适应或交叉忍耐（cross tolerances）（表 12-4）发生的原因在于许多不同的逆境能够导致相同的胁迫响应蛋白或代谢物的积累，如 ROS 清除酶、分子伴侣、渗透调节物质等，并且在逆境解除后它们仍能存留在植物体内。

表 12-4　在一些作物中发现的交叉忍耐（引自 Bowler et al.，1992）

种属	处理	交叉忍耐	有关的酶
白酒草属的 *Conyza bonariensis*	百草枯	阿特拉津、SO₂、光抑制	SOD、GR、AP
陆地棉	干旱	百草枯	GR
黑麦草属的 *Lolium perennc*	百草枯、SO₂	SO₂、百草枯	SOD、GR
烟草	O₂、百草枯	百草枯、SO₂	SOD、GR
玉米	干旱	百草枯、SO₂	SOD、GR

注：AP. 抗坏血酸过氧化物酶；GR. 谷胱甘肽还原酶；SOD. 超氧化物歧化酶

多种逆境条件下植物体内的 ABA、乙烯含量都会增加，从而提高对多种逆境的抵抗能力。ABA 被认为是交叉适应的作用物质，其触发 H_2O_2 的产生，激活 ROS 信号途径，该途径是各种胁迫连接网络的节点。

臭氧或 UV 预处理可增强拟南芥和烟草的抗病性，经干旱处理的植物增强了对冷冻的耐受力，拟南芥的 7000 个基因对寒冷、干旱和盐胁迫都有共同反应等。多种逆境都可诱导植物体内磷脂酸（phosphatidic acid，PA）水平增加，而 PA 是一个广泛的胁迫应答信号转导途径中的第二信使，参与许多重要的生理过程，如 ROS 产生、MAPK 活性、气孔运动、叶片衰老、激素信号，能够激活 NADPH 氧化酶产生 ROS，诱导凋亡。

逆境蛋白的产生也是交叉适应的表现。一种刺激（逆境）可使植物产生多种逆境蛋白。例如，一种茄属植物（*Solanum commerssonii*）茎愈伤组织在低温诱导的第一天产生相对分子质量分别为 21 000、22 000 和 31 000 的 3 种蛋白质，第七天则产生相对分子质量均为 83 000 而等电点不同的另外 3 种蛋白质。多种刺激可使植物产生同样的逆境蛋白。缺氧、水分胁迫、盐、脱落酸、亚砷酸盐和镉等都能诱导热激蛋白的合成；多种病原菌、乙烯、乙酰水杨酸、几丁质等都能诱导病原相关蛋白的合成。渗调蛋白可促进非盐适应细胞对盐的适应能力。

　　油梨在 37～38℃条件下处理 17～18h 后，耐寒性显著增强；在 38℃条件下处理 3h、6h、12h 及 40℃处理 0.5h 后，可明显减轻油梨在 2℃贮藏期间的冷害，并延迟成熟。其他如柑橘、杧果、黄瓜、甜椒、柿子等也可通过类似的热处理有效地减轻贮藏时冷害的发生。

　　多种逆境条件下，植物都会积累脯氨酸等渗透调节物质，植物通过渗透调节作用可提高对逆境的抵抗能力。生物膜在多种逆境条件下有相似的变化，而多种膜保护物质（包括酶和非酶的有机分子）在胁迫下可能发生类似的反应，使细胞内活性氧的产生和清除达到动态平衡。

二、逆境蛋白与抗逆相关基因及信号转导

　　在逆境条件下，植物的基因表达会发生改变，植物会关闭一些正常表达的基因，启动或加强一些与逆境相适应的基因。研究发现，在逆境胁迫下，植物不仅形态结构和生理生化产生相应的变化，而且在植物体内诱导合成一类新的蛋白质，以提高植物对逆境的适应能力，这些蛋白质可称为逆境蛋白（stress protein）。

（一）逆境蛋白

　　1. 热激蛋白　　热激蛋白是指在高于植物正常生长温度下诱导合成的蛋白，又叫热休克蛋白（heat shock protein，HSP）。后来发现，除高温刺激外，种子萌发期和成熟期均有相应的 HSP 表达，高盐、厌氧、水分胁迫、重金属离子、乙醇、营养饥饿和脱落酸等也可以诱导 HSP 的表达。热激蛋白首先发现于果蝇，是一组糖蛋白，种类多，分子质量为 15～110kDa 或更高，定位于多种细胞器。真核生物中的热激蛋白根据同源程度和分子质量大小分为 5 个家族（表 12-5）。

表 12-5　植物体内 5 类热激蛋白（引自 Taiz and Zeiger，2010）

HSP 类别	分子大小 /kDa	例子（拟南芥 / 原核生物）	细胞定位
HSP100	100～114	AtHSP101/ClpB、ClpA/C	胞质溶胶、线粒体、叶绿体
HSP90	80～94	AtHSP90/HtpG	胞质溶胶、内质网
HSP70	69～71	AtHSP70/DnaK	胞质溶胶 / 核、线粒体、叶绿体
HSP60	57～60	AtTCP-1/GroEL、GroES	线粒体、叶绿体
smHSP	15～30	多种 AtHSP22、AtHSP20、AtHSP18.2、AtHSP17.6/IBPA/B	胞质溶胶、线粒体、叶绿体、内质网

　　植物热激蛋白可在种子、幼苗、根、茎、叶等不同器官中产生，也可存在于组织培养条件下的愈伤组织及单个细胞之间。热激响应由多条信号转导通路介导，其中的每条通路都涉及一套特异的转录因子即热激因子（heat shock factor，HSF）来调控热激蛋白 mRNA 的转录。热激蛋白主要是充当分子伴侣（molecular chaperone，一类辅助蛋白，主要参与生物体内新生肽的折叠、运输、组装、定位及变性蛋白的复性和降解），维持生物膜和蛋白质结构稳定，保护胞内蛋白质免受应激损伤，提高植物耐热性，调节生理过程等。例如，HSP70s 结合并释放错误折叠的蛋白；HSP60s 能产生巨大的桶状复合体，为蛋白质的折叠过程提供场所；HSP101s 介导蛋白聚合体的解聚。此外，HSP 不仅提高了抗热性，也抵抗各种环境胁迫，如缺水、ABA 处理、伤害、低温和盐害等，即对其他胁迫有交叉保护（cross protection）作用。

　　2. 低温诱导蛋白　　低温诱导蛋白（low temperature induced protein）是植物低温驯化而出现的新蛋白质，也称冷响应蛋白（cold responsive protein）或冷激蛋白（cold shock protein），已在

云杉、黑麦草、小麦、水稻等30多种植物中被发现。按性质、结构和功能不同将植物低温诱导蛋白分为8种类型，主要包括抗冻蛋白、脱水蛋白，甚至还有热激蛋白等。抗冻蛋白（antifreeze protein，AFP）是一类具有热滞效应、冰晶形态效应和重结晶抑制效应的蛋白质，存在于很多生物体内，这些生物一般生活在亚极带或南北两极等低温自然环境中。最初是在北极鱼的血清中发现，植物中则在胡萝卜中首先发现，目前已在多种植物中观察到抗冻蛋白的合成。它们的共同性质是：热稳定性，富含甘氨酸、低芳香族氨基酸和高亲水性氨基酸，可使蛋白质保持高度的可伸缩性以保护细胞由低温引起的脱水作用。

3. 渗调蛋白　　渗调蛋白（osmotin）是伴随着植物对外界各种胁迫的适应而产生的，并在植物的各个组织器官中大量积累，如在盐适应细胞中可达细胞总蛋白量的12%。大量研究表明，渗调蛋白广泛存在于不同的植物组织器官，受干旱、盐渍、损伤、病原菌侵染、ABA、水杨酸（SA）等因子的诱导，与植物的抗旱、耐盐和抗病性有关，是一种逆境适应蛋白，伴随植物对各种胁迫的适应而产生，并大量积累。

ABA诱导的渗调蛋白大量存在于植株根部。ABA可诱导渗调蛋白合成或增加渗调蛋白mRNA的稳定性。渗调蛋白是一种阳离子蛋白，有可溶性和颗粒状两种形式，多数以颗粒状存在。可能在渗透胁迫下，本身吸附水分或改变膜对水的透性，减少细胞失水，维持细胞膨压；螯合细胞脱水过程中浓缩的离子，减少离子毒害作用。ABA还可能通过与液泡膜上离子通道的静电相互作用，减少或增加液泡膜对某些离子的吸入，改变该离子在细胞质和液泡中的浓度来传递胁迫信号，诱导胁迫相关基因的表达，从而增加植物对胁迫的适应性。

4. 病程相关蛋白　　植物被病原菌感染后形成与抗病性有关的一类蛋白，称病程相关蛋白（pathogenesis-related protein，PR）。PR至少可分5组、17个家族，相对分子质量较小，一般为10～40kDa，在细胞间或胞内积累，稳定性较强，进化上相对保守。PR主要表现几丁质酶、β-1,3-葡聚糖酶、β-1,4-葡聚糖酶、脱乙酰壳多糖酶、过氧化物酶、类甜味蛋白、α-淀粉酶、溶菌酶等酶活性。植物被病原菌等因子感染或诱导后，产生PR的量与诱导物的剂量呈正相关，并参与植物的局部和系统诱导抗性，能直接攻击病原菌，降解细胞壁大分子释放内源激发子、分解毒素、结合或抑制病毒外壳蛋白等。

5. 水分胁迫蛋白　　水分胁迫应包括涝害与旱害，但水分胁迫蛋白（water stress protein）常指干旱逆境蛋白（drought stress protein），即植物在干旱胁迫下产生的蛋白。用聚乙二醇（PEG）造成渗透胁迫，可诱导高粱、冬小麦等合成新的多肽。早在20世纪30年代，人们就观察到水分胁迫可以影响蛋白质的代谢。研究表明，水分胁迫引起植物蛋白质合成上的变化与发育的种子蛋白质合成的变化有一些相似之处。水分胁迫蛋白一部分可能是通过参与生理生化过程，直接与细胞和器官应对水分胁迫有关，包括水通道、离子通道、渗透调节物质合成酶、分子伴侣、活性氧猝灭酶类等；另一部分是信号转导和基因表达调节所必需的。

6. 重金属结合蛋白　　重金属结合蛋白（heavy metal binding protein）是在多种微生物、动物和植物细胞内普遍存在，对金属离子具有亲和能力的蛋白质（肽），它们可与环境中的金属离子通过化学结合作用形成复合物，从而降低、富集或消除金属离子对生物细胞的毒性。据合成途径和性质，可分为类金属硫蛋白（metallothioneins-like，MT）和植物螯合肽（phytochelatin，PC）。MT一般由60～80个氨基酸组成，富含半胱氨酸，分子质量为6～7kDa，包含两个功能结构域，硫含量高，对重金属有强的螯合作用。MT可作为金属伴侣将重金属离子转运到其他的蛋白质，如锌指蛋白，从而避免重金属的毒害。PC由谷胱甘肽合成，富含半胱氨酸，主要作为载体将金属离子从细胞质运至液泡中，并在液泡中发生解离。已从水稻、玉米、烟草等分离到镉和铜结合蛋白。

7. **逆境蛋白与植物抗逆性** 此外，逆境还能诱导植物产生厌氧蛋白（anaerobic protein, ANP）、紫外线诱导蛋白（UV-induced protein, UVP）、化学试剂诱导蛋白（chemical induced protein）、激酶调节蛋白（kinase-regulated protein）、活性氧胁迫蛋白（reactive oxygen species stress protein）、胚胎发育晚期丰富蛋白（胚晚期丰富蛋白）（late embryogenesis abundant protein, LEA）、脱水蛋白（dehydrin, DHN）等，在维持蛋白质和细胞膜的稳定性等多个方面发挥作用。大多数 LEA 蛋白属于亲水性蛋白（hydrophilin），在干燥时折叠成为螺旋结构，能够减少脱水敏感型蛋白的聚集作用，也被称为分子屏蔽（molecular shielding）。与 LEA 蛋白类似，DHN 也是高度亲水蛋白，具有分子屏蔽的功能。

逆境蛋白是在特定的环境条件下产生的，通常使植物增强对相应逆境的适应性。例如，热预处理后植物的耐热性往往提高；低温诱导蛋白与植物抗寒性提高相联系；病原相关蛋白的合成增加了植物的抗病能力。有些逆境蛋白与酶抑制蛋白有同源性，有的逆境蛋白与解毒作用有关。

但是，有的研究也表明逆境蛋白不一定就与逆境或抗性有直接联系。主要原因是：①有的逆境蛋白（如 HSP）可在植物正常生长、发育的不同阶段出现，似与胁迫反应无关。②有的逆境蛋白出现的量与其抗性无正相关性。例如，在同一植株上下不同叶片中病原相关蛋白量可相差达 10 倍，但这些叶片在抗病性上并没有显著差异。③虽然在许多情况下没有发现逆境蛋白的产生，但植物对逆境同样具有一定的抗性。

（二）抗逆相关基因

抗逆相关基因（stress resistant related gene）在植物抗逆中发挥重要作用，包括功能基因和调节基因。前者表达上述的逆境蛋白，直接参与植物对逆境的保护反应，后者编码可调节抗逆基因表达的转录因子或编码在植物感受和传递胁迫信号的信号蛋白、蛋白激酶等。

抗逆相关基因种类很多，还可以根据其表达条件而分为低温诱导基因、渗透调节基因和干旱应答基因等类型。逆境蛋白是基因表达的产物。从抗逆相关基因的研究出发，人们可了解逆境蛋白的产生及其相互关系。

1. **低温诱导基因**（low temperature induced gene） 低温胁迫能诱导植物体内许多基因的表达，人们通过差示筛选程序获得了低温诱导的 cDNA 文库，在双子叶植物中发现了 20 多个低温诱导基因或基因家族，在单子叶植物中发现了 10 多个。这些基因表达与植物的抗冷性有关。低温可以诱发 100 种以上的抗冻基因（antifreeze gene）表达，如拟南芥的 *cor15*、*cor6.6* 等基因，油菜的 *BN28*、*BN15* 等基因。这些基因表达会迅速产生新多肽。例如，抗冻蛋白（antifreeze protein, AFP）是一类由冷胁迫诱导表达的蛋白质，能抑制冰晶的生长，防止在冰点温度时产生冻害。拟南芥中这些基因表达会产生新多肽，在低温锻炼过程中一直维持在高水平。新合成的蛋白质进入膜内或附着于膜表面，对膜起保护和稳定作用，从而防止冰冻伤害，提高植物的抗冻性。

2. **渗透调节基因**（osmotic regulated gene） 渗透调节基因一是指直接或间接参与渗透调节物质运输的蛋白质基因，二是指参与渗透调节物质合成的酶类基因，三是指植物细胞水孔蛋白及其调控基因。例如，脯氨酸合成酶基因 *proA*、*proB*、*proC*；类 osmotin 蛋白基因 *OSML13*、*OSML81*、*pA13*；肌醇-1-磷酸合成酶基因 *PINO1*；LEA 基因 *PMA80*、*PMA1959*、*WCOR15*、*Rab16a*、*OsLEA3-1*、*CAP160*、*CAP85*、*DHN5* 等；甘露醇转运子 *OeMaT1*（Olea europaea mannitol transporter 1）、甘露醇脱氢酶 *OeMTD1* 等。

也有与调节离子平衡有关的基因，如高亲和钾的渗透诱导系统基因 *kdpA*、*kdpB*、*kdpC*、*kdpD*、*kdpE*；耐盐基因 *SOS1*、*SOS2*、*SOS3*、*SOS4*、*SOS5*，其中前三个基因参与介导细胞内信号转导途径，控制盐胁迫下的离子平衡。

对于脯氨酸生物合成，从它的前体谷氨酸开始共涉及 3 个酶，即谷氨酸激酶、谷氨酰磷酸还原酶和吡咯啉-5-羧酸还原酶，编码这 3 个酶的基因分别为 *proA*、*proB* 和 *proC*。甜菜碱的生物合成关键酶是甜菜醛脱氢酶（BADH），有研究表明，盐胁迫可诱导 *BADH* 的 mRNA 转录明显增加。

3. 干旱应答基因（responsive gene to dehydration） 干旱应答基因表达一些重要的功能蛋白和功能调节相关酶，以保护细胞不受水分胁迫的伤害，使植物在低水势下维持其一定程度的生长和忍耐脱水能力。通过生理生化分析和差异显示（differential screening）技术，对大批干旱诱导基因编码蛋白功能进行研究，发现这些水分胁迫诱导基因产物不仅通过重要代谢蛋白保护细胞结构，而且起调节信号转导和基因表达的作用，即通过水通道蛋白、ATP 酶、跨膜蛋白受体、离子通道、有机小分子载体等膜蛋白加强了细胞与环境的信息交流和物质交换；通过代谢蛋白酶合成各种渗透保护剂（主要是低分子质量糖、脯氨酸、甜菜碱等多元醇和偶极含氮化合物）提高细胞渗透吸水能力；通过 LEA 蛋白、渗透蛋白、抗冻蛋白、分子伴侣、蛋白酶、过氧化氢酶（CAT）、抗坏血酸氧化酶（APS）等提高细胞排毒、抗氧化防御能力；通过蛋白激酶、转录因子、磷脂酶 C 等提高细胞内信息传递和基因表达能力。

4. 抗病基因（disease resistance-related gene） 抗病基因是决定寄主植物对病原菌的专化性识别并激发抗病反应的基因，其编码产物与病原菌无毒基因的直接或者间接编码产物互补结合，通过信号转导，诱导植物防卫反应基因表达，引起抗病反应。病程相关蛋白就是防卫反应基因表达中的一类。1992 年，在玉米中发现的 *Hm1* 是第一个被分离的抗病基因，后来陆续从不同植物中克隆到 60 多个抗病毒、细菌、真菌、线虫等的基因。

根据结构域和生化功能，抗病基因可分为 3 类：第一类且是最多的一类含有 1 个核酸结合位点（nucleotide-binding site，NBS）和富亮氨酸重复序列（leucine-rich-repeat，LRR），抗各种病原菌，如拟南芥的 RRS1-R；第二类包括细胞表面受体样跨膜蛋白（cell surface receptor-like transmembrane protein，RLP）和受体激酶（receptor-like kinase，RLK），其特点是有胞外 LRR 结构域，如拟南芥的 *RPP27* 抗霜霉病菌（*Hyaloperonospora parasitica*），水稻中的 *Xa21* 和 *Xa26* 抗多种白叶枯病菌株；其余的为第三类，为非典型 *R* 基因，整体结构类似上述两种，或者部分结构域类似，或者完全不同，如大麦中的 *mlo* 抗白粉病基因，水稻的 *Xa27* 和 *xa13* 抗白叶枯菌基因。

（三）植物逆境响应信号转导与基因表达

通过转录组学研究，揭示代谢重新调整是植物逆境响应的重要特点。在对各种植物逆境响应的大规模转录组比较时发现，未知基因占大多数（高达 30%～40%），然后是代谢相关基因（15%）、细胞救援和防御基因（10%）、蛋白质合成基因（10%）、信号转导和细胞通信基因（8%～10%），而其他功能基因占总转录本的 5%（表 12-6）。

表 12-6 不同植物的各种逆境响应基因的功能分类 （单位：%）

类型	水稻 盐胁迫	拟南芥 盐胁迫	葡萄		玉米 干旱	红树 盐胁迫	烟草 盐胁迫
			盐胁迫	干旱			
未分类和未知	31	34.5	36	24	32	30	13
发育	1.3	—	1	1	—	—	—
代谢	14	20.4	20	15	41	17	25
能量	13	—	3	2	—	—	6
转录	4	3.4	8	6	8	10	23
细胞救援和防御	6	9	9	8	—	10	6

续表

类型	水稻 盐胁迫	拟南芥 盐胁迫	葡萄		玉米 干旱	红树 盐胁迫	烟草 盐胁迫
			盐胁迫	干旱			
细胞通信和信号转导	4	7.9	6	4	3	8	6
细胞运输	5	9	6	4	—	9	6
与环境互作	1	—	5	5	5	—	2
蛋白质命运	7	3.4	7	—	—	5	4
蛋白质合成	8	8.5	2	4	8	5	1
结合蛋白质	2	—	3	2	—	—	6
亚细胞定位	—	—	4	3	—	—	2
细胞组分生物合成	0.2	—	—	—	—	1	—
细胞周期和 DNA 加工	2	—	4	3	3	—	—
转座子	5	—	0.1	0.1	—	0.4	—

数据来源：水稻（Kumari et al.，2009），拟南芥（Popova et al.，2008），葡萄（Waters et al.，2005），玉米（Jinping et al.，2006），红树（Miyama and Hanagata，2007），烟草（Ouyang et al.，2007）

转录因子（transcription factor）在植物应答生物和非生物胁迫中起着重要作用。转录因子也称为反式作用因子（transacting factor），是指能够与真核基因启动子区域的顺式作用因子特异性结合的 DNA 结合蛋白。通过它们之间及其和其他相关蛋白之间的相互作用，激活或抑制转录。转录因子的 DNA 结合区决定了它与顺式作用元件结合的特异性，而转录调控区决定了它对基因表达起激活还是抑制作用。拟南芥基因组编码 1500 多个转录因子，根据与 DNA 结合的区域不同，转录因子分为若干个家族。与植物逆境抗性相关的转录因子家族主要有 4 个：bZIP 类（basic-domain leucine zipper）、WRKY 类、AP2/EREBP 类和 MYB 类。例如，bZIP 类转录因子 AREB/ABF 结合到 ABRE 序列（ABA-responsive element），从而激活 ABA 响应基因的表达；*AtMYC2* 和（或）*AtMYB2* 上调 ABA 诱导基因 *RD22* 表达。AtWRKY53 是一个叶片衰老早期阶段表达的转录因子，结合在 SIRK（一种类受体蛋白激酶）的启动子区域，调节 SIRK 表达，从而调控叶片衰老。此外，CBF/DREB1（CRT-binding factor/DRE-binding factor 1）和 DREB2 分别介导调节冷害和干旱/盐胁迫下的基因表达，冷胁迫诱导的 40 多个基因受 CBF3/DREB1A 调节，CBF3/DREB1A 则受转录因子 *ICE1*（inducer of CBF expression 1）调节，*ICE1* 在冷胁迫响应中起重要作用；而 *OsNAC6* 受 ABA 和盐胁迫诱导，过量表达能够提高植物对干旱、盐和稻瘟病的抗性。

胁迫诱导的代谢和发育的一些变化常常有利于改变基因表达型。当植物在细胞水平上识别一种胁迫时，则这种胁迫响应即被启动（起始）。那么，植物是如何来识别胁迫呢？如前所述，逆境条件下，植物的许多生理进程都会被干扰、改变，这种在生理进程上发生的最初始的改变便是信号，以此做出进一步的响应。因不同生理进程所产生的信号不同，植物对胁迫信号的感知主要分为物理水平、生物物理水平、代谢水平、生化水平及分子水平。

1. **物理水平**　　对物理变化的识别主要涉及那些由逆境导致植物体或细胞结构的改变。例如，干旱引起质膜收缩，导致膨压下降。

2. **生物物理水平**　　对生物物理变化的识别主要包括蛋白质结构或者酶活性的变化，如高温胁迫引起的酶活性的抑制。

3. **代谢水平**　　对代谢变化的识别则是通过识别逆境诱导产生的副产物，如强光诱导产生大量的 ROS。

4. 生化水平　　对生化信号的识别主要是通过能识别特定胁迫的特殊蛋白质。例如，钙离子通道能够感知温度的变化，进而导致 Ca^{2+} 平衡的改变。

5. 分子水平　　表观遗传学的信号识别涉及那些胁迫所引起的 DNA 或 RNA 结构的变化（遗传序列未发生改变），如甲基化修饰、磷酸化修饰等。

在胁迫发生时，植物往往同时在几种水平上感知环境的变化，并做出应对以激活下游信号转导通路，最后发生基因表达的变化。这些变化都被并入可以修饰生长和发育甚至影响生殖能力的整体植物的响应中。胁迫的延续时间和剧烈程度控制响应的大小和持续时间。图 12-6 是植物对各种理化逆境反应的信号转导和基因表达的一种模式。

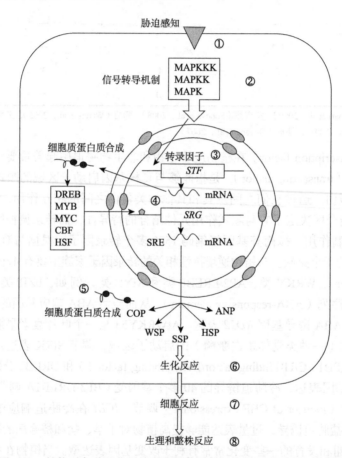

图 12-6　植物对各种理化逆境反应的信号转导和基因表达的可能模式

①植物通过细胞质膜上的受体感知环境胁迫；②所感知的信号通过细胞信号转导系统进行级联放大，其中涉及磷脂酶、Ca^{2+}-结合蛋白、MAP 蛋白激酶；③通过信号分子胁迫信号被传递到细胞核，活化的转录因子与胁迫转录因子基因（STF）的启动子序列结合，导致基因表达，转录新的 mRNA 转入细胞质中进行翻译，合成转录因子 DREB、MYB、MYC、CBF、HSF，并回到细胞核内；④胁迫响应基因（SRG）在转录因子的作用下表达；⑤在细胞中合成功能蛋白，如冷调节蛋白（COP）、水胁迫蛋白（WSP）、盐胁迫蛋白（SSP）、热激蛋白（HSP）、厌氧蛋白（ANP）；⑥生化反应改变；⑦细胞反应；⑧生理的和最终植株的整体反应

三、逆境间的相互作用

逆境间的相互作用包括逆境间的协同互作和逆境间的颉颃互作等。

协同互作（synergistic interaction）是指逆境组合（stress combination）诱导的对植物的有害影

响，比任何一种逆境单独诱导的有害影响大。这种逆境组合的伤害实际上是一种复合伤害。

颉颃互作（antagonistic interaction）是指植物对一种逆境的适应或驯化可为另一种同时发生的逆境提供保护，即提高了对另一种逆境的抗性。这实际上就是所谓的交叉适应或交叉忍耐现象。例如，适应营养限制的植物通常有低的生长速率，相应地减少了植物对水分胁迫的敏感性。

植物抗病性与非生物抗逆性间常有互作关系。*EDR1* 编码一个蛋白激酶，是抗病反应的负调控因子，同时也参加抗逆反应，干旱胁迫下，其突变体表现更强的逆境反应并产生类似病变斑点。调控植物抗病性的激素 SA、JA 等在其他逆境抗性中也发挥重要作用。

热激处理番茄果实，可诱导 *hcit2* 基因表达合成 HCIT2 蛋白，*tom66* 基因和 *tom111* 基因编码产生的蛋白质可强化冷胁迫时膜的功能，阻止细胞的崩溃，与耐寒性的形成密切相关。过量表达叶绿体 smHSPs 的番茄，耐热和耐寒性都得到了提高。

总之，植物在生长发育过程中，很少仅有一种环境因子发生变化。相反，一般是多种因子同时发生相应变化，如强光和热相伴随。植物对单个因子的反应可能受其他因子变化的影响，逆境间的相互作用对植物的影响更为错综复杂。

植物的不同胁迫信号转导途径之间既相互独立，又密切联系。例如，分别用低温、干旱、高盐和 ABA 处理水稻后，分析其基因表达情况。结果表明，每种处理条件均诱导了特异基因的表达，同时有 15 个基因受这 4 个处理条件的诱导表达，25 个基因受干旱和低温处理诱导表达，22 个基因受低温和高盐处理诱导表达，43 个基因同时受干旱和 ABA 处理诱导表达，17 个基因受低温和 ABA 的诱导表达。

本 章 小 结

对植物生长发育不利的各种环境因素统称为逆境（胁迫），包括生物胁迫和非生物胁迫，种类众多。植物对逆境的响应可分为 4 个水平，即个体、细胞、分子和信号转导。逆境下，植物遭受原初伤害与次生伤害，在形态和生理代谢方面发生明显变化，表现出不同形式的适应性和抗性（抗逆性），即对各种逆境因子的适应和抵抗能力，可分为御逆性、避逆性和耐逆性。

逆境下，生物膜结构和组分及膜代谢活动发生明显变化，其稳定性与抗逆性密切相关。渗透胁迫是指环境的低水势对植物体产生的水分胁迫，植物可通过提高细胞液浓度、降低渗透势而表现出渗透调节作用。渗透调节物质包括外界环境进入细胞的无机离子和细胞自身合成的有机物。

自由基与活性氧对植物具有损伤和保护双重作用，其作用取决于植物体内浓度的动态平衡。当植物受到胁迫时，自由基、活性氧累积过多，动态平衡就被打破，形成了氧化胁迫。植物对自由基的清除和防御包括酶促系统和非酶促性的活性氧清除剂（抗氧化剂）等。

交叉适应是指植物经历某种逆境后，能够提高植物对其他逆境的抵抗能力。在逆境胁迫下，植物在体内诱导合成众多的逆境蛋白，包括热激蛋白、低温诱导蛋白、渗调蛋白、水分胁迫蛋白等。抗逆相关基因在植物抗逆中发挥重要作用，包括功能基因和调节基因。

逆境间的相互作用包括逆境间的协同互作和颉颃互作等。

复习思考题

1. 名词解释

逆境　逆境生理　胁变　御逆性　避逆性　耐逆性　原初伤害　次生伤害　渗透调节　交叉适应　膜脂过氧化　逆境蛋白

2. 写出下列缩写符号的中文名称及其含义或生理功能。

HSP　AFP　PR　LEA　MT　PC　NO　RNS

3. 逆境条件下植物形态和代谢会发生哪些变化？

4. 简述生物膜的结构和功能与植物抗逆性的关系。

5. 渗透调节物质主要有哪些？其提高植物抗逆性的机制是什么？

6. 活性氧与植物的生命活动关系如何？活性氧清除与植物抗逆性关系如何？

7. 为什么脱落酸在交叉适应中起作用？

8. 试述植物抗逆基因和逆境蛋白的生物学意义。

第十三章　植物逆境生理各论

【学习提要】掌握各种逆境下植物的伤害特点、影响因素，了解植物在各种逆境下的形态和生理变化表现，理解植物对各种逆境的适应能力和抗性机制及提高植物抵抗各种逆境的措施，了解提高植物抗污染能力与环境保护能力的方法。

第一节　植物的抗寒性

植物的生理代谢及生长发育对温度反应有最低温度、最适温度和最高温度三个基点温度指标。超过最高温度，植物就会遭受热害。低于最低温度，植物将会受到寒害（cold injury）（包括冷害和冻害）。由于各类植物起源不同，它们要求的温度三基点也不同，忍耐高低温的能力也有很大差异。温度胁迫（temperature stress）是指温度过低或过高对植物的影响。植物体内生理和生化代谢及植物生长发育遭受损伤的温度指标称为受害温度，若温度逆境进一步加剧或持续发生，导致植物死亡的温度指标，则是致死温度。

一、抗　冷　性

（一）冷害与抗冷性

冰点以上低温对植物产生的危害叫作冷害（chilling injury）。植物对冰点以上低温的适应能力叫作抗冷性（chilling resistance）。很多热带和亚热带植物不能经受冰点以上低温的影响。

1. **冷害类型**　　根据植物对冷害的反应速度，可将冷害分为直接伤害与间接伤害两类。

（1）直接伤害　　是指植物受低温影响后几小时，至多在一天之内即出现伤斑，说明这种影响已侵入细胞内，直接破坏原生质活性。

（2）间接伤害　　主要是指低温引起代谢失调而造成的细胞伤害。这种伤害在植物受低温后，植株形态上表现正常，至少要在五六天后才出现组织柔软、萎蔫，而这些变化是代谢失常后生理生化上的缓慢变化造成的，并不是低温直接造成的。

2. **冷害对作物的影响**　　冷害是一种全球性的自然灾害。我国冷害通常发生在早春和晚秋季节，主要危害作物的苗期和籽粒或果实成熟期，是很多地区限制作物产量提高的主要因素之一。冷害的出现，常常造成农作物的严重减产，如水稻减产 10%～50%，高粱减产 10%～20%，玉米减产 10%～20%，大豆减产 20%。因此，研究作物的冷害问题，在理论上和实践上均有重要意义。

冷害对植物的伤害既与低温的程度和持续时间直接相关，还与植物组织的生理年龄、生理状况及对冷害的敏感性有关。温度低，持续时间长，植物受害严重，反之则轻。在同等冷害条件下，幼嫩组织器官比老的组织器官受害严重。此外，冷敏感植物要比非冷敏感的植物受害严重。

（二）植物冷害时的生理变化

冷害对植物的影响不仅表现在叶片变褐、干枯，果皮变色等外部形态，更重要的是内部生理生化发生剧烈变化。

1. **细胞膜系统受损**　　冷害使细胞膜透性增加，细胞内可溶性物质大量外渗，引发植物代谢失调。对冷害敏感的植物，胞质环流减慢或完全停止。

2. 根系吸收能力下降　　低温影响根系的生命活动，根生长减慢，吸收面积减少，吸收水和矿物质能力下降；细胞原生质黏性增加，流动性减慢；呼吸减弱，能量供应不足；失水大于吸水，水分平衡遭到破坏，导致植株萎蔫、干枯。

3. 光合作用减弱　　低温使叶绿素生物合成受阻，冷害叶片发生缺绿或黄化；各种光合酶活性受到抑制，有机物运输减慢；低温往往伴随阴雨出现，光照不足。这些都引起光合速率大幅下降。

4. 呼吸速率大起大落　　冷害使植物的呼吸代谢失调，呼吸速率大起大落，即先升高后降低。冷害初期，呼吸作用增强与低温下淀粉水解导致呼吸底物增多有关。如果持续时间较长、温度降到相变温度之后，线粒体发生膜脂相变，氧化磷酸化解偶联，有氧呼吸受到抑制，无氧呼吸增强，植物生长发育不良，一方面是因无氧呼吸产生的 ATP 少，而使物质消耗过快，另一方面会积累大量乙醛、乙醇等有毒物质。

5. 物质代谢失调　　植物受冷害后，水解酶类活性常常高于合成酶类活性，酶促反应平衡失调，物质分解加速，表现为蛋白质含量减少，可溶性氮化物含量增加；淀粉含量降低，可溶性糖含量增加；内源乙烯和 ABA 含量明显增加。

（三）冷害的机理

冷害的可能机制可归纳为图 13-1。

1. 膜脂发生相变　　在低温冷害下，生物膜的脂类由液晶态变为凝胶态，固化的脂类与不被固化的其他组分发生分离，发生相变（图 13-2）。脂类固化会引起与膜相结合的蛋白酶解离或使酶亚基分解失去活性。膜脂相变转化的温度可因其成分不同而异，相变温度随脂肪酸链的长度而升高，而随不饱和脂肪酸所占比例增加而降低。膜脂中不饱和脂肪酸在总脂肪酸中的相对比值称为膜不饱和脂肪酸指数（unsaturated fatty acid index，UFAI），可作为衡量植物抗冷性的重要生理指标。

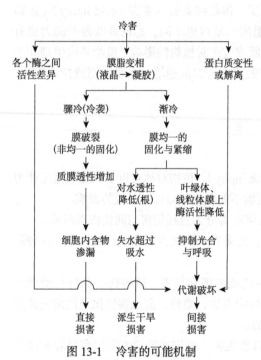

图 13-1　冷害的可能机制

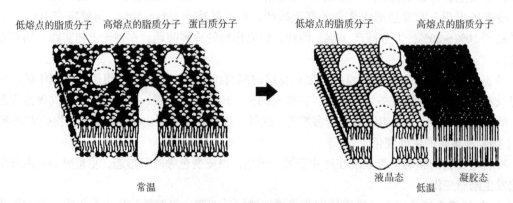

图 13-2　由低温引起的生物膜相分离示意图

2. 膜的结构改变　　在缓慢降温条件下，膜脂的固化使得膜结构紧缩，降低了膜对水和溶质的透性；在寒流突然来临的情况下，由于膜脂的不对称性，膜体紧缩不匀而出现断裂，因而会造成膜的破损渗漏，胞内溶质外流。在低温下，植物细胞内的电解质外渗率可用电导率测定，这是鉴定植物耐冷性的一项重要生理指标。

3. 代谢紊乱　　低温使生物膜结构发生显著变化，导致植物体内按室分工的代谢有序性被打破，特别是光合与呼吸速率改变，植物处于饥饿状态，还积累有毒的代谢中间物质。在低温冷害下，酶活性的变化及酶系统多态性的变化也会受到影响。这些变化的综合作用，导致植物代谢紊乱。

（四）植物抗冷性的提高

1. 低温锻炼　　植物对低温的抵抗是一个适应锻炼过程，很多植物如预先给予适当的低温锻炼，而后即可抗更低温度的影响，否则就会在突然遇到低温时遭到更严重的损害。春季在温室、温床育苗，进行露天移栽前，必须先降低室温或床温。例如，番茄苗移出温室前先经一两天10℃处理，栽后即可抗5℃左右低温；黄瓜苗在经10℃锻炼后即可抗3～5℃低温。经过低温锻炼的植株，其膜的不饱和脂肪酸含量增加，相变温度降低，膜透性稳定，细胞内NADPH/NADP值和ATP含量升高，这些都有利于植物抗冷性的增强。

2. 化学诱导　　植物生长调节剂及其他化学试剂可诱导植物抗冷性的提高，这些化学物质通过膜保护、渗透调节、清除自由基、酶稳定等方式起作用。细胞分裂素、脱落酸等可明显提高植物的抗冷性；2,4-D、KCl等喷于瓜类叶面也有保护其不受低温危害的效应。PP_{333}、抗坏血酸、油菜素甾醇等于苗期喷施或浸种，也有提高水稻幼苗抗冷性的作用。

3. 合理施肥　　调节氮磷钾肥的比例，增加磷钾肥比例能明显提高植物的抗冷性。

二、抗　冻　性

（一）冻害与抗冻性

冰点以下低温对植物的危害叫作冻害（freezing injury）。植物对冰点以下低温的适应能力叫作抗冻性（freezing resistance）。霜害也属于冻害，叫作霜冻。

冻害在我国的南方与北方均有发生，尤以西北、东北的早春与晚秋及江淮地区的冬季与早春为害最为严重。能引起冻害发生的温度范围，可因植物种类、生育时期、生理状态及器官的不同而有很大差异。例如，小麦、大麦、苜蓿等越冬作物可忍耐−12～−7℃的低温。有些树木，如白桦、颤杨、网脉柳可以经受−45℃以下的严冬而不死。种子的抗冻性很强，在短时期内可经受−100℃以下冷冻而仍保持发芽能力，在−20℃低温下可较长时期保存。而植物的愈伤组织在液氮中（−196℃）保持4个月仍具有生活力。通常而言，植物遭受冻害的程度，既与降温幅度有关，也与降温持续时间、解冻速度等有关。当降温幅度大、霜冻时间长、解冰速度快时，植物受害严重；如果缓慢结冻与缓慢解冻时，则植物的冻害较轻。

植物受冻害的一般症状是叶片犹如烫伤，细胞失去膨压，组织疲软，叶色变褐，最终导致干枯死亡。

（二）冻害的机理

1. 结冰伤害　　结冰会对植物体造成危害，由于温度下降的程度和速度不同，植物体内结冰的方式不同，受害情况也不同。通常，植物体的结冰有以下两种类型。

（1）细胞间隙结冰伤害　　细胞间隙结冰通常发生在温度缓慢下降的情况下。当环境温度缓慢降低时，由于细胞间隙中溶液的浓度一般小于原生质和液泡液的浓度，因此，当植物组织内温度降到冰点以下时，细胞间隙中的水分先达到冰点而结冰，即发生所谓的胞间结冰。细胞间隙结冰对植物造成的伤害主要体现在以下 3 个方面。

1）原生质脱水。由于胞间结冰降低了细胞间隙中的水蒸气压，但胞内含水量较大，蒸气压仍然较高。这个压力差的梯度使胞内水分向胞间移动，细胞内水分不断被夺取，因此，冰晶体的体积逐渐增大，原生质发生严重脱水，使蛋白质变性或原生质不可逆的凝胶化。

2）机械损伤。随着低温的持续，胞间的冰晶不断增大，逐渐膨大的冰晶体给细胞造成机械压力，使细胞变形，甚至可能将细胞壁和质膜挤碎，使原生质暴露于胞外而受冻害。同时细胞亚显微结构遭受破坏，区域化被打破，酶活动无秩序，影响代谢的正常进行。

3）融冰伤害。当环境的温度骤然回升时，冰晶迅速融化，由于细胞壁和原生质缩胀程度不一致，因此会造成细胞壁吸水膨胀迅速恢复原状，而原生质尚来不及吸水膨胀而被撕裂损伤。胞间结冰不一定使植物死亡，大多数植物胞间结冰后如果缓慢解冻仍能恢复正常生长。

（2）细胞内结冰伤害　　当环境温度骤然降低时，不仅细胞间隙中结冰，细胞内也会同时结冰。细胞内结冰一般先由原生质开始，然后是液泡内。细胞内冰晶体的体积小、数量多，它们的形成会对生物膜、细胞器和衬质的结构造成不可逆的机械伤害。复杂有序的生命活动是在原生质结构稳定的基础上进行的，原生质精细结构的破坏必然会导致代谢紊乱甚至细胞死亡。细胞内结冰在自然条件下极少发生，但是一旦发生，常给植物带来致命的损伤，植物很难存活。

2. 巯基假说（sulfhydryl group hypothesis）　　当组织结冰脱水时，巯基（—SH）形成二硫键（—S—S—）。巯基是蛋白质分子形成高级结构或起催化作用的重要活性基团，形成二硫键后将使蛋白质结构紧缩。当解冻再度吸水时，肽链松散，但—S—S—还存在，肽链的空间位置仍不能恢复，蛋白质分子的空间构象改变，因而蛋白质结构被破坏，引起伤害和死亡（图 13-3）。所以组织抗冻性的基础在于阻止蛋白质分子间二硫键的形成。

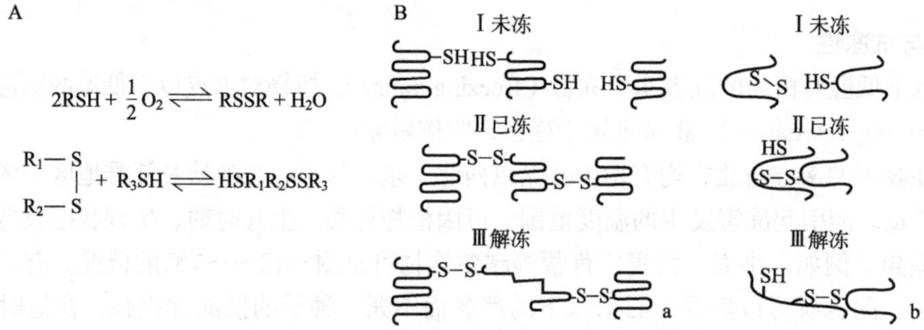

图 13-3　冰冻时分子间二硫键的形成使蛋白质分子变化假说示意图（引自王忠，2009）

A. 二硫键形成的两种反应；B. 蛋白质分子内与分子间的二硫键形成。a. 相邻肽链外部的巯基相互靠近，发生氧化形成二硫键；b. 一个蛋白质分子的巯基与另一个蛋白质分子内部的二硫键作用，形成分子间的二硫键

3. 膜的伤害　　生物膜对结冰最敏感，低温造成细胞间结冰时，可产生脱水、机械和渗透 3 种胁迫，这 3 种胁迫同时作用，使蛋白质变性或改变膜中蛋白质和膜脂的排列，膜受到伤害，透性增大，溶质大量外流。另外，膜脂相变使得一部分与膜结合的酶游离而失去活性，光合磷酸化和氧化磷酸化解偶联，ATP 形成明显下降，引起代谢失调，严重时植株死亡（图 13-4）。

（三）植物对低温冷冻的适应性

1. 植物抗冻方式　　植物抗冻主要有避冻（freezing avoidance）和耐冻（freezing tolerance）两种方式。其中，避冻又有如下几种方式。

（1）避免结冻温度（avoidance of freezing temperature）　例如，当温度从20℃降至−20℃时，欧洲七叶树的花芽发生代谢变化，结果使花芽内部温度高于花芽外部，但这种温度升高的持续时间通常不超过30min。另外，还可以降低结冰点（lowering of freezing point），如某些盐生植物。

（2）减少自由水（absence of free water）　例如，某些植物的种子和处于干燥状态下的花粉。

（3）过冷作用（supercooling）　通常，植物组织（或细胞）的冰点往往低于纯水。当温度缓慢降低时，组织的温度可降至冰点以下而不结冰，这种现象叫植物的过冷作用。植物过冷组织在结冰之前所达到的最低温度，叫植物的过冷点（supercooling point）。例如，桃树花芽的花轴、鳞

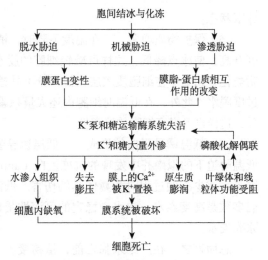

图13-4　细胞结冰伤害模式图

片内的水分在−6℃左右结冰，但花原基内的水分在−20℃左右才结冰。某些学者认为，过冷作用的出现可能与活组织中水的存在状态有关。持这种观点的人认为，在活组织中，水分子受生物大分子的约束（吸附）而不能随便脱位（dislocate），即不能自由存在，因而不易结冰，只有达到某一过冷点时，生物大分子对水分子的约束力减弱，才能结冰。

（4）避免细胞内结冰（avoidance of ice intracellular freezing）　例如，梓树即以此种方式避免冻害。

2. 植物耐冻的形态变化　植物在长期进化过程中，在生长习性和生理生化方面都对低温具有特殊的适应方式。例如，一年生植物主要以干燥种子形式越冬；大多数多年生草本植物越冬时地上部死亡，而以埋藏于土壤中的延存器官（如鳞茎、块茎等）度过冬天；大多数木本植物或冬季作物除了在形态上形成或加强保护组织（如芽鳞片、木栓层等）和落叶外，主要在生理生化上有所适应，增强抗寒力。

经过逐渐降温，植物在细胞形态结构上也有较大变化，如秋末温度逐渐降低，抗寒性强的小麦质膜可能发生内陷弯曲现象。这样，质膜与液泡相接近，可缩短水分从液泡排向胞外的距离，排除水分在细胞内结冰的危险。

3. 植物耐冻的代谢变化　冬季低温到来前，植物在生理生化方面对低温的适应变化主要如下。

（1）植株含水量下降　随着温度下降，植株含水量逐渐减少，特别是自由水与束缚水的相对比值减小。由于束缚水不易结冰和蒸腾，因此总含水量减少和束缚水含量相对增多，有利于植物抗寒性的加强。

（2）呼吸减弱　植株的呼吸随着温度的下降而逐渐减弱，很多植物在冬季的呼吸速率仅为生长期中正常呼吸的0.5%。细胞呼吸弱，消耗的糖分少，有利于糖分积累，从而增强对不良环境的抵抗力。

（3）激素变化　随着秋季日照变短、气温降低，许多树木在叶片内逐渐形成较多的脱落酸，并将其运到生长点（芽），抑制茎的伸长。而气温降低后，植株中的生长素与赤霉素的含量则减少。

（4）生长停止，进入休眠　冬季来临之前，植株生长变得很缓慢，甚至停止生长，进入

休眠状态。

（5）保护物质增多　　在温度下降时，植物体内淀粉水解，可溶性糖含量增加，细胞液的浓度升高，使冰点降低，这样可减轻细胞的脱水，以及保护原生质胶体不致遇冷凝固。越冬期间，脂类化合物集中在细胞质表层，使水分不易透过，代谢降低，细胞内不易结冰，也能防止原生质过度脱水。此外，在低温时细胞内还大量积累蛋白质、核酸等生物分子，使原生质体贮藏许多物质，这样也可提高细胞的抗寒性。

（6）低温诱导蛋白的形成　　低温诱导蛋白往往可降低细胞液的冰点，增强抗冷性。例如，低温胁迫下的拟南芥中发现的抗冻蛋白（antifreeze protein，AFP），能降低原生质冰点、抑制重结晶、减少冻融过程对类囊体膜的伤害。低温诱导下植物表达形成胚胎发育晚期丰富蛋白，它们多数是高度亲水、沸水中稳定的可溶性蛋白，有利于植株在冷冻时忍受脱水胁迫，减少细胞冰冻失水。

总而言之，在严冬来临之前，植物接收到各种信号，主要是光信号（日照变短）和温信号（气温下降），就会在生理上产生一系列适应性反应，如生长基本停顿、代谢减弱、含水量降低、保护物质增多、原生质胶体性质改变等，以适应低温条件，安全越冬。

（四）提高抗冻性的措施

1. **抗冻锻炼**　　在植物遭遇低温冻害之前，逐步降低温度，使植物提高抗冻的能力，是一项有效的措施。通过锻炼（hardening）之后，植物的含水量降低，且自由水减少，束缚水相对增多；膜不饱和脂肪酸增多，膜相变的温度降低；同化物积累明显，特别是糖的积累；激素比例发生改变，脱落酸增多，抗冻能力显著提高。

经过低温锻炼后，植物组织的含糖量（包括葡萄糖、果糖、蔗糖等可溶性糖）增多，还有一些多羟醇，如山梨醇、甘露醇与乙二醇等也增多。研究发现，人工向植物渗入可溶性糖，也可提高植物的抗冻能力。但是，植物进行抗冻锻炼的本领，是受其原有习性决定的，不能无限地提高。水稻无论如何锻炼也不可能像冬小麦那样抗冻。

2. **化学调控**　　一些植物生长物质可以用来提高植物的抗冻性。例如，用生长延缓剂可提高槭树的抗冻力。用矮壮素与其他生长延缓剂来提高小麦抗冻性已应用于实际。用化学药物控制生长和抵抗逆境（包括冻害）已成为现代农业的一个重要手段。

3. **农业措施**　　作物抗冻性的形成是作物对各种环境条件的综合反应。因此，环境条件如日照多少、雨水丰歉、温度变幅等都可改变作物的抗冻性。秋季日照不足，秋雨连绵，干物质积累少，体质纤弱；或者土壤过湿，根系发育不良；或者温度忽高忽低，变幅过剧；或者氮素过多，幼苗徒长等，都会使作物的抗冻性下降。因此采取有效农业措施，加强田间管理，可防止或减轻冻害发生。例如，及时播种、培土、控肥、通气，促进幼苗健壮，防止徒长，增强秧苗素质；寒流霜冻来前实行冬灌、熏烟、盖草，以抵御强寒流袭击；实行合理施肥，如用厩肥与绿肥作基肥，提高钾肥比例等，可提高越冬或早春作物的御寒能力；早春育苗，采用薄膜苗床、地膜覆盖等对防止冷害和冻害都很有效。

第二节　植物的抗热性

一、热害与抗热性

热害（heat injury）是指由高温引起植物伤害的现象。植物对高温胁迫（high temperature

stress）的适应和抵抗能力称为抗热性（heat resistance）。植物种类不同，其对高温的忍耐程度也不同，有很大的差异（表13-1）。

表13-1 某些植物的致死温度和持续时间

植物	致死温度 /℃	持续时间 /min
南瓜、玉米、油菜、番茄等	49～51	10
酸橙	50.5	15～30
仙人掌	>65	—
肉质植物	57～61	—
马铃薯叶	42.5	60
松树与云杉幼苗	54～55	5
苜蓿种子	120	30
番茄果实	45	—
葡萄成熟果实	63	—
红松花粉	70	60
各种苔藓（含水）	42～51	—
各种苔藓（脱水）	85～110	—

（一）植物对温度反应的类型

1. **喜冷植物** 指生长温度为零上低温（0～20℃），当温度在20℃以上即受伤害的植物，如某些藻类、细菌和真菌。

2. **中生植物** 指生长温度为10～30℃，超过35℃就会受伤害的植物，如水生和阴生的高等植物、地衣和苔藓等。

3. **喜温植物** 泛指在温度较高时生长发育较好的植物。通常将其中在45℃以上就受伤害的植物称为适度喜温植物，如陆生高等植物、某些隐花植物等；而在65～100℃才受害的植物称为极度喜温植物，如蓝绿藻、真菌和细菌等。

发生热害的温度和作用时间有关，即致伤的高温和暴露的时间成反比。暴露时间较短，植物可忍耐的温度较高。

虽然高温伤害的直接原因是高温下蛋白质变性与凝固，但伴随高温发生的是植株蒸腾加强与细胞脱水，因此抗热性与抗旱性的机理常常不易划分。在中国许多地方发生的"干热风"，即高温低湿，并伴有一定风力的农业气象灾害性天气，可以认为是高温和干旱相结合对农作物危害的典型事例。

（二）高温对植物的危害

植物受高温伤害后会出现各种症状：树干（特别是向阳部分）干燥、裂开；叶片出现坏死斑，叶色变褐、变黄；鲜果（如葡萄、番茄等）烧伤，受伤处与健康处之间形成木栓，有时甚至整个果实死亡；出现雄性不育，花序或子房脱落等异常现象。高温对植物的伤害是复杂的、多方面的，归纳起来可分为直接伤害与间接伤害两个方面。

1. **直接伤害** 高温直接影响组成细胞质的结构，在短期（几秒到几十秒）内出现症状，并可从受热部位向非受热部位传递蔓延。其伤害的可能原因如下。

（1）**蛋白质变性** 高温破坏蛋白质空间构型。由于维持蛋白质空间构型的氢键和疏水键的键能较低，因此高温易使蛋白质失去二级与三级结构，蛋白质分子展开，失去其原有的生物学特性。蛋白质变性最初是可逆的，在持续高温下，很快转变为不可逆的凝聚状态。

高温使蛋白质凝聚的原因与冻害相似，蛋白质分子的二硫基含量增多，巯基含量下降。在小麦幼苗、大豆下胚轴都可以看到这种现象。

一般而言，植物器官或组织的含水量愈少，其抗热性愈强。因为：第一，水分子参与蛋白质分子的空间构型，两者通过氢键连接起来，而氢键易于受热断裂，所以蛋白质分子构型中水分子越多，受热后越易变性；第二，蛋白质含水充足，它的自由移动与空间构型的展开更容易，因而受热后也越易变性。故种子越干燥，其抗热性越强；幼苗含水量越多，越不耐热。

（2）脂类液化　　生物膜主要由蛋白质和脂类组成，它们之间靠静电或疏水键相联系。高温能打断这些键，把膜中的脂类释放出来，形成一些液化的小囊泡，从而破坏了膜的结构，使膜失去半透性和主动吸收的特性。脂类液化程度决定了脂肪酸的饱和程度，饱和脂肪酸越多越不易液化，耐热性越强。经比较，耐热藻类的饱和脂肪酸含量显著比不耐热藻类的高。

2. 间接伤害　　间接伤害是指高温导致代谢的异常，渐渐使植物受害，伤害的发展过程是缓慢的。高温常引起植物过度的蒸腾失水，此时同旱害相似，细胞失水而造成一系列代谢失调，导致生长不良。

（1）代谢性饥饿　　高温下呼吸作用大于光合作用，即消耗多于合成，若高温时间长，植物体就会出现饥饿甚至死亡。因为光合作用的最适温度一般都低于呼吸作用的最适温度，如马铃薯的光合适温为 30℃，而呼吸适温接近 50℃。

呼吸速率和光合速率相等时的温度，称温度补偿点（temperature compensation point）。所以当温度高于补偿点时，就会消耗体内贮藏的养料，使淀粉与蛋白质等的含量显著减少。当然，饥饿的产生也可能是运输受阻或接纳能力降低所致。

（2）有毒物质积累　　高温使氧气的溶解度减小，抑制植物的有氧呼吸，同时积累无氧呼吸所产生的有毒物质，如乙醇、乙醛等。如果提高高温时的氧分压，则可显著减轻热害。

氨（NH_3）毒也是高温的常见现象。高温抑制含氮化合物的合成，促进蛋白质的降解，使体内氨过度积累而毒害细胞。

（3）生理活性物质缺乏　　高温时某些生化环节发生障碍，使得植物生长所必需的活性物质如维生素、核苷酸、激素不足，从而引起植物生长不良或引起伤害。

（4）蛋白质合成下降　　高温一方面使细胞产生了自溶的水解酶类，或溶酶体破裂释放出水解酶使蛋白质分解；另一方面破坏了氧化磷酸化的偶联，因而丧失了为蛋白质生物合成提供能量的能力。此外，高温还破坏核糖体和核酸的生物活性，从根本上降低蛋白质的合成能力。

综上所述，高温对植物的伤害可用图 13-5 归纳总结。

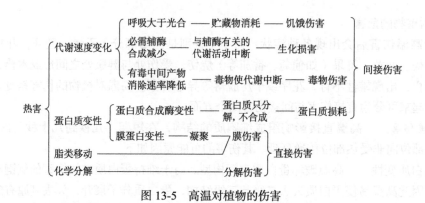

图 13-5　高温对植物的伤害

二、植物耐热性的机理

（一）内部因素

1. **生长习性**　　不同生长习性的植物耐热性不同。一般来说，生长在干燥炎热环境下的植物耐热性高于生长在潮湿冷凉环境下的植物。例如，景天和某些肉质植物半小时的热致死温度是50℃，而酢浆草等阴生植物的则为40℃左右。植物的抗热性与其地理起源相关。例如，C_4植物起源于热带或亚热带地区，其耐热性一般高于C_3植物。C_4植物光合最适温度为40～45℃，也高于C_3植物（20～25℃）。因此C_4植物温度补偿点高，在45℃高温下仍有净光合作用，而C_3植物温度补偿点低，当温度升高到30℃以上时常已无净光合作用。

2. **生育时期与部位**　　植物在不同的生育时期及植物的不同部位，其耐热性也有差异。成长叶片的耐热性大于嫩叶，更大于衰老叶。种子在休眠时耐热性最强，随着吸水膨胀，种子耐热性下降。果实越趋成熟，耐热性越强；油料种子对高温的抵抗力大于淀粉种子。

3. **蛋白质性质**　　耐热性强的植物在代谢上的基本特点是构成原生质的蛋白质对热稳定。蛋白质的热稳定性主要取决于化学键的牢固程度与键能大小。凡是有疏水键、二硫键的蛋白质，其抗热性就越强，这种蛋白质在较高温度下不会发生不可逆的变性与凝聚。同时，耐热植物体内合成蛋白质的速度很快，可以及时补偿因热害造成的蛋白质损耗。高温预处理会诱导植物形成热激蛋白。热激蛋白有稳定细胞膜结构与保护线粒体的功能，所以热激蛋白的种类与数量可以作为植物抗热性的生化指标。

4. **有机酸代谢**　　植物的抗热性还与有机酸的代谢强度有关。生长在沙漠、干热地区的一些植物，在高温下产生较多的有机酸，有机酸与NH_4^+结合可消除NH_3的毒害。因此植物也可以通过增加有机酸来提高耐热性。当把苹果酸、柠檬酸等引入植物体，或提高植物体内有机酸的含量时，其氨含量减少，酰胺剧增，热害症状便会减轻。这表明有机酸和氨结合生成酰胺可解除氨毒。

（二）外部条件

1. **季节变化**　　环境气温对植物耐热性有直接影响。例如，干旱环境下生长的藓类，在夏天高温时，耐热性强，冬天低温时，耐热性差。

2. **环境湿度**　　湿度与抗热性也有关。栽培作物时控制淋水或充分灌溉，可使细胞含水量不同，造成抗热性有很大差别。通常湿度高时，细胞含水量高，植株或器官抗热性降低。

3. **矿质营养**　　矿质元素与耐热性的关系较复杂。植物的氮素过多，其耐热性降低；而营养缺乏的植物，其热死温度反而提高。其原因可能是氮素充足增加了植物细胞含水量。此外，一般而言，一价离子可使蛋白质分子键松弛，使其耐热性降低；二价离子如Mg^{2+}、Zn^{2+}等连接相邻的两个基团，加固了分子的结构，增强了热稳定性。

三、提高植物抗热性的途径

1. **高温锻炼**　　例如，把一种鸭跖草栽培在28℃条件下5周，其叶片耐热性与对照（生长在20℃下5周）相比，从47℃变成51℃，提高了4℃。将组织培养材料进行高温锻炼，也能提高其耐热性。将萌动的种子放在适当高温下预处理一定时间后播种，可以提高作物的抗热性。

2. **化学制剂处理**　　用$CaCl_2$、$ZnSO_4$、KH_2PO_4等喷洒植株可增加生物膜的热稳定性；施用生长素、激动素等生理活性物质，能够防止高温造成的损伤。

3. **加强栽培管理**　　改善栽培措施可有效预防高温伤害。例如，合理灌溉，增强小气候湿度，促进蒸腾作用；合理密植，通风透光；温室大棚及时通风，使用遮阳防虫网；采用高秆与矮秆、耐热与不耐热作物间作套种；高温季节少施氮肥等。

第三节　植物的抗旱性与抗涝性

一、抗　旱　性

（一）旱害与抗旱性

水分胁迫（water stress）包括干旱和涝害。当植物耗水大于吸水时，就使组织内水分亏缺（water deficit）。过度水分亏缺的现象，称为干旱（drought）。旱害（drought injury）则是指土壤水分缺乏或大气相对湿度过低对植物造成的危害。

1. 干旱类型

（1）大气干旱（atmosphere drought）　　是指空气过度干燥，相对湿度过低（10%～20%），并伴随高温、强光照和干热风，这时植物蒸腾过强，根系吸水补偿不了失水，从而受到危害。

（2）土壤干旱（soil drought）　　是指土壤中没有或只有少量的有效水，严重降低植物吸水，使其水分亏缺引起永久萎蔫。

（3）生理干旱（physiological drought）　　土壤中的水分并不缺乏，只是因为土温过低，土壤溶液浓度过高或积累有毒物质等原因，妨碍根系吸水，造成植物体内水分平衡失调，从而使植物受到的干旱危害。

大气干旱如持续时间较长，必然导致土壤干旱，所以这两种干旱常同时发生。在自然条件下，干旱常伴随着高温，因此旱害往往是脱水伤害和高温伤害综合作用的结果。

2. 植物的抗旱类型　　植物对干旱的适应和抵抗能力叫抗旱性（drought resistance）。由于地理位置、气候条件、生态因素等原因，植物形成了对水分需求的不同生态类型：需在水中完成生活史的植物叫水生植物（hydrophyte），这类植物不能在水势为-1～-0.5MPa或其以下环境中生长；在陆生植物中适应于不干不湿环境的植物叫中生植物（mesophyte），这类植物不能在水势为-2.0MPa以下环境中生长；适应于干旱环境的植物叫旱生植物（xerophyte），这类植物不能在水势为-4.0MPa以下环境中生长。然而这三者的划分不是绝对的，因为即使是一些很典型的水生植物，遇到旱季仍可保持一定的生命活动。一般来说，作物多属于中生植物，其抗旱性是指在干旱条件下，不仅能够生存，而且能维持正常或接近正常的代谢水平，从而保证产量的稳定性。

旱生植物对干旱的适应和抵抗能力、方式有所不同，大体有两种类型。

（1）避旱型　　这类植物有一系列防止水分散失的结构和代谢方式，或具有膨大的根系用来维持正常的吸水。景天酸代谢植物如仙人掌夜间气孔开放，固定CO_2，白天则气孔关闭，这样就防止了较大的蒸腾失水。一些沙漠植物具有很强的吸水器官，它们的根冠比为（30～50）：1，一株小灌木的根系就可伸展到850m^3的土壤。

（2）耐旱型　　这些植物具有细胞体积小、渗透势低和束缚水含量高等特点，可忍耐干旱逆境。植物的耐旱能力主要表现在其对细胞渗透势的调节能力上。在干旱时，细胞可通过增加可溶性物质来改变其渗透势，从而避免脱水。

（二）植物旱害的反应

干旱对植物的影响是多方面的。旱害产生的实质是原生质脱水。干旱时原生质失水，细胞水势不断下降，研究证明很多植物当细胞水势降低到-1.5～-1.4MPa时，生理过程与植株的生长都降到很低水平，甚至完全停止。

干旱对植株影响的外观表现，最易直接观察到的是萎蔫（wilting），萎蔫分为两种：暂时萎蔫和永久萎蔫。暂时萎蔫和永久萎蔫两者的根本差别在于前者只是叶肉细胞临时水分失调，而后者原生质发生了脱水。通常所说的旱害实际上是指永久萎蔫对植物所产生的不利影响。

1. 改变膜的结构及透性　当植物细胞失水时，原生质膜的透性增加，大量的无机离子和氨基酸、可溶性糖等小分子被动向组织外渗漏。细胞溶质渗漏是脱水破坏了原生质膜脂类双分子层的排列所致。正常状态下的膜内脂类分子靠磷脂极性同水分子相互连接，所以膜内必须有一定的束缚水时才能保持这种膜脂分子的双层排列。而干旱使得细胞严重脱水，膜脂分子结构即发生紊乱，膜因而收缩出现空隙和龟裂，引起膜透性改变。

2. 破坏正常代谢过程　细胞脱水时抑制合成代谢而加强了分解代谢。干旱使水解酶活性加强，合成酶的活性降低，甚至完全停止，由此带来代谢的系列变化。

（1）光合作用减弱　水分不足使光合作用显著下降，直至趋于停止。番茄叶片水势低于 $-0.7MPa$ 时，光合速率开始下降，当水势达到 $-1.4MPa$ 时，光合速率几乎为零。干旱使光合作用受抑制的原因是多方面的，主要由于：水分亏缺后造成气孔关闭，CO_2 扩散的阻力增加；叶绿体片层膜体系结构改变，光系统 II 活性减弱甚至丧失，光合磷酸化解偶联；叶绿素合成速度减慢，光合酶活性降低；水解加强，糖类积累。这些都是导致光合速率下降的因素。

（2）呼吸速率总体下降　干旱对呼吸作用的影响较复杂，一般呼吸速率随水势的下降而缓慢降低。有时水分亏缺会使呼吸短时间上升，而后下降，这是因为开始时呼吸基质增多。若缺水时淀粉酶活性增加，使淀粉水解为糖，可暂时增加呼吸基质。但到水分亏缺严重时，呼吸又会大大降低。例如，马铃薯叶的水势下降至 $-1.4MPa$ 时，呼吸速率可下降30%左右。

（3）蛋白质分解，脯氨酸积累　干旱时植物体内的蛋白质分解加速，合成减少，这与蛋白质合成酶的钝化和能源（ATP）的减少有关。例如，玉米水分亏缺3h后，ATP含量减少40%。蛋白质分解则加速了叶片衰老和死亡，当复水后蛋白质合成迅速恢复。所以植物经干旱后，在灌溉与降雨时适当增施氮肥会促进蛋白质合成，减轻干旱对植株的伤害。

与蛋白质分解相联系的是，干旱时植物体内游离氨基酸特别是脯氨酸含量升高，可增加达数十倍甚至上百倍之多。因此脯氨酸含量常用作抗旱的生理指标，也可用于鉴定植物遭受干旱的程度。

（4）破坏核酸代谢　随着细胞脱水，其DNA和RNA含量减少。主要原因是干旱促使RNA酶活性增加，使RNA分解加快，而DNA和RNA的合成代谢则减弱。当玉米芽鞘组织失水时，细胞内多聚核糖体解离成单体，失去了合成蛋白质（酶）的功能。因此有人认为，干旱之所以引起植物衰老甚至死亡，同核酸代谢受到破坏有直接关系。

（5）激素的变化　干旱时细胞分裂素含量降低，脱落酸含量增加，这两种激素对RNA酶活性有相反的效应，前者降低RNA酶活性，后者提高RNA酶活性。脱落酸含量增加还与干旱时气孔关闭、蒸腾强度下降直接相关。干旱时乙烯含量也提高，从而加快植物部分器官的脱落。

（6）物质分配异常　干旱时植物组织间按水势大小竞争水分。一般幼叶向老叶吸水，促使老叶枯萎死亡。有些蒸腾强烈的幼叶向分生组织和其他幼嫩组织夺水，影响这些组织的物质运输。例如，禾谷类作物穗分化时遇旱，则小穗和小花数减少；灌浆时缺水，影响物质向穗部转运，籽粒就不饱满。

3. 机械性损伤　干旱对细胞的机械性损伤可能是植株快速死亡的重要原因。当细胞失水或再吸水时，原生质体与细胞壁均会收缩或膨胀，但由于它们弹性不同，两者的收缩程度和膨胀速度不同，造成挤压和撕裂。正常条件下，生活细胞的原生质体和细胞壁紧紧贴在一起，当细胞开始失水体积缩小时，两者一起收缩，到一定限度后细胞壁不能随原生质体一起收缩，致使原生质体被拉破。相反，失水后尚存活的细胞如再度吸水，尤其是骤然大量吸水时，由于细胞壁吸水膨胀速度远远超过原生质体，使粘在细胞壁上的原生质体被撕破，再次遭受机械损伤，最终可造成细胞死亡（图 13-6）。

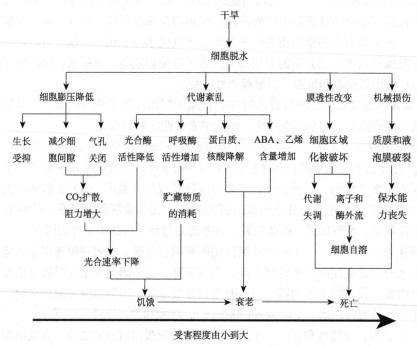

图 13-6　干旱引起植物伤害的生理机制

（三）植物抗旱性的机理

1. 抗旱性的形态结构特征　　抗旱性强的作物往往根系发达，伸入土层较深，能更有效地利用土壤水分。因此根冠比可作为选择抗旱品种的形态指标。叶片细胞体积小或体积与表面积的比值小，有利于减少细胞吸水膨胀或失水收缩时产生的机械伤害。维管束发达，叶脉致密，单位面积气孔多而小，角质化程度高，这样的结构有利于水分输送和贮存，减少水分散失。有的作物品种在干旱时叶片卷成筒状，以减少蒸腾损失。

2. 抗旱性的生理生化特征　　细胞渗透势较低，吸水和保水能力强。原生质具较高的亲水性、黏性与弹性，既能抵抗过度脱水又能减轻脱水时的机械损伤。缺水时正常代谢受到的影响小，合成反应仍占优势，水解酶类变化不大，减少生物大分子的破坏，保持原生质稳定，生命活动正常。干旱时根系迅速合成 ABA 并运输到叶片使气孔关闭，复水后 ABA 迅速恢复到正常水平。另外，脯氨酸、甜菜碱等渗透调节物质积累变化也是衡量植物抗旱能力大小的重要特征。

3. 植物抗旱的重要生理调节过程　　气孔调节（stomatal regulation）是指陆生植物在适应干旱环境过程中逐步形成的气孔开闭运动调节机制，植物通过气孔的开闭使其适应干旱等逆境。因为气孔调节对外界环境因子的变化非常敏感，调节的幅度也较大，可由持续开放到持续关闭，而且不同植物的气孔运动形式多种多样，所以这种机制对植物控制失水极为有利，在植物的抗旱性中有重要作用。气孔的保卫细胞可作为防御水分胁迫的第一道防线，它可以通过调节气孔的孔径来防止不必要的水分蒸腾丢失，同时还保持着较高的光合速率。

水合补偿点（hydration compensation point）是指净光合作用为零时植物的含水量。水合补偿点低的植物抗旱能力较强。例如，高粱的水合补偿点低于玉米，在同样的水势下（-1.5MPa），当玉米萎蔫停止光合作用时，高粱仍可维持25%的光合作用，这是高粱比玉米更抗旱的原因之一。

干旱逆境蛋白（drought stress protein）或水分胁迫蛋白（water stress protein）的诱导形成往往可增强植物的抗旱性。这些蛋白质多数是高度亲水的，能增强原生质的水合度，起到抗脱水的作用。在拟南芥中，发现水分亏缺强烈诱导质膜上一种水孔蛋白（aquaporin）的基因表达，可帮助水分在受干旱胁迫的组织中流动，并可在浇水时促使水分膨压快速恢复。

（四）提高作物抗旱性的途径

利用抗旱植物资源，选育抗旱品种是提高作物抗旱性的最根本途径。此外，也可以通过以下措施来提高植物的抗旱性。

1. **抗旱锻炼**　在种子萌发期或幼苗期进行致死量以下的干旱条件的人工干旱处理，使植物在生理代谢上发生相应的变化，增强对干旱的适应能力。例如，玉米、棉花、烟草、大麦等广泛在苗期适当控制水分，抑制生长，以锻炼其适应干旱的能力，叫"蹲苗"。蔬菜移栽前拔起让其适当萎蔫一段时间后再栽，叫"饿苗"。通过这些措施处理，植株根系发达，保水能力强，叶绿素含量高，以后遇干旱时，代谢比较稳定，尤其是蛋白质含量高，干物质积累多。播前的种子锻炼可用"双芽法"，即先用一定量的水分把种子湿润，如小麦，用风干重40%的水分分3次拌入种子，每次加水后，经一定时间的吸收，再风干到原来的重量，如此反复干干湿湿，而后播种，这种锻炼使萌动的幼苗改变了代谢方式，提高了抗旱性。

2. **合理施肥**　合理施用磷、钾肥，适当控制氮肥，可提高植物的抗旱性。磷促进有机磷化合物的合成，提高原生质的水合度，增强抗旱能力。钾能改善作物的糖类代谢，降低细胞的渗透势，促进气孔开放，有利于光合作用。小麦在水分临界期缺水，未施钾肥的植株含水量为65.9%，而播前施钾的含水量可达73.2%。钙能稳定生物膜的结构，提高原生质的黏度和弹性，在干旱条件下维持原生质膜的透性。一些微量元素也有助于作物抗旱。硼在提高作物的保水能力与增加糖分含量方面与钾类似，同时硼还可提高有机物的运输能力，使蔗糖迅速地流向结实器官，这对干旱引起的运输停滞有重要意义。铜能显著改善糖与蛋白质代谢，这在土壤缺水时效果更为明显。

3. **生长延缓剂及抗蒸腾剂的施用**　生长延缓剂能提高作物抗旱性。脱落酸可使气孔关闭，减少蒸腾失水。矮壮素、B_9等能增加细胞的保水能力。抗蒸腾剂（antitranspirant）是可降低蒸腾失水的一类化学物质。其包括薄膜性物质，如硅酮，喷于作物叶面，形成单分子薄膜，以遮断水分的散失，显著降低叶面蒸腾；反射剂，如高岭土，对光有反射性，从而减少用于叶面蒸腾的能量；气孔开度抑制剂，如阿特津、苯汞乙酸等，可改变气孔开度大小，或改变细胞膜的透性，达到降低蒸腾的目的。

4. **发展旱作农业**　旱作农业是指不依赖灌溉的农业技术，其主要措施包括：收集保存雨水备用；采用不同根区交替灌水；以肥调水，提高水分利用效率；地膜覆盖保墒；掌握作物的需水规律，合理用水等。

二、抗　涝　性

（一）涝害与抗涝性

水分过多（water excess）对植物的危害称为涝害（flood injury）。植物对积水或土壤过湿的适应力和抵抗力称为植物的抗涝性（flood resistance）。涝害一般有两层含义，即湿害和涝害。

1. **湿害**　指土壤过湿、水分处于饱和状态，土壤含水量超过了田间最大持水量，根系生长在沼泽化的泥浆中，这种涝害也称为湿害（waterlogging）。湿害虽不是典型的涝害，但本质与涝害大体相同，对作物生产有很大影响。

2. 涝害　　典型的涝害是指地面积水淹没了作物的全部或一部分，使植物受害。在低湿、沼泽地带、河边及在发生洪水或暴雨之后，常有涝害发生。涝害会使作物生长不良，甚至死亡。我国几乎每年都有局部的洪涝灾害，而 6～9 月则是涝灾多发时期，给农业生产带来了很大损失。

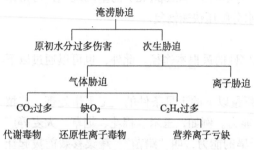

图 13-7　淹涝环境对植物产生的胁迫反应

（二）水分过多对植物的危害

水分过多对植物的危害，并不在于水分本身，因为植物在营养液中也能生存。涝害的核心问题是液相缺氧。淹涝胁迫对植物的伤害并非仅仅水分过多而引起的直接效应，往往是淹涝诱导的次生胁迫给植物的形态、生长和代谢带来一系列的不良影响（图 13-7）。

1. 代谢紊乱　　水涝缺氧主要限制了有氧呼吸，促进了无氧呼吸，如水涝时豌豆内 CO_2 含量达 11%，强烈抑制线粒体的活性。菜豆淹水 20h 就会产生大量无氧呼吸产物，如乙醇、乳酸等，使代谢紊乱，受到毒害。涝害使光合作用显著减弱，这与阻碍 CO_2 的吸收及同化物运输受抑有关。许多植物被淹时，苹果酸脱氢酶（有氧呼吸）降低，乙醇脱氢酶和乳酸脱氢酶（无氧呼吸）升高，所以有人建议用乙醇脱氢酶和乳酸脱氢酶活性作为作物涝害的指标。乳酸积累导致细胞质酸中毒也是涝害的重要原因。

2. 营养失调　　水涝缺氧使土壤中的好气性细菌（如氨化细菌、硝化细菌等）的正常生长活动受抑，影响矿质供应；相反，使土壤厌气性细菌如丁酸细菌等活跃，会增加土壤溶液的酸度，降低其氧化还原势，使土壤内形成大量的有害还原性物质（如 H_2S、Fe^{2+}、Mn^{2+} 等），一些元素如 Mn、Zn、Fe 也易被还原流失，引起植株营养缺乏。同时无氧呼吸还使 ATP 合成减少，根系缺乏能量，妨碍矿质的正常吸收。

3. 乙烯增加　　在淹水条件下，植物体内乙烯含量增加。例如，水涝时，向日葵根部乙烯含量大增，美国梧桐乙烯含量提高 10 倍。高浓度的乙烯引起叶片卷曲、偏上性生长、茎膨大加粗；根系生长减慢；花瓣褪色和器官脱落等。乙烯的合成是需氧过程，为什么涝害（缺 O_2）反而会促进乙烯合成呢？这是因为水涝时会促使植物根系大量合成乙烯的前体物质 ACC，当 ACC 上运到茎叶接触空气后即转变为乙烯。

4. 生长受抑　　水涝缺氧使地上部与根系的生长均受到阻碍。玉米在淹水 24h 后干物质生产降低 57%。受涝植株个体矮小，叶色变黄、根尖发黑，叶柄偏上性生长。若种子淹水，则芽鞘伸长，叶片黄化，根不生长，只有在 O_2 充足时根才能出现。细胞亚微结构在缺氧下也发生显著变化，线粒体数量减少，体积增大，嵴数减少，缺氧时间过长则导致线粒体失活。

（三）植物的抗涝性

不同作物的抗涝能力不同。陆生喜湿作物中，芋头比甘薯抗涝。旱生作物中，油菜比马铃薯、番茄抗涝，荞麦比胡萝卜、紫云英抗涝。沼泽作物中，水稻比藕更抗涝。就是水稻，籼稻也比糯稻抗涝，糯稻又比粳稻抗涝。同一作物不同生育期的抗涝程度不同。在水稻一生中以幼穗形成期到孕穗中期受害最严重，其次是开花期，其他生育期较抗涝。

作物抗涝性的强弱取决于对缺氧的适应能力。

1. 形态结构特征　　发达的通气系统是植物抗涝性最明显的形态特征。很多植物可以通过胞间空隙把地上部吸收的 O_2 输入根部或缺 O_2 部位，发达的通气系统可增强植物对缺氧的耐力。据推算，水生植物的胞间隙约占植株总体积的 70%，而陆生植物只占 20%。水稻幼根的皮层细胞间隙要比小麦大得多，且成长以后根皮层内细胞大多崩溃，形成特殊的通气组织，而小麦根的结构上没有变化。水稻通过通气组织能把 O_2 顺利地运输到根部。

2. 生理生化特征　　提高抗缺氧能力是植物抗涝性最重要的生理表现。缺氧所引起的无氧呼吸使体内积累有毒物质，而耐缺氧的生化机理就是要消除有毒物质，或对有毒物质具忍耐力。某些植物（如甜茅属）淹水时刺激糖酵解途径，以后即以戊糖磷酸途径占优势，这样就消除了有毒物质的积累。有的植物缺乏苹果酸酶，抑制苹果酸形成丙酮酸的过程，从而防止了乙醇的积累。有一些耐湿的植物则通过提高乙醇脱氢酶活性以减少乙醇的积累。有人发现，耐涝的大麦品种比不耐涝的大麦品种受涝后根内的乙醇脱氢酶的活性高。水稻根内乙醇氧化酶活性很高以减少乙醇的积累。

淹水缺氧可引起植物基因表达的变化，使原来的蛋白（需氧蛋白）合成受阻，新合成一组新的蛋白，即厌氧蛋白（anaerobic stress protein，ANP），ANP 中一些是糖酵解酶或与糖代谢有关的酶，这些酶含量和活性的增加对改善细胞的能量状况、调节碳代谢以避免有毒物质的形成和积累、提高抗缺氧环境是有利的。在玉米、水稻、高粱、大麦和大豆中都发现了 ANP 的存在。

（四）提高植物抗涝性的途径

1. 抗性锻炼　　低氧预处理可提高植株对水涝缺氧的耐受能力。典型的水淹会导致低氧，随后缺氧，乳酸发酵和乙醇发酵会促进缺氧和低氧细胞的产生。例如，玉米秧苗在转移到缺氧环境之前进行几小时低氧处理，则可增加根系乳酸释放能力，延长生存时间。

2. 加强栽培管理　　例如，开深沟降低地下水位以避免湿害；采用高畦栽培，可减轻湿害；及时排涝，结合洗苗，保证光合作用与呼吸作用正常进行；增施肥料，尽快恢复作物长势。

3. 兴修水利　　预防洪涝灾害的发生，兴修水利是防止涝害的根本之计。

第四节　植物的抗盐性

一、盐害与抗盐性

（一）盐害的发生

盐害（salt injury）是指土壤中可溶性盐过多对植物的生长发育产生的伤害。植物对盐分过多的适应能力称为抗盐性（salt resistance）。

一般在气候干燥、地势低洼、地下水位高的地区，随着地下水分蒸发把盐分带到土壤表层（耕作层），易造成土壤盐分过多。海滨地区随着土壤蒸发或者咸水灌溉、海水倒灌等因素，土壤表层的盐分可升高到 1% 以上。长期不合理使用化肥和用污水灌溉也能使土壤盐分增加。一般来说，钠盐是造成盐分过高的主要盐类，当土壤中盐类以碳酸钠（Na_2CO_3）和碳酸氢钠（$NaHCO_3$）为主时称碱土（alkaline soil）；如果是以氯化钠（NaCl）和硫酸钠（Na_2SO_4）等为主时，则称盐土（saline soil）；但二者常常混合在一起，盐土中常有一定量的碱，故习惯上称盐碱土（saline and alkaline soil）。通常，土壤含盐量在 0.2%～0.5% 时就不利于植物的生长，而盐碱土的含盐量却高达 0.6%～10%，会严重地伤害植物。

世界上盐碱土面积很大，达 4 亿 hm^2，约占灌溉农田面积的 1/3。我国盐碱土主要分布于西北、华北、东北和滨海地区，总面积约 2000 万 hm^2，约占总耕地面积的 10%。这些地区多为平原，土层深厚，如能改造开发，对发展农业有着巨大的潜力。因此，研究盐害及提高作物抗盐性与治理开发是农业生产中的重要课题。

（二）盐分过多对植物的危害

1. **生理干旱**　　土壤中可溶性盐分过多使得土壤溶液水势降低，导致植物吸水困难，严重时甚至体内水分外渗，造成生理干旱，影响植物的生长、光合等正常生理过程。据测定，当土壤含盐量达 0.2%～0.25% 时，植物吸水困难，当盐分高于 0.4% 时，细胞会发生外渗脱水，所以盐害常常表现出干旱的症状。盐碱地中的种子萌发延迟或不能萌发，植株矮小，叶色暗绿。在大气相对湿度较低的情况下，随蒸腾的加强，盐害更为严重。

2. **离子失调**　　离子胁迫（ionic stress）是盐害的重要原因。土壤中某种离子过多还往往排斥植物对其他离子的吸收。例如，小麦生长在 Na^+ 过多的环境中，其体内缺 K^+，同时也阻碍对 Ca^{2+}、Mg^{2+} 的吸收；Cl^- 与 SO_4^{2-} 过多会影响 HPO_4^{2-} 的吸收；而磷酸盐过多又会造成缺锌。所有这些均使植物体对矿质元素吸收不平衡，使得植物在发生营养失调、抑制生长的同时还会产生单盐毒害作用。例如，用 1% NaCl 溶液浸种时小麦发芽率仅为 8%，如果预先用 1% $CaCl_2$ 溶液浸种后再移至 1% NaCl 溶液中，其发芽率能够达到 90% 以上。

3. **膜透性改变**　　当外界盐浓度增大时，往往使细胞膜功能改变，细胞内电解质外渗率加大。将大豆子叶圆切片放入浓度梯度从 20mmol/L 到 200mmol/L 的 NaCl 溶液中，观察到渗漏率大致与盐浓度成正比。这是因为 NaCl 浓度的增加造成了植物细胞膜渗漏的增加。

4. **呼吸作用不稳**　　盐胁迫对呼吸的影响与盐的浓度有关。低浓度的盐促进呼吸，高浓度的盐抑制呼吸。例如，紫花苜蓿在 5g/L NaCl 溶液培养时，其呼吸要比对照高 40%，而在 12g/L NaCl 溶液中时呼吸要比对照低 10%。

5. **光合作用减弱**　　盐分过多抑制蛋白质合成，叶绿体内的蛋白质与叶绿素联系减弱，叶绿体趋于分解，叶绿素和类胡萝卜素的含量降低。PEP 羧化酶和 RuBP 羧化酶活性下降。同时，盐分过多使得植物叶片的气孔开度减小、气孔阻力增大，导致受胁迫植物的光合速率明显下降。

6. **蛋白质合成受阻，有毒物质积累**　　在盐碱地上生长的许多植物，蛋白质合成降低，分解加强。因为，第一，盐胁迫使得核酸分解大于合成，从而抑制蛋白质合成。第二，高盐破坏氨基酸的生物合成。此外，盐胁迫条件下会产生一些有毒的代谢中间产物并积累于植物体内，如 NH_3 和异亮氨酸、鸟氨酸、精氨酸等游离氨基酸，而鸟氨酸和精氨酸又可转化为具有一定毒性的腐胺与尸胺，腐胺和尸胺又可被氧化为 NH_3 和 H_2O_2。所有这些具有一定毒性的含氮物质都会对植物细胞造成一定的伤害。

二、植物的抗盐性及其提高途径

（一）植物适应盐碱土的类型

根据植物抗盐性将植物分为盐生植物（halophyte）和非盐生植物（nonhalophyte）[或淡土植物（甜土植物）（glycophyte）]。根据其抗盐生理基础的不同，盐生植物可分为真盐生植物、淡盐生植物和泌盐生植物 3 类。盐角草、碱蓬等是真盐生植物，这类植物具有高度耐盐能力，能在细胞中积累大量盐分，借以保持很低的水势。艾蒿、胡颓子等是淡盐生植物，这类植物的根对盐的透性极小，能防止土壤中的盐分进入植物体。它们依靠体内大量积存的有机酸和糖类来保持低水势，借以从盐土中获取水分。海岸红柳等是泌盐生植物，这类植物的茎、叶表面密布许多泌盐腺，能将吸收的盐排出体外，避免其在体内积累而使植物中毒。栽培植物都属于淡土植物，即非盐生植物。一般非盐生植物的抗盐能力都较为有限，虽然它们对盐碱也有一定的适应能力，但是植物种类不同，其抗盐能力存在差别。

（二）植物抗盐的方式

植物对盐渍环境的抵抗方式有两种，即避盐（salt avoidance）和耐盐（salt tolerance）。

1. **避盐**　植物以某种途径或方式来避免周围环境盐胁迫的抗盐方式称为避盐。这种方式使得植物虽然生长在盐渍环境中，体内的盐分含量却较低，能够避免盐分过多对植物的伤害。植物通过拒盐、排盐和稀盐的途径来达到避盐的目的。

（1）拒盐（salt exclusion）　是指某些植物不让外界的盐分进入体内，从而避免盐分的胁迫。例如，不同品种大麦生长在同一浓度的盐溶液中，抗盐品种积累的 Na^+ 与 Cl^- 明显低于不抗盐品种。究其原因在于，这类植物细胞原生质对某些盐分的透性很小，即使是生长在盐分较多的环境中，原生质也能稳定保持对离子的选择性，根本不吸收或很少吸收盐分。也有些植物拒盐只发生在局部组织。例如，根吸收的盐类只积累在根细胞的液泡内，地上部"拒绝"吸收。

（2）排盐（salt excretion）　排盐也称泌盐（salt secretion），这类植物吸收盐分后并不存留在体内，而是主动通过茎、叶表面上的盐腺（salt gland）和盐囊泡（salt bladder）排出体外。例如，滨藜属植物具有由一个囊泡组成的盐腺。柽柳、大米草等常在茎、叶表面形成一些 $NaCl$、Na_2SO_4 的结晶。玉米、高粱等也有泌盐作用，有人认为泌盐是消耗 ATP 的主动过程。此外，有些植物将所吸收的盐分转运至老叶中积累，最后叶片脱落，从而避免盐分在体内过度积累。

（3）稀盐（salt dilution）　是指某些盐生植物将吸收到体内的大量盐分，以不同的方式稀释到对植物不会产生毒害的水平。植物稀盐有两种方式：第一种是通过快速生长，细胞大量吸水或增加肉质化程度使组织含水量提高，稀释、冲淡细胞内的盐分。例如，大麦等非盐生植物生长在轻度盐渍土壤中，拔节前细胞内盐分浓度很高，但随拔节快速生长，盐分浓度降低，某些抗盐的作物或品种都具有这种特点。近年来采用植物激素促进植物生长来提高抗盐性具有显著效果。第二种是通过细胞内的区域化作用稀释盐分，一些盐生植物和非盐生植物将吸收的盐分集中于细胞内的某一区域，从而降低细胞质中的离子浓度，避免毒害作用。例如，肉质植物将盐分集中于液泡，使水势下降，保证吸水。

2. **耐盐**　植物通过生理或代谢的适应来忍受已进入细胞内的盐分，称为耐盐。植物的耐盐主要有以下几种方式。

（1）耐渗透胁迫　通过细胞的渗透调节来适应由盐分过多而产生的水分逆境。例如，小麦等作物在盐胁迫时将吸收的盐分离子积累于液泡中，提高其溶质含量，降低水势，从而达到防止细胞脱水的目的。有些植物也可以通过积累蔗糖、脯氨酸、甜菜碱等有机物质来降低细胞渗透势和水势，提高细胞的保水能力。

（2）耐营养缺乏　有些植物在盐分过多的条件下增加 K^+ 的吸收，某些蓝绿藻在吸收 Na^+ 的同时加大对 N 的吸收。这样在盐胁迫下，这些植物能较好地维持营养元素的平衡，防止单盐毒害的发生。

（3）代谢稳定性　某些植物在较高的盐浓度中，其代谢上仍具有一定的稳定性，这种稳定性与某些酶类的稳定性密切相关。例如，大麦幼苗在盐渍时仍保持丙酮酸激酶的活性。玉米幼苗用 $NaCl$ 或 Na_2SO_4 处理时过氧化物酶仍保持较高活性。

（4）具解毒作用　有些植物在盐渍环境中诱导形成二胺氧化酶（diamine oxidase）以分解有毒的腐胺、尸胺等二胺化合物，消除其毒害作用。

此外，某些盐生植物在盐胁迫条件下可将原来的 C_3 途径转变为 C_4 途径。以盐生植物獐茅（*Aeluropus littoralis*）为例，其光合作用在低盐浓度下以 C_3 途径进行，在高盐浓度下叶片中 PEP 羧化酶的活性增加，向 C_4 途径转化。据研究报道，非盐生植物小麦在盐胁迫条件下也有这种趋势，随着 NaCl 浓度的提高，叶片中的 RuBP 羧化酶的活性明显受到抑制，而 PEP 羧化酶的活性则逐渐增强。盐胁迫条件下，C_3 途径之所以会转变为 C_4 途径，其原因在于，Cl^- 在细胞中可以活化 PEP 羧化酶。植物所具有的这种转变能力，是其对盐胁迫环境的一种适应性表现。

（三）SOS 信号转导途径与植物的抗盐性

近年来，人们对盐胁迫下的植物维持离子平衡的机制已有深入研究。例如，过量 Na^+ 对植物是有毒的，许多植物在盐胁迫下通过限制 Na^+ 吸收、增加 Na^+ 外排，同时保证 K^+ 的吸收，来维持细胞质较低的 Na^+/K^+ 值，从而提高耐盐性。在植物细胞膜中已发现多种高亲和 K^+ 转运载体（high affinity K^+ transporter, HKT）、非选择性阳离子通道（nonselective cation channel, NSCC）等，用来调节细胞中的 Na^+/K^+ 值。

盐超敏感（salt overly sensitive, SOS）信号转导途径是指调控细胞内外离子均衡（ion homeostasis）的信号转导途径。该途径介导了盐胁迫下细胞内钠离子的外排及向液泡内的区域化分布。在高盐胁迫下，胁迫信号通过质膜上的受体，激活钙通道，促进胞内 Ca^{2+} 浓度增加，同时还可活化 CaM，激活 SOS 信号转导，从而阻止 Na^+ 向胞内转移，并将胞内的 Na^+ 转移到液泡中或输出胞外，维持了细胞内的离子平衡态。SOS 信号转导途径的重要生理功能就是植物在盐胁迫下进行离子稳态调节和提高耐盐性。目前已从拟南芥中定义了 5 个耐盐基因，其中 *SOS1*、*SOS2* 和 *SOS3* 三个基因参与介导了细胞内离子平衡的信号转导途径（图 13-8）。*SOS1* 基因编码质膜 Na^+/H^+ 逆向转运因子（plasma membrane Na^+/H^+ antiporter）；*SOS2* 基因编码丝氨酸/苏氨酸蛋白激酶（serine/threonine kinase）；*SOS3* 基因编码钙结合蛋白（Ca^{2+}-binding protein）。

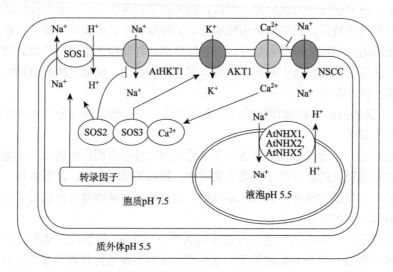

图 13-8　SOS 信号转导途径示意图（引自 Taiz and Zeigar，2010）

盐胁迫激活一个钙离子通道，导致细胞质钙增加，从而通过 SOS3 激活 SOS 级联反应。SOS 级联反应负调节 HKT1，正调节 AKT1；同时增加 SOS1 和 AKT1 的活性。通过尚未鉴定的转录因子，SOS 级联反应增加 SOS1 的转录作用，而降低由基因或基因族编码的 NHX 的转录作用。在低钙浓度下，NSCC 也能选择性地输入钠离子，但在高钙水平，这种作用被抑制。跨膜电位差在质膜是 120～200mV，细胞质为负值；在液泡膜为 0～20mV，液泡为正值。SOS1. 质膜 Na^+/H^+ 逆向转运因子；SOS2. 丝氨酸/苏氨酸蛋白激酶；SOS3. 钙结合蛋白；AtHKT1.（拟南芥的）钠输入转运因子；AKT1. 输入调整 K^+ 通道；NSCC. 非选择性阳离子通道；AtNHX1、AtNHX2、AtNHX5.（拟南芥的）内膜 Na^+/H^+ 逆向转运因子；圆圈所包围的 Ca^{2+}. 一个未确定的钙离子通道蛋白

（四）提高植物抗盐性的途径

1. 抗盐锻炼　　植物耐盐能力常随生育时期的不同而异，且对盐分的抵抗力有一个适应锻炼过程。种子在一定浓度的盐溶液中吸水膨胀，然后再播种萌发，可提高作物生育期的抗盐能

力。例如，棉花和玉米种子用 3% NaCl 溶液预浸 1h，可增强耐盐力。

2. **使用生长调节剂**　　用生长调节剂处理植株，如喷施 IAA 或用 IAA 浸种，可促进作物生长和吸水，提高抗盐性。ABA 能诱导气孔关闭，减少蒸腾作用和盐的被动吸收，提高作物的抗盐能力。

3. **培育抗盐品种**　　不同作物和同一作物不同品种的抗盐性有很大差异，因而可通过选择或培育抗盐品种来提高栽培作物的抗盐性。以在培养基中逐代加 NaCl 的方法，可获得耐盐的适应细胞，适应细胞中含有多种盐胁迫蛋白，以增强抗盐性。现人们用转基因技术已培育出抗盐的番茄品种。

4. **改造盐碱土**　　通过合理灌溉、泡田洗盐、增施有机肥、地膜覆盖、盐土种稻、种植耐盐绿肥（田菁）、种植耐盐树种（白榆、沙枣、紫穗槐等）、种植耐盐碱作物（向日葵、甜菜等）等方法改造盐碱土都是从农业生产的角度上抵抗盐害的重要措施。

第五节　植物的抗病性与抗虫性

一、抗病性

（一）病害与抗病性

1. **植物抗病的概念**　　植物病害（disease injury）是指植物受到病原物的侵染，生长发育受阻的现象，是致病生物与寄主（感病植物）之间相互作用的结果。植物抵抗病原物侵染的能力称为抗病性（disease resistance）。引起植物病害的寄生物称为病原物（pathogenetic organism），若寄生物为菌类，称为病原菌（disease producing germ），被寄生的植物称为寄主（host）。病原物种类繁多，主要有真菌、细菌、病毒、类菌原体、线虫等。

2. **病原物的入侵方式**　　病毒通常通过机械擦伤、昆虫介导进入细胞，经胞间连丝转入周围细胞，再经维管束运往寄主全身。细菌一般通过伤口、气孔、皮孔等进入寄主细胞间隙和导管。真菌一般通过菌丝生长直接插入寄主表皮细胞，或通过伤口、气孔等进入寄主细胞间隙和导管，并进一步侵入周围细胞。根据病原生物在寄主植物中的生活方式，通常将其分为坏死营养型（necrotrophy）和活体营养型（biotrophy）两种类型。坏死营养型的病原生物在侵入寄主后会很快地破坏寄主细胞，导致寄主细胞或组织死亡，这一类病原物较为原始，寄主广泛。活体营养型的病原生物在侵入寄主后可与寄主共存，这一类病原物的进化地位较高，寄主专一性较强。

3. **抗病与感病的关系**　　既然病害是寄主和寄生物相互作用的结果，它就不是寄主的固有特性。当植物受到病原物侵袭时，病原物和寄主相对亲和力的大小，决定了植物不同的反应。亲和性相对较小，使发病较轻时，寄主被认为是抗病的，反之则认为是感病的。

植物受病原物侵染后，从完全不发病到严重发病，在一定范围内表现为连续过程（图 13-9），因此同一植物既可以认为是抗病的，也可以认为是感病的，这要根据具体情况而定。

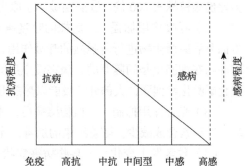

图 13-9　寄主对病原物侵染的反应类型

（二）植物感病与抗病的类型

1. **免疫（immune）**　　寄主排斥或破坏进入机体

的病原物，在有利于病害发生的条件下不感染或不发生任何病症，这在植物中较少见。

2. 感病（susceptible）　　寄主受病原物的侵染而发生病害，生长发育受阻，甚至局部或全株死亡，影响产量和质量。损失较大者为高度或严重感病。

3. 抗病（resistant）　　植物抗病反应主要有以下几种类型。

（1）避病（escape）　　受到病原物侵染后不发病或发病较轻，这并非由于寄主自身具有抗病性，而是病原物的盛发期和寄主的感病期不一致，植物即可避免侵染。例如，雨季葡萄炭疽病孢子大量产生时，早熟葡萄品种已经采收或接近采收，因此避开了危害；大麦在自花授粉前，花序始终在旗叶鞘里，由于雌蕊不暴露，结果避开了黑穗病。

（2）抗侵入　　指由于寄主具有的形态、解剖结构及生理生化的某些特点，可以阻止或削弱某些病原物侵入的抗性类型。例如，叶表皮的茸毛、刺、蜡质、角质层等，此外如气孔数目、结构及开闭规律、表面伤口的愈合能力、分泌可抑制病原物孢子萌发和侵入的化学物质等，均与抗侵入的机理有关。

（3）抗扩展　　寄主的某些组织结构或生理生化特征，使侵入寄主的病原物进一步的扩展被阻止或限制。例如，厚壁、木栓及胶质组织可以限制扩展。组织营养成分、pH、渗透势及细胞含有的特殊化学物质如抗生素、植物碱、酚、单宁及侵染后产生的植保素等，均不利于病原物的继续扩展。

（4）过敏反应　　过敏反应又称超敏反应（hypersensitive reaction，HR）或保卫性坏死反应，是病原物侵染后，侵染点附近的寄主细胞和组织很快死亡，使病原物不能进一步扩展的现象。

（三）病原物的致病方式及其对植物的影响

1. 病原物的致病方式　　病原物的致病方式主要有以下几种：①产生角质酶、纤维素酶、半纤维素酶、磷脂酶、蛋白酶等破坏寄主细胞结构的酶类，使得寄主组织软腐。②产生破坏寄主细胞膜和正常代谢的毒素，包括非寄主专一性毒素和寄主专一性毒素，使得寄主细胞死亡。③产生阻塞寄主导管的物质，阻断寄主植物的水分运输，引起植物枯萎。④产生破坏寄主抗菌物质（如植保素等）的酶，使它们失活。⑤利用寄主核酸和蛋白质合成系统。⑥产生植物激素，破坏寄主激素平衡，造成寄主生长异常。⑦把自己的一段 DNA 插入寄主基因组，迫使寄主产生供自己营养的物质。

2. 病害对植物生理代谢的影响

（1）水分平衡失调　　植物受病菌感染后，首先表现出水分平衡失调，常以萎蔫或猝倒为特征。造成水分失调的原因主要有：①根被病菌损坏，不能正常吸水。②维管束被病菌或病菌引起的寄主代谢产物（胶质、黏液等）堵塞，水流阻力增大。例如，感染黄矮病的番茄茎秆的水流阻力比健康植株大 200 倍。③病菌破坏了原生质结构，使其透性加大，蒸腾失水过多。

（2）呼吸作用加强　　病株的呼吸速率往往比健康植株高 10 倍。呼吸速率增强的原因，一方面是病原微生物进行着强烈的呼吸作用，另一方面是寄主自身的呼吸加快。因为健康组织的酶与底物在细胞里是间隔开的，病害侵染后间隔被打破，酶与底物直接接触，呼吸速率提高。由于氧化磷酸化解偶联，大部分呼吸能以热能形式释放，所以染病组织的温度升高。

（3）光合作用抑制　　植物感病后，光合速率即开始下降，其直接原因可能是叶绿体受到破坏，叶绿素合成减少。随着感染的加重，光合作用更弱，甚至完全失去同化 CO_2 的能力。

（4）激素发生变化　　某些病害症状（如形成肿瘤、偏上性生长、生长速度猛增等）都与植物激素的变化有关。组织在染病时大量合成各种激素，其中以吲哚乙酸含量增加最突出，进而促进乙烯的大量生成。例如，锈病能提高小麦植株吲哚乙酸含量。有些病症是赤霉素代谢异常所致。例如，水稻恶苗病是由于赤霉菌侵染后，产生大量赤霉素，使植株徒长，而小麦丛矮病则是病毒侵染使小麦植株赤霉素含量下降，植株矮化，因而喷施赤霉素即可得到改善。

（5）同化物运输受干扰　　感病后同化物较多地向病区，糖输入增加和病区组织呼吸提高相一致。水稻、小麦的功能叶感病后，严重妨碍光合产物输出，影响籽实饱满。

（四）植物抗病的生理基础

通常植物对病原微生物有一定的抵抗力，这种抵抗力是植物在形态结构和生理生化等方面综合的时间和空间上表现的结果，是建立在一系列物质代谢基础上，通过有关抗病基因表达和抗病调控物质产生来实现的。植物抗病的生理基础主要表现为以下几方面。

1. **植物形态结构屏障**　　有些植物的组织表面具有蜡被、叶毛，能够阻止病原菌到达角质层，减少侵染。有些植物具有坚厚的角质层，能够阻止病原菌侵入植物组织。例如，三叶橡胶的老叶具有坚厚的角质层，能够抵抗白粉病菌的侵染。苹果和李的果实在一定程度上能抵抗各种腐烂病真菌，主要依赖角质层的增厚。植物在受到病原体感染后，细胞壁的木质化作用（lignification）、胼胝质（callose）累积和伸展蛋白增加均可提高抗病反应。

2. **酶活性增强**　　作物感病后呼吸氧化酶的活性增强，以抵抗病原微生物。凡是叶片呼吸旺盛、氧化酶活性高的马铃薯品种，对晚疫病的抗性较大；凡是过氧化物酶、坏血酸氧化酶活性高的甘蓝品种，对真菌病害的抵抗力也较强。这些都表明，作物呼吸作用与抗病能力呈正相关。原因有3点：①分解毒素。作物感病后会产生毒素（例如，黄萎病产生多酚类物质，枯萎病产生镰刀菌酸），将细胞毒死。而旺盛的呼吸作用就能够将这些毒素氧化分解为二氧化碳和水或转化为无毒物质。②促进伤口愈合。作物感病后，有些植株表面可能出现伤口。而旺盛的呼吸作用能够促进伤口附近形成木栓层，使得伤口愈合速度加快，具有隔开健康组织和受害组织的作用，从而避免伤口的继续发展。③抑制病原菌水解酶的活性。病原菌靠自身水解酶的作用将寄主的有机物分解，供其自身生活之需。而寄主旺盛的呼吸作用能够抑制病原菌的水解酶活性，使得病原菌无法得到充分养料，进而限制病情的发展。

3. **植物体内的抗病物质**　　植物可以通过各种代谢途径在体内合成多种抵抗病原物的物质，这些物质有的是植物原来就存在的，有的是病原物侵染后诱发产生的。因此，作物具有一定的抗病性。

（1）植保素（phytoalexin）　　也称植物防御素或植物抗毒素。广义的植保素是指所有与抗病有关的化学物质；而狭义的植保素仅限于病原物或其他非生物因子刺激后寄主才产生的一类对病原物有抑制作用的物质。植保素通常是低分子化合物，一般出现在侵染部位附近。例如，从豌豆荚内果皮中分离出来的避杀酊，从蚕豆中分离出的非小灵，从马铃薯中分离出的逆杀酊。已从植物中分离到的植保素有300多种，大都是异类黄酮和萜类物质。

诱导植保素产生的因子为激发子（elicitor），激发子是指能够激发或诱导植物寄主产生防御反应的因子。激发子通常由病原体产生，寡糖素、糖蛋白、蛋白质或多肽都可成为激发子。激发子被细胞膜上的激发子受体（一种能与激发子特异结合的蛋白）接受，通过细胞的信号系统转导，诱导抗病基因活化，从而使细胞合成与积累植保素（图13-10）。

（2）众多的植物抗病物质　　植物固有的抗菌物质还包括：植物凝集素（lectin），一类能与多糖结合或使细胞凝集的蛋白质，其中多数为糖蛋白。酚类化合物，如绿原酸、单宁酸、儿茶酚和原儿茶酚等，这些酚类物质对病原菌具有一定的毒性，且感病或受伤后在多酚氧化酶和过氧化物酶的催化下会氧化为毒性更强的醌类物质。

病原菌侵染诱发的抗病因素包括：寄主细胞壁的强化；产生过敏反应（hypersensitive

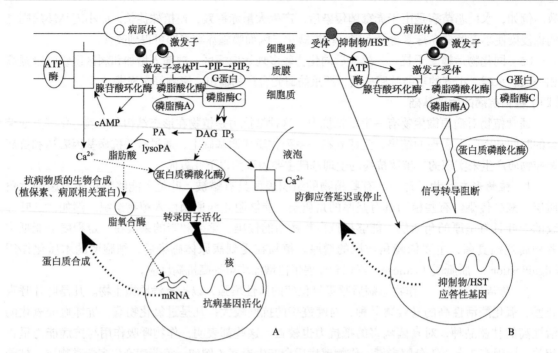

图 13-10　植物对病原体产生的激发子与抑制物的反应（引自王忠，2009）

A. 抗性寄主的抗病反应：抗性寄主能识别病原体产生的激发子，识别反应后激活信号转导系统（如肌醇磷脂信号系统、钙信号系统、环核苷酸信号系统），引起 Ca^{2+} 的释放和蛋白酶的磷酸化，诱导抗病基因活化，导致植保素、病原相关蛋白等抗病因子的生物合成，从而抗御病原体的侵染。B. 寄主的感病机理：病原体产生的抑制物如寄主特异毒素（host-specific toxin, HST），能抑制质膜上 ATP 酶的活性，使质膜中信号转导系统丧失功能，不能对病原体的侵染及时做出反应，即抗病基因不活化，细胞不合成抗病因子；也可能病原体产生的抑制物直接抑制抗病的基因表达，从而使寄主感病。PI. 磷脂酰肌醇；PIP. 磷脂酰肌醇磷酸；PIP_2. 磷脂酰肌醇-4,5-双磷酸；PA. 磷脂酸；DAG. 二酰甘油；lysoPA. 可溶性磷脂酸；IP_3. 肌醇-1,4,5-三磷酸；cAMP. 环腺苷酸

response，HR）；形成植物防御素；当病原微生物侵染寄主植物时，植物还能生成一些抗病蛋白质和酶，以抵抗病原体的伤害。

病程相关蛋白（pathogenesis related protein, PR）可在专一的病理条件下被诱导合成，烟草有 33 种 PR，玉米有 8 种 PR。PR 是基因表达的结果，它在植物体内的积累与植物的局部诱导抗性（如过敏性反应）和系统抗性之间存在着密切联系。

几丁质酶（chitinase）能水解多种病原菌细胞壁的几丁质，起到防卫作用。目前在尝试利用几丁质酶基因提高几丁质酶水平来增强植株抗病性方面取得了较大进展。

β-1,3-葡聚糖酶（β-1,3-glucanase）既能分解病原菌细胞壁的 1,3-葡聚糖，直接破坏病原菌细胞；同时分解产生的低聚糖，又可以诱导其他防卫反应酶系统（如 PAL 等）。寄主植物受病原菌感染时，β-1,3-葡聚糖酶常与几丁质酶一起诱导形成，协同抗病。

苯丙氨酸解氨酶（phenylalanine ammonia lyase, PAL）是苯丙烷代谢途径的关键酶，异类黄酮植保素、木质素及多种次生酚类抗病物质都是通过苯丙烷代谢途径合成的。因此，PAL 的活性与植物的抗病反应直接相关。

4. 系统获得性抗性　　植株某一部分受一病原体侵染，不只该处增加抵抗力，也把防御广泛病原体的能力扩展到全株，这个现象称为系统获得性抗性（systemic acquired resistance, SAR）。原始侵染几分钟之内，局部的植物防御反应即已激活；在几小时内，有时在离攻击部位很远的组织甚至在邻近植物中也会激活防御反应。SAR 增加某些防御化合物水平，如几丁质酶和其他水解酶。这些 SAR 的信号分子可能包括水杨酸、茉莉酸类、乙烯、脱落酸等。水杨酸甲酯和甲基水

杨酸是挥发性 SAR 物质，可诱导到植株远处，甚至邻近植株。

（五）提高植物抗病性的途径

要提高植物的抗病性，可从多方面入手，综合防治。

1. 培育抗病品种　　通过传统育种和基因工程，把抗病基因导入作物，培育优良的抗病品种是提高作物抗病性的根本途径。

2. 改善植物的生存环境　　如合理施肥，增施磷、钾肥；开沟排渍，降低地下水位；田间通风透气，降低温度，从而创造一个不利于病原物生存与繁殖，而有利于作物生长发育的环境，降低病害的发生。

3. 化学控制　　例如，杀菌剂、生长调节剂（水杨酸、茉莉酸、乙烯利等）的合理施用，除直接作用外，还可以诱导抗病基因的表达。

二、抗　虫　性

（一）虫害与抗虫性

1. 植物抗虫的概念　　世界上以作物为食的害虫达几万种之多，其中万余种可造成经济损失，造成严重危害的达千余种。中国记载的水稻、棉花害虫就有 300 余种，苹果害虫 160 种以上。因害虫种类多、繁殖快、食量大，所以无论产量或质量均遭受到巨大的损失，虫害严重时其危害甚至超过病害及草害。

植食性昆虫和寄主植物之间复杂的相互关系是在长期进化过程中形成的，这种关系可以分为两个方面，即昆虫的选择寄主和植物对昆虫的抗性。

在植物-昆虫的相互作用中，植物用不同机制来避免、阻碍或限制昆虫的侵害，或者通过快速再生来忍耐虫害。植物对虫害的抵抗与忍耐能力称为植物的抗虫性（pest resistance）。

2. 植物的抗虫类型　　植物的抗虫性通常可分为生态抗性（ecological resistance）和遗传抗性（inheritance resistance）两大类。

（1）生态抗性　　指由于环境条件（特别是非生物因素）变化的影响，制约害虫的侵害，而表现的抗性。

1）寄主回避：一定环境下寄主可以很快越过最易感虫的阶段，此时害虫的危害性已经减少。不少害虫有严格的危害物候期（phenological period），作物的早播或迟播可减少或回避害虫的危害。自然界中，寄主回避是隔若干年才有一次害虫大发生的原因。有些品种是因早熟而回避害虫的，因而通过晚播早熟种可以判断是否存在寄主回避。我国常见害虫如稻瘿蚊、麦红吸浆虫等，均有严格的危害物候期，相差几天就会使危害水平形成悬殊差异。

2）环境变化：由植物因素或环境因素变化而产生的暂时增强的抗性。例如，由于长期阴雨、日照不足，光合下降，害虫营养水平下降、虫群不易发展而表现的抗性；长管蚜在高于 20℃下不易繁殖，然而这种温度却适宜小麦生长。

（2）遗传抗性　　指植物可通过遗传方式将抗虫性能传递给后代的抗性。其包括如下几种类型。

1）拒虫性：指植物依靠形态解剖结构的特点或生理生化作用，使害虫不降落、不能产卵及取食的特性。

2）耐虫性：指植物具有迅速再生能力，可以经受住害虫危害的特性。例如，植物受地下害虫危害后，可以迅速长出新根，而又不至于过分竞争地上部的养分，具有较好的内部调节机能。

3）抗生性：指植物产生对昆虫的生存、发育和繁殖等有毒的代谢产物，使入侵害虫死亡的特性。例如，当棉铃虫食抗虫棉的叶片后便死亡。

　　以上三种可遗传的抗性类型的划分并非绝对，不是任何抗虫现象都能明显划归于 3 种类型之中的某一种，也可能一种植物同时具备两种或 3 种抗性。例如，抗麦茎蜂的实秆小麦品种 'Rescue'，既因不吸引雌蜂产卵而具有拒虫性，又因幼虫蛀入后不易存活而具有抗虫性，加之该品种即使受蛀后也不易倒伏，所以麦茎蜂的危害对收获影响不大。

（二）植物抗虫的生理基础

　　1. **拒虫性的结构特性**　　主要是通过物理方式干扰害虫的运动机制，包括干扰昆虫对寄主的选择、取食、消化、交配及产卵。例如，棉花叶、蕾、铃上的花外蜜腺含有促进昆虫产卵的物质，无花外蜜腺的品种至少减少昆虫 40% 的产卵量，无花外蜜腺是一个重要的抗虫性状。印楝、川楝或苦楝的抽提物对稻瘿蚊有明显的拒产卵作用。植物体内的番茄碱、茄碱等生物碱对幼虫取食起抗拒、阻止作用，甚至使昆虫饥饿死亡。

　　2. **抗虫性的代谢特性**　　植物分泌对昆虫有毒的物质，当昆虫取食后，可由慢性中毒到逐渐死亡，这是植物抗虫性的重要表现。植物毒素包括来自腺体毛的分泌物、组织胶及一些次生化合物。例如，烟草属某些种腺体毛分泌的烟碱、新烟碱、降烟碱等生物碱对蚜虫有毒。α-蒎烯、3-蒈烯、棉酚、葫芦素等至少有双重作用。其中有些具有改变昆虫行为、感觉、代谢、内分泌的效应；有些影响昆虫发育、变态、生殖及寿命。

　　此外，如棉花中的棉籽醇，除虫菊花中的杀虫有效成分除虫菊酯，都以不同的方法对昆虫产生毒害。从罗汉松中分离出来的一种高毒物质罗汉松内酯，已证实对昆虫的发育具有抑制效应。银杏这个古老树种之所以不易受昆虫侵害，与叶中存在的羟内酯和醛类有关。

　　害虫进食对植物组织造成的机械创伤可能诱发植物蛋白酶抑制剂（proteinase inhibitor）的产生，从而增强植株的抗性。

　　如同受到病原菌侵染一样，遭受虫害的植物也可能产生特殊的信号分子，并将信号传递到整个植株，使植株获得抗性。系统素（systemin）是这种信号分子之一，它能够实现长距离的植物细胞间联络，最后诱导植株的其余部位形成蛋白酶抑制剂，阻碍昆虫的进一步咬食。

　　3. **环境因子对抗虫性的影响**　　内因（基因型）在任何情况下都不能脱离外因（环境条件）而单独表现，所以环境因子如温度、光强与相对湿度、土壤、栽培条件等，都影响着抗虫性的大小和表现。

　　（1）**温度**　　温度过高过低均会使植物丧失抗性。首先，温度影响寄主正常的生理活动，进而可改变害虫的生物学特性。其次，温度可改变寄主对昆虫取食及生长的影响。此外，温度直接影响着昆虫的行为和发育，而温度的极限值则取决于植物和害虫的种类。

　　（2）**光强与相对湿度**　　较低的光强及较高的相对湿度对抗虫性影响很大。降低光强会明显降低抗虫性，因为光强可改变茎秆硬度而影响抗性。与田间小区比较，田间罩笼内和温室内的植株因光强较弱，抗虫性会丧失。而当光照减弱时，抗性降低的是具抗性的实秆小麦品种，感虫的空心茎小麦及硬粒小麦品种却不受影响。

　　（3）**土壤肥力及水分**　　土壤营养水平能改变抗性水平和表现。苜蓿斑点蚜在缺钾无性系植株上容易存活繁殖，而缺磷无性系植株则会对该种蚜的抗性增强，过量缺乏钙和镁，植株的抗虫性会减弱。随着氮肥及磷肥施用量的增加，玉米螟在感虫杂种叶片上取食级别加大，伤斑和虫道增多，而其对抗虫杂种则无影响。土壤连续或严重缺水，会使韧皮部汁液黏度加大，致使刺吸式口器害虫如蚜虫取食减少，生殖受抑。栽植过密，通风透气不良，可能会诱导某些害虫大量发生。

（三）提高植物抗虫性的途径

　　1. **培育抗虫品种**　　国内外都有用生物技术培育的抗虫品种，如抗虫棉。现已分离出几十种抗植物虫害的基因,如蛋白酶抑制剂基因(proteinase inhibitor gene)、植物凝集素基因(lectin gene),转基因技术的运用将成为提高作物抗虫性的重要手段。

2. 加强田间管理 合理施肥是提高抗虫性的重要措施,缺钾、缺钙会降低植物的抗虫能力;栽培密度适当,田间通风透光,促使植物健康生长,可有效提高抗虫性。

3. 应用预警机制 根据某些害虫的物候期,可适当早播或迟播,应用早熟或晚熟品种,来避开害虫危害。

第六节 光胁迫与植物抗性

一、太阳辐射与植物的适应性

(一)太阳辐射与光合色素

光是电磁辐射的一种形式,阳光是由波长范围很广的电磁波组成的,主要波长是150～4000nm,其中人眼可见光的波长为380～760nm,可见光谱中根据波长的不同又可分为红、橙、黄、绿、青、蓝、紫7种颜色的光。波长短于400nm的是紫外光,波长长于700nm的是红外光,红外光和紫外光都是不可见光(图13-11)。在全部太阳辐射中,红外光占50%～60%,紫外光占1%,其余的是可见光部分。波长越长,增热效应越大,所以红外光可以产生大量的热,地表热量基本上就是由红外光能所产生的。紫外光对生物和人有杀伤和致癌作用,但它在穿过大气层时,波长短于290nm的部分将被臭氧层中的臭氧吸收,只有波长在290～400nm的紫外光才能到达地球表面。在高山和高原地区,紫外光的作用比较强烈。可见光在光合作用中被植物所利用并转化为化学能。

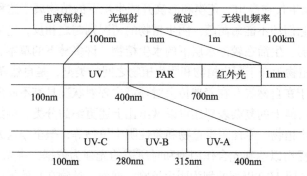

图 13-11 太阳的电磁光谱及紫外光辐射的分布

PAR. 光合有效辐射(photosynthetic active radiation);UV. 紫外光(ultraviolet)

(二)植物对太阳辐射的适应

自然界中光是变化最大的环境因素。一天中光强和光质始终处于变动之中,一年中每天的光照长度会发生周期性的变化,气候的变化也会影响光照情况。植物可通过各种方式适应太阳辐射的改变,避免光照胁迫对植物造成的伤害。

植物对太阳辐射变化的适应,可以分为环境适应(environmental adaptation)和遗传适应(genetic adaptation)。

1. 环境适应 植物对辐射的环境适应又分为调节适应(modulative adaptation)和诱交适应(modificative adaptation)。

（1）调节适应　　　调节适应是指植物对环境中太阳辐射的短暂变化迅速表现出的反应。例如，向日葵头状花序在光的刺激下随光入射方向发生的运动。禾本科植物叶中泡状细胞在不同光强下对叶片卷折程度的调节和某些干旱地区植物在强光下叶片的对折等，以及对于这样短暂变化而发生的一系列主要反映在光合作用方面的功能性适应。调节适应的特点是发生得快，作用比较显著，但往往又很有限，一旦当环境中的辐射恢复到原先状态时，迅速出现的适应行为也会很快随之消失。

（2）诱交适应　　　诱交适应是植物生长期间，对于平均辐射条件所形成的反应，与调节适应所不同的是，诱交适应情况下，植物所遇到的辐射条件相对个体发育而言是持久和稳定的，条件的变化均不超过植物的生态幅，而植物一旦在结构上和功能上的适应特征形成后，便会被保持下去，但是与调节适应一样，这样的适应特征并不遗传。诱交适应也是自然界的普遍现象。例如，适应于荫蔽的植株，往往有较大的叶表面积，叶绿体内含有较多的叶绿素和辅助色素，而暴露在较强辐射下的植株则有较好的水分输导系统，叶肉细胞层次多并有大量叶绿体。这样的特征，在同一植株处于不同辐射状况下的阳生叶和阴生叶之间也能看到。

2. 遗传适应　　　植物对辐射的遗传适应又可称为发育适应（evolutive adaptation），是一种建立在基因型变化基础上的可利用辐射的适应。这样的适应决定了不同种植物和生态型在分布上的生态学差异。自然界中，植物的遗传适应分化显然与其分布的环境有着密切的关系。

3. 植物的光照适应类型　　　由于植物生长环境不同，因而在种间和种内形成了对太阳辐射强度需要和抗性不同的基因型分化，显示出不同的遗传适应。根据植物这种适应状况的不同，一般可将植物分成阳生植物（heliophyte 或 sun plant）、阴生植物（sciophyte 或 shade plant）和耐阴植物（tolerant plant 或 shade resistant plant）。阳生植物是只有在全光照下才能正常生长发育的植物，这类植物在水分、温度等条件适宜的情况下，往往在日光下并不会发生光照过剩的情况。许多 C_4 植物、C_3 农作物及生长在高山、荒漠和海滨开阔生境下的植物属于这种类型。阳生植物对强光有较好的抗性，但它们却不能耐荫蔽。阴生植物的情况则与之相反，它们对荫蔽有极好的耐性，但抗强光的能力很弱。生活在较深水层下的水生植物、许多林下的草本、灌木和孢子植物都属于这样的类型。耐阴植物为介于阳生植物和阴生植物之间的类型，是自然界植物的主体。

值得注意的是，由于在自然界存在着遗传上对环境中辐射状况具有不同反应规格和特殊适应潜力的基因型，结构与功能上的复杂表现还可以做出比上述更细的分类。例如，有人将植物分成专性阳生植物、兼性阳生植物、专性阴生植物和兼性阴生植物等，但至今这方面还没有严格而统一的标准和方法。有人提出以达到光合作用饱和时所需的光强为依据，将光强为全光照 1/5 以上的划为阳生植物，在全光照 1/10 以下的划为阴生植物。然而，植物在自然界的情况往往并不那么容易为某一方面的标准所划为，许多植物随年龄的不同对光强的需要和抗性也不相同，幼年可能是阴生植物，成年则为阳生植物；随地理位置的变化，植物对光强的需要和抗性也会发生变化。在北半球北方的植物迁移到南方，其耐阴性会增强，而南方的植物迁移到北方情况则相反。有时环境中其他条件配合的不同，同样也要影响到植物对光照的需要和抗性。同一种植物在干旱、瘠薄的土壤上生长，所要求的光照要比在肥沃、湿润土壤上的多。而自然界植物所接受的许多间接影响和它们的某些特殊需要往往还会干扰人们对植物的辐射需要及对光强抗性的认识。例如，有些植物在全日照下生长得更好，可能是由于它们对热的要求较高，或者是在强光下出现的干旱有利于它们根系的生长和分布，以便得到更多的水分和养分等。植物对荫蔽环境的需要也有这种复杂情况。因此，对植物遗传适应的研究和观察，必须充分认识到这样的复杂性，这在理论上和实践上均有重要的意义。

二、强光胁迫与植物抗性

(一)强光胁迫与光保护作用

1. 强光与强光胁迫　　在正常条件下，植物能够通过各种调节过程，精确地控制和调节光能在光系统间的平衡分配，使光合作用高效地进行。但是在许多情况下，外界的光照常超出植物的调节范围。例如，在夏日的高光照条件下，植物吸收的光能常超出植物所能利用的范围，多余的能量会造成植物的损害。

高等植物光合作用所吸收光的波长为400～700nm，故此范围波长的光称为光合有效辐射（图13-11）。当PAR超过植物光合作用的光补偿点以后，光合速率随着光照强度的增加而增加，在光饱和点以前，是光合速率上升的阶段；超过光饱和点以后，光合速率不再上升，如果光照太强，光合速率会随光强增加而降低。超出光饱和点的光强为强光（high light 或 high radiation），强光对植物可能造成的危害为强光胁迫（high light stress 或 high radiation stress）。

不同地区、不同植物，甚至同种植物的不同发育期等，对强光有着不同的标准。阳生植物在饱和光强下的光合速率较阴生植物高得多，而且光补偿点也高。强光对植物的胁迫主要体现在：影响光合速率造成光合"午休"、增加光呼吸、影响植物生长发育和繁殖进程甚至改变其成分等；而强光是否会形成胁迫还与其他环境因子（包括自然环境和生物环境）有关，如空气的温度、湿度、CO_2浓度，植株营养水平，特别是植物本身的生物学特性及它生长的地理位置等。

植物对强光胁迫的适应有多种多样的方式，如改变光合特性以适应强光环境；植物不同部位的叶片对强光胁迫的耐受能力不一样；增加叶片细胞中叶绿素的含量；喜阴植物极易受到光胁迫的影响，喜光植物则不易形成胁迫。

2. 植物的光保护作用　　光能是光合作用的基本要素。捕光色素复合体使光能可以更为有效地传递到光反应中心，在强光下，这又可能使传递到光反应中心的激发能超出光系统可以利用的能量，而"多余"的能量将导致光合系统的破坏。实际上，在绝大多数情况下即使是光合效率较高的阳生植物也不可能利用吸收的所有光能。因此植物的光保护机制对于植物的生存是至关重要的。

植物在长期的进化中形成了多层次的防御机制，称为光破坏防御，也叫光保护作用（photoprotection），以保障其在多变的光照条件下（在许多情况下是伤害性的）进行高效的光合作用的同时，不受到光的伤害（图13-12）。

(二)强光对植物的影响

1. 强光对植物发育的影响　　强光对植物形态和各器官在整个植株中的比例有一定的影响。例如，甘薯（*Ipomoea batatas*）在强光影响下，其薯蔓的生长虽受到抑制，但有利于薯块的形成，因而甘薯生长过程中受到一定时期的强光照射，有利于增加产量。棉花（*Gossypium hirsutum*）在生育期内，尤其是开花—吐絮期持续强光天气，对于其产量和品质的形成十分有利。苎麻（*Boehmeria canescens*）叶片有一定的趋光性，在强光日数较多的条件下生长旺盛、分枝多、麻皮厚、纤维产量高。

通常光饱和点低的阴生植物更易受到强光危害，若把人参苗移到露地栽培，在直射光下，叶片很快失绿，并出现红褐色灼伤斑，使人参苗不能正常生长。用不同光照处理石斛，在5000lx下，石斛节间较长，茎秆纤弱，叶色深且无光泽，增长不明显，而20 000lx下则茎秆粗壮，叶片肥厚，新生根较多。如果继续增大光强，达到40 000lx时，节间短，叶片小，且伸展度小，叶色浅，有的叶片出现卷曲。

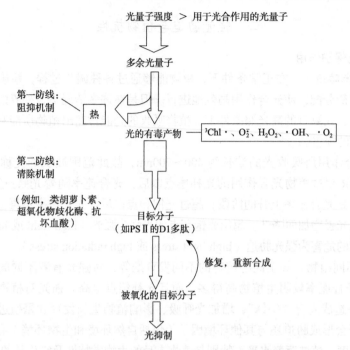

图 13-12　光合系统的多层次光保护和修复机制

　　黄连（*Coptis chinensis*）为阴生植物，常年生长在林下阴湿的环境，因而形成了怕强光、喜弱光的特性。遮阴度大的黄连，其比叶面积明显大于强光下生长的，因而叶片捕获太阳辐射的效率提高。强烈的阳光照射，会使叶片枯焦而死亡，尤其是幼苗期对光的抗性更弱，如果荫蔽不良，遇到中午烈日暴晒，幼苗就会被晒死。据报道，黄连的光饱和点为全日照的 20% 左右，用不同层数的纱布罩黄连植株，罩两层纱布的植株生长最好，叶色绿而大，随着纱布层数的增加，叶色由绿色转为深绿色再转为蓝绿色，叶数及根茎的分枝数减少。对不同林间荫蔽度黄连生长的调查结果与此一致。荫蔽度大，有利于黄连苗的生长成活，而荫蔽度适当，则有利于叶数、分蘖数、折干率的提高。

　　2. 强光对光合与呼吸特性的影响　　在自然环境条件下，植物光合作用日变化曲线一般有两种类型：一种是"单峰型"，即中午以前光合速率最高；另一种是"双峰型"，即上、下午各有一高峰。双峰型光反应曲线在中午前后的低谷就是所谓的"午休"，一般上午的峰值高于下午的峰值。光合作用日变化曲线的双峰型多发生在日照强烈的晴天，单峰型则发生在多云而日照较弱的天气条件下。强光对呼吸作用的影响主要表现为，强光可以减缓呼吸作用，甚至会降低呼吸速度。

　　3. 强光对植物分子的影响　　强光可能导致色素分子结构及蛋白质微环境改变，并进一步引起光破坏。当植物叶片用强光［2500μmol/（m²·s）］连续照射 150s 以后，β-胡萝卜素分子的表面增强拉曼散射（surface enhanced of Raman scattering，SERS）的强度开始明显减弱，散射峰的线宽也有增加，其信噪比也大大降低了。强光照射后，β-胡萝卜素分子原来的多烯链平面扭曲构象发生了变化，表明 β-胡萝卜素分子可能已与蛋白质分子脱离，或者蛋白质分子与 β-胡萝卜素分子结合区的构象发生了变化。因此，强光照射不但改变了 β-胡萝卜素分子的构象，而且改变了其微环境，使 β-胡萝卜素分子的散射强度明显减弱，说明 β-胡萝卜素分子的振动状态随光照发生了变化。

（三）植物对强光胁迫的适应

　　植物对强光有一定的适应范围，这种适应具有季节性、地区性，并因物种而异。在强光、高温、低 CO_2 浓度的逆境下，C_4 植物比 C_3 植物有更高的生产能力，因此 C_4 途径的植物具有更大的优势。C_4 植物甚至能把最强的光用于光合作用，它们的 CO_2 吸收量是随光强而变化的；C_3 植物则很容易达到光饱和，因而不仅不能充分利用太阳辐射，甚至会由于强光而产生光合速率的"午休"现象。阳生植物能利用强光，而阴生植物在强光下却往往遭受光胁迫而产生危害。植物对于强光的适应能力，表现在以下几个方面。

1. 调整形态结构　　植物通过各种方式减少光能的吸收，以达到降低强光破坏的目的。叶片是光能吸收的主要器官，减少叶面积、在叶表面形成毛或表面物质、改变叶与光的角度等都可以降低光能的吸收。例如，在高光照地区，植物叶片常较小；在干燥、高光照的沙漠地区，一些植物的叶变态为刺（当然这和水分平衡也是有关的）。一些植物叶的表面形成叶毛结构，形成角质或蜡质层不仅可以减少水分的散失，也可以减少光的吸收。

2. 阳生叶与阴生叶的形成　　植物对强光的适应是多方面的，有的仅对高强度光照起到防护作用，有的可以同时对光照和其他因子的胁迫起到免受或少受损害的作用。形态学和解剖学方面，有阳生叶与阴生叶的形成。

同种植物的相同个体上，不同部位叶片对强光胁迫的耐受能力也有差异。常可以看到在同一株植物体上，由于所处光照情况的不同而形成结构特征、化学特征和功能均有差异的阳生叶和阴生叶。

阴生叶与一般阳生叶及全阳生叶对光的响应趋势虽然基本一致，但阴生叶光饱和点不到 $500\mu mol/(m^2 \cdot s)$，远低于阳生叶。树冠上层的全阳生叶可获得比一般阳生叶高的光照强度，它们在高光下的光合速率也大于一般阳生叶，这说明不同类型叶片已经对各自的生境产生了不同的适应性。青冈（*Cyclobalanopsis glauca*）和欧洲山毛榉（*Lithocarpus glaber*）阳生叶的光补偿点夏季大于秋季；而光饱和点则为秋季大于夏季，这说明光能利用能力为秋季大于夏季。两树种的光补偿点均为阳生叶大于阴生叶，而阳生叶的光饱和点可高达阴生叶的 10 倍之多，说明同一植株上叶片对于光强已产生了适应和分化。

3. 叶片的运动　　许多高等植物在适应于太阳辐射入射角度的改变、保证吸收更多光能方面，存在着追踪日光的现象，而当它们遭受到一定的环境因子胁迫时，它们同样可以通过叶片的活动来避开高强度光照的损害。例如，酢浆草属植物 *Oxalis oregano* 是一种典型的阴生植物，当它们的叶子受到太阳光斑照射时，叶子便能迅速地运动，使它们始终处在一种荫蔽的位置上，从而避开强光的损害。阳生植物中也有些植物可依靠调节叶片的角度回避强光，比起那些结构上使之不能活动的叶子，能迅速运动的叶子往往不易出现光抑制现象。

4. 改变光合特性　　在自然光照下，同种植物处于不同的生境中时，其光饱和点是不相同的。在林下生境中，升麻（*Cimicifuga foetida*）的光合作用-光响应曲线在 $80\mu mol/(m^2 \cdot s)$ 就已经变得相当平滑了，呈现出饱和的趋势。而对林窗生境来说，曲线在光通量密度（PPFD）为 $198\mu mol/(m^2 \cdot s)$ 时远没有达到饱和状态，在林缘中 PPFD 为 $600\mu mol/(m^2 \cdot s)$ 时仍未见饱和。这说明光合有效辐射的差异能导致光合特性的变化，植株通过改变光合特性来适应相应的环境条件，以捕获更多的光能，提高光能的利用效率。

植物细胞还可以通过改变光合组分的量，减少光能吸收或加强代谢，达到降低光破坏的效果。例如，在弱光下生长的植物叶绿体中 LHC 的含量常高于强光下生长的植物叶绿体的含量，LHC 在类囊体膜中含量的改变可以改变天线的面积，从而改变光能的吸收量。此外，弱光下的植物叶绿体中光反应中心复合体的含量常少于强光下的，强光下较多的光反应中心复合体有利于消耗较多的光能从而减少激发能在光反应中心的积累。再者，当光强增加时，与电子传递链有关的组分和 Rubisco 等的含量也增加，因此电子传递速率和 CO_2 固定增加。这样就有较多的光能被利用，也就减少了激发能的积累。

5. **叶绿体及叶绿素的变化**　　除叶子的运动外，叶绿体也有类似的运动能力。在许多植物中，叶肉细胞的叶绿体可以随入射光强度改变其在细胞中的分布。在弱光下，叶绿体以其扁平面向着光源，并散布开以获得最大的光吸收面积；而在强光下，叶绿体则以其窄面向着光源，并沿光线排列相互遮挡以减少光的吸收面积。此外，在强光下，叶绿体光合膜上叶绿素 a/b-蛋白复合体的量会减少，基粒垛叠的程度降低，体积变得狭小，甚至类囊体的数目也少。

强光胁迫对植物叶片的叶绿素含量有影响。同一生境中的羊草（*Leymus chinensis*）有灰绿型与黄绿型，对光辐射强度的响应有不同程度的变化。灰绿型羊草与黄绿型羊草的光饱和点与补偿点不同。灰绿型羊草对光强度响应相对迅速，有较高的饱和光合速率，但它的光补偿点、饱和点低于黄绿型羊草。一般来说，较高光辐射条件下植物的叶色较深，叶片叶绿素含量也相对较高。

三、弱光胁迫与植物抗性

（一）弱光胁迫与植物的耐阴适应

1. **弱光与弱光胁迫**　　因遗传及生长环境的差异，不同植物对光照的反应不同。因而可将植物分成阳生植物、阴生植物和耐阴植物。弱光（low light 或 low radiation）对植物生长发育的不利影响称为弱光胁迫（low light stress 或 low radiation stress）。

所谓的弱光逆境仅有相对意义。例如，阳生植物和阴生植物本身对光照的要求存在差异。但对每一种植物来说，都存在着影响其生长的弱光逆境和限制其生存的最低光照强度。因此对这个问题的研究，既要研究其共同的一般规律，也要注意不同植物适应弱光所具有的不同特性。有人认为，环境光强持久或短时间显著低于植物光饱和点，但不低于限制其生存的最低光照强度时的光环境，可以称为弱光逆境。

弱光胁迫对植物生长和农业生产有很大的影响。例如，设施覆盖物和骨架结构遮光及冬春季节经常出现雨、雪、连阴天等不良气候条件，使设施内的植物经常在弱光逆境中生长，有时设施内的光照强度只有自然光照的 10% 左右。如此弱的光照会造成作物徒长、光合能力和抗病虫害能力下降，对于那些产品器官为果实的作物，弱光还会影响到开花、坐果及果实的发育，最终导致产量和品质的下降。

2. **植物的耐阴适应**　　植物耐阴性（shaded-tolerance 或 shade-adapted）是指植物在弱光照（低光量子密度）条件下的生活能力。这种能力是一种复合性状。植物为适应变化了的光量子密度而产生了一系列的变化，从而保持自身系统的平衡状态，并能进行正常的生命活动。

植物对弱光的抗性一般表现为两种类型，即避免遮阴和忍耐遮阴。

（1）**避免遮阴**　　植物体或某些器官、组织，在生长发育中不断调整，避开遮阴弱光的影响，以便在适宜的环境条件下完成生命周期或重要的生育阶段。具有避免遮阴能力的植物，先锋树种表现明显。当轻度遮阴时，其叶片做出很小的适应调节，同时降低径生长并加快高生长，以早日冲出遮蔽的光环境。但当遮阴增大时，则很难对新的光环境做出反应，或表现出黄化现象或最终被耐阴植物取代。黄化现象可以看成是植物与不利的光环境做斗争的一个极端情况。

（2）**忍耐遮阴**　　当遮阴弱光逆境出现时，植物体发生与环境相适应的生理生化代谢变化，使植株少受或不受伤害。忍耐遮阴在顶极群落的中下层植物及部分阳生植物的叶幕内部或下层叶片上表现比较突出。具有忍耐遮阴能力的植物，其叶片形态特征与低光照的环境极为协调，从而保证植物在较低的光合有效辐射范围内，有机物的平衡为正值。这种对低光照的适应，包括了生理生化及解剖上的变化，如色素含量、RuBP 羧化酶活性及叶片栅栏组织与海绵组织的比例关系、叶片大小、厚度等的改变。

（二）植物耐阴性及其机理

生长在弱光环境中的植物会产生一系列的生态适应性反应，这些反应包括形态、结构、生理生化过程和基因表达各个方面，是植物对弱光胁迫信号进行感受、转导和适应调节的结果。

植物对弱光的适应首先在于能够保证有机物的增长成为正值，并高于其最低需要水平，即要尽可能达到有利于生长、繁殖和抵抗不良环境危害的水平。除了形态结构方面的适应外，植物还通过增强充分吸收弱光的能量，提高光能利用效率，高效率地转化为化学能；同时降低用于呼吸及维持其生长的能量消耗，维持其正常的生存生长。

1. 形态结构变化　　植物对弱光环境的适应，表现在形态上的变化是侧枝、叶片向水平方向分布，扩大与光量子的有效接触面积，以提高对散射光、漫射光的吸收。

叶内光梯度受叶片解剖构造及入射光的方向特性的共同影响。在具有柱状栅栏组织的叶片中，弱入射光平行则光梯度相对较小；若是漫射光则光梯度较大。相反，在只具海绵组织的叶片中，光梯度不受入射光的平行程度的影响。叶内光梯度量值的变化与细胞大小及叶背散射／叶面散射的值，叶片光学深度和组织厚度的变化，组织发育的程度，入射光量通量密度的日变化、季节变化等相一致。

叶表附属物，如表皮毛、短柔毛等，可以降低光量子吸收，故多数荫蔽条件下的植物叶片没有蜡质和革质，表面光滑无毛，这样就减少了对光的反射损失。

耐阴植物与喜光植物相比，其叶片具有发达的海绵组织，而栅栏组织细胞极少或根本没有典型的栅栏薄壁细胞，这是植物耐阴的解剖学机理之一。柱状的栅栏组织细胞使光量子能够透过中心液泡或细胞间隙造成光能的投射损失。因而，相对发达的海绵组织不规则的细胞分布对于减少光量子投射损失、提高弱光照条件下的光量子利用效率具有十分重要的意义。

2. 保持最大的吸光能力　　研究表明，叶片表面状况对其吸收光能有很大的影响，通过凸起的细胞表面弯曲可降低散射光的反射，并且可以增加叶内光强度。耐阴植物叶片较阳生植物叶片薄，比叶重小，这不仅是叶内单细胞尺寸变小，也是细胞层数减少的结果。

叶绿体层的形成是通过栅栏组织细胞的形状调节完成的。耐阴植物的叶绿体呈狭长的串状或连续的层状分布，这种结构可以通过减少光量子穿透叶片的量而降低“筛效应”。叶绿体通过方向与叶内光量子分布（光梯度）相一致的运动，使其能更充分地利用透入叶片的光量子，从而使光合作用尽可能地完善起来。

叶绿素含量随光量子密度的降低而增加，但叶绿素 a/b 值却随光量子密度的降低而减小。低的叶绿素 a/b 值能提高植物对远红光的吸收。因而在弱光下，具有较低的叶绿素 a/b 值及较高的叶绿素含量的植物，也具有较高的光合活性。

3. 提高光能利用效率　　在弱光条件下，保持较高的光能利用效率对植物生长及相关的生理生化过程至关重要。耐阴植物的光-光响应曲线与喜光植物的相应曲线不同：①光补偿点向较低的光量子密度区域转移；②曲线的初始部分（表观量子效率）迅速增大；③饱和光量子密度低；④光合作用高峰较低。光响应曲线变化的不同程度不仅是不同种类的植物所具有的特性，也是同一种植物的不同生态型所具有的特性。

植物光补偿点低，意味着植物在较低的光强下就开始了有机物的正向增长，光饱和点低则表明植物光合作用速率随光量子密度的增大而迅速增加，很快即达到最大效率。因而，较低的光补偿点和饱和点使植物在光限条件下以最大能力利用低光量子密度，进行最大可能的光合作用，从而提高有机物的积累，满足其生存生长的能量需要。

通过对 C_3 和 C_4 的部分单子叶和双子叶植物 CO_2 吸收量子效率的测定表明：生长期间的光量子密度变化一般不影响量子效率，虽然阳生叶（喜光植物）的最大光合速率比阴生叶（耐阴植物）高得多，但二者的量子效率是相似的。这说明耐阴植物具有更强的捕获光量子用于光合作用的能力。

4. 减少能量消耗　　植物消耗能量的过程包括光呼吸和暗呼吸。耐阴植物叶片及根的呼吸强度均较喜光植物低。一方面，耐阴植物叶片的暗呼吸较弱，因而整个光-光响应曲线向左移动，光补偿点出现在更低的光量子密度下；在超过补偿点的光量子密度下，降低 Rubisco 水平，使其加氧酶活性降低，少产生或不产生光呼吸的底物磷酸乙醇酸。另一方面，遮阴条件下植物根呼吸降低，可能是遮阴小区的土壤温度降低时所致根量相对减少的结果。

5. 植物适应弱光的两种机制　　有人从植物存活的作用观点认为植物对光照不足的适应性有两种不同的适应机制。一种机制是在广泛的光合有效辐射范围内起作用，在这个范围内，植物的有机物平衡为正值。而另一种机制则只是在非常低的光合有效辐射强度下，这时有机物平衡接近于零，或者为负值。在第一种情况下，当遮阴时植物通过降低呼吸速率、提高光合作用对光合有效辐射的利用效率和增大叶面积能保证有机物积累的相对稳定性。在第二种情况下，当光照强度很弱以至不能满足植物进行正常的生命活动时，就进入另一个适应遮阳的机制中。这就是：停止一切侧生器官的生长，降低横向生长，增加高度的生长，出现黄化现象，这在生长于几乎全黑暗中的植物上表现得最突出。

总之，植物对弱光的适应取决于多方面因子的综合作用。对于每一种植物都可以划分出所谓的"生理"幅度和"逆境"幅度。在生理幅度内存在着光合作用对光合有效辐射的最大利用效率。在光合有效辐射的生理幅度内，植物朝着保存自动调节的方面发展，如增加光合面积、单位叶面积的叶绿体含量、光合器官的活性。而在逆境幅度内，植物朝着有机体能避免不良条件作用的方向发展，如减少侧生生长、迅速增加高度的生长等。

四、紫外线辐射与植物抗性

（一）太阳辐射与紫外线辐射胁迫

1. 太阳辐射的范围与紫外线辐射胁迫　　太阳辐射包括从短波射线（10^{-5}nm）到长波无线电频率（10^5nm）的所有电磁波谱，其中大约98%的辐射在300～3000nm的波段。紫外线（ultraviolet, UV）辐射是比蓝光波长还短的电磁波谱，位于100～400nm，约占太阳总辐射的9%。依据在地球大气层中的传导性质和对生物的作用效果，通常将 UV 辐射分为 UV-A（315～400nm）、UV-B（280～315nm）和 UV-C（100～280nm）3 个部分（图13-11）。

地表紫外线辐射能量占太阳总辐射能的 3%～5%。UV-A 可促进植物生长，一般情况下无杀伤作用，它很少被臭氧吸收。UV-B 对生物具有较强的伤害作用，在臭氧层正常时仅有 10% 可抵达地球表面，但随着臭氧层的破坏，其对地球表面生物的危害越来越大。由于紫外线辐射增强而对植物的不良效应称为紫外线辐射胁迫（ultraviolet radiation stress）。

2. 紫外线辐射增强对植物的影响　　植物需要阳光进行光合作用，不得不承受相伴的紫外线辐射。其中太阳 UV-B 辐射增强往往成为环境胁迫因子，对细胞核 DNA、质膜、生理过程、生长、产量和初级生产力等方面产生巨大的影响。同时，许多野外实验，特别是自然生态系统水平的研究，关于 UV-B 辐射作为一种调节因子的作用已越来越引起人们的注意。

从整株植物和自然生态系统水平的植物来考虑，UV-B 辐射对生长、生物量积累和植物体的生存等的影响可大致分为两类：直接影响和间接影响（表 13-2）。UV-B 辐射的直接影响包括对 DNA 的伤害、光合作用的影响和细胞膜功能的扰乱。在 UV-B 辐射的直接作用中，对 DNA 的伤害可能比对光合作用和细胞膜功能的伤害更加重要。通常认为，与强 PAR 对光合作用的光抑制相似，UV-B 辐射也能导致 PS Ⅱ 反应中心的光失活，引起光合作用降低。也有研究表明，PS Ⅱ 可能不是光饱和条件下 UV-B 直接抑制的关键部位，很可能增强的 UV-B 辐射通过影响类囊体膜功能，或影响参与卡尔文循环的酶，而影响光合作用。

表 13-2 增加 UV-B 辐射对植物的直接和间接影响

影响类型	影响结果
直接影响	1）DNA 伤害：环丁烷嘧啶二聚体（CPD）
	2）光合作用：PS Ⅱ 反应中心、卡尔文循环的酶、类囊体膜、气孔
	3）膜功能：不饱和脂肪酸的过氧化、膜蛋白的伤害
间接影响	1）植物形态构成：叶片厚度、叶片角度、植物体构型、生物量分配
	2）植物物候：萌发、衰老、开花、繁殖
	3）植物体化学组成：单宁、木质素、类黄酮

UV-B 辐射可通过各种机制对植物产生伤害，这种伤害是从几个主要的目标或器官开始的，造成伤害的最先一步为生物大分子的光化学修饰：要么激活光受体，要么损伤敏感的靶子。对 UV-B 辐射特别敏感的分子和器官有 DNA、蛋白质、植物激素和光合色素等。通常认为 UV-B 伤害植物的主要靶目标有 4 个，即光系统Ⅱ、蛋白质和 DNA、膜系统、植物激素。

与早期的室内研究结论相反，在自然生态系统中，越来越多的证据表明，增加 UV-B 辐射对植物生长和初级生产并没有明显的直接影响。而增强 UV-B 辐射的间接影响，如叶片角度的改变等，可能对植株地上直立部分响应 UV-B 辐射具有重要的意义，叶片厚度的增加可能会减轻 UV-B 辐射对叶细胞的伤害，同样叶片厚度的变化会引起 PAR 在叶肉细胞中的传输，这也会影响叶片的光合作用。因此，有研究认为，相对于增强 UV-B 辐射的直接影响，间接影响更有可能会引起农业生态系统和自然生态系统的结构和功能的改变。

（二）植物对 UV-B 辐射的防护

1. 植物对 UV-B 辐射的敏感性　　植物对 UV-B 辐射的敏感性在不同物种和品种间存在着差异。在自然生态系统中，那些有较强适应性的物种有可能得到更多的资源（如光照、水分和养分等），在生长竞争中处于优势，从而会引起生态系统中群落结构的改变和物种多样性的变化。

2. 植物对 UV-B 辐射的防护方式　　平流层中的臭氧层为地球上生物的生存和进化提供了防护 UV 伤害的外界屏蔽；与此同时，在从水体向陆地进化的过程中，植物体本身也发展了多种越来越复杂的内部防护机理，从而使得今天高等植物成为陆地植物的主要类群。植物体对 UV-B 辐射的各种防护方式可分为两类：吸收和屏蔽作用与保护和修复作用。

（1）吸收和屏蔽作用　　植物体能够屏蔽（screen）UV-B 辐射引起的伤害，其机理包括产生 UV-B 吸收化合物（UV-B absorbing compound）和叶表皮附属物质（如角质层、蜡质层）等。

UV-B 辐射的穿透性因物种及叶龄不同而异，UV-B 辐射穿透性最大的是草本双子叶（宽叶）植物，而木本双子叶植物、牧草、针叶树类依次减少。UV-B 辐射穿透性也随叶片年龄变化而变化，幼叶较成熟叶衰减 UV-B 辐射的能力差。此外也可通过株型矮化、减小分枝角度、增加分蘖等形态改变来适应过强紫外线的辐射。

在大多数植物中，叶表面的反射相对较低（小于10%），因此通过UV-B吸收化合物的耗散可能是过滤有害UV-B辐射的主要途径。

植物暴露在太阳UV-B辐射下，会刺激UV-B吸收化合物的积累，这些保护物质主要分布在叶表皮层中，能阻止大部分UV-B光量子进入叶肉细胞，而对PAR波段的光量子没有影响。UV-B吸收化合物的增加可降低植物叶片对UV-B辐射的穿透性，减少其进入叶肉组织的量，从而避免对DNA等生物大分子的伤害。类黄酮在270nm和345nm有最大吸收峰，羟基肉桂酸酯的在320nm左右，因此它们都能有效地吸收UV-B辐射。尽管花色素苷的吸收峰位于530nm附近，但与肉桂酸酯化后也能抵御UV-B辐射。

（2）保护和修复作用　　由于叶表皮层中的UV-B吸收物质及叶表皮层上的其他保护结构并不能100%有效地吸收有害的UV-B辐射，因此植物体还需要强大的保护和修复系统。

1）活性氧清除系统：许多研究结果表明，UV-B辐射引起的进一步伤害作用可能间接源于活性氧的产生。增强UV-B辐射可以引起叶片产生过量活性氧分子。活性氧与许多细胞组分发生反应，从而引起酶失活、光合色素降解和脂质过氧化等。有研究认为，强光下发生光抑制时，D1蛋白的降解可能主要源于活性氧分子的积累。活性氧积累也能影响碳代谢中固定CO_2的酶，如1,6-双磷酸果糖酶、3-磷酸甘油酸脱氢酶、核酮糖-5-磷酸激酶等，这些酶都含有巯基，活性氧能导致二硫键的形成，从而引起酶失活。活性氧导致的一系列关键性叶绿素代谢相关酶的失活可能是UV-B辐射引起光合作用下降的主要原因。

自由基和活性氧清除剂的增加也可减少UV-B辐射的不利影响。UV-B辐射可诱导氧自由基如O_2^-、H_2O_2等的产生，并降低SOD、过氧化氢酶、抗坏血酸过氧化物酶活性和抗坏血酸的含量，使防御系统失去平衡而导致膜脂质过氧化，膜系统伤害会改变细胞的代谢状态，最终导致细胞死亡。Kramer等报道UV-B辐射导致黄瓜中丁二胺和亚精胺含量的上升。多胺能在质膜表面形成一种离子型的结合体，阻止脂质过氧化作用。UV-B辐射阻抑光合作用与叶绿体膜结构遭到破坏、分布于膜上的组分及膜的物理特性发生改变密切相关。

强UV-B辐射可以诱导叶内抗氧化防御能力的提高，包括低分子质量抗氧化物质（如抗坏血酸、谷胱甘肽等）含量的提高，抗氧化酶（如SOD、POD、CAT、GR等）活性的增强，这些都能有效地防御活性氧引起的伤害。此外，亲脂性维生素E和类胡萝卜素及酚类化合物和类黄酮化合物也能清除部分活性氧分子。

2）DNA伤害的修复系统：包括光复活（photoreactivation，PHR）、切除修复、重组修复和后复制修复。

光复活作用普遍存在于植物体中，通过DNA光裂合酶（DNA photolyase）专一性修复损伤的DNA分子。此酶具光依赖性，经蓝光或UV-A激活后，通过光诱导的电子传递直接将嘧啶二聚体修复成它们原来的单碱基。

植物主要通过两方面来适应短期增强的UV-B辐射，一方面，通过诱导一些抗性基因的表达和增强表达来减轻伤害。对DNA损伤的修复在生物体内普遍存在，这种机制是生物体消除或减轻DNA损伤、保持遗传稳定性的重要途径。另一方面，植物通过提高光复活酶的活性来修复UV-B辐射引起的伤害。

3. UV-B辐射信号的感受和转导　　植物体对UV-B辐射有很宽的响应范围，可能包括特殊的UV-B光受体（UV-B photoreceptor）和信号转导（signal transduction）过程，也可能有植物激素的调节作用，最终引起特殊基因的表达。

（1）信号转导　　高等植物感受 UV-B 辐射的生理反应机理，特别是对基因表达的调节过程还不完全清楚。Jenkins 等提出了几种可能的假说：①细胞核 DNA 直接吸收 UV-B 辐射，引起一些信号物质的产生，刺激特殊基因的转录速率。②植物体细胞通过产生活性氧来探测 UV-B 辐射。在这种情况下，UV-B 辐射后观察到的基因转录的增加，很可能是一种氧化胁迫反应而不是对 UV-B 辐射的响应。③通过高等植物中类似其他光接受系统的一种光受体分子感受 UV-B 辐射，这可能是一种特殊的能吸收 UV-B 辐射的 UV/ 蓝光受体和生色团。可以肯定，上述 3 种假说并不相互排斥，有可能 UV-B 辐射通过平行的途径来调节基因表达。光生理学、生物化学和遗传学的研究也进一步表明，植物体可能存在不同的光受体类型。

已经证明 UV-B 光受体与植物光敏素和蓝光受体有关，而这两种光形态建成相关受体会改变植物形态。实验表明，核黄素可能起着 UV-B 受体的作用，从而诱导色素合成和抑制主茎伸长。

（2）激素调节　　在 UV-B 胁迫下，植物体内 ABA 的累积可能是 UV-B 辐射损伤了叶绿体膜和细胞膜，细胞失去膨压所致；也可能与膜上 Mg-ATPase 活性下降，使叶绿体基质 pH 降低，而造成细胞内 ABA 含量的累积有关。虽然 UV-B 胁迫能使 ABA 光解，但植物对 UV-B 辐射的响应并不是通过改变 ABA 的结构。UV-B 对生长的影响可能由于光解破坏了吲哚乙酸或者降低吲哚乙酸活性，继而引起细胞壁扩张性降低。另外，还观察到 UV-B 辐射引起的黄瓜下胚轴的抑制可被 GA_3 恢复。UV-B 辐射引起的激素含量的变化、形态变化和代谢变化之间有着密切的关系。激素调控本身十分复杂，许多详细问题有待进一步深入研究。

第七节　环境污染与植物抗性

一、环境污染与植物生长

（一）污染类型

植物所处的大环境包括岩石圈（lithosphere）、水圈（hydrosphere）和大气圈（atmosphere），随着近代工业的发展，厂矿、居民区、现代交通工具等所排放的废渣、废气和废水越来越多，扩散范围越来越大，再加上现代农业大量使用农药化肥等化学物质，引起残留的有害物质有所增加。当这些有害物质的量超过了生态系统的自然净化能力，就造成了环境污染（environmental pollution）。

环境污染不仅直接危害人类的健康与安全，而且对植物生长发育有很大的危害，如引起严重减产。污染物的大量聚集，可以造成植物死亡甚至可以破坏整个生态系统。依据污染的因素可将环境污染分为大气污染、水体污染、土壤污染和生物污染。其中以大气污染和水体污染对植物的影响最大，不仅污染的范围广、面积大且易转化为土壤污染和生物污染。

（二）大气污染

1. 大气污染物的种类　　大气污染（atmosphere pollution）是指有害物质进入大气，对人类和生物造成危害的现象。大气中的有害物质称为大气污染物（atmosphere pollutant）。

大气污染物主要来源于燃料燃烧时排放的废气、工业生产中排放的粉尘和废气及汽车尾气等。据统计，工业废气所含有害物质有 400 多种，通常造成危害的有二三十种，其中以二氧化硫、氟化氢、臭氧、过氧乙酰硝酸酯和氮氧化合物分布最广泛。目前，对植物有毒的废气最主要的是二氧化硫（SO_2）、氟硅酸盐、氟化氢（HF）、氯气（Cl_2）及各种矿物燃烧的废物等。有机物燃烧时一部分未被燃烧完的碳氢化合物如乙烯、乙炔、丙烯等对某些敏感植物也可产生毒害作用。臭氧（ozone，O_3）与氮的氧化物如二氧化氮（NO_2）等也是对植物有毒的物质。其他如一氧化碳（CO）、二氧化碳（CO_2）超过一定浓度对植物也有毒害作用。

大气污染物的毒性既取决于污染物的浓度，又取决于植物的抗性。例如，对于二氧化硫而言，敏感植物在0.05～0.5mg/L时达到8h就会受害；而抗性植物则须2mg/L达到8h或10mg/L达到30min才会受害。

2. 大气污染物的侵入途径 植物依靠地上部庞大的叶面积不断地与空气进行着活跃的气体交换，且植物根植于土壤之中，固定不动、不能躲避污染物的侵入。因此，很多植物对大气污染敏感，容易受到伤害。对污染物最敏感的植物可以作为指示植物，用来监测大气中污染物的浓度。

植物与大气主要的接触部分是叶片，因此，叶片最容易受到大气污染物的伤害。大气污染物进入植物的主要途径是气孔。白天植物在进行二氧化碳同化的过程中，也为大气污染物的进入创造了条件。有的气体如二氧化硫可以直接控制气孔运动，促进气孔张开，增加叶片对二氧化硫的吸收。此外，角质层对氟化氢和氯化氢有相对高的透性，是二者进入叶肉的主要途径。

3. 大气污染物的伤害方式 污染物进入植物细胞后如果累积浓度超过了植物敏感阈值时即产生危害。危害方式有3种，即急性伤害、慢性伤害和隐性伤害。急性伤害是指较高浓度有害气体在短时间内（几小时、几十分钟或更短）对植物造成的伤害。叶组织受害时最初呈灰绿色，然后质膜与细胞壁解体，细胞内含物进入细胞间隙，转变为暗绿色的油浸或水渍斑，叶片变软，坏死组织最终脱水变干继而脱落，严重时甚至全株死亡。慢性伤害是指在低浓度的污染物环境中长时期内对植物形成的伤害。受到慢性伤害的植物叶绿素的合成逐步被破坏，叶片变小，畸形或加速衰老，生长受到抑制。隐性伤害是指更低浓度的污染物在长时期内对植物生长发育的影响。受到隐性伤害的植物从外部看不出明显的症状，生长发育基本正常，只是有害物质的累积致使植株发生生理障碍、代谢异常，从而使得作物品质和产量下降（图13-13）。

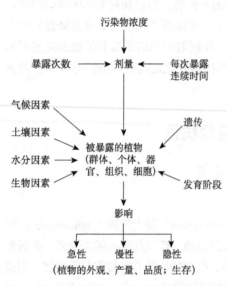

图13-13 大气污染对植物的伤害及影响因素

4. 主要大气污染物对植物的伤害

（1）二氧化硫（SO_2） 硫是植物必需矿质元素之一，植物中所需的硫一部分来自大气中，一定浓度的SO_2对植物是有利的。但大气中含硫如超过了植物可利用的量，就会对植物造成伤害。据研究，SO_2对植物慢性伤害的阈值为25～150$\mu g/m^3$。

不同植物对SO_2的敏感性相差很大。总的来说，草本植物比木本植物敏感，木本植物中针叶树比阔叶树敏感，阔叶树中落叶的比常绿的敏感，C_3植物比C_4植物敏感。植物受SO_2伤害后的主要症状为：①叶背面出现暗绿色水渍斑，叶失去原有的光泽，常伴有水渗出；②叶片萎蔫；③有明显失绿斑，呈灰绿色；④失水干枯，出现坏死斑。

SO_2通过气孔进入叶内，溶化于细胞壁的水分中，成为重亚硫酸离子（HSO_3^-）和亚硫酸离子（SO_3^{2-}），并产生氢离子（H^+），这3种离子会伤害细胞。

1）直接伤害：H^+降低细胞pH，干扰代谢过程；SO_3^{2-}、HSO_3^-直接破坏蛋白质的结构，使酶失活。例如，卡尔文循环中的核糖-5-磷酸激酶（Ru5PK）、NADP-3-磷酸甘油醛脱氢酶（GAPDH）、果糖-1,6-双磷酸酶（FBPase）3种酶活性明显受抑制。酶失活与—SH被氧化有关，迫使—SH氧

化的有毒物是 H_2O_2，它是 SO_2 进入细胞后由次生反应生成的。当暴露停止后，酶活力恢复，光合速度回升。因此低浓度、短时间 SO_2 引起的光合障碍是可逆的，如果浓度高、暴露时间长则恢复慢，甚至无法复原。

2）间接伤害：在光下由硫化合物诱发产生的活性氧会伤害细胞，破坏膜的结构和功能，积累乙烷、丙二醛、H_2O_2 等物质，其影响比直接影响更大。在这种情况下，即使外观形态还无伤害症状也会使物质积累减少，促使器官早衰，产量下降。

（2）氟化物　　氟化物有 HF、F_2、SiF_4（四氟化硅）、H_2SiF_6（硅氟酸）等，其中排放量最大、毒性最强的是 HF。当 HF 的浓度为 $1\sim5\mu g/L$ 时，较长时期接触可使植物受害。植物受到氟化物危害时，叶尖、叶缘出现伤斑，受害叶组织与正常叶组织之间常形成明显界限（有时呈红棕色）。表皮细胞明显皱缩，干瘪，气孔变形。未成熟叶片更易受害，枝梢常枯死，严重时叶片失绿、脱落。氟化物伤害植物的机理如下。

1）干扰代谢，抑制酶活性：F 能与酶蛋白中的金属离子或 Ca^{2+}、Mg^{2+} 等离子形成络合物，使其失去活性。F 是一些酶（如烯醇酶、琥珀酸脱氢酶、酸性磷酸酯酶等）的抑制剂。

2）影响气孔运动：极低浓度 HF 会使气孔扩散阻力增大，孔口变狭，影响水分平衡。

3）降低光合速率：F 可使叶绿素合成受阻，叶绿体被破坏。试验证明，用不同浓度的各种空气污染物处理作物（如燕麦、大麦等）2h，对光合作用抑制最为明显的为 HF。

（3）臭氧（O_3）　　O_3 为强氧化剂，是光化学烟雾的主要成分。当大气中臭氧浓度为 0.1mg/L，且延续 $2\sim3h$ 时，烟草、菠菜、萝卜、玉米、蚕豆等植物就会出现伤害症状。通常出现于成熟叶片上，伤斑零星分布于全叶，可表现出如下几种类型：①呈红棕、紫红或褐色；②叶表面变白，严重时扩展到叶背；③叶片两面坏死，呈白色或橘红色；④褪绿，有黄斑。随后逐渐出现叶卷曲，叶缘和叶尖干枯而脱落。臭氧伤害植物的机理如下。

1）破坏质膜：臭氧能氧化质膜的组成成分，如蛋白质和不饱和脂肪酸，增加细胞内物质外渗。臭氧导致的损伤主要是质膜中脂类的过氧化和 ROS 的生成（图 13-14）。

2）影响氧化还原过程：由于 O_3 氧化—SH 为—S—S—键，破坏以—SH 为活性基的酶（如多种脱氢酶）结构，导致细胞内正常的氧化-还原过程受扰，影响各种代谢活动。

3）阻止光合进程：O_3 破坏叶绿素合成，降低叶绿素水平，导致光合速率和作物产量下降。

4）改变呼吸途径：O_3 抑制氧化磷酸化，同时抑制糖酵解，促进戊糖磷酸途径。

（4）氮氧化物　　包括 NO_2、NO 和硝酸雾，以 NO_2 为主。少量的 NO_2 被叶片吸收后可被植物利用，但当空气中 NO_2 浓度达到 $2\sim3mg/L$ 时，植物就受到伤害。叶片上初始形成不规则水渍斑，然后扩展到全叶，并产生不规则白色、黄褐色小斑点。严重时叶片失绿、褪色进而坏死。在黑暗或弱光下植物更易受害。氮氧化物伤害植物的机理如下。

1）对细胞的直接伤害：NO_2 抑制酶活力，影响膜的结构，导致膜透性增大，降低还原能力。

2）产生活性氧的间接伤害：可引起膜脂过氧化作用，产生大量的活性氧自由基，对叶绿体膜造成伤害，叶片褪色，光合下降。

NO 具有双重性，低浓度下作为信号分子对植物有保护作用，而高浓度则对细胞有严重伤害。

（三）水体污染和土壤污染

1. 水体污染物和土壤污染物　　随着工、农业生产的发展和城镇人口的集中，含有各种污染物质的工业废水、生活污水和矿产污水大量排入水系，以至于各种水体受到不同程度的污染，超过了水的自净能力，水质显著变劣，即为水体污染（water pollution）。水体污染物（water pollutant）种类繁多，包括各种金属污染物（汞、镉、铬、镍、锌和砷）、有机污染物（酚类化合

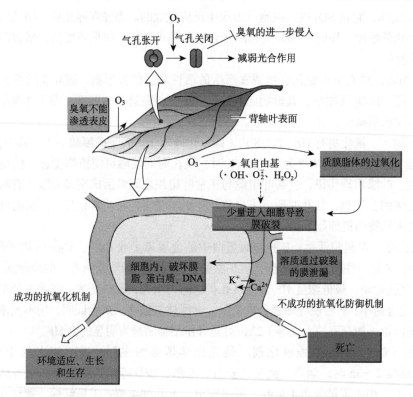

图 13-14　O₃ 的作用和植物的反应（引自 Buchanan et al., 2004）

因为臭氧具极性且为亲水性物质，它不能够渗透到皮层中，仅能微弱地侵入质体膜中；由于气孔的关闭，臭氧进入质膜空隙可以消失；臭氧被破坏的最初结果是质膜脂体的过氧化反应和刺激活性氧产物；臭氧可以激活植物体细胞内的抗氧化防御机制；抗氧化防御机制是否有效取决于臭氧的浓度、植物体忍耐能力、植株年龄和基因型

物、氰化物、三氯乙醛、苯类化合物、醛类化合物和石油油脂等）和非金属污染物（硒、硼和酸类等）。水体污染不仅危害人类的健康，而且危害水生生物资源，影响植物的生长发育。

　　土壤中积累的有毒、有害物质超出了土壤的自净能力，使土壤的理化性质发生改变，土壤微生物活动受到抑制和破坏，进而危害动植物生长和人类健康，称为土壤污染（soil pollution）。土壤污染物（soil pollutant）主要来自水体和大气。以污水灌溉农田，有毒物质会沉积在土壤中；大气污染物受重力作用或随雨、雪落于地表渗入土壤内；施用某些残留量较高的化学农药，也会污染土壤。

　　土壤污染对植物的危害主要有以下两点：第一，改变土壤理化性质。土壤污染使得土壤的酸碱度发生变化，破坏土壤结构，从而影响土壤中微生物的活动和植物的正常生长发育。第二，重金属污染物的危害。重金属是具有潜在危害的污染物。它不能被微生物所分解，可以在植物体内富集，并可将某些重金属转化为毒性更强的金属有机物。

　　大气污染、水体污染和土壤污染是一个综合因素，它们对植物的危害是连续的过程。多种污染的共同侵袭是加快植株死亡的主要原因。

　　2. 主要水体和土壤污染物对植物的伤害

　　（1）金属污染物　　各种金属，如汞、铬、铅、铝、硒、铜、锌、镍等，其中有些是植物必需的微量元素，但在水体和土壤中含量太高，会对植物造成严重危害。原因主要是这些重金属元素可抑制酶的活性，或与蛋白质结合，破坏质膜的选择透性，阻碍植物的正常代谢。

　　例如，铝含量过高会抑制根伸长生长，引起根尖结构破坏；新叶变小、卷曲，叶柄萎缩，叶缘褪绿，叶片脱落；竞争 K、Ca、Mg、Cu 等在根细胞膜上的结合位点，抑制水分和离子的吸收和转运；严重的造成植株死亡。汞可以引起植株光合速率下降，叶子黄化，分蘖受阻，根系发育不良，植株矮小。铬使得水稻叶鞘出现紫褐色斑点，叶片内卷，褪绿枯黄，根系短而稀疏，分蘖受限制，植株矮小；高浓度的铬还会间接影响钙、钾、镁和磷的吸收。砷可以使植物叶片变为绿褐色，叶柄基部出现褐色斑点，根系变黑，严重时植株枯萎。

（2）有机化合物　　水中酚类化合物含量超过 50μg/L 时，就会使水稻等生长受抑制，叶色变黄。当含量再升高，叶片会失水、内卷，根系变褐、逐渐腐烂。

氰化物浓度过高对植物呼吸有强烈的抑制作用，引起急性伤害，根系发育受阻，根短、数量少，使水稻、油菜、小麦等多种作物的生长和产量均受影响。

三氯乙醛对小麦的危害很大。在小麦种子萌发时期，它可以使小麦第一心叶的外壁形成一层坚固的叶鞘，以阻止心叶吐出和扩展，以致不能顶土出苗。苗期受害则出现畸形苗，萎缩不长，植株矮化，茎基膨大，分蘖丛生，叶片卷曲老化，麦根短粗，逐渐干枯死亡。

其他如甲醛、洗涤剂、石油等污染物对植物的生长发育也都有不良影响。

（3）酸雨与酸雾　　酸雨（acid rain）或酸雾也会对植物造成非常严重的伤害。因为酸雨、酸雾的 pH 很低，当酸性雨水或雾、露附着于叶面时，它们会随雨点的蒸发而浓缩，从而导致pH 下降，最初只是损坏叶表皮，进而进入栅栏组织和海绵组织，形成细小的坏死斑（直径约为0.25mm）。由于酸雨的侵蚀，叶表面会生成一个个凹陷的小洼，以后所降的酸雨容易沉积在此，所以随着降雨次数的增加，进入叶肉的酸雨就变多，它们会引起原生质分离，且被害部分徐徐扩大。叶片受害程度与 H^+ 浓度和接触酸雨时间有关，另外温度、湿度、风速和叶表面的润湿程度等都将影响酸雨在叶上的滞留时间。

酸雾的 pH 有时可达 2.0，酸雾中各种离子浓度比酸雨高 10～100 倍，雾滴的粒子直径约为20μm，雾对叶片作用的时间长，而且对叶的上下两面都可同时产生影响，因此酸雾对植物的危害更大。

花瓣比叶更容易受酸雨、酸雾危害，如牵牛花在 pH 4.0 时即发生脱色斑，这是 H^+ 容易浸湿花瓣细胞、破坏膜透性，细胞坏死，花青素等色素从细胞内溶出所致。

二、提高植物抗污染能力与环境保护能力

（一）提高植物抗污染能力

1. 对种子和幼苗进行抗性锻炼　　用较低浓度的污染物来处理种子或幼苗后，植株对这些污染物的抗性会有一定程度的提高。

2. 改善土壤营养条件　　通过改善土壤条件，创造植株生长适宜的 pH 范围，提高植株代谢强度，可增强对污染的抵抗力。例如，在土壤 pH 过低时，施入石灰可以中和酸性，改变植物吸收阳离子的成分，可增强植物对酸性气体的抗性。用钙可缓解铝对多种作物的毒害作用。施硅可使硅与铝形成无毒的铝硅酸离子，降低活性铝浓度，缓解大麦的铝毒（aluminum toxicity）危害。

3. 化学调控　　有研究用维生素和植物生长调节物质喷施柑橘幼苗多次，或加入营养液通过根系吸收，对 O_3 的抗性有所提高；喷施能固定或中和有害气体的物质，如石灰溶液，结果使氟害减轻；外源有机酸如柠檬酸、苹果酸等可降低铝对小麦生长的抑制作用。

4. 培育抗污染能力强的新品种　　采用组织培养、现代基因工程等新技术筛选抗污染突变体，培育抗污染新品种。

（二）利用植物保护环境

不同植物对各种污染物的敏感性有差异，同一植物对不同污染物的敏感性也不一样。利用这

些特点，可以用植物来保护环境。

1. **吸收和分解有毒物质**　　环境污染会对植物的正常生长带来危害，但植物也能改造环境。通过植物本身对各种污染物的吸收、积累和代谢作用，能减轻污染，达到分解有毒物质的目的。

每千克（干重）柳杉叶每日能吸收 3g SO_2，若每公顷柳杉林叶片按 20t 计算，则每日可吸收 60kg SO_2，这是一个可观的数字。地衣、垂柳、臭椿、山楂、板栗、夹竹桃、丁香等吸收 SO_2 的能力较强，能积累较多的硫化物；垂柳、拐枣、油茶有较大的吸收氟化物的能力，即使体内含氟很高，也能正常生长。水生植物中的水葫芦、浮萍、金鱼藻、黑藻等能吸收与积累水中的酚、氰化物、汞、铅、镉、砷等物质，因此对于已积累金属污染物的水生植物要慎重处理。

污染物被植物吸收后，有的分解成为营养物质，有的形成络合物，从而降低了毒性。酚进入植物体后，大部分参加糖代谢，与糖结合成对植物无毒的酚糖苷，贮存于细胞内；另一部分游离酚则被多酚氧化酶和过氧化物酶氧化分解，变成 CO_2、水和其他无毒化合物。有报道，植物吸收酚后，5~7d 就会全部分解掉。NO_2 进入植物体内后，可被硝酸还原酶和亚硝酸还原酶还原成 NH_4^+，然后由谷氨酸合酶转化为氨基酸，进而被合成蛋白质。

2. **净化环境**　　植物不断地利用工业燃烧和生物释放的 CO_2 并放出 O_2，使大气层的 CO_2 和 O_2 处于动态平衡。据计算，1hm² 阔叶树每天可吸收 1000kg 的 CO_2；常绿树（针叶林）每年每平方米可固定 1.4kg CO_2。植物还可减少空气中放射性物质，在有放射性物质的地方，树林背风面叶片上放射性物质的颗粒仅是迎风面的 1/4。

城市中的水域由于积累了大量营养物质，藻类繁殖过量，水色浓绿、浑浊，甚至变黑臭，影响景观和卫生。为了控制藻类生长，可采用换水法或施用化学药剂，也可采用生物治疗法。例如，在水面种植水葫芦（凤眼莲）以吸收水中的营养物质，来抑制藻类生长，使水色澄清。利用某些植物对金属离子的富集作用可改良土壤。例如，蜈蚣草对 As 具有超富集作用，其体内的 As 含量可达到环境中的上百倍。

3. **天然的吸尘器**　　叶片表面上的绒毛、皱纹及分泌的油脂等都可以阻挡、吸附和黏着粉尘。每公顷山毛榉阻滞粉尘总量为 68t，云杉林为 32t，松林为 36t。有的植物像松树、柏树、桉树、樟树等可分泌挥发性物质，杀灭细菌，有效减少大气中的细菌数。

4. **监测环境污染**　　低浓度的污染物用仪器测定时有困难，但可利用某些植物对某一污染物特别敏感的特性来监控当地的污染程度，这种植物称为指示植物。例如，紫花苜蓿和芝麻在 1.2μg/L 的 SO_2 浓度下暴露 1h 就有可见症状出现；唐菖蒲是一种对 HF 非常敏感的植物，可用来监测大气中 HF 浓度的变化。种植指示植物不仅能监测环境污染的情况，而且有一定的观赏和经济价值，起到美化环境的作用。

本 章 小 结

温度胁迫是指温度过低或过高对植物的影响。低温对植物的危害可分为冷害和冻害。冷害分为直接伤害与间接伤害两类，会使膜相改变，导致代谢紊乱，积累有毒物质。植物适应零上低温的方式是提高膜中不饱和脂肪酸含量，降低膜脂的相变温度，维持膜的流动性，使其不受伤害。

冻害伤害细胞是受过度脱水胁迫、结冰和化冻时引起膜和细胞质破损的机械胁迫和 K^+ 与糖等大量外渗的渗透胁迫等共同作用，使膜破裂，K^+ 泵失活，叶绿体和线粒体功能受阻，细胞死亡。植物有许多种抗冻基因，寒冷来临时，表达形成各种抗冻蛋白，来适应冷冻。植物以代谢减弱、增加体内糖分的方式适应低温的来临。

不同植物对高温的忍耐程度有很大的差异。高温对植物有直接伤害与间接伤害两个方面，使生物膜功能键断裂，膜蛋白变性，膜脂液化，生理过程不能正常进行。植物遇到高温时，体内产生热激蛋白，抵抗热胁迫。

水分胁迫包括干旱和涝害。干旱类型有大气干旱、土壤干旱和生理干旱。旱害产生的实质是原生质脱水，最直观的是萎蔫。由于细胞过度脱水，膜的结构及透性被破坏，代谢紊乱，光合作用下降，呼吸解偶联。脯氨酸在抗旱性中起重要作用。植物通过形态结构与生理生化特征变化来适应干旱。

涝害包括湿害和典型的涝害，涝害的核心是液相缺氧，进而给植物的形态、生长和代谢带来一系列不良影响。植物适应淹水胁迫主要是通过形成通气组织以获得更多的氧气。缺氧刺激乙烯形成，乙烯促进纤维素酶活性，把皮层细胞壁溶解，形成通气组织。耐缺氧的生化机理就是要消除有毒物质，或对有毒物质具忍耐力。

据植物抗盐性可将其分为盐生植物和非盐生植物。盐分过多使植物吸水困难，生物膜被破坏，生理紊乱。不同植物对盐胁迫的适应方式不同：或排除盐分，或拒吸盐分，或把 Na^+ 排出，或把 Na^+ 隔离在液泡中等。植物在盐分过多时，生成脯氨酸、甜菜碱等以降低细胞水势，增加耐盐性。

病害是寄主和寄生物相互作用的结果，同一植物既可以认为是抗病的，也可以认为是感病的。病原物感染植物后，使植物水分平衡失调，氧化磷酸化解偶联，光合作用下降。植物通过形态结构屏障或代谢合成多种抵抗病害的物质，如加强氧化酶活性、促进组织坏死以防止病菌扩大、产生抑制物质等。

在植物-昆虫的相互作用中，植物用不同机制来避免、阻碍或限制昆虫的侵害，或者通过快速再生来忍耐虫害。植物的抗虫性通常可分为生态抗性和遗传抗性两大类。

植物对太阳辐射变化的适应，可以分为环境适应和遗传适应。强光对植物可能造成的危害为强光胁迫。不同地区、不同植物，甚至同种植物的不同发育期等，对强光有着不同的标准。植物对强光胁迫适应的方式多种多样。弱光对植物生长发育的不利影响称为弱光胁迫。弱光逆境仅有相对意义。弱光环境中植物的生态适应性反应包括形态结构、生理生化过程和基因表达各个方面。紫外线辐射增强对植物的不良效应称为紫外线辐射胁迫。植物对 UV-B 辐射的防护方式有吸收和屏蔽作用与保护和修复作用。

环境污染包括大气污染、水体污染和土壤污染。SO_2、氟化物、光化学烟雾、酸雨、多种重金属、酚、氰等是重要的污染物。植物可以吸收和分解有毒物质、净化空气、保护环境，同时也可以起到监测环境污染的作用。

复习思考题

1. 名词解释

温度胁迫　寒害　冷害　冻害　热害　温度补偿点　水分胁迫　干旱　大气干旱　土壤干旱　生理干旱　涝害　盐害　盐碱土　水合补偿点　病害　虫害　光胁迫

2. 写出下列缩写符号的中文名称及其含义或生理功能。

UFAI　PAL　SAR

3. 试述低温对植物的伤害及植物抗寒的机理。

4. 试述高温对植物的伤害及植物抗热的机理。

5. 试述干旱的类型及对植物的伤害。如何提高植物的抗旱性？

6. 简述涝害对植物的伤害及抗涝植株的特征。

7. 植物耐盐的生理基础表现在哪些方面？如何提高植物的抗盐性？

8. 植物感病后生理生化方面有哪些变化？植物抗病的生理基础如何？

9. 强光胁迫对植物有何影响？

10. 植物的耐阴适应有哪些方式？

11. 你怎么理解紫外线辐射与植物抗性？

12. 什么叫大气污染？主要污染物有哪些？

13. 水体污染物和土壤污染物主要包括哪些种类？它们对植物有哪些危害？

14. 植物在环境保护中可起什么作用？

主要参考文献

陈晓亚，薛红卫．2012．植物生理与分子生物学．4 版．北京：高等教育出版社

简令成，王红．2009．逆境植物细胞生物学．北京：科学出版社

李合生．2016．现代植物生理学．3 版．北京：高等教育出版社

潘瑞炽．2012．植物生理学．7 版．北京：高等教育出版社

沈允钢，程建峰．2010．光合作用与农业生产．植物生理学通讯，46（6）：513-516

史密斯 AM，库普兰特 G，多兰 L，等．2012．植物生物学．瞿礼嘉，顾红雅，刘敬婧，等译．北京：科学出版社

孙大业，崔素娟，孙颖．2010．细胞信号转导．4 版．北京：科学出版社

王三根．2009．植物抗性生理与分子生物学．北京：现代教育出版社

王三根，苍晶．2015．植物生理生化．2 版．北京：中国农业出版社

王忠．2009．植物生理学．2 版．北京：中国农业出版社

武维华．2018．植物生理学．3 版．北京：科学出版社

许大全．2013．光合作用学．北京：科学出版社

许智宏，薛红卫．2012．植物激素作用的分子机理．上海：上海科学技术出版社

翟中和．2017．细胞生物学．4 版．北京：高等教育出版社

周嘉槐．1994．植物生理学通向新农业的途径．植物生理学通讯，30（2）：144-147

Buchanan BB, Gruissem W, Jones RL. 2004. 植物生物化学与分子生物学. 瞿礼嘉, 顾红雅, 白农书, 等译. 北京: 科学出版社

Agarwal S, Sairam PK, Srivastava GC, et al. 2005. Changes in antioxidant enzymes activity and oxidative stress by abscisic acid and salicylic acid in wheat genotypes. Biol Plant, 49 (4) : 541-550

Ahn YJ, Zimmerman JL. 2006. Introduction of the carrot HSP17.7 into potato (*Solanum tuberosum* L.) enhances cellular membrane stability and tuberization *in vitro*. Plant Cell Environ, 29: 95-104

Andreas PM, Rainer S, Ulf-Ingo F. 2005. Solute transporters of the plastid envelope membrane. Annual Review of Plant Biology, 56: 133-164

Ashraf M, Öztürk M, Ahmad MSA, et al. 2012. Crop Production for Agricultural Improvement. New York: Springer Science

Bin Rahman ANMR, Zhang JH. 2018. Preferential geographic distribution pattern of abiotic stress tolerant rice. Rice, 11: 10

Boudsocq M, Laurière C. 2005. Osmotic signaling in plants: Multiple pathways mediated by emerging kinase families. Plant Physiol, 138: 1185-1194

Giovannoni JJ. 2007. Fruit ripening mutants yield insights into ripening control. Current Opinion in Plant Biology, 10: 283-289

Guo XY, Liu DF, Chong K. 2018. Cold signaling in plants: Insights into mechanisms and regulation. J Integr Plant Biol, 60: 745-756

Hayat S, Mori M, Pichtel J, et al. 2010. Nitric Oxide in Plant Physiology. Weinheim: Wiley-VCH Verlag

Hopkins WG, Hünter NP. 2009. Introduction to Plant Physiology. 4th ed. New York: John Wiley & Sons Inc

Inzé D, de Veylder L. 2006. Cell cycle regulation in plant development. Annu Rev Genet, 40: 77-105

Jenks MA, Hasegawa PM. 2005. Plant Abiotic Stress. Oxford: Blackwell Publishing Ltd

Keskitalo J, Bergquist G, Gardestrom P, et al. 2005. A cellular timetable of autumn senescence. Plant Physiology, 139: 1635-1648

Lamattina L, Polacco JC. 2007. Nitric Oxide in Plant Growth, Development and Stress Physiology. Berlin: Springer-Verlag

Larkindale J, Hall JD, Knight MR, et al. 2005. Heat stress phenotypes of *Arabidopsis* mutants implicate multiple signaling pathways in the acquisition of thermotolerance. Plant Physiol, 138: 882-897

Lehninger AL, Nelson DL. 1993. Principles of Biochemistry. 2nd ed. New York: Worth Publishers

Lim PO, Kim HJ, Nam HG. 2007. Leaf senescence. Annu Rev Plant Biol, 58: 115-136

Mahalingam R, Fedoroff N. 2003. Stress response, cell death and signaling: the many faces of reactive oxygen species. Physiol Plant, 119: 56-58

Mariga P. 2004. Plastid transformation in higher plants. Annual Review of Plant Biology, 55: 289-313

Martin GB, Bogdanove AL. 2003. Understanding the functions of plant disease resistance proteins. Annual Review of Plant Biology, 54: 23-61

Masamitsu W, Takatoshi K, Yoshikatsu S. 2003. Chloroplast movement. Annual Review of Plant Biology, 54: 455-468

Pal M. 2004. Plastid transformation in higher plants. Annual Review of Plant Biology, 55: 289-313

Pareek A, Sopory SK, Bohnert HJ. 2010. Abiotic Stress Adaptation in Plants Physiological, Molecular and Genomic Foundation. New York: Springer

Qin F, Shinozaki K, Yamaguchi-Shinozaki K. 2011. Achievements and challenges in understanding plant abiotic stress responses and tolerance. Plant Cell Physiology, 52 (9): 1569-1582

Rao KVM, Raghavendra AS, Reddy KJ. 2006. Physiology and Molecular Biology of Stress Tolerance in Plants. New York: Springer

Sakamoto W. 2006. Protein degradation machineries in plastids. Annu Rev Plant Biol, 57: 599-621

Salisbury FB, Ross CW. 1992. Plant Physiology. Belmont: Wandsworth Publishing Company

Sanchez-Barrena MJ, Martinez-Ripoll M, Zhu JK, et al. 2005. The structure of the *Arabidopsis thaliana* SOS: molecular mechanism of sensing calcium for salt stress response. J Mol Biol, 345: 1253-1264

Shahri W, Tahir I. 2011. Flower senescence-strategies and some associated events. Bot Rev, 77: 152-184

Shahryar N, Maali-Amiri R. 2016. Metabolic acclimation of tetraploid and hexaploid wheats by cold stress-induced carbohydrate accumulation. J Plant Physiol, 204: 44-53

Silva JMD, Arrabaça MC. 2004. Contributions of soluble carbohydrates to the osmotic adjustment in the C4 grass *Setaria sphacelata*: A comparison between rapidly and slowly imposed water stress. J Plant Physiol, 161: 551-555

Smirnoff N. 2005. Antioxidants and Reactive Oxygen Species in Plants. Oxford: Blackwell Publishing Ltd

Suarez MF, Filonova LH, Smertenko A, et al. 2004. Metacaspase dependent programmed cell death is essential for plant embryogenesis. Curr Biol, 14: 339-340

Sunkar R. 2010. Plant Stress Tolerance Methods and Protocols. Oxford: Humana Press

Tai PS, Frank G. 2004. Molecular mechanism of gibberellin signaling in plants. Annual Review of Plant Biology, 55: 197-223

Taiz L, Zeiger E. 2010. Plant Physiology. 5th ed. Sunderland: Sinauer Associates Inc

Tamás L, Budíková S, Huttová J, et al. 2005. Aluminum-induced cell death of barley-root border cells is correlated with peroxidase- and oxalate oxidase-mediated hydrogen peroxide production. Plant Cell Rep, 24: 189-194

Tang D, Christiansen KM, Innes RW. 2005. Regulation of plant disease resistance, stress responses, cell death, and ethylene signaling in *Arabidopsis* by the EDR1 protein kinase. Plant Physiol, 138: 1018-1026

Wasteneys GO, Galway ME. 2003. Remodeling the cytoskeleton for growth and form: an overview with some new views. Annual Review of Plant Biology, 54: 691-722

Wendehenne D, Durner J, Klessig D. 2004. Nitric oxide: a new player in plant signaling and defence responses. Curr Opin Plant Biol, 7: 449-455

Xu SJ, Kang C. 2018. Remembering winter through vernalisation. Nature Plants, 4: 997-1009

Yang AJ, Anjum SA, Wang L, et al. 2018. Effect of foliar application of brassinolide on photosynthesis and chlorophyll fluorescence traits of *Leymus chinensis* under varying levels of shade. Photosynthetica, 56 (3): 873-883

Yin GY, Wang WJ, Niu HX, et al. 2017. Jasmonate-sensitivity-assisted screening and characterization of nicotine synthetic mutants from activation-tagged population of tobacco (*Nicotiana tabacum* L.). Frontiers in Plant Science, 8 (157): 1-11

Zhu JK. 2002. Salt and drought stress signal transduction in plants. Annual Review of Plant Biology, 53: 247-273

Zhu JK. 2016. Abiotic stress signaling and responses in plants. Cell, 167: 313-324

附录 植物生理学常见中英文名词对照

1,1-二甲基哌啶鎓氯化物（助壮素） 1,1-dimethyl pipericlinium chloride（Pix）

1,3-双磷酸甘油酸 1,3-diphosphoglyceric acid（DPGA）

1-氨基环丙烷-1-羧酸 1-aminocyclopropane-1-carboxylic acid（ACC）

2,3,5-三碘苯甲酸 2,3,5-triiodobenzoic acid（TIBA）

2,4,5-三氯苯氧乙酸 2,4,5-trichlorophenoxyacetic acid（2,4,5-T）

2,4-二氯苯氧乙酸 2,4-dichlorophenoxyacetic acid（2,4-D）

2,4-二硝基苯酚 2,4-dinitrophenol（DNP）

2-氯乙基膦酸（乙烯利） 2-chloroethyl phosphonic acid（CEPA）

3-磷酸甘油醛 3-phosphoglyceraldehyde（GAP）

3-磷酸甘油酸 3-phosphoglyceric acid（PGA）

3-磷酸甘油酸 / 丙酮酸途径 3-phosphoglycerate/pyruvate pathway

3-磷酸甘油酸激酶 3-phosphoglycerate kinase（PGAK）

4-碘苯氧乙酸 4-iodophenoxyacetic acid

4-氯吲哚乙酸 4-chloroindole-3-acetic acid（4-Cl-IAA）

5′-甲硫基腺苷 5′-methylthioadenosine（MTA）

6-苄基腺嘌呤 6-benzyl adenine（BA，6-BA）

6-呋喃氨基嘌呤 N^6-furfurylaminopurine

6-磷酸葡糖酸内酯酶 6-phosphogluconolactonase

6-磷酸葡糖酸脱氢酶 6-phosphogluconate dehydrogenase

ABC 模型 ABC model

ABCDE 模型 ABCDE model

ACC 合酶 ACC synthase

ACC 氧化酶 ACC oxidase

ADPG 焦磷酸化酶 adenosine diphosphate glucose pyrophosphorylase（AGP）

ATP 合酶 ATP synthase

ATP 磷酸水解酶（ATP 酶） ATP phosphohydrolase（ATPase）

AUX 响应基因 auxin-response genes

C_2 循环 C_2 cycle

C_2 光呼吸碳氧化循环（PCO） C_2-photorespiration carbon oxidation cycle

C_3-C_4 中间型植物 C_3-C_4 intermediate plant

C_3 光合碳还原循环 C_3 photosynthetic carbon reduction cycle

C_3 途径 C_3 pathway

C_3 植物 C_3 plant

C_4-二羧酸途径 C_4-dicarboxylic acid pathway

C_4 途径 C_4 pathway

C_4 光合碳同化循环 C_4 photosynthetic carbon assimilation cycle（PCA）

C_4 植物 C_4 plant

CAM 植物 CAM plant

CaM 结合蛋白 calmodulin binding protein（CaMBP）

CO_2 饱和点 CO_2 saturation point

CO_2 补偿点 CO_2 compensation point

CO_2 同化 CO_2 assimilation

DNA 微阵列 DNA microarray

Fd-NADP 还原酶 ferredoxin-NADP reductase（FNR）

G_1 期 gap$_1$，pre-synthetic phase

G_2 期 gap$_2$，post-synthetic phase

G 蛋白（GTP 结合调节蛋白） GTP-binding regulatory protein

NO 合酶 nitric oxide synthase（NOS）

N-丙二酰-ACC N-malonyl-ACC（MACC）

PEP 羧激酶 PEP carboxy kinase（PEP-CK）

P/O 比 P/O ratio

PS Ⅱ 聚光复合体 PS Ⅱ light-harvesting complex（LHC Ⅱ）

RuBP 加氧酶 RuBP oxygenase

S-腺苷甲硫氨酸　S-adenosyl methionine（SAM）

S 期　synthetic phase

UDPG 焦磷酸化酶　UDPG pyrophosphorylase

α-淀粉酶　α-amylase

α-萘乙酸　α-naphthalene acetic acid（NAA）

β-1,3-葡聚糖酶　β-1,3-glucanase

δ-氨基酮戊酸（5-氨基酮戊酸）　δ-aminolevulinic acid（ALA）

阿拉伯半乳聚糖蛋白　arabinogalactan protein（AGP）

阿司匹林　aspirin

阿魏酸　ferulic acid

矮壮素（2-氯乙基三甲基氯化铵）　chlorocholine chloride（CCC）

氨基氧乙酸　aminooxyacetic acid（AOA）

氨基乙氧基乙烯基甘氨酸　aminoethoxyvinyl glycine（AVG）

安全含水量　safety water content

暗反应　dark reaction

暗呼吸　dark respiration

暗形态建成　skotomorphogenesis

白色体　leucoplast

板块镶嵌模型　plate mosaic model

半透膜　semipermeable membrane

半纤维素　hemicellulose

半自主性细胞器　semiautonomous organelle

伴胞　companion cell

胞间层　intercellular layer

胞间连丝　plasmodesma

胞内信号　internal signal

胞外信号　external signal

胞饮作用　pinocytosis

胞质环流　cyclosis

孢子体型自交不亲和　sporophytic self incompatibility（SSI）

饱和脂肪酸　saturated fatty acid

保护层　protection layer

保护酶　protective enzyme

保卫细胞　guard cell

贝壳杉烯　ent-kaurene

背侧运动细胞　dorsal motor cell

被动吸收　passive absorption

被动吸水　passive absorb water

被动转运　passive transport

被膜　envelope

倍半萜　sesquiterpene

苯丙氨酸　phenylalanine（Phe）

苯丙氨酸解氨酶　phenylalanine ammonia lyase（PAL）

苯乙酸　phenylacetic acid（PAA）

比集转运速率　specific mass transfer rate（SMTR）

比久（阿拉）（二甲胺琥珀酰胺酸）　dimethylamino succinamic acid（B_9）

必需元素　essential element

避冻　freezing avoidance

避免结冻温度　avoidance of freezing temperature

避免细胞内结冰　avoidance of ice intracellular freezing

避逆性　stress escape

避盐　salt avoidance

变异电位　variation potential（VP）

表观光合速率　apparent photosynthetic rate

表观库强　apparent sink strength

表油菜素内酯　epibrassinolide

别藻蓝蛋白　allophycocyanin

丙氨酸　alanine（Ala）

丙氨酸甜菜碱　alanine betaine

丙二醛　malondialdehyde（MDA）

丙糖磷酸异构酶　triose-phosphate isomerase

丙酮酸　pyruvic acid（Pyr）

丙酮酸磷酸双激酶　pyruvate phosphate dikinase（PPDK）

丙酮酸脱氢酶复合体　pyruvate dehydrogenase complex

丙酮酸脱羧酶　pyruvic acid decarboxylase

丙酮酸转运体　pyruvate translocator

病斑　lesion

病程相关蛋白　pathogenesis related protein（PR）

病毒　virus

病害　disease injury

病原菌　disease producing germ

病原物　pathogenetic organism

卟啉环　porphyrin ring

不饱和脂肪酸　unsaturated fatty acid

不饱和脂肪酸指数　unsaturated fatty acid index（UFAI）

不定根　adventitious root

不均等分裂　asymmetric division

薄壁细胞　parenchyma cell

薄层层析　thin layer chromatography（TLC）

菜油甾醇　campesterol

操纵子　operon

草酰乙酸　oxaloacetic acid（OAA）

侧根　lateral root

侧生分生组织　lateral meristem

层积处理　stratification

长短日植物　long short day plant（LSDP）

长距离运输系统　long distance transport system

长命 mRNA　long lived mRNA

长日植物　long day plant（LDP）

长夜植物　long night plant

超极化　hyperpolarizing

超微结构　ultrastructure

超氧化物歧化酶　superoxide dismutase（SOD）

衬质　matrix

衬质势　matrix potential（ψ_m）

成花决定态　floral determined state

成年期　adult phase

成花素　florigen

成花诱导　floral induction，flower induction

成熟　maturation

程序性细胞死亡　programmed cell death（PCD）

赤霉素　gibberellin（GA）

赤霉素途径　gibberellin pathway

赤霉烷　gibberellane

赤藓糖-4-磷酸　erythrose-4-phosphate（E4P）

初级信使（第一信使）　primary messenger，first messenger

初生壁　primary wall

初生代谢　primary metabolism

初生代谢物　primary metabolite

初生分生组织　primary meristem

传粉（授粉）　pollination

臭氧　ozone（O_3）

抽薹　bolting

春化素　vernalin

春化途径　vernalization pathway

春化作用　vernalization

雌蕊　pistil

雌雄同花植物　hermaphroditic plant

雌雄同株植物　monoecious plant

雌雄异株植物　dioecious plant

次级电子供体　secondary electron donor（D）

次生壁　secondary wall

次生产物　secondary product

次生代谢　secondary metabolism

次生代谢物　secondary metabolite

次生分生组织　secondary meristem

刺激性单性结实　stimulative parthenocarpy

从头合成　de novo synthesis

粗面内质网　rough endoplasmic reticulum（RER）

大量元素　macroelement，major element

大气干旱　atmosphere drought

大气圈　atmosphere

大气污染　atmosphere pollution

大气污染物　atmosphere pollutant

大纤丝　macrofibril

代谢库　metabolic sink

代谢性吸水　metabolic absorption of water

代谢源　metabolic source

代谢组学　metabonomics

单"S"形生长曲线　single sigmoid growth curve

单次结实性　monocarpic species

单酚氧化酶　monophenol oxidase

单顺反子　cistron

单萜　monoterpene

单位膜模型　unit membrane model

单向转运体　uniport

单性结实　parthenocarpy

单盐毒害　toxicity of single salt

胆绿素　biliverdin

蛋白激酶　protein kinase（PK）

蛋白激酶 A　protein kinase A（PKA）

蛋白激酶 C　protein kinase C（PKC）

蛋白磷酸酶　protein phosphatase（PP）

蛋白酶　proteinase

蛋白酶抑制剂　proteinase inhibitor（PI）

蛋白体　proteoplast

蛋白质　protein

蛋白质组学　proteomics

氮素营养　nitrogen nutrition

刀豆氨酸　canavanine

导管　vessel

等渗溶液　isoosmotic solution

低渗溶液　hypotonic solution

低温诱导蛋白　low temperature induced protein

低温诱导基因　low temperature induced gene

底物水平磷酸化　substrate-level phosphorylation

地上部衰老　top senescence

第二信使　second messenger

第一单线态　first singlet state

第一三线态　first triplet state

电信号　electrical signal

电子传递　electron transport

电子传递链　electron transport chain（ETC）

电子自旋共振　electron spin resonance（ESR）

淀粉　starch

淀粉合酶　starch synthase

淀粉粒　starch grain

淀粉体　amyloplast

淀粉-糖转化学说　starch-sugar conversion theory

凋亡　apoptosis

凋亡小体　apoptotic body

顶端分生组织　apical meristem

顶端细胞　apical cell

顶端优势　apical dominance，terminal dominance

动作电位　action potential（AP）

冻害　freezing injury

独脚金内酯　strigolactone（SL）

短长日植物　short long day plant（SLDP）

短距离运输系统　short distance transport system

短日春化现象　short-day vernalization

短日植物　short day plant（SDP）

短夜植物　short night plant

锻炼　hardening

对数期　logarithmic phase

对香豆醇　p-coumaryl alcohol

对香豆酸　p-coumaric acid

多胺　polyamine（PA）

多次结实性　polycarpic species

多酚氧化酶　polyphenol oxidase

多聚半乳糖醛酸酶　polygalacturonase（PG）

多聚核糖体　polysome

多顺反子　polycistron

多糖　polysaccharide

多萜　polyterpene

垛叠区　appressed region

二胺氧化酶　diamine oxidase

二苯脲　diphenylurea

二氯苯基二甲基脲（敌草隆）　dichlorophenyl dimeth-ylurea，diuron（DCMU）

二羟丙酮磷酸　dihydroxy acetone phosphate（DHAP）

二氢红花菜豆酸　dihydrophaseic acid

二酰甘油　diacylglycerol（DG，DAG）

发酵　fermentation

发酵代谢　fermentative metabolism

发色团（生色团）　chromophore

发育　development

发育适应　evolutive adaptation

法尼基焦磷酸　farnesyl pyrophosphate（FPP）

反密码子　anticodon

反式肉桂酸　trans-cinnamic acid

反式作用因子　transacting factor

反（异）向转运体　antiport

反应能力　response capacity

反应中心色素　reaction center pigment（P）

泛醌　ubiquinone（UQ）

泛素（泛肽）　ubiquitin（Ub）

泛素化　ubiquitination

放热呼吸　thermogenic respiration

放射免疫检测法　radioimmunoassay（RIA）

放线菌素 D　actinomycin D

放氧复合体　oxygen-evolving complex（OEC）

非蛋白氨基酸　nonprotein amino acid

非凋亡的程序性细胞死亡　non-apoptotic programmed cell death

非丁（肌醇六磷酸钙镁盐，植酸钙镁盐）　phytin

非垛叠区　nonappressed region

非环式电子传递　noncyclic electron transport

非环式光合磷酸化　noncyclic photophosphorylation

非色氨酸依赖途径　tryptophan-independent pathway

非生物逆境　abiotic stress

非盐生植物　nonhalophyte

沸点　boiling point

分化　differentiation

分裂期　mitotic stage

分生组织　meristem

分生组织特征基因　meristem identity gene

分支酶　branching enzyme

分子伴侣　molecular chaperone

分子内呼吸　intramolecular respiration

分子屏蔽　molecular shielding

酚类　phenol

酚氧化酶　phenol oxidase

辅酶 Q　coenzyme Q（CoQ）

辅助色素　accessory pigment

腐胺　putrescine（Put）

负化学信号　negative chemical signal

负向光性　negative phototropism

负向重力性　negative gravitropism

附着力　adhesive force

复合脂　complex lipid

复种指数　multiple crop index

副卫细胞　subsidiary cell

富甘氨酸蛋白　glycine rich protein（GRP）

富羟脯氨酸糖蛋白　hydroxyproline rich glycoprotein（HRGP）

富苏氨酸和羟脯氨酸糖蛋白　threonine and hydroxy-proline rich glycoprotein（THRGP）

富组氨酸和羟脯氨酸糖蛋白　histidine and hydroxy-proline rich glycoprotein（HHRGP）

腹侧运动细胞　ventral motor cell

钙调素　calmodulin（CaM）

钙依赖型蛋白激酶　calcium dependent protein kinase（CDPK）

钙稳态　calcium homeostasis

干旱　drought

干旱逆境蛋白　drought stress protein

干旱应答基因　responsive gene to dehydration

干旱诱导蛋白　drought induced protein

干细胞　stem cell

甘氨酸　glycine（Gly）

甘氨酸甜菜碱　glycine betaine

甘油　glycerol

甘油三酯　triacylglycerol（TAG）

感温运动　thermonasty movement

感性运动　nastic movement

感夜运动　nyctinasty movement

感震运动　seismonasty movement

高尔基复合体　Golgi complex

高尔基器　Golgi apparatus

高尔基体　Golgi body

高渗溶液　hypertonic solution

高温胁迫　high temperature stress

高效液相层析　high performance liquid chromatography（HPLC）

根冠比　root-top ratio（R/T）

根压　root pressure

共质体　symplast

共质体途径　symplast pathway

共质体运输　symplastic transport

功能基因组学　functional genomics

谷氨酸　glutamic acid（Glu）

谷氨酸合酶　glutamate synthase（GOGAT）

谷氨酸天冬氨酸转氨酶　glutamate aspartic acid amino-transferase

谷氨酸脱氢酶　glutamate dehydrogenase（GDH）

谷氨酰胺　glutamine（Gln）

谷胱甘肽　glutathione（GSH）

谷胱甘肽过氧化酶　glutathione peroxidase（GPX）

谷胱甘肽还原酶　glutathione reductase（GR）

谷酰胺合成酶　glutamine synthetase（GS）

固氮酶　nitrogenase

固氮作用　nitrogen fixation

寡霉素　oligomycin

寡糖素　oligosaccharin

管胞　tracheid

光饱和点　light saturation point

光饱和现象　light saturation

光补偿点　light compensation point

光反应　light reaction

光合单位　photosynthetic unit

光合链　photosynthetic chain

光合磷酸化　photophosphorylation

光合膜　photosynthetic membrane

光合强度　intensity of photosynthesis

光合色素　photosynthetic pigment

光合生产力　photosynthetic productivity

光合速率　photosynthetic rate

光合系统基因　gene for the photosynthetic system

光合有效辐射　photosynthetic active radiation（PAR）

光合作用　photosynthesis

光合作用的辅助色素　accessory photosynthetic pigment

光呼吸　photorespiration

光量子　quantum

光量子密度　photo flux density

光敏素　phytochrome（Phy）

（光敏素的）红光吸收型　red light-absorbing form（Pr）

（光敏素的）远红光吸收型　far-red light-absorbing form（Pfr）

光能利用率　efficiency for solar energy utilization（Eu）

光生物学　photobiology

光受体　photoreceptor

光系统 I　photosystem I（PS I）

光系统 II　photosystem II（PS II）

光形态建成　photomorphogenesis

光抑制　photoinhibition

光周期　photoperiod

光周期途径　photoperiodic pathway

光周期现象　photoperiodism

光周期诱导　photoperiodic induction

光子　photon

果胶　pectin

果胶酸　pectic acid

果胶物质　pectic substance

果实　fruit

果糖-1,6-双磷酸　fructose-1,6-biphosphate（FBP）

果糖-1,6-双磷酸磷酸酶　fructose-1,6-biphosphate phosphatase

果糖-6-磷酸　fructose-6-phosphate（F6P）

果糖双磷酸醛缩酶　fructose biphosphate aldolase

过冷点　supercooling point

过冷作用　supercooling

过敏反应（超敏反应）　hypersensitive response, hypersensitive reaction（HR）

过氧化氢酶　catalase（CAT）

过氧化物酶　peroxidase（POD）

过氧化物体　peroxisome

含氮化合物　nitrogen-containing compound

寒害　cold injury

旱害　drought injury

旱生植物　xerophyte

合子　zygote

核骨架　nuclear skeleton

核基质　nuclear matrix

核孔　nuclear pore

核粒　karyosome

核膜　nuclear membrane

核仁　nucleolus

核糖-5-磷酸　ribose-5-phosphate（R5P）

核糖-5-磷酸差向异构酶　ribose-5-phosphate epimerase

核糖-5-磷酸激酶　ribose-5-phosphate kinase

核糖核酸　ribonucleic acid（RNA）

核糖体　ribosome

核酮糖-1,5-双磷酸加氧酶　ribulose-1,5-bisphosphate oxygenase

核酮糖-1,5-双磷酸羧化酶　RuBP carboxylase

核酮糖-1,5-双磷酸羧化酶 / 加氧酶　ribulose-1,5-
　　bisphosphate carboxylase/oxygenase（Rubisco）

核酮糖-5-磷酸　ribulose-5-phosphate（Ru5P）

核酮糖双磷酸　ribulose-1,5-bisphosphate（RuBP）

核小体　nucleosome

核心复合体　core complex

横向光性　diaphototropism

横向重力性　diagravitropism

红花菜豆酸　phaseic acid

红光　red light（R）

红降　red drop

后熟作用　after ripening

呼吸底物　respiratory substrate

呼吸链　respiratory chain

呼吸商　respiratory quotient（RQ）

呼吸速率　respiratory rate

呼吸强度　respiratory intensity

呼吸系数　respiratory coefficient

呼吸效率　respiratory ratio

呼吸跃变（呼吸峰）　respiratory climacteric

呼吸作用　respiration

胡萝卜醇　carotenol

胡萝卜素　carotene

花瓣　petal

花的发育　floral development

花的形态建成　floral morphogenesis

花萼　sepal

花粉　pollen

花粉粒　pollen grain

花粉素（孢粉素）　sporopollenin

花器官特征基因　floral organ identity gene

花色苷　anthocyanin

花色素　anthocyanidin

花熟状态　ripeness to flower state

花芽分化　flower bud differentiation

花原基　floral primordia

滑面内质网　smooth endoplasmic reticulum（SER）

化感物质　allelochemicals

化学渗透假说　chemiosmotic hypothesis

化学势　chemical potential

化学试剂诱导蛋白　chemical induced protein

化学信号　chemical signal

坏死营养型　necrotrophy

还原阶段　reduction phase

还原戊糖磷酸途径　reductive pentose phosphate pathway
　　（RPPP）

环割试验　girdling experiment

环核苷酸　cyclic nucleotide

环境适应　environmental adaptation

环境污染　environmental pollution

环鸟苷酸　cyclic GMP（cGMP）

环式电子传递　cyclic electron transport

环式光合磷酸化　cyclic photophosphorylation

环腺苷酸　cyclic AMP（cAMP）

环氧玉米黄素　antheraxanthin

环脂肪酸　cyclic fatty acid

黄化现象　etiolation

黄化症　etiolation illness

黄素单核苷酸　flavin mononucleotide（FMN）

黄素腺嘌呤二核苷酸　flavin adenine dinucleotide（FAD）

黄酮　flavone

黄酮醇　flavonol

黄质醛　xanthoxin

灰分　ash

灰分元素　ash element

回避反应　avoidance response

活化酶　activase

活体营养型　biotrophy

活性氮　reactive nitrogen species（RNS），reactive nitrogen
　　oxide species（RNOS），active oxygen，reactive oxygen
　　species，active oxygen species（ROS）

活性氧胁迫蛋白　reactive oxygen species stress protein

肌醇-1,4,5-三磷酸　inositol-1,4,5-triphosphate（IP_3）

肌醇磷脂　inositol phospholipid

肌动蛋白　actin

肌动蛋白纤维　actin filament

基粒　granum

基粒类囊体　granum thylakoid

基粒片层　granum lamella
基态　ground state
基细胞　basal cell
基因表达　gene expression
基因芯片　gene chip
基因型　genetype
基因组　genome
基质　matrix, stroma
基质反应　stroma reaction
基质类囊体　granum thylakoid
基质片层　granum lamella
激动素　kinetin（KT）
激发态　excited state
激活剂　activator
激酶调节蛋白　kinase-regulated protein
激素　hormone
激素受体　hormone receptor
极性运输　polar transport
级联　cascade
集流　mass flow
己糖激酶　hexokinase
己糖磷酸途径　hexose monophosphate pathway（HMP）
几丁质酶　chitinase
寄主　host
甲基赤藓醇磷酸途径　methylerythritol phosphate pathway
甲硫氨酸（蛋氨酸）　methionine（Met）
甲瓦龙酸　mevalonic acid（MVA）
甲瓦龙酸途径　mevalonic acid pathway
假单性结实　fake parthenocarpy
假根　rhizoid
假环式电子传递　pseudocyclic electron transport
假环式光合磷酸化　pseudocyclic photophosphorylation
间期　interphase
简单酚类　simple phenolic compound
减少自由水　absence of free water
碱基对　base pair（bp）
碱土　alkaline soil
渐进衰老　progressive senescence
降低结冰点　lowering of freezing point

降解阶段　degradation stage
降压吸水　negative pressure absorption of water
交叉保护　cross protection
交叉适应（交叉忍耐）　cross adaptation, cross tolerances
交换吸附　exchange absorption
交替途径　alternative pathway（AP）
交替氧化酶　alternative oxidase（AO）
胶体　colloid
胶体系统　colloidal system
角质酶　cutinase
角质蒸腾　cuticular transpiration
结构蛋白　structural protein
结合蛋白　binding protein
解偶联剂　uncoupler
解偶联作用　uncoupling
界线设定基因　cadastral gene
芥子醇　sinapyl alcohol
近似昼夜节奏　circadian rhythm
经济产量　economic yield
经济系数　economic coefficient
精氨酸　arginine（Arg）
精胺　spermine（Spm）
精油　essential oil
景天庚酮糖-1,7-双磷酸　sedoheptulose-1,7-bisphosphate（SBP）
景天庚酮糖-1,7-双磷酸酶　sedoheptulose-1,7-bisphosphatase
景天庚酮糖-7-磷酸　sedoheptulose-7-phosphate（S7P）
景天酸代谢　crassulacean acid metabolism（CAM）
净光合速率　net photosynthetic rate（Pn）
净同化率　net assimilation rate（NAR）
静息细胞　resting cell
就近供应　close-by supply
拒盐　salt exclusion
居间分生组织　intercalary meristem
聚光色素　light harvesting pigment
聚集反应　accumulation response
绝对长日植物　absolute long-day plant
绝对短日植物　absolute short-day plant

绝对生长速率　absolute growth rate（AGR）

咖啡酸　caffeic acid

咖啡因　caffeine

卡尔文循环　Calvin cycle

凯氏带　casparian strip

抗病基因　disease resistance-related gene

抗病性　disease resistance

抗虫性　pest resistance

抗冻蛋白　antifreeze protein（AFP）

抗冻基因　antifreeze gene

抗冻性　freezing resistance

抗旱性　drought resistance

抗坏血酸　ascorbic acid, ascorbate

抗坏血酸氧化酶　ascorbic acid oxidase

抗涝性　flood resistance

抗冷性　chilling resistance

抗霉素 A　antimycin A

抗逆相关基因　stress resistant related gene

抗氰呼吸　cyanide resistant respiration

抗氰氧化酶　cyanide resistant oxidase

抗氰支路　cyanide resistant shunt

抗热性　heat resistance

抗生长素　antiauxin

抗性　stress resistance, hardiness

抗盐性　salt resistance

抗氧化剂　antioxidant

抗氧化酶　antioxidant enzyme

可待因　codeine

可可碱　theobromine

可卡因（古柯碱）　cocaine

库　sink

库强　sink strength

跨膜蛋白　transmembrane protein

跨膜途径　transmembrane pathway

跨膜信号转导　transmembrane signal transduction

奎宁　quinine

奎宁酸　quinic acid

昆虫拒食剂　insect repellant

矿质营养　mineral nutrition

矿质元素　mineral element

扩大　expansion

扩散　diffusion

扩张蛋白　expansin

蓝光受体　blue light receptor

蓝光效应　blue light effect

蓝光 / 紫外光受体　blue/UV-A receptor

涝害　flood injury

类胡萝卜素　carotenoid

类黄酮　flavonoid

类囊体　thylakoid

类囊体反应　thylakoid reaction

类囊体腔　thylakoid lumen

类生长素　auxin like

类萜　terpenoid

类型 I 光敏素　type I phytochrome（P I）

类型 II 光敏素　type II phytochrome（P II）

冷害　chilling injury

冷响应蛋白（冷激蛋白）　cold responsive protein, cold shock protein

离层　separation layer

离区　abscission zone

离子泵　ion pump

离子交换　ion exchange

离子通道　ion channel

离子颉颃　ion antagonism

离子胁迫　ionic stress

栗甾酮　typhasterol

利用效率　utilization efficiency

两极光周期植物　amphotoperiodism plant

量子产率　quantum yield

量子效率　quantum efficiency

量子需要量　quantum requirement

临界暗期　critical dark period

临界浓度　critical concentration

临界日长　critical daylength

临界夜长　critical night length

邻近细胞　neighbouring cell

磷光　phosphorescence

磷酸　phosphate（Pi）

磷酸丙糖　triose phosphate（TP）

磷酸果糖激酶　phosphate fructose kinase（PFK）

磷酸核糖异构酶　phosphoriboisomerase

磷酸葡糖异构酶　glucose phosphate isomerase

磷酸戊糖差向异构酶　phosphopentose epimerase

磷酸烯醇式丙酮酸　phosphoenol pyruvate（PEP）

磷酸烯醇式丙酮酸羧化酶　phosphoenol pyruvate
　　carboxylase（PEPC）

磷酸烯醇式丙酮酸羧激酶　PEP carboxykinase

磷酸运转体　phosphate translocator

磷脂酶 C　phospholipase C（PLC）

磷脂　phospholipid

磷脂酰胆碱（卵磷脂）　phosphatidylcholine

磷脂酰肌醇　phosphatidylinositol（PI）

磷脂酰乙醇胺（脑磷脂）　phosphatidylethanolamine

流动镶嵌模型　fluid mosaic model

流式细胞仪　flow cytometry

硫胺素焦磷酸　thiamine pyrophosphate（TPP）

硫氧还蛋白　thioredoxin（Td）

硫脂　sulfolipid

六氢吡啶　piperidine

绿原酸　chlorogenic acid

氯丁唑（多效唑）　paclobutrazol（MET，PP_{333}）

氯化三苯基四氮唑　2,3,5-triphenyltertazdiumehloride
　　（TTC）

萝卜宁　raphanusanin

萝卜酰胺　raphanusamide

马来酰肼（青鲜素）　maleic hydrazide（MH）

吗啡　morphine

麦芽糖酶　maltase

莽草酸　shikimic acid

莽草酸途径　shikimic acid pathway

毛管水　capillary water

毛细作用　capillarity

酶联免疫吸附检测法　enzyme linked immunosorbent
　　assay（ELISA）

萌发　germination

泌盐　salt secretion

免疫　immune

敏感性　sensitivity

膜保护系统　membrane protective system

膜蛋白　membrane protein

膜动转运　cytosis

膜间隙　intermembrane space

膜脂过氧化作用　membrane lipid peroxidation

末端氧化酶　terminal oxidase

茉莉素　jasmonates（JAs）

茉莉酸　jasmonic acid（JA）

茉莉酸甲酯　methyl jasmonate（JA-Me）

茉莉酸异亮氨酸　jasmonic acid-isoleucine（JA-Ile）

木葡聚糖内转化糖基化酶　xyloglucan endotrans-
　　glycosylase（XET）

木酮糖-5-磷酸　xylulose-5-phosphate（Xu5P）

木质部　xylem

木质素　lignin

没食子酸　gallic acid

耐冻　freezing tolerance

耐逆性　stress tolerance

耐胁变性　strain tolerance

耐盐　salt tolerance

耐阴性　shaded-tolerance，shade-adapted

耐阴植物　tolerant plant，shade resistant plant

萘基邻氨甲酰苯甲酸　naphthylphthalamic acid（NPA）

囊腔　lumen

内被膜　endomembrane，inner membrane

内含子　intron

内聚力　cohesion force

内聚力学说　cohesion theory

内膜　inner envelope

内膜系统　endomembrane system

内吞　endocytosis

内向 K^+ 通道　inward K^+ channel

内在蛋白　intrinsic protein

内质网　endoplasmic reticulum（ER）

尼古丁（烟碱）　nicotine

拟核体　nucleoid

拟南芥反应调节因子　*Arabidopsis* response regulator
　（ARR）

拟南芥组氨酸激酶　*Arabidopsis* histidine kinase
　（AHK）

拟南芥组氨酸磷酸转运蛋白　*Arabidopsis* histidine-
　phosphotransfer protein（AHP）

拟脂体　lipid body

逆境（胁迫）　stress

逆境蛋白　stress protein

逆境乙烯　stress ethylene

逆境组合　stress combination

黏性　viscosity

鸟苷三磷酸　guanosine triphosphate（GTP）

鸟苷酸环化酶　guanylyl cyclase

尿苷二磷酸葡糖　uridine diphosphate glucose（UDPG）

柠檬酸合酶　citrate synthase

柠檬酸循环　citric acid cycle

柠檬油精　limonene

凝集素　lectin

凝胶　gel

凝胶作用　gelation

偶联因子　coupling factor（CF）

排盐　salt excretion

泡囊　cistema

胚　embryo

胚柄　suspensor

胚乳　endosperm

胚胎发生　embryogenesis

胚胎发生晚期丰富蛋白　late embryogenesis abundant
　protein（LEA）

胚胎发芽　viviparous germination

胚状体　embryoid

培养基　medium

配体　ligand

配子体型自交不亲和　gametophytic self incompatibility
　（GSI）

膨压　turgor pressure

膨压运动（紧张性运动）　turgor movement

皮孔蒸腾　lenticular transpiration

偏摩尔体积　partial molar volume

偏上性　epinasty

偏下性　hyponasty

胼胝质　callose

平衡溶液　balanced solution

平衡石　statolith

苹果酸　malic acid（Mal）

苹果酸代谢学说　malate metabolism theory

苹果酸合酶　malate synthase

苹果酸酶　malic enzyme

苹果酸脱氢酶　malic acid dehydrogenase

葡糖-1-磷酸　glucose-1-phosphate（G1P）

葡糖-6-磷酸　glucose-6-phosphate（G6P）

葡糖-6-磷酸脱氢酶　glucose-6-phosphate dehydrogenase

脯氨酸　proline（Pro）

脯氨酸甜菜碱　proline betaine

启动阶段　initiation stage

气孔　stoma，复数 stomata

气孔复合体　stomatal complex

气孔开度　stomatal aperture

气孔频度　stomatal frequency

气孔调节　stomatal regulation

气孔运动　stomatal movement

气孔蒸腾　stomatal transpiration

气孔阻力　stomatic resistance

气穴　cavitation

气相色谱　gas chromatography（GC）

前质体　proplastid

羟基腈裂解酶　hydroxynitrile lyase

强光　high light，high radiation

强光胁迫　high light stress，high radiation stress

强迫休眠　force dormancy

切花　cut flower

亲和性　compatibility，affinity

亲水性　hydrophilic nature

清除剂　scavenger

氢键　hydrogen bond

氰醇　cyanohydrin

秋水仙碱　colchicine

巯基假说　sulfhydryl group hypothesis

区域化　compartmentation

去极化　depolarizing

去镁叶绿素　pheophytin（Pheo）

全蛋白质　holoprotein

醛缩酶　aldolase

群体效应　group effect

染色体　chromosome

染色质　chromatin

热害　heat injury

热激蛋白　heat shock protein（HSP）

热激因子　heat shock factors（HSF）

人工种子　artificial seed

韧皮部　phloem

韧皮部卸载　phloem unloading

韧皮部装载　phloem loading

韧皮蛋白　phloem protein

日中性植物　day neutral plant（DNP）

溶胶　sol

溶胶作用　solation

溶酶体　lysosome

溶液培养法　solution culture method

溶质势　solute potential（ψ_s）

肉桂酸　cinnamic acid

肉质植物　succulent plant

乳酸　lactate

乳酸发酵　lactate fermentation

乳酸脱氢酶　lactate dehydrogenase

弱光　low light，low radiation

弱光胁迫　low light stress，low radiation stress

三重反应　triple response

三碘苯甲酸　2,3,5-triiodobenzoic acid（TIBA）

三十烷醇　triacontanol（TRIA）

三羧酸循环　tricarboxylic acid cycle（TCAC）

色胺　tryptamine（TAM）

色氨酸　tryptophane（Trp）

色氨酸依赖途径　tryptophan-dependent pathway

色素蛋白复合体　pigment protein complex

砂培法　sand culture method

筛板　sieve plate

筛管　sieve tube

筛管分子　sieve element（SE）

筛管分子-伴胞复合体　sieve element-companion cell complex（SE-CC）

筛孔　sieve pore

筛域　sieve area

伤害乙烯　injury ethylene

伤呼吸　wound respiration

伤流　bleeding

伤流液　bleeding sap

上限　asymptote

伸展蛋白　extensin

肾形　kidney shape

渗调蛋白（渗压素）　osmotin

渗透势　osmotic potential（ψ_π）

渗透调节　osmotic adjustment，osmoregulation

渗透调节基因　osmotic regulated gene

渗透吸水　osmotic absorption of water

渗透胁迫　osmotic stress

渗透作用　osmosis

生理干旱　physiological drought

生理碱性盐　physiologically alkaline salt

生理酸性盐　physiologically acid salt

生理休眠　physiological dormancy

生理需水　physiological water requirement

生理钟　physiological clock

生理中性盐　physiologically neutral salt

生命力　vitality

生命周期　life cycle

生氰苷　cyanogenic glycoside

生态抗性　ecological resistance

生态需水　ecological water requirement

生物测定法　bioassay

生物产量　biomass

生物固氮　biological nitrogen fixation

生物合成基因　genes for the biosynthesis

生物碱　alkaloid

生物膜　biomembrane

生物膜系统（微膜系统）　biomembrane system

生物逆境　biotic stress

生物信号　biological signal

生物氧化　biological oxidation

生物钟　biological clock

生长　growth

生长大周期　grand period of growth

生长的季节周期性　seasonal periodicity of growth

生长的周期性　growth periodicity

生长激素　growth hormone

生长素　auxin

生长素结合蛋白　auxin-binding protein（ABP）

生长素梯度学说　auxin gradient theory

生长协调最适温度　growth coordinate temperature

生长性运动　growth movement

生长曲线　growth curve

生长中心　growing center

生殖生长　reproductive growth

尸胺　cadaverine（Cad）

湿害　waterlogging

适应　adaptation

适应酶　adaptive enzyme

适应性　adaptability

收敛剂　astringency

受体　receptor

输导组织　conducting tissue

束缚能　bound energy

束缚水　bound water

束缚型（结合型）赤霉素　conjugated gibberellin

束缚型生长素　bound auxin

衰老　senescence

衰老期　senescence phase

衰老上调基因　senescence up-regulated gene（SUG）

衰老下调基因　senescence down-regulated gene（SDG）

衰老相关基因　senescence associated gene（SAG）

栓塞　embolism

双"S"形生长曲线　double sigmoid growth curve

双重日长　dual daylight

双光增益效应（爱默生效应）　enhancement effect, Emerson effect

双氢玉米素　dihydrozeatin

双受精　double fertilization

双香豆素　dicumarol

双向运输　bidirectional transport

双信号系统　double signal system

水的传导率　hydraulic conductivity

水的光解　water photolysis

水分代谢　water metabolism

水分过多　water excess

水分亏缺　water deficit

水分临界期　critical period of water

水分胁迫　water stress

水分胁迫蛋白　water stress protein

水合补偿点　hydration compensation point

水合作用　hydration

水孔　water pore

水孔蛋白　aquaporin（AQP）

水流　water mass flow

水培法　water culture method

水圈　hydrosphere

水生植物　hydrophytes

水势　water potential（ψ_w）

水势梯度　water potential gradient

水体污染　water pollution

水体污染物　water pollutant

水通道　water channel

水通道蛋白　water channel protein

水信号　hydraulic signal

水压　hydrostatic pressure

水杨基氧肟酸　salicylhydroxamic acid（SHAM）

水杨酸　salicylic acid（SA）

水氧化钟　water oxidizing clock

顺式作用元件　cis-acting element

顺应（驯化）　acclimation

丝状亚基　fibrous subunit

四氢吡喃苄基腺嘌呤（多氯苯甲酸）　tetrahydropyranyl benzyladenine, polychlorbenzoic acid（PBA）

松柏醇　coniferyl alcohol

松节油　turpentine

塑性胁变　plastic strain

酸生长理论　acid growth theory

酸雨　acid rain

穗发芽（穗萌）　preharvest sprouting

羧化阶段　carboxylation phase

羧化效率　carboxylation efficiency（CE）

胎萌现象　vivipary

肽酶　peptidase

太阳追踪　solar tracking

弹性　elasticity

弹性胁变　elastic strain

碳固定反应　carbon fixation reaction

碳水化合物或蔗糖途径　carbohydrate or sucrose pathway

碳素同化作用　carbon assimilation

糖的异生作用　gluconeogenesis

糖苷酶　glycosidase

糖酵解　glycolysis，EMP pathway（EMP）

糖异生途径　gluconeogenesis pathway

糖脂　glycolipid

天冬氨酸　aspartic acid（Asp）

天冬氨酸氨基转移酶　aspartate amino transferase（AAT）

天冬酰胺　asparagine（Asn）

天然产物　natural product

天然单性结实　natural parthenocarpy

天线色素　antenna pigment

甜菜碱　betaine

甜土植物（淡土植物）　glycophyte

田间持水量　field moisture capacity

调节适应　modulative adaptation

萜类　terpene

铁氧还蛋白　ferredoxin（Fd）

同侧运输　ipsilateral transport

同（共）向转运体　symport

同化力（还原力）　assimilatory power，reducing power

同化物　assimilate

同化物的再分配和再利用　redistribution and reutilization of assimilate

同化物配置　assimilate allocation

同化物运输　assimilate transportation

同化作用　assimilation

同位素示踪试验　isotope tracing experiment

同源异型基因　homeotic gene

土壤饱和水量　soil saturation moisture capacity

土壤干旱　soil drought

土壤污染　soil pollution

土壤污染物　soil pollutant

土壤质地　soil texture

土壤-植物-大气连续体　soil-plant-atmosphere continuum（SPAC）

吐水　guttation

脱春化作用（去春化作用）　devernalization

脱分化　dedifferentiation

脱辅基蛋白　apoprotein

脱落　abscission

脱落衰老　deciduous senescence

脱落酸　abscisic acid（ABA）

脱水蛋白　dehydrin（DHN）

脱氧核糖核酸　deoxyribonucleic acid（DNA）

瓦布格效应　Warburg effect

外被膜　outer envelope

外膜　outer membrane

外排　exocytosis

外切核酸酶　exonuclease

外显子　exon

外向 K^+ 通道　outward K^+ channel

外在蛋白　extrinsic protein

外植体　explant

完熟　ripening

顽拗性种子　recalcitrant seed

晚材　late wood

晚期基因（次级反应基因）　late gene，secondary response gene

微管　microtubule

微管蛋白　tubulin

微梁系统　microtrabecular system

微量元素　microelement，minor element，trace element

微膜系统　micro-membrane system

微球系统 microsphere system

微丝 microfilament

微体 microbody

微团 micelle

微纤丝 microfibril

维管束 vascular bundle

维管束鞘细胞 bundle sheath cell（BSC）

萎蔫 wilting

温度补偿点 temperature compensation point

温度系数 temperature coefficient（Q_{10}）

温度胁迫 temperature stress

温周期性 thermoperiodicity

无机离子泵学说 inorganic ion pump theory

无丝分裂 amitosis

无土栽培 soilless culture

无限生长 indeterminate growth

无氧呼吸 anaerobic respiration

无氧呼吸消失点 anaerobic respiration point

无籽果实 seedless fruit

午休现象 midday depression

戊糖磷酸途径 pentose phosphate pathway（PPP）

物候期 phenological period

物理信号 physical signal

吸收光谱 absorption spectrum

吸收效率 uptake efficiency

吸胀吸水 imbibing absorption of water

吸胀作用 imbibition

烯醇化酶 enolase

稀盐 salt dilution

希尔反应 Hill reaction

希尔氧化剂 Hill oxidant

系统获得性抗性 systemic acquired resistance（SAR）

系统素 systemin（SYS）

细胞板 cell plate

细胞壁 cell wall

细胞繁殖 cell reproduction

细胞分化 cell differentiation

细胞分裂 cell division

细胞分裂素 cytokinin（CTK，CK）

细胞分裂素合酶 cytokinin synthase

细胞分裂素氧化酶 cytokinin oxidase

细胞骨架 cytoskeleton

细胞骨架系统（微梁系统） cytoskeleton system

细胞核 nucleus

细胞坏死 necrosis

细胞浆 cytosol

细胞膜 cell membrane

细胞器 organelle

细胞全能性 totipotency

细胞色素 cytochrome（Cyt），cellular pigment

细胞色素 b_6f 复合体 cytochrome b_6f complex（Cytb_6f）

细胞色素氧化酶 cytochrome oxidase

细胞生长 cell growth

细胞衰老 cellular aging

细胞途径 cellular pathway

细胞液 cell sap

细胞质 cytoplasm

细胞质基质 cytoplasmic matrix，cytomatrix

细胞质渗透物质 cytoplasmic osmoticum

细胞周期 cell cycle

细胞周期蛋白 cyclin

细菌叶绿素 bacteriochlorophyll

纤维素 cellulose

线粒体 mitochondrion

线粒体 DNA mitochondrion DNA（mtDNA）

腺苷二磷酸 adenosine diphosphate（ADP）

腺苷二磷酸葡糖 adenosine diphosphate glucose（ADPG）

腺苷三磷酸 adenosine triphosphate（ATP）

腺苷三磷酸酶 adenosine triphosphatase（ATPase）

腺苷酸 adenosine monophosphate（AMP）

限制性内切核酸酶 endonuclease

相变温度 phase shift temperature

相对含水量 relative water content（RWC）

相对生长速率 relative growth rate（RGR）

相对自由空间 relative free space（RFS）

相关性 correlation

相互竞争 allelospoly

相生相克 allelopathy

香豆素 coumarin

香叶烯　myrcene

橡胶　rubber

向触性　thigmotropism

向光素　phototropin（Phot）

向光性　phototropism

向化性　chemotropism

向水性　hydrotropism

向性运动　tropic movement

向重力性　gravitropism

硝酸还原酶　nitrate reductase（NR）

硝普钠　sodium nitroprusside（SNP）

小孔扩散律　small opening diffusion law

效应阶段　effect stage

颉颃互作　antagonistic interaction

颉颃作用（对抗作用）　antagonism

协同互作　synergistic interaction

协同作用　synergistic action

协助扩散　facilitated diffusion

胁变　strain

胁变可逆性　strain reversibility

胁变修复　strain repair

胁迫激素　stress hormone

新陈代谢　metabolism

新黄质　neoxanthin

心皮　carpel

信号　signal

信号转导　signal transduction

信号转导网络　signaling network

信息　information

信息素　aggregation pheromone

形态建成（形态发生）　morphogenesis

性别分化　sex differentiation

性染色体　sexual chromosome

雄蕊　stamen

休眠　dormancy

休眠期　dormancy stage

需暗种子　dark seed

需肥临界期　critical period of nutrition

需光种子　light seed

需水量　water requirement

选择透性膜　selective permeable membrane

选择性吸收　selective absorption

压力流动学说　pressure flow hypothesis

压力势　pressure potential（ψ_p）

芽休眠　bud dormancy

蚜虫吻针法　aphid tylet method

哑铃形　dumbbell shape

亚胺环己酮　cycloheximide

亚精胺　spermidine（Spd）

亚麻酸　linolenic acid

亚微结构　submicroscopic structure

亚硝酸还原酶　nitrite reductase（NiR）

亚油酸　linoleic acid

燕麦胚芽鞘弯曲试验法　*Avena* curvature test

烟酸（尼克酸）　nicotinic acid

岩石圈　lithosphere

延长（伸长）　elongation

盐超敏感　salt overly sensitive（SOS）

盐害　salt injury

盐碱土　saline and alkaline soil

盐囊泡　salt bladder

盐逆境蛋白　salt-stress protein

盐生植物　halophyte

盐土　saline soil

盐腺　salt gland

厌氧蛋白　anaerobic protein（ANP）

厌氧多肽　anaerobic polypeptide

阳生植物　sun plant，heliophyte

氧饱和点　oxygen saturation point

氧化激发　oxidative burst

氧化磷酸化　oxidative phosphorylation

氧化胁迫　oxidative stress

养分效率　nutrient efficiency

叶黄素　xanthophyll

叶黄素循环　xanthophyll cycle

叶绿醇（植醇）　phytol

叶绿素　chlorophyll（Chl）

叶绿素酶　chlorophyllase

叶绿体　chloroplast

叶绿体 DNA　chloroplast DNA（cpDNA）

叶绿体被膜　chloroplast envelope

叶面积比　leaf area ratio（LAR）

叶面积系数　leaf area index（LAI）

叶肉细胞　mesophyll cell（MC）

叶镶嵌　leaf mosaic

叶状体　thallus

液晶态　liquid crystalline state

液泡膜　tonoplast

一氧化氮　nitric oxide（NO）

依赖细胞周期蛋白的蛋白激酶　cyclin-dependent protein kinase（CDK）

遗传抗性　inheritance resistance

遗传适应　genetic adaptation

遗传系统基因　gene for the genetic system

遗传信息表达系统（微球系统）　genetic expression system

遗传学缺乏　genetic deficiency

乙醇发酵（酒精发酵）　alcohol fermentation

乙醇酸　glycolic acid

乙醇酸氧化酶　glycolate oxidase

乙醇酸氧化途径　glycolic acid oxidation pathway

乙醇脱氢酶　alcohol dehydrogenase

乙醛酸循环　glyoxylic acid cycle（GAC）

乙醛酸循环体　glyoxysome

乙烯　ethylene（ET，ETH）

乙烯利　ethrel

乙酰水杨酸　acetylsalicylic acid

抑霉剂　fungistat

抑制剂　inhibitor

异花授粉　allogamy

异化作用　disassimilation

异柠檬酸裂解酶　isocitrate lyase

异类黄酮　isoflavonoid

异戊二烯　isoprene

异戊间二烯化合物　isoprenoid

异戊烯基腺苷　isopentenyl adenosine（iPA）

异戊烯焦磷酸　isopentenyl pyrophosphate（IPP）

异戊烯腺嘌呤　isopentenyladenine（iP）

异戊烯转移酶　isopentenyl transferase

异养植物　heterophyte

意外性死亡　accidental death

阴生植物　shade plant，sciophyte

吲哚丙酸　indole propionic acid（IPA）

吲哚丙酮酸　indole pyruvic acid（IPA）

吲哚丙酮酸途径　IPA pathway

吲哚丁酸　indole butyric acid，indole-3-butyric acid（IBA）

吲哚乙腈　indole acetonitrile（IAN）

吲哚乙醛　indole acetaldehyde

吲哚乙酸　indole-3-acetic acid（IAA）

吲哚乙酸氧化酶　IAA oxidase

吲哚乙酰胺　indole acetylamine（IAM）

隐花色素　cryptochrome（cry）

荧光　fluorescence

营养生长　vegetative growth

永久萎蔫　permanent wilting

永久萎蔫系数　permanent wilting coefficient

油菜素　brassin

油菜素内酯　brassinolide（BL）

油菜素甾醇　brassinosteroid（BR）

油酸　oleic acid

油体　oil body

油质蛋白　oleosin

游离型生长素　free auxin

有机物代谢　metabolism of organic compound

有色体　chromoplast

有丝分裂　mitosis

有丝分裂原活化蛋白激酶　mitogen activated protein kinase（MAPK）

有限生长　determinate growth

有氧呼吸　aerobic respiration

有益元素　beneficial element

幼年期　juvenile phase

诱导酶　induced enzyme

诱交适应　modificative adaptation

鱼藤酮　rotenone

玉米赤霉烯酮　zearalenone（ZL）

玉米黄素　zeaxanthin

玉米素　zeatin（Z，ZT）

玉米素核苷　zeatin riboside

御逆性　stress avoidance

御胁变性　strain avoidance

愈伤组织　callus

原初电子供体　primary electron donor

原初电子受体　primary electron acceptor（A）

原初反应　primary reaction

原儿茶酸　protocatechuic acid

原果胶　protopectin

原核生物　prokaryote

原核细胞　prokaryotic cell

原生分生组织　promeristem

原生质　protoplasm

原生质生长　plasmatic growth

原生质体　protoplast

原系统素　prosystemin

圆球体　spherosome

源　source

源-库单位　source-sink unit

源强　source strength

远红光　far red light（FR）

运动反应　motor response

运输蛋白（传递蛋白）　transport protein

运输速率　transfer rate

运转效率　translocation efficiency

载体　carrier, vector

甾醇　sterol

再春化现象　revernalization

再分化　redifferentiation

再生阶段　regeneration phase

再生作用　regeneration

暂时萎蔫　temporary wilting

早材　early wood

早期基因（初级反应基因）　early gene, primary response gene

早熟发芽　precocious germination

藻胆蛋白　phycobiliprotein

藻胆素　phycobilin

藻红蛋白　phycoerythrin

藻蓝蛋白　phycocyanin

造油体　elaioplast

增效作用　synergism

查耳酮合酶　chalcone synthase

蔗糖磷酸合酶　sucrose phosphate synthase（SPS）

蔗糖磷酸磷酸酯酶　sucrose phosphate phosphatase（SPP）

蔗糖-6-磷酸　sucrose-6-phosphate（S6P）

真核生物　eukaryote

真核细胞　eukaryotic cell

真正光合速率　true photosynthetic rate

蒸发　vaporization

蒸腾比率　transpiration ratio

蒸腾拉力　transpirational pull

蒸腾流-内聚力-张力学说　transpiration-cohesion-tension theory

蒸腾速率　transpiration rate

蒸腾系数　transpiration coefficient

蒸腾效率　transpiration efficiency

蒸腾作用　transpiration

整合蛋白　integral protein

整体衰老　overall senescence

整形素　morphactin

正常性种子　orthodox seed

正化学信号　positive chemical signal

正向光性　positive phototropism

正向重力性　positive gravitropism

脂肪酶　lipase

脂肪酸　fatty acid（FA）

脂氧合酶　lipoxygenase（LOX）

脂质球（亲锇颗粒）　osmiophilic droplet

直线期　linear phase

植保素　phytoalexin

植物多肽激素　plant polypeptide hormone

植物激素　plant hormone, phytohormone

植物逆境生理　plant stress physiology

植物生理学　plant physiology

植物生长促进剂　plant growth promoting substance

植物生长调节剂　plant growth regulator

植物生长物质　plant growth substance

植物生长延缓剂　plant growth retardant

植物生长抑制剂　plant growth inhibitor

植物营养最大效率期　plant maximum efficiency period of nutrition

植物运动　plant movement

质壁分离　plasmolysis

质壁分离复原　deplasmolysis

质量运输速率　mass transfer rate

质膜　plasma membrane

质谱　mass spectrography（MS）

质体　plastid

质体醌　plastoquinone（PQ）

质体醌库　PQ pool

质体蓝素　plastocyanin（PC）

质体末端氧化酶　plastid terminal oxidase（PTOX）

质体小球　plastoglobulus

质外体　apoplast

质外体途径　apoplast pathway

质外体运输　apoplastic transport

质子动力势　proton motive force（pmf）

中间纤维　intermediate filament

中胶层（胞间层）　middle lamella

中日性植物　intermediate-day plant

中生植物　mesophyte

中央液泡　central vacuole

种子活力　seed vigor

种子生活力　seed viability

种子寿命　seed longevity

重金属结合蛋白　heavy metal binding protein

重力势　gravitational potential（ψ_g）

重力水　gravitational water

周期时间　time of cycle

昼夜振荡器　circadian oscillator

昼夜周期性　daily periodicity

主动吸收　active absorption

主动吸水　active absorb water

主动转运　active transport

柱头　stigma

转录因子　transcription factor

转酮酶　transketolase

转运器　translocator

转运肽　transit peptide

紫黄素　violaxanthin

紫杉醇　taxol

紫外线辐射胁迫　ultraviolet radiation stress

紫外光-B 受体　UV-B receptor

紫外线　ultraviolet（UV）

紫外线诱导蛋白　UV-induced protein（UVP）

自毒作用　autointoxication

自花授粉　self pollination

自交不亲和性　self incompatibility（SI）

自交不育　self infertility

自养生物　autotroph

自养植物　autophyte

自由基　free radical

自由能　free energy

自由水　free water

自主和春化途径　autonomous and vernalization pathways

自主途径　autonomous pathway

总光合速率　gross photosynthetic rate

组氨酸蛋白激酶　histidine protein kinase（HPK）

组织培养　tissue culture

组织原细胞　initial cell

最大持水量　greatest moisture capacity

最适温度　optimum temperature